电 磁 学

主 编 肖 利
副主编 郑友进 高伟吉 隋英锐

科 学 出 版 社
北 京

内 容 简 介

本书是教育部第二类特色专业建设点项目的成果，是为适应基础教育课程改革、培养适应现代社会和未来发展的高素质师资人才而编写的. 本书教育理念先进，突出师范特色，借鉴了国内外教材改革的成果，博采众长，使内容编排更加人性化、简明化，便于教师讲授和学生自学.

全书共七章，分别为静电场、静电场中的导体、静电场中的电介质、稳恒电流、稳恒磁场、磁场中的磁介质、变化的电磁场. 每章均附有思考题和习题(带 * 者为具有一定难度的习题，供学有余力的同学选做)，书后配有习题答案. 书中楷体部分为阅读材料，介绍了一些现代物理发展及其应用的前沿课题.

本书可作为高等师范院校本科物理类专业电磁学课程的教材，也可供其他专业师生参考，或作为中学物理教师提高业务水平的参考资料.

图书在版编目(CIP)数据

电磁学/肖利主编. —北京：科学出版社，2011

ISBN 978-7-03-029669-6

Ⅰ.①电… Ⅱ.①肖… Ⅲ.①电磁学-高等学校-教材 Ⅳ.①O441

中国版本图书馆 CIP 数据核字(2011)第 016777 号

责任编辑：昌 盛 龙嫚嫚 / 责任校对：刘亚琦

责任印制：张 伟 / 封面设计：耕者设计工作室

科学出版社 出版

北京东黄城根北街 16 号

邮政编码：100717

http://www.sciencep.com

北京凌奇印刷有限责任公司 印刷

科学出版社发行 各地新华书店经销

*

2011 年 2 月第 一 版 开本：B5(720×1000)

2022 年 7 月第八次印刷 印张：19

字数：380 000

定价：53.00 元

(如有印装质量问题，我社负责调换)

前　　言

我国新一轮基础教育课程改革已经在全国全面展开，新课程标准在课程目标上更注重提高全体学生的科学素养，在教学实施上更注重 STS 教育的渗透．新课改对教师素质提出了更高的要求．作为培养未来教师的高等师范院校，如何调整课程结构和知识结构，培养适应现代社会和未来发展的高素质师资人才，是摆在高等师范教育工作者面前的首要任务．在这种背景下，我们编写了这本《电磁学》教材．

电磁学是高等师范院校物理教育专业的重要基础课程，内容成熟、系统严密，与中学物理教学关系极为密切，与现代科学技术、社会生活有着紧密的联系．在本书编写过程中，编者结合多年来的教学实践经验和教育理念，注意到当前中学物理课程教改的动向和高等师范教学情况的变化，借鉴国内外教材改革的成果，博采众长，力求使本书更加人性化、简明化，便于教师讲授，并有利于学生自学和阅读．

1. STS(科学-技术-社会)教育被公认为是“一个对当今学生进行科学教育最合适的方法”，它在提高学生科学素养、树立科学价值观、培养社会责任感和决策能力等方面具有卓越的教育功能．因此，本书在编写中贯彻了 STS 教育思想，突出电磁学知识与科学技术相结合，与生活实际相结合，与自然现象和自然环境相结合，注意学科间的交叉和人文精神的渗透，以此引发学生的兴趣，培养出适应中等教育和 STS 教育的师范生．

2. 对学生而言，学会物理学思想和物理学方法比获取物理学知识本身更为重要．因此，在本书的编写过程中，编者结合教材内容适当引用史料，发掘物理学家在发现物理现象和建立物理规律过程中的科学思想和科学方法，使学生得到物理学思想方法的启迪，提高师范院校学生的科学素养．

3. 以往教材的读者对象大多是重点理科高校，很少有适合师范类高校特点的教材．结合当前中学物理教材内容和物理教育专业特点，本书对教材的知识结构和内容进行了改革．①将传统的电磁感应和电磁波内容合并为变化的电磁场．由于师范院校电动力学、电工学与电子技术单独设课，所以删除了匀速运动电荷的电磁场和交流电等内容．②本着降低难度、增加宽度的原则，吸收了优秀大学物理教材中的做法，减少复杂的理论推导过程，着眼于物理内涵的拓宽和当代进展的展示．

本书最后附有参考书目，编者在编写本书的过程中从这些参考书中得到许多启发和帮助，并从中精选了一些思考题和习题，在此对这些参考书的作者表示深深的感谢。

由于编者的水平有限，书中难免有不妥或疏漏，恳切希望广大教师和同学在使用过程中多提宝贵意见，使我们的教材不断完善.

编　者

2010 年 10 月

目　　录

第1章　静　电　场

相对于观察者静止的电荷产生的电场称为**静电场**. 本章主要讨论真空中静止电荷之间的相互作用,从库仑定律出发,引入关于静电场的基本概念和性质,从而导出反映静电场基本特性的高斯定理和环路定理,并运用这些概念和规律分析静电场的一些典型问题. 本章的内容是学习以后各章的基础.

1.1　电　　荷

1.1.1　摩擦起电

人们对电荷的认识最早是从摩擦起电现象和自然界的雷电现象开始的. 实验指出,硬橡胶棒与毛皮摩擦后或玻璃棒与丝绸摩擦后对轻微物体都有吸引作用. 当物体具有了这种性质,就说该物体带了电或有了**电荷**. 带有电荷的物体称为**带电体**. 经过摩擦使物体带电的过程称为**摩擦起电**. 摩擦起电现象十分普遍,特别在塑料制造、化纤纺织、溶剂生产等过程中广泛存在. 在这些过程中,摩擦起电常常会影响产品质量,甚至引起爆炸事故.

大量实验表明,自然界中的电荷只有两种:被毛皮摩擦过的硬橡胶棒所带的电荷称为负电荷,被丝绸摩擦过的玻璃棒所带的电荷称为正电荷. 同种电荷互相排斥,异种电荷互相吸引. 物体所带电荷的多少称为**电荷量**,简称电量,用Q或q表示. 电量的国际单位是库仑,记做C.

1.1.2　物体的电结构

摩擦起电的根本原因与物体的电结构有关. 现代物理学指出,任何物体都是由分子、原子构成,原子又由原子核和核外电子构成. 在原子核内有质子和中子. 质子带正电,中子不带电,电子带负电. 在通常状态下,核内质子数与核外电子数相等,质子与电子的电量等量异性,因此对外不显示电性. 但是,不同物体发生相互摩擦时,会使一个物体上的电子转移到另一个物体,从而失去电子的物体就带正电,得到电子的物体就带负电. 由此可见,物体带电的本质是其电荷的迁移和重新分配. 除了摩擦起电外,还可以有“接触”或“感应”等起电方法,其起电本质都相同. 在日常生活中,穿脱化纤、羊毛等衣服时很容易产生的静电就是一种摩擦带电.

1.1.3 电荷守恒性

从宏观现象看，两不带电物体相互摩擦使其分别带电，所带电荷等量异性；静电感应使不带电导体的两端出现等量异性感应电荷；带电体与不带电体接触使之带电，两物体电荷总量等于原带电体的电荷.

在微观现象中，变化前后的电荷代数和相等. 例如，一个高能光子与一个重原子核作用时，该光子可以转化为一个正电子和一个负电子（这叫电子对的“产生”）；而一个正电子和一个负电子在一定条件下相遇，又会同时消失而产生两个或三个光子（这叫电子对的“湮灭”）. 由于光子不带电，正、负电子又各带有等量异性电荷，所以，反应物的总电荷等于生成物的总电荷.

如上所述，大量实验表明，**在一个孤立系统中，无论发生了怎样的物理过程，电荷都不会创生，也不会消失，只能从一个物体转移到另一个物体上，或从物体的一部分转移到另一部分，即在任何过程中，电荷的代数和是守恒的**. 这就是**电荷守恒定律**. 由此定律可推得，**单位时间内流入流出系统边界的净电荷量等于系统内电荷的变化率**.

1.1.4 电荷的量子性

1909 年，美国物理学家密立根（R. Millikan，1868～1953）通过油滴实验发现，电荷量总是以一个基本单元的整数倍出现. 这个电荷量的基本单元就是电子所带电荷量的绝对值，用 e 表示

$$e = 1.6021892 \times 10^{-19}\,\text{C}$$

物体由于失去电子而带正电，或是得到额外电子而带负电，但物体带的电荷量必然是电子电荷量 e 的整数倍，即 $q = ne(n = 1,2,\cdots)$. 物体所带电荷量的这种不连续性称为**电荷的量子性**. 因为 e 如此之小，以致电荷的量子性在研究宏观现象的绝大多数实验中未能表现出来. 因此常把带电体当做电荷连续分布的带电体来处理，并认为电荷的变化是连续的.

目前已经比较确定的“基本”粒子有 200 余种. 如此众多的“基本”粒子并非同样基本，有些基本粒子内部还有复杂的结构. 弄清这些所谓基本粒子内部的结构，减少真正的基本粒子数，是物理学家进一步追求的目标. 于是便提出了有关基本粒子结构的各种模型，1964 年盖尔曼（M. Gell-Mann）和茨威格（G. Zweig）提出夸克模型：夸克有 6 种，即上夸克、粲夸克、底夸克、下夸克、奇夸克和顶夸克，前三种夸克带 $2e/3$ 电量，而后三种夸克带 $-e/3$ 电量，一切强子（参与强力作用的粒子的总称，如质子、中子等）由夸克组成. 如质子由两个上夸克和一个下夸克组成，故质子的电量正好为 e. 中子由一个上夸克和两个下夸克组成，故中子不带电. 然而，至今单独存在的夸克尚未在实验中发现，因为夸克处在一种禁闭状态. 在理论上和实验上如何实现退禁闭状态是人们非常关心的一个课题.

1.1.5 电荷不变性

实验证明，**一个电荷的电量与它的运动状态无关**. 例如，加速器将电子或质子加速时，随着粒子速度的变化，电量没有任何变化. 再如氢分子和氦原子都有两个电子，它们在核外的运动状态差别不大，电子电量应该相等. 但是氢分子的两个质子是作为两个原子核在保持相对距离约为 0.07nm 的情况下转动的；氦原子中的两个质子却紧密地束缚在一起运动. 氦原子中的两个质子的能量比氢分子的两个质子的能量大到一百万倍的数量级，因而两者的运动状态有显著差别. 如果电荷的电量与运动状态有关，氢分子中质子的电量就应该和氦原子中质子的电量不同，但两者的电子电量是相同的，因此两者就不可能都是电中性的. 但是实验证实，氢分子和氦原子都精确地是电中性的. 这就说明，质子的电量也是与其运动状态无关的. 大量事实证明，电荷的电量是与其运动状态无关的. 所以，在不同的参考系中观察，同一带电粒子的电量不变. 电荷的这一性质称为**电荷的相对论不变性**.

1.1.6 导体、绝缘体和半导体

1720 年，英国科学家格雷(Stephen Gray，1670～1736)仔细研究了电沿某些物体传播的事实，并引入了导体的概念. 具有良好的导电性能的物体称为**导体**. 导体的特点是其内部有大量的自由电荷，这些电荷在电场的作用下能自由移动. 导体导电性能的优劣用电导率 σ 来描述，σ 越大，导电性能越好. 银、铜、铝等金属导体的电导率都在 10^8S/m 量级. 常常把金属等以自由电子导电的物体称为**第一类导体**(电子迁移)，把酸、碱、盐等电解液称为**第二类导体**(离子迁移)，把电离气体称为**第三类导体**(电子和离子双重迁移).

几乎不能导电的物质(如橡胶、塑料、云母及空气等)称为**绝缘体**，绝缘体又称为电介质. 由于绝缘体原子核对其外层电子束缚力很强，自由电子极少，故电阻率很大，在通常情况下显示出程度不同的微弱导电性. 但在某些条件下，绝缘体的导电能力会发生显著变化. 例如在强电力作用下，绝缘体会变成导体. 这种现象称为绝缘体的击穿. 又如干燥气体是很好的绝缘体，但是当气体受到紫外线、X 射线或其他辐射时，气体会电离成为电子、正离子和中性分子的混合体，从而成为导体.

导电能力介于导体和绝缘体之间的物质(如硅、锗、硒等)称为**半导体**. 非常纯的半导体导电性能接近绝缘体. 在半导体中掺入微量其他元素，常常可使其导电能力大为增加，故其导电能力可由掺入杂质的种类与数量来控制. 人们将微量的砷或硼等元素掺入锗和硅中就是为了这个目的. 由半导体材料制成的晶体管和集成电路导致电子工业的革命.

1.2 库仑定律

1.2.1 库仑定律的表述

在发现电现象后的两千多年里，人们对电的认识一直停留在定性阶段.从 18 世纪中叶开始，许多科学家有目的地进行一些实验性的研究，以便找出静止电荷之间相互作用力的规律.但是，直接研究带电体的作用十分复杂，因为作用力不仅与物体所带电量有关，而且还与带电体的形状、大小以及周围介质有关.

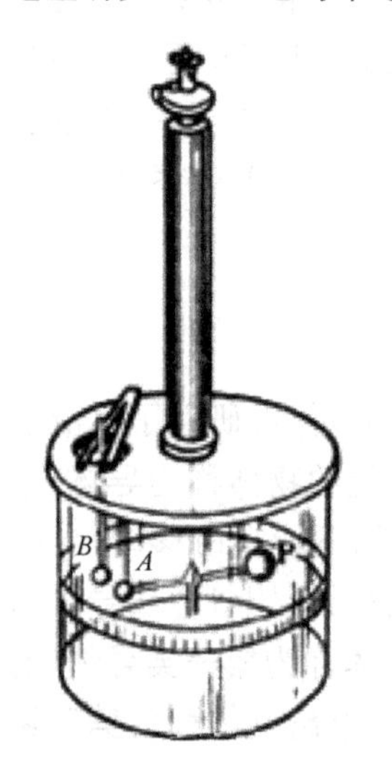

图 1.1 测量点电荷之间相互作用规律的库仑扭秤装置

1785 年法国科学家库仑注意到电荷之间的作用力与万有引力有许多类似之处，大胆地假设静止电荷之间相互作用力的规律与万有引力定律有类似的形式.为了证实这一假设，库仑首先提出了**点电荷**的理想模型，认为当带电体的大小和带电体之间的距离相比很小时，可以忽略其形状和大小，把它看作一个带电的几何点.又设计了一台精密的扭秤，如图 1.1所示，对两个静止点电荷之间的相互作用进行实验，通过定量分析，库仑得到了两个点电荷在真空中的相互作用规律，称为**库仑定律**，表述如下：

真空中两个静止点电荷之间的相互作用力的大小与这两个点电荷所带的电量 q_1 和 q_2 的乘积成正比，与它们之间的距离 r 的平方成反比，作用力的方向沿两个点电荷的连线，同种电荷相斥，异种电荷相吸，即

$$\boldsymbol{F} = k\frac{q_1 q_2}{r^2}\boldsymbol{e}_r \tag{1.1}$$

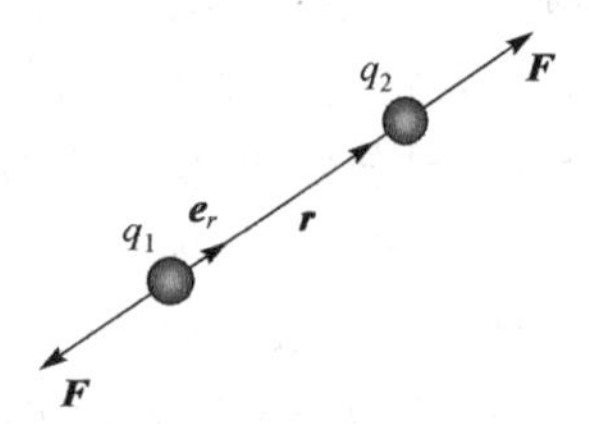

图 1.2 库仑定律

式中，$\boldsymbol{e}_r$ 表示一单位矢量，由施力者指向受力者方向，如图 1.2 所示，k 为比例常量，其值取决于式中物理量所选取的单位.电荷 q_1 和 q_2 的电荷量值可正可负，当 q_1 和 q_2 同号时，$\boldsymbol{F}$ 与 $\boldsymbol{e}_r$ 同向，表现为斥力；当 q_1 和 q_2 异号时，$\boldsymbol{F}$ 与 $\boldsymbol{e}_r$ 反向，表现为吸力.在国际单位制中，k 的量值为

$$k = 8.987551787 \times 10^9 \text{N} \cdot \text{m}^2 \cdot \text{C}^{-2} \approx 9.0 \times 10^9 \text{N} \cdot \text{m}^2 \cdot \text{C}^{-2}$$

为使以后导出的公式有理化，通常我们将 k 表示成

$$k=\frac{1}{4\pi\varepsilon_0}$$

式中，ε_0 称为**真空介电常量**，又称**真空电容率**，其量值为

$$\varepsilon_0=8.854187818\times10^{-12}\mathrm{C}^2\cdot\mathrm{N}^{-1}\cdot\mathrm{m}^{-2}$$

这样，真空中的库仑定律通常可表示成

$$\boldsymbol{F}=\frac{1}{4\pi\varepsilon_0}\frac{q_1q_2}{r^2}\boldsymbol{e}_r \tag{1.2}$$

库仑定律是关于一种基本力的定律，它的正确性不断经历着实验的考验. 设定律分母中 r 的指数为 $2+\alpha$，人们曾设计了各种实验来确定(一般是间接地) α 的上限. 1773 年卡文迪许的静电实验给出 $|\alpha|\leqslant 0.02$. 约百年后麦克斯韦的类似实验给出 $|\alpha|\leqslant 5\times10^{-5}$. 1971 年威廉斯等人改进该实验得出 $|\alpha|\leqslant(2.7\pm3.1)\times10^{-16}$. 这些都是在实验室范围($10^{-3}\sim10^{-1}$m)内得出的结果. 对于很小的范围，卢瑟福的 α 粒子散射实验(1909)已经证实小到10^{-15}m 的范围，现代高能电子散射实验进一步证实小到10^{-17}m 的范围，库仑定律仍然精确地成立. 大范围的结果是通过人造地球卫星研究地球磁场得到的. 它给出库仑定律精确地适用于10^7m 范围，因此一般就认为在更大的范围内库仑定律仍然有效。

1.2.2 叠加原理

当空间存在两个以上的点电荷时，任意两个点电荷间都存在相互作用. 实验指出：**两个点电荷间的作用力不因第三个电荷的存在而改变**. 不管一个体系中存在多少个点电荷，每一对点电荷之间的作用力都服从库仑定律，而任一点电荷所受到的力等于所有其他点电荷单独作用于该点电荷的库仑力的矢量和，这一结论称为**叠加原理**.

设有 n 个点电荷组成的体系，第 j 个点电荷 q_j 作用于第 i 个点电荷 q_i 的库仑力为

$$\boldsymbol{F}_{ij}=\frac{1}{4\pi\varepsilon_0}\frac{q_iq_j}{r_{ij}^2}\boldsymbol{e}_{r_{ij}}$$

式中，r_{ij} 为q_j 到q_i 的距离，$\boldsymbol{e}_{r_{ij}}$ 为从指向q_i 方向的单位矢量. 根据叠加原理，q_i 受到的合力为

$$\boldsymbol{F}=\sum_j\boldsymbol{F}_{ij}=\frac{1}{4\pi\varepsilon_0}\sum_{j=1,j\neq i}^{n}\frac{q_iq_j}{r_{ij}^2}\boldsymbol{e}_{r_{ij}} \tag{1.3}$$

叠加原理是自然界客观事实的总结，叠加原理与库仑定律相结合，构成了整个静电学的基础，原则上可以解决静电学的全部问题. 但不能理所当然认为，叠加原理应在一切情况下都是成立的，在某些非常小的范围内如原子或亚原子范围内，叠加原理并不成立.

1.3 电场和电场强度

1.3.1 电场

库仑定律只给出了两个点电荷之间相互作用的定量关系，并未指明这种作用是通过怎样的方式进行的．我们常说：力是物体与物体之间的相互作用．这种作用常被习惯地理解为是一种直接接触作用．例如，推车时，通过手和车的直接接触把力作用在车子上．但是电力、磁力和重力却可以发生在两个相隔一定距离的物体之间．那么，这些力究竟是如何传递的呢？围绕这个问题，历史上曾经有过争论：一种观点认为，这些力的作用不需要中间媒介，也不需要时间，就能实现远距离的相互作用，这种作用常称为**超距作用**．另一种观点认为，这些力是通过一种充满于空间的弹性介质——**"以太"**来传递的．

现代物理学证明，"超距作用"的观点是错误的，电力和磁力的传递需要时间，传递速度约为 $3\times10^{8}\mathrm{m}\cdot\mathrm{s}^{-1}$．1887 年迈克耳孙-莫雷实验证明，"以太"根本不存在．英国物理学家法拉第提出新的观点：认为在电荷周围存在着一种特殊形态的物质，称为**电场**．电荷与电荷之间的相互作用是通过电场来传递的，电场对处在场内的其他电荷有力作用．其作用可表示为

$$电荷 \Leftrightarrow 电场 \Leftrightarrow 电荷$$

电荷受到电场的作用力称为**电场力**．

现代物理学已经肯定了场的观点，并证明了电磁场的存在．电磁场与实物粒子一样具有质量、能量、动量等物质的基本属性．相对于观察者静止的电荷在周围空间激发的电场称为**静电场**，它是电磁场的一种特殊状态．本章介绍静电场的基本规律，下两章讨论有导体和电介质存在时的静电场．

1.3.2 电场强度

既然电场对电荷有力的作用，那么就可以根据电场对电荷的作用力来定量地研究电场．为此，我们需要在电场中引入一个试探电荷 q_0，试探电荷 q_0 应该满足两个条件：它的线度必须小到可以看做点电荷，以便确定电场中各点的电场性质；它所带的电荷量必须充分小，以免改变原有电荷的分布，从而影响原来的电场分布．今后为了方便起见，我们不妨假设试探电荷带正电．

如图 1.3 所示，Q 为场源电荷，在其周围空间相应地激发一个电场．现将一个试探电荷 q_0 放在此电场不同地点（简称场点）．实验表明，在不同场点上，q_0 所受电场力的大小和方向不尽相同；若在任取的同一场点上，改变所放置的试探电荷 q_0 的电荷量大小，则 q_0 所受的电场力 $\boldsymbol{F}$ 的大小亦随之变化，然而，两者的比值 $\boldsymbol{F}/q_0$ 却与试探电荷量值无关，而仅取决于场源电荷的分布和场点的位置，因此，我们就从电场对电

荷施力的角度，把这个比值作为描述电场的一个物理量，称为**电场强度**，或简称**场强**，记做 $\boldsymbol{E}$，即

$$\boldsymbol{E}=\frac{\boldsymbol{F}}{q_0} \tag{1.4}$$

在国际单位制中，电场强度 $\boldsymbol{E}$ 的单位是牛顿每库仑($\mathrm{N\cdot C^{-1}}$)，也可以表示为伏特每米($\mathrm{V\cdot m^{-1}}$).

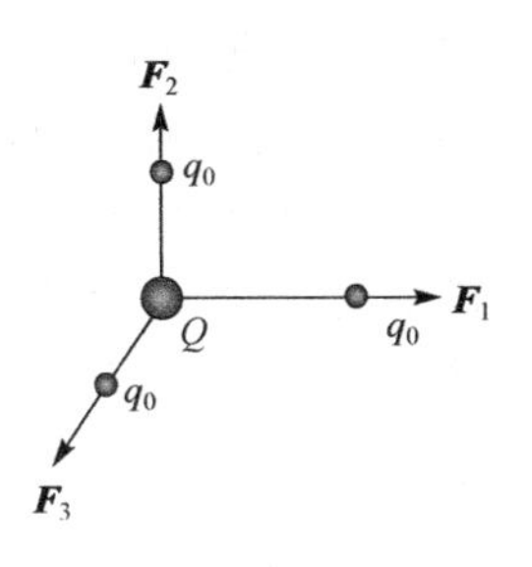

图1.3　试探电荷在电场中不同位置受电场力的情况

式(1.4)表明，静电场中某一点的电场强度 $\boldsymbol{E}$ 是一个矢量，其大小等于单位正电荷在该点所受电场力的大小，其方向与正电荷在该点的受力方向一致. 客观上，由于每一个场点都是一个确定的电场强度矢量，而不同场点的电场强度矢量的大小和方向则不尽相同，因此，我们把这些矢量的集合叫做矢量场，也就是说，电场是矢量场.

由以上讨论不难推断，如果已知空间某点处的电场强度 $\boldsymbol{E}$，则电荷 q 在该点处受到的电场力为

$$\boldsymbol{F}=q\boldsymbol{E} \tag{1.5}$$

地面带着负电，大气中含有净的正电荷，所以大气中时刻存在电场. 大气电场的方向指向地面，强度随时间、地点、天气状况和离地面的高度而变. 按天气状况可分为晴天电场和扰动天气电场.

在晴天电场中，水平方向的电场可略去不计，大气电场指向地球表面. 晴天电场随纬度而增大，称为纬度效应. 就全球平均而言，电场强度在陆地上为120V/m，在海洋上为130V/m. 在工业区，由于空气中存在高浓度的气溶胶，电场强度会增至每米数百伏. 晴天电场具有日和年两种周期性的变化. 在海洋和两极地区，电场日变化和地方时无关，在世界时(格林威治平太阳时)19:00左右出现极大值，4:00左右出现极小值，呈现一峰一谷的简单波状，振幅约达平均值的20%. 但对大多数陆地测站而言，电场日变化和地方时有密切关系，通常存在两个起伏，地方时4:00～6:00和12:00～16:00出现极小值，7:00～10:00和19:00～21:00出现极大值，振幅约达平均值的50%，这种变化与近地面层气溶胶粒子的日变化密切相关. 电场的年变化，在海洋上不明显；而在南、北半球陆地测得：冬季出现极大值，夏季出现极小值. 有人发现大气电场还有27天和11年周期的变化，这方面还有待进一步研究.

在地表和电离层两个良导电面之间形成的晴天电场，其值以地表为最大，随高度按指数律迅速减小，在10千米高处的电场强度约为地面值的3%. 大气电场的减弱和大气电阻的减少有关. 低空大气电阻比高空的大，因而产生同样的大气电流在低空就需要比高空更强的电场.

扰动天气电场同气象要素的变化有关. 当存在激烈的天气现象(如雷暴、雪暴、

尘暴)时,大气电场的数值和方向均有明显的不规则变化,高云对电场的影响不大,低云则有明显的影响,雷雨云下面的大气电场,甚至可达 $-10^4\,\mathrm{V/m}$. 在层状云和积状云中,电场的大小和方向变化很大,通常出现的场强约为每米数百伏,雷雨云中还要大 2~3 个量级. 由于大气电场的变化和天气有关,世界上有些观象台,长年积累资料,以寻求大气电场等要素变化的规律及其与天气和气候过程之间的相互关系.

1.3.3 电场强度的计算

1. 点电荷电场中的电场强度

设场源是电量为 q 的点电荷,为了研究它的场,设想把一个试探电荷 q_0 放在距离 q 为 r 的 P 点处,根据库仑定律,场源电荷 q 作用于试探电荷 q_0 的力为

$$\boldsymbol{F} = \frac{1}{4\pi\varepsilon_0}\frac{qq_0}{r^2}\boldsymbol{e}_r$$

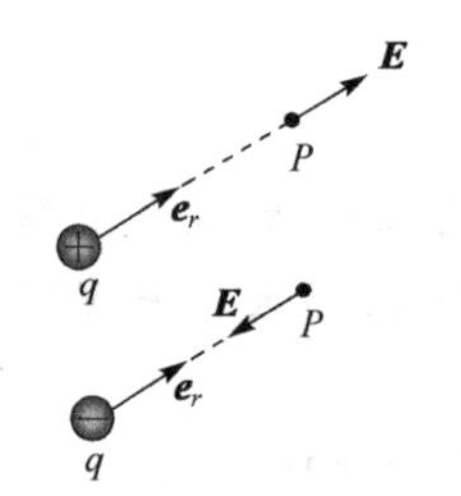

图 1.4 电场强度的方向

其中 $\boldsymbol{e}_r$ 是从 q 指向 q_0 的单位矢量. P 点的电场强度为

$$\boldsymbol{E} = \frac{\boldsymbol{F}}{q_0} = \frac{1}{4\pi\varepsilon_0}\frac{q}{r^2}\boldsymbol{e}_r \tag{1.6}$$

式(1.6)表明,在电荷的电场空间,任意一点 P 的电场强度大小与场源电荷至场点的距离 r 二次方成反比,与场源电荷的电荷量 q 成正比. 电场强度的方向,取决于场源电荷的符号. 若 $q>0$,则 $\boldsymbol{E}$ 与 $\boldsymbol{e}_r$ 同向;若 $q<0$,则 $\boldsymbol{E}$ 与 $\boldsymbol{e}_r$ 反向,如图 1.4所示. 从式(1.6)还可以看出,点电荷的电场具有球对称性分布,在以场源电荷为球心的球面上,电场强度大小处处相等.

2. 点电荷系电场中的电场强度

设场源电荷是由若干个点电荷 $q_1,q_2,\cdots,q_n$ 组成的一个系统,每个点电荷周围都有各自激发出的电场. 把试探电荷 q_0 放在场点 P 处,根据力的叠加原理,作用在 q_0 上的电场力的合力 $\boldsymbol{F}$ 应该等于各个点电荷分别作用于 q_0 上的电场力 $\boldsymbol{F}_1,\boldsymbol{F}_2,\cdots,\boldsymbol{F}_n$ 的矢量和,即

$$\boldsymbol{F} = \boldsymbol{F}_1 + \boldsymbol{F}_2 + \cdots + \boldsymbol{F}_n \tag{1.7}$$

把上式的两边分别除以 q_0,由电场强度定义式,可得 P 点的合电场强度为

$$\boldsymbol{E} = \boldsymbol{E}_1 + \boldsymbol{E}_2 + \cdots + \boldsymbol{E}_n = \sum_i \boldsymbol{E}_i \tag{1.8}$$

即**点电荷系在空间某点激发的电场强度,等于各个点电荷单独存在时在该点激发电场强度的矢量和**,这一结论称为**电场强度的叠加原理**. 将点电荷的场强公式(1.6)代入式(1.8)可得 P 点的场强为

$$\boldsymbol{E} = \sum_i \boldsymbol{E}_i = \sum_i \frac{q_i}{4\pi\varepsilon_0 r_i^2}\boldsymbol{e}_{ri} \tag{1.9}$$

式中，$\boldsymbol{e}_{r1},\boldsymbol{e}_{r2},\cdots,\boldsymbol{e}_{rn}$ 分别是场点 P 相对于各个场源电荷 $q_1,q_2,\cdots,q_n$ 的位矢 $\boldsymbol{r}_1,\boldsymbol{r}_2,\cdots,\boldsymbol{r}_n$ 方向上的单位矢量.

3. 连续分布电荷电场中的电场强度

对所考虑的空间距离而言，当带电体不能作为点电荷处理时，就必须考虑带电体的形状和大小，以及电荷在带电体上的分布情况. 对于电荷连续分布的带电体，可以将它看成为无数电荷元 $\mathrm{d}q$ 的集合，而每个电荷元 $\mathrm{d}q$ 则可视做点电荷，于是电荷元 $\mathrm{d}q$ 单独产生的电场的场强为

$$\mathrm{d}\boldsymbol{E}=\frac{\mathrm{d}q}{4\pi\varepsilon_0 r^2}\boldsymbol{e}_r \tag{1.10}$$

式中，r 是电荷元 $\mathrm{d}q$ 到场点 P 的距离，$\boldsymbol{e}_r$ 是其单位矢量，由电荷元指向考察点，如图 1.5 所示. 根据电场强度叠加原理，整个带电体在该点产生的合电场强度可用积分式表示为

$$\boldsymbol{E}=\int\mathrm{d}\boldsymbol{E}=\frac{1}{4\pi\varepsilon_0}\int\frac{\mathrm{d}q}{r^2}\boldsymbol{e}_r \tag{1.11}$$

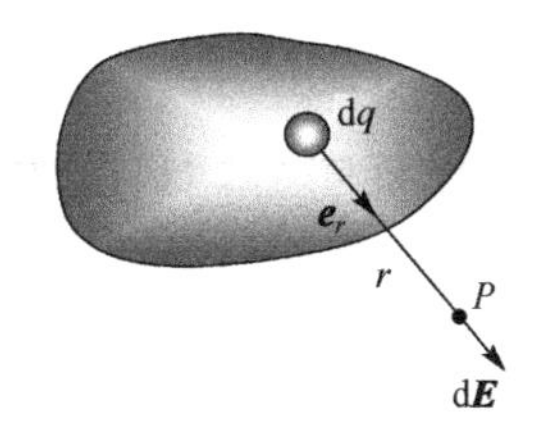

图 1.5　带电体的电场强度

如果带电体的电荷体密度为 ρ，电荷元的体积为 $\mathrm{d}V$，则 $\mathrm{d}q=\rho\mathrm{d}V$；如果是一个带电面，电荷面密度为 σ，电荷元的面积为 $\mathrm{d}S$，则 $\mathrm{d}q=\sigma\mathrm{d}S$；如果是一条带电线，电荷线密度为 λ，线元为 $\mathrm{d}l$，则 $\mathrm{d}q=\lambda\mathrm{d}l$.

例 1.1　两等量异性的点电荷 $+q$ 和 $-q$，相隔一定距离 l，当场点与这两个点电荷的距离 $r\gg l$ 时，这个点电荷系称为电偶极子，用电矩 $\boldsymbol{p}=q\boldsymbol{l}$ 反映其电特性，其方向由负电荷指向正电荷.

(1) 求电偶极子在 l 延长线上的场强.

(2) 求电偶极子在中垂线上的场强.

(3) 求电偶极子在空间任意点的场强.

解　(1) 如图 1.6 所示，正、负电荷单独在 P 点产生的电场的场强分别为

$$E_+=\frac{1}{4\pi\varepsilon_0}\frac{q}{\left(r-\frac{l}{2}\right)^2}$$

$$E_-=\frac{1}{4\pi\varepsilon_0}\frac{q}{\left(r+\frac{l}{2}\right)^2}$$

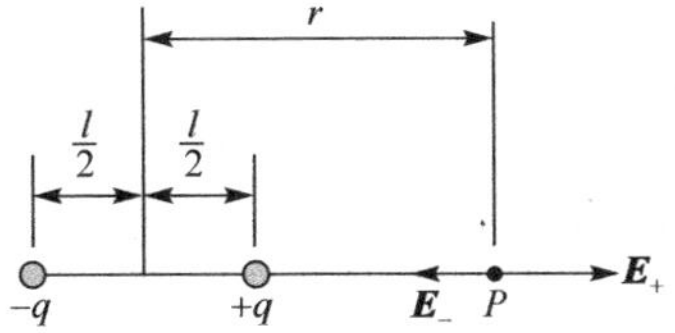

图 1.6　电偶极子在轴线上一点的电场

r 为 P 点到正、负电荷连线中点的距离，P 点的总场强为

$$\begin{aligned}E&=E_+-E_-\\&=\frac{q}{4\pi\varepsilon_0}\left[\frac{1}{\left(r-\frac{l}{2}\right)^2}-\frac{1}{\left(r+\frac{l}{2}\right)^2}\right]\end{aligned}$$

$$=\frac{q}{4\pi\varepsilon_0}\left[\frac{\left(r+\frac{l}{2}\right)^2-\left(r-\frac{l}{2}\right)^2}{\left(r-\frac{l}{2}\right)^2\left(r+\frac{l}{2}\right)^2}\right]$$

因考察点 P 到电偶极子的距离 $r\gg l$，略去二级小量 $\frac{l^2}{4}$ 可得

$$E=\frac{q}{4\pi\varepsilon_0}\frac{2rl}{\left(r^2-\frac{l^2}{4}\right)^2}=\frac{q}{4\pi\varepsilon_0}\frac{2rl}{r^4}=\frac{2ql}{4\pi\varepsilon_0 r^3}$$

引用电偶极子的电矩 $\boldsymbol{p}$，注意到场强与电矩的方向，可得

$$\boldsymbol{E}=\frac{2\boldsymbol{p}}{4\pi\varepsilon_0 r^3}=\frac{\boldsymbol{p}}{2\pi\varepsilon_0 r^3}$$

(2) 如图 1.7 所示，正、负电荷单独在 P 点产生的电场的场强分别为

$$E_+=\frac{1}{4\pi\varepsilon_0}\frac{q}{r^2+\left(\frac{l}{2}\right)^2}$$

$$E_-=\frac{1}{4\pi\varepsilon_0}\frac{q}{r^2+\left(\frac{l}{2}\right)^2}$$

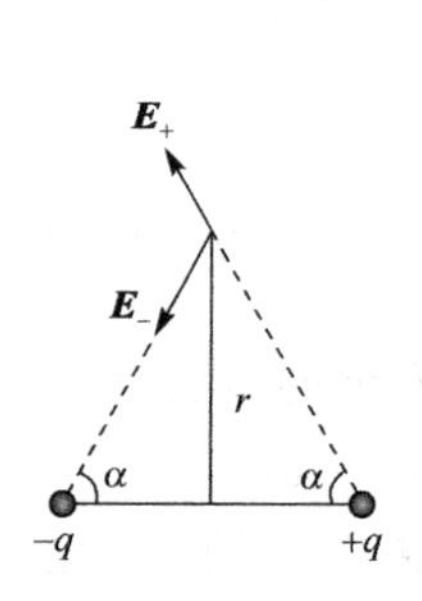

图 1.7 电偶极子中垂线上的电场

P 点的总场强为

$$E=E_+\cos\alpha+E_-\cos\alpha=2E_+\cos\alpha$$

其中，$\cos\alpha=\frac{\frac{l}{2}}{\sqrt{r^2+\frac{l^2}{4}}}$.

因 $r\gg l$，并注意到电矩和场强的方向，可得

$$\boldsymbol{E}=-\frac{1}{4\pi\varepsilon_0}\frac{\boldsymbol{p}}{r^3}$$

(3) 如图 1.8 所示，P 点的位置由极坐标 r 和 θ 给出，把电偶极子的电矩 $\boldsymbol{p}$ 分解成平行于 r 的分量 $p_{/\!/}$ 和垂直于 r 分量 $p_\perp$ 即

$$p_{/\!/}=p\cos\theta$$

$$p_\perp=p\sin\theta$$

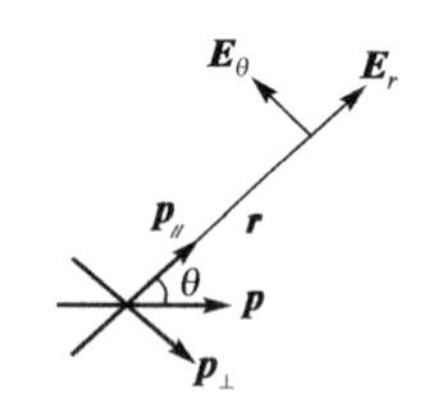

图 1.8 电偶极子周围任一点的电场

于是 P 点的场强可以看做由电矩 $p_{/\!/}$ 的电偶极子和电矩 $p_\perp$ 的电偶极子的场强叠加而成. $p_{/\!/}$ 产生的场强也就是 P 点的场强在 $\boldsymbol{e}_r$ 方向的分量，$p_\perp$ 产生的场强也就是 P 点的场强在 $\boldsymbol{e}_\theta$ 方向的分量，即

$$E_r = \frac{1}{2\pi\varepsilon_0}\frac{p\cos\theta}{r^3}$$

$$E_\theta = \frac{1}{4\pi\varepsilon_0}\frac{p\sin\theta}{r^3}$$

例 1.2　一长为 l 的均匀带电细棒，电荷线密度为 λ，设棒外一点 P 到细棒的距离为 a，且与棒两端的连线分别和棒成夹角 θ_1、θ_2，如图 1.9 所示. 求 P 点的场强.

解　以 P 到带电细棒的垂足 O 为原点并建立直角坐标系 Oxy，如图 1.9 所示. 在细棒上 x 处取一长为 $\mathrm{d}x$ 的电荷元，其电荷为 $\mathrm{d}q=\lambda\mathrm{d}x$，则 $\mathrm{d}q$ 在 P 点产生的场强大小为

$$\mathrm{d}E = \frac{1}{4\pi\varepsilon_0}\frac{\mathrm{d}q}{r^2} = \frac{\lambda}{4\pi\varepsilon_0}\frac{\mathrm{d}x}{r^2}$$

细棒上不同位置的电荷元 $\mathrm{d}q$ 在 P 点产生的 $\mathrm{d}\boldsymbol{E}$ 方向都不相同，因此在积分前将矢量 $\mathrm{d}\boldsymbol{E}$ 沿 x、y 轴的方向分解为

$$\mathrm{d}E_x = -\mathrm{d}E\cos\theta = -\frac{1}{4\pi\varepsilon_0}\frac{\lambda\mathrm{d}x}{r^2}\cos\theta$$

$$\mathrm{d}E_y = \mathrm{d}E\sin\theta = \frac{1}{4\pi\varepsilon_0}\frac{\lambda\mathrm{d}x}{r^2}\sin\theta$$

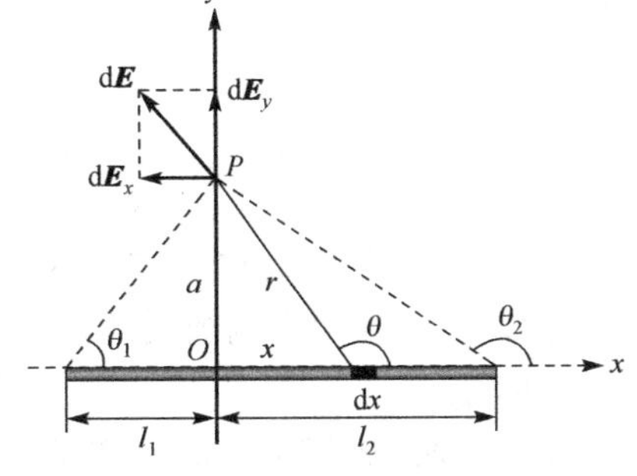

图 1.9　均匀带电细棒外任一点处的电场

从图 1.9 可知，上式中 x、r、θ 并非都是独立变量，它们有如下的关系：

$$r = a/\sin\theta$$

$$x = -a\cot\theta$$

对上式微分

$$\mathrm{d}x = a/\sin^2\theta\mathrm{d}\theta$$

则各电荷元在 P 点产生的合场强，在 x、y 轴上的分量为

$$E_x = \int\mathrm{d}E_x = -\int\frac{1}{4\pi\varepsilon_0}\frac{\lambda\mathrm{d}x}{r_2}\cos\theta$$

$$= -\frac{\lambda}{4\pi\varepsilon_0 a}\int_{\theta_1}^{\theta_2}\cos\theta\mathrm{d}\theta = \frac{\lambda}{4\pi\varepsilon_0 a}(\sin\theta_1 - \sin\theta_2)$$

$$E_y = \int\mathrm{d}E_y = \int\frac{1}{4\pi\varepsilon_0}\frac{\lambda\mathrm{d}x}{r^2}\sin\theta$$

$$= \frac{\lambda}{4\pi\varepsilon_0 a}\int_{\theta_1}^{\theta_2}\sin\theta\mathrm{d}\theta$$

$$= \frac{\lambda}{4\pi\varepsilon_0 a}(\cos\theta_1 - \cos\theta_2)$$

讨论　(1) 当 $a \ll l$，则细棒可以看成无限长，即 $\theta_1 = 0$，$\theta_2 = \pi$，代入可得

$$E_x = 0$$

$$E_y = \frac{\lambda}{2\pi\varepsilon_0 a}$$

上式指出,在一无限长带电细棒周围任意点的场强与该点到带电细棒的距离成反比,在离细棒距离相同处的电场强度大小相等,方向垂直于细棒,即电场分布具有轴对称性.

(2) 当 $a \gg l$ 时,

$$\cos\theta_1 = \frac{l_1}{\sqrt{a^2 + l_1^2}} \approx \frac{l_1}{a}$$

$$\cos\theta_2 = -\frac{l_2}{\sqrt{a^2 + l_2^2}} \approx -\frac{l_2}{a}$$

$$\sin\theta_1 = \frac{a}{\sqrt{a^2 + l_1^2}} \approx 1$$

$$\sin\theta_2 = \frac{a}{\sqrt{a^2 + l_2^2}} \approx 1$$

所以

$$E_x = 0$$

$$E_y = \frac{\lambda}{4\pi\varepsilon_0 a}\left(\frac{l_1}{a} + \frac{l_2}{a}\right) = \frac{\lambda l}{4\pi\varepsilon_0 a^2} = \frac{q}{4\pi\varepsilon_0 a^2}$$

此结果显示,离带电细棒很远处的电场相当于一个点电荷的电场.

例 1.3 一均匀带电细圆环,半径为 R,所带总电量为 $q(q>0)$,求圆环轴线上任一点的场强.

解 在圆环轴线上任取一点 P,距离环心 O 为 z. 取如图 1.10 所示的坐标系 $Oxyz$. 圆环上的电荷线密度为

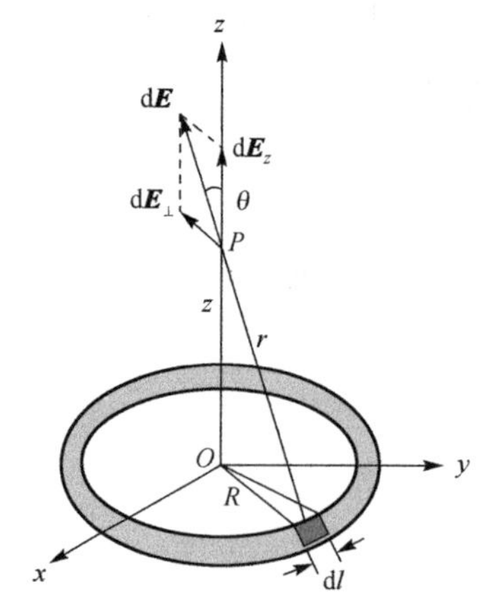

图 1.10 均匀带电细圆环轴上的电场

$$\lambda = \frac{q}{2\pi R}$$

如图 1.10 所示在圆环任取一小段 dl 的电荷元,其电荷为 $dq = \lambda dl = \frac{q}{2\pi R}dl$,该电荷元在 P 点激发的场强为

$$d\boldsymbol{E} = \frac{1}{4\pi\varepsilon_0}\frac{\lambda dl}{r^2}\boldsymbol{e}_r = \frac{1}{4\pi\varepsilon_0}\frac{q}{2\pi R}\frac{dl}{r^2}\boldsymbol{e}_r$$

根据对称性分析可知,各电荷元在 P 点的电场强度沿垂直于轴线方向上的分量 $dE_\perp$ 相互抵消,而平行于轴线方向的分量 dE_z 则相互加强,因而合场强大小为

$$E = \int dE_z = \int \frac{1}{4\pi\varepsilon_0}\frac{q}{2\pi R}\frac{dl}{r^2}\cos\theta = \frac{q}{4\pi\varepsilon_0 r^2}\cos\theta$$

因 $\cos\theta = \frac{z}{\sqrt{R^2 + z^2}}$,而 $r = \sqrt{R^2 + z^2}$,可将上式写成

$$E = \frac{1}{4\pi\varepsilon_0} \frac{qz}{(R^2 + z^2)^{3/2}}$$

方向沿 z 轴正向.

讨论 (1)当 $z \gg R$ 时,$(R^2 + z^2)^{3/2} \approx z^3$,则 $\boldsymbol{E}$ 的大小为

$$E \approx \frac{1}{4\pi\varepsilon_0} \frac{q}{z^2}$$

上式表明,远离环心处的电场相当于一个电荷全部集中在环心的点电荷产生的电场.

(2) 当 $z = 0$ 时,环心处的场强大小 $E = 0$.

例 1.4 设有一块无限大均匀带电薄板,电荷面密度为 σ. 求空间各点的场强.

解 设带电平面与 Oxz 平面重合,考察点 P 在 y 轴上,到带电面的距离为 y,如图 1.11 所示. 将带电平面分成许多宽度为 $\mathrm{d}x$ 与 z 轴平行的狭长细条,每一细条可以看成一根无限长的带电直线,其线密度为

$$\lambda = \sigma \mathrm{d}x$$

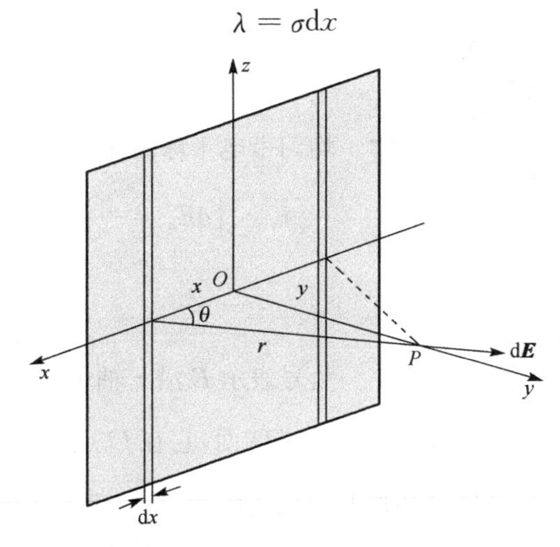

图 1.11 无限大均匀带电平面的电场可看成许多带电平行直线电场的叠加

该细条单独在 P 点产生的场强为

$$\mathrm{d}\boldsymbol{E} = \frac{1}{2\pi\varepsilon_0} \frac{\sigma \mathrm{d}x}{r} \boldsymbol{e}_r$$

根据对称性, $\mathrm{d}\boldsymbol{E}$ 只有 y 轴分量,从图上可以看出

$$\mathrm{d}E_y = \mathrm{d}E\sin\theta$$

于是

$$E = \int \mathrm{d}E_y = \frac{\sigma}{2\pi\varepsilon_0} \int \frac{\sin\theta}{r} \mathrm{d}x$$

因为 $\sin\theta = \dfrac{y}{r}$,$r^2 = x^2 + y^2$, 所以

$$E = \frac{\sigma}{2\pi\varepsilon_0} \int_{-\infty}^{\infty} \frac{y}{x^2 + y^2} \mathrm{d}x = \frac{\sigma y}{2\pi\varepsilon_0} \frac{1}{y} \arctan\frac{x}{y} \Bigg|_{-\infty}^{\infty} = \frac{\sigma}{2\varepsilon_0}$$

也可以把 Oxz 平面分成许多以原点为中心的同心圆，y 轴上 P 点的电场可以看成这些带电圆环在该点电场的叠加，结果与上式相同，读者可自行计算.

例 1.5　求电荷面密度为 σ 的均匀带电半球面在球心处激发的电场.

解　设球面半径为 r，取一球面坐标，原点与球面中心重合，如图 1.12 所示.

球坐标中的面元 $\mathrm{d}S$ 可以看作边长为 $r\mathrm{d}\theta$ 和 $r\sin\theta\mathrm{d}\varphi$ 的矩形，其面积为

$$\mathrm{d}S = r^2\sin\theta\mathrm{d}\theta\mathrm{d}\varphi$$

面元上的电荷在 O 点的场强大小为

$$\mathrm{d}E = \frac{1}{4\pi\varepsilon_0}\frac{\sigma\mathrm{d}S}{r^2}$$

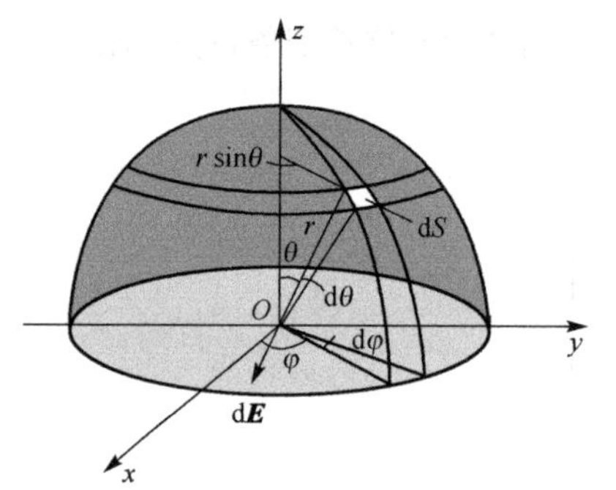

图 1.12　均匀带电半球面在球心的电场的计算

当 σ 为正时，$\mathrm{d}\boldsymbol{E}$ 的方向由 $\mathrm{d}S$ 指向球心. 由于对称性，$\mathrm{d}\boldsymbol{E}$ 只有 z 轴分量，即

$$\begin{aligned}\mathrm{d}E_z &= -\mathrm{d}E\cos\theta \\ &= -\frac{1}{4\pi\varepsilon_0}\sigma\sin\theta\cos\theta\mathrm{d}\theta\mathrm{d}\varphi\end{aligned}$$

均匀带电半球面在球心的场强为

$$\begin{aligned}E = \int\mathrm{d}E_z &= -\frac{\sigma}{4\pi\varepsilon_0}\int_0^{\frac{\pi}{2}}\sin\theta\cos\theta\mathrm{d}\theta\int_0^{2\pi}\mathrm{d}\varphi \\ &= -\frac{\sigma}{4\varepsilon_0}\end{aligned}$$

负号表示 $\boldsymbol{E}$ 沿 z 轴负向.

如果在 Oxy 平面下面还有一相同的半球面，它在 O 点产生的场强亦为 $\frac{\sigma}{4\varepsilon_0}$，但沿 z 轴方向，因此均匀带电球壳在球心处的场强为零. 此带电半球面也可以看作由许多带电圆环组成，球心处的场强是由这些圆环在该处产生场强的叠加.

1.4　高斯定理及应用

1.4.1　电场线

因为场的概念比较抽象，所以法拉第在提出场的概念的同时引入了**力线**的概念，认为场由力线构成. 对场的物理图像做出非常直观的形象化描述. 描述电场的力线称为**电场线**. 图 1.13 是几种带电系统的电场线. 在电场线上每一点处电场强度 $\boldsymbol{E}$ 的方向沿着该点的切线并以电场线箭头的指向表示电场强度的方向.

从图 1.13 几种电场线的分布可看出电场线的一些基本特性：

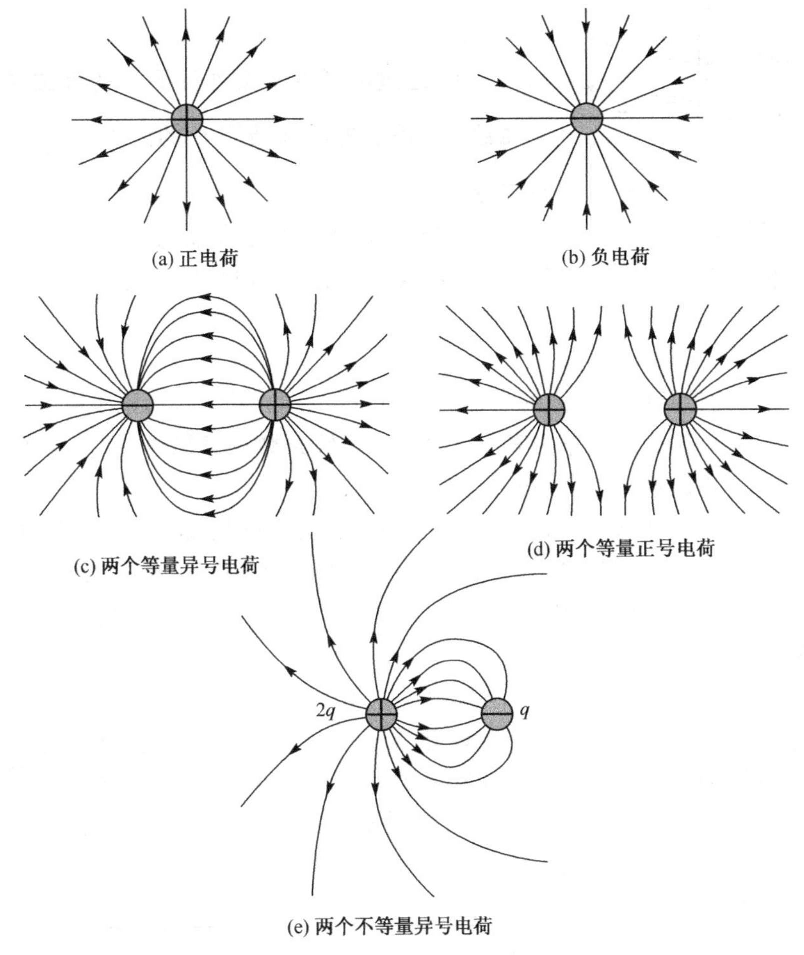

图 1.13 几种典型电场的电场线分布图形

(1) 电场线总是起始于正电荷(或无限远),终止于负电荷(或无限远),在没有电荷的地方电场线不会中断;

(2) 电场线不会形成闭合线;

(3) 没有电荷处,任意两条电场线不会相交.

电场线不仅能表示电场强度的方向,而且电场线在空间的密度分布还能表示电场强度的大小.电场线密集处,电场强度较大;电场线稀疏处,电场强度较小.

为了给出电场线密度和电场强度间的数量关系,我们对电场线的密度作如下规定:在电场中任一点,想象地作一个面积元 $\mathrm{d}S$, 并使它与该点的 $\boldsymbol{E}$ 垂直(图 1.14). $\mathrm{d}S$ 面上各点的 $\boldsymbol{E}$ 可认为是相同的,则通过面积元 $\mathrm{d}S$ 的电场线数 $\mathrm{d}N$ 与该点的 $\boldsymbol{E}$ 的大小有如下关系:

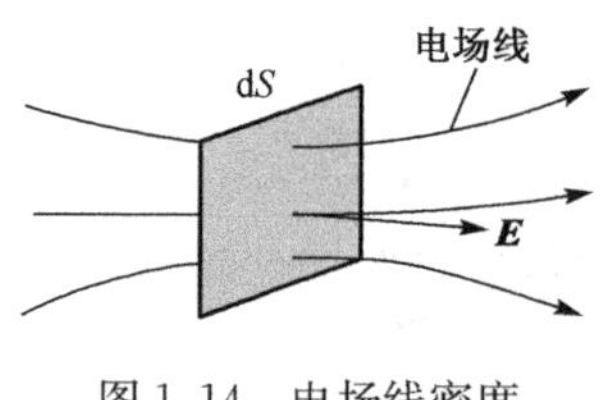

图 1.14　电场线密度与电场强度

$$\frac{\mathrm{d}N}{\mathrm{d}S} = E \tag{1.12}$$

这就是说，**通过电场中某点垂直于 $\boldsymbol{E}$ 的单位面积的电场线数等于该点处电场强度 $\boldsymbol{E}$ 的大小.** $\frac{\mathrm{d}N}{\mathrm{d}S}$ **叫做电场线密度.**

应当指出：电场中并不存在电场线，引入电场线只是为了形象地描绘电场的分布情况，电场线不是电荷在电场中运动的轨迹.

1.4.2　电通量

通量是描述包括电场在内的一切矢量场的一个重要概念，理论上有助于说明场与源的关系. 我们把**通过电场中某一个面的电场线条数来表示通过这个面的电场强度通量**，简称为**电通量**，用符号 Φ_e 表示.

以 $\mathrm{d}S$ 表示电场中某一个设想的面元，为了求出通过此面元的电通量，我们考虑此面元在垂直于场强方向的投影 $\mathrm{d}S_\perp$. 很明显，通过 $\mathrm{d}S$ 和 $\mathrm{d}S_\perp$ 的电场线条数是一样的. 由图 1.15 可知，$\mathrm{d}S_\perp = \mathrm{d}S\cos\theta$. 将此关系代入式(1.12)，可得通过 $\mathrm{d}S$ 的电场线的条数或电通量应为

$$\mathrm{d}\Phi_e = E\mathrm{d}S_\perp = E\mathrm{d}S\cos\theta \tag{1.13}$$

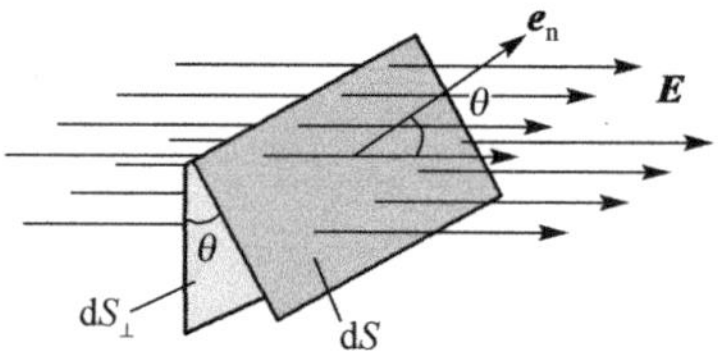

我们利用面元的法向单位矢量 $\boldsymbol{e}_n$ 来表示面元的方位，这时面元就用矢量面元 $\mathrm{d}\boldsymbol{S} = \mathrm{d}S\boldsymbol{e}_n$ 表示. 由图 1.15 可以看出，$\mathrm{d}S$ 和 $\mathrm{d}S_\perp$ 两面积之间的夹角也等于电场 $\boldsymbol{E}$ 和 $\boldsymbol{e}_n$ 之间的夹角. 由矢量标积的定义，可得

图 1.15　通过面元的电通量

$$\boldsymbol{E}\cdot\mathrm{d}\boldsymbol{S} = \boldsymbol{E}\cdot\boldsymbol{e}_n\mathrm{d}S = E\mathrm{d}S\cos\theta$$

将此式与式(1.13)对比，可得通过面元 $\mathrm{d}S$ 的电通量为

$$\mathrm{d}\Phi_e = \boldsymbol{E}\cdot\mathrm{d}\boldsymbol{S} \tag{1.14}$$

电通量是标量，可正可负，当 θ 为锐角时，$\cos\theta > 0$，$\mathrm{d}\Phi_e$ 为正；当 θ 为钝角时，$\cos\theta < 0$，$\mathrm{d}\Phi_e$ 为负.

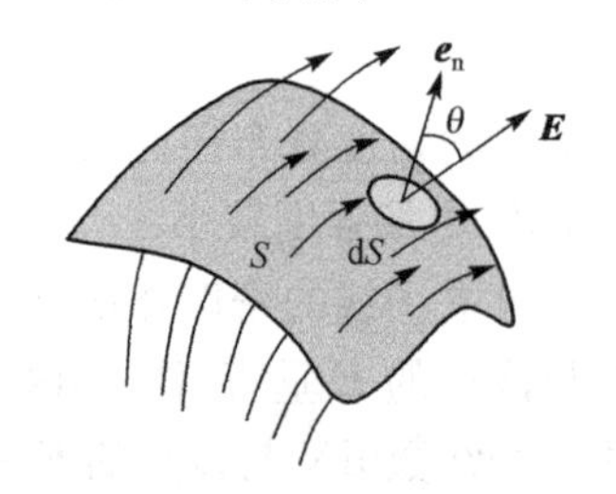

图 1.16　通过任意曲面的电通量

为了求出通过任意曲面 S 的电通量(图 1.16)，可将曲面 S 分割成许多小面元 $\mathrm{d}S$，通过任意曲面 S 的电通量即为通过所有面元电通量的代数和，即

$$\Phi_e = \int \mathrm{d}\Phi_e = \int_S \boldsymbol{E}\cdot\mathrm{d}\boldsymbol{S} \tag{1.15}$$

通过一个封闭曲面 S 的电通量可表示为

$$\Phi_e = \oint_S \boldsymbol{E}\cdot\mathrm{d}\boldsymbol{S} \tag{1.16}$$

需要说明,对于非闭合的任意曲面,面积元 dS 的法线取向可在曲面的任一侧选取. 但对于闭合曲面来说,我们规定:取指向曲面外部的法线方向为正. 当电场线从闭合面穿出时,θ 为锐角,电通量 Φ_e 为正;当电场线穿进闭合面时,θ 为钝角,电通量 Φ_e 为负.

1.4.3 高斯定理

既然电场是电荷所激发的,那么,通过电场空间某一给定闭合曲面的电场强度通量与激发电场的场源电荷必有确定的关系. 下面我们利用电通量的概念,根据库仑定律和场强叠加原理来导出这个关系,即**高斯定理**.

1. 通过包围点电荷 q 的任意闭合曲面 S 的电通量等于 q/ε_0

如图 1.17 所示,点电荷 q 被任意闭合曲面 S 所包围,以 q 为顶点作一个立体角为 $d\Omega$ 的小圆锥,在闭合曲面 S 上截出小面元 dS, dS 到 q 距离为 r, dS 处场强为 $\boldsymbol{E}$, 外法线单位矢量为 $\boldsymbol{e}_n$, $\boldsymbol{e}_n$ 与 $\boldsymbol{E}$ 夹角为 θ, 通过 dS 的电通量为

$$d\Phi_e = \boldsymbol{E} \cdot d\boldsymbol{S} = E dS\cos\theta$$

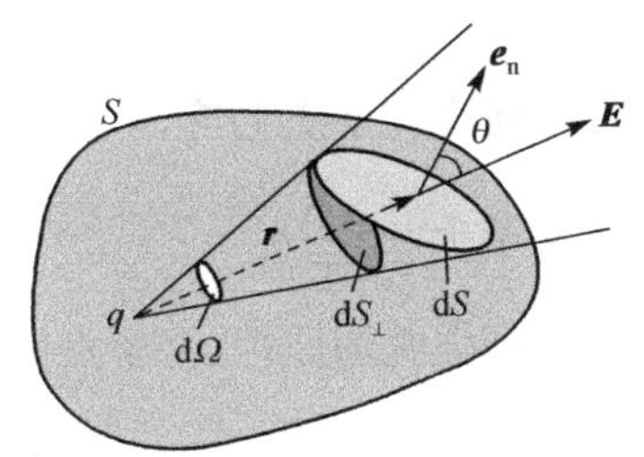

图 1.17 电荷 q 在任意闭合曲面内部

将点电荷的场强计算公式代入上式,可得

$$d\Phi_e = \frac{q}{4\pi\varepsilon_0}\frac{dS\cos\theta}{r^2} = \frac{q}{4\pi\varepsilon_0}\frac{dS_\perp}{r^2}$$

式中, $dS\cos\theta = dS_\perp$, 即为面积元 dS 在垂直于矢量 r 方向上的投影. 从数学上可知, $dS_\perp/r^2$ 为面积元 dS 对点电荷 q 所张开的立体角 $d\Omega$, 即 $d\Omega = dS_\perp/r^2$, 故上式为

$$d\Phi_e = \frac{q}{4\pi\varepsilon_0}d\Omega$$

因此,通过闭合曲面 S 的电通量为

$$\Phi_e = \oint_S d\Phi_e = \oint_S \boldsymbol{E} \cdot d\boldsymbol{S} = \frac{q}{4\pi\varepsilon_0}\oint_S d\Omega$$

式中,立体角对闭合曲面的积分 $\oint_S d\Omega = 4\pi$, 于是上式为

$$\Phi_e = \oint_S \boldsymbol{E} \cdot d\boldsymbol{S} = \frac{q}{\varepsilon_0}$$

2. 通过不包围点电荷 q 的任意闭合曲面 S 的电通量等于零

如图 1.18 所示,点电荷 q 在任意闭合曲面 S 外部,仍以 q 为顶点作一个立体角为 $d\Omega$ 的小圆锥,在闭合曲面 S 上截出一对小面元 dS_1、dS_2, dS_1、dS_2 到 q 距离为 r_1、r_2, dS_1、dS_2 处场强为 $\boldsymbol{E}_1$、$\boldsymbol{E}_2$, 外法线单位矢量为 $\boldsymbol{e}_{n1}$、$\boldsymbol{e}_{n2}$, $\boldsymbol{E}_1$ 与 $\boldsymbol{e}_{n1}$ 夹角为 θ_1, $\boldsymbol{E}_2$ 与 $\boldsymbol{e}_{n2}$ 夹角为 θ_2, 通过 dS_1 的电通量为

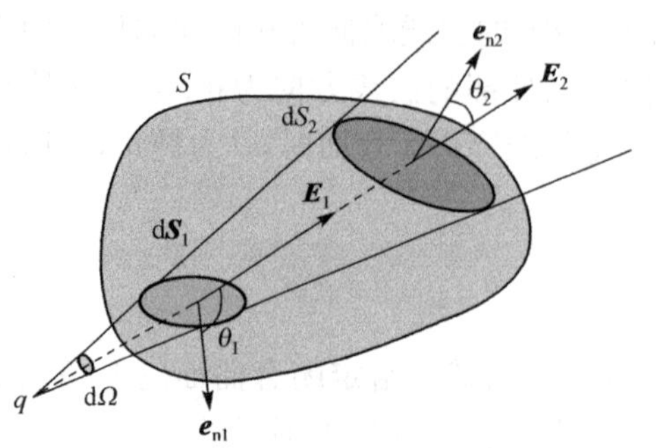

图 1.18 电荷 q 在任意闭合曲面外部

$$d\Phi_{e1}=\boldsymbol{E}_1\cdot d\boldsymbol{S}_1=E_1\cos\theta_1 dS_1$$
$$=-\frac{q}{4\pi\varepsilon_0 r_1^2}dS_{\perp_1}=-\frac{q}{4\pi\varepsilon_0}d\Omega$$

通过 dS_2 的电通量为

$$d\Phi_{e2}=\boldsymbol{E}_2\cdot d\boldsymbol{S}_2=E_2\cos\theta_2 dS_2$$
$$=\frac{q}{4\pi\varepsilon_0 r_2^2}dS_{\perp_2}=\frac{q}{4\pi\varepsilon_0}d\Omega$$

所以 $d\Phi_{e1}+d\Phi_{e2}=0$，表示 dS_1、dS_2 处穿入穿出的元电通量相等，相互抵消. 将闭合曲面 S 分割成这样一对对的 dS_1、dS_2，每对面元的元电通量都相互抵消，所以

$$\Phi_e=\oint_S \boldsymbol{E}\cdot d\boldsymbol{S}=0$$

3. 空间有 n 个点电荷，k 个在闭合曲面内，$n-k$ 个在闭合曲面外，通过闭合曲面的电通量等于 $\frac{1}{\varepsilon_0}\sum_{i=1}^{k}q_i$

根据场强叠加原理，n 个点电荷在闭合曲面 S 上任一点产生的合场强为

$$\boldsymbol{E}=\sum_{i=1}^{k}\boldsymbol{E}_i+\sum_{i=k+1}^{n}\boldsymbol{E}_i$$

通过闭合曲面 S 的电通量等于

$$\Phi_e=\oint_S \boldsymbol{E}\cdot d\boldsymbol{S}=\sum_{i=1}^{k}\oint_S \boldsymbol{E}_i\cdot d\boldsymbol{S}+\sum_{i=k+1}^{n}\oint_S \boldsymbol{E}_i\cdot d\boldsymbol{S}$$

若 q_i 在 S 面内，则 $\oint_S \boldsymbol{E}_i\cdot d\boldsymbol{S}=\frac{q_i}{\varepsilon_0}$；若 q_i 在 S 面外，则 $\oint_S \boldsymbol{E}_i\cdot d\boldsymbol{S}=0$. 所以

$$\Phi_e=\oint_S \boldsymbol{E}\cdot d\boldsymbol{S}=\frac{1}{\varepsilon_0}\sum_{i=1}^{k}q_i$$

4. 空间存在电荷连续分布的带电体 q，通过闭合曲面的电通量等于 $\frac{1}{\varepsilon_0}\int_V \rho dV$

设带电体的电荷体密度为 ρ，如图 1.19 所示有三种情况取闭合曲面 S，不论哪

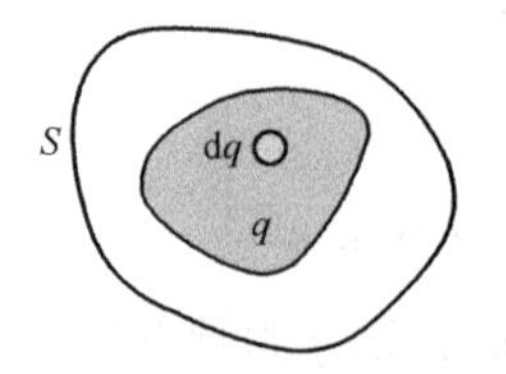

(a) 闭合曲面完全包围带电体

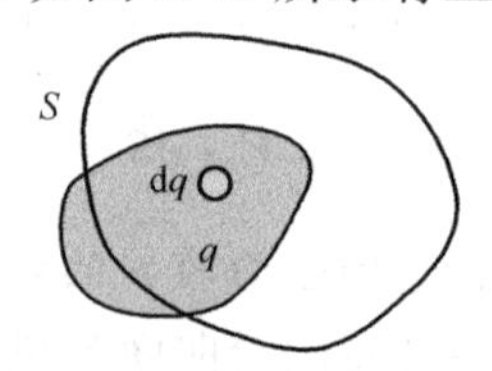

(b) 闭合曲面部分包围带电体

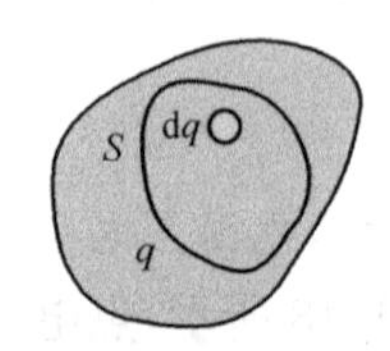

(c) 闭合曲面在带电体内

图 1.19 闭合曲面包围带电体的三种情况

种情况，在闭合曲面 S 所包围的带电体中取一宏观无限小的元电荷 $\mathrm{d}q=\rho\mathrm{d}V$，$\mathrm{d}V$ 为 $\mathrm{d}q$ 所占据的小体积元. $\mathrm{d}q$ 对通过闭合曲面 S 的电通量的贡献，可按点电荷处理. 所以带电体通过闭合曲面 S 的电通量为

$$\Phi_{\mathrm{e}}=\oint_S \boldsymbol{E}\cdot\mathrm{d}\boldsymbol{S}=\frac{1}{\varepsilon_0}\int_{q'}\mathrm{d}q=\frac{1}{\varepsilon_0}\int_V \rho\mathrm{d}V$$

式中，q' 是 S 所包围的电量，V 是 S 所包围的带电体的体积.

综上所述，高斯定理可表述为：**通过任意闭合曲面的电通量等于该曲面所包围的所有电荷的代数和除以 ε_0，与闭合面外的电荷无关**，其数学表达式为

$$\oint_S \boldsymbol{E}\cdot\mathrm{d}\boldsymbol{S}=\frac{1}{\varepsilon_0}\sum_i q_i \tag{1.17}$$

式中，$\boldsymbol{E}$ 是空间的总场强，S 为任意形状的闭合曲面，常称为**高斯面**，$\sum\limits_i q_i$ 则应理解为包围在 S 内的总电量，即电量的代数和. 若包围在 S 内的是电荷连续分布的带电体，高斯定理又可写成

$$\oint_S \boldsymbol{E}\cdot\mathrm{d}\boldsymbol{S}=\frac{1}{\varepsilon_0}\int_V \rho\mathrm{d}V \tag{1.18}$$

为了正确地理解高斯定理，需要注意以下几点：

(1) 高斯定理反映了电场对闭合曲面的电通量只取决于它所包围的电荷，闭合曲面外部电荷对这一电通量无贡献.

(2) 虽然闭合曲面外的电荷对通过闭合曲面的电通量没有贡献，但是对闭合曲面上各点的电场强度 $\boldsymbol{E}$ 是有贡献的，也就是说，闭合曲面上各点的电场强度是由闭合曲面内、外所有电荷共同激发的.

(3) 高斯定理说明了静电场是有源场. 从高斯定理可知，若闭合曲面内有正电荷 q，则它对闭合曲面贡献的电通量是正的，电场线自内向外穿出，说明有 q/ε_0 条电场线出自于正电荷；若闭合曲面内有负电荷 q，则它对闭合曲面贡献的电通量是负的，电场线自外向内穿入，说明有 q/ε_0 条电场线终止于负电荷；若闭合曲面内无电荷，则通过闭合曲面的电通量为零，通过闭合曲面的电场线不中断. 高斯定理将电场与场源电荷联系了起来，揭示了静电场是有源场这一普遍性质.

(4) 高斯定理是从库仑定律导出来的，它主要反映了库仑定律的平方反比律，即 $F\propto 1/r^2$. 如果库仑定律不服从平方反比律，我们就不可能得到高斯定理. 因此证明高斯定理的正确性是证明库仑定律中平方反比律的一种间接方法.

(5) 虽然高斯定理是从库仑定律导出来的，但实际上，不增添附加条件如点电荷的电场方向沿径向并具有球面对称性等，并不能从高斯定理导出库仑定律，因为高斯定理并没有反映静电场是有心力场这一特性.

(6) 库仑定律是从电荷间的作用反映静电场的性质，而高斯定理则是从场与场源电荷间的关系反映静电场的性质. 从场的研究方面来看，高斯定理比库仑定律更

基本,应用范围更广泛.库仑定律只适用于静电场,而高斯定理不但适用静电场而且对变化电场也是适用的,它是电磁场理论的基本方程之一.

1.4.4 高斯定理的应用

高斯定理不仅从一个侧面反映了静电场的性质,而且有时也可以用来计算一些呈高度对称性分布的电场的电场强度,这往往比采用叠加法更简便.从高斯定理的数学表达式(1.17)来看,电场强度 $\boldsymbol{E}$ 位于积分号内,一般情况不易求解.但是如果高斯面上的电场强度大小处处相等,且方向与各点处面积元 $\mathrm{d}\boldsymbol{S}$ 的法线方向一致或具有相同的夹角,这时 $\boldsymbol{E}\cdot\mathrm{d}\boldsymbol{S}=E\cos\theta\mathrm{d}S$,则 E 可作为常量从积分号中提出来,这样就可以解出 E 值.由此看来,利用高斯定理计算电场强度,不仅要求电场强度分布具有对称性,而且还要根据电场强度的对称分布作相应的高斯面,以满足:①高斯面上的电场强度大小处处相等;②面积元 $\mathrm{d}\boldsymbol{S}$ 法线方向与该处的电场强度 $\boldsymbol{E}$ 的方向一致或具有相同的夹角.下面我们通过几个例题来理解上述应用高斯定理求电场强度的方法.

例 1.6 求均匀带电球面产生的电场,已知球面的半径为 R,电量为 q.

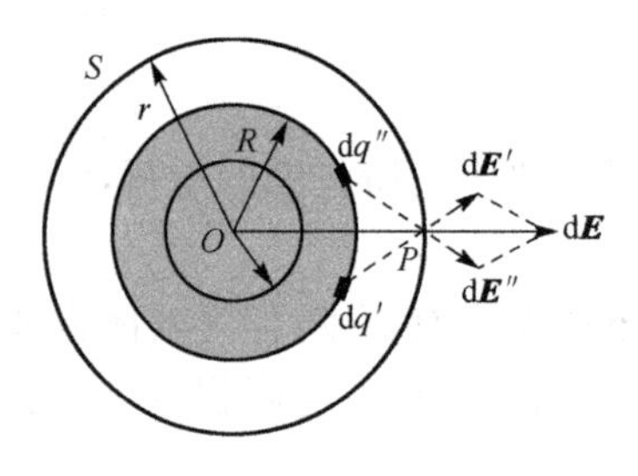

图 1.20 均匀带电球面的电场

解 先分析电场分布的对称性.如图 1.20 所示,由于电荷分布关于直线 OP 对称,因此,对于任何一对对称的电荷元 $\mathrm{d}q'$ 和 $\mathrm{d}q''$ 来说,它们在 P 点产生的合电场强度 $\mathrm{d}\boldsymbol{E}$ 的方向一定沿着 OP 方向,所以整个带电球面上的电荷在 P 点产生的合电场强度 $\boldsymbol{E}$ 的方向也必然沿着 OP 方向.又由于电荷分布具有球对称性,在与带电球面同心的球面上各点的 $\boldsymbol{E}$ 的大小也一定相等,所以电场 $\boldsymbol{E}$ 的分布具有球对称性.

为了计算空间某点 P 的电场强度,可根据电场的球对称性特点,以 O 点为球心,过 P 点作一半径为 r 的闭合高斯面.由于高斯面上各点的电场强度大小处处相等,方向又分别与相应点处面积元 $\mathrm{d}S$ 上的法线方向一致,则通过此高斯面的电通量为

$$\Phi_e=\oint_S\boldsymbol{E}\cdot\mathrm{d}\boldsymbol{S}=\oint_S E\mathrm{d}S=E\oint_S\mathrm{d}S=E\cdot4\pi r^2$$

如果 P 点在球面外($r>R$),此时高斯面 S 所包围的电荷为 q.根据高斯定理有

$$E\cdot4\pi r^2=\frac{q}{\varepsilon_0}$$

由此得 P 点的场强为

$$E=\frac{1}{4\pi\varepsilon_0}\frac{q}{r^2}$$

$\boldsymbol{E}$ 的方向沿径向向外.

如果 P 点在球面内($r<R$),由于高斯面 S 内没有电荷,根据高斯定理有

$$E \cdot 4\pi r^2 = \frac{q}{\varepsilon_0}, \qquad E \cdot 4\pi r^2 = 0$$

则

$$E = 0$$

由上式可知，均匀带电球面内部空间的电场强度处处为零. 均匀带电球面内、外的电场强度分布如图 1.21 所示.

如果电荷 q 均匀分布在球体内，可以用同样的方法计算电场强度. 球体外的电场强度与球面外的电场强度完全相同. 计算球内电场强度时，根据高斯定理，有

$$E \cdot 4\pi r^2 = \frac{q}{4\pi R^3/3} \cdot \frac{4}{3}\pi r^3 \cdot \frac{1}{\varepsilon_0} \quad (r < R)$$

得

$$E = \frac{1}{4\pi\varepsilon_0}\frac{qr}{R^3}$$

$\boldsymbol{E}$ 的方向沿径向向外. 均匀带电球体的电场强度分布如图 1.22 所示. 从图中可以看出，在球体表面上电场强度大小是连续的.

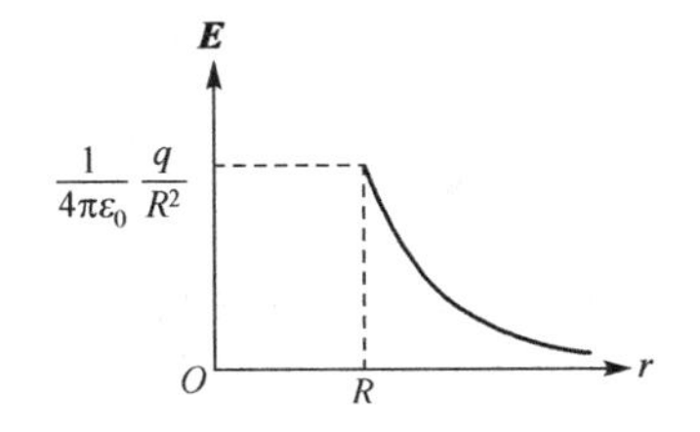

图 1.21　均匀带电球面场强分布曲线

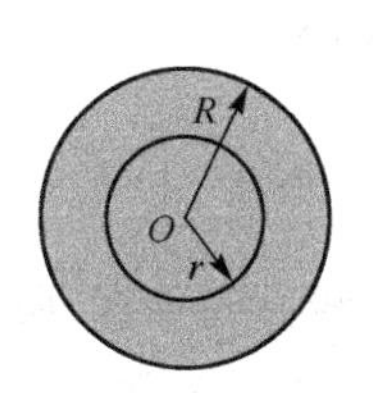

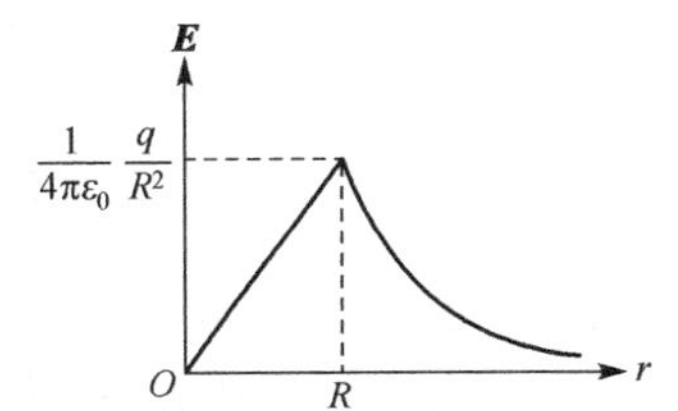

图 1.22　均匀带电球体的场强分布

例 1.7　设有一无限大的均匀带电平面，电荷面密度为 σ，求此平面在空间电场的分布.

解　根据对称性分析，平面两侧的电场强度分布具有面对称性. 两侧离平面等距离处的电场强度大小相等，方向处处与平面垂直，我们作圆柱形高斯面 S，垂直于平面且被平面上下等分，如图 1.23 所示. 由于圆柱侧面上各点 $\boldsymbol{E}$ 的方向与侧面上各面积元 $\mathrm{d}\boldsymbol{S}$ 法向垂直，所以通过侧面的电通量为零. 设底面的面积为 ΔS，则通过整个圆柱形高斯面的电通量为

$$\begin{aligned}\Phi_e &= \oint_S \boldsymbol{E} \cdot \mathrm{d}\boldsymbol{S} = \int_{\text{侧面}} \boldsymbol{E} \cdot \mathrm{d}\boldsymbol{S} + \int_{\text{两底面}} \boldsymbol{E} \cdot \mathrm{d}\boldsymbol{S} \\ &= \int_{\text{两底面}} \boldsymbol{E} \cdot \mathrm{d}\boldsymbol{S} = 2E\Delta S\end{aligned}$$

该高斯面中包围的电荷为

$$\sum_i q_i = \sigma \Delta S$$

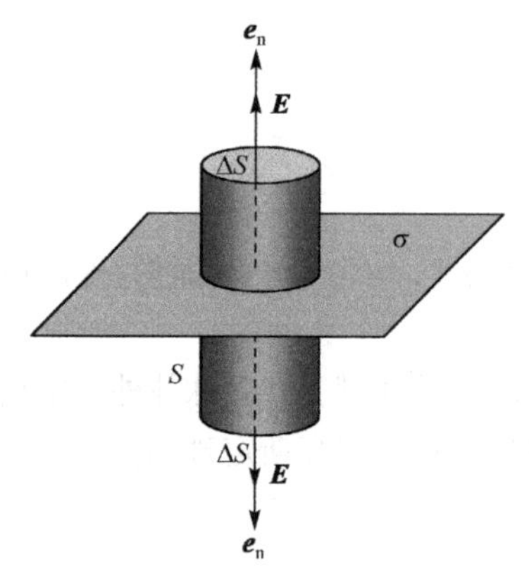

图 1.23 无限大均匀带电平面的电场

根据高斯定理，有

$$2E\Delta S = \frac{\sigma\Delta S}{\varepsilon_0}$$

因此无限大均匀带电平面外的电场强度为

$$E = \frac{\sigma}{2\varepsilon_0}$$

可见无限大均匀带电平面两侧的电场是均匀的.

例 1.8 设有一无限长均匀带电直线，已知电荷线密度为 λ. 求距直线为 r 处的电场强度.

解 由于带电直线无限长，且电荷分布是均匀的，所以其电场的 $\boldsymbol{E}$ 沿垂直于该直线的径向，而且在距直线等距离处各点 $\boldsymbol{E}$ 的大小相等. 这就是说，无限长均匀带电直线的电场是轴对称的. 以直线为轴，作半径为 r，长为 h 的圆柱形高斯面 S，如图 1.24所示. 则通过高斯面的电通量为

$$\Phi_e = \oint_S \boldsymbol{E} \cdot d\boldsymbol{S} = \int_{侧面} \boldsymbol{E} \cdot d\boldsymbol{S} + \int_{左底面} \boldsymbol{E} \cdot d\boldsymbol{S} + \int_{右底面} \boldsymbol{E} \cdot d\boldsymbol{S}$$

因为 $\boldsymbol{E}$ 与圆柱两底面的法线方向垂直，所以后两项的积分为零，而侧面上各点 $\boldsymbol{E}$ 的方向与各点的法线方向相同，且 E 为常量，故有

$$\Phi_e = \int_{侧面} \boldsymbol{E} \cdot d\boldsymbol{S} = \int E dS = E\int dS = E \cdot 2\pi rh$$

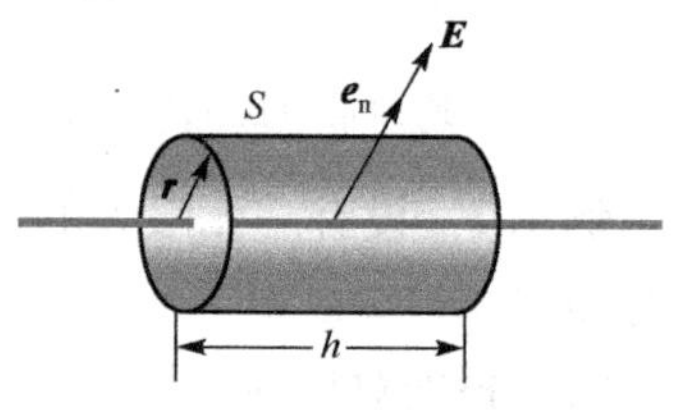

图 1.24 无限长均匀带电直线的电场

式中，$2\pi rh$ 为圆柱面的侧面积. 圆柱形高斯面内包围的电荷为

$$\sum_i q_i = \lambda h$$

根据高斯定理，有

$$E \cdot 2\pi rh = \frac{\lambda h}{\varepsilon_0}$$

因此高斯面上任一点的电场强度的大小为

$$E = \frac{\lambda}{2\pi\varepsilon_0 r}$$

当 $\lambda > 0$ 时，$\boldsymbol{E}$ 的方向沿径向指向外；当 $\lambda < 0$ 时，$\boldsymbol{E}$ 的方向沿径向指向内.

例 1.9 如图 1.25 所示，均匀带电球体中挖出一球形空腔，球体的电荷体密度为 ρ，球体的球心到空腔中心的距离为 a，求腔内任一点的电场强度.

解 将空腔看作腔内同时填满了体密度为 $+\rho$ 与 $-\rho$ 的电荷. 由高斯定理可分别

求出带正电荷的整个球体与带负电荷的空腔球形带电体在腔内任一点的场强 $\boldsymbol{E}_+$ 和 $\boldsymbol{E}_-$，然后利用场强叠加原理求出它们在 P 点的总场强.

大球体的电场强度分布具有球对称性，小球体的电场强度分布也具有球对称性，分别以 O 和 O' 为球心，以 r 和 r' 为半径（通过 P 点）作高斯面，如图 1.25 所示，利用高斯定理可求得大球在 P 点产生的电场强度为

$$\oint_S \boldsymbol{E}_+ \cdot \mathrm{d}\boldsymbol{S} = E_+ 4\pi r^2 = \frac{1}{\varepsilon_0}\rho \frac{4}{3}\pi r^3$$

$$\boldsymbol{E}_+ = \frac{\rho}{3\varepsilon_0}\boldsymbol{r}$$

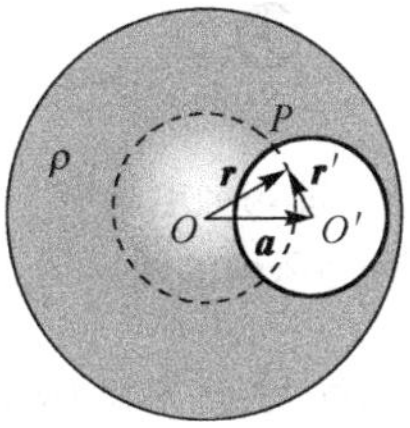

图 1.25　球体中的球形空腔

同理，小球在 P 点产生的电场强度为

$$\boldsymbol{E}_- = -\frac{\rho}{3\varepsilon_0}\boldsymbol{r}'$$

所以 P 点总的电场强度为

$$\boldsymbol{E} = \boldsymbol{E}_+ + \boldsymbol{E}_- = \frac{\rho}{3\varepsilon_0}(\boldsymbol{r} - \boldsymbol{r}') = \frac{\rho}{3\varepsilon_0}\boldsymbol{a}$$

式中 $\boldsymbol{a} = \boldsymbol{r} - \boldsymbol{r}'$，故空腔内的电场为均匀场，方向由 O 指向 O'.

综合以上几个例题可以看出：

(1) 只有当带电体的电荷分布具有一定的对称性（球对称、面对称、轴对称）时，才有可能利用高斯定理求电场强度. 不具有特定对称性的电荷分布，其电场不能直接用高斯定理求出. 但是，由于高斯定理是反映电场性质的一条普遍规律，因此不论电荷的分布对称与否，高斯定理对各种情形下的静电场总是成立的.

(2) 对带电体系来说，如果其中每个带电体上的电荷分布都具有对称性，那么可以用高斯定理求出每个带电体的电场，然后再应用场强叠加原理求出带电体系的总电场分布.

1.5　电　　势

前面我们从静电场中电荷的受力特点出发研究了静电场，揭示了静电场是有源场，并引入了描述电场力学性质的物理量——电场强度. 现在我们将研究静电场力（简称电场力）对电荷所做的功，进而从功能观点阐述电场的电势能，并引入新的物理量——电势.

1.5.1　电场力所做的功

如图 1.26 所示，在点电荷 q（设 $q>0$）的电场中，试探电荷 q_0 从 a 点沿任意路径 L 移动到 b 点. 取场源电荷 q 为坐标原点，在试探电荷 q_0 移动过程中的某一位置（其位矢为 $\boldsymbol{r}$）取位移元 $\mathrm{d}\boldsymbol{l}$，该处电场强度为 $\boldsymbol{E}$，则电场力对试探电荷 q_0 所做的元功为

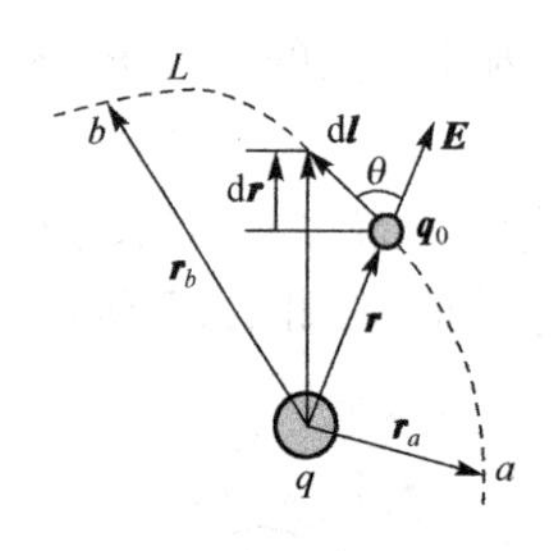

图 1.26 非匀强电场中电场力所做的功

$$dA = \boldsymbol{F} \cdot d\boldsymbol{l} = q_0 \boldsymbol{E} \cdot d\boldsymbol{l} = q_0 E dl\cos\theta$$

式中，θ 为 $\boldsymbol{E}$ 与 $d\boldsymbol{l}$ 之间的夹角. 由图可知，$dl\cos\theta = dr$，将它代入上式，可得

$$dA = q_0 E dr$$

当试探电荷 q_0 从 a 点移到 b 点时，电场力对它所做的功为

$$A = \int_a^b dA = \int_{r_a}^{r_b} q_0 E dr = \int_{r_a}^{r_b} \frac{q}{4\pi\varepsilon_0} \frac{q_0}{r^2} dr$$

$$A = \frac{qq_0}{4\pi\varepsilon_0}\left(\frac{1}{r_a} - \frac{1}{r_b}\right) \tag{1.19}$$

式中，r_a、r_b 分别为试探电荷在起点 a 和终点 b 的位矢大小. 由此可以得出结论：**在静电场中，试探电荷 q_0 从一个位置移动到另一个位置时，电场力对它所做的功只与 q_0 及其始、末两个位置有关，而与路径无关.** 这是静电场力的一个重要特性，与重力场中重力对物体做功与路径无关的特性相同，所以静电场力是**保守力**，静电场是**保守场**. 根据叠加原理，不难看出这一结论并不限于点电荷的电场，对任意分布的电荷产生的电场都成立.

1.5.2 静电场的环路定理

因电场力做功与路径无关，当任一电量为 q 的点电荷按图 1.27 所示闭合回路 L 从某点 a 出发沿任一路径 al_1b 到达 b 点，又沿任一路径 bl_2a 回到 a 点，在这过程中，电场力做的总功

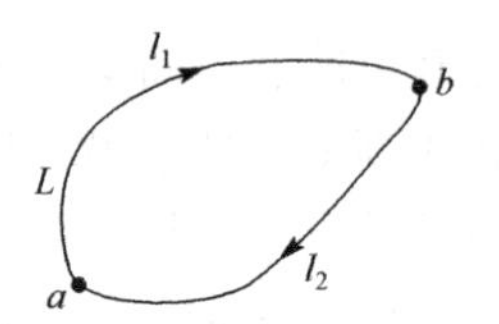

图 1.27 静电场的环流等于零

$$A_{aba} = \oint_L q\boldsymbol{E} \cdot d\boldsymbol{l} = \int_{\substack{a\\l_1}}^{b} q\boldsymbol{E} \cdot d\boldsymbol{l} + \int_{\substack{b\\l_2}}^{a} q\boldsymbol{E} \cdot d\boldsymbol{l}$$

$$= q\int_{\substack{a\\l_1}}^{b} \boldsymbol{E} \cdot d\boldsymbol{l} - q\int_{\substack{a\\l_2}}^{b} \boldsymbol{E} \cdot d\boldsymbol{l} = 0$$

因 $q \neq 0$，故

$$\oint_L \boldsymbol{E} \cdot d\boldsymbol{l} = 0 \tag{1.20}$$

电场强度 $\boldsymbol{E}$ 沿闭合路径 L 的线积分，称为电场强度 $\boldsymbol{E}$ 的**环流**. 上式表示，静电场中电场强度的环流恒等于零. 这一结论与电场力做功与路径无关等价，称为静电场的**环路定理**.

用环路定理可以证明，静电场中的电场线不能形成闭合曲线，这是因为如果电场线是一条闭合曲线，则以此闭合曲线作为电场强度 $\boldsymbol{E}$ 的积分回路，必有 $\oint_L \boldsymbol{E} \cdot d\boldsymbol{l} > 0$，这与环路定理相违背. 所以，电场线闭合的假设是不成立的.

静电场的高斯定理和环路定理是描述静电场性质的两条基本定理. 高斯定理指出静电场是有源场；环路定理指出静电场是保守场(也称有势场或无旋场).

1.5.3 电势能

既然电场力所做的功与路径无关,我们就可以像引入重力势能那样来定义静电势能(简称电势能).与重力势能相似,我们规定

电场力所做之功 = 电势能增量的负值

如果用 W_a 和 W_b 表示试探电荷 q_0 在起点 a 和终点 b 处所具有的电势能,则按定义

$$A_{ab} = -(W_b - W_a)$$

即

$$q_0 \int_a^b \boldsymbol{E} \cdot \mathrm{d}\boldsymbol{l} = W_a - W_b \tag{1.21}$$

式(1.21)只规定了试探电荷在场中两点所具有的电势能的差,而没有规定每点上的电势能的绝对值.情况正好和力学中的重力势能相似.这种不确定情况可以通过适当的规定来消除.例如在重力场中如选择某个平面为势能等于零的平面,则在任意点上物体的势能就具有确定的数值.相似地,我们可以在电场中选择某一点,约定当试探电荷在该点时具有的电势能为零.通常,规定在无限远处的电势能为零($W_\infty = 0$),于是有

$$W_a = q_0 \int_a^\infty \boldsymbol{E} \cdot \mathrm{d}\boldsymbol{l} \tag{1.22}$$

式(1.22)表明,**试探电荷 q_0 在电场中某点 a 处的电势能,在数值上等于将 q_0 从 a 点移到电势能零点处电场力所做的功.**

在国际单位制中,电势能的单位是焦耳,符号为J.

1.5.4 电势差和电势

由式(1.21)可知,试探电荷 q_0 在电场中 a、b 两点的电势能差不仅与电场有关,而且与试探电荷的电荷量有关,它是描写场与电荷相互作用的物理量.但电势能差与试探电荷的电量的比值

$$\frac{W_a - W_b}{q_0} = \int_a^b \boldsymbol{E} \cdot \mathrm{d}\boldsymbol{l}$$

是一个与试探电荷无关的量,仅取决于场源电荷的分布和场点的位置,它反映了电场本身在 a 点和 b 点的属性.我们用静电场内 a、b 两点的电势差来表示这一比值,

$$\varphi_a - \varphi_b = \int_a^b \boldsymbol{E} \cdot \mathrm{d}\boldsymbol{l} \tag{1.23}$$

这就是说,**静电场中 a、b 两点之间的电势差,在数值上等于将单位正电荷从 a 点沿任一路径移到 b 点时,电场力所做的功.**

静电场内任意给定两点的电势差是完全确定的,但电场内某点的电势则取决于电势零参考点的选择,所以电势是一个相对的量,要确定某点的电势,必须先选定参

考点(电势零点),若取 b 点为电势零点,则任一点 P 点的电势可表示为

$$\varphi_P = \int_P^b \boldsymbol{E} \cdot \mathrm{d}\boldsymbol{l} \tag{1.24}$$

在理论计算中,对一个有限大小的带电体,往往选取无限远处的电势为零;如果是一个分布于无限空间的带电体,那么,就只能在电场中选一个合适位置作为电势零点.在实际问题中,通常选取大地作为电势零点,导体接地后就认为它的电势为零了.在电子仪器中,常取电器的金属外壳或公共地线作为电势的零点.在此条件下,静电场内某一点 P 的电势为

$$\varphi_P = \int_P^\infty \boldsymbol{E} \cdot \mathrm{d}\boldsymbol{l} \tag{1.25}$$

它在数值上等于将单位正电荷从 P 点移到无限远处,电场力所做的功.

电势和电势差都是标量,它们具有相同的单位,在国际单位制中,电势的单位是伏特,符号为 V.

$$1\mathrm{V} = 1\mathrm{J/C}$$

当电场中电势分布已知时,利用电势差定义式(1.23),可以很方便地计算出电荷 q_0 从 a 点移到 b 点时电场力做的功.

$$A_{ab} = q_0(\varphi_a - \varphi_b) \tag{1.26}$$

1.5.5 电势的计算

1. 点电荷电场中的电势

在点电荷 q 激发的电场中,若选取无限远处电势为零,即 $\varphi_\infty = 0$,则由(1.25)式,可得离点电荷的距离为 r 的 P 点的电势为

$$\varphi_P = \int_P^\infty \boldsymbol{E} \cdot \mathrm{d}\boldsymbol{l} = \int_r^\infty \frac{q}{4\pi\varepsilon_0 r^2}\mathrm{d}r = \frac{q}{4\pi\varepsilon_0 r} \tag{1.27}$$

当 q 为正时,电势 φ 也为正,离点电荷越远,电势越小,在无限远处电势最小,其值为零.当 q 为负时,电势 φ 也为负,离点电荷越远,电势越大,在无限远处电势最大,其值为零.

2. 点电荷系电场中的电势

在点电荷系 $q_1, q_2, \cdots, q_n$ 所激发的电场中,总电场强度是各个点电荷所激发的电场强度的矢量和,即

$$\boldsymbol{E} = \boldsymbol{E}_1 + \boldsymbol{E}_2 + \cdots + \boldsymbol{E}_n$$

所以电场中 P 点的电势为

$$\begin{aligned}\varphi_P &= \int_P^\infty \boldsymbol{E} \cdot \mathrm{d}\boldsymbol{l} = \int_P^\infty (\boldsymbol{E}_1 + \boldsymbol{E}_2 + \cdots + \boldsymbol{E}_n) \cdot \mathrm{d}\boldsymbol{l} \\ &= \int_P^\infty \boldsymbol{E}_1 \cdot \mathrm{d}\boldsymbol{l} + \int_P^\infty \boldsymbol{E}_2 \cdot \mathrm{d}\boldsymbol{l} + \cdots + \int_P^\infty \boldsymbol{E}_n \cdot \mathrm{d}\boldsymbol{l} \\ &= \frac{q_1}{4\pi\varepsilon_0 r_1} + \frac{q_2}{4\pi\varepsilon_0 r_2} + \cdots + \frac{q_n}{4\pi\varepsilon_0 r_n}\end{aligned}$$

亦即

$$\varphi_P = \varphi_1 + \varphi_2 + \cdots + \varphi_n = \sum_i \frac{q_i}{4\pi\varepsilon_0 r_i} \tag{1.28}$$

式中，r_i 为从点电荷 q_i 到 P 点的距离. 上式是电势叠加原理的表达式. 它表示**点电荷系电场中任一点的电势，等于各个点电荷单独存在时在该点处的电势的代数和**. 显然，电势叠加是一种标量叠加.

3. 连续分布电荷电场中的电势

对于电荷连续分布的带电体，可将其看作无限多个电荷元 dq 的集合，每个电荷元在电场中某点 P 产生的电势为

$$d\varphi = \frac{dq}{4\pi\varepsilon_0 r}$$

再根据电势叠加原理，可得 P 点的总电势为

$$\varphi = \int \frac{dq}{4\pi\varepsilon_0 r} \tag{1.29}$$

式中，r 是电荷元 dq 到 P 点的距离. 对于体分布的电荷，$dq = \rho dV$，对于面分布的电荷或线分布的电荷，$dq = \sigma dS$ 或 $dq = \lambda dl$. 电势零点在无限远处.

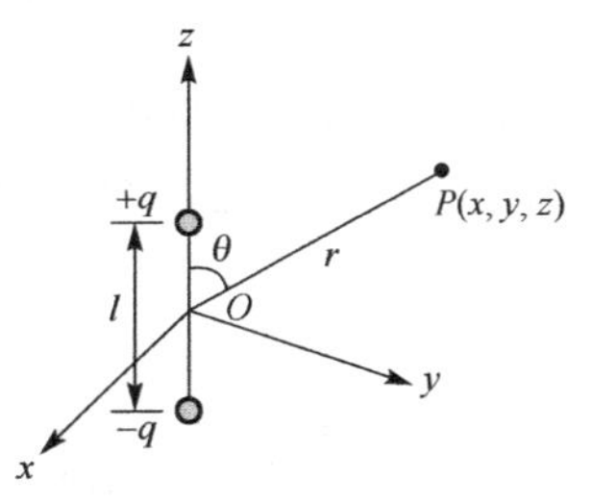

图 1.28 电偶极的电势

例 1.10 求电偶极子的电场中的电势分布. 已知电偶极子中两点电荷 $-q$，$+q$ 间的距离为 l.

解 令电矩 $\boldsymbol{p} = q\boldsymbol{l}$ 的电偶极子沿 z 轴放置，其中心与坐标原点重合，如图 1.28 所示.

电偶极子在空间任一点 $P(x,y,z)$ 的电势为

$$\varphi = \frac{1}{4\pi\varepsilon_0}\left[\frac{q}{\sqrt{x^2 + y^2 + \left(z - \frac{l}{2}\right)^2}} - \frac{q}{\sqrt{x^2 + y^2 + \left(z + \frac{l}{2}\right)^2}}\right]$$

由于 $r = \sqrt{x^2 + y^2 + z^2} \gg l$，则有

$$\frac{1}{\sqrt{x^2 + y^2 + \left(z \mp \frac{l}{2}\right)^2}} = \frac{1}{\sqrt{r^2 \mp zl + \frac{l^2}{4}}} = \frac{1}{r\sqrt{1 \mp \frac{zl}{r^2} + \frac{l^2}{4r^2}}}$$

$$\approx \frac{1}{r}\frac{1}{\left(1 \mp \frac{zl}{r^2}\right)^{\frac{1}{2}}} \approx \frac{1}{r}\left(1 \pm \frac{zl}{2r^2}\right)$$

代入上式，并注意到 $\boldsymbol{p} = q\boldsymbol{l}$，上式化为

$$\varphi(x,y,z) = \frac{p}{4\pi\varepsilon_0}\frac{z}{r^3}$$

因 $z = r\cos\theta$，上式可表示为

$$\varphi = \frac{1}{4\pi\varepsilon_0}\frac{p\cos\theta}{r^2} = \frac{1}{4\pi\varepsilon_0}\frac{\boldsymbol{p}\cdot\boldsymbol{r}}{r^3}$$

例 1.11 半径为 R 的均匀带电圆环，所带电量为 q，求圆环的轴线上任意点 P 的电势.

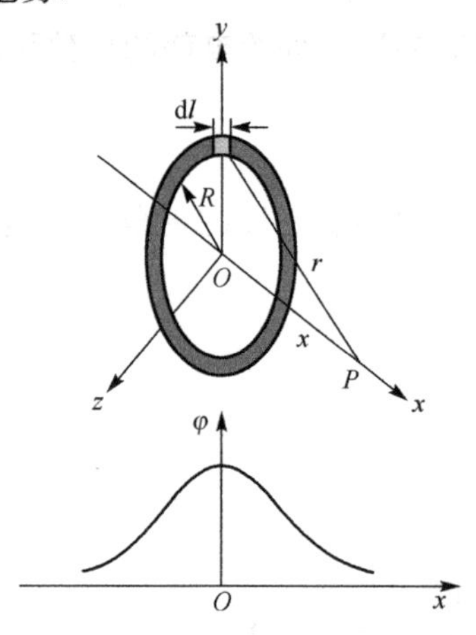

图 1.29 均匀带电圆环轴线上的电势

解 如图 1.29 所示，设轴线上任一点 P 到环心距离为 x，电荷线密度 $\lambda = q/2\pi R$，在环上任取一线元 $\mathrm{d}l$，所带电量为 $\mathrm{d}q = \lambda \mathrm{d}l$，则 $\mathrm{d}q$ 在 P 点产生的电势为

$$\mathrm{d}\varphi = \frac{1}{4\pi\varepsilon_0}\frac{\lambda \mathrm{d}l}{r}$$

式中，$r = \sqrt{R^2 + x^2}$，根据电势叠加原理，带电圆环在 P 点产生的电势为

$$\varphi = \frac{\lambda}{4\pi\varepsilon_0 r}\int_0^{2\pi R}\mathrm{d}l = \frac{\lambda 2\pi R}{4\pi\varepsilon_0 r} = \frac{q}{4\pi\varepsilon_0 r} = \frac{q}{4\pi\varepsilon_0\sqrt{R^2 + x^2}}$$

电势沿 x 轴的分布如图 1.22 所示. 当 P 点位于环心处时，$x = 0$，则

$$\varphi = \frac{q}{4\pi\varepsilon_0 R}$$

当 $x \gg R$ 时，$\varphi = \frac{q}{4\pi\varepsilon_0 x}$，这相当于将全部电荷集中于环心形成的点电荷在 P 点产生的电势.

例 1.12 设球壳的半径为 R，球壳上的电荷面密度为 σ，求均匀带电球壳内外的电势分布.

解一 用点电荷电势公式及电势叠加原理求解.

如图 1.30 所示，将球壳分成无限多个细环带，每个细环带就相当于一个均匀带电的细圆环. 球壳上介于 θ 与 $\theta + \mathrm{d}\theta$ 间的环带所带的电量为

$$\begin{aligned}\mathrm{d}q &= \sigma \cdot 2\pi r \cdot R\mathrm{d}\theta \\ &= 2\pi\sigma R\sin\theta R\,\mathrm{d}\theta \\ &= 2\pi\sigma R^2\sin\theta\mathrm{d}\theta\end{aligned}$$

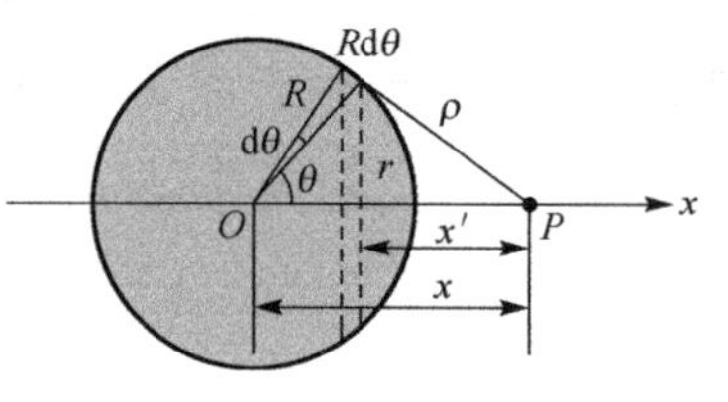

图 1.30 均匀带电球壳内外的电势

由例 1.11 求解结果可知，此圆环带在 P 点产生的电势为

$$\mathrm{d}\varphi = \frac{\mathrm{d}q}{4\pi\varepsilon_0\sqrt{r^2 + x'^2}}$$

因为 $\rho = \sqrt{r^2 + x'^2}$，所以

$$\mathrm{d}\varphi = \frac{2\pi\sigma R^2 \sin\theta \mathrm{d}\theta}{4\pi\varepsilon_0 \rho} = \frac{\sigma R^2 \sin\theta \mathrm{d}\theta}{2\varepsilon_0 \rho}$$

又因为 $\rho^2 = R^2 + x^2 - 2Rx\cos\theta, \rho\mathrm{d}\rho = Rx\sin\theta\mathrm{d}\theta$ 则

$$\mathrm{d}\varphi = \frac{\sigma R}{2\varepsilon_0 x}\mathrm{d}\rho$$

根据电势叠加原理,可得整个带电球壳在 P 点的电势:

(1) 球外($x > R$)

$$\varphi = \frac{\sigma R}{2\varepsilon_0 x}\int_{x-R}^{x+R}\mathrm{d}\rho = \frac{\sigma R^2}{\varepsilon_0 x} = \frac{q}{4\pi\varepsilon_0 x}$$

式中, $q = \sigma \cdot 4\pi R^2$ 为球壳所带总电量. 可见一个均匀带电球壳在壳外任一点的电势与假设把全部电荷集中于球心的点电荷在同一点所产生的电势相同.

(2) 球内($x < R$)

$$\varphi = \frac{\sigma R}{2\varepsilon_0 x}\int_{R-x}^{R+x}\mathrm{d}\rho = \frac{\sigma R}{\varepsilon_0} = \frac{q}{4\pi\varepsilon_0 R} = 常量$$

由此可见,球壳表面与球壳内部为一等势体.

解二 用电势定义式求解.

由例 1.6 计算可知,球壳内外电场强度的分布如下:

当 $x < R$ 时, $E_1 = 0$

当 $x > R$ 时, $E_2 = \dfrac{q}{4\pi\varepsilon_0 x^2}$

选取无限远处的电势为零,依电势定义可得球壳内、外的电势为

(1) 球外($x > R$)

$$\varphi = \int_x^\infty \boldsymbol{E}_2 \cdot \mathrm{d}\boldsymbol{l} = \int_x^\infty E_2 \mathrm{d}x = \frac{q}{4\pi\varepsilon_0 x}$$

(2) 球内($x < R$)

$$\begin{aligned}\varphi &= \int_x^R \boldsymbol{E}_1 \cdot \mathrm{d}\boldsymbol{l} + \int_R^\infty \boldsymbol{E}_2 \cdot \mathrm{d}\boldsymbol{l} = \int_x^R E_1 \mathrm{d}x + \int_R^\infty E_2 \mathrm{d}x \\ &= \int_R^\infty E_2 \mathrm{d}x = \frac{q}{4\pi\varepsilon_0 R} = 常量\end{aligned}$$

其结果与前法所求相同.

1.5.6 等势面

在描述电场时,我们曾借助电场线来描述电场强度的分布. 同样,我们也可以用绘制等势面的方法来描述电场中电势的分布.

在静电场中,将电势相等的各点连起来所形成的曲面,称为**等势面**. 在画等势面的图像时,通常规定相邻两等势面间的电势差相同. 图 1.31 是按此规定画出的一个点电荷和一个电偶极子的等势面与电场线的分布,其中虚线表示等势面,实线表示电场线.

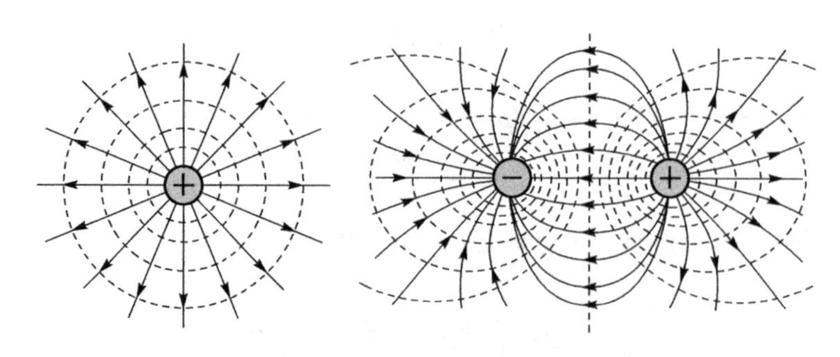

图 1.31 等势面和电场线

等势面具有以下两个特点：

(1) 等势面密集的地方电场强度较大，稀疏的地方电场强度较小.

(2) 等势面处处与电场线正交.

在实际问题中，很多带电体的等势面分布可以通过实验描述出来，于是便可从等势面分布的特点来分析电场的分布.

1.5.7 电场强度与电势梯度的关系

电场强度和电势都是描述电场性质的物理量，两者之间必然存在某种联系. 式 $\varphi_a = \int_a^{\infty} \boldsymbol{E} \cdot \mathrm{d}\boldsymbol{l}$，给出了电场强度与电势的积分关系，下面我们将讨论它们之间的微分关系. 如图 1.32 所示，设一试探电荷 q_0 在电场强度为 $\boldsymbol{E}$ 电场中，从等势面 φ 上 a 点沿任意方向移动到等势面 $\varphi+\mathrm{d}\varphi$ 上 b 点，发生的位移为 $\mathrm{d}\boldsymbol{l}$，设位移 $\mathrm{d}\boldsymbol{l}$ 与 $\boldsymbol{E}$ 间的夹角为 θ.

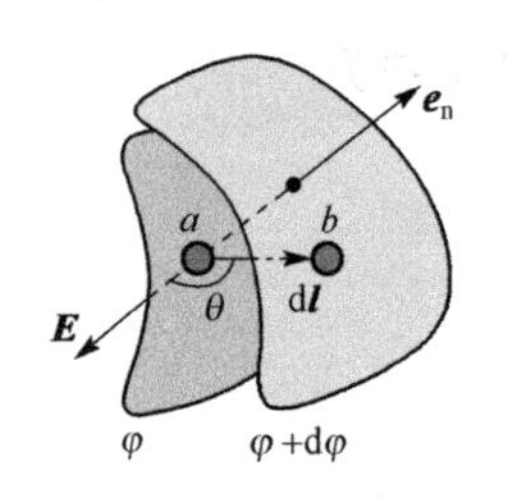

图 1.32 电场沿等势面法线且指向电势降落方向

由式(1.25)可知，在这一过程中，电场力所做的功为

$$\mathrm{d}A = -q_0\mathrm{d}\varphi = q_0 E\cos\theta \mathrm{d}l$$

因此可得到

$$E\cos\theta = -\frac{\mathrm{d}\varphi}{\mathrm{d}l}$$

式中，$E\cos\theta$ 是电场强度 $\boldsymbol{E}$ 在位移 $\mathrm{d}\boldsymbol{l}$ 方向的分量，用 E_l 表示，$\mathrm{d}\varphi/\mathrm{d}l$ 为电势沿位移 $\mathrm{d}\boldsymbol{l}$ 方向上的变化率，于是上式可写成

$$E_l = -\frac{\mathrm{d}\varphi}{\mathrm{d}l} \tag{1.30}$$

上式表示，电场中某点的电场强度沿某方向的分量，等于电势沿此方向变化率的负值.

显然，从等势面 φ 上 a 点到等势面 $\varphi+\mathrm{d}\varphi$ 上的任一点，电势的变化量都是 $\mathrm{d}\varphi$，但沿不同方向，电势的变化率 $\mathrm{d}\varphi/\mathrm{d}l$ 则是不同的，取决于 $\mathrm{d}\boldsymbol{l}$ 的方向. 在 $\mathrm{d}\boldsymbol{l}$ 的各种可能的方向中，有一个方向是等势面上 a 点的法线方向 $\mathrm{d}\boldsymbol{l}_\mathrm{n}$，$\mathrm{d}l_\mathrm{n}$ 是所有 $\mathrm{d}l$ 中最小的一个，因而电势沿等势面法线方向的变化率是过 a 点沿各个不同方向的电势变化率中最大的

一个，由式(1.30)有

$$E_{\mathrm{n}}=-\frac{\mathrm{d}\varphi}{\mathrm{d}l_{\mathrm{n}}}$$

式中，E_{n}是$\boldsymbol{E}$在a点法线方向的分量，亦是各个不同方向的分量中最大的一个分量，显然它就是该点$\boldsymbol{E}$的大小. 于是，有

$$E=-\frac{\mathrm{d}\varphi}{\mathrm{d}l_{\mathrm{n}}}$$

式中，负号表示，当$\frac{\mathrm{d}\varphi}{\mathrm{d}l_{\mathrm{n}}}<0$时，$E>0$，即$\boldsymbol{E}$的方向总是由高电势指向低电势，$\boldsymbol{E}$的方向与$\boldsymbol{e}_{\mathrm{n}}$的方向相反. 写成矢量式，则有

$$\boldsymbol{E}=-\frac{\mathrm{d}\varphi}{\mathrm{d}l_{\mathrm{n}}}\boldsymbol{e}_{\mathrm{n}} \tag{1.31}$$

在数学中，对于任何一个标量场φ，可定义其梯度，它是矢量，大小等于该标量函数沿其等值面的法线方向的变化率(即方向导数)，方向沿等值面的法线方向，并用$\mathrm{grad}\varphi$表示φ的梯度，于是

$$\mathrm{grad}\varphi=\frac{\mathrm{d}\varphi}{\mathrm{d}l_{\mathrm{n}}}\boldsymbol{e}_{\mathrm{n}} \tag{1.32}$$

故有

$$\boldsymbol{E}=-\mathrm{grad}\varphi \tag{1.33}$$

上式表明，**电场中任一点电场强度的大小在数值上等于该点电势梯度的大小，方向与电势梯度的方向相反，指向电势降落的方向.**

当电势函数用直角坐标表示，即$\varphi=\varphi(x,y,z)$时，由式(1.30)可求得电场强度沿3个坐标轴方向的分量，它们是

$$E_x=-\frac{\partial\varphi}{\partial x},\quad E_y=-\frac{\partial\varphi}{\partial y},\quad E_z=-\frac{\partial\varphi}{\partial z}$$

将上式合在一起用矢量表示为

$$\boldsymbol{E}=-\left(\frac{\partial\varphi}{\partial x}\boldsymbol{i}+\frac{\partial\varphi}{\partial y}\boldsymbol{j}+\frac{\partial\varphi}{\partial z}\boldsymbol{k}\right)=-\left(\frac{\partial}{\partial x}\boldsymbol{i}+\frac{\partial}{\partial y}\boldsymbol{j}+\frac{\partial}{\partial z}\boldsymbol{k}\right)\varphi$$

引入算符“∇”，

$$\nabla=\frac{\partial}{\partial x}\boldsymbol{i}+\frac{\partial}{\partial y}\boldsymbol{j}+\frac{\partial}{\partial z}\boldsymbol{k} \tag{1.34}$$

则

$$\boldsymbol{E}=-\mathrm{grad}\varphi=-\nabla\varphi \tag{1.35}$$

这就是电场强度与电势的微分关系，据此可以方便地由电势分布求出电场的分布.

电势梯度的单位名称是伏特每米，符号为V/m. 所以电场强度的单位也可以用V/m表示，它与电场强度的另一单位N/C是等价的.

例1.13 根据例1.10中已得出的电偶极子的电势公式

$$\varphi = \frac{1}{4\pi\varepsilon_0}\frac{p\cos\theta}{r^2}$$

求电偶极子的电场强度分布.

解 若采用极坐标系，∇算符定义为

$$\nabla = \frac{\partial}{\partial r}\boldsymbol{e}_r + \frac{1}{r}\frac{\partial}{\partial \theta}\boldsymbol{e}_\theta$$

则有

$$E_r = -\frac{\partial \varphi}{\partial r} = \frac{1}{4\pi\varepsilon_0}\frac{2p\cos\theta}{r^3}$$

$$E_\theta = -\frac{1}{r}\frac{\partial \varphi}{\partial \theta} = \frac{1}{4\pi\varepsilon_0}\frac{p\sin\theta}{r^3}$$

因

$$\boldsymbol{E} = E_r\boldsymbol{e}_r + E_\theta\boldsymbol{e}_\theta = \frac{1}{4\pi\varepsilon_0}\frac{1}{r^3}(2p\cos\theta\boldsymbol{e}_r + p\sin\theta\boldsymbol{e}_\theta)$$

注意到

$$\boldsymbol{p} = p\cos\theta\boldsymbol{e}_r - p\sin\theta\boldsymbol{e}_\theta$$

所以

$$\boldsymbol{E} = \frac{1}{4\pi\varepsilon_0}\frac{1}{r^3}(3p\cos\theta\boldsymbol{e}_r - \boldsymbol{p}) = \frac{1}{4\pi\varepsilon_0}\frac{3(\boldsymbol{p}\cdot\boldsymbol{e}_r)\boldsymbol{e}_r - \boldsymbol{p}}{r^3}$$

1.6 静 电 能

1.6.1 电荷与电场的相互作用能

在研究电势时，我们曾讨论过电荷在静电场中的静电势能问题，电荷在电场中某点 P 的电势能在数值上等于把电荷从该点移到电势能零点(取无限远处)，电场力所做的功，即

$$W_P = q\int_P^\infty \boldsymbol{E}\cdot \mathrm{d}\boldsymbol{l}$$

根据电势定义知，电场中某一点 P 的电势，在数值上等于将单位正电荷从该点移到无限远处(以电势零点为电势能零点)，电场力所做的功，即

$$\varphi_P = \int_P^\infty \boldsymbol{E}\cdot \mathrm{d}\boldsymbol{l}$$

通过对比可知，电量为 q 的点电荷处在电势为 φ 处的电势能为

$$W_P = q\varphi \tag{1.36}$$

这就是说，**一个电荷在电场中某点的电势能等于它的电量与电场中该点电势的乘积.** 它属于该电荷与产生电场的场源电荷共同所有，是电荷与电场的**相互作用能**(简称为**互能**).

1.6.2 点电荷系的相互作用能

设 n 个电荷组成一个电荷系. **将各电荷无限远离时电场力所做的功,或将各电荷从无限远离状态放到应有位置时外力克服电场力所做的功**,定义为**电荷系在原来状态的静电能**,也称**相互作用能**.

下面推导点电荷系的互能公式.

先讨论位于 1、2 两点的 2 个点电荷 q_1、q_2 的互能. 令它们从 1、2 两点分开并无限远离,求出这一过程中电场力所做的功,便等于它们位于 1、2 两点时的互能. 两个点电荷从 1、2 两点出发到无限远离状态可由多种方式实现,但静电场是保守场,任何一种方式中,电场力所做的功都相等,因此求互能时可以选择一种最便于计算的方式:令 q_2 不动,而将 q_1 从 q_2 电场中 1 点移到无限远处,电场力所做的功为

$$A_{12} = q_1 \int_1^{\infty} \boldsymbol{E}_2 \cdot \mathrm{d}\boldsymbol{r} = q_1 \varphi_{12}$$

式中,φ_{12} 为 q_2 在 q_1 所在处产生的电势.

同理,令 q_1 不动,而将 q_2 从 q_1 电场中 2 点移到无限远处,电场力所做的功为

$$A_{21} = q_2 \varphi_{21}$$

式中,φ_{21} 为 q_1 在 q_2 所在处产生的电势.

显然在两种情况中得到的是同一终态,因而做的总功是相同的,即 $A_{12} = A_{21}$. 于是两个电荷间的相互作用能为

$$W = A = \frac{1}{2}(A_{12} + A_{21}) = \frac{1}{2}(q_1\varphi_{12} + q_2\varphi_{21}) \tag{1.37}$$

再讨论位于 1、2、3 三点的 3 个点电荷 q_1,q_2 和 q_3 组成的电荷系的互能. 设想按下述步骤移动电荷:先令 q_1,q_2 不动,而将 q_3 从 3 点移到无限远处,在这一过程中,q_3 受 q_1 和 q_2 电场力所做的功,可仿式(1.37)得

$$A_{31} = \frac{1}{2}(q_3\varphi_{31} + q_1\varphi_{13})$$

$$A_{32} = \frac{1}{2}(q_3\varphi_{32} + q_2\varphi_{23})$$

然后再令 q_1 不动,将 q_2 从 2 点移到无限远处,在这一过程中电场力所做的功为

$$A_{12} = \frac{1}{2}(q_2\varphi_{21} + q_1\varphi_{12})$$

将 3 个电荷由最初状态分离到无限远处,电场力所做的总功也就是电荷系的相互作用能,即

$$W = A_{12} + A_{13} + A_{23} = \frac{1}{2}[(q_2\varphi_{21} + q_1\varphi_{12}) + (q_3\varphi_{31} + q_1\varphi_{13}) + (q_3\varphi_{32} + q_2\varphi_{23})]$$

$$= \frac{1}{2}[q_1(\varphi_{12} + \varphi_{13}) + q_2(\varphi_{21} + \varphi_{23}) + q_3(\varphi_{31} + \varphi_{32})]$$

$$= \frac{1}{2}(q_1\varphi_1 + q_2\varphi_2 + q_3\varphi_3)$$

式中，φ_1 为 q_2 和 q_3 在 q_1 所在处产生的电势；φ_2 为 q_1 和 q_3 在 q_2 所在处产生的电势；φ_3 为 q_1 和 q_2 在 q_3 所在处产生的电势.

上一结果很容易推广到由 n 个点电荷系组成的电荷系，该电荷系的相互作用能为

$$W = \frac{1}{2}\sum_{i=1}^{n} q_i\varphi_i \tag{1.38}$$

式中，φ_i 是除 q_i 外其他电荷在 q_i 处所产生的电势.

1.6.3 静电场中的电偶极子

1. 电偶极子在外场中的电势能

电偶极子处在外电场中具有电势能. 设电矩为 $\boldsymbol{p} = q\boldsymbol{l}$，负电荷所在处外电场的电势为 $\varphi(\boldsymbol{r})$，正电荷所在处的电势为 $\varphi(\boldsymbol{r}+\boldsymbol{l})$，$\boldsymbol{r}$ 和 $\boldsymbol{r}+\boldsymbol{l}$ 分别为电偶极子负电荷与正电荷所在处的位置矢量，如图 1.33 所示，则电偶极子处在外电场中的电势能为

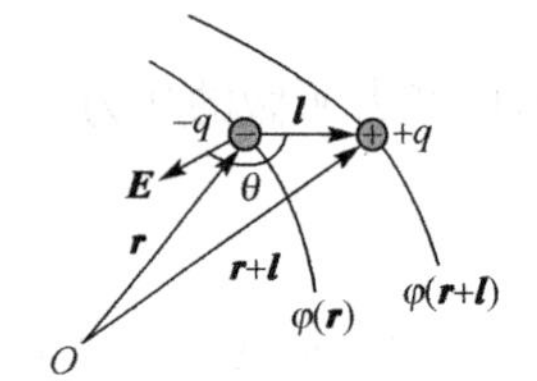

图 1.33 电偶极子在外电场中的电势能

$$W = -q\varphi(\boldsymbol{r}) + q\varphi(\boldsymbol{r}+\boldsymbol{l})$$

因 $\boldsymbol{l}$ 很小，$\varphi(\boldsymbol{r}+\boldsymbol{l})$ 可以用 $\boldsymbol{l}$ 的级数展开，并取其第一项，即

$$\varphi(\boldsymbol{r}+\boldsymbol{l}) = \varphi(\boldsymbol{r}) + \frac{\partial\varphi}{\partial l}l = \varphi(\boldsymbol{r}) + (\nabla\varphi)_l l = \varphi(\boldsymbol{r}) + \boldsymbol{l}\cdot\nabla\varphi$$

其中，$\nabla\varphi$ 是在 $\boldsymbol{r}$ 处的电势梯度. 将此式代入上式，得

$$W = q\boldsymbol{l}\cdot\nabla\varphi = \boldsymbol{p}\cdot\nabla\varphi$$

由于电势梯度等于电场强度的负值，故有

$$W = -\boldsymbol{p}\cdot\boldsymbol{E}(\boldsymbol{r}) = -pE\cos\theta \tag{1.39}$$

其中，θ 是电矩与该点场强方向的夹角. 这就是电偶极子处在电场中当电矩具有确定方向时所具有的电势能，它在数值上等于把电偶极子从无限远处移到电场中给定位置，电矩具有给定方向的过程中克服电场力所做的功. 当电矩与所在处电场的场强平行时，电势能最低；当与场强垂直时，电势能为零；而当与场强反平行时，电势能最大. 电偶极子电势能最低的位置，即为稳定平衡位置，在电场中的电偶极子，一般情况下总是具有使自己趋向于平衡位置.

2. 电场对电偶极子的作用

若电场是均匀的，则电场作用于电偶极子正负电荷的力大小相等、方向相反，即作用于电偶极子的力的矢量和为零，如图 1.34 所示. 但作用于正负电荷的力构成一个力偶，力偶的力矩为

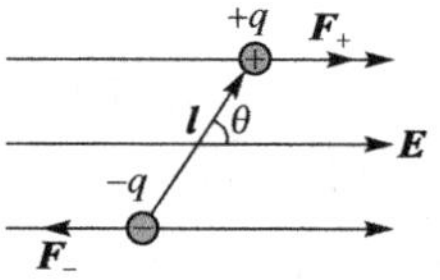

图 1.34 匀强电场对电偶极子的作用

$$M = qEl\sin\theta = pE\sin\theta$$

若写成矢量形式,则有

$$\boldsymbol{M}=\boldsymbol{p}\times\boldsymbol{E} \tag{1.40}$$

电场的力矩有使电偶极子的电矩转向电场方向的趋势.因此要改变电矩的方向,就要克服电场力做功.若取 $\boldsymbol{p}$ 与 $\boldsymbol{E}$ 垂直的位置作为电势能的零点,则在电矩从与场强成 θ 角转到与场强垂直的过程中,外力克服电场力矩做的功就等于电偶极子在电场中的电势能,即

$$A=\int_{\theta}^{\pi/2}M\mathrm{d}\theta=\int_{\theta}^{\pi/2}pE\sin\theta\mathrm{d}\theta=-pE\cos\theta=-\boldsymbol{p}\cdot\boldsymbol{E}$$

若电场是非均匀的,则因电偶极子正负电荷受到的电场力的大小和方向都不同,在它们的作用下,电偶极子将发生转动和平动两种运动.若电偶极子负电荷所在处外场的电场强度为 $\boldsymbol{E}(\boldsymbol{r}-\boldsymbol{l}/2)$,正电荷所在处的电场强度为 $\boldsymbol{E}(\boldsymbol{r}+\boldsymbol{l}/2)$,$\boldsymbol{r}-\boldsymbol{l}/2$ 和 $\boldsymbol{r}+\boldsymbol{l}/2$ 分别为偶极子负电荷与正电荷所在处的位置矢量,如图 1.35 所示,则偶极子在非均匀场中所受到的力为

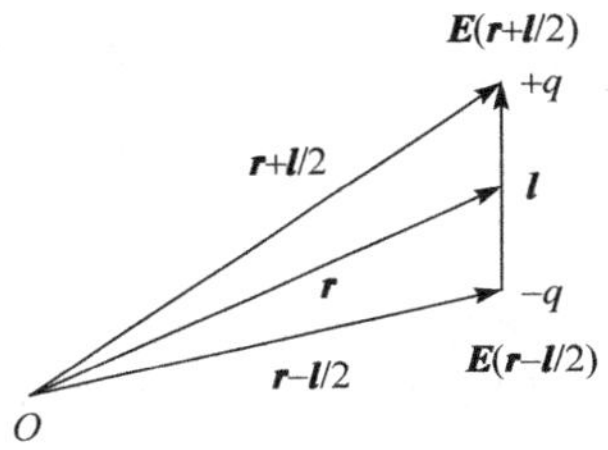

图 1.35 不均匀电场中的电偶极子受力

$$\boldsymbol{F}=q\boldsymbol{E}(\boldsymbol{r}+\boldsymbol{l}/2)-q\boldsymbol{E}(\boldsymbol{r}-\boldsymbol{l}/2)$$

当 $|\boldsymbol{l}|$ 较小时,$\boldsymbol{E}(\boldsymbol{r}+\boldsymbol{l}/2)$ 和 $\boldsymbol{E}(\boldsymbol{r}-\boldsymbol{l}/2)$ 可以用 $\boldsymbol{l}$ 的级数展开,并取其第一项,即

$$\boldsymbol{E}(\boldsymbol{r}+\boldsymbol{l}/2)=\boldsymbol{E}(\boldsymbol{r})+\frac{1}{2}\frac{\partial\boldsymbol{E}(\boldsymbol{r})}{\partial l}\boldsymbol{l}=\boldsymbol{E}(\boldsymbol{r})+\frac{1}{2}\left(\nabla\boldsymbol{E}(\boldsymbol{r})\right)_l\boldsymbol{l}=\boldsymbol{E}(\boldsymbol{r})+\frac{1}{2}(\boldsymbol{l}\cdot\nabla)\boldsymbol{E}(\boldsymbol{r})$$

$$\boldsymbol{E}(\boldsymbol{r}-\boldsymbol{l}/2)=\boldsymbol{E}(\boldsymbol{r})-\frac{1}{2}\frac{\partial\boldsymbol{E}(\boldsymbol{r})}{\partial l}\boldsymbol{l}=\boldsymbol{E}(\boldsymbol{r})-\frac{1}{2}\left(\nabla\boldsymbol{E}(\boldsymbol{r})\right)_l\boldsymbol{l}=\boldsymbol{E}(\boldsymbol{r})-\frac{1}{2}(\boldsymbol{l}\cdot\nabla)\boldsymbol{E}(\boldsymbol{r})$$

把上两式代入 $\boldsymbol{F}$ 的表达式,得

$$\boldsymbol{F}=q\left[\boldsymbol{E}(\boldsymbol{r})+\frac{1}{2}(\boldsymbol{l}\cdot\nabla)\boldsymbol{E}(\boldsymbol{r})\right]-q\left[\boldsymbol{E}(\boldsymbol{r})-\frac{1}{2}(\boldsymbol{l}\cdot\nabla)\boldsymbol{E}(\boldsymbol{r})\right]=(q\boldsymbol{l}\cdot\nabla)\boldsymbol{E}(\boldsymbol{r})$$

$$\boldsymbol{F}=(\boldsymbol{p}\cdot\nabla)\boldsymbol{E}(\boldsymbol{r})=\nabla(\boldsymbol{p}\cdot\boldsymbol{E}) \tag{1.41}$$

式中,$\boldsymbol{E}(\boldsymbol{r})$ 是 $\boldsymbol{p}$ 的中心处的外电场强度.

由图 1.35 可知,偶极子在非均匀场中所受到的力矩为

$$\begin{aligned}\boldsymbol{M}&=(\boldsymbol{r}+\boldsymbol{l}/2)\times\boldsymbol{F}_{+}+(\boldsymbol{r}-\boldsymbol{l}/2)\times\boldsymbol{F}_{-}\\&=(\boldsymbol{r}+\boldsymbol{l}/2)\times q\boldsymbol{E}(\boldsymbol{r}+\boldsymbol{l}/2)-(\boldsymbol{r}-\boldsymbol{l}/2)\times q\boldsymbol{E}(\boldsymbol{r}-\boldsymbol{l}/2)\\&=(\boldsymbol{r}+\boldsymbol{l}/2)\times q\left[\boldsymbol{E}(\boldsymbol{r})+\frac{1}{2}(\boldsymbol{l}\cdot\nabla)\boldsymbol{E}(\boldsymbol{r})\right]-(\boldsymbol{r}-\boldsymbol{l}/2)\times q\left[\boldsymbol{E}(\boldsymbol{r})-\frac{1}{2}(\boldsymbol{l}\cdot\nabla)\boldsymbol{E}(\boldsymbol{r})\right]\\&=\boldsymbol{p}\times\boldsymbol{E}(\boldsymbol{r})+\boldsymbol{r}\times(\boldsymbol{p}\cdot\nabla)\boldsymbol{E}(\boldsymbol{r})\end{aligned}$$

将式(1.41)代入上式得

$$\boldsymbol{M}=\boldsymbol{p}\times\boldsymbol{E}(\boldsymbol{r})+\boldsymbol{r}\times\boldsymbol{F} \tag{1.42}$$

1.6.4　带电体的静电能

对电荷连续分布的带电体，假设电荷是体分布的，电荷体密度为 ρ. 可以设想把该带电体分割成无限多的电荷元，电荷元的电量 $\mathrm{d}q=\rho\mathrm{d}V$，把所有电荷元从现有的集合状态彼此分散到无限远时，电场力所做的功叫**原来该带电体的静电能**，也称**自能**. 因此，一个带电体的静电自能就是组成它的各电荷元间的静电互能. 根据式(1.38)，一个带电体的静电自能可以用下式求出：

$$W=\frac{1}{2}\int_V\varphi\rho\mathrm{d}V \tag{1.43}$$

式中，φ 为带电体上所有电荷在 $\mathrm{d}V$ 处的电势，积分遍及所有 $\rho\neq 0$ 的区域. 但必须注意，式(1.38)仅是点电荷与点电荷之间的相互作用能，并未包括每个点电荷本身的自能. 对于式(1.43)来说，由于带电体内的电荷已被无限分割，因此它既包括各电荷元本身的自能，又包括电荷元间相互作用的互能. 自能总是正值，而互能可正可负.

例 1.14　3 个点电荷，电量均为 q，放在一等边三角形的 3 个顶点上，求体系的相互作用能，三角形的边长为 l.

解　三角形 3 个顶点上的电势均相等，即

$$\varphi_1=\varphi_2=\varphi_3=\varphi=\frac{q}{4\pi\varepsilon_0 l}+\frac{q}{4\pi\varepsilon_0 l}=\frac{q}{2\pi\varepsilon_0 l}$$

体系的相互作用能为

$$W=\frac{1}{2}\sum_i q_i\varphi_i=\frac{3}{2}q\varphi=\frac{3q^2}{4\pi\varepsilon_0 l}$$

例 1.15　计算由 N 个一价正离子和 N 个一价负离子交错排列的一维点阵的静电相互作用能. 设相邻离子间距为 r，如图 1.36 所示.

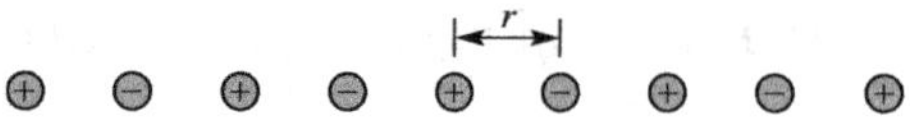

图 1.36　正、负离子交错排列的一维点阵

解　除两端处的一些离子外，每个离子与其周围离子的相互作用能情形都相同. 选择其中一个正离子，在该正离子处，所有其他正离子产生的电势为

$$\varphi_+=2\left[\frac{e}{4\pi\varepsilon_0}\left(\frac{1}{2r}+\frac{1}{4r}+\frac{1}{6r}+\cdots\right)\right]=\frac{e}{2\pi\varepsilon_0 r}\left[\frac{1}{2}+\frac{1}{4}+\frac{1}{6}+\cdots\right]$$

所有其他负离子产生的电势为

$$\varphi_-=2\left[\frac{-e}{4\pi\varepsilon_0}\left(\frac{1}{r}+\frac{1}{3r}+\frac{1}{5r}+\cdots\right)\right]=\frac{e}{2\pi\varepsilon_0 r}\left[-1-\frac{1}{3}-\frac{1}{5}-\cdots\right]$$

故所有其他离子在该正离子处产生的电势为

$$\varphi=\varphi_++\varphi_-=-\frac{e}{2\pi\varepsilon_0 r}\left[1-\frac{1}{2}+\frac{1}{3}-\frac{1}{4}+\frac{1}{5}-\frac{1}{6}+\cdots\right]$$

由级数公式

$$\sum_{n=1}^{\infty}(-1)^{n+1}\frac{1}{n}=1-\frac{1}{2}+\frac{1}{3}-\frac{1}{4}+\frac{1}{5}-\frac{1}{6}+\cdots=\ln 2$$

得

$$\varphi=-\frac{\ln 2}{2\pi\varepsilon_0}\frac{e}{r}$$

于是得一个离子与所有其他离子的相互作用能为

$$W_0=e\varphi=-\frac{\ln 2}{2\pi\varepsilon_0}\frac{e^2}{r}$$

N 个正离子和 N 个负离子交错排列的一维点阵,共有 $2N$ 个离子,但当计算总的相互作用能时,每一对离子只能计算一次,故一维点阵的总相互作用能为

$$W=NW_0=-N\frac{\ln 2}{2\pi\varepsilon_0}\frac{e^2}{r}$$

例 1.16 计算两个电偶极子的相互作用能.设两电偶极子的电矩分别为 $\boldsymbol{p}_1$ 和 $\boldsymbol{p}_2$,相对位置由 $\boldsymbol{r}_{21}$ 决定. $\boldsymbol{r}_{21}$ 为由偶极子 1 指向偶极子 2 的位矢,如图 1.37 所示.

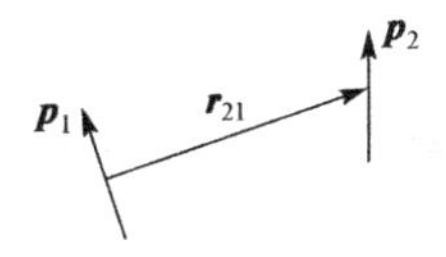

图 1.37 两电偶极子相互作用能的计算

解 $\boldsymbol{p}_1$ 和 $\boldsymbol{p}_2$ 之间的相互作用能,即为 $\boldsymbol{p}_2$ 在 $\boldsymbol{p}_1$ 的电场中的电势能,或 $\boldsymbol{p}_1$ 在 $\boldsymbol{p}_2$ 的电场中的电势能.这个电势能为

$$W_{21}=-\boldsymbol{p}_2\cdot\boldsymbol{E}_{21}$$

式中,$\boldsymbol{E}_{21}$ 是 $\boldsymbol{p}_1$ 在 $\boldsymbol{p}_2$ 处产生的电场强度,根据例 1.13 知,此场强为

$$\boldsymbol{E}_{21}=\frac{1}{4\pi\varepsilon_0}\frac{3(\boldsymbol{p}_1\cdot\boldsymbol{e}_{r_{21}})\boldsymbol{e}_{r_{21}}-\boldsymbol{p}_1}{r_{21}^3}$$

将此式代入上式得

$$W_{21}=-\frac{3(\boldsymbol{p}_1\cdot\boldsymbol{e}_{r_{21}})(\boldsymbol{p}_2\cdot\boldsymbol{e}_{r_{21}})-\boldsymbol{p}_1\cdot\boldsymbol{p}_2}{4\pi\varepsilon_0 r_{21}^3}$$

由所得的结果可以看出,两电偶极子的相互作用能对两偶极子的对称的,即把 $\boldsymbol{p}_1$ 和 $\boldsymbol{p}_2$ 互换,结果不变,也即

$$W_{21}=W_{12}$$

因此

$$W=\frac{1}{2}(W_{21}+W_{12})=-\frac{1}{2}(\boldsymbol{p}_1\cdot\boldsymbol{E}_{12}+\boldsymbol{p}_2\cdot\boldsymbol{E}_{21})$$

若有 n 个电偶极子,则有

$$W=-\frac{1}{2}\sum\boldsymbol{p}_i\cdot\boldsymbol{E}_i$$

式中,$\boldsymbol{E}_i$ 为除 $\boldsymbol{p}_i$ 外,所有其他电偶极子在 $\boldsymbol{p}_i$ 处产生的场强.

例 1.17 一均匀带电球体,半径为 R,所带总电量为 q.试求此带电球体的静电能.

解 用高斯定理,可求得球内、外的电场强度分别为

$$\boldsymbol{E}_1=\frac{qr}{4\pi\varepsilon_0 R^3}\boldsymbol{e}_r \quad (r\leqslant R)$$

$$\boldsymbol{E}_2=\frac{q}{4\pi\varepsilon_0 r^2}\boldsymbol{e}_r \quad (r\geqslant R)$$

球内任一点的电势为

$$\varphi=\int_r^R \boldsymbol{E}_1\cdot \mathrm{d}\boldsymbol{r}+\int_R^\infty \boldsymbol{E}_2\cdot \mathrm{d}\boldsymbol{r}$$

将 $\boldsymbol{E}_1$ 与 $\boldsymbol{E}_2$ 代入,得

$$\varphi=\int_r^R \frac{qr}{4\pi\varepsilon_0 R^3}\mathrm{d}r+\int_R^\infty \frac{q}{4\pi\varepsilon_0 r^2}\mathrm{d}r=\frac{q}{8\pi\varepsilon_0 R^3}(3R^2-r^2)$$

于是,此均匀带电球体的静电能为

$$W=\frac{1}{2}\int_V \varphi\rho\mathrm{d}V=\frac{1}{2}\int_0^R \frac{q}{8\pi\varepsilon_0 R^3}(3R^2-r^2)\frac{q}{\frac{4}{3}\pi R^3}4\pi r^2\mathrm{d}r=\frac{3q^2}{20\pi\varepsilon_0 R}$$

这就是一个带电球的自能.

思 考 题

1.1 用绝缘棒支撑的金属导体未带电,现将一带正电的金属小球靠近该金属导体,讨论小球的受力情况.

1.2 为什么摩擦起电常发生在绝缘体上? 能否通过摩擦使金属导体带电?

1.3 有人说一根绝缘棒上带有电荷. 你怎样证明它确实带电,并确定这电荷的符号?

1.4 点电荷与试探电荷有何不同?

1.5 根据库仑定律,当两电荷的电量一定时,他们之间的距离 r 越小,作用力就越大. 当 r 趋于零时,作用力将无限大,这种看法对吗?

1.6 有两个电量不相等的点电荷,它们相互作用时是否电量大的电荷受力大? 电量小的电荷受力小?

1.7 在真空中两个点电荷间的相互作用力,是否会因其他一些电荷被移近而改变?

1.8 在用试探电荷检测电场时,试探电荷的电量 q_0 应尽可能小,因此电场强度的定义式可写成 $E=\lim\limits_{q_0\to 0}\frac{F}{q_0}$ 你能找到一个电荷比 1.6×10^{-19} C 更小的电量吗? 应怎样解释式中的 $q_0\to 0$.

1.9 电场强度的定义式为 $\boldsymbol{E}=\frac{\boldsymbol{F}}{q_0}$,据此能否说,某点的场强 $\boldsymbol{E}$ 与试探电荷所受的力 $\boldsymbol{F}$ 成正比,而与其电量 q_0 成反比?

1.10 在一个带正电的大导体附近 P 点放置一个试探点电荷 $q_0(q_0>0)$,实际测得它受力 F. 若考虑到电量 q_0 不是足够小的,则 $\frac{F}{q_0}$ 比 P 点的场强 E 大还是小? 若大导体球带负电,情况如何?

1.11 A、B 两个金属小球分别带电,如图 1.38 所示. 由场强叠加原理可知,P 点的场强等于

两个带电小球在 P 点单独产生的场强的矢量和. 所谓 A 球单独产生的场强,就是指 B 球移到无限远处时,P 点测得的场强. 而 B 球单独产生的场强,就是指 A 球移到无限远处时,P 点测得的场强. 只要把这两个场强叠加,就是 P 点的实际场强,这种说法对吗?

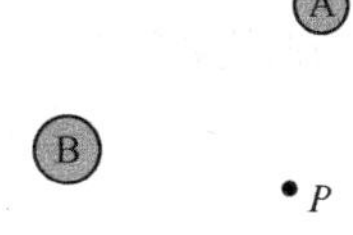

图 1.38 思考题 1.11 图

1.12 在计算带电圆环轴线上一点的场强时,从对称性看 $\boldsymbol{E}$ 在垂直轴线方向上的分量的总和为零,但是由

$$dE_{\perp}=dE\sin\theta=\frac{1}{4\pi\varepsilon_0}\frac{q}{2\pi r^2}\cdot\frac{dl}{r^2}\sin\theta$$

计算积分

$$\int dE_{\perp}=\int dE\sin\theta$$

其结果不等于零,错误在哪里?

1.13 电场线代表点电荷在电场中的运动轨迹吗?为什么?

1.14 在正 q 的电场中,把一正的试探电荷由 a 点移到 b 点,如图 1.39 所示. 有人这样计算电场力做的功:

$$A_{ab}=\int_a^b q_0\boldsymbol{E}\cdot d\boldsymbol{l}=-\int_a^b q_0 E dl=-\int_{r_a}^{r_b}\frac{qq_0}{4\pi\varepsilon_0 r^2}dr$$

$$=-\frac{1}{4\pi\varepsilon_0}\left(-\frac{qq_0}{r}\right)\Bigg|_{r_a}^{r_b}=\frac{qq_0}{4\pi\varepsilon_0}\left(\frac{1}{r_b}-\frac{1}{r_a}\right)$$

你认为这样做对吗?

1.15 两个半径分别为 R_1 与 R_2 的同心均匀带电球面,且 $R_2=2R_1$,内球面带电量 $q_1>0$,问外球面电量 q_2 满足什么条件时,能使内球的电势为正?满足什么条件时,能使内球的电势为零?满足什么条件时,能使内球的电势为负?

1.16 有人说,电势为零处,场强必为零. 场强为零处,电势必为零,这种说法对吗?有人说,电势高的地方,场强必定大,电势低的地方,场强必定小,这种说法对吗?

1.17 (1) 若电场线如图 1.40(a)所示,把一正电荷从 P 点移动到 Q 点,电场力做的功是正还是负?两点的电势谁高?(2) 若电场线如图 1.40(b)所示,情况又怎样?

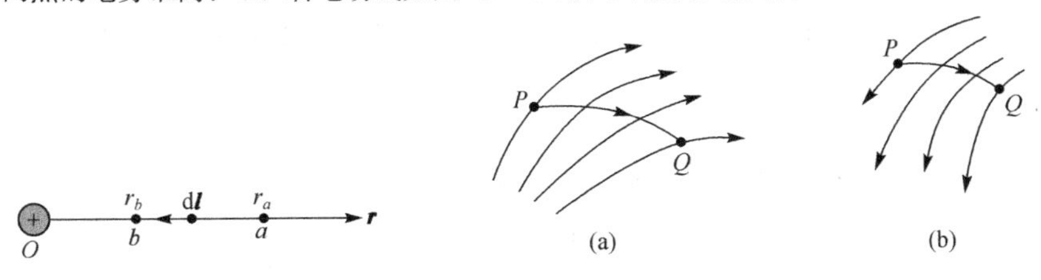

图 1.39 思考题 1.14 图　　图 1.40 思考题 1.17 图

1.18 在实际工作中,常把仪器的外壳作为电势零点,若机壳未接地,能否说机壳的电势为零?人站在地上能否接触机壳?若机壳接地呢?

1.19 电场中两点电势的高低是否与试探电荷的正负有关?电势差的数值是否与试探电荷的电量有关?

1.20 沿着电场线移动负试探电荷时,它的电势能是增加还是减少?

1.21 已知空间电场的分布如图 1.41(a)所示，试画出该电场的电势分布曲线. 已知某电场的电势分布曲线如图 1.41(b)所示，试画出其场强分布曲线.

1.22 已知某点电势，能否求得该点的场强？反之，已知某点的场强，能否求得该点的电势？为什么？

1.23 如图 1.42 所示，若已知 S_1 面上的电通量为 Φ_{S_1}，问 S_2 面，S_3 面，S_4 面上的电通量 Φ_{S_2}，Φ_{S_3}，Φ_{S_4} 各等于多少？(曲面法线取向如图 1.42 所示.)

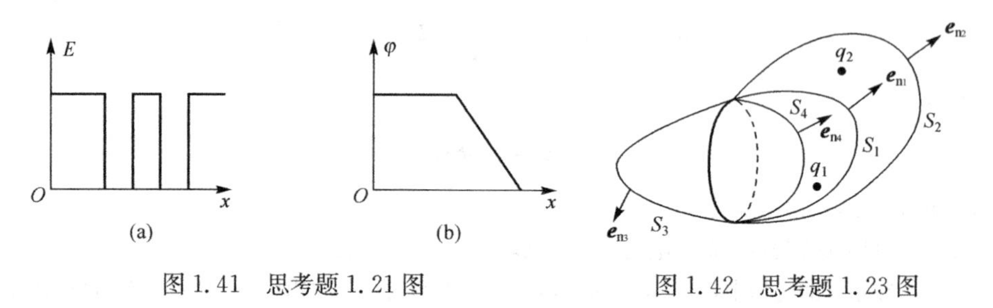

图 1.41 思考题 1.21 图　　图 1.42 思考题 1.23 图

1.24 对某一封闭区面 S，如果有 $\oint_S \boldsymbol{E} \cdot d\boldsymbol{S} = 0$，则该曲面上各点的电场强度一点为零. 这个结论对吗？

1.25 当高斯面内电荷代数和为零时，高斯面上的场强是否一定为零？为什么？

1.26 有两个电偶极子，一个位于封闭曲面 S 内，一个位于 S 外，若(1)把 S 面内的那个电偶极子的正负电荷中和，通过 S 面的电通量是否变化？曲面上各点的场强是否变化？(2)将 S 面外的那个电偶极子的正负电荷中和，情况又怎么样？

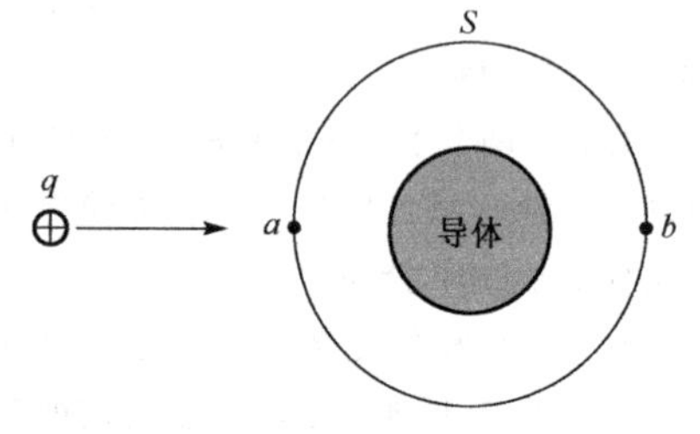

图 1.43 思考题 1.27 图

1.27 一绝缘的不带电的导体球，被一封闭曲面 S 包围，如图 1.43 所示. 一电量为 q 位于封闭曲面外的正电荷向导体球移近，在移近过程中，通过封闭曲面 S 的通量有无变化？曲面 S 上 a、b 两点的场强有无变化？

1.28 在静电场中，任何电荷仅在静电力作用下能否处在稳定平衡状态？为什么？(提示：用高斯定理证明.)

1.29 利用高斯定理计算下列各电通量. q_1 和 q_2 是两个点电荷，$\boldsymbol{E}_1$ 和 $\boldsymbol{E}_2$ 是两个点电荷单独产生的场强，$\boldsymbol{E} = \boldsymbol{E}_1 + \boldsymbol{E}_2$ 为空间总场强，S_1、S_2 和 S 都是封闭曲面，如图 1.44 所示.

(1) $\oint_{S_1} \boldsymbol{E}_1 \cdot d\boldsymbol{S} = ?$　$\oint_{S_2} \boldsymbol{E}_1 \cdot d\boldsymbol{S} = ?$　$\oint_{S} \boldsymbol{E}_1 \cdot d\boldsymbol{S} = ?$

(2) $\oint_{S_1} \boldsymbol{E}_2 \cdot d\boldsymbol{S} = ?$　$\oint_{S_2} \boldsymbol{E}_2 \cdot d\boldsymbol{S} = ?$　$\oint_{S} \boldsymbol{E}_2 \cdot d\boldsymbol{S} = ?$

(3) $\oint_{S_1} \boldsymbol{E} \cdot d\boldsymbol{S} = ?$　$\oint_{S_2} \boldsymbol{E} \cdot d\boldsymbol{S} = ?$　$\oint_{S} \boldsymbol{E} \cdot d\boldsymbol{S} = ?$

1.30 为什么只有在电场分布具有高度对称时，才能直接用高斯定理计算场强？

1.31 两块无限大的平行平面，带有等量异号电荷，电荷面密度分别为 $\pm\sigma$，如图 1.45 所示. 对于图中所画的高斯曲面，有人求得正电荷单独产生电场的电通量为

$$\oint E_{+} \cdot \mathrm{d}S = \frac{1}{\varepsilon_0}\sigma\Delta S$$

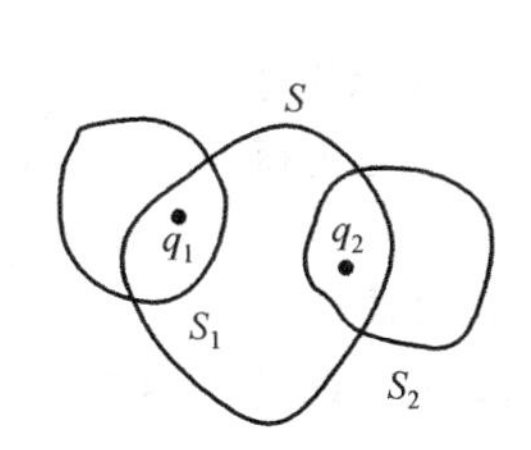

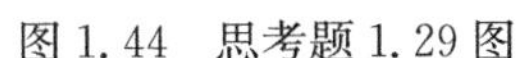
图 1.44 思考题 1.29 图

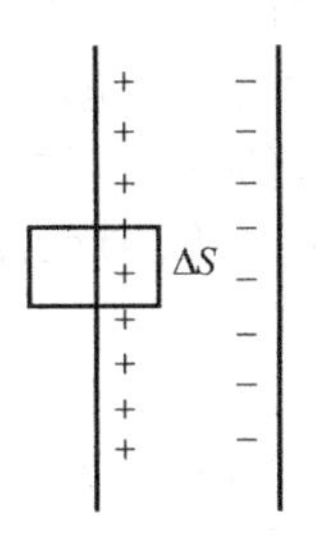

图 1.45 思考题 1.31 图

注意到两平行带电面的外侧无电场,因此

$$E_{+}\Delta S = \frac{1}{\varepsilon_0}\sigma\Delta S$$

由此得正电荷单独产生的电场为

$$E_{+} = \frac{\sigma}{\varepsilon_0}$$

上述计算过程是否正确?为什么?

1.32 证明:在静电场中没有电荷分布的地方,如果电场线相互平行,则电场强度的大小必定处处相等.

1.33 在电偶极子的电势能公式 $W = -\boldsymbol{p} \cdot \boldsymbol{E}$ 中是否包括偶极子正负电荷之间的相互作用能?

1.34 $W = q\varphi$ 和 $W = \frac{1}{2}\sum q_i\varphi_i$ 中的 φ 与 φ_i 的含义是否相同?为什么两式的形式不一样?

1.35 试比较下面两种情况中反抗电场力做的功:①先把偶极子的负电荷从无限远处搬到电场中 r 处,再把正电荷从无限远处搬到 $r+l$ 处;②把偶极子作为一整体(保持 l 恒定),从无限远处搬到电场中给定的位置.

1.36 两个电偶极子的电矩分别为 $\boldsymbol{p}_1$ 和 $\boldsymbol{p}_2$ 方向如图 1.46 所示,试定性分析 $\boldsymbol{p}_1$ 作用于 $\boldsymbol{p}_2$ 的力与 $\boldsymbol{p}_2$ 作用于 $\boldsymbol{p}_1$ 的力,它们之间的作用是否满足牛顿第三定律?

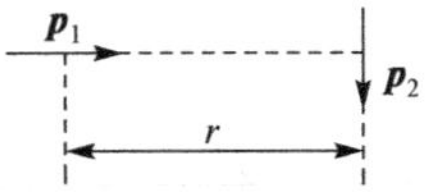

图 1.46 思考题 1.36 图

习 题

1.1 氢原子由一个质子(即氢原子核)和一个电子组成.根据经典模型,在正常态下,电子绕核作圆周运动,轨道半径是 5.29×10^{-11} m.已知质子质量 $m' = 1.67\times10^{-27}$ kg,电子质量 $m = 9.11\times10^{-31}$ kg.电荷分别为 $\pm1.60\times10^{-19}$ C,万有引力常数 $G = 6.67\times10^{-11}\ \mathrm{N\cdot m^2/kg^2}$.

(1) 求电子所受的库仑力;

(2) 库仑力是万有引力的多少倍?

(3) 求电子的速度.

1.2 两个相同的气球,充满氦气,它们的表面均匀带同号电荷,电量为 Q,质量为 $5g$ 的重物通过两根质量可以忽略的细线挂于两个气球上,整个系统悬浮于空中,如图 1.47 所示,假定把两带电气球作点电荷处理，是求 Q 的量值.

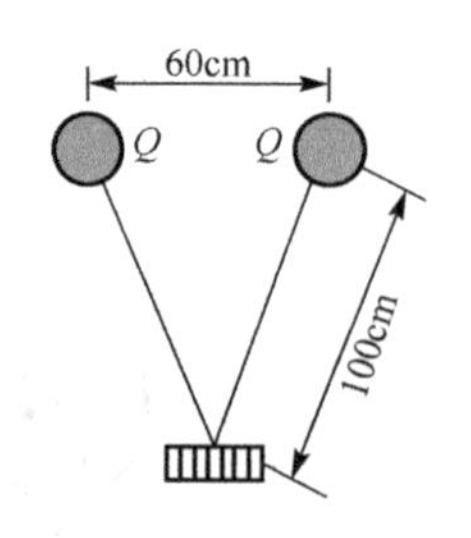

图 1.47 习题 1.2 图

1.3 两自由电荷 $+q$ 和 $+4q$ 距离为 l，第三个电荷怎样放置，使整个系统处于平衡，求第三个电荷的位置和电量符号.

1.4 两个小球都带正电，总共带有电荷为 5.0×10^{-5}C. 如果当这两个小球相距 2.0m 时，任意球受另一个球之斥力为 1.0N，问总电荷在球上如何分配？

1.5 两个相同的导体带有异号电荷，相距 0.5m 时彼此以 0.108N的力相吸，两球用一导线连接，然后将导线拿去，此后彼此以 0.036N的力相斥. 问两球上原来的电量各是多少？

1.6 电子电荷的大小(即基本电量 e)最先是由密立根通过著名的油滴试验测出的，密立根设计的试验装置如图 1.48 所示，被喷雾器喷入空气中的微小油滴，由于与空气摩擦而带电，设一很小的带负电的油滴通过小孔进入由两带电平行板产生的电场 $\boldsymbol{E}$ 内，调节 $\boldsymbol{E}$，当作用在油滴上的向上电场力和空气的浮力等于该油滴受到的重力时，它在电场中就会悬住不动，而这油滴的半径 r 则可在无电场存在时，通过测量油滴在空气中下落的收尾速度 v_0，并根据斯托克斯公式求得，即 $r=\sqrt{9\eta v_0/2(\rho-\rho')g}$ (式中，η 为空气的黏度，ρ' 和 ρ 分别是空气和油滴的密度). 如果油滴的半径 $r=1.64\times10^{-4}\,\text{cm}$，“平衡”时，$E=1.92\times10^{5}\,\text{N/C}$. 试求油滴上的电荷(设 $\rho=0.851\,\text{g/cm}^3$，$\rho'$ 约为 0.00129g/cm^3).

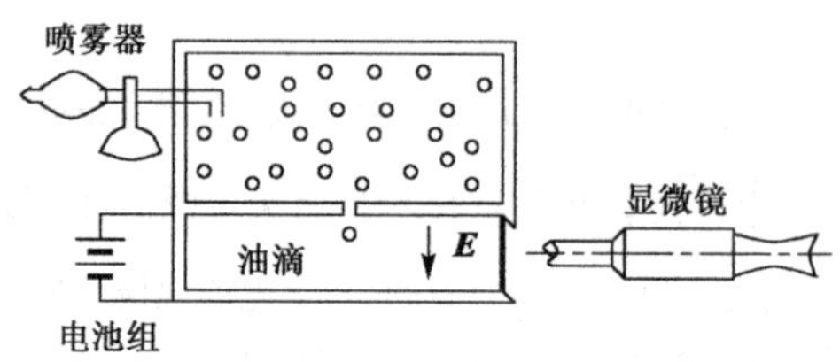

图 1.48 习题 1.6 图

1.7 两个电量为 q 的同号点电荷 A、B，固定在相距为 r 的两点上，今将点电荷 B 释放，当两者相距为 $2r$ 时，测得点电荷 B 的速度为 v，试求运动电荷 B 的质量 m. (设电量 q 以 C 为单位，距离 r 以 m 为单位，速度 v 以 m/s 为单位.)

1.8 如图 1.49 所示是一种电四极子，它由两个电偶极矩 $p=ql$ 的电偶极子组成，这两偶极子在一直线上，但方向相反，它们的负电荷重合在一起，试证明：在它们的延长线上离中心(即负电荷)为 r 处的场强为

$$E=\frac{3Q}{4\pi\varepsilon_0 r^4}\quad(r\gg l)$$

式中，$Q=2ql^2$ 称为电四极子的电四极矩

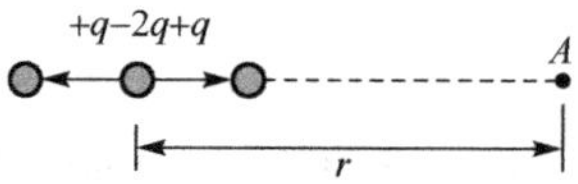

+q−2q+q ——— A, r

图 1.49 习题 1.8 图

1.9 一细玻璃棒被弯成半径为 R 的半圆环，半根玻璃棒均匀带正电，另半根均匀带负电，电量都是 q，如图 1.50 所示. 试求半圆中心 O 点的电场强度.

1.10 求均匀带电的细棒的场强分布

(1) 通过自身端点并垂直于棒的平面上；

(2) 自身的延长线上.

设棒长为 $2L$,电量为 q.

1.11 电量为 q 的点电荷位于一带电细棒的延长线上.棒长为 l,电荷线密度 $\eta=\eta_0\left(1-\frac{2x}{l}\right)$,$\eta_0$ 为一常数,q 与棒相近的一端之间的距离为 a,如图 1.51 所示.试求此点电荷所受的作用力.

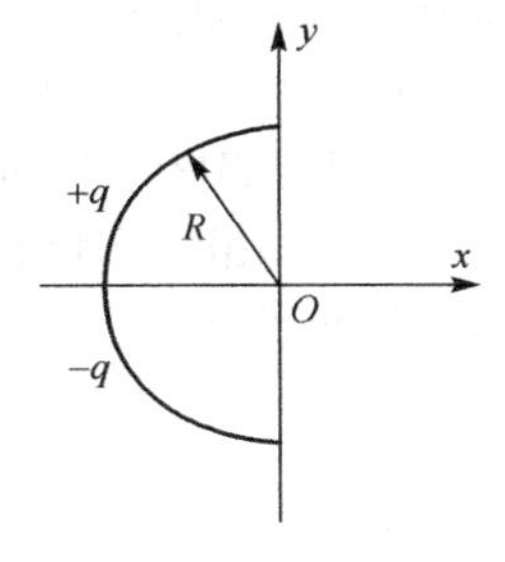

图 1.50 习题 1.9 图

1.12 半径为 R 的细圆环,由两个分别带有等量异号电荷的半圆环所组成,电荷均匀分布在环上,电量都是 q,试求垂直于圆面的对称轴上远离圆环面的 P 点的场强.

1.13 半径为 R 的圆平面均匀带电,电荷面密度为 σ:

(1) 求在垂直圆面的对称轴上离圆心为 x 处的场强.

(2) 在保持电荷密度 σ 不变的条件下,当 $R\to 0$ 或 $R\to\infty$ 时,结果各如何?

(3) 在保持总电量 $q=\pi R^2\sigma$ 不变的条件下,当 $R\to 0$ 或 $R\to\infty$ 时,结果各如何?

1.14 一无限大的均匀带电平面上有一半径为 R 的小圆孔,设带电平面的电荷面密度为 σ,试求通过圆孔中心,且垂直于带电平面的轴线一点 P 处的电场强度.

1.15 如图 1.52 所示,一个圆锥体底面半径为 R,高为 H,均匀带电,其电荷体密度为 ρ,求圆锥体顶点 A 处电场强度的大小.

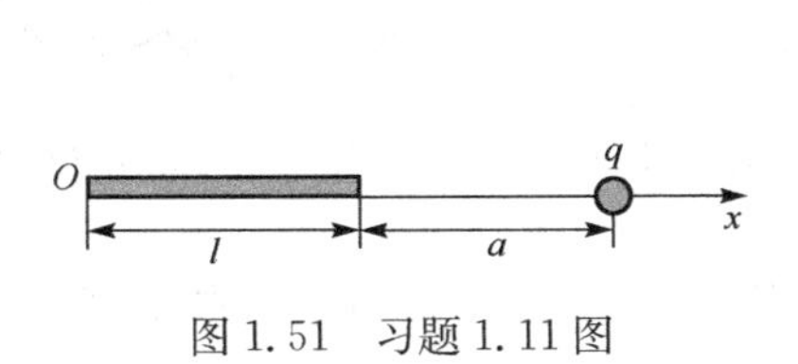

图 1.51 习题 1.11 图

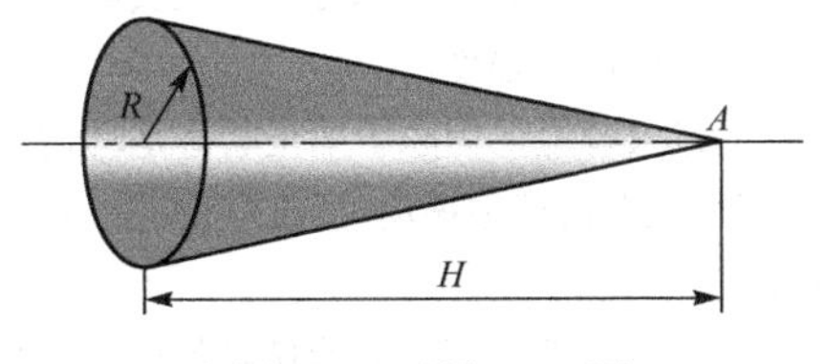

图 1.52 习题 1.15 图

1.16 如图 1.53 所示,均匀电场的电场强度为 $\boldsymbol{E}$ 与半径为 R 的半球面的轴线平行,试计算通过此半球面的电通量.若以半球面的边线为边,另作一个任意形状的曲面,此面的电通量为多少?

1.17 一个点电荷 q 位于一个立方体中心,立方体边长为 a,则通过立方体一个面的电通量是多少?如果将该电荷移动到立方体的一个角上,这时通过立方体每个面的电通量分别是多少?

*1.18 如图 1.54 所示,q 和 q' 是置于 AB 轴上的两个点电荷,已知 $OA=\frac{3}{4}R$,$OB=\frac{5}{12}R$,$q'=\frac{13}{20}q$,试求通过以 O 为圆心、R 为半径且垂直于轴的圆形平面电通量.

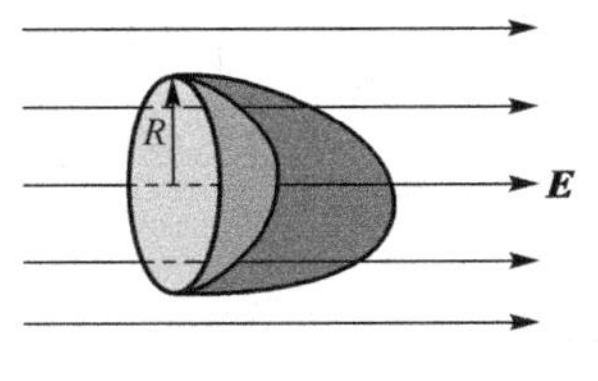

图 1.53 习题 1.16 图

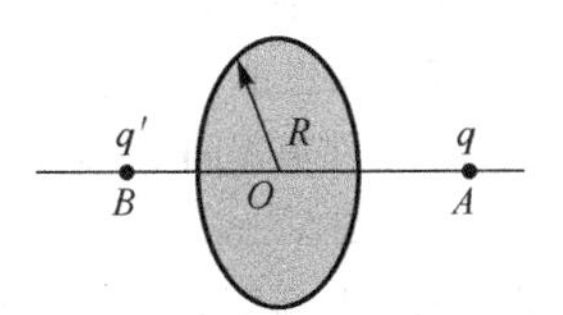

图 1.54 习题 1.18 图

1.19 电荷分布在半径为 R 的球体内,电荷体密度为 $\rho=\rho_0\left(1-\frac{r}{R}\right)$,式中 ρ_0 为常数,r 为球

心到球内一点的距离. 试求：

(1) 球内外离球心为 r 处的电场强度；

(2) 电场强度的最大值.

1.20 根据量子理论，正常状态的氢原子可以看成一电量为 $+e$ 的点电荷和球对称地分布在其周围的电子云，电子云的电荷密度

$$\rho(r)=-\frac{e}{\pi a_0^3}e^{\frac{-2r}{a_0}}$$

式中，$e=1.6\times10^{-19}$C；$a_0=0.53\times10^{-10}$m，为玻尔半径. 试求：

(1) 氢原子内的电场分布；

(2) 计算 $r=a_0$ 处的电场强度，并与经典原子模型计算所得的结果相比较.

*1.21 计算静电场中任一球形区域内的平均场强(设球的半径为 R_0). 提示：平均场强定义为

$$\langle \boldsymbol{E}\rangle=\frac{1}{V_0}\int_{V_0}\boldsymbol{E}\mathrm{d}V$$

式中，V_0 为球形区域体积.

1.22 空间有两个球，球心间的距离小于它们的半径之和，因此两球有一部分重叠. 如图 1.55 所示，现在让两球都充满均匀电荷，电荷密度分别为 ρ 和 $-\rho$. 重叠部分由于正负电荷互相中和而无电荷. 试求重叠区域内的电场强度.

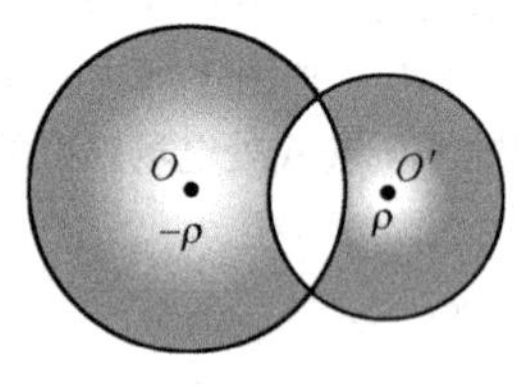

图 1.55 习题 1.22 图

1.23 过去曾经认为原子中正电荷是均匀分布于半径为 R 的球中，电子则在正电荷球中振动，设正电荷的电量为 Q，电子径向运动，求其频率.

1.24 半径为 R 的无限长直圆柱体内均匀带电，体电荷密度为 ρ，求场强的分布，并画出 $\boldsymbol{E}=\boldsymbol{E}(r)$ 曲线.

1.25 一对无限长的共轴直圆筒，半径分别为 R_1 和 R_2，筒面上都均匀带电，沿轴线单位长度的电量分别为 λ_1 和 λ_2.

(1) 求各区域内的场强分布；

(2) 若 $\lambda_1=-\lambda_2$，情况如何？画出 E-r 曲线.

1.26 两无限大的平行平面均匀带电，面电荷密度分别为 σ_1 和 σ_2，求各区域的场强分布.

1.27 一厚度为 d 的无限大带电平板，垂直于 x 轴，其一个表面与 $x=0$ 的平面重合(如图 1.56 所示)，板内体电荷密度 $\rho=ax$，a 为常数，试求空间各处的场强. 若其体电荷密度 $\rho=$ 常数，则板内外的场强分布又如何？试分别画出两种情况下的 $\boldsymbol{E}=\boldsymbol{E}(x)$ 曲线.

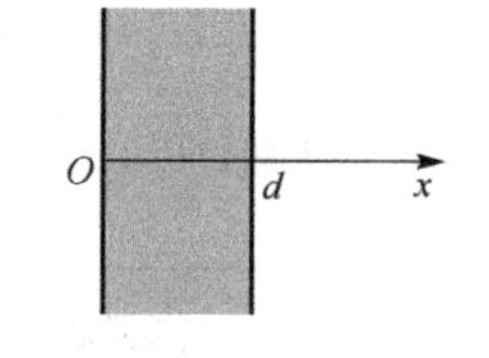

图 1.56 习题 1.27 图

1.28 实验表明，靠近地面处存在着电场，场强 $\boldsymbol{E}$ 垂直于地面向下，大小约为 100V/m，在离地面 1.5km 高的地方，场强 $\boldsymbol{E}$ 也是垂直于地面向下的，大小约为 25V/m.

(1) 计算从地面到此高度的大气中电荷的平均体密度.

(2) 若这些电荷全部分布在地球表面，求面电荷密度.

1.29 电荷均匀分布在一无限长圆柱体内，电荷体密度为 ρ. 在这圆柱内挖出一无限长圆柱形空腔，空腔的轴线与圆柱的轴线平行，相距为 a，已知空腔内无电荷，试求空腔内的电场

强度.

1.30　如图 1.57 所示，$AB=2l$，$\widehat{OCD}$ 是以 B 为中心，l 为半径的半圆，设 A 点有点电荷 $+q$，B 点有点电荷 $-q$，试求：

(1) 把单位正电荷从 O 点沿 $\widehat{OCD}$ 移到 D 点，电场力所做的功.

(2) 把单位负电荷从 D 点沿 AB 的延长线移到无穷远处，电场力所做的功.

(3) 把单位负电荷从 D 点沿着 $\widehat{DCO}$ 移动到 O 点，电场力所做的功.

(4) 把单位正电荷从 D 点沿着任意路径移动无穷远处，电场力所做的功.

1.31　如图 1.58 所示，偶极子的电矩为 $\boldsymbol{p}$，O 点是它的中心，将一电量为 q 的点电荷从 A 沿着以 O 为圆心，R 为半径的圆弧 $\widehat{ACB}$ 移到 B 点，试求电场对电荷 q 所做的功.（设 $R\gg l$，l 为偶极子的臂长.）

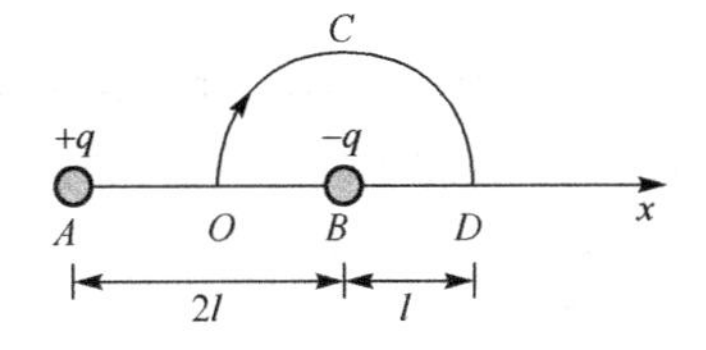

图 1.57　习题 1.30 图

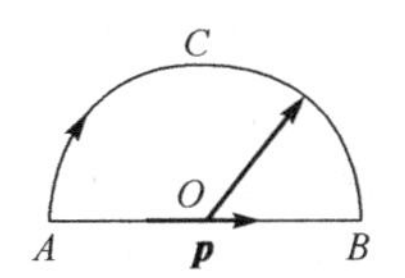

图 1.58　习题 1.31 图

*1.32　电矩为 $\boldsymbol{p}_1$ 的偶极子位于原点，沿正 x 轴方向，另一电矩为 $\boldsymbol{p}_2$ 的偶极子在 Oxy 平面内，其中心的坐标为 (r,θ)，方向与 $\boldsymbol{p}_1$ 反平行，如图 1.59 所示，试求：

(1) 若将电矩为 $\boldsymbol{p}_2$ 的第二个偶极子由此处移动到无穷远处，外力需做的功.

(2) 若将 $\boldsymbol{p}_2$ 在 Oxy 平面内绕其中心旋转 180°，外力所需做的功.

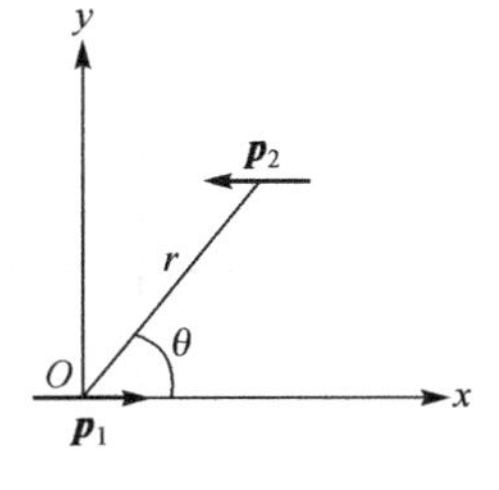

图 1.59　习题 1.32 图

*1.33　两个共轴均匀带电的细圆环，半径均为 a，相距为 b，把点电荷 q 从无穷远处移到各环中心所需做的功分别为 A_1 和 A_2，试求两圆环上的电荷 q_1 和 q_2.

1.34　(1) 一 α 粒子以 $1.6\times10^{7}\,\mathrm{m/s}$ 的初速度从很远的地方射向固定在靶上的金原子核，若将金核当做一个半径为 $6.9\times10^{-15}\,\mathrm{m}$ 的均匀带电球体，试求 α 粒子能达到的离金核的最近距离.

(2) 如果该 α 粒子要穿过固定于靶上的金原子核的核心后再飞出此核，试求它至少应具有多大的初动能？

1.35　(1) 用电势叠加原理证明习题 1.8 图中电四极子在它的轴线的延长线上的电势为

$$\varphi=\frac{1}{4\pi\varepsilon_0}\frac{Q}{r^3}$$

式中，$Q=2ql^2$ 为电四极矩.

(2) 利用计算电势梯度的方法求出它在轴线延长线上的场强.

1.36　求均匀带电球体电场中的电势分布. 球体的半径为 R，总带电量为 q.

1.37　如图 1.60 所示，一细直杆沿 z 轴由 $z=-a$ 延伸到 $z=a$，杆上均匀带电，其电荷线密度为 λ，试计算 x 轴上 $x>0$ 各点的电势.

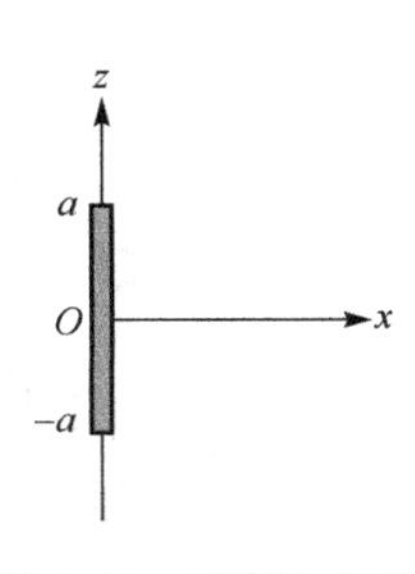

图 1.60　习题 1.37 图

1.38 一无限均匀带电直线,电荷线密度为λ,求离这带电线的距离分别为r_1和r_2的两点间的电势差.

1.39 一边长为a的均匀带电的正方形平面,面电荷密度为σ,求此平面中心的电势.

*1.40 一圆盘半径为R,圆盘均匀带电,电荷面密度为σ.

(1) 求轴线上和圆盘边缘上的电势分布;

(2) 根据电场强度与电势梯度的关系求轴线上的电场分布.

1.41 半径分别为R_1和R_2的两个同心球面都均匀带电,带电量分别为Q_1和Q_2,两球面把空间分划为三个区域,求各区域的电势分布并画出φ-r曲线.

1.42 一圆台锥顶张角2θ,上底半径为R_1,下底半径为R_2,在它的侧面均匀带电,面电荷密度为σ,求顶点的电势.

1.43 有三个无限大的均匀带电平面,电荷面密度均为σ,分别位于$x=\pm a$和$x=0$处如图1.61所示.试求场强和电势沿x轴方向的分布,并画出$\boldsymbol{E}=\boldsymbol{E}(x)$和$\varphi=\varphi(x)$曲线(取$x=0$处的电势$\varphi=0$).

1.44 一半径为R的碗状半球面均匀带电,面电荷密度为σ,其碗口位于Oxy平面上,如图1.62所示,试求处于"碗口"内而位于Oxy平面上任意一点的电势.

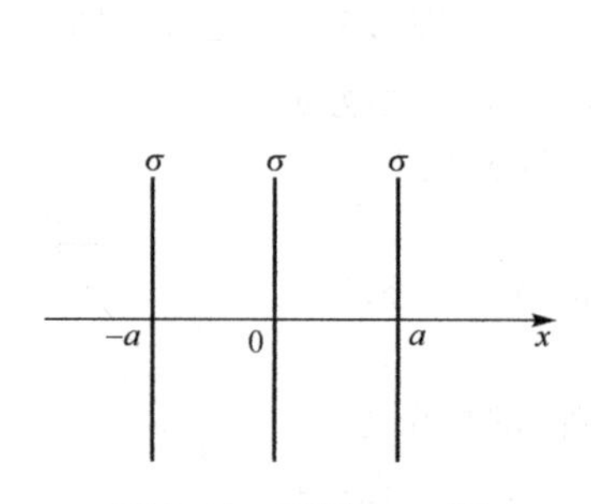

图1.61 习题1.43图

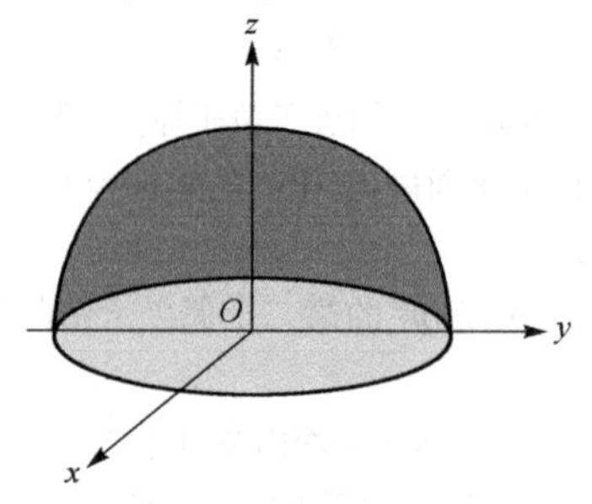

图1.62 习题1.44图

*1.45 半径为R、厚度为t的薄圆板上,两表面均匀带电,电荷面密度分别为$+\sigma$和$-\sigma$,试求通过圆板中心的轴线上,到板面的距离为x的P点(于正电荷一侧)的电势和场强.

1.46 一无限长均匀带电直线(线电荷密度为λ)与另一长为L、线电荷密度为η的均匀带电直线AB共面,且相互垂直,设A端到无限长均匀带电线的距离为a,求带电线AB受到的力.

1.47 如图1.63所示,在一边长为a的立方体的每个顶点上放一个点电荷$-e$,在中心放一个点电荷$+2e$.求此带电体系的相互作用能.

1.48 电量都是q的四个点电荷,分别处在棱长为a的正四面体的四个顶点,如图1.64所示.试求这个系统的静电能(各电荷之间相互作用能的总和).

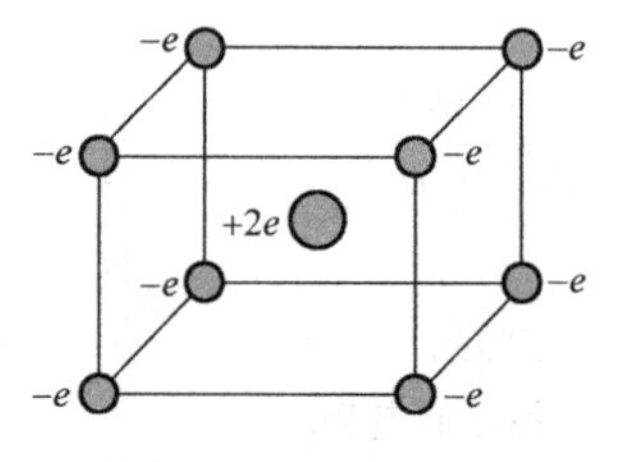

图1.63 习题1.47图

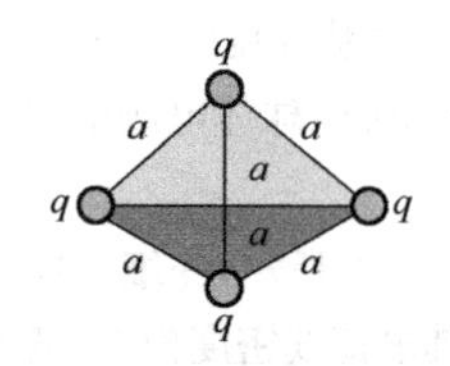

图1.64 习题1.48图

1.49 在一次典型的闪电中，两个放电点间的电势差约为10^9 V，被迁移的电荷约为 30C.

(1) 如果释放出来的能量都用来使 0℃的冰熔化成 0℃的水，则可熔化多少冰?（冰的熔解热 $L = 3.34 \times 10^5 \text{J} \cdot \text{kg}^{-1}$.）

(2) 假设每一个家庭 1 年消耗的能量为 3000kW · h，则可为多少个家庭提供 1 年的能量消耗?

1.50 铀核带电量为 $92e$，可以近似地认为它均匀分布在一个半径为 7.4×10^{-15} m 的球体内. 求铀核的静电能.

当铀核对称裂变后，产生两个相同的钯核，各带电 $46e$，总体积和原来一样. 设这两个钯核也可以看成球体，当它们分离很远时，它们的总静电能又是多少? 这一裂变释放出的静电能是多少?

按每个铀核都这样对称裂变计算，1kg 铀核裂变后释放出的静电能是多少?（裂变时释放的“核能”基本上就是这静电能.）

1.51 一个电偶极子放在均匀电场中，其电偶极矩与电场强度成30°，电场强度大小为 $2.0\times10^3 \text{N} \cdot \text{C}^{-1}$，作用在电偶极子上的力矩为 5.0×10^{-2} N · m，试计算电偶极矩的大小以及此时电偶极子的电势能.

1.52 两个水分子相距为 0.3nm，它们的电偶极矩大小相等，都是 6.2×10^{-30} C · m，试求下列情况下它们之间的相互作用能：

(1) 电偶极矩都沿其连线且方向相同;

(2) 一个电偶极矩沿其连线，一个电偶极矩与连线垂直;

(3) 两个电偶极矩都与其连线垂直且方向相同.

第 2 章　静电场中的导体

金属导体在静电场中会产生许多新的静电现象，这些现象除了必须服从静电场的基本规律外，还与金属导体固有的性质有关. 本章介绍静电场的基本规律在有导体存在情况下的具体应用. 本章只讨论各向同性的均匀的金属导体在静电场中的情况，所得出的一些结论也适应于第二类导体.

2.1　导体的静电平衡性质

2.1.1　导体的静电平衡条件

金属导体由大量带负电的自由电子和位于晶格点阵上带正电的原子核（正离子）构成. 当导体不带电或者不受外电场影响时，导体中的自由电子只做微观的无规则热运动，而没有宏观的定向运动. 若把金属导体放在外电场中，导体中的自由电子在做无规则热运动的同时，还将在电场力的作用下做定向运动，从而使导体中的电荷重新分布. 导体一侧将形成自由电子堆积，呈现负电荷分布；另一侧由于失去自由电子而呈现正电荷分布. 这种现象称为**静电感应现象**，分布在导体两侧面上的电荷称为**感应电荷**. 感应电荷要产生**附加电场**，在导体内，附加电场的方向与外电场方向相反，它将阻止电子继续做定向运动. 当感应电荷在导体内产生的附加电场 $\boldsymbol{E}'$ 与外电场 $\boldsymbol{E}_0$ 完全抵消时，即导体内合场强 $\boldsymbol{E}=\boldsymbol{E}'+\boldsymbol{E}_0=0$ 时，电子的定向运动终止，电荷的重新分布过程结束，导体处于**静电平衡**状态. 导体达到静电平衡的时间极短，通常为$10^{-14}\sim10^{-13}\,\text{s}$，几乎在瞬间完成.

在静电平衡时，不仅导体内部没有电荷做定向运动，而且导体表面也没有电荷做定向运动. 这就要求导体表面电场强度的方向应与该表面垂直. 假若导体表面处电场强度的方向与导体表面不垂直，则电场强度沿表面将有切向分量，自由电子受到与该切向分量相应的电场力的作用，将沿表面运动，这样就不是静电平衡状态了. 因此，当导体处于静电平衡状态时，必须满足以下两个条件：

（1）在导体内部，电场强度处处为零；

（2）导体表面附近电场强度的方向都与导体表面垂直.

导体的静电平衡条件也可以用电势来表述. 由于在静电平衡时，导体内部的电场强度为零，导体表面的电场强度与表面垂直. 根据电势差的定义或电场强度与电势梯度的关系可知，**导体内部各点的电势都相等，整个导体是等势体**. 由静电场的环路定理可证，**导体表面是一个等势面，其电势与导体内部的电势相等**.

2.1.2　静电平衡时导体上的电荷分布

处于静电平衡的导体上的电荷分布有以下规律.

(1) **当导体达到静电平衡时，电荷只能分布在导体的表面上，导体内没有净电荷.**

现在我们用高斯定理来证明这一结论. 如图 2.1 所示，设想在导体内部任意做一高斯面 S. 因为在静电平衡时导体内部电场强度处处为零，所以这个高斯面的电场强度通量必然为零，即

$$\oint_S \boldsymbol{E} \cdot \mathrm{d}\boldsymbol{S} = 0$$

于是，此高斯面内所包围的电荷的代数和必然为零. 又因为在导体内部高斯面的大小和位置可以任意选取，所以导体内任一点均没有净电荷，电荷只能分布在导体的外表面上.

对于具有空腔的导体，如果空腔内无电荷，则从导体的静电平衡条件和高斯定理立即得到空腔导体内表面上的电量代数和为零的结论. 因此，如果空腔导体的内表面上有电荷分布，那么必定是有些地方分布有正电荷，另一些地方分布有负电荷. 但静电场是有源场，这时必有电场线从内表面的正电荷处出发，并终止于内表面的负电荷处，如图 2.2 所示. 如果真的存在这种分布的电场，那么当把一单位正电荷从该电场线的起点沿电场线移到其终点时，电场做功不可能为零，这与导体是等势体的结论相矛盾. 因此，达到静电平衡时，空腔内表面上无电荷分布，电荷只能全部分布在空腔导体的外表面，且导体空腔内部的电场强度也为零.

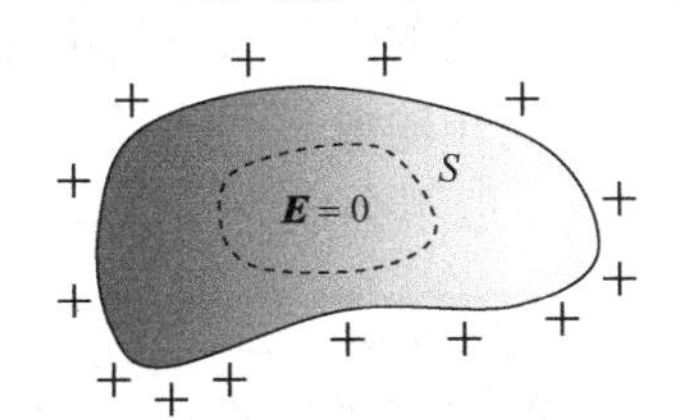

图 2.1　用高斯定理证明导体内无净电荷

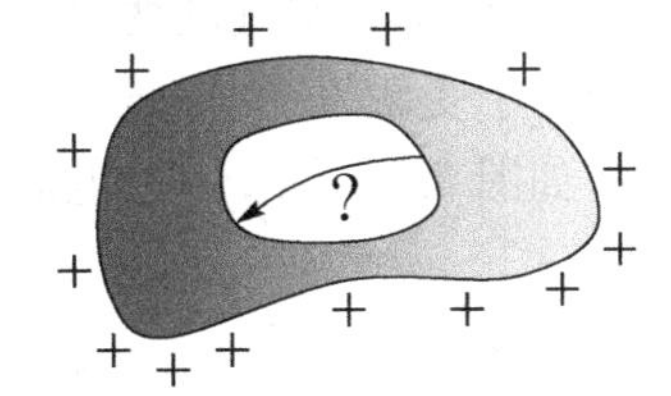

图 2.2　带电空腔导体内表面上无电荷分布

(2) **当导体达到静电平衡时，其表面上各点的电荷面密度与表面附近的电场强度成正比.**

如图 2.3 所示，在导体外侧紧贴表面附近取一点 P，$\boldsymbol{E}$ 为该处的电场强度. 在 P 点处的导体表面上取一面积元 ΔS，该面积元取得充分小，使其电荷面密度 σ 可认为是均匀的. 作一底面积为 ΔS 的扁平圆柱形高斯面，其轴线与导体表面相垂直，上底面在导体外侧通过 P 点，下底面在导体内侧，紧靠表面. 因导体内部电场强度为零，

导体外表面的电场强度垂直于导体表面，所以通过下底面和侧面的电场强度通量均为零，根据高斯定理有

$$\oint_S \boldsymbol{E} \cdot \mathrm{d}\boldsymbol{S} = \int_{\text{上底面}} \boldsymbol{E} \cdot \mathrm{d}\boldsymbol{S} + \int_{\text{下底面}} \boldsymbol{E} \cdot \mathrm{d}\boldsymbol{S} + \int_{\text{侧面}} \boldsymbol{E} \cdot \mathrm{d}\boldsymbol{S} = E\Delta S = \frac{1}{\varepsilon_0}\sigma\Delta S$$

因为导体内部电场强度为零，故右边第二个积分项为零；扁平圆柱高 $\Delta h \to 0$，第三个积分项亦趋向于零. 由此得

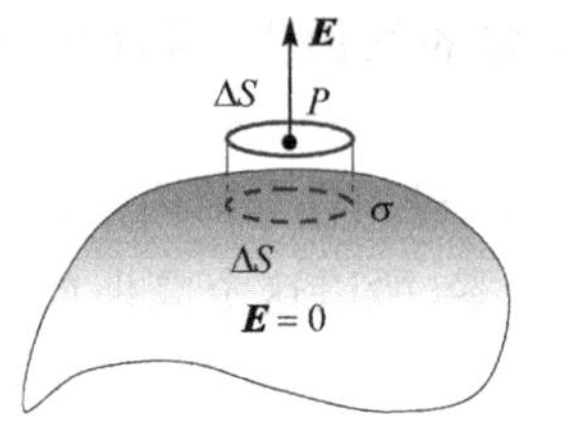

图 2.3　导体表面电荷与场强的关系

$$E = \frac{1}{\varepsilon_0}\sigma \qquad (2.1)$$

这就表明，在静电平衡时，导体表面某点处的电场强度 $\boldsymbol{E}$ 的大小与该处的电荷面密度 σ 成正比.

尽管导体表面某点处的电场强度 $\boldsymbol{E}$ 的大小与该处的电荷面密度 σ 成正比，但它是由所有的场源（包括该导体上的全部电荷以及导体外其他电荷）共同产生的，该点附近的导体上的面电荷仅是场源的一部分. 当其场源改变时，电场分布必定要改变，这时，导体表面上的面电荷分布将自行调整，直至形成新的静电平衡，使 $E = \sigma/\varepsilon_0$ 成立.

(3) **孤立的导体处于静电平衡时，它的表面各处的电荷面密度与表面各处的曲率有关，曲率越大的地方，电荷面密度也越大.**

图 2.4 画出一个有尖端的导体表面的电荷和电场强度分布的情况，尖端附近的电荷面密度最大.

对于有尖端的带电导体，尖端处的电荷面密度会很大，尖端附近的电场强度非常强，当电场强度足够大时就会使空气分子发生电离而放电，这一现象被称为**尖端放电**. 尖端放电的形式主要有电晕放电和火花放电两种. 在导体带电量较小而尖端又较尖时，尖端放电多为电晕型放电. 这种放电只在尖端附近局部区域内进行，使这部分区域的空气电离，空气就变得更加容易导电，急速运动的离子与空气中的分子碰撞时，会使分子受激发光，形成**电晕**. 夜间在它周围的高压输电导线附近往往会看到这种现象，如图 2.5 所示. 因放电能量较小，这种放电一般不会成为易燃易爆物质

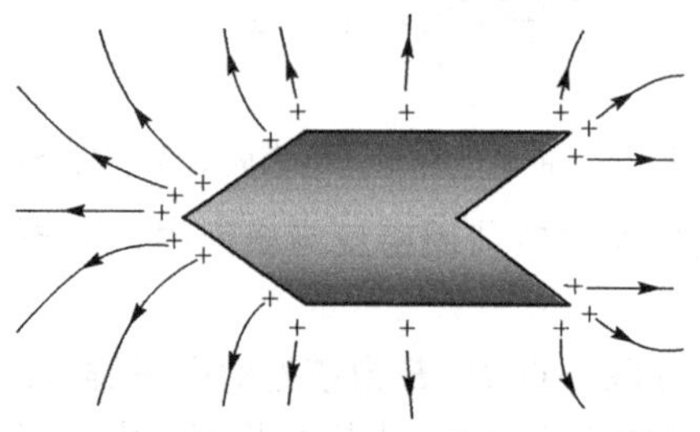
图 2.4　孤立带电导体表面的电荷分布

图 2.5　高压输电导线附近出现的电晕现象

的引火源，但可引起其他危害. 在出现电晕现象的同时，伴随有电能损耗. 尤其远距离的输电过程中，将损耗许多电能. 放电时产生的电波还会干扰电视和射频信号. 所以在高压电器设备中的电极通常做成直径较大的光滑球面，传输电线表面也必须做得很平滑. 在导体带电量较大电位较高时，尖端放电多为火花型放电. 这种放电伴有强烈的发光和破坏声响，其电离区域由尖端扩展至接地体（或放电体），在两者之间形成放电通道. 由于这种放电的能量较大，所以很容易引起易燃易爆混合物的燃烧和爆炸，造成重大人身伤亡和财产损失. 这方面的事故案例很多，特别是在石油、化工、橡胶、电子等行业，已经成为严重的损失之一. 仅美国每年因静电对电子工业所造成的损失就达几百亿美元.

尖端放电也有可利用之处，**避雷针**就是一个例子. 雷雨季节，当带电的大块雷雨云接近地面时，由于静电感应，使地面上的物体带上异种电荷，这些电荷较集中地分布在地面上凸起的物体（高层建筑、烟囱、大树等）上，电荷密度很大，因而电场强度很大. 当电场强度大到一定程度时，足以使空气电离，从而引发雷雨云与这些物体之间的放电，这就是雷击现象. 为了防止雷击对建筑物的破坏，可安装避雷针. 因为避雷针尖端处电荷密度最大，所以电场强度也最大，避雷针与云层之间的空气就很容易被击穿. 这样，带电云层与避雷针之间形成通路，同时避雷针又是接地的，于是就可以把雷雨云上的电荷导入大地，使其不能对高层建筑构成危险，保证了高层建筑的安全.

2.2　静电屏蔽

在静电平衡时，导体空腔内（设空腔内无电荷）的电场强度为零，故空腔导体具有保护处在空腔内的物体不受电场影响的作用. 例如，把一金箔验电器放在金属盒内，不论盒外电荷怎样分布，验电器的金箔都不会张开，如图 2.6 所示. 这种现象称为**静电屏蔽**. 实际上金属盒即使没有完全封闭，甚至用金属网作罩，也能达到良好的屏蔽效果.

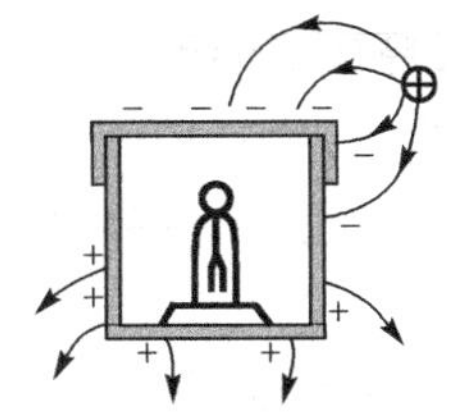

图 2.6　金属屏蔽罩

空腔导体的屏蔽作用也可使带电物体不影响周围其他物体. 用一金属盒把带电体包围起来，这时因静电感应，腔体的内表面和外表面都会出现感应电荷，如图 2.7 所示. 若把空腔导体接地，则腔外表面电荷被中和，腔外电场强度为零（如果腔外无其他电荷），如图 2.8 所示.

综上所述，**空腔导体（无论接地与否）将使空腔不受外电场的影响，而接地空腔导体将使外部空间不受空腔内的电场的影响**. 这就是空腔导体的**静电屏蔽作用**.

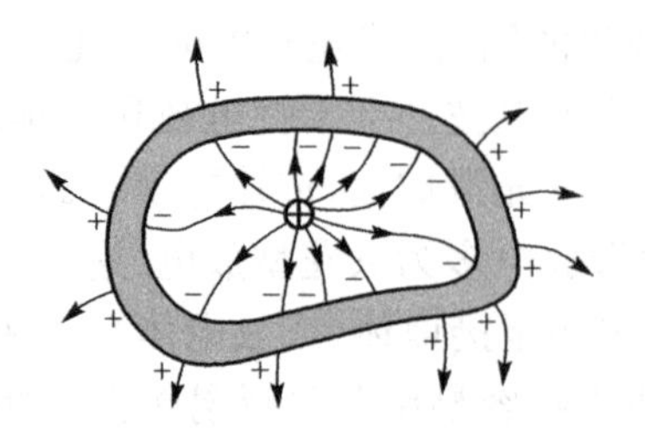

图 2.7 导体不接地

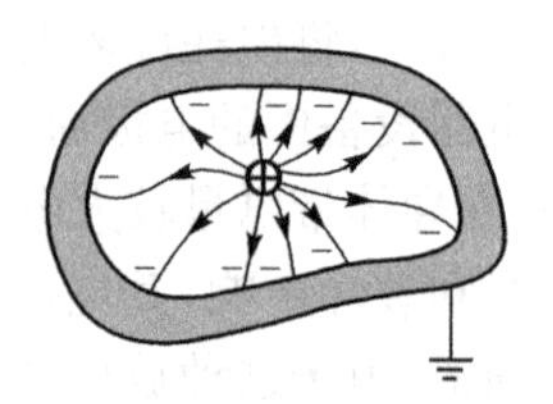

图 2.8 导体接地

静电屏蔽的物理实质是导体在电场作用下,导体中的自由电子重新分布,使导体上出现感应电荷,而感应电荷产生的电场与其他源电荷产生的电场在一特定的区域内合场强处处为零,从而使处在该区域内的物体不受电场作用.导体的静电屏蔽作用是自然界存在两类电荷与导体中存在大量自由电子的结果.从静电屏蔽的最后结果看,因为导体内部场强为零,电场线都终止在导体表面上,犹如电场线不能穿透金属导体.但必须注意,这里的电场线代表的是所有电荷共同产生的电场对应的电场线.

静电屏蔽有着广泛的应用.在工程上,为了避免外电场对电器设备(一些精密的电器测量仪器等)的干扰,或防止电气设备(高电压装置等)的电场对外界产生影响,常在这些设备的外面用接地的金属壳(网)构成屏蔽电场.在弱电工程中,有些传送弱电信号的导线,为了增强抗干扰性能,往往在其绝缘层外再加一层金属编织网,这种线缆称为**屏蔽线缆**.

2.3 有导体存在时静电场的分析与计算

导体放入静电场中时,电场会影响导体上电荷的分布,同时,导体上的电荷分布也会影响电场的分布.这种相互影响将一直继续,直到静电平衡为止,这时导体上的电荷分布以及周围的电场分布就不再改变.此时电荷和电场的分布可以根据静电场的基本规律、电荷守恒以及静电平衡条件加以分析和计算.

例 2.1 有一面积为 S(很大)的金属平板 A,带有正电荷,电量为 Q,把另一面积亦为 S 的不带电的金属平板 B 平行放在 A 板附近.

(1) 求此时 A、B 板每个表面上的面电荷密度和空间各点的场强;

(2) 若将金属板 B 接地,情况又如何?(忽略金属板的边缘效应.)

解 (1) 由于静电平衡时导体内部无净电荷,所以电荷只能分布在两金属板的表面上.不考虑边缘效应,这些电荷都被当作是均匀分布的.设 4 个表面的电荷面密度分别为 $\sigma_1,\sigma_2,\sigma_3$ 和 σ_4,如图 2.9 所示.由电荷守恒定律可知

$$\sigma_1+\sigma_2=\frac{Q}{S}$$

$$\sigma_3 + \sigma_4 = 0$$

由于板间电场与板面垂直，且板内的电场为零，所以选一个两底分别在两个金属板内面侧面垂直于板面的封闭面作为高斯面，则通过此高斯面的电通量为零. 根据高斯定理可得

$$\sigma_2 + \sigma_3 = 0$$

在金属板 B 内一点 P 的电场强度是 4 个带电面的电场强度的叠加，因而有

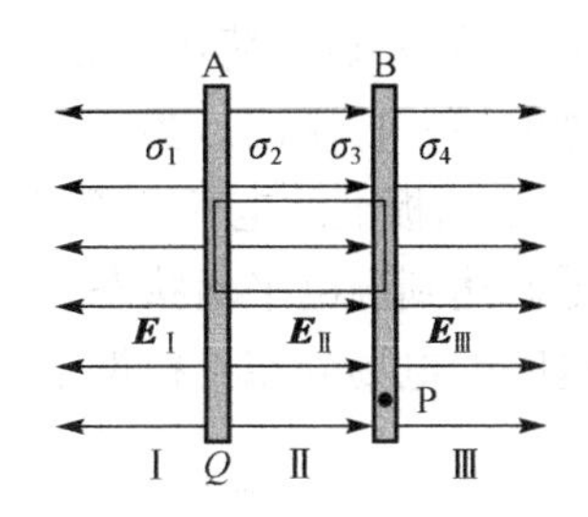

图 2.9　两块金属板带不等电量

$$E_P = \frac{1}{2\varepsilon_0}\sigma_1 + \frac{1}{2\varepsilon_0}\sigma_2 + \frac{1}{2\varepsilon_0}\sigma_3 - \frac{1}{2\varepsilon_0}\sigma_4$$

由于静电平衡时，导体内各处电场强度为零，所以 $E_P = 0$，因而有

$$\sigma_1 + \sigma_2 + \sigma_3 - \sigma_4 = 0$$

将此式和上面 3 个关于 σ_1，σ_2，σ_3 和 σ_4 的方程联立求解，可得电荷分布的情况为

$$\sigma_1 = \frac{Q}{2S},\quad \sigma_2 = \frac{Q}{2S},\quad \sigma_3 = -\frac{Q}{2S},\quad \sigma_4 = \frac{Q}{2S}$$

由此可根据 $E = \sigma/\varepsilon_0$ 求得电场的分布如下：

在Ⅰ区，$E_{\mathrm{I}} = \dfrac{1}{2\varepsilon_0}\dfrac{Q}{S}$，方向向左；

在Ⅱ区，$E_{\mathrm{II}} = \dfrac{1}{2\varepsilon_0}\dfrac{Q}{S}$，方向向右；

在Ⅲ区，$E_{\mathrm{III}} = \dfrac{1}{2\varepsilon_0}\dfrac{Q}{S}$，方向向右.

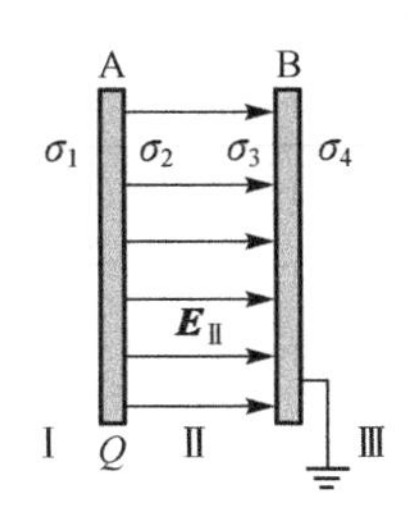

图 2.10　两块金属板中有一板接地

(2) 如果把金属板 B 接地(图 2.10)，它就与地这个大导体连成一体. 这块金属板右表面上的电荷就会分散到更远的地球表面上而使得这右表面上的电荷实际上消失，因而

$$\sigma_4 = 0$$

金属板 A 上的电荷守恒仍给出

$$\sigma_1 + \sigma_2 = \frac{Q}{S}$$

由高斯定理仍可得

$$\sigma_2 + \sigma_3 = 0$$

为了使得金属板 B 内 P 点的电场为零，又必须有

$$\sigma_1 + \sigma_2 + \sigma_3 = 0$$

以上 4 个方程式给出

$$\sigma_1 = 0,\quad \sigma_2 = \frac{Q}{S},\quad \sigma_3 = -\frac{Q}{S},\quad \sigma_4 = 0$$

和未接地时相比，电荷分布改变了. 这一变化是负电荷通过接地线从地下跑到 B 金

属板上的结果. 负电荷的电量一方面中和了金属右表面上的正电荷(这是正电荷跑入地球的另一种说法),另一方面补充了左表面上的负电荷,使其面密度增加一倍. 同时 A 金属板上的电荷全部移到右表面上. 只有这样,才能使两导体内部的电场强度为零而达到静电平衡状态.

这时的电场分布可根据上面求得的电荷分布求出,即有

$$E_{\mathrm{I}} = 0;\quad E_{\mathrm{II}} = \frac{Q}{\varepsilon_0 S},\text{方向向右};\quad E_{\mathrm{III}} = 0$$

例 2.2 在 $x < 0$ 的半个空间内,充满金属,在 $x = a$ 处有一电量为 q 的正点电荷,如图 2.11(a)所示,试计算导体表面的场强和导体表面的感应电荷面密度.

解一 如图 2.11(b)所示,考虑导体面上 $P(0,y)$ 点处的一块小面元 ΔS,其电荷面密度为 σ. 在导体内取一点 P_1,其坐标为 $(-\delta, y)$,$\delta \to 0$. 达到静电平衡时,P_1 点的场强为零. 根据场强叠加原理,P_1 点是点电荷 q 和导体表面上感应电荷共同激发的. 感应电荷又可分为面元 ΔS 上的电荷和导体面其他部分电荷两部分.

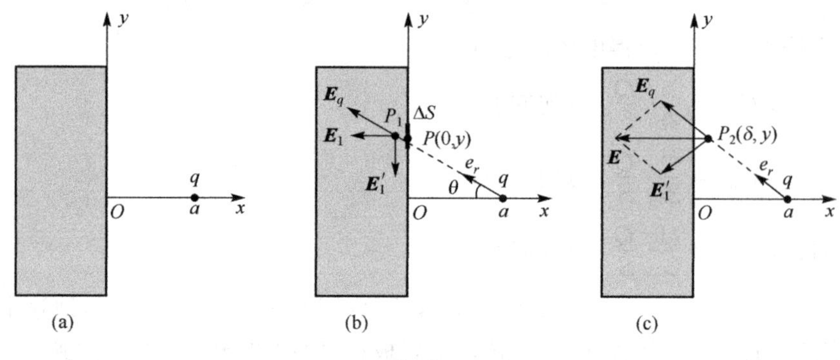

图 2.11

点电荷 q 在 P_1 点激发的场强大小为

$$E_q = \frac{1}{4\pi\varepsilon_0}\frac{q}{r^2} = \frac{q}{4\pi\varepsilon_0(a^2 + y^2)}$$

其方向沿 $\boldsymbol{e}_r$ 方向.

因 P_1 点紧靠 ΔS 面,这时可把 ΔS 面看作无限大均匀带电平面,所以面元 ΔS 上的电荷在 P_1 点激发的场强大小为

$$E_1 = \frac{\sigma}{2\varepsilon_0}$$

其方向垂直导体表面向左.

面元 ΔS 以外的感应电荷在 P_1 点产生的场强 E'_1 的方向是沿着导体表面,即 y 轴方向.

因 P_1 点的合场强为零,所以合场强的法向(取垂直于导体表面指向导体内部的

方向为正法向方向)分量等于零,于是有

$$E_{qx}+E_{1x}=\frac{q}{4\pi\varepsilon_0(a^2+y^2)}\cos\theta+\frac{\sigma}{2\varepsilon_0}=0$$

由此可得

$$\sigma=-\frac{q}{2\pi(a^2+y^2)}\cos\theta=-\frac{q}{2\pi(a^2+y^2)}\frac{a}{(a^2+y^2)^{1/2}}=-\frac{qa}{2\pi(a^2+y^2)^{3/2}}$$

解二　在 $x>0$ 空间内取一点 P_2,其坐标为 (δ,y),$\delta\to0$,如图 2.11(c)所示.因 P_1 和 P_2 无限接近,在这两点上电荷 q 的电场强度是相等的,但感应电荷在 P_1 处的场强 $\boldsymbol{E}_1$ 和 P_2 处的场强 $\boldsymbol{E}_1'$ 是不同的,根据导体表面附近一点的场强垂直于导体表面可知,$\boldsymbol{E}_q$ 和 $\boldsymbol{E}'_1$ 大小相等,方向不同,即

$$\boldsymbol{E}_q=\frac{1}{4\pi\varepsilon_0}\frac{q}{r^2}\boldsymbol{e}_r=\frac{q}{4\pi\varepsilon_0}\frac{y\boldsymbol{j}-a\boldsymbol{i}}{(a^2+y^2)^{3/2}}$$

$$\boldsymbol{E}'_1=\frac{q}{4\pi\varepsilon_0}\frac{-a\boldsymbol{i}-y\boldsymbol{j}}{(a^2+y^2)^{3/2}}$$

所以紧贴金属表面,$x>0$ 处的总场强

$$\boldsymbol{E}=\boldsymbol{E}_q+\boldsymbol{E}'_1=-\frac{q}{4\pi\varepsilon_0}\frac{2a\boldsymbol{i}}{(a^2+y^2)^{3/2}}=\frac{aq}{2\pi\varepsilon_0\,(a^2+y^2)^{3/2}}(-\boldsymbol{i})$$

根据导体表面的场强与导体表面电荷面密度的关系 $E=\dfrac{1}{\varepsilon_0}\sigma$ 得

$$\sigma=-\frac{aq}{2\pi\,(a^2+y^2)^{3/2}}$$

例 2.3　电量为 q 的点电荷绝缘地放在导体球壳的中心,球壳的内半径为 R_1,外半径为 R_2,求球壳的电势.

解一　点电荷 q 位于球壳的中心,根据静电平衡条件和高斯定理,可知球壳内表面上感应电荷的电量为 $-q$,根据电荷守恒定律,球壳外表面上的感应电荷的电量为 $+q$,并均匀分布在球壳内外表面上,如图 2.12 所示.

应用高斯定理可求得球壳外的场强大小为

$$E=\frac{q}{4\pi\varepsilon_0r^2}$$

根据电势定义可得球壳的电势为

$$\varphi=\int\boldsymbol{E}\cdot\mathrm{d}\boldsymbol{l}=\int_{R_2}^{\infty}\frac{q}{4\pi\varepsilon_0r^2}\mathrm{d}r=\frac{1}{4\pi\varepsilon_0}\frac{q}{R_2}$$

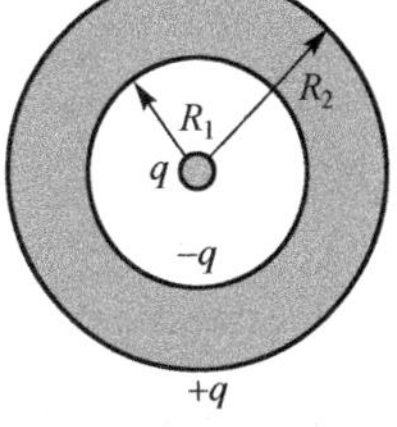

图 2.12

解二　用电势叠加,同样可得球壳的电势,即球壳的电势等于点电荷在球壳上产生的电势与球壳内表面上的感应电荷 $-q$ 及球壳外表面上感应电荷 $+q$ 在球壳上产生的电势的叠加.

$$\varphi=\frac{q}{4\pi\varepsilon_0R_1}+\frac{-q}{4\pi\varepsilon_0R_1}+\frac{q}{4\pi\varepsilon_0R_2}=\frac{q}{4\pi\varepsilon_0R_2}$$

当点电荷 q 偏离球心时，球壳内表面的 $-q$ 将不再均匀分布，但外表面的 $+q$ 仍均匀分布，球壳外的电场分布不变，故球壳的电势也不变. 当点电荷 q 移至球壳外距球心为 r 处时，因此时球壳内无电荷，球壳外表面内部区域场强均为零，球壳内为等势体，球壳的电势等于球心处的电势，而球壳外表面的感应电荷总量为零，有

$$\varphi = \varphi_0 = \frac{q}{4\pi\varepsilon_0 r}$$

例 2.4 一个金属球 A，半径为 R_1. 它的外面套一个同心的金属球壳 B，其内外半径分别为 R_2 和 R_3. 二者带电后电势分别为 φ_A 和 φ_B. 求系统的电荷及电场的分布. 如果用导线将球和壳连接起来. 结果又将如何?

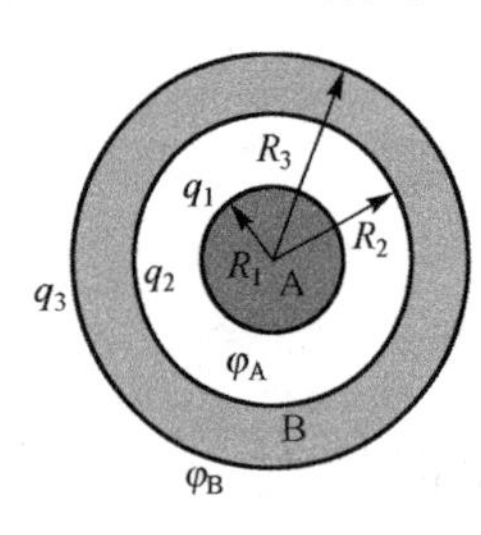

图 2.13

解 达到静电平衡时，导体球和壳内的电场为零，电荷均匀分布在它们的表面上. 如图 2.13 所示，设 q_1, q_2, q_3 分别表示半径为 R_1, R_2, R_3 金属球面上所带的电量. 根据电势叠加原理可得金属球和金属壳的电势分别为

$$\varphi_A = \frac{q_1}{4\pi\varepsilon_0 R_1} + \frac{q_2}{4\pi\varepsilon_0 R_2} + \frac{q_3}{4\pi\varepsilon_0 R_3}$$

$$\varphi_B = \frac{q_1 + q_2 + q_3}{4\pi\varepsilon_0 R_3}$$

在壳内做一个包围内腔的高斯面，由高斯定理可得

$$q_1 + q_2 = 0$$

联立上述 3 个方程，可得

$$q_1 = \frac{4\pi\varepsilon_0(\varphi_A - \varphi_B)R_1R_2}{R_2 - R_1}, \quad q_2 = -\frac{4\pi\varepsilon_0(\varphi_A - \varphi_B)R_1R_2}{R_2 - R_1}, \quad q_3 = 4\pi\varepsilon_0\varphi_B R_3$$

由此电荷分布可求得电场分布如下：

$$E = 0 \qquad (r < R_1)$$

$$E = \frac{(\varphi_A - \varphi_B)R_1R_2}{(R_2 - R_1)r^2} \qquad (R_1 < r < R_2)$$

$$E = 0 \qquad (R_2 < r < R_3)$$

$$E = \frac{\varphi_B R_3}{r^2} \qquad (r > R_3)$$

如果用导线将球和球壳连接起来，则壳内表面和球表面的电荷会完全中和而使两个表面都不再带电，二者之间的电场强度变为零，而二者之间的电势差也变为零. 在球壳的外表面上的电荷仍保持为 q_3，而且均匀分布，它外面的电场分布也不会改变而仍为 $\frac{\varphi_B R_3}{r^2}$.

2.4　静电场的唯一性定理

2.4.1　唯一性定理

若有若干导体存在时，除给定各带电导体的几何形状、相互位置外，再给定下列条件之一：

(1) 给定每个导体上的电势；

(2) 给定每个导体上的总电量；

(3) 给定一些导体的总电量和另一些导体的电势.

空间的电场分布是否唯一？根据唯一性定理，回答是肯定的. 由于导体在静电平衡条件下电荷只存在于表面且表面是个等势面，因此上述条件都是给出导体表面，或者说是导体与真空的分界面的情况. 因此，这些条件就叫**边界条件**. 唯一性定理指出：**满足边界条件的存在于空间的电场分布是唯一的.**

2.4.2　几个引理

唯一性定理从物理上直观判断是很容易理解的，如果存在不同的电场分布情况，那么将试探电荷放在电场中某一点，它所受到的力就将变得不确定了，这显然是不可能的. 但要用有导体存在时静电场的基本规律对此定理加以严格的证明，则是一件比较繁琐的事. 为此我们证明有导体存在时的三个引理，它们是证明唯一性定理的预备知识. 为简单起见，我们暂把研究的对象限定为一组导体，除此之外的空间里没有电荷.

1. 引理 1：**在无电荷的空间里电势不可能有极大值和极小值**

用反证法. 设电势 φ 在空间某点 P 极大，则在 P 点周围的所有邻近点上梯度 $\nabla\varphi$ 必都指向 P 点，即电场强度 $\boldsymbol{E}=-\nabla\varphi$ 的方向都是背离 P 点的(图 2.14). 这时若我们做一个很小的闭合曲面 S 把 P 点包围起来，穿过 S 的电通量为

$$\Phi_{\mathrm{e}}=\oint_S \boldsymbol{E}\cdot \mathrm{d}\boldsymbol{S}>0$$

根据高斯定理，S 面内必然包含正电荷，然而这违背了我们的前提，因此，φ 不可能有极大值.

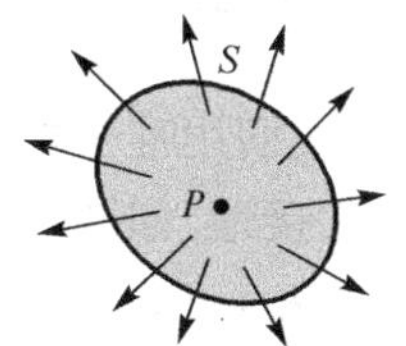

图 2.14　引理 1 的证明

用同样的方法可以证明，φ 不可能有极小值.

2. 引理 2：**若所有导体的电势为零，则导体以外空间的电势处处为零**

因为电势在无电荷空间里的分布是连续变化的，若空间有电势大于零(或小于零)的点，而边界上又处处等于零，在空间必出现电势的极大(或极小)值，这违背引理 1.

不难看出,本引理可稍加推广:若在完全由导体所包围的空间里各导体的电势都相等(设为 φ_0),则空间电势等于常量 φ_0.

3. 引理 3:**若所有导体都不带电,则各导体的电势都相等**

用反证法.设各导体电势不完全相等,则其中必有一个电势是最高的,设它是导体 1.如图 2.15 所示,电场线只可能从导体 1 出发到达其余导体 2、3、…,而不可能颠倒.于是我们就得到这样的结论:导体 1 的表面上任何地方都只能是电场线的起点,不可能是终点,即此导体表面只能有正电荷而无负电荷,从而它带的总电量不可能为零.这又违背了我们的前提.

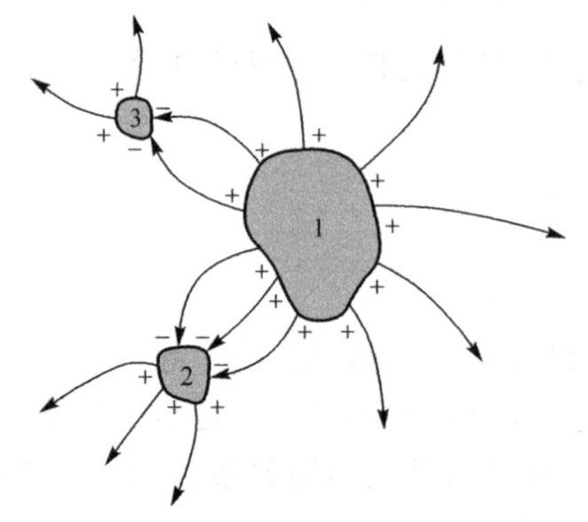

图 2.15 引理 3 的证明

将引理 3 和引理 2 结合起来,就可进一步推出,在所有导体都不带电的情况下空间各处的电势也和导体一样,等于同一常量.

2.4.3 唯一性定理的证明

我们仅对上述第一种边界条件的情况加以说明.假定各个导体的电势已给定,即所述电场的边界(包括无限远处的表面)上电势已给定.为了求出边界内各处电场强度的分布,需要先求出电势分布,然后求其梯度而得电场强度的分布.设在给定的电势边界条件下,有两种恒定的电势分布 φ_1 和 φ_2,由于 φ_1 和 φ_2 在边界上各处具有相同的给定值,所以 $\varphi = \varphi_1 - \varphi_2$ 在边界上各处都等于零.这相当于所有导体上电势为零时的恒定电势分布.根据引理 2,空间电势 φ 恒等于零,即 φ_1 恒等于 φ_2,说明电势分布是唯一的,电场强度分布 $\boldsymbol{E} = -\nabla\varphi$ 也是唯一的.

2.4.4 从唯一性定理看静电屏蔽

现在我们用唯一性定理来严格地说明静电屏蔽的原理.取一任意形状的闭合金属壳,将它接地,如图 2.16 所示.现从外面移来若干正或负的带电体.若腔内无带电体,则其中 $\boldsymbol{E} = 0$,如图 2.16(a)所示.反之,将带电体放进腔内,而壳外无带电体,则外部空间 $\boldsymbol{E} = 0$,如图 2.16(b)所示.今设想将(a)、(b)两图合并在一起,如图 2.16(c)所示,即壳外有与图(a)相同的带电体,腔内有与图(b)相同的带电体.那么这时壳内、外电场的恒定分布是否仍分别与图(a)、(b)一样?

我们的回答是肯定的.因为(b)、(c)两图中腔内空间的边界条件相同(腔内表面电势为零,内部带电体上总电量 Q 给定),根据唯一性定理,腔内电场分布是唯一的,与壳外是否有带电体无关.这就是说,金属壳完全屏蔽了壳外带电体对腔内的影响.同理,因(a)、(c)两图中壳外空间的边界条件相同(壳外表面电势为零,外部带电体上

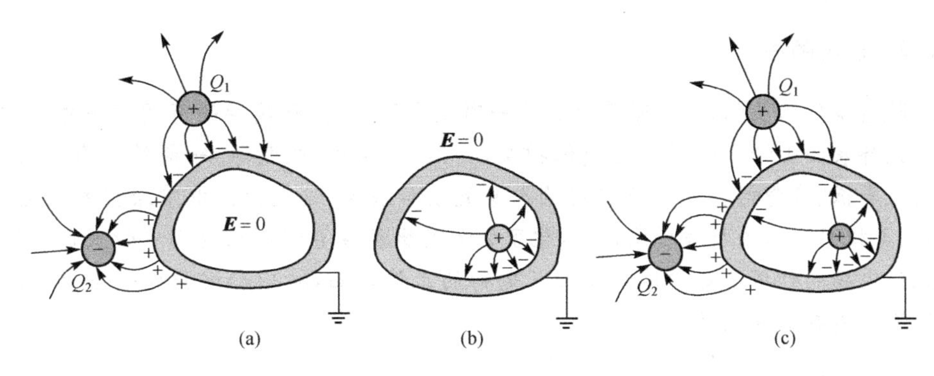

图 2.16　静电屏蔽

总电量 Q_1、Q_2、…，无穷远电势为零)，根据唯一性定理，壳外电场分布是唯一的，与腔内是否有带电体无关. 即金属壳完全屏蔽了腔内带电体对壳外的影响.

2.5　静电应用

2.5.1　静电除尘器

不少工业部门，在生产过程中会产生大量的烟尘. 如处理不当，会严重污染大气环境. 因此，“除尘”已成为现代化工业生产中一个迫切需要解决的问题. 在多种除尘方法中，电除尘技术自 20 世纪问世以来，由于具有除尘效率高、电能消耗小、处理气量大、能处理高温及有害气体等优点，已被越来越多的生产部门所采用. 如首钢在烧结、冶炼、电力等生产环节上使用了大型静电除尘器，其除尘效率可达 99%以上，使外排粉尘量减少了 94%.

图 2.17 是一种静电除尘装置示意图. 它主要是由一只金属圆筒 B 和一根悬挂在圆筒轴线上的多角形的金属细棒 A 所组成，其工作原理如下：圆筒 B 接地，金属细棒 A 接高压负端(一般有几万伏)，于是在圆筒 B 和金属棒 A 之间形成很强的径向对称的电场. 在细棒附近电场最强，它能使气体电离，产生自由电子和带正电的离子. 正离子被吸引到带负电的细棒 A 上并被中和，而自由电子则被吸引向带正电的圆筒 B. 电子在向圆筒 B 运动的过程中与尘埃粒子相碰，使尘埃带负电. 在电场力作用下，带负电的尘埃被吸引到圆筒上，并粘附在这里. 定期清理圆筒可将尘埃聚集起来并予以处理.

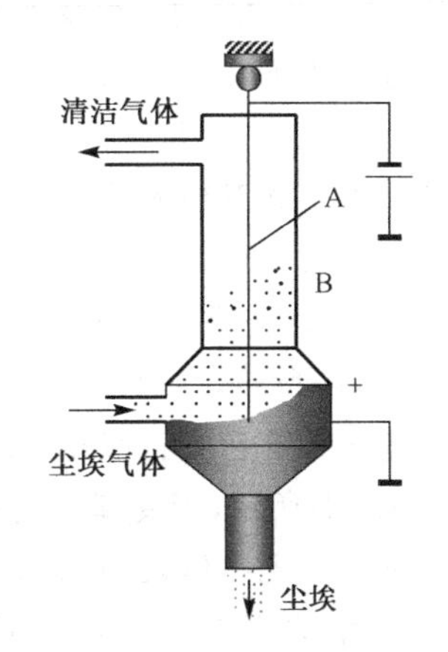

图 2.17　静电除尘装置示意图

2.5.2　静电喷涂

随着现代工业的发展,防腐蚀成为一项重要的课题.防腐蚀的有效方法之一,就是在设备表面上涂上一层非金属保护层,如油漆、涂料、树脂等.一般的喷涂方法存在着效率低、浪费材料以及严重影响人身健康等缺点.这就使静电喷涂技术应运而生,它是根据电泳的物理现象,使雾化了的油漆微粒在直流高压电场中带上负电荷,并在静电场的作用下定向地流向带正电荷的工件表面,被中和沉积成一层薄膜,均匀牢固附着在工件表面.

2.5.3　静电复印

静电复印机早已是办公室的常用设备,顾名思义,它是利用静电效应制成的.美国的卡尔逊(Carlson)经过三年的研究,于1938年成功地完成了世界上第一个静电复印实验.1959年,第一台简便静电复印机正式生产.随着电子技术的发展,静电复印机已具有多功能、高速度和智能化方面的特点.

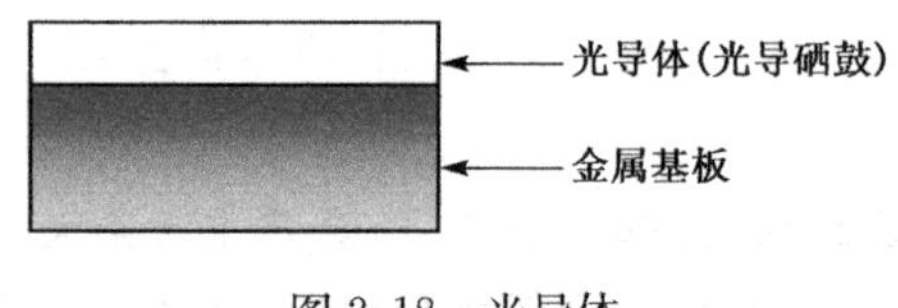

图2.18　光导体

把一片光导材料贴在金属基板上制成一种光导体,如图2.18所示.光导材料是一种光敏半导体.当无光照时,它具有很高的电阻,呈现绝缘体的性质.当有光照时,电阻率急剧下降,呈现良导体的性质.实际复印机中的光导体是用真空蒸镀的方法将一层厚度为几十微米的硒镀于铝鼓上(做成鼓状是为了便于机械运转)制成的.当无光照时,硒鼓表面的硒是绝缘体.通过电压高达5000～6000V的一排针尖产生的电晕,对硒鼓表面放电,在电场力作用下,正离子(主要是氧离子)积聚在硒表面并均匀分布在表面上.因为硒不导电,故在基板铝的另一表面上感应出负电荷,如图2.19(a)所示,这一过程称为光导体的充电过程.当强光照射待复印的稿件时,稿件上有字迹的地方,无反射光,只有无字迹地方才有反射光并照到光导体,如图2.19(b)所示.光导体上受到光照的地方变成导体,该处积聚的正电荷消失,而未受光照地方的正电荷仍然存在.

这样,在光导体的表面上便出现了一幅与原稿字迹分布相同的正电荷图像,如图2.19(c)所示,当然这幅图像是人眼看不见的.如果让带有负电的色粉微粒(所谓色粉是一种有色塑料微粒,在与玻璃珠或铁粉摩擦后带负电)与光导体表面接触,如图2.19(d)所示,因受正电荷的吸引,正电荷图像为色粉所覆盖,变成色粉图像.再把复印纸盖在光导体表面上,如图2.19(e)所示,并通过针尖的电晕放电,使复印纸反面带正电.当电压达到6000V时,带负电的色粉就被吸引到复印纸上,原稿上的字迹就印在复印纸上.最后通过加热和加压,使塑料树脂熔融,并渗入复印纸中,复印就完成了.

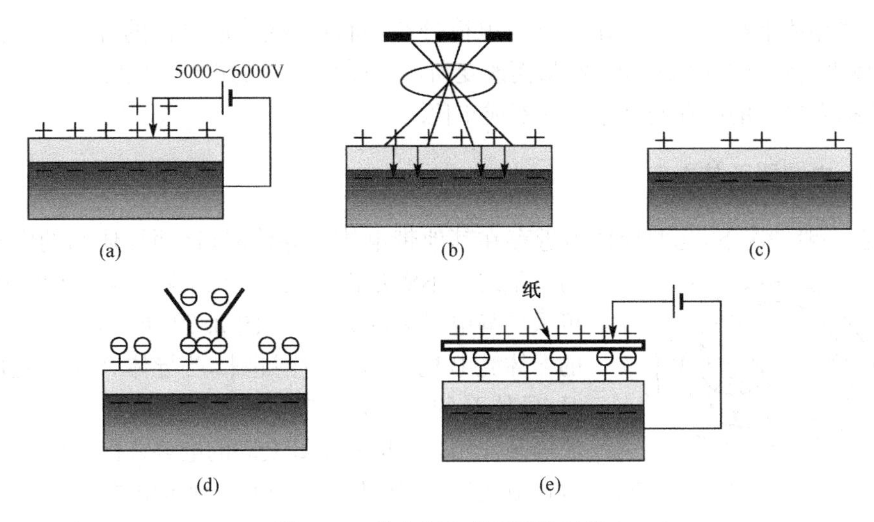

图 2.19　静电复印的原理与过程

以上介绍的三个静电技术应用的例子，都是使物体在高压静电场中带上静电，然后利用同性电荷相斥，异性电荷相吸这一物理特性来解决问题的. 静电技术应用的方面还很多，例如，静电分选、静电扬声器、静电起电机、静电马达、静电生物技术等，不再一一列举.

2.6　电容和电容器

2.6.1　孤立导体的电容

所谓“孤立”导体，即该导体附近没有其他导体和带电体.

设想我们使一个孤立导体带电 q，它将具有一定的电势 φ，根据叠加原理，导体的电量增加若干倍时，导体的电势也将增加若干倍，即孤立导体的电势与其电量成正比，这个比例关系可以写成

$$C=\frac{q}{\varphi} \tag{2.2}$$

式中，C 与导体的尺寸和形状有关. 它是一个与 q 和 φ 无关的常量，称为该孤立导体的**电容**. 它的物理意义是使导体每升高单位电势所需的电量. 电容的单位是 F(法拉)，

$$1\mathrm{F}=1\mathrm{C/V}$$

常采用微法(μF)、皮法(pF)等作为电容的单位，它们之间的换算关系为

$$1\mathrm{F}=10^{6}\mu\mathrm{F}=10^{12}\mathrm{pF}$$

当带电导体周围存在其他导体或带电体时，该带电导体的电势不仅与自己所带的电荷有关，还与周围的导体以及带电体都有关. 不论其他导体是否带电，由于静电感

应,这些导体上都会产生一定的感应电荷分布,而且这些感应电荷的分布将因其他带电体带电情况的改变而改变,从而改变所考察带电导体的电势. 因此,在一般情况下,非孤立导体的电荷与其电势并不成正比.

2.6.2 电容器及其电容

在一般情况下,当两导体附近存在其他带电体或导体时,这两导体间的电势差与电量之间不满足正比关系,要消除其他导体的影响,可采用静电屏蔽的方法. 如图 2.20 所示,用一个封闭的导体壳 B 把导体 A 包围起来,当导体 A 带一定电量时,导体 B 的内表面必带等量异号的电量,由于导体 B 的屏蔽作用,导体 A 和 B 之间的电势差仅与导体 A 的电量成正比,与导体 B 周围的其他带电体或导体无关. 这种由两个彼此绝缘且相互靠近的导体组成的封闭体系(即从一导体发出的电场线全部终止于另一导体上)称为**电容器**,组成电容器的两个导体分别称为电容器的两个极板. 若电容器的任一极板上的电量绝对值为 q, 则 q 与两极板间的电势差 $\varphi_1-\varphi_2$ 的比值称为电容器的电容

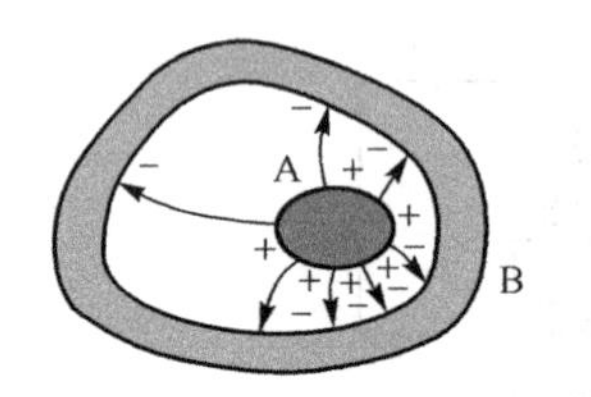

图 2.20　空腔导体 B 与包围在其中的导体 A 构成的电容器

$$C=\frac{q}{\varphi_1-\varphi_2} \tag{2.3}$$

电容器的电容与电容器的带电状态无关,与周围的带电体也无关,完全由电容器的几何结构决定. 电容的大小反映了当电容器两极板间存在一定电势差时,极板上储存电量的多少.

2.6.3 几种常见电容器的电容

电容器的种类很多,按电极间的电介质分类有空气电容器、纸介电容器、云母电容器、瓷介电容器、有机薄膜电容器、电解电容器等;按结构分类有固定电容器、可变电容器和微调电容器. 下面要介绍的是按电极的形状分类的电容器.

1. 平行板电容器

最简单的平行板电容器由两块平行放置的金属板组成,极板的面积 S 足够大,两板间的距离 d 足够小,即 $d \ll \sqrt{S}$, 如图 2.21 所示. 电容器内部即两极板间的电场由极板上的电荷分布决定.

当电容器带电时,两极板上的电荷等量异号,几乎均匀分布在极板的内侧. 从一个极板上发出的电场线几乎全部终止在另一极板上,除了极板的边缘处外,电容器中的电场是均匀的. 若极板 A 的电量为 q_A, 在忽略边缘效应后,极板间的电场强度大小为

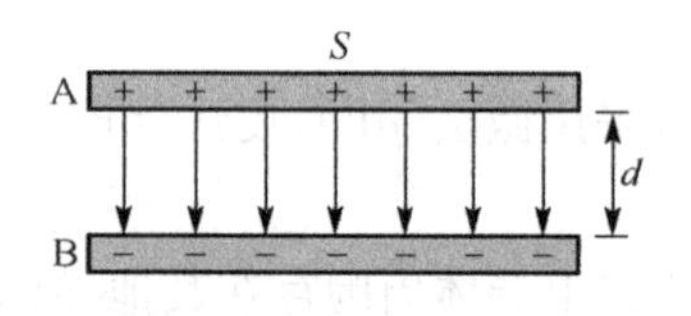

图 2.21　平行板电容器

$$E = \frac{1}{\varepsilon_0} \frac{q_A}{S}$$

极板间的电势差为

$$\varphi_A - \varphi_B = Ed = \frac{1}{\varepsilon_0} \frac{q_A}{S} d$$

故平行板电容器的电容为

$$C = \frac{q_A}{\varphi_A - \varphi_B} = \frac{\varepsilon_0 S}{d} \tag{2.4}$$

由此可见,增大极板面积,减少两极板间的距离可使电容器的电容量增大. 电容量和耐压是电容器的两个指标. 大部分电容器内部都充有绝缘材料即电介质,这不仅可使电容器的电容增大 ε_r 倍(ε_r 称为介质的相对介电常数,我们将在第 3 章中讨论这一问题),而且能使电容器结构牢固. 严格讲,平行板电容器并不是屏蔽得很好的导体组,它们的电势差或多或少受到周围导体和带电体的影响,以上的结论只有在其他导体或带电体远离平行板电容器时才绝对成立. 实际使用中的平行板电容器往往加有屏蔽罩或卷成筒状来改善屏蔽效果.

2. 球形电容器

球形电容器是由半径分别为 R_A 和 R_B 的两个同心金属球壳组成,如图 2.22 所示. 两球壳即为电容器的两个极板,设极板所带电量为 q, 则根据高斯定理,两球壳间的电场强度大小为

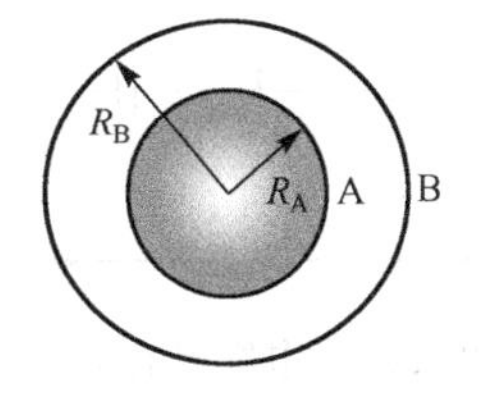

图 2.22　球形电容器

$$E = \frac{q}{4\pi\varepsilon_0 r^2}$$

两球壳的电势差

$$\varphi_A - \varphi_B = \int_{R_A}^{R_B} \frac{q}{4\pi\varepsilon_0 r^2} dr = \frac{q}{4\pi\varepsilon_0} \frac{R_B - R_A}{R_A R_B}$$

由电容器电容的定义式,可得

$$C = \frac{q}{\varphi_A - \varphi_B} = \frac{4\pi\varepsilon_0 R_A R_B}{R_B - R_A} \tag{2.5}$$

当 $R_B \gg R_A$ 时, $C = 4\pi\varepsilon_0 R_A$, 即为孤立导体球的电容;当 $R_B - R_A = d \ll R_A$ 时,则有 $C = \frac{4\pi\varepsilon_0 R_A^2}{d} = \frac{\varepsilon_0 S}{d}$, 这与平行板电容器的电容相同.

3. 圆柱形电容器

圆柱形电容器由半径分别为 R_A 和 R_B 的两同轴金属圆筒组成,如图 2.23 所示. 当圆筒的长度 L 比半径 R_B 大得多时,可近似认为圆筒是无限长的,边缘效应可忽略. 若 λ 为单

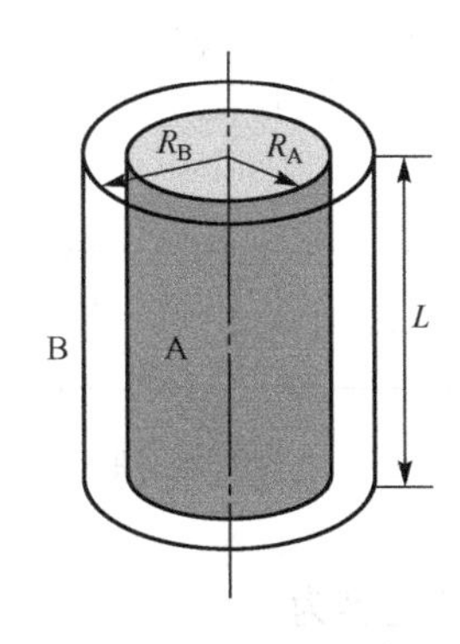

图 2.23　圆柱形电容器

位长度的内圆筒所带的电量，则根据高斯定理，两圆筒间的电场强度大小为

$$E = \frac{\lambda}{2\pi\varepsilon_0 r}$$

两圆筒间的电势差为

$$\varphi_A - \varphi_B = \int_{R_A}^{R_B} \frac{\lambda}{2\pi\varepsilon_0 r} dr = \frac{\lambda}{2\pi\varepsilon_0} \ln \frac{R_B}{R_A}$$

因为电容器每个极上的电量 $q = \lambda L$，所以根据电容器电容的定义式，有

$$C = \frac{q}{\varphi_A - \varphi_B} = \frac{2\pi\varepsilon_0 L}{\ln \frac{R_B}{R_A}} \tag{2.6}$$

2.6.4 电容器的连接

在实际应用中常常会遇到这种情况，手上现有的电容器的电容量不符合要求或电容器的耐压不符合要求，这时可以把这些电容器适当地连接起来使用，使它们达到既安全又便于使用的要求. 电容器连接的基本方式有**串联**和**并联**两种.

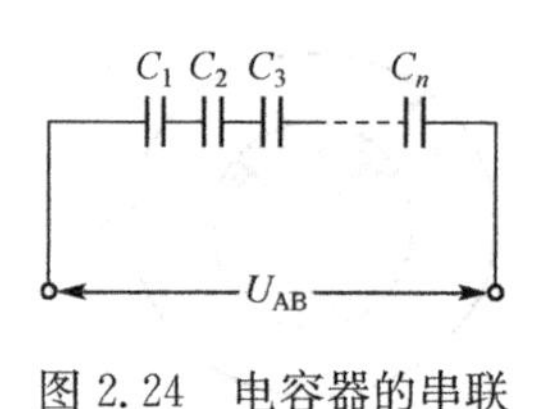

图 2.24 电容器的串联

1. 电容器的串联

如果将 n 个电容分别为 $C_1, C_2, \cdots, C_n$ 的电容器串联起来，如图 2.24 所示. 显然，串联后的总电压等于各电容器上分电压之和，而各电容器上的电量相等，均匀 q. 设串联后的等效电容为 C，则有 $U_{AB} = q/C$；各电容器的电压分别为：$U_1 = q/C_1, U_2 = q/C_2, \cdots, U_n = q/C_n$. 因为 $U_{AB} = U_1 + U_2 + \cdots + U_n$，所以有

$$\frac{1}{C} = \frac{1}{C_1} + \frac{1}{C_2} + \cdots + \frac{1}{C_n} \tag{2.7}$$

式(2.9)表明，**在电容器串联时，电容器组合的等效电容的倒数等于各个电容的倒数之和**. 显然串联后的总电容减小了，但是整个电容器组合所能承受的电压提高了. 这就是说，串联组合可使耐压程度较小的电容器工作在较高电压的电路中. 但应注意，当其中一个电容器被击穿，工作电压将在其他电容器上重新分配，使其他电容器承受的电压加大，因而其他电容器也容易相应地被击穿.

2. 电容器的并联

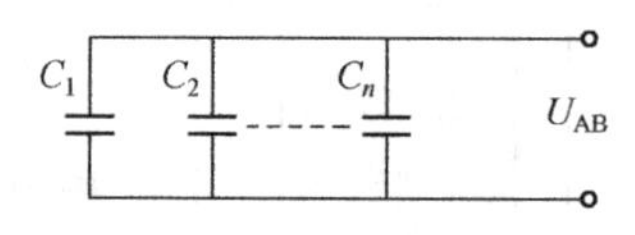

图 2.25 电容器的并联

如果将 n 个电容分别为 $C_1, C_2, \cdots, C_n$ 的电容器并联起来，如图 2.25 所示. 这时，每个电容器两极板之间的电势差都相等，并联后等效电容器所带电量应等于各电容器所带电量之和. 各电容器所带电量分别为 $q_1 = C_1 U_{AB}, q_2 = C_2 U_{AB}, \cdots, q_n = C_n U_{AB}$，则并联电容器组合的等效电容为

$$C=\frac{q}{U_{\mathrm{AB}}}=C_1+C_2+\cdots+C_n \tag{2.8}$$

式(2.10)说明，**在电容器并联时，等效电容等于各个电容器的电容之和**. 可见电容器的并联可使电容量增加，但耐压不变. 使用并联电容器组合时应注意，加在电容器上两端的电压不能大于其中耐压最小的那个电容器的额定电压，否则容易被击穿. 在实际应用中一般采用电容器的混合组合，也就是既有串联也有并联.

例 2.5　一球形电容器内外薄壳的半径分别为 R_1 和 R_4，今在两壳之间放一个内外半径分别为 R_2 和 R_3 的同心导体球壳(图 2.26)，求半径为 R_1 和 R_4 两球面间的电容.

解　设内球壳带电为 q，因静电感应，各球面带电情况如图 2.26 所示，根据高斯定理可得各区域的电场强度大小分布为

Ⅰ区($R_1<r<R_2$)　$E_1=\dfrac{q}{4\pi\varepsilon_0 r^2}$

Ⅱ区($R_2<r<R_3$)　$E_2=0$

Ⅲ区($R_3<r<R_4$)　$E_3=\dfrac{q}{4\pi\varepsilon_0 r^2}$

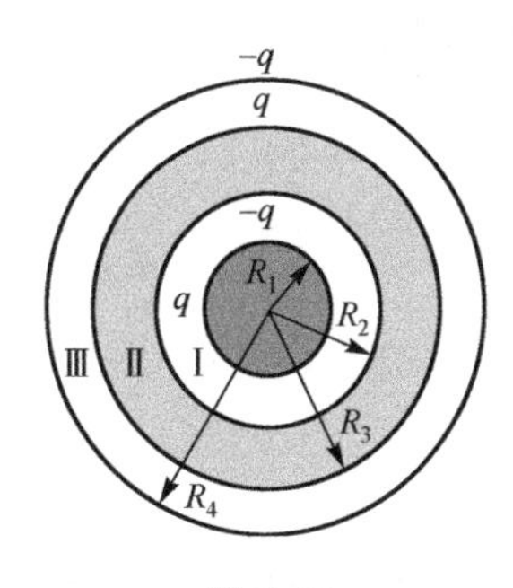

图 2.26

R_1 和 R_4 两球面间的电势差为

$$\begin{aligned}\varphi_1-\varphi_4&=\int\boldsymbol{E}\cdot\mathrm{d}\boldsymbol{r}=\int_{R_1}^{R_2}\frac{q}{4\pi\varepsilon_0 r^2}\mathrm{d}r+\int_{R_3}^{R_4}\frac{q}{4\pi\varepsilon_0 r^2}\mathrm{d}r\\&=\frac{q}{4\pi\varepsilon_0}\left(\frac{1}{R_1}-\frac{1}{R_2}+\frac{1}{R_3}-\frac{1}{R_4}\right)\end{aligned}$$

由电容的定义式得 R_1 和 R_4 两球面间的电容为

$$C=\frac{q}{\varphi_1-\varphi_4}=\frac{4\pi\varepsilon_0 R_1R_2R_3R_4}{R_2R_3R_4-R_1R_3R_4+R_1R_2R_4-R_1R_2R_3}$$

例 2.6　半径分别为 a 和 b 的两金属球，球心相距为 $r(r\gg a,r\gg b)$，今用一电容可忽略的细导线将两球相连，试求：

(1) 该系统的电容；

(2) 当两球所带的总电荷为 Q 时，每一球上的电荷是多少？

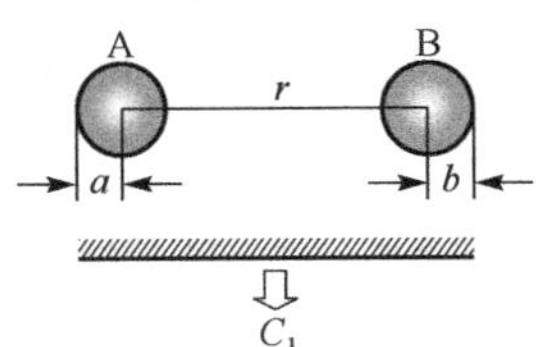

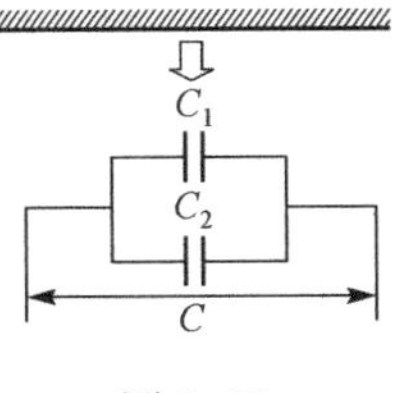

图 2.27

解　(1) 两球相连后，设金属球 A 带电 Q_1，金属球 B 带电 Q_2，且两者等势，无电容，但 Q_1，Q_2 与大地之间有电容，即 C_1，C_2 二者并联组成系统电容，如图 2.27 所示.

$$\Delta\varphi_1=\int_a^{\infty}\frac{Q_1}{4\pi\varepsilon_0 r^2}\mathrm{d}r=\frac{Q_1}{4\pi\varepsilon_0 a}$$

$$C_1=\frac{Q_1}{\Delta\varphi_1}=4\pi\varepsilon_0 a$$

$$\Delta\varphi_2=\int_b^{\infty}\frac{Q_2}{4\pi\varepsilon_0 r^2}\mathrm{d}r=\frac{Q_2}{4\pi\varepsilon_0 b}$$

$$C_2 = \frac{Q_2}{\Delta\varphi_2} = 4\pi\varepsilon_0 b$$

由电容器并联性质得

$$C = C_1 + C_1 = 4\pi\varepsilon_0(a+b)$$

(2) 当两球所带的总电荷为 Q 时，两球相连后，设金属球 A 带电 Q_1，金属球 B 带电 Q_2，根据等势条件，即 $\Delta\varphi_1 = \Delta\varphi_2$ 得

$$\frac{Q_1}{4\pi\varepsilon_0 a} = \frac{Q_2}{4\pi\varepsilon_0 b}$$

$$Q_2 a = Q_1 b$$

再根据电荷守恒条件得

$$Q_1 + Q_2 = Q$$

由以上两式得

$$Q_2 = \frac{b}{a+b}Q$$

$$Q_1 = \frac{a}{a+b}Q$$

2.7　电容传感器

用电测法测量非电学量时，首先必须将被测的非电学量转换为电学量而后输入之. 通常非电学量变换成电学量的元件称为**变换器**；根据不同非电学量的特点设计成的相关转换装置称为**传感器**，而被测的力学量(位移、力、速度等)转换成电容变化的传感器称为**电容传感器**.

2.7.1　面积变化型电容传感器

这种传感器常用于测量角位移或较大的线位移. 以下仅以测量角位移为例介绍角位移变面积型电容传感器. 这种传感器常用于单联可变电容中，其结构如图 2.28 所示.

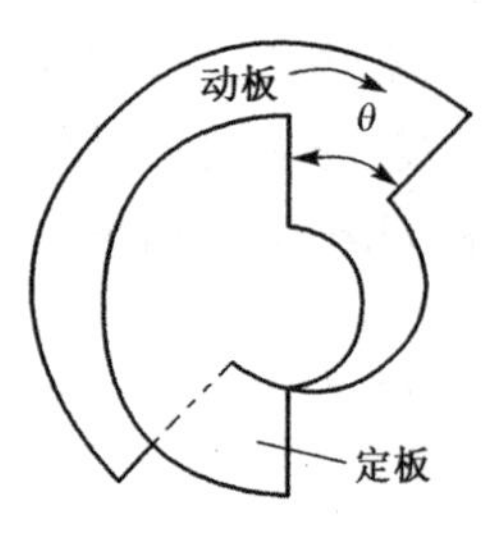

图 2.28　面积变化型电容传感器结构图

当电容器的极板(动板)有一转角 θ 时，动板和定板之间相互覆盖的面积就发生变化，导致电容器的电容也随之改变. 当 $\theta = 0$ 时

$$C_0 = \frac{\varepsilon_0 S_0}{d}$$

当 $\theta \neq 0$ 时，则极板间相互覆盖面积为

$$S = S_0 - \frac{\theta}{\pi}S_0 = S_0\left(1 - \frac{\theta}{\pi}\right)$$

相应电容器电容为

$$C=\frac{\varepsilon_0 S}{d}=\frac{\varepsilon_0 S_0\left(1-\frac{\theta}{\pi}\right)}{d}=C_0-C_0\frac{\theta}{\pi}$$

这样电容器电容的变化量为

$$\Delta C=C-C_0=-C_0\frac{\theta}{\pi} \tag{2.9}$$

可见,此电容量的变化值和角位移成正比,以此用来测量角位移.

2.7.2 极距变化型电容传感器

这种传感器常用于测量微小的线位移,且多是非接触测量. 图2.29是这类传感器的结构图,其中,极板2为固定极板,极板1为与被测物体相连的活动极板,可上下移动. 当极板间的覆盖面积为S,极板间介质的介电常数为ε,初始极板间距为d_0时,则初始电容C_0为

$$C_0=\frac{\varepsilon S}{d_0}$$

当活动极板1在被测物体的作用下向固定极板2位移Δd时,此时电容C为

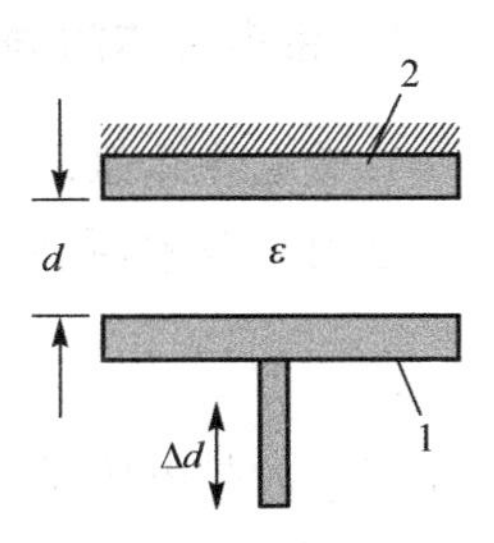

图2.29 极距变化型电容传感器结构图

$$C=\frac{\varepsilon S}{d_0-\Delta d}=\frac{\varepsilon S}{d_0\left(1-\frac{\Delta d}{d_0}\right)}=C_0\frac{1}{1-\frac{\Delta d}{d_0}}$$

电容的变化量为

$$\Delta C=C-C_0=C_0\frac{1}{1-\frac{\Delta d}{d_0}}-C_0$$

$$=C_0\frac{\Delta d}{d_0}\left(1-\frac{\Delta d}{d_0}\right)^{-1}$$

当电容器的活动极板1移动极小时,即$\Delta d\ll d_0$时,上式按泰勒级数展开为

$$\Delta C=C_0\frac{\Delta d}{d_0}\left[1+\frac{\Delta d}{d_0}+\left(\frac{\Delta d}{d_0}\right)^2+\left(\frac{\Delta d}{d_0}\right)^3+\cdots\right]$$

电容器电容变化量与位移Δd之间表现为非线性关系,只有当$\frac{\Delta d}{d_0}\ll 1$时(通常取$\frac{\Delta d}{d_0}=0.02\sim 0.1$),可除去高次项,有

$$\frac{\Delta C}{C_0}=\frac{\Delta d}{d_0} \tag{2.10}$$

可见,这时ΔC与Δd的关系可近似看作线性关系.

这种传感器可用来检测压力. 若动板连接受压电极,则当压力变化时,极板间距d变化,从而导致电容C变化. 当极板间距d变化很小时,压力与电容为线性关系.

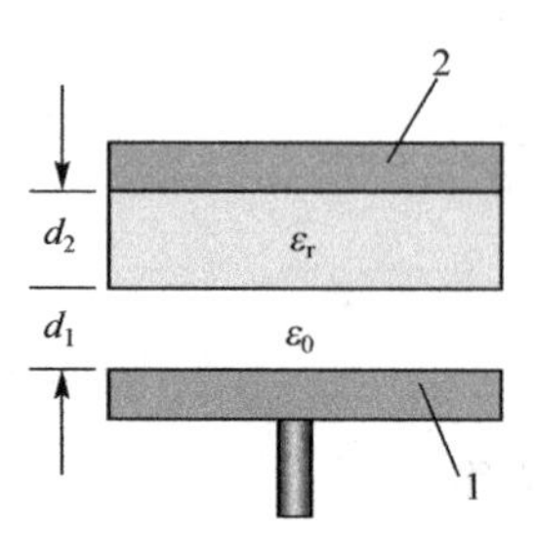

图 2.30 变介电常数型电容传感器结构图

2.7.3 变介电常数型电容传感器

这种电容器的结构如图 2.30 所示. 若固体电介质的介电常数增加 $\Delta\varepsilon_r$（如固体电介质为纺织品，当纺织品的湿度改变时会导致介电常数 ε_r 改变），则其电容增加 ΔC，于是有

$$C_0 + \Delta C = \frac{\varepsilon_0 S}{d_1 + d_2/(\varepsilon_r + \Delta\varepsilon_r)} \tag{2.11}$$

通过测量 ΔC 间接测出 $\Delta\varepsilon_r$. 用此法可测量电介质的介电常数. 若待测介质为纺织品，用此法还可间接测量纺织品的含水量以及纺织品的厚度等.

2.8 静电场的能量

2.8.1 带电导体的静电能

1. 带电导体组的静电能

在第一章中，我们已求得电荷连续分布的带电体的静电能为

$$W = \frac{1}{2}\int_V \varphi\rho \mathrm{d}V$$

若所考察的带电体是一个导体，因为导体的电荷都分布在表面上，且整个导体是等势体，故有

$$W = \frac{1}{2}\int_S \sigma\varphi \mathrm{d}S = \frac{1}{2}\varphi\int_S \sigma \mathrm{d}S = \frac{1}{2}\varphi Q$$

式中，积分 $\int_S \sigma \mathrm{d}S = Q$ 是导体的电量.

对由 n 个导体组成的导体体系而言，体系的总静电能应为各个导体静电能之和，即

$$W = \frac{1}{2}\sum_i \varphi_i Q_i \tag{2.12}$$

式中，φ_i 是所有导体的电荷（包括第 i 个导体本身所带的电荷）在第 i 个导体上贡献的电势. 式(2.12)表明，**带电导体组的静电能等于每个导体的电量乘电势之和的一半**.

2. 电容器的静电能

电容器是由两块导体极板组成的导体系，若电容器正极板的电量为 Q，电势为 φ_1，负极板的电量为 $-Q$，电势为 φ_2，则由式(2.12)得电容器的静电能

$$W = \frac{1}{2}(Q\varphi_1 - Q\varphi_2) = \frac{1}{2}Q(\varphi_1 - \varphi_2) \tag{2.13}$$

注意到 $\varphi_1 - \varphi_2 = U$ 即为电容器两极板间的电压；$Q = CU$，上式还可表示为

$$W = \frac{1}{2}CU^2 = \frac{1}{2}\frac{Q^2}{C} \tag{2.14}$$

不难证明，电容器的能量（即电容器的静电能，也称电容器的储能）在数值上等于电容器充电过程中外力反抗电场力所做的功. 由此可见电容器不但是电的容器，也是能量的容器. 很多重要的应用就是利用电容器储存能量的特性. 例如，照相机上的闪光灯装置，就是将储存在电容器内的电能释放出来变成光能.

2.8.2 电场的能量

前面所给的静电能公式都是与电荷和电势联系在一起的，这容易给人一种静电能集中在电荷上的印象. 对于电容器来说，似乎静电能集中在极板表面. 但是静电能是与电场的存在相联系的，而电场弥散在一定的空间里. 能否认为静电能分布在电场中呢？这个问题需要用实验来回答. 然而在静电范围内，电荷和电场总是同时存在、相伴而生的，使我们无法通过实验分辨电能是与电荷相联系，还是与电场相联系. 以后将会看到，随着时间迅速变化的电场和磁场将以一定的速度在空间传播，形成电磁波. 在电磁波中电场可以脱离电荷而传播到很远的地方. 电磁波是能量的携带者，已是近代无线电技术中人所共知的事实. 例如，当你用手机接听电话时，由电磁波带来的能量就从天线输入，经过电子线路的放大，再转化为话筒发出的声能. 大量事实证明，电能是定域在电场中的. 这种看法也是与电的“近距作用”观点一致的.

既然电能分布于电场中，最好能将电能的公式通过描述电场的特征量——电场强度 $\boldsymbol{E}$ 表示出来. 我们将通过平行板电容器的特例来说明这一点.

设平行板电容器的极板面积为 S，两极板之间的距离为 d，若不考虑边缘效应，则电场所占有的空间体积为 $V = Sd$，于是电容器内储存的能量可表示为

$$W = \frac{1}{2}CU^2 = \frac{1}{2}\frac{\varepsilon_0 S}{d}(Ed)^2 = \frac{1}{2}\varepsilon_0 E^2 Sd = \frac{1}{2}\varepsilon_0 E^2 V \tag{2.15}$$

由此可见，静电能不仅与电场强度有关，而且还与电场分布空间体积有关，这表明电能储存在电场中. 由于平行板电容器的电场是均匀的，因此静电能是均匀分布在电场中的. 单位体积内的电场能量称为**电场能量密度**，用 w_e 表示. 由式(2.15)可得电场能量密度为

$$w_e = \frac{1}{2}\varepsilon_0 E^2 \tag{2.16}$$

式(2.16)表明，电场的能量密度与电场强度的二次方成正比. 电场强度越大，电场能量密度也越大. 这进一步说明电场能量确实是储存在电场中的. 上述结果虽然是从平行板电容器这个特例给出的，但可以证明，对于任意电场，它也是普遍适用的. 当电场不均匀时，总电能 W_e 应是电场能量密度 w_e 的体积分，即

$$W_e = \int_V w_e \mathrm{d}V = \int_V \frac{1}{2}\varepsilon_0 E^2 \mathrm{d}V \tag{2.17}$$

式中，V 是电场分布的空间体积.

2.8.3 静电场对导体的作用力

根据电场强度的定义，电场作用于试探电荷的力为 $\boldsymbol{F} = q_0\boldsymbol{E}$，式中，$\boldsymbol{E}$ 并不包括试探电荷自身产生的电场，因此在研究静电场对带电体上任一电荷元 $\mathrm{d}q$ 的作用力时，必须从总电场强度 $\boldsymbol{E}$ 中减去电荷元 $\mathrm{d}q$ 自身产生的电场强度 $\boldsymbol{E}'$，即

$$\mathrm{d}\boldsymbol{F} = (\boldsymbol{E} - \boldsymbol{E}')\mathrm{d}q \tag{2.18}$$

对上式积分，即得整个带电体所受的电场力. 处于静电平衡状态的导体只可能有面电荷，电场对带电导体的作用力为

$$\boldsymbol{F} = \oint_S (\boldsymbol{E} - \boldsymbol{E}')\sigma \mathrm{d}S \tag{2.19}$$

积分区域为整个导体的表面.

严格讲，$\boldsymbol{E}$ 在导体表面是不确定的，因为从导体内部趋向表面时，$\boldsymbol{E}=0$，从导体外部趋向表面时，$\boldsymbol{E} = \frac{\sigma}{\varepsilon_0}\boldsymbol{e}_n$. 但是，$\boldsymbol{E}$ 在导体表面上的不确定性对计算静电场对导体的作用力并未带来困难，因为正如式(2.18)表明的，作用于导体表面上的面电荷元 $\sigma\mathrm{d}S$ 上的力并非由 $\boldsymbol{E}$ 决定，而是由除电荷元 $\sigma\mathrm{d}S$ 自身产生的电场强度 $\boldsymbol{E}'$ 外其他电荷产生的电场强度 $\boldsymbol{E}''$ 决定. 现在考虑导体表面的某一面元 $\mathrm{d}S$，如图 2.31 所示，面元 $\mathrm{d}S$ 外侧附近电场强度 $\boldsymbol{E}$ 是所有电荷，包括面积元 $\mathrm{d}S$ 上的电荷及其他部分的电荷，产生的电场强度矢量和

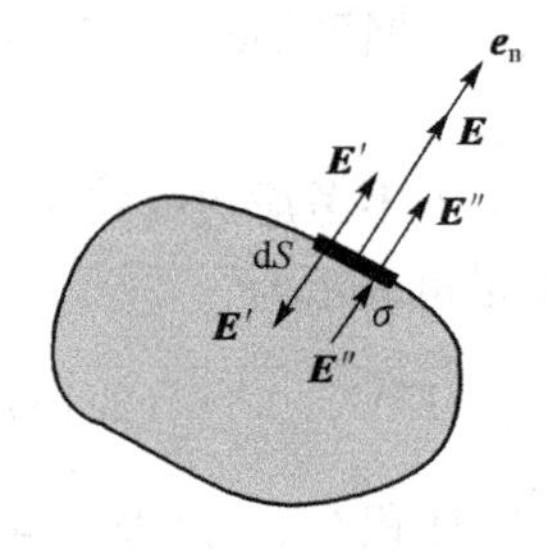

图 2.31 导体表面所受力的计算

$$\boldsymbol{E} = \boldsymbol{E}' + \boldsymbol{E}'' = \frac{\sigma}{\varepsilon_0}\boldsymbol{e}_n$$

在面元 $\mathrm{d}S$ 两侧的相邻两点上，可把 $\mathrm{d}S$ 看做无限大带电平面，所以面元 $\mathrm{d}S$ 上的电荷单独产生的电场强度 $\boldsymbol{E}'$ 为

$$\boldsymbol{E}' = \frac{\sigma}{2\varepsilon_0}\boldsymbol{e}_n \quad \text{(导体外侧)}$$

$$\boldsymbol{E}' = -\frac{\sigma}{2\varepsilon_0}\boldsymbol{e}_n \quad \text{(导体内侧)}$$

而其余电荷的电场强度 $\boldsymbol{E}''$ 在导体表面附近内外是一样的.

$$\boldsymbol{E}'' = \boldsymbol{E} - \boldsymbol{E}' = \frac{\sigma}{2\varepsilon_0}\boldsymbol{e}_n$$

这是因为导体内总场强为零的缘故. 因此，导体表面上任一面元受到的静电场的作用力为

$$\mathrm{d}\boldsymbol{F} = \boldsymbol{E}''\sigma\mathrm{d}S = \frac{\sigma^2}{2\varepsilon_0}\mathrm{d}S\boldsymbol{e}_n$$

而单位面积所受到的力为

$$\boldsymbol{f} = \frac{\mathrm{d}\boldsymbol{F}}{\mathrm{d}S} = \frac{\sigma^2}{2\varepsilon_0}\boldsymbol{e}_\mathrm{n} \tag{2.20}$$

根据 $\boldsymbol{E} = \frac{\sigma}{\varepsilon_0}\boldsymbol{e}_\mathrm{n}$，上式又可表示为

$$\boldsymbol{f} = \frac{1}{2}\varepsilon_0 E^2 \boldsymbol{e}_\mathrm{n} = w_\mathrm{e}\boldsymbol{e}_\mathrm{n} \tag{2.21}$$

即导体表面单位面积所受到的力在数值上与导体表面处电场的能量密度相等，力的方向与导体带电的符号无关，总是在外法线方向，是一种张力.

例 2.7　在真空中一个均匀带电球体，半径为 R，总电量为 q，试从电场的能量密度出发计算此球体的静电能.

解　根据高斯定理可求得带电球体的电场分布如下：

$$E_1 = \frac{1}{4\pi\varepsilon_0}\frac{qr}{R^3} \quad (r < R)$$

$$E_2 = \frac{1}{4\pi\varepsilon_0}\frac{q}{r^2} \quad (r > R)$$

相应的电场的能量密度

$$w_{\mathrm{e}_1} = \frac{1}{2}\varepsilon_0 E_1^2 = \frac{1}{2}\varepsilon_0\left(\frac{1}{4\pi\varepsilon_0}\frac{qr}{R^3}\right)^2 \quad (r < R)$$

$$w_{\mathrm{e}_1} = \frac{1}{2}\varepsilon_0 E_2^2 = \frac{1}{2}\varepsilon_0\left(\frac{1}{4\pi\varepsilon_0}\frac{q}{r^2}\right)^2 \quad (r > R)$$

能量分布具有球对称性，取体积元 $\mathrm{d}V = 4\pi r^2\mathrm{d}r$，球体的静电能为

$$W = \int w_\mathrm{e}\mathrm{d}V = \int_{r<R} w_{\mathrm{e}_1}\mathrm{d}V + \int_{r>R} w_{\mathrm{e}_2}\mathrm{d}V$$

$$W = \int_0^R \frac{1}{2}\varepsilon_0\left(\frac{1}{4\pi\varepsilon_0}\frac{qr}{R^3}\right)^2 4\pi r^2\mathrm{d}r + \int_R^\infty \frac{1}{2}\varepsilon_0\left(\frac{1}{4\pi\varepsilon_0}\frac{q}{r^2}\right)^2 4\pi r^2\mathrm{d}r = \frac{3q^2}{20\pi\varepsilon_0 R}$$

此结果与例 1.17 的结果相同.

例 2.8　一半径为 R 带电量为 q 的球形导体，被切为两半，如图 2.32 如示，求两半球的相互排斥力.

解　导体表面单位面积所受的力等于电场能量密度. 任选一面元 $\mathrm{d}S$，其受力大小为

$$\mathrm{d}F = \frac{1}{2}\varepsilon_0 E^2\mathrm{d}S$$

方向垂直球面向外，即沿径向，将 $\mathrm{d}\boldsymbol{F}$ 分解，由于球对称，可知 $\int\mathrm{d}F_y = 0$，而

$$\mathrm{d}F_x = \frac{1}{2}\varepsilon_0 E^2\cos\theta\mathrm{d}S$$

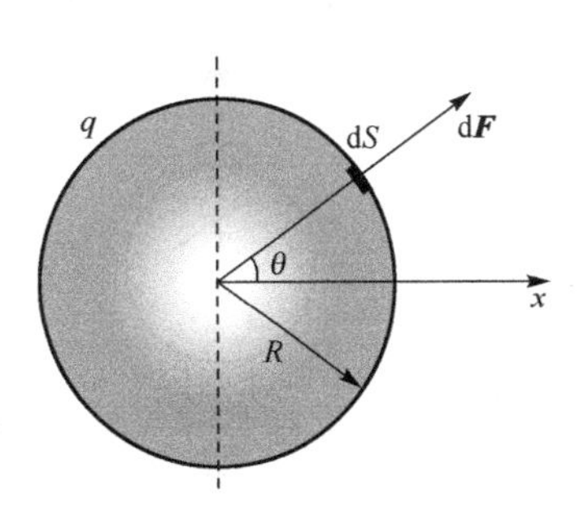

图 2.32　被切成两半的带电导体球

其中

$$dS = 2\pi R^2 \sin\theta d\theta, \quad E = \frac{q}{4\pi\varepsilon_0 R^2}$$

所以两半球相互排斥力为

$$F = F_x = \int dF_x = \frac{q^2}{16\pi\varepsilon_0 R^2}\int_0^{\pi/2}\cos\theta\sin\theta d\theta = \frac{1}{32\pi\varepsilon_0}\frac{q^2}{R^2}$$

思 考 题

2.1 有人说:“在静电平衡情况下,导体带电有两条规律:(1)电荷只分布在外表面上,内表面无电荷;(2)电荷的面密度与该处表面的曲率半径成反比.”你认为他说的这两点对不对?为什么?

2.2 一导体处在静电场中,静电平衡后导体上的感应电荷分布如图 2.33 所示.有人说,根据电场线的性质,必有一部分电场线从导体的正电荷出发,并终止在导体的负电荷上,这种说法对吗?为什么?

2.3 一密封的带电金属盒中,内表面有许多针尖,如图 2.34 所示,针尖附近的场强是否很大?

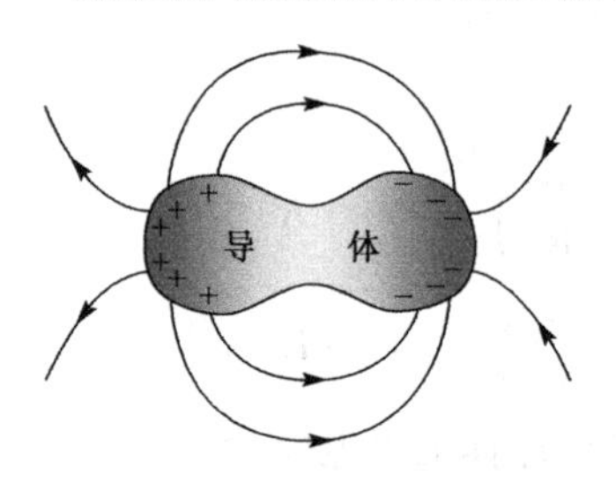

图 2.33 思考题 2.2 图

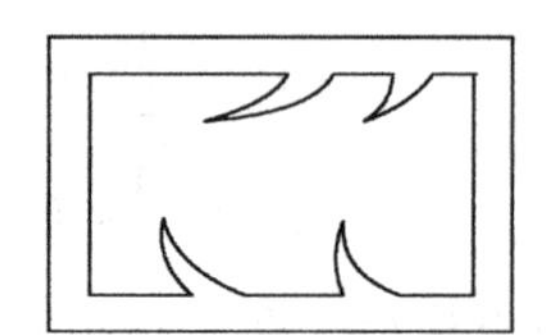

图 2.34 思考题 2.3 图

2.4 你认为孤立的带电导体圆盘上的电荷是否均匀分布在圆盘的两个表面上?为什么?

2.5 如图 2.35 所示,一个具有金属外壳的金箔验电器,放在绝缘的台上.先使验电器带电,则金箔张开,见图 2.35(a).若让验电器的小球与金属外壳相连,则金箔下垂,见图 2.35(b).撤除小球与外壳的相连后,若用手指触及验电器的小球,则金箔又重新张开,见图 2.35(c).试解释这一现象.

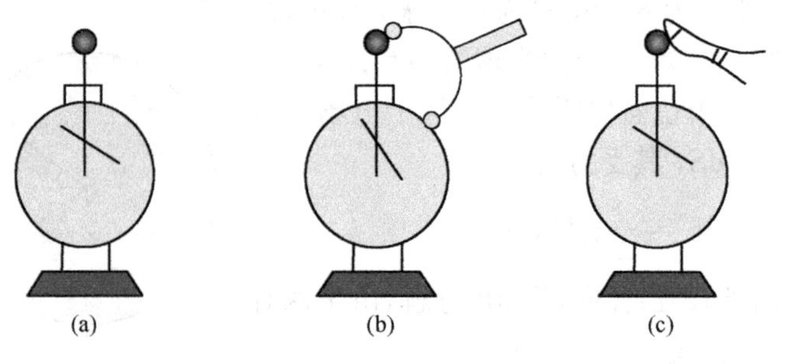

图 2.35 思考题 2.5 图

2.6 下列各叙述是否正确?在什么情况下正确?在什么情况下不正确?请举例说明之.

(1) 接地的导体都不带电.

(2) 一导体的电势为零,则该导体不带电.

(3) 任何导体,只要它所带的电量不变,则其电势也不变.

2.7　有人说,因为达到静电平衡时,导体内部不带电,所以利用高斯定理可以证明导体内部场强必为零,这种说法是否正确?

2.8　我们知道,无限大带电平面两侧的电场强度大小是 $E=\frac{\sigma}{2\varepsilon_0}$,这个公式对靠近有限大小带电面的地方也适用.这就是说,根据这个结果,导体表面元 ΔS 上的电荷在靠近它的地方产生的电场强度也应是 $\frac{\sigma}{2\varepsilon_0}$,它比静电平衡时有限带电导体表面附近的电场强度 $E=\frac{\sigma}{\varepsilon_0}$ 小一半.这是为什么?

2.9　如图 2.36 所示,将一带电为 q 的导体靠近一带电为 Q 的导体球,达到静电平衡后

(1) q 是否在导体球内激发电场?导体球内电场强度是否仍为零?

(2) 导体球上电荷 Q 的分布与 q 移来之前相比是否改变?为什么?

(3) 导体球附近一点 P 的电场强度是否发生改变?公式 $E=\frac{\sigma}{\varepsilon_0}$ 是否成立?它是否反映了 q 的影响?

2.10　在一电中性的金属球内,挖一任意形状的空腔,腔内绝缘的放一电量为 q 的点电荷,如图 2.37 所示,球外离开球心为 r 处的 P 点的场强怎样确定?根据是什么?

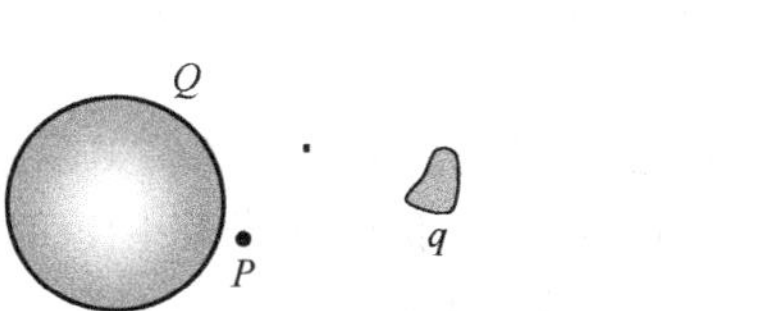

图 2.36　思考题 2.9 图

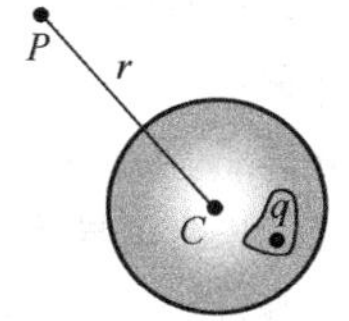

图 2.37　思考题 2.10 图

2.11　一点电荷 $+q$,位于一本来不带电的金属球外,q 到球心距离为 a,球的半径为 R(图 2.38),试定性画出金属球上的感应电荷分布.若 P 为金属球内的一点,它的坐标为(b,θ),你能求得金属球上的感应电荷在 P 点产生的场强吗?

2.12　如图 2.39 所示,在金属球 A 内有两个球形空腔.此金属球整体上不带电,在两空腔中心绝缘的放置一点电荷 q_1 和 q_2,球外远处有一固定电荷 q,q 到球心的距离 r 比球的半径大得多,试讨论:

(1) q 受到的静电力;

(2) q_1 受到的作用力;

(3) q 受到 q_2 的作用力;

(4) q_1 受到 q_2 的作用力.

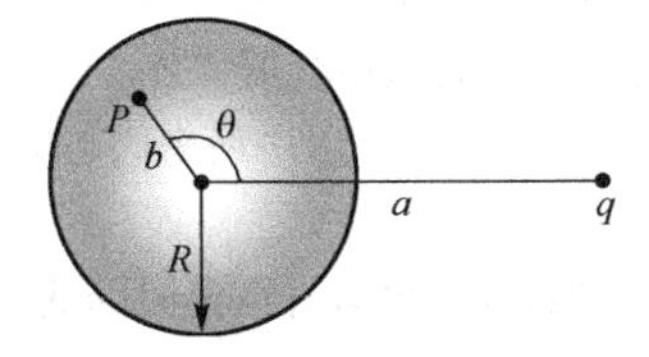

图 2.38　思考题 2.11 图

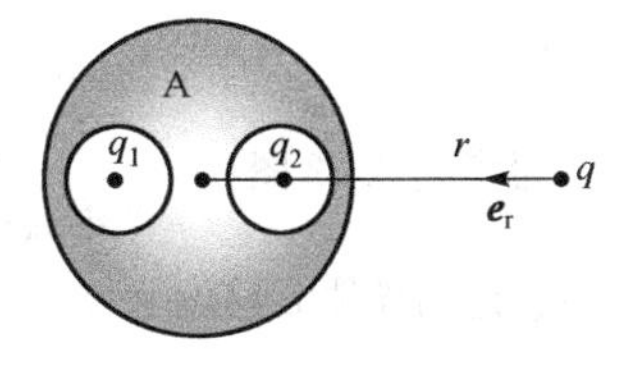

图 2.39　思考题 2.12 图

2.13　在一电中性的绝缘金属盒内悬挂一带正电的金属小球B，如图2.40所示.

(1) 带正电的试探电荷A位于金属盒附近，A受斥力还是受引力？若使B从盒内移去，A的受力有何变化？

(2) 若是B与金属盒内壁接触，A的受力情况是否有变化？

(3) 若让金属盒接地，则A的受力情况如何？若拆去接地线，再把B从盒内移去. 则A的受力又如何？

2.14　有人说，一个接地的导体空腔，使外界电荷产生的电场不能进入空腔内，也使内部电荷产生的电场不能进入腔外，你同意这种说法吗？

2.15　将一带正电的导体A置于一中性导体B附近，B上将出现感应电荷，A上的电荷也将重新分布. 问两个导体上是否可能都出现异号电荷(图2.41)的分布？

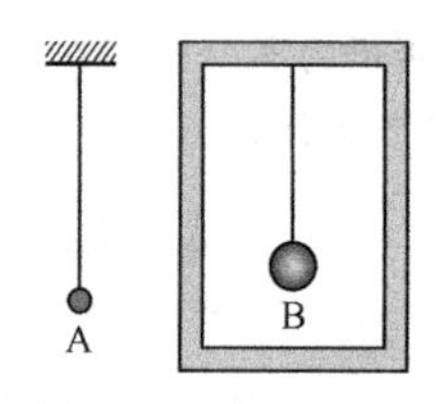

图2.40　思考题2.13图

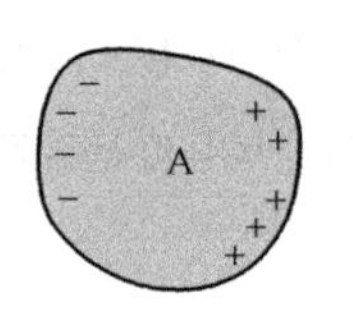

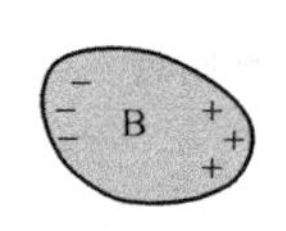

图2.41　思考题2.15图

2.16　一密封金属壳A内有一电量为q的导体B. 求证：为使$\varphi_B = \varphi_A$，唯一的方法是令$q = 0$. 此结论与A是否带电有无关系？

2.17　在带正电的导体A附近有一不接地的中性导体B，试证A离B越近，A的电势越低.

2.18　多个彼此绝缘的未带电导体处于无场的空间. 试证明，若其中任一导体(如A)带正电，则各个导体的电势都高于零，而且其余导体的电势都低于A的电势.

2.19　两个导体分别带有电量$-q$和$2q$，都放在同一封闭的金属球壳内，证明：电荷为$2q$的导体的电势高于金属球壳的电势.

2.20　有人说："一个电容器，带电量多时电容大，带电量少时电容小，电容C表示电容器带电的多少."这种说法对不对？为什么？

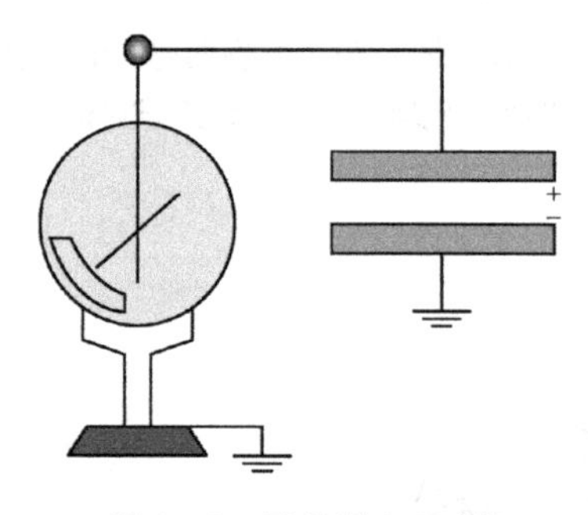

图2.42　思考题2.22图

2.21　两个半径相同的金属球，其中一个是实心的，另一个是空心的，电容是否相同？

2.22　如图2.42所示是一种用静电计测量电容器两极板间电压的装置. 试问：电容器两极板的电压越大，静电计的指针的偏转是否也越大，为什么？

2.23　两块很大的金属平行板，其面积为S，两板间的间隙为d(很小)，两板带有等量同种电荷，能否计算这两导体的电容，其电容是否由平行板电容器的公式给出？

2.24　试判断图2.43(a)和(b)中两个同心球电容器是串联还是并联？

2.25　将一接地的导体B移近一带正电的孤立导体A时，A的电势升高还时降低？(从能量角度分析.)

2.26　如图2.44所示,用电源将平行板电容器充电后即将电键K断开.然后移近两极板.在此过程中外力做正功还是负功?电容器储能增加还是减少?

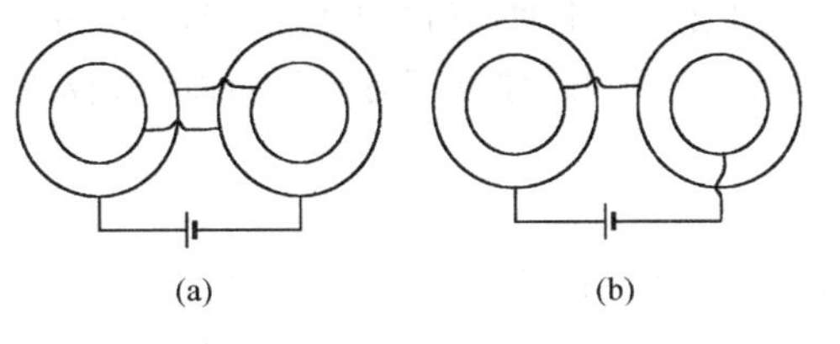

图2.43　思考题2.24图

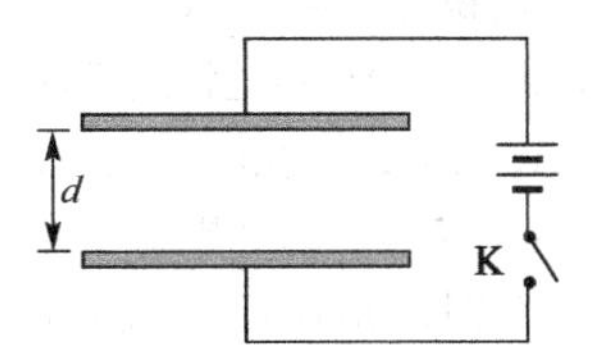

图2.44　思考题2.26图

2.27　两绝缘导体A、B带等量异号电荷.现将第三个不带电的导体C插入A、B之间(不与它们接触),U_{AB}增加还是减少?(从能量角度分析.)

2.28　在能量公式$W=\int_V \frac{1}{2}\rho\varphi \mathrm{d}V$,我们能否将$\frac{1}{2}\rho\varphi$作为电场的能量体密度?为什么?

2.29　两个导体A、B构成的带电体系的静电能$W=\frac{1}{2}(q_A\varphi_A+q_B\varphi_B)$,能否说$\frac{1}{2}q_A\varphi_A$及$\frac{1}{2}q_B\varphi_B$分别是A和B的自能,为什么?

2.30　平行板电容器充电后两极板的电荷密度分别为$+\sigma$与$-\sigma$,求极板上单位面积的受力.

习　　题

2.1　两导体球,半径分别为R和r,相距甚远,分别带有电量Q和q,今用一细导线连接两球,求达到静电平衡时,两导体球上的电荷面密度之比值.

*2.2　一导体球通过与一带电金属板反复接触而获得电荷,每当导体球与金属板接触并分后,又重新使金属板带有电量Q,若q_1是导体球与金属板第一次接触后所带的电量,求导体球可获得的最大电量.

2.3　试证明:对于两个无限大的带电的平行平面导体板来说,若周围无其他带电体存在,则

(1) 在相同两个面(图2.45中2和3)上,电荷的面密度总是大小相等,符号相反;

(2) 相背的两个面(图2.45中1和4)上,电荷的面密度总是大小相等而符号相同.

2.4　三块平行的金属板A、B和C,面积都是200 cm^2,A、B两极板相距4.0mm,A、C两板相距2.0mm,B、C两板都接地(如图2.46所示),如果A板带3.0×10^{-7}C的正电,边缘效应忽略不计,试求:

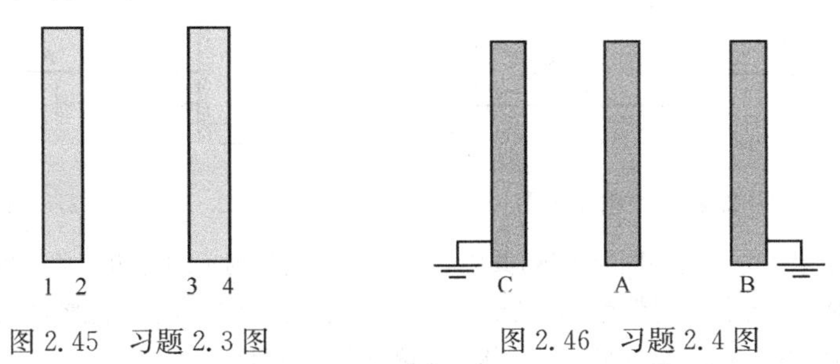

图2.45　习题2.3图　　图2.46　习题2.4图

(1) B、C两板的感应电荷各是多少？

(2) 以地为零电势，A板的电势是多少？

2.5 面积为 $S=10^{-2}\text{m}^2$ 的三块导体薄板A、B、C平行排列如图2.47，间距 $d_1=1\text{mm}$，$d_2=2\text{mm}$，今在A、C两板接地情况下，将B以充电至3000V，然后拆去所有接线，再抽出B板，计算：

(1) A、C两板上的电荷 q_A、q_C；

(2) A、C两板间的电势差 $\varphi_A-\varphi_C$.

2.6 如图2.48所示，半径为 R_1 的导体球带电量 q，在它外面同心地罩一金属外壳，其内外壁的半径分别为 R_2 与 R_3，已知 $R_2=2R_1$，$R_3=3R_1$，今在距球心为 $d=4R_1$ 处放一电量为 Q 的点电荷，并将导体球壳接地，试问：

(1) 球壳带的总电量是多大？

(2) 如果用导线将壳内导体球与壳相连，球壳带电量是多少大？

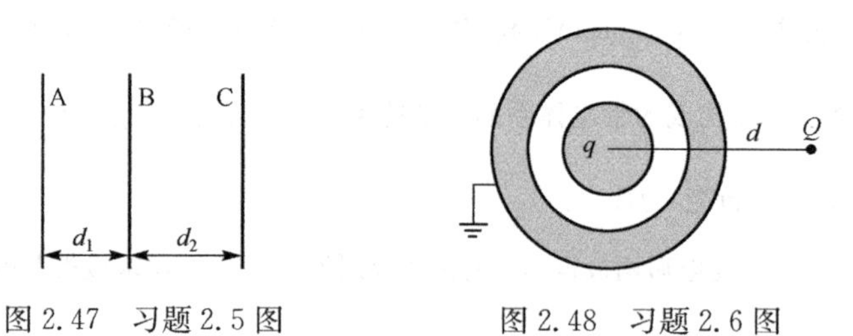

图2.47 习题2.5图　　图2.48 习题2.6图

*2.7 如图2.49所示，两平行导体平板用细导线连接起来，保持相同的电势．设一板与 Oxz 平面重合，另一板与平面 $y=s$ 重合，两板的间距 s 远小于导体板的尺寸．有一点电荷 Q 放在两板之间 $y=b$ 处，问：

(1) 两导体板内表面上的总电荷是多少？

(2) 每一导体板内表面上的总电荷是多少？

*2.8 在接地的无限大导体平板的一侧附近，有一电偶极矩 $p=ql$ 的偶极子，其方向与导体平板垂直，如图2.50所示．设偶极子的中心到平板的距离为 a，试求导体板表面上感应电荷的分布．

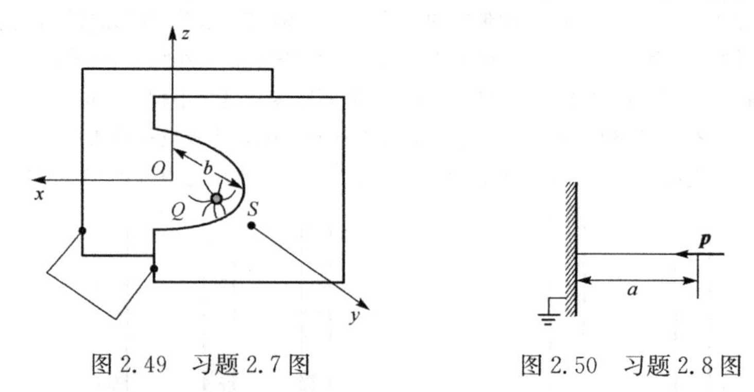

图2.49 习题2.7图　　图2.50 习题2.8图

2.9 有三个半径为 a 的相同导体球，其中心位于一个边长为 r 的等边三角形的三个顶点上（$r\gg a$）．最初时所有导体球都带有相同的电荷 q 然后使它们轮流接地后再绝缘，接地时间要足以使它们的电势与地达到平衡，试问最后每一球上还留下多少电荷？

2.10 如图 2.51 所示，点电荷 q 放在两同心导体球壳之间，且两导体球壳都接地. 求两导体球壳上的感应电荷各是多少？

2.11 如图 2.52 所示，金属球壳的内外半径分别为 a 和 b，带电量为 Q，球壳腔内距球心 O 为 r 处置一电量为 q 的点电荷，试求球心 O 点的电势.

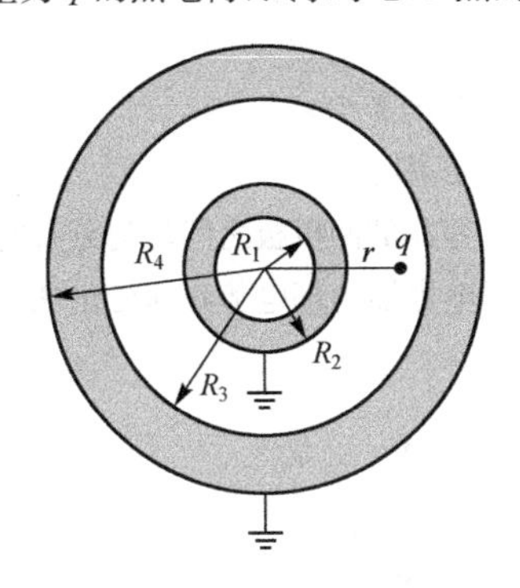

图 2.51 习题 2.10 图

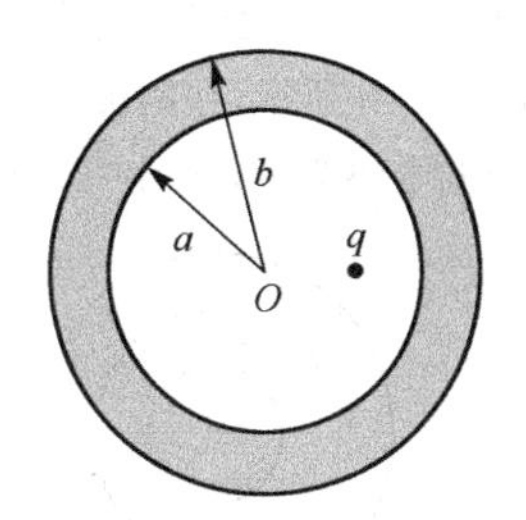

图 2.52 习题 2.11 图

2.12 在上题中，若在金属球壳外距球心 O 为 d 处再放置一点电荷 q'，试求球心 O 处电势的改变.

2.13 一半径为 $R_1=0.05\text{m}$，带电量 $q=\dfrac{2}{3}\times10^{-8}\text{C}$ 的金属球，被一同心的导体球壳包围(如图 2.53 所示)，球壳内半径 $R_2=0.07\text{m}$，外半径 $R_3=0.09\text{m}$，带电量 $Q=-2\times10^{-8}\text{C}$，求离球心分别为 0.03m，0.06m，0.08m 和 0.10m 的 A、B、C、D 四点处的场强和电势之值.

2.14 圆筒形静电除尘器是由一个金属筒和沿其轴线的金属丝构成的，两者分别接到高压电源的正负极上，如图 2.54 所示，若金属丝的直径为 2.0mm，圆筒内半径为 20cm，两者的电势差为 15000V，圆筒和金属丝均可近似看作是无限长的，试求离金属丝表面 0.010mm 处的电场强度.

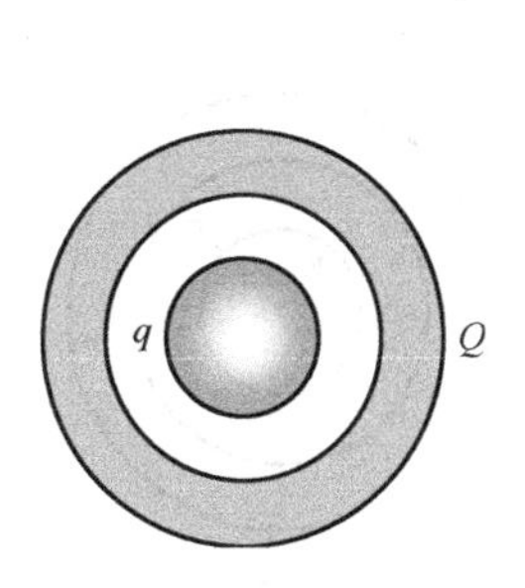

图 2.53 习题 2.13 图

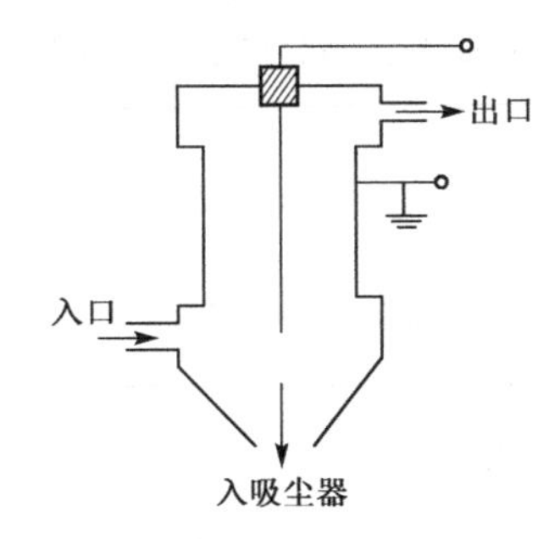

图 2.54 习题 2.14 图

2.15 演示的范德格喇夫静电起电机，它的铝球壳半径为 10cm，试求该起电机能达到的最高的电势.(设空气的击穿场强为 $3\times10^4\text{V/cm}$.)

2.16 半径为 R_1 的导体球带有电荷 q，球外有一个内、外半径分别为 R_2、R_3 的同心导体球壳，壳上带有电荷 Q，如图 2.55 所示. 求

(1) 两球的电势 φ_1 和 φ_2；

(2) 两球的电势差 $\Delta\varphi$；

(3) 若用导线把内球和球壳连接起来后，则 φ_1，φ_2 和 $\Delta\varphi$ 分别为多少？

(4) 在情形(1)和(2)中，若外球壳接地，φ_1，φ_2 和 $\Delta\varphi$ 各为多少？

(5) 设外球离地面很远，且内球接地，φ_1，φ_2 和 $\Delta\varphi$ 各是多少？

2.17 在上题中，如果在球壳外再放一个内半径为 R_4、外半径为 R_5 的同心导体球壳，壳上带有电荷 Q'. 试问：

(1) 内球和中间球壳的电势 φ_1，φ_2 和 $\Delta\varphi = \varphi_1 - \varphi_2$ 各为多少？

(2) 内球与最外球壳之间的电势差 $\Delta\varphi'(= \varphi_1 - \varphi_4)$ 是多少？

2.18 如图 2.56 所示，在两板距离为 d 的平行板电容器的两极板之间均匀分布密度为 ρ 的电荷，其中一块板的电势为零，而另一块板的电势为 φ_1，问电容器内部电势在何处出现极值.

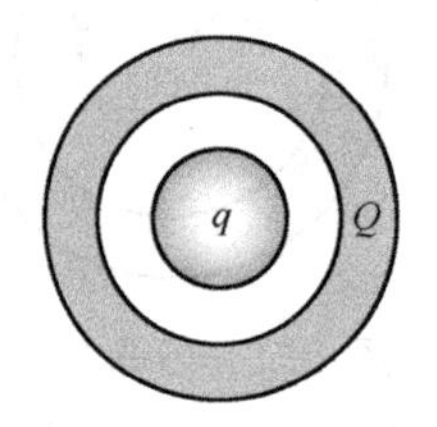

图 2.55 习题 2.16 图

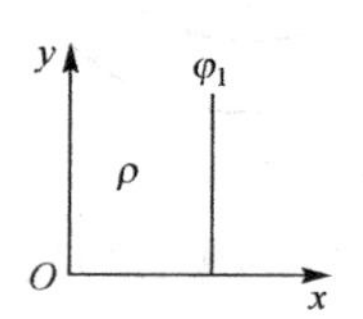

图 2.56 习题 2.18 图

2.19 如图 2.57 所示，平行板电容器的两极板的面积都是 S，相距为 d，其间有一厚度为 t 的金属板与极板平行放置，面积亦为 S. 略去边缘效应.

(1) 系统的电容 C.

(2) 金属板离两极板的距离对系统的电容是否有影响？

2.20 两根平行长直导线，截面半径都是 a，中心轴线间的距离为 $d(d \gg a)$，求它们单位长度的电容.

2.21 三个同心薄金属球壳 A、B、D，半径分别为 a、b、d，而 $a < b < d$，球壳 B 与地相连(如图 2.58所示)，求球壳 A 与 D 间的有效电容. 假定金属球离地很远.

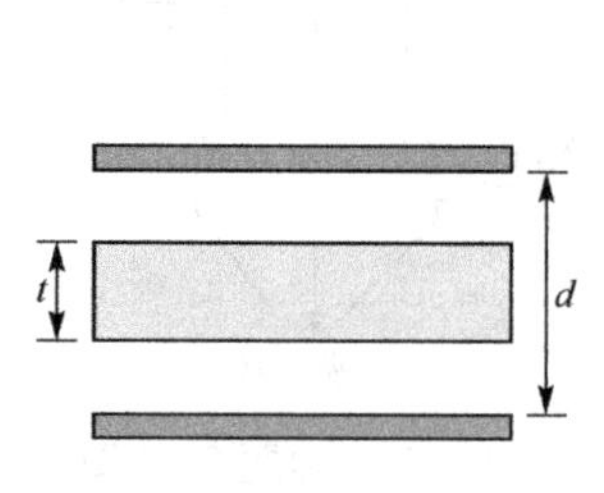

图 2.57 习题 2.19 图

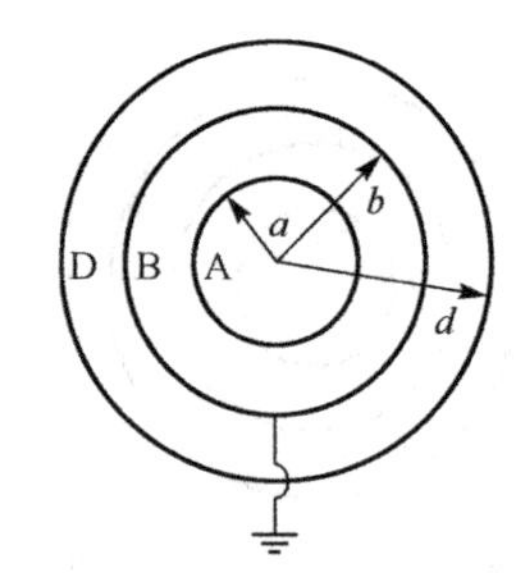

图 2.58 习题 2.21 图

2.22 一球形电容器内外两壳的半径分别为 R_1 和 R_4（图 2.59)，今在两壳之间放一个内外半径分别为 R_2 和 R_3 的同心导体壳.

(1) 给内壳(R_1)以电量 Q，求半径分别为 R_1 和 R_4 两壳的电势差；

(2) 求系统的电容.

2.23 如图 2.60 所示，电容 $C_1 = 10\mu F$，$C_2 = C_3 = 5.0\mu F$.

(1) a、b间电容；

(2) 若a、b间加上电压100V，求C_2上的电量；

(3) 若C_1被击穿，求C_3上的电量.

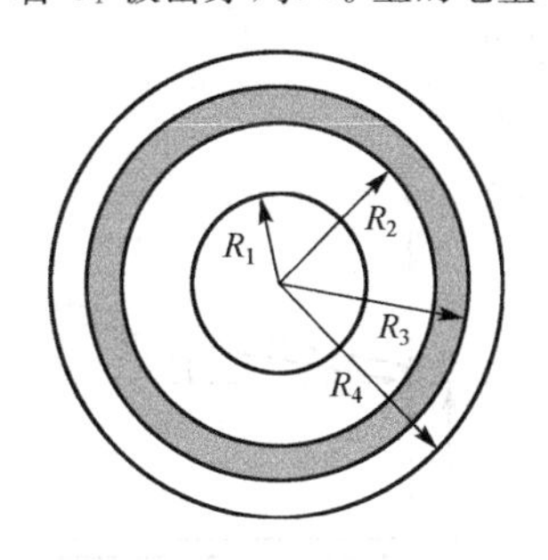

图2.59　习题2.22图

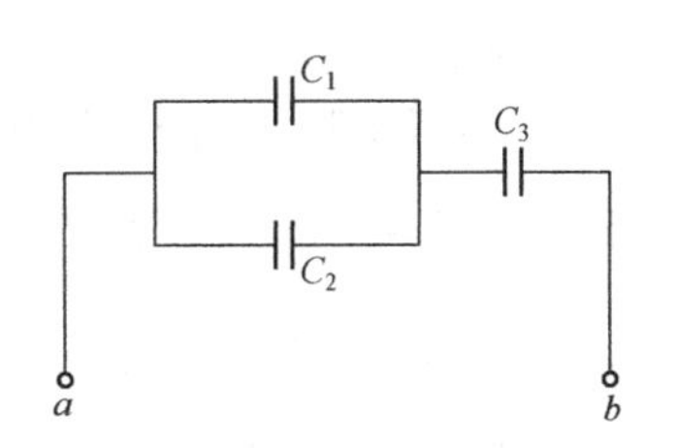

图2.60　习题2.23图

*2.24　在图2.61所示的电路中$C_1=C_3=2\mu F$，$C_2=C_4=1\mu F$，$\varepsilon=600V$试求各个电容器上的电势差？

2.25　如图2.62所示电路，$C_1=C_2=C_3=C_4=C_5=2\times10^{-12}F$，端电压$U_0=1000V$，试求每一个电容器上的电量.

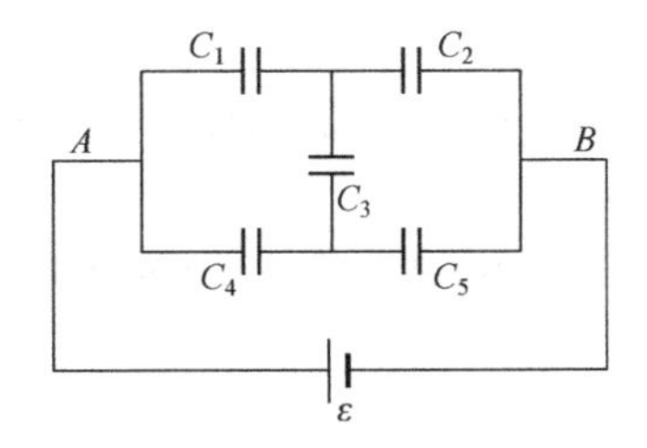

图2.61　习题2.24图

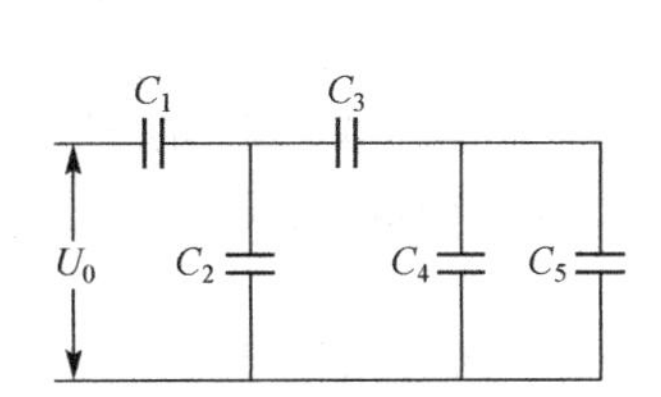

图2.62　习题2.25图

2.26　如图2.63所示电路，四个电容量都相同的电容器$C_1=C_2=C_3=C_4=C$，已知电源的两端电压U，求下列情形下各个电容器上的电压.

(1) 起初电键K_2断开，接通电键K_1，然后再接通电键K_2，最后断开电键K_1；

(2) 起先K_2断开，接通K_1，然后断开K_1再接通K_2.

2.27　四个电容器的电容分别为C_1、C_2、C_3和C_4，连接电路如图2.64所示，分别求：

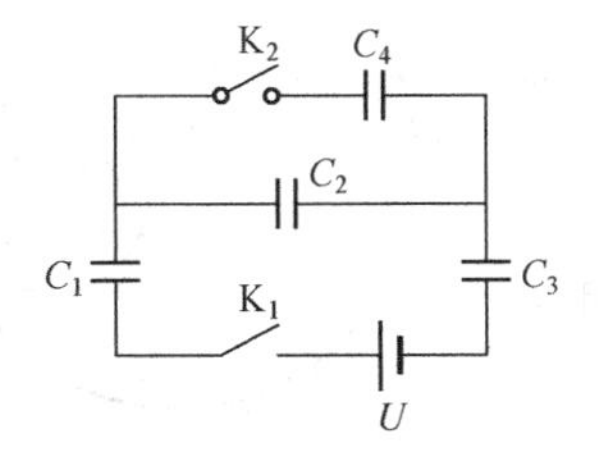

图2.63　习题2.26图

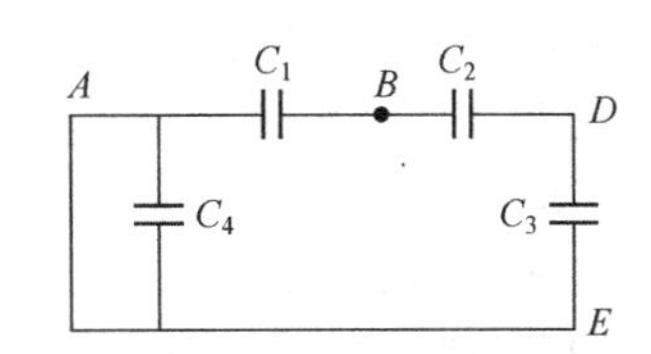

图2.64　习题2.27图

(1) AB间的电容；

(2) DE间的电容；

(3) AE间的电容.

2.28　有一些相同的电容器,电容都是2×10^{-6}F,耐压都是200V,现在要获得耐压为1000V,电容分别为

(1) $C=0.40\times10^{-6}$F的电容器组,问各需这种电容多少?

(2) $C'=1.20\times10^{-6}$F的电容器组,问各需这种电容多少?

*2.29　如图2.65所示,一电容器两极板都是边长为a的正方形金属平板,但两板非严格平行,其夹角为θ. 证明:当$\theta\ll\dfrac{d}{a}$时,略去边缘效应,它的电容为

$$C=\frac{\varepsilon_0 a^2}{d}\left(1-\frac{a\theta}{2d}\right)$$

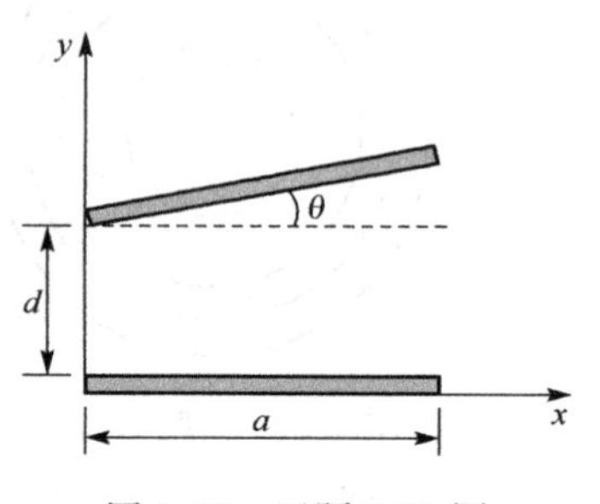

图2.65　习题2.29图

2.30　试求半径为R的孤立带电金属圆盘的电容.(盘的厚度忽略不计)

2.31　同心球形电容器,二极间电势差为U,外球壳半径b不变而让内球半径a变化.问:

(1) 内球表面的电场强度E_a如何变化?

(2) a的值变为多少时,E_a有极小值? E_a的极小值等于多少?

(3) E_a极小时,电容器的电容等于多少?

2.32　将一个20×10^{-6}F的电容器充电到1000V,然后将它于一个不带电的、电容为5×10^{-6}F的电容器并联,试求并联中损失的能量.

2.33　有三个同心的薄金属球壳,它们的半径分别为a、b、c($a<b<c$),带电量分别为q_1、q_2、q_3.

(1) 求这一带电系统的静电能;

(2) 若最外一个球壳接地(设球壳离地面较远),计算该系统静电能的损失.

2.34　金属小球A与薄金属球壳B原相距很远,小球A带有电荷$+q_1$,电势为φ_1;球壳B带有电荷$+q_2$,电势为φ_2,现设法将A球移入球壳B内,并使A、B两球的中心重合.

(1) 分别计算A和B的电势变化;

(2) 在A球移入球壳B内的过程中,外力共做了多少功?

2.35　如图2.66所示,一半径为R_c的导体球,带电量为Q,在距球心为d处挖一半径为R_b($R_b<d$,$R_b<R_c-d$)的球形空腔,在此空腔内置一半径为R_a的同心导体球($R_a<R_b$),此球带有电量q,试求整个带电系统的静电能.

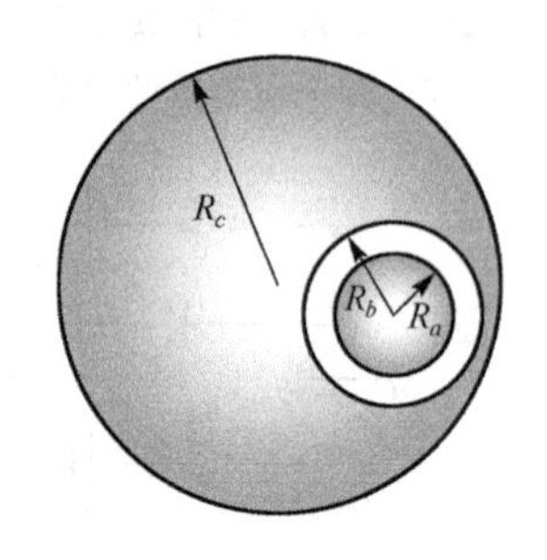

图2.66　习题2.35图

2.36　如图2.67所示,电中性的金属球壳的内外半径分别为R_1和R_2,球心处置一电量为Q的点电荷,在距球心为r的P点放置另一点电荷q,试求:

(1) 点电荷Q对q的作用力;

(2) 点电荷q对金属球壳内表面上的电荷的总作用力;

(3) 球壳外表面上的电量;

(4) 点电荷Q对金属球壳的静电力;

(5) 金属球壳的电势；

(6) 球壳内距离球心为$R(0<R<R_1)$的一点的电势；

(7) 当金属球壳接地时，球壳外表面的电量.

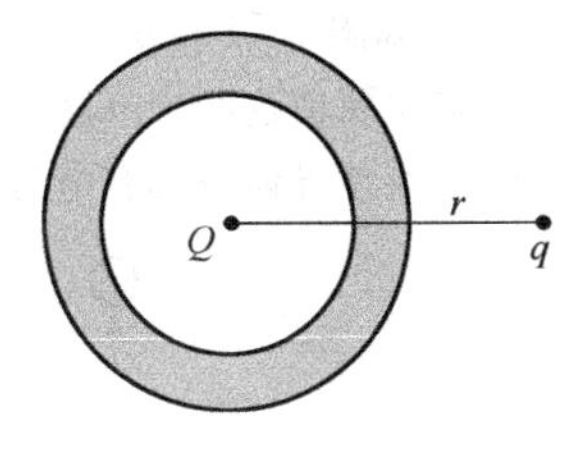

图 2.67　习题 2.36 图

2.37　静电天平的装置如图 2.68 所示，一空气平行板电容器两极板的面积都是S，相距为x，下板固定，上板接到天平的一端，当电容器不带电时，天平正好平衡，然后把待测的电压U加到电容器的两极板上，这时天平的另一端须加上质量为m的砝码，才能达到平衡. 求待测电压U.

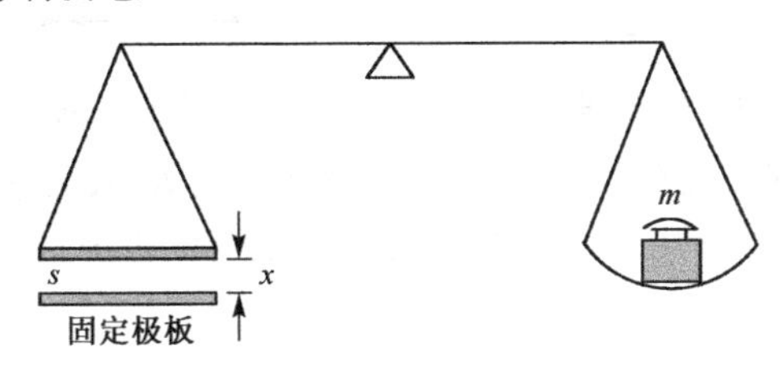

图 2.68　习题 2.37 图

2.38　一平行板电容器极板面积为S，间距为d，带电$\pm Q$，将极板的距离拉开一倍. 问：

(1) 静电能改变了多少?

(2) 抵抗电场做了多少功?

2.39　一平行板电容器极板面积为S，间距为d，接在电源上以保持电压为U，将极板的距离拉开一倍，计算：

(1) 静电能的改变；

(2) 电场对电源做的功；

(3) 外力对极板的功.

2.40　半径为R的无限长直导体圆筒，单位长度上所带的电荷为λ，通过圆筒的轴线将它分为两等分. 然后在外力的作用下，又重新把它们刚好合成一个圆筒. 要维持这个由两个带电半圆筒合成的圆筒，问作用在单位长度上最小的外力为多大?

2.41　一置于均匀电场中的半径为R的中性导体球，球面感应电荷面密度$\sigma=\sigma_0\cos\theta$，求带有同号电荷的球面所受的电场力.

*2.42　如图 2.69 所示，A、B、C 为三个同心的薄导体球壳，半径分别为a、b、c，A 和 C 壳都接地，球壳 B 是由二个密切接触的半球壳组成，带电荷为Q，试问：三球壳的半径a、b、c满足什么关系时，球壳 B 的两个半球才不至于分离开来?

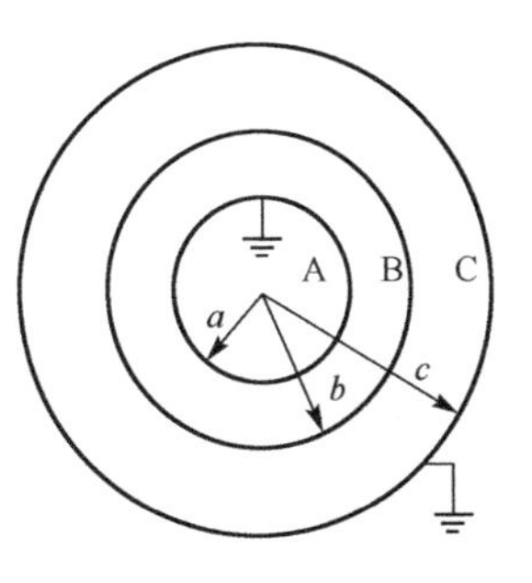

图 2.69　习题 2.42 图

*2.43　如图 2.70 所示，一接地的无限大水平放置的导体平板的上方有一点电荷Q，Q到平板的距离为h，试求：

(1) 从点电荷Q出发时沿着水平方向(即平等于导体平板)的电场线碰到导体平板表面的位置；

(2) 从点电荷Q到导体平板的垂足O点处的场强；

(3) 点电荷Q与导体平板之间的相互作用力.

2.44 如图 2.71 所示,两个相等的电荷 $+q$ 相距 $2d$,一个接地导体球放在它们中间.

(1) 如果要使这两个电荷所受的作用力的矢量和都为零,计算球的最小半径(设 $r \ll d$);

(2) 如果使导体球具有电势 φ,球的半径同(1)中所求,问每个电荷受力多少?

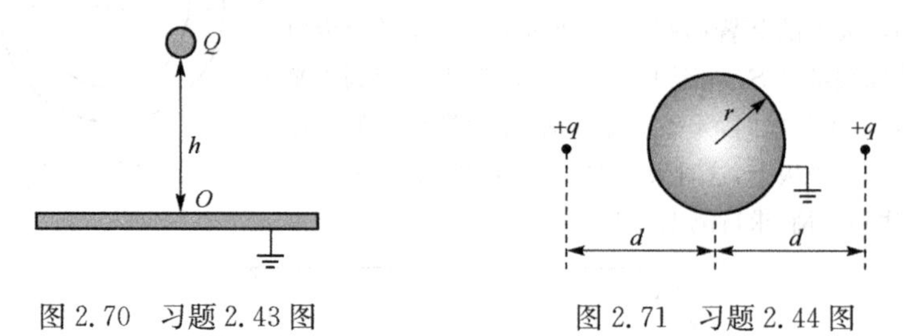

图 2.70 习题 2.43 图　　图 2.71 习题 2.44 图

*2.45 一半径为 R_0 的肥皂泡,带上电荷 q 后,半径增大为 R. 设肥皂水的表面张力系数为 α,肥皂泡增大过程中,外面大气的压强 p 不变,且泡的最后温度与原来的温度相等,求 q 与 R_0、R、α 和 p 等的关系.

第3章　静电场中的电介质

电介质是电阻率很高(常温下大于 $10^7\Omega\cdot m$)、导电能力差的物质,故又称**绝缘体**. 如:空气、氢气等气态电介质;纯水、油漆等液态电介质和玻璃、云母、橡胶、陶瓷、塑料等固态电介质. 从电介质的电结构分析,它与导体完全不同,不存在自由电子,分子中的电子被原子核紧紧束缚,即使在外电场作用下,电子一般也只能相对于原子核有微观的位移. 因此可以想象,当电介质放在外电场中时,不会像导体那样由于大量自由电子的定向迁移而在表面出现感应电荷. 但由于电场的影响,其表面也会出现电荷,从而影响原有电场的分布. 本章讨论这种相互影响的规律,所涉及的电介质只限于各向同性的材料(各个方向物理性质都相同的物质).

3.1　电介质对电场的影响

电介质对电场的影响可以通过下述实验观察出来. 取两个平行放置的金属板,分别带有等量异号电荷 $+Q$ 和 $-Q$. 板间是空气,可以非常近似地当成真空处理. 两板分别联在静电计的直杆和外壳上,这样就可以由直杆上指针偏转的大小测出两带电板之间的电压. 设此时的电压为 U_0, 如果保持两板距离和板上的电荷都不改变,而在板间充满电介质,如图 3.1 所示,或把两板插入绝缘液体,如油,则可由静电计的偏转减少发现两板间的电压变小了. 实验证明,以 U 表示插入电介质后两板间的电压,则它与 U_0 的关系可以写成

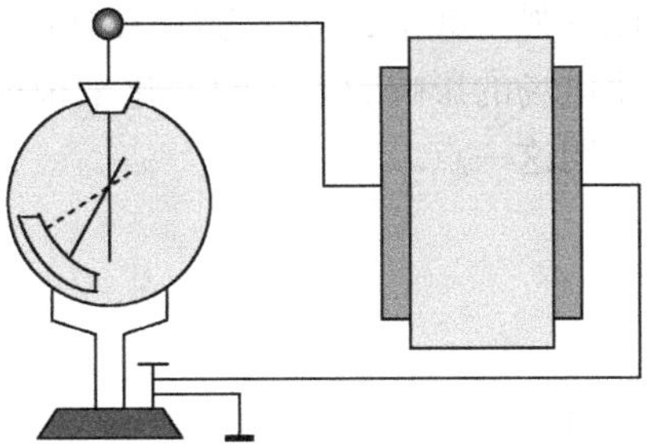

图 3.1　电介质对电场的影响

$$U = U_0/\varepsilon_r \tag{3.1}$$

式中, ε_r 为一个大于 1 的数,它的大小随电介质的种类和状态(如温度)的不同而不同,是电介质的一种特性常数,叫做电介质的**相对介电常数**(或相对电容率). 几种电介质的相对介电常数列在表 3.1.

表 3.1　几种电介质的相对介电常数

电　介　质	相对介电常数
真空	1
氦(20℃,1atm*)	1.000 64
空气(20℃,1atm)	1.000 55
石蜡	2
变压器油(20℃)	2.24
乙烯	2.3
尼龙	3.5
云母	4～7
纸	约 5
瓷	6～8
玻璃	5～10
水(20℃,1atm)	80
钛酸钡	10^3～10^4

* 1atm=1.01325×10^5Pa

根据电容的定义式 $C=Q/U$ 和上述实验结果(即 Q 未变而电压 U 减小为 U_0/ε_r)可知,当电容器两极板间被电介质充满时,其电容将增大为板间为真空时的 ε_r 倍,即

$$C=\varepsilon_r C_0 \tag{3.2}$$

式中,C 和 C_0 分别表示电容器两极板间充满相对介电常数为 ε_r 的电介质时和两极板间为真空时的电容.

在上述实验中,电介质插入后两极板间的电压减小,说明由于电介质的插入使板间的电场减弱了. 由于 $U=Ed$,$U_0=E_0d$,所以

$$E=E_0/\varepsilon_r \tag{3.3}$$

即电场强度减小到板间为真空时的 $1/\varepsilon_r$. 为什么会有这个结果呢? 我们可以用电介质受电场的影响而发生的变化来说明,而这又涉及电介质的微观结构. 下面我们就来说明这一点.

3.2　电介质的极化

电介质由分子组成,分子中带负电的电子和带正电的原子核紧密地结合在一起,构成中性分子. 但其中的正、负电荷分布在一个线度为10^{-10}m 数量级的分子所占体积内,而不是集中在一点. 但是,在考虑这些电荷离分子较远处所产生的电场时,或是考虑一个分子受外电场的作用时,都可以认为其中的正电荷集中于一点,这一点叫正电荷的"重心". 而负电荷也集中于另一点,这一点叫负电荷的"重心". 所以一个分子就可以看成是一个由正、负点电荷相隔一定距离所组成的电偶极子. 在讨论电场中电介质的行为时,可以认为电介质是由大量的这种微小的电偶极子所组成的.

电介质分子一般可分为两类. 一类电介质,如 He、N_2、H_2、CH_4 等,在无外电场

作用时,每个分子的正、负电荷的重心重合,因此分子没有固有电矩,这类分子称为**无极分子**(图 3.2).另一类电介质,如 H_2O、SO_2、HCl、CO 等,在无外电场作用时,其每个分子的正、负电荷的重心不重合,本身具有**固有电矩**,称为**有极分子**(图 3.3).几种有极分子的固有电矩列于表 3.2.

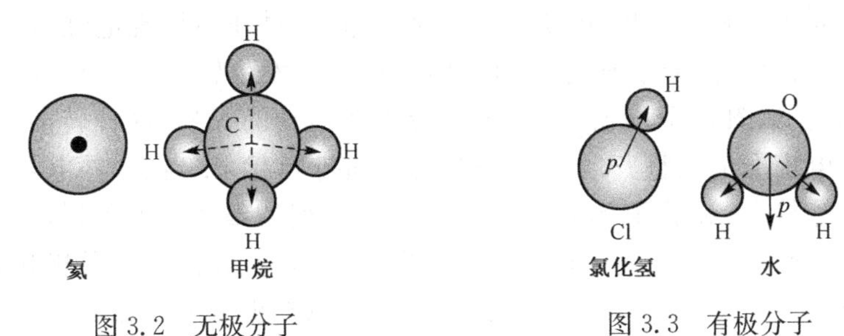

图 3.2　无极分子　　　图 3.3　有极分子

表 3.2　几种有极分子的固有电矩(单位:C · m)

电介质	电矩	电介质	电矩
HCl	3.43×10^{-30}	H_2O	6.20×10^{-30}
CO	0.40×10^{-30}	NH_3	5.0×10^{-30}
SO_2	5.30×10^{-30}		

对于无极分子而言,单个分子的固有电矩 $\boldsymbol{p}=0$,因此在无外电场时,整个电介质中分子电矩的矢量和为零.但是当有外电场作用时,无极分子的正、负电荷“重心”被拉开一定的距离,形成一个电偶极子,如图 3.4(a)所示,具有一定的电矩,电矩的方向与外电场的方向相同,这种在外电场作用下产生的电矩称为**感应电矩**.外电场越强,感应电矩越大.以后我们在图中用小箭头表示分子电偶极子,其始端为负电荷,末端为正电荷.

对于一块电介质整体来说,由于其中每一分子形成了电偶极子,它们的情况可用图 3.4(b)表示.各个偶极子沿外电场方向排列成一条“链子”,链上相邻的偶极子间正、负电荷互相靠近,因而对于均匀电介质来说,其内部各处仍是电中性的,但在和外电场垂直的两个端面上分别出现了正、负电荷,这种电荷称为**极化电荷**.极化电荷一般不能脱离介质,也不能在介质中自由移动,因此又称为**束缚电荷**.在外电场作用下电介质表面出现极化电荷的现象称为电介质的**极化**.由于电子的质量比原子核小得多,

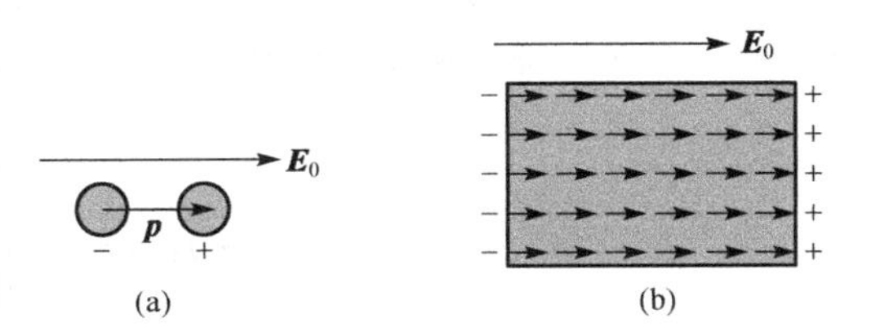

图 3.4　电子位移极化

所以在外电场作用下主要是电子位移,所以无极分子组成的电介质的极化称为**电子位移极化**.

对于有极分子而言,其极化过程与无极分子介质不同.尽管单个分子具有固有电矩,但由于大量分子的热运动,分子电矩的排列混乱,因而在无外电场时,介质中任一体积元中所有分子电矩的矢量和为零,介质对外不显现电性.但是当有外电场作用时,每个有极分子都将受到电场的作用而发生转动,使分子电矩转向外电场方向排列,如图3.5(a)所示.但由于分子热运动的缘故,这种转向并不完全,即所有分子电矩不是很整齐地依照外电场方向排列起来.当然,外电场越强分子电矩排列得越整齐.对于整个电介质来说,不管排列的整齐程度怎样,在垂直于电场方向的两端面上仍有极化电荷出现,如图3.5(b)所示.由于这种极化是分子固有电矩在电场力作用下趋向电场方向的结果,所以有极分子组成的电介质的极化称为**取向极化**.

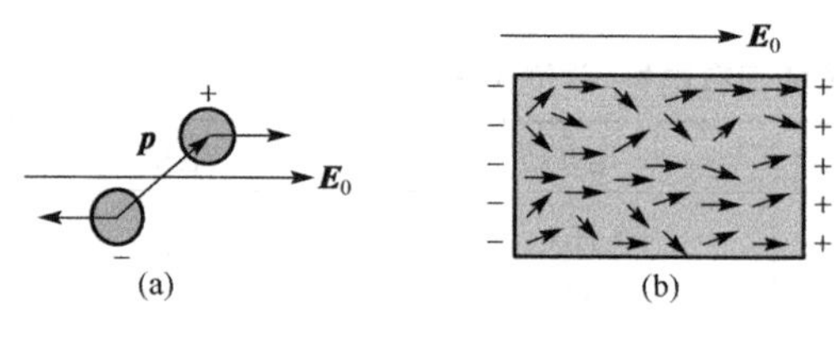

图3.5 分子取向极化

应当指出,电子位移极化效应在任何电介质中都存在,而分子取向极化只是由有极分子构成的电介质所独有的.但是,在有极分子构成的电介质中,取向极化的效应比位移极化强得多(约大一个数量级),因而其中取向极化是主要的.在无极分子构成的电介质中,位移极化则是唯一的极化机制.但在很高频率的电场作用下,由于分子的惯性较大,取向极化跟不上外电场的变化,所以这时无论哪种电介质只剩下电子位移极化机制仍起作用,因为其中只有惯性很小的电子,才能紧跟高频电场的变化而产生位移极化.

由以上分析可见,虽然这两类电介质受外电场作用后的极化机制在微观上是不同的,但产生的宏观效果却是相同的——电介质表面出现了极化电荷.所以当两极板间充满电介质的电容器带电时,电介质由于极化,在靠近极板的两个介质表面出现与相邻板符号相反的极化电荷,电容器两极板间的电场比起板间为真空时减弱了。

3.3 极化强度和极化电荷

3.3.1 极化强度的定义

电介质在电场作用下发生位移极化或取向极化,极化电荷产生附加电场,附加电场又会进一步改变极化的程度,这种相互作用、相互影响直到静电平衡为止.由此可见,电介质的极化过程,需要持续一定时间,诚然,这时间是非常短暂的.在达到静电平衡时,电介质极化的程度不仅与每个分子电矩的大小有关,而且依赖于各分子电矩排列的整齐程度.为了描写电介质极化的程度,我们引入**极化强度 $\boldsymbol{P}$**,它等于单位体积内分子电矩的矢量和,即

$$\boldsymbol{P}=\frac{\sum \boldsymbol{p}}{\Delta V} \tag{3.4}$$

式中,$\sum \boldsymbol{p}$ 是体积元 ΔV 内各分子电矩的矢量和,ΔV 是一个物理无限小体积,而一个物理无限小体积实际上就是一个宏观点,所以极化强度是一个宏观的矢量点函数.它的单位是 $\mathrm{C/m^2}$.

如果在电介质中各点的极化强度矢量大小和方向都相同,我们称该极化是**均匀极化**.真空可以看作电介质的特例,其中各点的 $\boldsymbol{P}$ 为零.

3.3.2　极化强度与电场强度的关系

电介质极化时出现极化电荷,这些极化电荷和自由电荷一样,在周围空间(无论介质内部或外部)产生附加的场强 $\boldsymbol{E}'$.因此根据场强叠加原理,在有电介质存在时,空间任意一点的电场强度是外电场强度 $\boldsymbol{E}_0$ 和极化电荷的电场强度 $\boldsymbol{E}'$ 的矢量和

$$\boldsymbol{E}=\boldsymbol{E}_0+\boldsymbol{E}' \tag{3.5}$$

因极化电荷在介质内部的附加电场强度 $\boldsymbol{E}'$ 总是起着减弱极化的作用,故也叫**退极化场**.

极化既然由电场引起,极化强度就应与介质中电场强度有关.对于大多数常见的各向同性线性电介质,当电场强度不太强时,极化强度 $\boldsymbol{P}$ 与介质中的电场强度 $\boldsymbol{E}$ 成正比,方向相同,即

$$\boldsymbol{P}=\varepsilon_0\chi\boldsymbol{E} \tag{3.6}$$

式中,χ 称为介质的**极化率**,是无量纲的数,它反映了介质极化难易的程度.对于不同的介质,极化率是不同的,若 χ 是常量,表明电介质各点的性质相同,此介质就称为**均匀电介质**;电场强度 $\boldsymbol{E}$ 是介质内部的**宏观场强**,它是**微观电场**的平均值.所谓微观电场就是在真空环境中微观电荷所激发的场.

3.3.3　极化电荷与极化强度的关系

当电介质均匀极化后,极化电荷只分布在介质的表面上,是一种面电荷,而在介质内部,无极化电荷分布.实际上,即使极化不均匀,只要介质本身是均匀的,这一结论亦是正确的.如果电介质由许多不同的且处于均匀极化状态的介质“混合”而成的,每种均匀介质都是非常小的小块,以致在整个介质内部处处都是交界面.在交界面上都有“面电荷”分布,结果在介质内部实际上出现了体分布的极化电荷,它们都束缚在介质中.这种由无限多种不同介质所组成的介质,实际上就是非均匀介质.所

以，非均匀电介质极化后，不但在介质的表面上束缚着面分布的极化电荷，而且在介质的内部也束缚着体分布的极化电荷. 电介质产生的一切宏观效应都是通过极化电荷来体现的，极化强度与极化电荷必定存在定量关系.

1. 极化电荷体密度与极化强度的关系

考虑任意一种已经极化的电介质，在其内部任取体积为 V 的一块介质作为研究对象，包围体积 V 的表面为 S，如图 3.6 所示. 显然，凡是完全处在体积 V 内的那些电偶极子，它们对 V 内的净电荷无贡献，全部位于 V 外的那些电偶极子，对 V 内的净电荷也无贡献. 被 S 面截为两段的偶极子的情况则不同，它们中有的正电荷在 S 面的外部，因而对 V 内贡献一负电荷；有的负电荷则在 S 面的外部，因而对 V 内贡献一正电荷. V 内的净电荷，正是由这些偶极子提供的. 若正电荷在 S 面外的电偶极子比正电荷在 S 面内的电偶极子多，则 V 内有负的净电荷，反之则有正的净电荷. 为了计算这些偶极子的数目，我们在 S 面上任取一面积元 ΔS，以 $\boldsymbol{e}_n$ 表示它的外法线方向的单位矢量. 由于 ΔS 很小，在 ΔS 附近的电偶极子的电矩的方向几乎相同. 设分子电矩 $\boldsymbol{p}$ 与法向 $\boldsymbol{e}_n$ 之间的夹角为 θ. 以 ΔS 为底，电偶极子正负电荷之间的距离 l 的一半为斜高，在 ΔS 两侧各作一平行六面体，斜高与 $\boldsymbol{p}$ 平行(图 3.7)，两个六面体的体积之和 $\Delta V = l\Delta S\cos\theta$. 可以看出，凡是偶极子正负电荷连线 l 的中心位于 ΔV 内的分子，它们的正电荷都在 V 的外部，因而对 V 贡献一定量的负电荷. 通过计算相应的电偶极子数目，就可求得这些偶极子对 V 贡献的总电量. 若单位体积内的分子数为 N，则 ΔV 内的电偶极子数

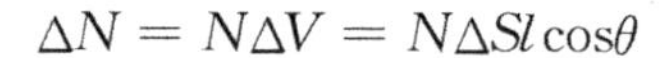

$$\Delta N = N\Delta V = N\Delta Sl\cos\theta$$

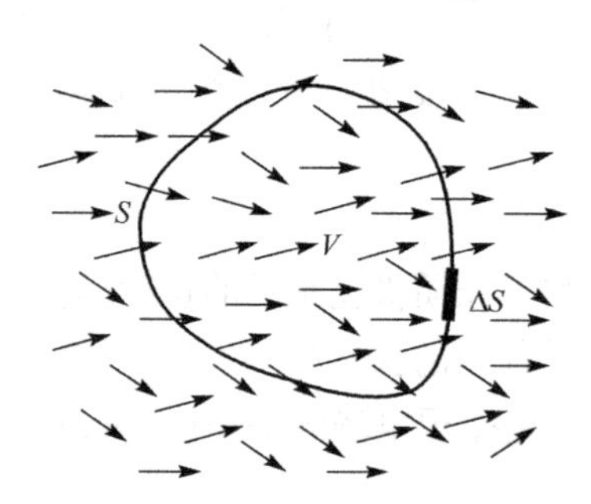

图 3.6　包围在封闭曲面 S 内的极化电荷取决于被 S 面所截的偶极子

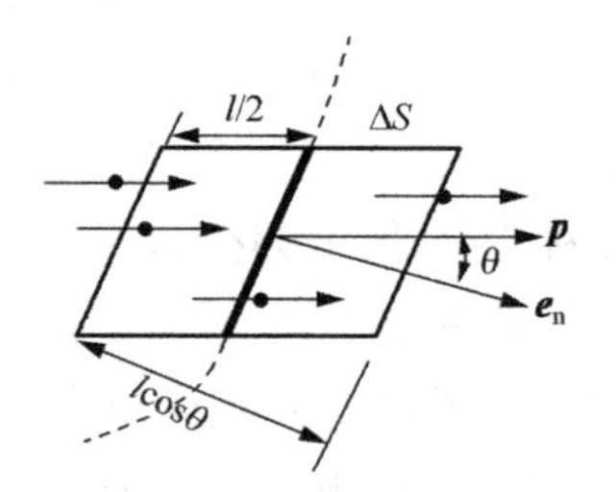

图 3.7　被面元 ΔS 所截的偶极子

这些电偶极子对 S 内部贡献的电荷为 $-q\Delta N$，即

$$\Delta Q' = -qNl\Delta S\cos\theta = -Np\Delta S\cos\theta = -P\cos\theta\Delta S = -\boldsymbol{P}\cdot\Delta\boldsymbol{S}$$

式中，$\boldsymbol{P} = N\boldsymbol{p}$ 为单位体积内的分子电矩的总和，即极化强度；负号的意义是：当 $\theta < \pi/2$ 时，$\Delta Q' < 0$，表示留在 S 内的是电偶极子的尾部，因而对 V 内贡献的电荷是负的；当 $\theta > \pi/2$ 时，$\Delta Q' > 0$，表示留在 S 内的是电偶极子的首部，因而对 V 内贡献的电荷是正的.

把上式对整个封闭曲面积分，便得到包围在 S 面内的极化电荷的净电量

$$Q' = -\oint_S \boldsymbol{P} \cdot \mathrm{d}\boldsymbol{S} \tag{3.7}$$

即介质内部任何体积 V 内的极化电荷的电量，等于极化强度对包围 V 的表面 S 的通量的负值.

令所取的体积 V 缩为物理无限小并以 V 除上式两边，便得到该点的极化电荷体密度

$$\rho' = -\frac{\oint_S \boldsymbol{P} \cdot \mathrm{d}\boldsymbol{S}}{V} \tag{3.8}$$

可以证明，在直角坐标系中，极化电荷的体密度 ρ' 与极化强度 $\boldsymbol{P}$ 关系为

$$\rho' = -\left(\frac{\partial P_x}{\partial x} + \frac{\partial P_y}{\partial y} + \frac{\partial P_z}{\partial z}\right) \tag{3.9}$$

2. 极化电荷面密度与极化强度的关系

如前所述，在两种极化介质的交界面上，或者在介质的表面(实际上是介质与真空的交界面)上，存在面分布的极化电荷. 考察两种极化强度分别为 $\boldsymbol{P}_1$ 和 $\boldsymbol{P}_2$ 的电介质，假定极化强度在每一种电介质中都是位置的连续函数，仅在两种介质的交界面上才发生突变. 如图 3.8 所示，用水平线表示两种介质的界面，设界面的法向单位矢量 e_n 由第一种介质指向第二种介质. 为了找出交界面上任一小面元 ΔS 上的极化电荷，如图 3.8 所示，作一圆柱形封闭曲面，使圆柱体的两个底面 ΔS_1 和 ΔS_2 分别在介质 1 和 2 中，都与 ΔS 相等且平行，圆柱体的高度 h 很小. 柱体内极化电荷的电量为

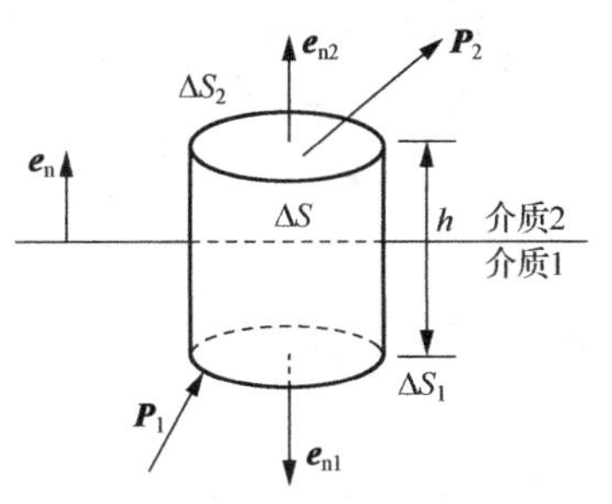

图 3.8　两种介质交界面上的极化电荷面密度与极化强度的关系

$$\begin{aligned} Q' &= -\oint_S \boldsymbol{P} \cdot \mathrm{d}\boldsymbol{S} \\ &= -\left(\int_{\Delta S_1} \boldsymbol{P}_1 \cdot \mathrm{d}\boldsymbol{S} + \int_{\Delta S_2} \boldsymbol{P}_2 \cdot \mathrm{d}\boldsymbol{S} + \delta\right) \\ &= -(\boldsymbol{P}_1 \cdot \Delta \boldsymbol{S}_1 + \boldsymbol{P}_2 \cdot \Delta \boldsymbol{S}_2 + \delta) \\ &= -[\Delta S(\boldsymbol{P}_1 \cdot \boldsymbol{e}_{n1} + \boldsymbol{P}_2 \cdot \boldsymbol{e}_{n2}) + \delta] \end{aligned}$$

式中，δ 是 $\boldsymbol{P}$ 对柱体侧面的通量，$\boldsymbol{e}_{n1}$ 和 $\boldsymbol{e}_{n2}$ 分别是两个底面正法线方向的单位矢量. 注意到 $\boldsymbol{e}_{n1} = -\boldsymbol{e}_n$，$\boldsymbol{e}_{n2} = \boldsymbol{e}_n$，我们有

$$Q' = -[\Delta S(\boldsymbol{P}_2 - \boldsymbol{P}_1) \cdot e_n + \delta] = \rho' h \Delta S$$

再取 $h \to 0$ 的极限，极化强度对侧面的通量 δ 也相应地趋于零，而 $\rho' h$ 就是分布在 ΔS 上的极化电荷面密度 σ'，由此得

$$\sigma' = -(\boldsymbol{P}_2 - \boldsymbol{P}_1) \cdot \boldsymbol{e}_n \tag{3.10}$$

或

$$\sigma' = (\boldsymbol{P}_1 - \boldsymbol{P}_2) \cdot \boldsymbol{e}_n = P_{n1} - P_{n2} \tag{3.11}$$

即在两种介质的交界面上，极化电荷的面密度 σ' 等于两种介质的极化强度的法向分量之差. 若 $P_{n1} > P_{n2}$，则 $\sigma' > 0$，即交界面上有正的极化电荷. 若 $P_{n1} < P_{n2}$，则 $\sigma' < 0$，交界面上有负的极化电荷. 当 $P_{n1} = P_{n2}$，即法向分量在交界面上连续时，交界面上无极化电荷分布.

若第二种介质是真空，则 $\boldsymbol{P}_2 = 0$，$\boldsymbol{e}_n$ 由介质指向真空，这时

$$\sigma' = P_n = P\cos\theta \tag{3.12}$$

即在介质与真空的交界面上，极化电荷的面密度等于极化强度的法向分量，σ' 的正负取决于 $\boldsymbol{P}$ 和 $\boldsymbol{e}_n$ 的相对取向. 若 $\theta < \pi/2$，$\sigma' > 0$；若 $\theta > \pi/2$，$\sigma' < 0$；而当 $\theta = \pi/2$ 时，$\sigma' = 0$，表示与极化强度平行的表面上无极化电荷分布.

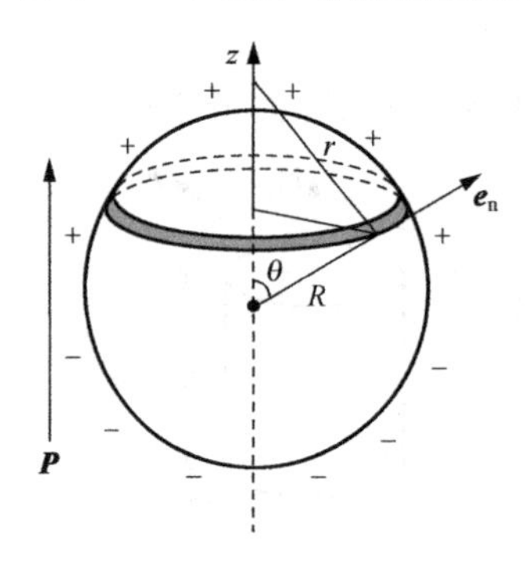

图 3.9(a) 均匀极化球表面的极化电荷分布

例 3.1 计算一沿 z 方向均匀极化的介质球表面的极化电荷在 z 轴上产生的电场，设极化强度为 $\boldsymbol{P}$，介质球的半径为 R.

解一 介质球表面的极化电荷面密度为

$$\sigma' = \boldsymbol{P} \cdot \boldsymbol{e}_n = P\cos\theta$$

在介质球表面上 θ 处取宽为 $R\mathrm{d}\theta$ 的环带，如图 3.9(a) 所示，其上电量为

$$\mathrm{d}q' = 2\pi R\sin\theta \cdot R\mathrm{d}\theta \cdot \sigma' = 2\pi R^2 P\cos\theta\sin\theta\mathrm{d}\theta$$

环带上的电荷在 z 轴上任一点产生的电势为

$$\mathrm{d}\varphi = \frac{1}{4\pi\varepsilon_0}\frac{\mathrm{d}q'}{r} = \frac{1}{4\pi\varepsilon_0}\frac{2\pi R^2 P\cos\theta\sin\theta\mathrm{d}\theta}{(z^2 + R^2 - 2zR\cos\theta)^{1/2}}$$

球面上的电荷产生的总电势为

$$\varphi(z) = \frac{PR^2}{2\varepsilon_0}\int_0^{\pi}\frac{\cos\theta\sin\theta\mathrm{d}\theta}{(z^2 + R^2 - 2zR\cos\theta)^{1/2}} = -\frac{PR^2}{2\varepsilon_0}\int_1^{-1}\frac{\cos\theta\mathrm{d}\cos\theta}{(z^2 + R^2 - 2zR\cos\theta)^{1/2}}$$

设 $x = \cos\theta$，$a = z^2 + R^2$，$b = 2zR$，则有

$$\varphi(z) = -\frac{PR^2}{2\varepsilon_0}\int_1^{-1}\frac{x\mathrm{d}x}{\sqrt{a - bx}}$$

再设 $t^2 = a - bx$，将 $x = \dfrac{a - t^2}{b}$，$\mathrm{d}x = -\dfrac{2}{b}t\,\mathrm{d}t$ 代入上式有

$$\varphi(z) = \frac{PR^2}{2\varepsilon_0}\int_{\sqrt{a-b}}^{\sqrt{a+b}}\frac{2(a - t^2)t}{b^2 t}\mathrm{d}t$$

$$= \frac{PR^2}{\varepsilon_0 b^2}\int_{\sqrt{a-b}}^{\sqrt{a+b}}(a - t^2)\mathrm{d}t$$

$$= \frac{PR^2}{\varepsilon_0 b^2}\left(at - \frac{1}{3}t^3\right)\Bigg|_{\sqrt{a-b}}^{\sqrt{a+b}}$$

$$= \frac{PR^2}{3\varepsilon_0 b^2}t(3a - t^2)\Bigg|_{\sqrt{a-b}}^{\sqrt{a+b}}$$

$$= \frac{PR^2}{3\varepsilon_0 b^2}\left[\sqrt{a+b}(2a-b) - \sqrt{a-b}(2a+b)\right]$$

将 a、b 值代入得

$$\varphi(z) = \frac{P}{6z^2\varepsilon_0}\left[(z^2+R^2)(|z+R| - |z-R|) - zR(|z+R| + |z-R|)\right]$$

当 $z > R$ 时，$|z-R| = z-R$；$|z+R| = z+R$，则

$$\varphi(z) = \frac{PR^3}{3\varepsilon_0 z^2}$$

因此，球外的场强为

$$E(z) = -\frac{\partial\varphi}{\partial z} = \frac{2PR^3}{3\varepsilon_0 z^3}$$

当 $z < R$ 时，$|z-R| = R-z$，$|z+R| = z+R$，则

$$\varphi(z) = \frac{Pz}{3\varepsilon_0}$$

因此，球内的场强为

$$E(z) = -\frac{\partial\varphi}{\partial z} = -\frac{P}{3\varepsilon_0}$$

解二　由于介质球表面的极化电荷面密度 $\sigma' = \boldsymbol{P}\cdot\boldsymbol{e}_n = P\cos\theta$ 按余弦分布，可以等效为球心有相对微小位移的两个半径相同，等量异性的均匀带电球体叠加，如图 3.9(b) 所示. 均匀带电球体的电量为 $Q = \frac{4}{3}\pi R^3 Nq$，电荷体密度为 Nq，两带电球的球心相距 l，则极化强度 $\boldsymbol{P} = \rho\boldsymbol{l}$. 介质球在球内外任一点产生的电场等于这两个带电球产生的电场的叠加.

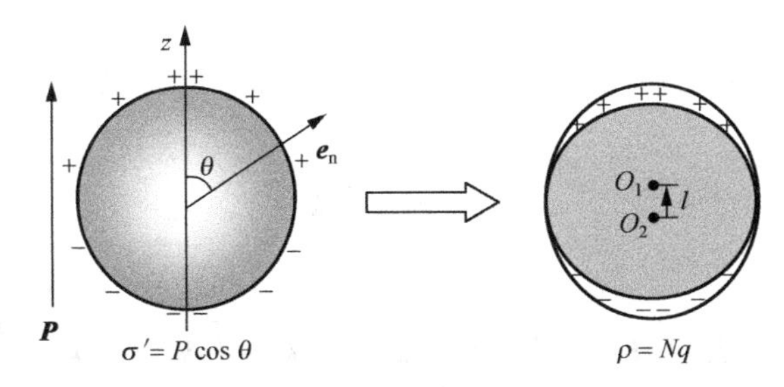

图 3.9(b)　与均匀极化介质球相当的两个等量异号的均匀带电球

对于球内任一点场，由例 1.9 可知，此两个等量异号的带电球将产生一均匀场，

此场强的大小为

$$E=-\frac{\rho}{3\varepsilon_0}l=-\frac{P}{3\varepsilon_0}$$

对于球外任一点的场,可把两个均匀带电球等效成一个电偶极子,其电矩为

$$\boldsymbol{p}_0=Q\boldsymbol{l}=\frac{4}{3}\pi R^3 Nq\boldsymbol{l}=\frac{4}{3}\pi R^3\boldsymbol{P}$$

电偶极子在球外任一点的场强为

$$E_r=\frac{1}{4\pi\varepsilon_0}\frac{2p_0\cos\theta}{r^3}=\frac{2}{3\varepsilon_0}\frac{R^3P\cos\theta}{r^3}$$

$$E_\theta=\frac{1}{4\pi\varepsilon_0}\frac{p_0\sin\theta}{r^3}=\frac{1}{3\varepsilon_0}\frac{R^3P\sin\theta}{r^3}$$

当 $\theta=0, r=z$, 则

$$E(z)=\frac{2R^3P}{3\varepsilon_0 z^3}$$

例 3.2 两块无限大的金属平板,带有等量异号的自由电荷,电荷面密度为 $\pm\sigma_0$,两极之间充满均匀电介质,介质的极化率为 χ,求介质内的场强.

解 如图 3.10 所示,在两板之间,自由电荷单独产生的电场为

$$\boldsymbol{E}_0=\frac{\sigma_0}{\varepsilon_0}\boldsymbol{k}$$

式中,$\boldsymbol{k}$ 为垂直于平板的单位矢量,方向由正极板指向负极板. 因为介质是均匀的,只在介质的表面上有面分布的极化电荷,由 $\sigma'=\boldsymbol{P}\cdot\boldsymbol{e}_{\mathrm{n}}$ 得

$$\sigma'=P_{\mathrm{n}}=P$$

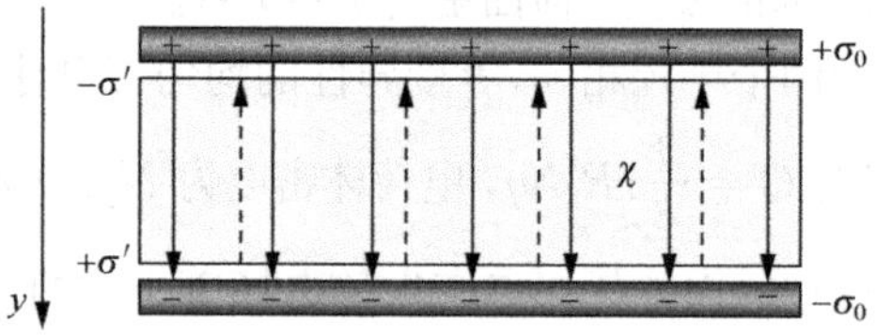

图 3.10 充满介质的平板电容器中的电场分布

在介质的上表面,极化电荷为 $-\sigma'$,在介质的下表面,极化电荷为 $+\sigma'$,因此极化电荷产生的电场为

$$\boldsymbol{E}'=-\frac{\sigma'}{\varepsilon_0}\boldsymbol{k}$$

介质中的场强为

$$\boldsymbol{E}=\boldsymbol{E}_0+\boldsymbol{E}'=\frac{\sigma_0}{\varepsilon_0}\boldsymbol{k}-\frac{\sigma'}{\varepsilon_0}\boldsymbol{k}=\frac{\sigma_0}{\varepsilon_0}\boldsymbol{k}-\frac{P}{\varepsilon_0}\boldsymbol{k}=\frac{\sigma_0}{\varepsilon_0}\boldsymbol{k}-\frac{\boldsymbol{P}}{\varepsilon_0}$$

由 $\boldsymbol{P}=\varepsilon_0\chi\boldsymbol{E}$ 得

$$\boldsymbol{E}=\frac{\sigma_0}{\varepsilon_0}\boldsymbol{k}-\chi\boldsymbol{E}=\boldsymbol{E}_0-\chi\boldsymbol{E}$$

设 $\varepsilon_r = 1 + \chi$，为相对介电常数，得

$$\boldsymbol{E} = \frac{1}{\varepsilon_r}\boldsymbol{E}_0 = \frac{\sigma_0}{\varepsilon_0 \varepsilon_r}\boldsymbol{k}$$

此式表明，当整个电场内充满着均匀电介质时，介质中的场强等于自由电荷单独产生的电场强度的 $1/\varepsilon_r$.

例 3.3 两均匀带有等量异号电荷的无限大平面导体板之间放一均匀的介质球，球的半径为 R，极化率为 χ，求球内的场强，假定介质球离两平板都相当远，球处在场中时，带电板上的电荷仍然均匀分布，因此，自由电荷单独产生的场 $\boldsymbol{E}_0$ 仍是均匀场.

解一 设想介质球的极化是分若干阶段进行的，最终达到静电平衡. 在介质球刚放入电场瞬时，极化电荷尚未形成，因而介质球内的场强就是外场场强 $\boldsymbol{E}_0$，它使球均匀极化，极化强度为

$$\boldsymbol{P}_0 = \varepsilon_0 \chi \boldsymbol{E}_0$$

由 $\boldsymbol{P}_0$ 引起的极化电荷在球内所产生的附加场强为

$$\boldsymbol{E}'_1 = -\frac{1}{3\varepsilon_0}\boldsymbol{P}_0 = -\frac{\chi}{3}\boldsymbol{E}_0$$

附加场强 $\boldsymbol{E}'_1$ 引起的附加极化，附加的极化强度为

$$\boldsymbol{P}_1 = \varepsilon_0 \chi \boldsymbol{E}'_1 = -\varepsilon_0 \frac{\chi^2}{3}\boldsymbol{E}_0$$

附加的极化强度 $\boldsymbol{P}_1$ 产生的附加场强为

$$E'_2 = -\frac{1}{3\varepsilon_0}\boldsymbol{P}_1 = \left(-\frac{\chi}{3}\right)^2 \boldsymbol{E}_0$$

附加场强 $\boldsymbol{E}'_2$ 又引起新的附加极化，这样的过程一步一步继续下去，在第 n 步，附加极化强度产生的附加场强为

$$\boldsymbol{E}'_n = \left(-\frac{\chi}{3}\right)^n \boldsymbol{E}_0$$

于是介质球内的场强等于自由电荷的场强 $\boldsymbol{E}_0$ 和附加场强 $\boldsymbol{E}'_n$ 之总和，即

$$\boldsymbol{E} = \boldsymbol{E}_0 + \boldsymbol{E}'_1 + \boldsymbol{E}'_2 + \cdots = \boldsymbol{E}_0 + \sum_{n=1}^{\infty}\boldsymbol{E}'_n = \left[\sum_{n=0}^{\infty}\left(-\frac{\chi}{3}\right)^n\right]\boldsymbol{E}_0$$

根据 $\sum\limits_{n=0}^{\infty} x^n = 1 + x + x^2 + \cdots + x^n + \cdots = \dfrac{1}{1-x}$，得

$$\boldsymbol{E} = \frac{1}{1 + \dfrac{\chi}{3}}\boldsymbol{E}_0 = \frac{3}{2 + \varepsilon_r}\boldsymbol{E}_0$$

以上能求得正确结果是因为均匀球内部的场是均匀的，而且介质的极化率 χ 应该比较小，同时极化不影响自由电荷的分布.

解二 均匀的介质球在均匀电场中的极化是均匀的,而均匀极化的介质球表面的极化面电荷在球内单独产生的场强为

$$\boldsymbol{E}' = -\frac{1}{3\varepsilon_0}\boldsymbol{P}$$

即 $\boldsymbol{E}'$ 是与极化强度 $\boldsymbol{P}$ 的方向相反的均匀电场,若介质中的场强为 $\boldsymbol{E}$,则

$$\boldsymbol{E} = \boldsymbol{E}_0 + \boldsymbol{E}' = \boldsymbol{E}_0 - \frac{1}{3\varepsilon_0}\boldsymbol{P} = \boldsymbol{E}_0 - \frac{1}{3\varepsilon_0}\varepsilon_0\chi\boldsymbol{E}$$

于是

$$\boldsymbol{E}\left(1 + \frac{\chi}{3}\right) = \boldsymbol{E}_0$$

所以

$$\boldsymbol{E} = \frac{3}{3+\chi}\boldsymbol{E}_0 = \frac{3}{2+\varepsilon_r}\boldsymbol{E}_0$$

本题的结果表明:当介质未充满电场存在的空间时,介质中的场强不等于自由电荷单独产生的场强的 $\frac{1}{\varepsilon_r}$,即 $\boldsymbol{E} \neq \frac{1}{\varepsilon_r}\boldsymbol{E}_0$.

3.4 有电介质时的静电场方程

3.4.1 电位移矢量 D 与有介质时的高斯定理

产生静电场的源电荷有两类:一类是自由电荷,另一类是极化电荷.这两类电荷的起因虽不同,但都产生电场.有介质存在的情况下,电场对任意封闭曲面的电通量不仅取决于包围在该封闭曲面内的自由电荷 q_0,也取决于包围在该曲面内的极化电荷 q',即

$$\oint_S \boldsymbol{E}\cdot d\boldsymbol{S} = \frac{1}{\varepsilon_0}\sum(q_0 + q') \tag{3.13}$$

包围在任一封闭曲面内的极化电荷的电量,取决于极化强度对该封闭曲面的通量.由式(3.7)有

$$\sum q' = -\oint_S \boldsymbol{P}\cdot d\boldsymbol{S}$$

代入式(3.13),得

$$\oint_S \boldsymbol{E}\cdot d\boldsymbol{S} = \frac{1}{\varepsilon_0}\sum q_0 - \frac{1}{\varepsilon_0}\oint_S \boldsymbol{P}\cdot d\boldsymbol{S}$$

等式两边乘以 ε_0,则上式可改写成

$$\oint_S (\varepsilon_0\boldsymbol{E} + \boldsymbol{P})\cdot d\boldsymbol{S} = \sum q_0 \tag{3.14}$$

现引入一个涉及电介质极化状态的辅助物理量 $\boldsymbol{D}$,它的定义为

$$\boldsymbol{D} = \varepsilon_0\boldsymbol{E} + \boldsymbol{P} \tag{3.15}$$

称为**电位移矢量**，或**电感应强度矢量**. 则式(3.14)就可以表示为

$$\oint_S \boldsymbol{D} \cdot \mathrm{d}\boldsymbol{S} = \sum q_0 \tag{3.16}$$

上式称为电介质中的高斯定理表达式，它可表述为：**通过任意闭合曲面的 $\boldsymbol{D}$ 通量等于该闭合曲面所包围的自由电荷的代数和**. 它不仅适用于静电场，对随时间变化的电场也适用.

像电场线形象化地表示电场强度在空间的分布情况那样，我们可以用电位移线来表示电位移矢量在空间的分布. 式(3.16)告诉我们，电位移线也是有头有尾的，起源于正的自由电荷，终止于负的自由电荷.

对于各向同性线性介质，由于 $\boldsymbol{P} = \chi \varepsilon_0 \boldsymbol{E}$，代入式(3.15)得

$$\boldsymbol{D} = \varepsilon_0 \boldsymbol{E} + \boldsymbol{P} = \varepsilon_0 \boldsymbol{E} + \chi \varepsilon_0 \boldsymbol{E} = \varepsilon_0 (1 + \chi) \boldsymbol{E} \tag{3.17}$$

令 $\varepsilon_r = 1 + \chi$，ε_r 称为电介质的**相对介电常数**；又令 $\varepsilon = \varepsilon_0 \varepsilon_r$，$\varepsilon$ 称为电介质的**绝对介电常数**，由实验测定. 于是式(3.17)可表示为

$$\boldsymbol{D} = \varepsilon_0 \varepsilon_r \boldsymbol{E} = \varepsilon \boldsymbol{E} \tag{3.18}$$

我们看到，电位移矢量本身虽然缺少明确的含义，但它具有上述一些重要的性质. 因而，在研究介质中的电场时，往往先研究电位移矢量 $\boldsymbol{D}$，然后通过式(3.18)求得 $\boldsymbol{E}$，从而不必追究极化电荷的分布. 因此，在研究介质中的电场时，电位移矢量是一个很有用的辅助量.

例 3.4　在无限大的均匀电介质中，浸入一电量为 q_0 的均匀带电导体球，球的半径为 R，求介质中的场强 $\boldsymbol{E}$ 及电介质与导体球交界面上的极化电荷总量 q'，设介质的相对介电常数为 ε_r.

解　由自由电荷 q_0 和电介质分布的球对称性可知，$\boldsymbol{E}$ 和 $\boldsymbol{D}$ 的分布也具有球对称性. 为了求出距球心距离为 r 处的电场强度 $\boldsymbol{E}$，可以作一个半径为 r 的球面为高斯面 S，如图 3.11 所示，由介质中的高斯定理，可知

$$\oint_S D \cdot \mathrm{d}S = 4\pi r^2 D = q_0$$

由此得

$$D = \frac{q_0}{4\pi r^2}$$

考虑到 $\boldsymbol{D}$ 的方向沿径向向外，此式可用矢量式表示为

$$\boldsymbol{D} = \frac{q_0}{4\pi r^2} \boldsymbol{e}_r$$

由 $\boldsymbol{D} = \varepsilon_0 \varepsilon_r \boldsymbol{E}$，得

$$\boldsymbol{E} = \frac{\boldsymbol{D}}{\varepsilon_0 \varepsilon_r} = \frac{1}{4\pi\varepsilon_0\varepsilon_r} \frac{q_0}{r^2} \boldsymbol{e}_r = \frac{\boldsymbol{E}_0}{\varepsilon_r}$$

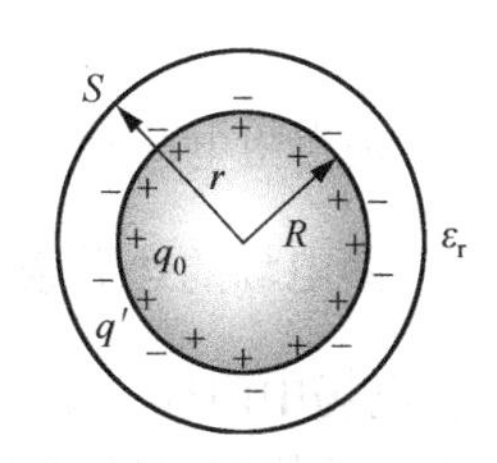

图 3.11　用介质中的高斯定理计算均匀介质中放有带电导体球时的电场

按图 3.11 所示作包围交界面的高斯面 S，由于 $\boldsymbol{P}$ 的分布具有球对称性，则交界面上的极化电荷总量为

$$q' = -\oint_S \boldsymbol{P} \cdot \mathrm{d}\boldsymbol{S} = -P \cdot 4\pi R^2 = -\varepsilon_0 \chi E \cdot 4\pi R^2$$

将 $E = \dfrac{1}{4\pi\varepsilon_0\varepsilon_r} \dfrac{q_0}{R^2}$ 代入上式得

$$q' = -\varepsilon_0 \chi \frac{1}{4\pi\varepsilon_0\varepsilon_r} \frac{q_0}{r^2} \cdot 4\pi r^2 = -\chi \frac{q_0}{\varepsilon_r} = -\frac{\varepsilon_r - 1}{\varepsilon_r} q_0$$

由于 q' 在贴近球面的介质表面上均匀分布，故交界面上极化电荷面密度为

$$\sigma' = \frac{q'}{4\pi R^2} = -\frac{\varepsilon_r - 1}{4\pi\varepsilon_r R^2} q_0$$

交界面上总电荷为

$$q = q_0 + q' = q_0 - \frac{\varepsilon_r - 1}{\varepsilon_r} q_0 = \frac{q_0}{\varepsilon_r}$$

即总电荷减少到自由电荷的 $1/\varepsilon_r$ 倍.

不难看出，介质中的场强等于自由电荷单独产生的场强的 $1/\varepsilon_r$ 倍. 场强减小的原因是自由电荷 q_0 被一层正负号与之相反的极化电荷 q' 包围了(图 3.11)，它的场把电荷 q_0 的场抵消了一部分. 通常把这效应说成极化电荷对 q_0 起了一定的屏蔽作用.

通过例 3.1 和例 3.4 的结果可知，$\boldsymbol{D} = \varepsilon_0 \boldsymbol{E}_0$，$\boldsymbol{E} = \boldsymbol{E}_0/\varepsilon_r$. 然而这是有条件的. 可以证明，当均匀电介质充满电场所在空间，或均匀电介质表面是等势面时，$\boldsymbol{D} = \varepsilon_0 \boldsymbol{E}_0$，$\boldsymbol{E} = \boldsymbol{E}_0/\varepsilon_r$ 才成立.

3.4.2 有介质时的静电场环路定理

由于电介质的存在仅是增加了一些新的场源，因此，介质并未改变电场的基本性质. 存在电介质并达到静电平衡时，若自由电荷是静止的，则极化电荷也是不随时间改变的，它们产生的电场是静电场，其保守场的性质未变，仍满足静电场的环路定理，即

$$\oint_L \boldsymbol{E} \cdot \mathrm{d}\boldsymbol{l} = 0 \tag{3.19}$$

式中，$\boldsymbol{E}$ 是自由电荷和极化电荷共同产生的电场.

3.4.3 静电场的边界条件

在电场中两种介质的交界面两侧，由于相对介电常数的不同，极化强度也不同，因而界面两侧的电场也不同，但两侧的电场有一定的关系，根据静电场的基本方程可以导出两侧的电场在交界面上满足的规律，这一规律称为电场的**边界条件**. 设两种介质的相对介电常数分别为 ε_{r1} 和 ε_{r2}，而且在交界面上并无自由电荷存在.

如图 3.12(a)所示，在介质交界面上取一狭长的矩形回路，长度为 Δl 的两长边分别在两介质内并平行于界面. 以 E_{t1} 和 E_{t2} 分别表示界面两侧的电场强度的切向分量，则由静电场的环路定理 $\oint_L \boldsymbol{E} \cdot \mathrm{d}\boldsymbol{l} = 0$ (忽略两短边的积分值)可得

$$\oint_L \boldsymbol{E} \cdot \mathrm{d}\boldsymbol{l} = E_{t2}\Delta l - E_{t1}\Delta l = 0$$

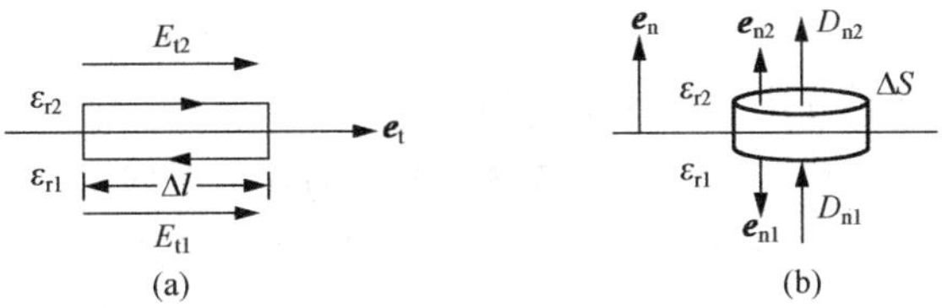

(a)　(b)

图 3.12　静电场的边界条件

由此得

$$E_{t1} = E_{t2} \tag{3.20}$$

即在两种介质的交界面上，电场强度的切向分量是连续的. 由式(3.18)、式(3.20)可得

$$\frac{D_{t1}}{\varepsilon_{r_1}} = \frac{D_{t2}}{\varepsilon_{r_2}} \tag{3.21}$$

即在两种介质的交界面上，电位移矢量的切向分量是不连续的，有突变. 这是因为在两种介质中的极化强度 $\boldsymbol{P}$ 是不同的.

如图 3.12(b)所示，在介质交界面上作一扁圆柱面，面积为 ΔS 的两底面分别在两介质内并平行于界面. 以 D_{n1} 和 D_{n2} 分别表示界面两侧电位移矢量的法向分量，则由介质中的高斯定理(忽略圆柱侧面的积分值)可得

$$\oint_S \boldsymbol{D} \cdot \mathrm{d}\boldsymbol{S} = D_{n2}\Delta S - D_{n1}\Delta S = 0$$

由此得

$$D_{n1} = D_{n2} \tag{3.22}$$

即在两种介质的交界面上，当无自由电荷时，电位移矢量的法向分量是连续的. 由式(3.18)、式(3.22)可得

$$\frac{E_{n1}}{\varepsilon_{r2}} = \frac{E_{n2}}{\varepsilon_{r1}} \tag{3.23}$$

即在两种介质的交界面上，电场强度的法向分量是不连续的，有突变. 这是因为界面上有面分布的极化电荷.

式(3.20)、式(3.21)、式(3.22)和式(3.23)统称为静电场的边界条件，但对随时间变化的电场也成立.

电位移矢量的边界条件告诉我们，在两种介质的分界面处，若界面上无分布自

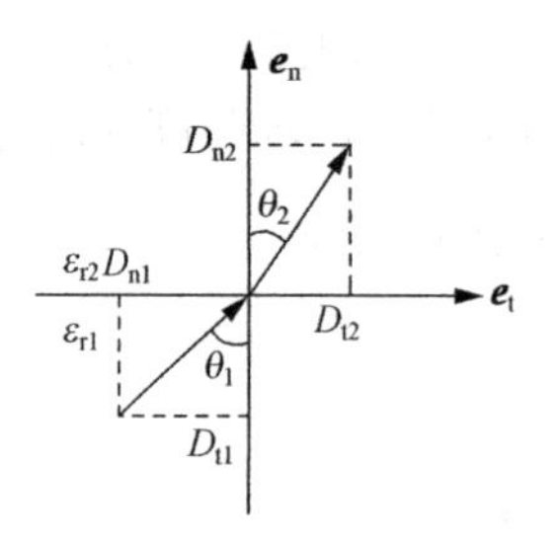

图 3.13 在两种介质的分界面上电位移线发生折射

由电荷，则电位移矢量的法向分量是连续的，但切向分量发生突变，因此，电位移矢量在经过界面处将发生折射，如图 3.13 所示. 若 θ_1 和 θ_2 分别为 $\boldsymbol{D}_1$ 和 $\boldsymbol{D}_2$ 与法线的夹角，则

$$\frac{\tan\theta_1}{\tan\theta_2}=\frac{D_{t1}/D_{n1}}{D_{t2}/D_{n2}}=\frac{D_{t1}}{D_{t2}}=\frac{\varepsilon_{r1}}{\varepsilon_{r2}} \tag{3.24}$$

可见 θ 在界面上的确发生突变，这种情况称为 $\boldsymbol{D}$ 线在界面上的折射.

例 3.5 半径为 a 金属球，带有电量 q_0，球外紧贴一层厚度为 $b-a$，相对介电常数为 ε_{r1} 的均匀固体电介质，固体电介质外充满相对介电常数为 ε_{r2} 的均匀气体电介质，假定 $\varepsilon_{r1}>\varepsilon_{r2}$，讨论下列各问题：电位移矢量，电场强度，极化强度，电荷分布，电势.

解 (1) 空间各点的电位移矢量 $\boldsymbol{D}$.

由球对称性，作同心球面为高斯面，用介质中的高斯定理可求出空间各点的电位移矢量.

① 在金属球内

$$\boldsymbol{D}_0=0$$

② 在固体介质 ε_{r1} 内

$$\oint \boldsymbol{D}\cdot \mathrm{d}\boldsymbol{S}=D\cdot 4\pi r^2=q_0$$

$$\boldsymbol{D}_1=\frac{1}{4\pi}\frac{q_0}{r^2}\boldsymbol{e}_r \quad (a<r<b)$$

③ 在气体介质 ε_{r2} 内

$$\boldsymbol{D}_2=\frac{1}{4\pi}\frac{q_0}{r^2}\boldsymbol{e}_r \quad (r>b)$$

(2) 空间各点的电场强度 $\boldsymbol{E}$.

① 在金属球内

$$\boldsymbol{E}_0=0$$

② 在固体介质 ε_{r1} 内

$$\boldsymbol{E}_1=\frac{1}{\varepsilon_0\varepsilon_{r1}}\boldsymbol{D}_1=\frac{1}{4\pi\varepsilon_0\varepsilon_{r1}}\frac{q_0}{r^2}\boldsymbol{e}_r \quad (a<r<b)$$

③ 在气体介质 ε_{r2} 内

$$\boldsymbol{E}_2=\frac{1}{4\pi\varepsilon_0\varepsilon_{r2}}\frac{q_0}{r^2}\boldsymbol{e}_r \quad (r>b)$$

(3) 空间各点的极化强度 $\boldsymbol{P}$.

① 在金属球内

$$\boldsymbol{P}_0 = 0$$

② 在固体介质 ε_{r1} 内

$$\boldsymbol{P}_1 = \varepsilon_0 \chi_1 \boldsymbol{E}_1 = \frac{(\varepsilon_{r1}-1)}{4\pi\varepsilon_{r1}} \frac{q_0}{r^2}\boldsymbol{e}_r \quad (a < r < b)$$

③ 在气体介质 ε_{r2} 内

$$\boldsymbol{P}_2 = \varepsilon_0 \chi_2 \boldsymbol{E}_2 = \frac{\varepsilon_{r2}-1}{4\pi\varepsilon_{r2}} \frac{q_0}{r^2}\boldsymbol{e}_r \quad (r > b)$$

可以看出,在两种介质的交界面上,即 $r = b$ 处,$P_{n1} \neq P_{n2}$,极化强度的法向分量发生突变,因而在交界面上必有面分布的极化电荷. 在金属与介质的交界面上,P_n 亦发生突变.

(4) 电荷分布.

① 金属球表面的自由电荷分布

$$\sigma_0 = \frac{q_0}{4\pi a^2}$$

② 固体介质与金属球交界面的极化电荷分布

$$\sigma'_1 = \boldsymbol{P}_1 \cdot \boldsymbol{e}_n = -P_1 \big|_{r=a} = -\frac{\varepsilon_{r1}-1}{4\pi\varepsilon_{r1}} \frac{q_0}{a^2} = -\frac{\varepsilon_{r1}-1}{\varepsilon_{r1}}\sigma_0$$

③ 两种介质交界面的极化电荷分布

$$\sigma'_2 = (P_1 - P_2)\big|_{r=b} = \left(\frac{\varepsilon_{r1}-1}{\varepsilon_{r1}} - \frac{\varepsilon_{r2}-1}{\varepsilon_{r2}}\right)\frac{q_0}{4\pi b^2} = \left(\frac{1}{\varepsilon_{r2}} - \frac{1}{\varepsilon_{r1}}\right)\frac{a_2}{b^2}\sigma_0$$

(5) 空间各点的电势 φ.

① 金属球的电势为

$$\varphi_0 = \int_a^\infty \boldsymbol{E} \cdot \mathrm{d}\boldsymbol{l} = \int_a^b \boldsymbol{E}_1 \cdot \mathrm{d}\boldsymbol{l} + \int_b^\infty \boldsymbol{E}_2 \cdot \mathrm{d}\boldsymbol{l}$$

$$= \frac{q_0}{4\pi\varepsilon_0}\left[\frac{1}{\varepsilon_{r1} a} + \frac{1}{b}\left(\frac{1}{\varepsilon_{r2}} - \frac{1}{\varepsilon_{r1}}\right)\right]$$

② 固体介质中任一点的电势为

$$\varphi_1 = \int_r^\infty \boldsymbol{E} \cdot \mathrm{d}\boldsymbol{l} = \int_r^b \boldsymbol{E}_1 \cdot \mathrm{d}\boldsymbol{l} + \int_b^\infty \boldsymbol{E}_2 \cdot \mathrm{d}\boldsymbol{l}$$

$$= \frac{q_0}{4\pi\varepsilon_0}\left[\frac{1}{\varepsilon_{r1} r} + \frac{1}{b}\left(\frac{1}{\varepsilon_{r2}} - \frac{1}{\varepsilon_{r1}}\right)\right]$$

③ 气体介质中任一点的电势为

$$\varphi_2 = \int_r^\infty \boldsymbol{E} \cdot \mathrm{d}\boldsymbol{l} = \frac{q_0}{4\pi\varepsilon_0} \frac{1}{\varepsilon_{r2} r}$$

从上面的结果可以看出,在 $r = a$ 处,$\varphi_1 = \varphi_0$,在 $r = b$ 处,$\varphi_1 = \varphi_2$,即空间各处的电势是连续的. D、E、P、σ、φ 的分布如图 3.14 所示.

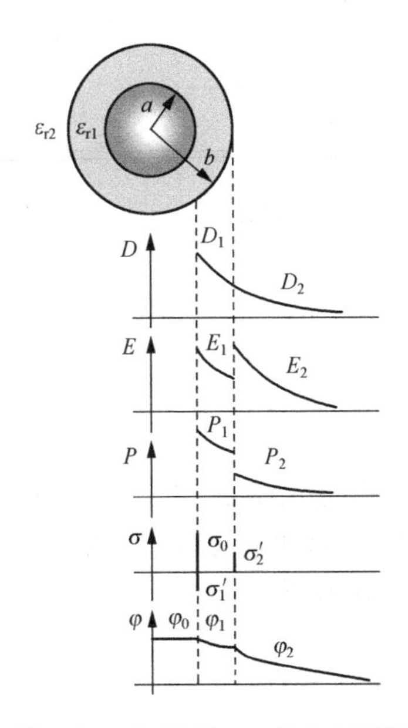

图 3.14　D、E、P、σ、φ 的分布情况

例 3.6　设有一驻极体(具有永久极化的特殊

介质)制成的球,半径为R,其永久极化强度为$\boldsymbol{P}_0$为恒量,若取$\boldsymbol{P}_0$的方向为z轴,试求z轴上的电位移矢量,设原点在球心上.

解　我们已求得均匀极化的介质球在z轴上所产生的场强,在球内和球外分别为

$$\boldsymbol{E}_1=-\frac{1}{3\varepsilon_0}\boldsymbol{P}_0$$

$$\boldsymbol{E}_2=\frac{2}{3\varepsilon_0}\frac{R^3}{z^3}\boldsymbol{P}_0$$

在这里,因无自由电荷,电场是由极化电荷产生的.根据介质中静电场的高斯定理,有

$$\oint_S \boldsymbol{D}\cdot \mathrm{d}\boldsymbol{S}=0$$

这表明因空间无自由电荷,故$\boldsymbol{D}$线是无头无尾的闭合曲线.但空间各点的$\boldsymbol{D}$并不为零,在球外,$\boldsymbol{D}=\varepsilon_0\varepsilon_r\boldsymbol{E}$成立.若球外是真空,$\varepsilon_r=1$,则

$$\boldsymbol{D}_2=\varepsilon_0\varepsilon_r\boldsymbol{E}_2=\varepsilon_0\boldsymbol{E}_2=\frac{2}{3}\frac{R^3}{z^3}\boldsymbol{P}_0$$

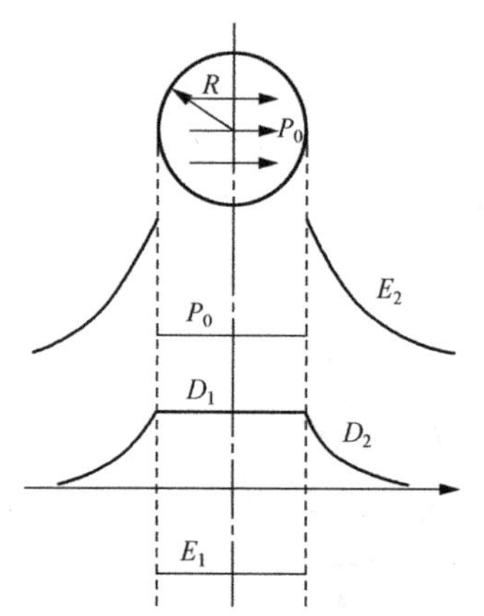

图 3.15　D、E、P的分布情况

在球内,我们不能直接用$\boldsymbol{D}=\varepsilon_0\varepsilon_r\boldsymbol{E}$由$\boldsymbol{E}$求出$\boldsymbol{D}$,因为在驻极体中这个关系式并不成立,但由

$$\boldsymbol{D}=\varepsilon_0\boldsymbol{E}+\boldsymbol{P}$$

可以求得球内的$\boldsymbol{D}$.

$$\boldsymbol{D}_1=\varepsilon_0\boldsymbol{E}_1+\boldsymbol{P}_0=-\frac{1}{3}\boldsymbol{P}_0+\boldsymbol{P}_0=\frac{2}{3}\boldsymbol{P}_0$$

本例题表明,即使没有自由电荷,电位移矢量$\boldsymbol{D}$也不为零,说明$\boldsymbol{D}$与极化电荷并不是无关.$\boldsymbol{D}$、$\boldsymbol{E}$与$\boldsymbol{P}$的关系如图3.15所示.

例 3.7　设空间被两种不同的均匀电介质所充满,两种介质的交界面是一个平面,在交界面上有一个电量q_0的点电荷(图3.16),试求空间各点的电场强度和电移矢量(设介质的相对介电常数分别为ε_{r1}和ε_{r2}).

解　由于点电荷位于界面上,在两介质的交界面上,电场强度只有切向分量,即$\boldsymbol{E}_n=0$,因而$\boldsymbol{P}_n=0$,所以,除点电荷所在处外,分界面上无极化电荷分布.在点电荷与介质的"交界面"上,将出现极化电荷,这个极化电荷是与点电荷重合在一起的点电荷,设极化电荷的电量为q',由于电量为q_0+q'的点电荷激发的电场具有球对称性,其场强为

$$\boldsymbol{E}=\frac{1}{4\pi\varepsilon_0}\frac{q_0+q'}{r^2}\boldsymbol{e}_r$$

在两种介质中的电位移矢量分别为

$$\boldsymbol{D}_1 = \varepsilon_0\varepsilon_{r1}\boldsymbol{E} = \frac{\varepsilon_{r1}}{4\pi}\frac{q_0+q'}{r^2}\boldsymbol{e}_r$$

$$\boldsymbol{D}_2 = \varepsilon_0\varepsilon_{r2}\boldsymbol{E} = \frac{\varepsilon_{r2}}{4\pi}\frac{q_0+q'}{r^2}\boldsymbol{e}_r$$

由介质中的高斯定理，得

$$\oint_S \boldsymbol{D}\cdot \mathrm{d}\boldsymbol{S} = \int_{\text{下半球面}} \boldsymbol{D}_1\cdot \mathrm{d}\boldsymbol{S} + \int_{\text{上半球面}} \boldsymbol{D}_2\cdot \mathrm{d}\boldsymbol{S} = q_0$$

由此得

$$\varepsilon_{r1}(q_0+q') + \varepsilon_{r2}(q_0+q') = 2q$$

即

$$q_0 + q' = \frac{2q}{\varepsilon_{r1}+\varepsilon_{r2}}$$

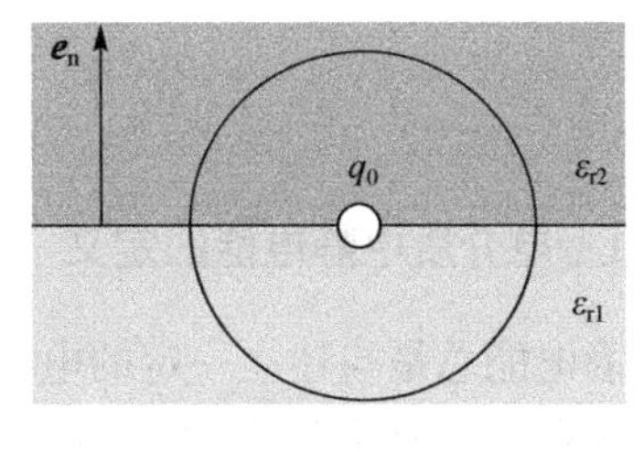

图 3.16

于是

$$\boldsymbol{E} = \frac{q}{2\pi\varepsilon_0(\varepsilon_{r1}+\varepsilon_{r2})r^2}\boldsymbol{e}_r$$

$$\boldsymbol{D}_1 = \frac{\varepsilon_{r1}q}{2\pi(\varepsilon_{r1}+\varepsilon_{r2})r^2}\boldsymbol{e}_r$$

$$\boldsymbol{D}_2 = \frac{\varepsilon_{r2}q}{2\pi(\varepsilon_{r1}+\varepsilon_{r2})r^2}\boldsymbol{e}_r$$

在计算存在介质的静电场时，通常是先求得 $\boldsymbol{D}$，然后求出 $\boldsymbol{E}$. 但本题却相反，先求出 $\boldsymbol{E}$，然后由 $\boldsymbol{E}$ 求 $\boldsymbol{D}$. 因为在这一问题中，$\boldsymbol{E}$ 的分布具有球对称性，但 $\boldsymbol{D}$ 却无这种对称性.

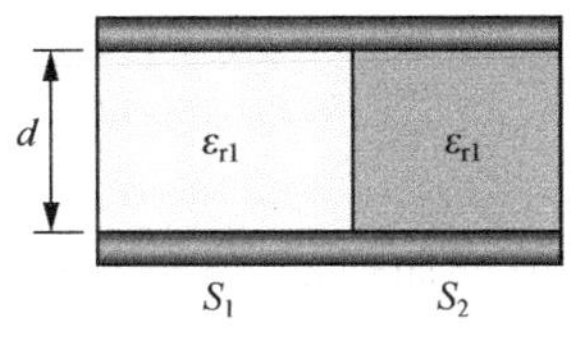

图 3.17　充满两种介质的电容器

例 3.8　一平行板电容器两极板相距为 d，其间充满了两种均匀电介质，相对介电常数为 ε_{r1} 的介质所占的面积为 S_1，相对介电常数为 ε_{r2} 的介质所占的面积为 S_2，如图 3.17 所示. 略去边缘效应. 试求这个电容器的电容.

解一　设在两极板加上电压 U，正极板上 ε_{r1} 部分的电荷量为 Q_1，ε_{r2} 部分的电荷量为 Q_2，则整个正极板上的电荷量为

$$Q = Q_1 + Q_2$$

设 ε_{r1} 和 ε_{r2} 内的电场强度分别为 $\boldsymbol{E}_1$ 和 $\boldsymbol{E}_2$，则

$$U = \int_+^- \boldsymbol{E}_1\cdot \mathrm{d}\boldsymbol{l} = \int_+^- E_1\mathrm{d}l = E_1 d = \frac{D_1}{\varepsilon_0\varepsilon_{r1}}d = \frac{\sigma_1}{\varepsilon_0\varepsilon_{r1}}d = \frac{Q_1}{\varepsilon_0\varepsilon_{r1}S_1}d$$

$$U = \int_+^- \boldsymbol{E}_2\cdot \mathrm{d}\boldsymbol{l} = \int_+^- E_2\mathrm{d}l = E_2 d = \frac{D_2}{\varepsilon_0\varepsilon_{r2}}d = \frac{\sigma_2}{\varepsilon_0\varepsilon_{r2}}d = \frac{Q_2}{\varepsilon_0\varepsilon_{r2}S_2}d$$

$$\frac{Q_1}{\varepsilon_{r1}S_1}=\frac{Q_2}{\varepsilon_{r2}S_2}$$

所以

$$Q=Q_1+Q_2=Q_1+\frac{\varepsilon_{r2}S_2Q_1}{\varepsilon_{r1}S_1}=\frac{\varepsilon_{r1}S_1+\varepsilon_{r2}S_2}{\varepsilon_{r1}S_1}Q_1$$

于是得所求电容为

$$C=\frac{Q}{U}=\frac{\varepsilon_{r1}S_1+\varepsilon_{r2}S_2}{\varepsilon_{r1}S_1}Q_1\Big/\frac{Q_1}{\varepsilon_0\varepsilon_{r1}S_1}d=\frac{\varepsilon_0\varepsilon_{r1}S_1+\varepsilon_0\varepsilon_{r2}S_2}{d}$$

解二　把这个电容器看作两个电容器并联而成，便得

$$C=C_1+C_2=\frac{\varepsilon_0\varepsilon_{r1}S_1}{d}+\frac{\varepsilon_0\varepsilon_{r2}S_2}{d}=\frac{\varepsilon_0\varepsilon_{r1}S_1+\varepsilon_0\varepsilon_{r2}S_2}{d}$$

3.5　有介质时的静电能

3.5.1　电介质中静电能的定义

静电能总是与建立一定的电荷分布或一定的电场分布所需要做的功相联系. 当电场中存在电介质时，除了存在一定分布的自由电荷外，还存在极化电荷，电场是自由电荷与极化电荷即总电荷产生的. 在第 1 章讨论电荷系的静电能时，我们并没有区分自由电荷还是极化电荷. 显然，从产生电场这一角度来看，宏观电磁理论认为自由电荷与极化电荷是等价的. 但是，在真空中建立一定的自由电荷分布与有介质存在时建立与该自由电荷分布相同的总电荷分布需做的功是不同的. 例如，在一平行板电容器中充满相对介电常数为 ε_r 的均匀电介质，如图 3.18 所示，若与介质交界的极板上的自由电荷的电量为 q_0，则那里的总电量

$$q=q_0+q'=\frac{1}{\varepsilon_r}q_0$$

为建立这种总电荷分布，交界面上的自由电荷必须从 $q=0$ 增加到 q_0，才能使极板处的总电量等于 q_0/ε_r，在这过程中，外力做的功为 $\int_0^{q_0}u\mathrm{d}q_0$，式中的 u 为两极板间的电

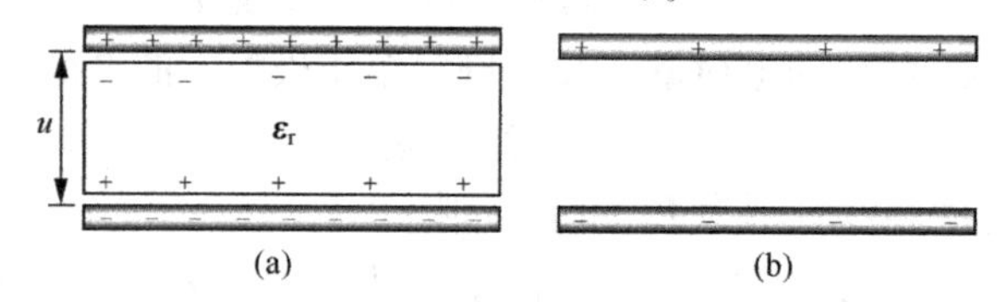

图 3.18　建立两种宏观上相同的电荷分布所需的功不同

(a)平行板电容器内充满均匀电介质，两板电势差为 u；

(b)平行板电容器内未充电介质，两板电势差也是 u

压. 当介质不存在时,为建立相同的总电荷分布,则电荷只需从 $q=0$ 增加到 $q=q_0/\varepsilon_r$,在这过程中外力所做的功为 $\int_0^{q_0/\varepsilon_r} u\mathrm{d}q_0$,两者显然不同,前者大于后者.

我们知道,自由电荷是一种可以控制的电荷,而极化电荷是在电场作用下诱导出来的电荷,其分布取决于介质的性质和形状. 因此,当电场中存在电介质时,我们把介质内的静电能定义为在建立一定的自由电荷分布的过程中外力所做的总功.

根据第1章的结论,没有介质时的静电能表示式为

$$W=\frac{1}{2}\int_V \varphi\rho\mathrm{d}V$$

只要把式中的 ρ 理解成自由电荷,可以证明,这一公式也是存在任何线性介质时的静电能的表示式,即

$$W=\frac{1}{2}\int_V \varphi\rho_0\mathrm{d}V \tag{3.25}$$

式中,φ 是介质中电势,对于同样的自由电荷分布,它与真空中的电势是不同的. 当整个电场中充满均匀介质时,空间各点的电势减小为真空中的 $1/\varepsilon_r$ 倍 .

3.5.2　电介质中电场能

电介质中带电导体系的静电能表示式与真空中带电导体系的静电能表示式(2.12)在形式上完全相同,即

$$W=\frac{1}{2}\sum_i \varphi_i q_i \tag{3.26}$$

只是式中的 φ_i 是有介质存在时第 i 个导体的电势;q_i 为第 i 个导体所带的自由电荷.

当电容器中充满电介质后,电容器的储能可表示为

$$W=\frac{1}{2}(Q\varphi_1-Q\varphi_2)=\frac{1}{2}Q(\varphi_1-\varphi_2)=\frac{1}{2}CU^2=\frac{1}{2}\frac{Q^2}{C}$$

现仍以平行板电容器为例,设平行板电容器的极板面积为 S,两极板间的距离为 d,当板间充满相对介电常数为 ε_r 的各向同性均匀线性介质时,若不考虑边缘效应,则电场所占的空间体积为 Sd,于是,电容器内的电场能量可表示为

$$W=\frac{1}{2}CU^2=\frac{1}{2}\frac{\varepsilon_0\varepsilon_r S}{d}(Ed)^2=\frac{1}{2}\varepsilon_0\varepsilon_r E^2Sd=\frac{1}{2}\varepsilon_0\varepsilon_r E^2V$$

将 $\boldsymbol{D}=\varepsilon_0\varepsilon_r\boldsymbol{E}$ 代入上式得

$$W=\frac{1}{2}\varepsilon_0\varepsilon_r E^2V=\frac{1}{2}\boldsymbol{D}\cdot\boldsymbol{E}V$$

于是,可得电场能量密度为

$$w=\frac{1}{2}\boldsymbol{D}\cdot\boldsymbol{E} \tag{3.27}$$

可以证明式(3.27)具有普遍的意义,对于任意分布的电场,只要处在场中的介质是

线性介质，静电场以及随时间变化的电场的能量密度都可用式(3.27)表示. 在任意分布的电场中，体积为 V 的空间的电场能为

$$W = \frac{1}{2}\int_V \boldsymbol{D} \cdot \boldsymbol{E} \mathrm{d}V \tag{3.28}$$

从式(3.27)看，在场强 $\boldsymbol{E}$ 相同的情况下，各向同性介质中的场能密度是真空中场能密度的 ε_r 倍. 但是，从近距作用的观点看，场是能量的携带者，电场的能量似乎只应由电场强度决定，与介质的性质无关. 既然真空中电场的能量决定于真空中的电场，存在介质后电场的能量就应决定于介质中的电场. 不论电场中是否存在介质，只要电场分布相同，电场能量就应相同.

若用 $\boldsymbol{D} = \varepsilon_0 \boldsymbol{E} + \boldsymbol{P}$ 代入式(3.27)，则有

$$w = \frac{1}{2}(\varepsilon_0 \boldsymbol{E} + \boldsymbol{P}) \cdot \boldsymbol{E} = \frac{1}{2}\varepsilon_0 E^2 + \frac{1}{2}\boldsymbol{P} \cdot \boldsymbol{E} \tag{3.29}$$

式(3.29)的能量分为两部分：一部分能量 $\frac{1}{2}\varepsilon_0 E^2$ 代表电场固有的能量，另一部分“额外的” 能量 $\frac{1}{2}P \cdot E$ 代表与介质极化有关的能量. 这“额外的”能量是怎样储存下来的? 我们以电子位移极化情况为例来说明. 介质极化后分子中的电子云发生变形，因此电子的动能和静电势能都有所增加. 所以这时“额外的”能量是属于分子结构的，其实质乃是电子的动能和静电势能. 至于取向极化情况，涉及介质的极化与热运动的能量变化相联系，超出本课程的范围，我们不作讨论.

例 3.9　把一相对介电常数为 ε_r 的均匀电介质球壳套在一半径为 a 的金属球体，金属球带有电量为 q，设介质球壳的内半径为 a，外半径为 b，比较无介质和有介质两种情况下静电能量的变化.

解一　介质不存在时，空间各点的场强为

$$\boldsymbol{E}_1 = \frac{1}{4\pi\varepsilon_0}\frac{q}{r^2}\boldsymbol{e}_r \quad (r > a)$$

电场的总能量为

$$W_1 = \frac{1}{2}\int_V \varepsilon_0 E_1^2 \mathrm{d}V = \frac{1}{2}\int_V \varepsilon_0 E_1^2 4\pi r^2 \mathrm{d}r = \frac{q^2}{8\pi\varepsilon_0}\int_a^\infty \frac{\mathrm{d}r}{r^2} = \frac{q^2}{8\pi\varepsilon_0}\frac{1}{a}$$

放入介质后，空间各点的场强为

$$\boldsymbol{E}_2 = \begin{cases} \dfrac{1}{4\pi\varepsilon_0\varepsilon_r}\dfrac{q}{r^2}\boldsymbol{e}_r & (a < r < b) \\[2ex] \dfrac{1}{4\pi\varepsilon_0}\dfrac{q}{r^2}\boldsymbol{e}_r & (r > b) \end{cases}$$

电场的总能量为

$$W_2 = \frac{1}{2}\int_V \varepsilon_0\varepsilon_r E_2^2 \mathrm{d}V = \frac{q^2}{8\pi\varepsilon_0}\left[\int_a^b \frac{\mathrm{d}r}{\varepsilon_r r^2} + \int_b^\infty \frac{\mathrm{d}r}{r^2}\right] = \frac{q^2}{8\pi\varepsilon_0}\left[\frac{1}{\varepsilon_r}\left(\frac{1}{a} - \frac{1}{b}\right) + \frac{1}{b}\right]$$

于是

$$\Delta W = W_2 - W_1 = \frac{q^2}{8\pi\varepsilon_0}\frac{1-\varepsilon_r}{\varepsilon_r}\left(\frac{1}{a}-\frac{1}{b}\right) < 0$$

$\Delta W < 0$，表示介质放入时电场力做正功.

解二　设未放入介质时，金属球的电势为 φ_1，放进介质后，金属球的电势为 φ_2，则由

$$W = \frac{1}{2}\int \sigma\varphi \mathrm{d}S$$

相应的两种情况下，电场能分别为

$$W_1 = \frac{1}{2}q\varphi_1$$

$$W_2 = \frac{1}{2}q\varphi_2$$

于是

$$\Delta W = W_2 - W_1 = \frac{1}{2}q(\varphi_2 - \varphi_1) = \frac{q^2}{8\pi\varepsilon_0}\frac{1-\varepsilon_r}{\varepsilon_r}\left(\frac{1}{a}-\frac{1}{b}\right)$$

例 3.10　计算把均匀的电介质插入带电平行电容器前后电容器的电容，极板上的电量，两极间的电势差，电容器的能量以及插入过程外力所做的功. 假定介质片正好充满电容器. 介质的相对介电常数为 ε_r.

解　当介质片刚从电容器边缘插入电容器时，电容器边缘的电场分布发生的畸变，介质被极化，如图 3.19 所示. 如果没有外力作用于介质片使之徐徐移入电容器，则介质片在电场力的作用下将获得加速度. 当介质片正好全部进入电容器时，场的畸变消失，但介质片具有动能，介质片将在电容器中振荡，直到它的全部机械能消耗完为止.

(1) 保持电压恒定(电容器接在电池两端).

设电容器极板的面积为 S，两极之间的距离为 d. 电介质插入前相关物理量分别为

$$U_1 = U_0$$

$$C_1 = \frac{\varepsilon_0 S}{d}$$

$$q_1 = C_1 U_1 = \frac{\varepsilon_0 S U_0}{d}$$

$$\sigma_{01} = \frac{q_1}{S} = \frac{\varepsilon_0 U_0}{d}$$

$$W_1 = \frac{1}{2}C_1 U_1^2 = \frac{\varepsilon_0 S U_0^2}{2d} = \frac{1}{2}q_1 U_0$$

$$E_1 = \frac{U_0}{d} = \frac{D_1}{\varepsilon_0} = \frac{\sigma_{01}}{\varepsilon_0}$$

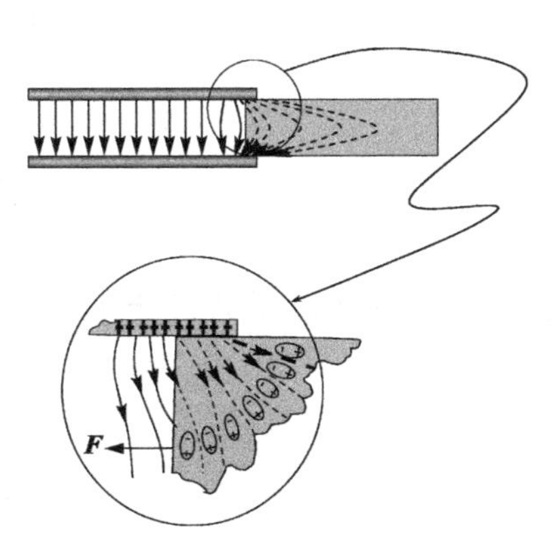

图 3.19　介质刚插入平行板电容器时的极化和受力情况

电介质插入后相关物理量分别为

$$U_2 = U_0$$

$$C_2 = \varepsilon_r C_1 = \varepsilon_r \frac{\varepsilon_0 S}{d}$$

$$W_2 = \frac{1}{2} C_2 U_2 = \varepsilon_r \frac{\varepsilon_0 S}{d} U_0^2 = \varepsilon_r W_1$$

$$q_2 = C_2 U_2 = \varepsilon_r \frac{\varepsilon_0 S}{d} U_0 = \varepsilon_r q_1$$

$$E_2 = \frac{U_2}{d} = \frac{U_0}{d} = E_1$$

电介质插入前后电容器极板上的电量和电容器的储能变化分别为

$$\Delta Q = q_2 - q_1 = (\varepsilon_r - 1) q_1 = \chi q_1$$

$$\Delta W = W_2 - W_1 = (\varepsilon_r - 1) W_1 = \chi W_1$$

在介质片插入电容器的过程中,电池做的功为

$$A_B = \Delta Q U_0 = \chi q_1 U_0 = 2\chi W_1 = 2\Delta W$$

即电池做的功为电容器所增加能量的两倍,其中一半用于增加电场能,一半为电场对于电介质板所做的机械功 A_M.

$$A_M = A_B - \Delta W = \chi W_1$$

(2) 保持电量恒定(充电后与电池切断).

电介质插入前相关物理量分别为

$$Q_1 = Q_0$$

$$C_1 = \frac{\varepsilon_0 S}{d}$$

$$U_1 = \frac{Q_1}{C_1} = \frac{Q_0 d}{\varepsilon_0 S}$$

$$W_1 = \frac{1}{2} C_1 U_1^2 = \frac{1}{2} \frac{Q_1^2}{C_1} = \frac{d}{2\varepsilon_0 S} Q_0^2$$

$$E_1 = \frac{U_1}{d} = \frac{D_1}{\varepsilon_0} = \frac{q_0}{\varepsilon_0 S}$$

电介质插入后相关物理量分别为

$$Q_2 = Q_1 = Q_0$$

$$C_2 = \varepsilon_r \frac{\varepsilon_0 S}{d} = \varepsilon_r C_1$$

$$U_2 = \frac{Q_2}{C_2} = \frac{1}{\varepsilon_r} U_1$$

$$W_2 = \frac{1}{2} \frac{Q_2^2}{C_2} = \frac{1}{\varepsilon_r} W_1$$

$$E_2 = \frac{U_2}{d} = \frac{1}{\varepsilon_r} E_1$$

电介质插入前后电容器的储能变化为

$$\Delta W = W_2 - W_1 = \left(\frac{1}{\varepsilon_r} - 1\right) W_1 = -\frac{\chi}{\varepsilon_r} W_1$$

电场对于电介质板所做的机械功 A_M 为

$$A_M = -\Delta W = \frac{\chi}{\varepsilon_r} W_1$$

思　考　题

3.1　ε_r 是怎样的一个物理量?

3.2　对有极分子组成的介质,它的介电常数是否随温度而变化?

3.3　为什么带电棒能吸引轻小物体?

3.4　在静电场中的电介质和静电场中导体有何不同的特征?

3.5　介质的极化与导体的静电感应有什么相似之处? 有什么不同? 感应电荷与极化电荷有什么区别?

3.6　均匀介质的极化与均匀极化的介质是否有区别? 哪种情况(如有的话)可能出现体分布的极化电荷?

3.7　有人说,均匀介质极化后不会产生体分布的极化电荷,只是在介质的表面出现面分布的极化电荷.若均匀介质是无限大的,那么它的表面在无限远处,那里的极化电荷对考察点的电场无影响.因此,均匀无限大的电介质与真空完全相同.你是否同意这种看法?

3.8　一平行板真空电容器,充电至一定电压后与电源切断.把相对介电常数为 ε_r 的均匀电介质充满电容器.极板上的电量为原来的几倍? 电场为原来的几倍? 若电容器始终连在电源的两端,则上述结论是否改变?

3.9　如果电容器的两极板电势差保持不变,这个电容器在电介质存在时所储存的自由电荷是大于还是小于没有电介质(即真空)时储存的电荷?

3.10　为什么要引入电位移矢量 $\boldsymbol{D}$? $\boldsymbol{D}$ 与 $\boldsymbol{E}$ 哪个更基本些?

3.11　有介质存在时,电场线从何处出发,终止于何处? 由电位移线只从正自由电荷发出,终止于负自由电荷,能否得出"电位移矢量是自由电荷的场"或"电位移矢量仅决定与自由电荷"的结论? 为什么?

3.12　在图 3.20 中,A 是电量为 q_0 的点电荷,B 是一块均匀的电介质,S_1,S_2 和 S_3 都是封闭曲面,试讨论:

(1) $\oint_{S_1} \boldsymbol{D} \cdot d\boldsymbol{S} = ?$　$\oint_{S_2} \boldsymbol{D} \cdot d\boldsymbol{S} = ?$　$\oint_{S_3} \boldsymbol{D} \cdot d\boldsymbol{S} = ?$

(2) $\oint_{S_1} \boldsymbol{E}_f \cdot d\boldsymbol{S} = ?$　$\oint_{S_2} \boldsymbol{E}_f \cdot d\boldsymbol{S} = ?$　$\oint_{S_3} \boldsymbol{E}_f \cdot d\boldsymbol{S} = ?$

(3) 比较 $\oint_{S_1} \boldsymbol{E} \cdot d\boldsymbol{S}$、$\oint_{S_2} \boldsymbol{E} \cdot d\boldsymbol{S}$ 和 $\oint_{S_3} \boldsymbol{E} \cdot d\boldsymbol{S}$ 的大小.

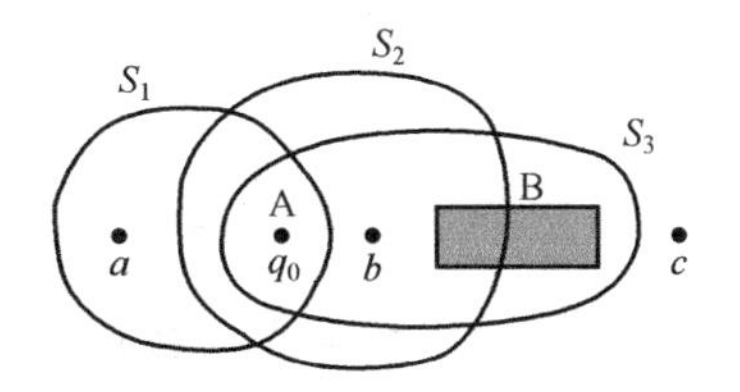

图 3.20　思考题 3.12 图

(4) 在 a、b、c 三点，$\boldsymbol{E}$ 比 $\boldsymbol{E}_0$ 大还是小？$\boldsymbol{E}=\dfrac{1}{\varepsilon_0}\boldsymbol{E}_0$ 是否成立？

(5) 在 a、b、c 三点，$\boldsymbol{D}=\varepsilon_0\boldsymbol{E}$、$\boldsymbol{D}=\varepsilon_0\boldsymbol{E}_0$、$\boldsymbol{D}=\varepsilon_0\varepsilon_r\boldsymbol{E}$、$\boldsymbol{D}=\varepsilon_0\varepsilon_r\boldsymbol{E}_0$ 各式是否有意义？

3.13 我们已经证明，在两种不同的电介质交界面上，电场线的法向分量是不连续的，即 $E_{n1}\neq E_{n2}$，你能求出 $E_{n2}-E_{n1}$ 的值吗？

3.14 介质中的场强 $\boldsymbol{E}=\boldsymbol{E}_0+\boldsymbol{E}'$，在两种介质的交界面上，$\boldsymbol{E}_0$ 是否连续？$\boldsymbol{E}'$ 是否连续？若不连续，突变的量是多少？说明在交界面上，电场强度产生突变的原因.

3.15 在均匀极化的电介质中. 挖去一半径为 r、高度为 h 的圆柱形空腔. 圆柱的轴平行于极化强度为 $\boldsymbol{P}$，底面与 $\boldsymbol{P}$ 垂直. 假定空腔并不破坏介质的均匀极化. 求以下两种情况下，空腔中心的 $\boldsymbol{E}_0$ 和 $\boldsymbol{D}_0$ 与介质中 $\boldsymbol{E}$ 和 $\boldsymbol{D}$ 的关系：

(1) 细长空腔 $h\gg r$；

(2) 扁平空腔 $h\ll r$，能否用边界条件来讨论上面的问题？

3.16 电介质在电容器中的作用是什么？为什么？

3.17 我们希望制备一个充满油的平行板电容器，在等于或低于某一最大电势差 U_m 的情况下，它不致发生击穿而能安全工作. 可是，因为设计师设计得不够好，电容器偶尔要发生电弧. 试问，使用同样的电介质并在电容器和最大电势差 U_m 保持不变的情况下，你将如何重新设计这个电容器？

3.18 当电场强度相同时，为什么在电介质的电场中的电场能体密度比真空中的大？

3.19 介质中电场能量密度的表达式 $w=\dfrac{1}{2}\varepsilon_0\varepsilon_r E^2$ 和 $w=\dfrac{1}{2}\boldsymbol{E}\cdot\boldsymbol{D}$ 各适用于什么情况？

3.20 有人说，介质存在时的静电能等于在没有介质的情况下，把自由电荷和极化电荷（也看作自由电荷）从无穷远处搬到场中原有位置的过程中外力所做的功. 这种说法对吗？为什么？

3.21 有人这样计算例 3.9 有介质壳时的能量，他先算出介质球壳内外表面的极化电荷面密度 σ'_a、σ'_b，然后作如下计算：

$$W_1=\frac{1}{4\pi\varepsilon_0}\frac{q}{a}\sigma'_a 4\pi a^2,\quad W_2=\frac{1}{4\pi\varepsilon_0}\frac{q+\sigma'_a\cdot 4\pi a^2}{b}\cdot\sigma'_b\cdot 4\pi b^2,\quad W=W_1+W_2$$

这样的计算对吗？为什么？

3.22 把平行板电容器的一个极板置于一液态电介质中，极板平面与液面平行，当电容器与电源相连接时会产生什么现象？

习 题

3.1 试分别计算如图 3.21 所示(a)、(b)、(c)三种电荷系相对其位形中心的偶极矩.

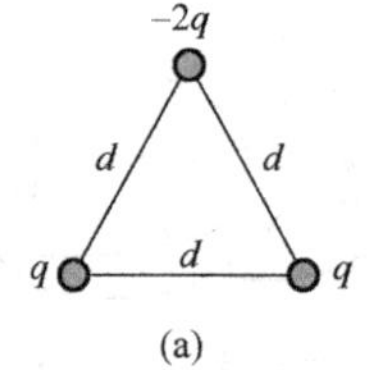

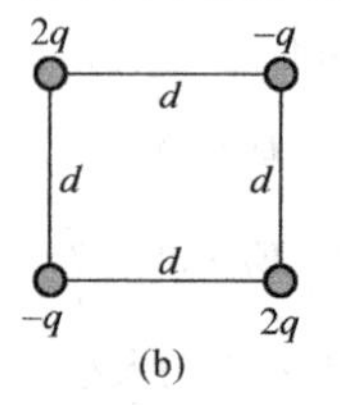

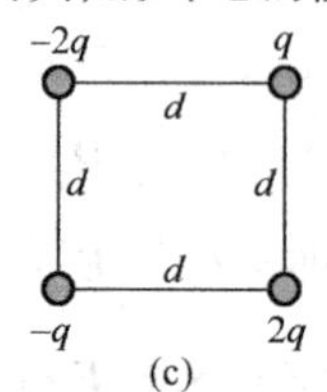

图 3.21 习题 3.1 图

*3.2　将一个半径为 a 的均匀介质球放在电场强度为 $\boldsymbol{E}_0$ 的均匀电场中；电场强度 $\boldsymbol{E}_0$ 由两块带等量异号电荷的无限大的平行板所产生，假定介质球的引入未改变平板上的电荷分布，介质的相对介电常数为 ε_r. 求：

(1) 介质小球的总电偶极矩；

(2) 若用一个同样大小的理想导体做成的小圆球代替上述介质球(并设 $\boldsymbol{E}_0$ 不变)，导体球上感应电荷的等效电偶极矩.

3.3　一内半径为 a、外半径为 b 的驻极体半球壳(截面如图 3.22 所示)，被沿 $+z$ 轴方向均匀极化，设极化强度为 $\boldsymbol{P}=P\boldsymbol{k}$($\boldsymbol{k}$ 为 z 轴正方向上的单位矢量)，试求球心 O 处的场强.

3.4　一圆柱形电介质长为 L，其横截面的半径为 R，被沿着轴线方向极化，极化强度 $\boldsymbol{P}=kx\boldsymbol{i}$($k$ 为一常数)，设坐标原点 O 在介质圆柱内左端面的中心，此外无其他电场源，如图 3.23 所示. 试求：

(1) 在介质圆柱中心一点的电场强度 $\boldsymbol{E}$ 和电位移 $\boldsymbol{D}$；

(2) 在坐标原点 O 处的电场强度 $\boldsymbol{E}$ 和电位移 $\boldsymbol{D}$.

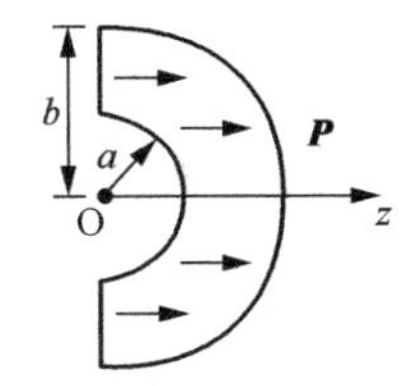

图 3.22　习题 3.3 图

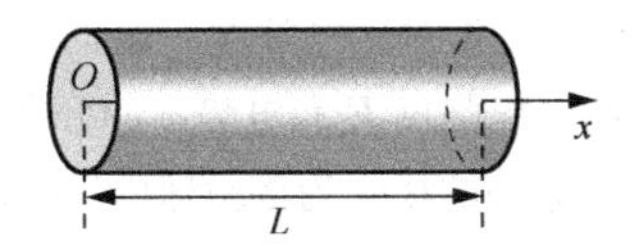

图 3.23　习题 3.4 图

3.5　一块柱极体圆片，半径为 R，厚度为 t，在平行于轴线的方向上永久极化，且极化是均匀的，极化强为 $\boldsymbol{P}$，试计算在轴线上的场强 $\boldsymbol{E}$ 和电位移 $\boldsymbol{D}$(包括圆片内外).

3.6　内外半径分别为 R_1 和 R_2 的驻极体球壳被均匀极化，极化强度为 $\boldsymbol{P}$，$\boldsymbol{P}$ 的方向平行于球壳的直径，求壳内空腔中任意点的电场强度.

3.7　半导体器件的 p-n 结中，n 区内有不受晶格束缚的自由电子、p 区内则有相当于正电荷的空穴. 由于两区交界处自由电子和空穴密度不同，电子向 p 区扩散，空穴向 n 区扩散，在结的两边留下杂质离子，因而产生电场，阻止电荷继续扩散，当扩散作用与电场的作用相平衡时，电荷及电场的分布达到稳定状态，而在结内形成了一个偶电区(图 3.24)，称为阻挡层. 现设半导体材料的相对介电常数为 ε_r，结外电荷体密度 $\rho(x)=0$，结内电荷的体分布为

$$\rho(x)=-ekx\quad(-a\leqslant x\leqslant a,\text{线性缓慢变结})$$

式中，e 为电子电量，k 为常数，试求 p-n 结内电场强度和电势的分布，并画出 $\rho(x)$、$E(x)$ 和 $\varphi(x)$ 随 x 变化的曲线.

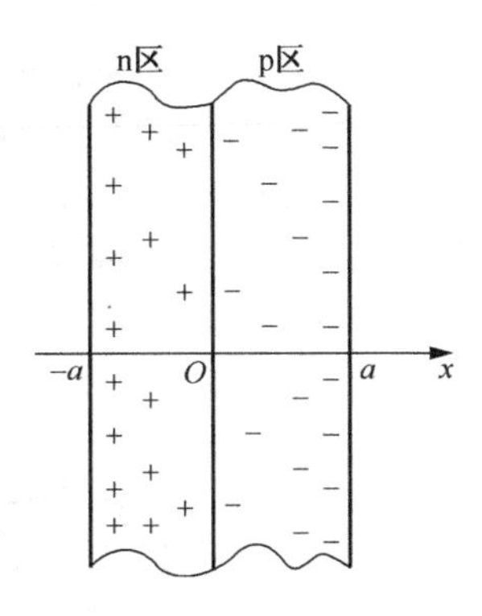

图 3.24　习题 3.7 图

3.8　如果在上题中的电荷的体分布为

$$\left.\begin{aligned}&\text{n 区}:\rho(x)=N_De\\&\text{p 区}:\rho(x)=-N_Ae\end{aligned}\right\}\text{(突变结)}$$

式中，N_D，N_A 是常数，e 为电子数，且 $N_Ax_p=N_Dx_n$. 其中，x_p 和 x_n 分别为 p 区和 n 区的厚度，试求结内电场强度和电势的分布并画出 $\rho(x)$、$E(x)$ 和 $\varphi(x)$ 随 x 变化的曲线.

3.9 平行板电容器的极板面积为 S，间距为 d，中间有两层厚度分别为 d_1 和 d_2 均匀介质 $(d=d_1+d_2)$，他们的相对介电常数分别为 ε_{r_1} 和 ε_{r_2}，试求：

(1) 当金属极板上自由电荷的面密度为 $\pm\sigma_0$ 时，两层介质分界面上极化电荷的面密度 σ'；

(2) 两极板间的电势差；

(3) 电容 C.

3.10 平行板电容器的极板面积为 S，间距为 d，其间充满线性的、各向同性的电介质. 介质的相对介电常数 ε_r 在一极板处为 ε_{r1}，线性地增加到另一极板处为 ε_{r2}. 略去边缘效应.

(1) 求这电容器的电容 C；

(2) 当两极板上的电荷分别为 Q 和 $-Q$ 时，求介质内极化电荷体密度和表面上极化电荷的面密度.

3.11 一个半径为 R 的电介质球，球内均匀地分布着自由电荷，体密度为 ρ_0，设介质是线性、各向同性和均匀的，相对介电常数为 ε_r，试证明球心和无穷远处的电势差是

$$\frac{2\varepsilon_r+1}{2\varepsilon_r}\cdot\frac{\rho_0 R^2}{3\varepsilon_0}$$

3.12 半径为 R、相对介电常数为 ε_r 的均匀电介质球的中心放置一点电荷 q，试求：

(1) 球内外的电场强度 $\boldsymbol{E}$ 和电势 φ 的分布；

(2) 如果要使球外的场强为零而球内场强保持不变，应怎么办？

3.13 在一无限大均匀介质内，挖出一无限长圆柱形真空区，圆柱形的横截面半径为 R，设介质内场强 $\boldsymbol{E}$ 均匀，且与圆柱形轴线垂直. 求圆柱形轴线上一点的场强.

3.14 一半径为 a 的导体球被内半径为 b 的同心导体球壳所包围，两球间充满各向同性的电介质，在离球心为 r 处介质的相对介电常数 $\varepsilon_r=(A+r)/r$（A 为常数). 如果内球带电荷 Q，外球壳接地. 试求：

(1) 在电介质中离球心为 r 处的电势；

(2) 介质表面上的极化电荷面密度和介质中任一点处极化电荷的体密度；

(3) 介质中极化电荷的总量.

3.15 球形电容器由半径为 R_1 的导体球和与它同心的导体球壳组成，球壳的内半径为 R_2，其间一半充满相对介电常数为 ε_r 的均匀电介质，另一半为空气(图 3.25). 设空气的相对介电常数为 1，求该电容器的电容 C.

3.16 如图 3.26 所示，已平行板电容器充满三种不同的电介质，相对介电常数分别为 ε_{r1}、ε_{r2}、ε_{r3}，极板的面积为 A，两极板的电为 $2d$，略去边缘效应，求此电容器的电容.

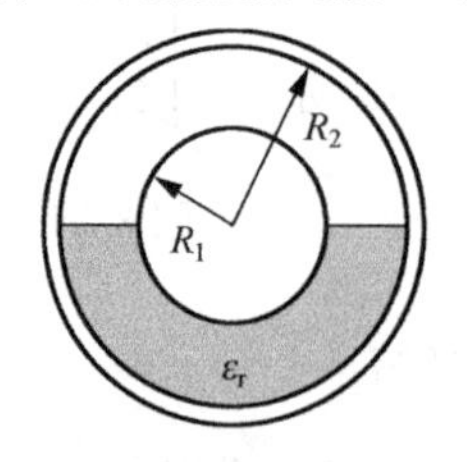

图 3.25 习题 3.15 图

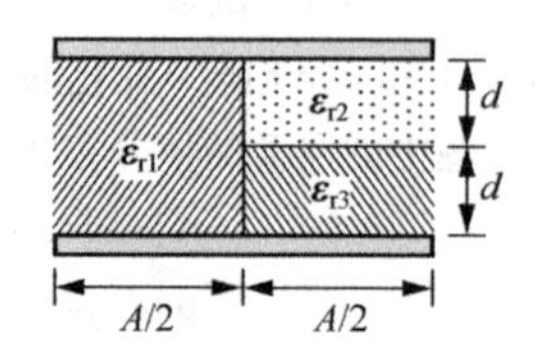

图 3.26 习题 3.16 图

3.17 为了使金属球的电势升高而又不使其周围空气击穿，可以在金属球表面上均匀地涂上一层

石蜡. 设球的半径为1cm,空气的击穿场强为2.5×10^6 V/m,石蜡的击穿场强为1.0×10^7 V/m,其相对介电常数为2.0,问为使球的电势升到最高,石蜡的厚度应为多少？其中球的电势之值是多少？

3.18　无限长的圆柱形导体,半径为R,沿轴线方向单位长度上带电量λ,将此圆柱形导体放在无限大的均匀电介质(ε_r)中. 求电介质表面的束缚电荷面密度.

3.19　如图3.27所示的圆柱形电容器,内圆柱的半径为R_1,与它同轴的外圆筒的内半径为R_2,长为L、其间充满两层同轴的圆筒形的均匀电介质,分界面的半径为R,它们的相对介电常数分别为ε_{r1}和ε_{r2},设两导体圆筒之间的电势差$\varphi_1-\varphi_2=U$,略去边缘效应. 求介质内的电场强度.

3.20　在上一题中,如果$R_1=1.0$cm,$\varepsilon_{r1}=3.0$,$\varepsilon_{r2}=2.0$,欲使两层介质中的最大场强相等,而且两层介质上的电势差也相等,问这两层介质的厚度各是多少？

3.21　为了提高输电电缆的工作电压,在电缆中常常放几种电介质,以减小内、外导体间电场强度变化,这叫分段绝缘. 如图3.28所示是这种电缆的剖面图. 若相对介电常数$\varepsilon_{r1}>\varepsilon_{r2}>\varepsilon_{r3}$的三种电介质作为绝缘物时,设内部导体每单位长度上带电量为λ. 试求:

(1) 各层内的电场强度;

(2) 各层电场强度极大值;

(3) 在什么条件下,才能使介质内的电场强度保持为常数值？

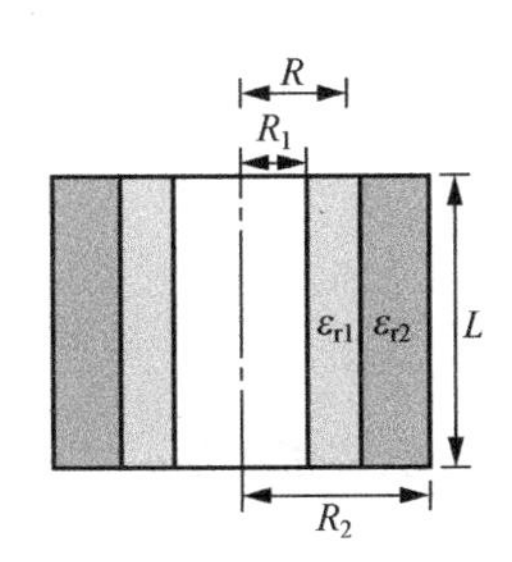

图3.27　习题3.19图

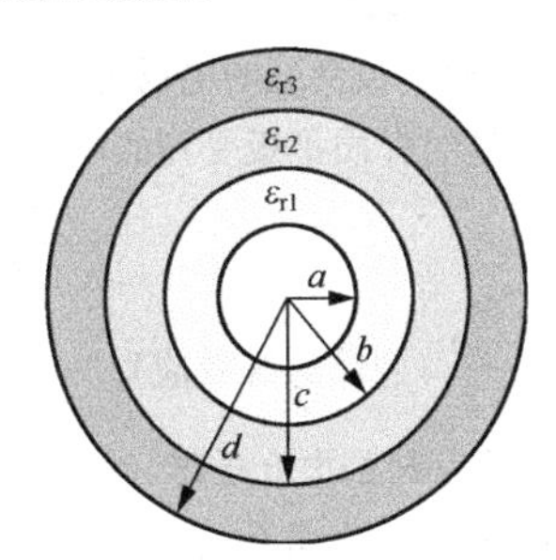

图3.28　习题3.21图

3.22　平行板电容器的两极板相距为a,极板面积为S,两极板之间填满电介质,绝对介电常数按下列规律变化$\varepsilon=\varepsilon_0(x+a)/a$,$x$轴的方向与平板垂直,$x$轴的原点在一块极板内表面上,若已知两极板间电势差为U,略去边缘效应,求电容及束缚电荷分布.

3.23　一空心的电介质球,其内半径为R_1,外半径为R_2,所带的总电荷量为Q,这些电荷均匀分布于R_1和R_2之间的电介质球壳内. 求空间各处的电场强度. 介质的相对介电常数为ε_r.

3.24　今有A、B、C三导体板互相平行地放置,AB、BC之间的距离均为d,BC之间充满相对介电常数为ε_r的介质,AB之间为真空,今使B板带$+Q$,试求各导体板上的电荷分布. 忽略边缘效应.

3.25　在一块均匀的瓷质大平板表面处的空气中,电场强度$\boldsymbol{E}$的大小为200V/cm,其方向是指向瓷板且与它的表面法线成45°角. 设瓷板的相对介电常数$\varepsilon_r=6.0$. 求:

(1) 瓷板中的场强;

(2) 瓷板表面上极化电荷面密度.

*3.26　在相对介电常数为ε_r的煤油中,离煤油表面深度h处,有一带正电的点电荷q,如将煤油看做无限大均匀介质. 求:

(1) 在煤油表面上,该电荷的正上方A点处的极化电荷面密度σ'_A;

(2) 在煤油表面与点电荷相距 r 处的 B 点的极化电荷面密度 σ'_B；

(3) 煤油表面极化电荷的总量 Q'.

3.27　两个相同的空气电容器，电容都是 $900\mu F$，分别充电到 900V 电压后切断电源，若把一个电容器浸入煤油中，(煤油的相对介电常数 $\varepsilon_r = 2.0$)，再将两电容并联.

(1) 求一电容器浸入煤油过程中能量的损失；

(2) 求两电容器并联后的电压；

(3) 求并联过程中能量的损失.

(4) 问上述损失的能量到哪里去了？

3.28　一个圆柱形电容器的内圆筒的半径为 R_1，外圆筒的内半径为 R_2，筒长 $L \gg R_2$，在 R_1 和 $R_3 = \sqrt{R_1R_2}$ 之间的空间填满长为 L、相对介电常数为 ε_r 的圆筒形均匀电介质，其余的容积是空气间隙. 假设电容器两极与一电源相连而维持其电势差为 U，试求将介质圆筒抽出该电容器所需做的机械功.

3.29　一平行板电容器由两块平行的矩形导体平板构成，平板宽为 b，面积为 S，两板间距为 d，设两极板间平行地放一块厚度为 t、大小与极板相同、相对介电常数为 ε_r 的电介质平板，两极板所带的电量分别为 $+Q$ 和 $-Q$. 现将介质平板沿其长度方向从电容器内往外拉，以至于它只有长度为 x 的一段还留在两板之间.

(1) 问这时介质平板受到的电场力方向如何?

(2) 试证明，这时介质平板受到的电力为

$$\frac{Q^2 dbt'(d-t')}{2\varepsilon_0 \left[S(d-t')+xbt'\right]^2}$$

式中，$t' = \dfrac{t(\varepsilon_r - 1)}{\varepsilon_r}$ (忽略边缘效应).

3.30　一半径为 R 的电介质球，球内均匀地分布着自由电荷，体密度为 ρ_0，设介质是线性、各向同性和均匀的，相对介电常数为 ε_r. 求：

(1) 电介质球内的静电能；

(2) 这一带电系统的总静电能.

3.31　半径为 a 的长直导线，外面套有共轴导体圆筒，筒的内半径为 b，导线与圆筒间充满介电常数为 ε_r 的均匀介质. 沿轴线单位长度上导线带电为 λ，圆筒带电为 $-\lambda$，略去边缘效应，求沿轴线单位长度的电场能量.

3.32　电介质球壳的内外半径为 R_1 和 R_2，介质的相对介电常数为 ε_r，试求将一个电量为 Q 的点电荷从无穷远移至介质球壳的中心所需要做的功.

3.33　平行板空气电容器两极板 A、B 相距为 l，竖直地插在相对介电常数为 ε_r、密度为 ρ 的均匀液态电介质中，如图 3.29 所示，两极板间保持着一定的电势差 U，则液态电介质在两板间会上升一定高度 h，若不计表面张力作用，试求作用在液体电介质表面单位面积上的平均牵引力 T 和液面上升的高度 h.

*3.34　当用高能电子轰击一块有机玻璃时，电子渗入有机玻璃并被内部玻璃所俘获. 例如，当一个 $0.5\mu A$ 的电子束轰击面积为 $25\ cm^2$、厚为 12mm 的有机玻璃板(相对介电常数 $\varepsilon_r = 3.2$)达 1s，几乎所有的电子都渗入表面之下 5～7mm 层内. 设这有机玻璃板的两面都与接地的导体板接触，忽略边缘效应，并设陷入的电子在有机玻璃中均匀分布，如图 3.30 所示.

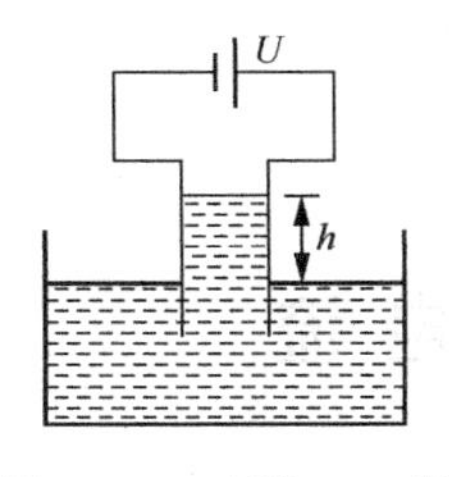

图 3.29　习题 3.33 图

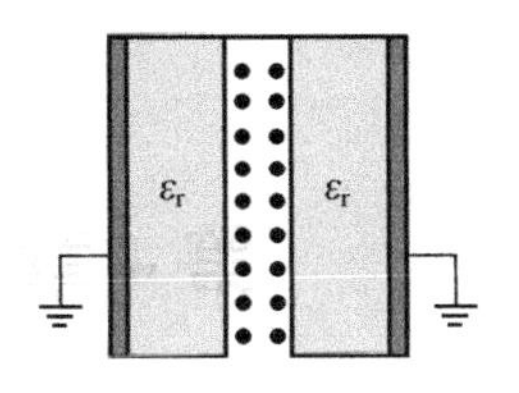

图 3.30　习题 3.34 图

(1) 求带电区的极化电荷的密度；

(2) 求有机玻璃表面的极化电荷密度；

(3) 画出 $\boldsymbol{D}$、$\boldsymbol{E}$、φ(电势)，作为电介质内部的位置函数图形；

(4) 求带电层中心的电势；

(5) 求在两接地导体板之间的没有电荷区域内的场强；

(6) 求这有机玻璃板里储存的静电能.

3.35　如图 3.31 所示，一平行板电容器两极板间距为 d，其间放置一块厚度为 t 的介质平板，板面与极板成倾角，介质的相对介电常数为 ε_r，若两极分别带上面密度为 $+\sigma$ 和 $-\sigma$ 的电荷，试求两极板间的电势差.(设倾角为 θ 较小，边缘效应可以忽略.)

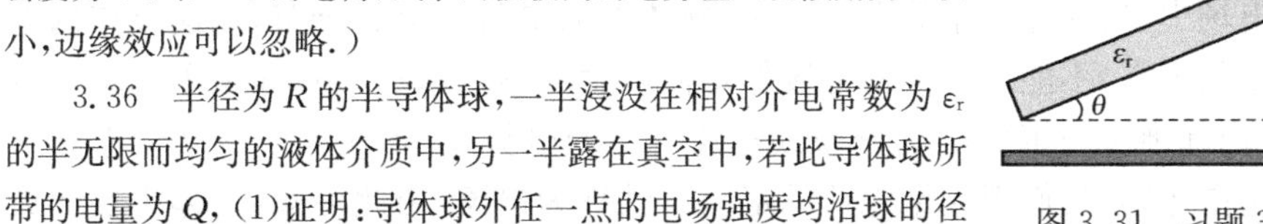

图 3.31　习题 3.35 图

3.36　半径为 R 的半导体球，一半浸没在相对介电常数为 ε_r 的半无限而均匀的液体介质中，另一半露在真空中，若此导体球所带的电量为 Q，(1)证明：导体球外任一点的电场强度均沿球的径向；(2)求出导体球表面上的面电荷分布.

*3.37　两导体球，半径均为 R，球心间距为 d，有一均匀电场 E_0，其方向垂直于两球心的连线，假设 $R \gg d$，求两球之间的相互作用力.

*3.38　一半径为 R 的导体球浮在某种介质溶液中，导体球的质量密度为 ρ_1，介质溶液的相对介电常数为 ε_r，质量密度为 ρ_2，且 $\rho_2 > 2\rho_1$，试计算必须在此导体球上放置多少电量的电荷，才能使它正好有一半浸没在介质溶液中.

*3.39　有一半径为 a，相对介电常数为 ε_r 的均匀介质小球，与另一半径为 b，电势为 φ_0 的导体小球相距为 $r(r \gg a、b)$. 求介质小球受力的近似表达式.

第 4 章　稳 恒 电 流

前面讨论了与静止电荷有关的电现象.从本章开始,我们将讨论与运动电荷有关的现象.带电粒子的运动将伴随电量的迁移,形成电流.不随时间变化的电流称为**稳恒电流**,通常亦称**直流**.本章将以金属导体为例讨论导体中稳恒电流的形成及其规律以及直流电路的计算.

4.1　电流和电流密度

4.1.1　电流

在静电场中,当导体处于静电平衡时,导体上的电荷将重新分布,致使导体内部电场强度处处为零,不能驱动电荷继续作定向移动.但是可以设想,如果采用某种方法,使导体内部维持一定的电场分布或存在一定的电势差,则在导体内就会形成大量电荷的定向运动,我们把大量电荷的定向运动称为**电流**.由此可知,导体中要形成电流需要具备两个基本条件:①导体中存在自由电荷;②导体中要维持一定的电场.导体中能够承担电流任务的粒子称为**载流子**.载流子可以是金属中的自由电子,电解质中的正、负离子或半导体材料中的"空穴"等.由载流子定向运动而形成的电流称为**传导电流**;而带电物体作机械运动时,宏观上也会形成电荷的定向运动,这样形成的电流称为**运流电流**.

电流用符号 I 表示,定义为**单位时间内通过导体任一横截面的电量**.若在 $\mathrm{d}t$ 时间内,通过导体截面 S 的电量为 $\mathrm{d}q$,则通过导体中该截面的电流 I 为

$$I=\frac{\mathrm{d}q}{\mathrm{d}t} \tag{4.1}$$

在国际单位制中电流的单位称为安培,用符号 A 表示.$1\mathrm{A}=1\mathrm{C}\cdot\mathrm{s}^{-1}$.常用的电流单位还有毫安和微安.

$$1\mathrm{A}=10^{3}\mathrm{mA}=10^{6}\mu\mathrm{A}$$

电流是标量,所谓电流的方向是指正电荷在导体中的流动方向.这是沿袭了历史的规定,与自由电子移动的方向正好相反.这样,在导体中的电流方向总是沿着电场的方向,从高电势处指向低电势处.

4.1.2　电流密度

在通常的电路问题中，一般引入电流概念就够了. 可是，在实际问题中有时会遇到电流在大块导体中流动的情形. 这时导体不同部分电流的大小和方向都不一样，形成一定的电流分布. 例如，在有些地质勘探中利用的大地中的电流，电解槽内电解液中的电流，气体放电时通过气体的电流等. 在这种情况下为了描述导体中各处电荷定向运动的情况，引入电流密度概念.

先考虑一种最简单的情况，即只有一种载流子，它们所带电量都是 q，都以相同的速度 $\boldsymbol{u}$ 沿同一方向运动. 设想在导体内有一个小面积元 $\mathrm{d}S$，$\mathrm{d}S$ 的法线方向 $\boldsymbol{e}_\mathrm{n}$ 与 $\boldsymbol{u}$ 成 θ 角，如图 4.1 所示. 在 $\mathrm{d}t$ 时间内通过 $\mathrm{d}S$ 面的载流子应是在底面积为 $\mathrm{d}S$，斜长为 $u\mathrm{d}t$ 的斜柱体内的所有载流子. 此斜柱体的体积为 $u\mathrm{d}t\cos\theta\mathrm{d}S$. 以 n 表示单位体积内这种载流子的数目，则单位时间内通过 $\mathrm{d}S$ 的电量，也就是通过 $\mathrm{d}S$ 的电流为

$$\mathrm{d}I=\frac{qnu\,\mathrm{d}t\cos\theta\mathrm{d}S}{\mathrm{d}t}=nqu\cos\theta\mathrm{d}S=nq\boldsymbol{u}\cdot\mathrm{d}\boldsymbol{S}$$

引入矢量 $\boldsymbol{j}$，并定义

$$\boldsymbol{j}=nq\boldsymbol{u}\tag{4.2}$$

则上式可以写成

$$\mathrm{d}I=\boldsymbol{j}\cdot\mathrm{d}\boldsymbol{S}\tag{4.3}$$

式中，$\boldsymbol{j}$ 称为电流密度，它是矢量，对于正载流子，电流密度的方向与载流子运动的方向相同；对负载流子，电流密度的方向与载流子的运动方向相反. 如果 $\boldsymbol{j}$ 与 $\mathrm{d}\boldsymbol{S}$ 垂直，则由式(4.3)得

$$j=\frac{\mathrm{d}I}{\mathrm{d}S}\tag{4.4}$$

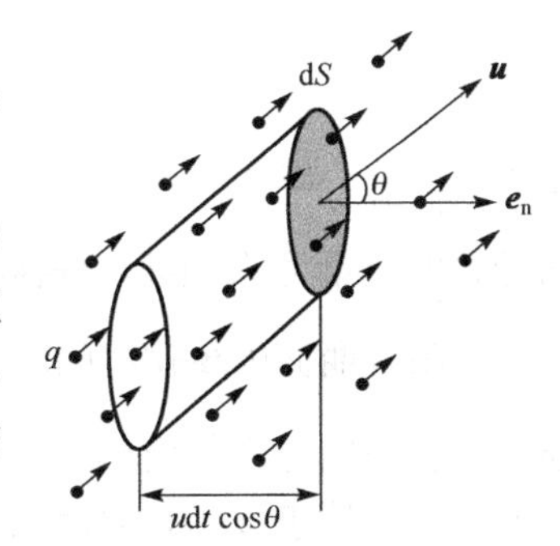

图 4.1　电流密度

这就是说，电流密度的大小**等于通过垂直于载流子运动方向的单位面积的电流**. 即等于单位时间内通过垂直于载流子运动方向的单位面积的电量. 在国际单位制中电流密度的单位名称为安每平方米，符号为 $\mathrm{A/m^2}$.

实际的导体中可能有几种载流子. 以 n_i，q_i 和 u_i 分别表示第 i 种载流子的数密度、电量和速度，以 j_i 表示这种载流子形成的电流密度，则通过 $\mathrm{d}\boldsymbol{S}$ 面的电流应为

$$\mathrm{d}I=\sum n_iq_i\boldsymbol{u}_i\cdot\mathrm{d}\boldsymbol{S}=\sum\boldsymbol{j}_i\cdot\mathrm{d}\boldsymbol{S}$$

以 $\boldsymbol{j}$ 表示总电流密度，它是各种载流子的电流密度的矢量和，即 $\boldsymbol{j}=\sum\boldsymbol{j}_i$，则上式可写成

$$\mathrm{d}I=\boldsymbol{j}\cdot\mathrm{d}\boldsymbol{S}$$

这一公式和只有一种载流子时的式(4.3)形式上一样.

式(4.3)给出了通过一个小面积元 $\mathrm{d}\boldsymbol{S}$ 的电流，对于通过任意曲面的电流，应该等

于通过各面积元电流的积分,即

$$I = \int_S \boldsymbol{j} \cdot \mathrm{d}\boldsymbol{S} \tag{4.5}$$

电流是单位时间内通过某一曲面的总电量,而电流密度则反映了空间各点电流的分布情况.一般来讲,导体内各点电流密度不同,它所组成的矢量场,称为**电流场**.由此可见,在电流场中,通过某一面积的电流就是通过该面积电流密度的通量.

4.1.3 电流线

正如可以用电场线来描述空间各点的电场分布一样,我们可以用电流线来描述电流场的分布.电流线上每一点的切线方向与该点电流密度的方向相同,曲线的稀密程度代表电流密度的大小.

4.1.4 电流的连续性方程

设想在导体内任取一闭合曲面 S,根据式(4.5),通过闭合曲面的电流为

$$I = \oint_S \boldsymbol{j} \cdot \mathrm{d}\boldsymbol{S}$$

若 $I = \oint_S \boldsymbol{j} \cdot \mathrm{d}\boldsymbol{S} > 0$,则表示有电荷通过闭合曲面向外迁移,单位时间内通过闭合曲面迁移的电量为 I. 根据电荷守恒定律,单位时间内通过闭合曲面向外迁移的电量应等于该闭合曲面内单位时间所减少的电量.反之,若 $I = \oint_S \boldsymbol{j} \cdot \mathrm{d}\boldsymbol{S} < 0$,则表示有电荷通过闭合曲面进入其内部,根据电荷守恒定律,单位时间内通过闭合曲面进入其内部的电量应等于该闭合曲面内单位时间所增加的电量.若以 $\mathrm{d}q/\mathrm{d}t$ 表示闭合曲面内的电量随时间的变化率,则有

$$\oint_S \boldsymbol{j} \cdot \mathrm{d}\boldsymbol{S} = -\frac{\mathrm{d}q}{\mathrm{d}t} \tag{4.6}$$

负号表示“减少”,这就是电流的连续性方程.它是电荷守恒定律的数学表述.电流的连续性方程告诉我们,**电流场的电流线是有头有尾的,凡有电流线发出的地方,那里的正电荷的量必随时间减少;凡有电流线汇聚的地方,那里的正电荷的量必随时间增加.**

4.1.5 稳恒电流与稳恒电场

如果空间各点的电流密度 $\boldsymbol{j}$ 不随时间变化,永远保持定值,这时 $\boldsymbol{j}$ 只是空间坐标 x,y,z 的函数,而与时间无关,这种电流称为**稳恒电流**.

由于稳恒电流的电流密度不随时间变化,如果存在电流线发出或汇聚的地方,那么这些地方电荷的增加或减少的过程就将持续进行下去,这必将导致这些地方正

电荷或负电荷的大量积聚，从而形成越来越强的电场，电场将阻碍电荷的继续积聚，电流将消失. 如果要维持电流恒定，就必须存在某种越来越强的非静电场力与由电荷积聚所形成的电场力相抵消，这在物理上是无法实现的，也是难以理解的. 因而，对于真正的稳恒电流，不存在这种电荷不断积聚的地方，亦即 $\boldsymbol{j}$ 对任何闭合曲面的通量必须等于零，即

$$\oint_S \boldsymbol{j} \cdot \mathrm{d}\boldsymbol{S} = 0 \tag{4.7}$$

这就是说，**任何时刻进入闭合曲面的电流线的条数与穿出该闭合曲面的电流线条数相等，在电流场中既找不到电流线发出的地方，也找不到电流线汇聚的地方，稳恒电流的电流线只可能是无头无尾的闭合曲线.**

由式(4.6)和式(4.7)立即可得，对于稳恒电流，空间任一闭合曲面内的电量保持不变. 这就是说，对于稳恒电流，电荷的定向运动具有下面的特点：在任何地点，其流失的电荷必被别处流来的电荷所补充，电荷的流动过程是空间每一点的一些电荷被另一些电荷代替的过程. 正是这种代替，保证了电荷分布不随时间变化. 分布不随时间变化的电荷所产生的电场亦不随时间变化，这种电场称为**稳恒电场**，它是一种静态电场. 稳恒电场和静电场相同，也遵守静电场的高斯定理和安培环路定理，电势的概念对稳恒电场仍然有效.

一般讲，处在稳恒电场中的导体并未到达静电平衡，导体内部场强并不为零，这是导体中存在电流的不可缺少的条件(超导体除外)，但是导体上的电荷分布是不随时间改变的.

4.2　欧姆定律和电阻

4.2.1　欧姆定律

对很多导体来说，例如对一般的金属或电解液，在稳恒电流的情况下，一段导体两端的电势差(或电压) U 与通过这段导体的电流 I 之间服从**欧姆定律**，即

$$U = IR \tag{4.8}$$

式中，R 称为导体的电阻. 由于在导体中，电流总是沿着电势降低的方向，所以式(4.8)表示：**经过一个电阻沿电流的方向电势降低的数值等于电流与电阻的乘积.** 在国际单位制中，电阻的单位为欧姆，符号为 Ω.

以电压 U 为横坐标，电流 I 为纵坐标画出的曲线，称为该导体的**伏安特性曲线.** 欧姆定律成立时，伏安特性曲线是一条通过原点的直线，如图 4.2 所示，其斜率等于电阻的倒数，它是一个与电压、电流无关的常量. 具有这种性质的电学元件称为线性元件，其电阻称为线性电阻或欧姆电阻.

对于许多导体(如电离了的气体)或半导体(如二极管)，欧姆定律并不成立，其

伏安特性曲线不是直线,而是不同形状的曲线,如图 4.3 所示,这种元件称为非线性元件. 对于非线性元件,欧姆定律虽不适用,但我们仍可定义其电阻为

$$R = \frac{U}{I}$$

只不过它不再是常量,而是与元件上的电压和电流(即工作条件)有关的变量.

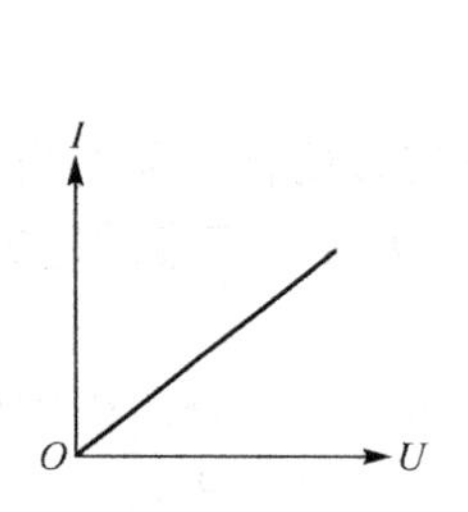

图 4.2　线性元件伏安特性曲线

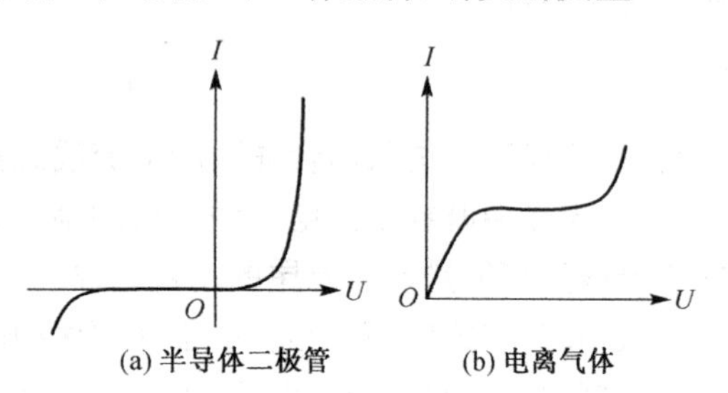

图 4.3　非线性元件伏安特性曲线

4.2.2　电阻率

导体电阻的大小与导体的材料及几何形状有关. 实验表明,对于由一定材料制成的横截面积均匀的导体,它的电阻 R 与长度 l 成正比,与横截面积 S 成反比. 写成等式,有

$$R = \rho \frac{l}{S} \tag{4.9}$$

式中,比例系数 ρ 是材料的**电阻率**. 电阻率的倒数称为**电导率**,用 σ 表示,即

$$\sigma = \frac{1}{\rho} \tag{4.10}$$

电阻率的单位为欧姆米,符号为 $\Omega \cdot \mathrm{m}$. 电导率的单位为西门子每米,符号为 S/m.

当导体的横截面积 S 或电阻率 ρ 不均匀时,式(4.9)应写成下列积分式:

$$R = \int \rho \frac{\mathrm{d}l}{S} \tag{4.11}$$

各种材料的电阻率都随温度变化. 实验测量表明,纯金属的电阻率随温度的变化较有规律,当温度变化的范围不很大时,电阻率与温度成线性关系,即

$$\rho = \rho_0 (1 + \alpha t) \tag{4.12}$$

式中,ρ 是 t ℃时的电阻率;ρ_0 是 0℃时的电阻率;α 是电阻的温度系数. 大部分金属的电阻温度系数为 0.4%左右. 通常,电阻随温度变化的关系可以用下式表示:

$$R_t = R_0 (1 + \alpha t) \tag{4.13}$$

式中,R_t 是 t ℃时导体的电阻;R_0 是 0℃时导体的电阻. 利用金属导体的电阻随温度变化的这种性质,可以制成电阻温度计来测量温度. 有许多合金,例如康铜,电阻温度系数极小,因此常用这种合金制成标准电阻.

室温下,金属的电阻率为$10^{-8}\sim10^{-6}\Omega\cdot m$;绝缘体的电阻率一般为$10^{8}\sim10^{18}\Omega\cdot m$,比金属大$10^{14}$倍以上;半导体材料的电阻率介于两者之间,为$10^{-5}\sim10^{6}\Omega\cdot m$. 绝缘体和半导体除了电阻率的大小与金属差别很大外,它们的电阻率随温度变化的规律也与金属大不相同,它们的电阻率都随温度升高而急剧地减小,如图 4.4(b)所示. 半导体的一系列特殊性质得到广泛应用,引起了电子工业革命,使人们能够制成大型高速电子计算机和微型电子计算机.

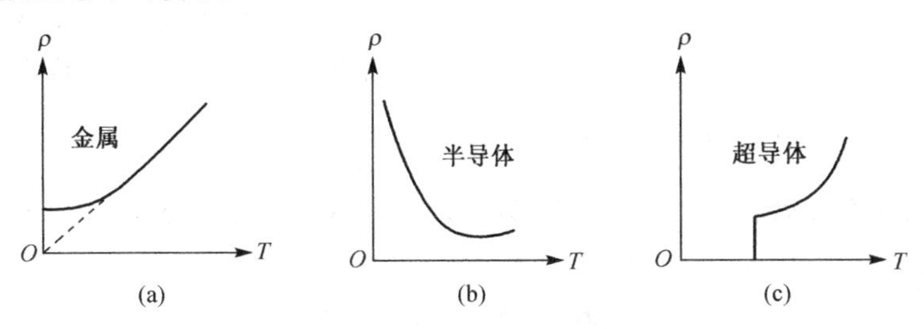

图 4.4 几种材料电阻率随温度变化曲线

在极低的温度下,有些导体的电阻率突然减小到接近于零的程度. 1911 年,荷兰人昂纳斯发现,在 4.22～4.27K 时,水银电阻率突然减小到接近于零,如图 4.4(c)所示. 这一现象,称为**超导电现象**. 在一定温度之下具有超导电性的材料称为**超导体**. 表 4.1 列出了几种材料的正常态和超导态之间的转变温度 T_C.

表 4.1 几种超导材料的转变温度

材料	T_C/K
铝(Al)	1.197
水银(Hg)	4.15
铅(Pb)	7.2
铌三铝(Nb_3Al)	17.2
铌三锡(Nb_3Sn)	18.1
铌三锗(Nb_3Ge)	22.3

如果用超导材料做成一个闭合回路,那么在这个回路里,电流一经激发就可以无需电源持续几个星期之久而不减小,并且不会发热. 在大的电磁铁或电机中,通过线圈的电流很强,为了避免产生过多的热量,线圈就必须用较粗的导线绕制,或采取冷却措施. 这就使电磁铁和电机既笨重又耗电. 如果用超导体作线圈,就可以避免这种缺点. 现在用超导体产生强磁场和制造电机方面的研究已有较大的进展.

4.2.3 电阻应变片

压力传感器是将被测压力转换为电流或电压信号,它广泛应用于生产实践中,电阻应变式压力传感器是常用的一种压力传感器,电阻应变片是这种传感器的敏感元件.下面介绍用金属丝制成的电阻应变片的基本原理.

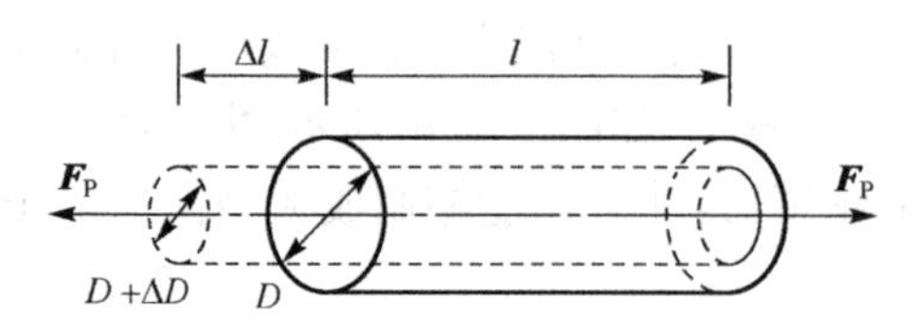

图 4.5　金属丝拉伸前后尺寸变化

如图 4.5 所示,一根圆截面金属丝,其电阻为

$$R=\rho\frac{l}{S}$$

式中,R 为金属丝的电阻;ρ 为该种金属材料的电阻率;l 为金属丝的长度;S 为金属丝的横截面积.若圆形截面直径为 D,则 $S=\frac{\pi}{4}D^2$.

设金属丝在轴向拉力 $\boldsymbol{F}_P$ 作用下,其伸长量为 Δl(拉伸时 $\Delta l>0$,压缩时 $\Delta l<0$),电阻率的变化为 $\Delta\rho$.则电阻变化率为

$$\frac{\Delta R}{R}=\frac{\Delta\rho}{\rho}+\frac{\Delta l}{l}-\frac{\Delta S}{S}\tag{4.14}$$

式中,$\Delta l/l$ 称为金属丝的轴向应变,通常用 ε 表示,$\Delta S/S$ 是圆形截面的变化率,令 $S=\frac{\pi}{4}D^2$,而 ΔD 为直径变化量,故有

$$\frac{\Delta S}{S}=2\frac{\Delta D}{D}=-2\frac{\left(-\frac{\Delta D}{D}\right)}{\left(\frac{\Delta l}{l}\right)}\left(\frac{\Delta l}{l}\right)=-2\mu\varepsilon\tag{4.15}$$

式中,$\mu=\left(-\frac{\Delta D}{D}\right)/\left(\frac{\Delta l}{l}\right)$,称为金属材料的泊松比.故式(4.14)变为

$$\frac{\Delta R}{R}=\varepsilon(1+2\mu)+\frac{\Delta\rho}{\rho}$$

令 $K_0=(1+2\mu)+\frac{\Delta\rho}{\rho\varepsilon}$,则

$$\frac{\Delta R}{R}=K_0\varepsilon\tag{4.16}$$

式中,K_0 为单根圆形截面金属丝的灵敏系数.实验表明,对大多数金属材料而言,K_0 为常数.于是电阻变化率与应变成正比.通常人们把一定的材料制成片状器件(便于贴在被测件的表面)称为应变片.对任意形状截面的金属丝制成的应变片而言,电阻变化率与应变亦成正比,即

$$\frac{\Delta R}{R}=K\varepsilon\tag{4.17}$$

因此,只要测出了电阻的变化率 $\Delta R/R$,就可以确定器件的应变.常用的应变片的结构如图 4.6 所示.

应变片的种类很多,但其结构基本相同,都是由敏感元件(由电阻丝制成的丝

栅)、基底、覆盖层和引线几个主要部分构成的.

用电阻应变片可以测量拉伸、压缩、扭转和剪切等应变或应力. 使用时往往根据测量要求,将一个或几个应变片按一定方式接入某种测量桥路,实现预期的测量功能.

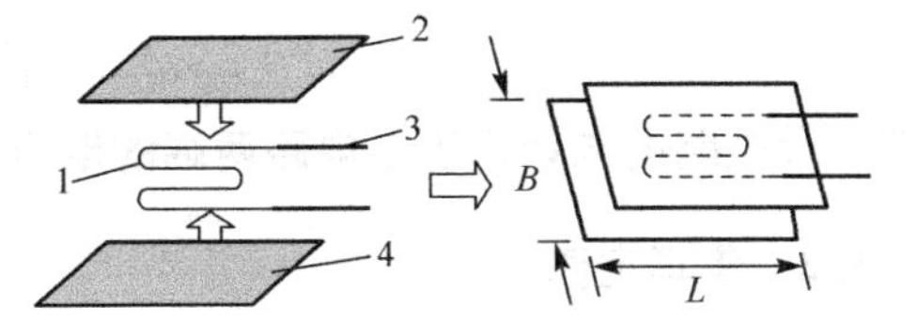

图 4.6　电阻丝式应变片结构
1. 敏感栅;2. 覆盖尺;3. 引线;4. 基底

4.2.4　欧姆定律的微分形式

欧姆定律式(4.8)给出了电压和电流的关系,这是电场在一段导体内引起的总效果的表示. 由于电场强度和电压有一定的关系,所以还可以根据式(4.8)导出电场和电流的关系,如图 4.7 所示. 以 Δl 和 ΔS 分别表示一段导体的长度和截面积,它的电阻率为 ρ,其中有电流 I 沿它的长度方向流动. 由于电压 $U=\varphi_1-\varphi_2=E\Delta l$,电流 $I=j\Delta S$,而电阻 $R=\rho\Delta l/\Delta S$,将这些量代入欧姆定律 $U=IR$,就可以得到

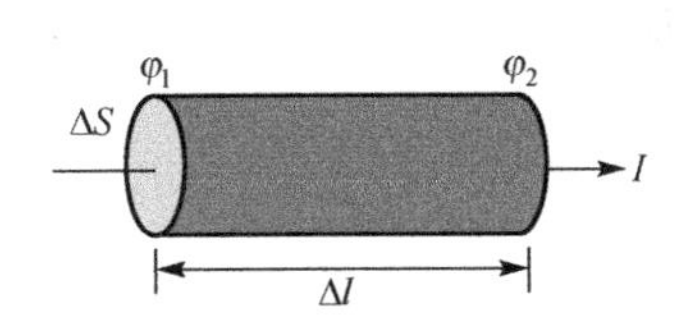

图 4.7　推导欧姆定律微分形式用图

$$E\Delta l=j\Delta S\cdot\rho\frac{\Delta l}{\Delta S}$$

$$j=E/\rho=\sigma E$$

实际上,在金属或电解液内,电流密度 $\boldsymbol{j}$ 的方向与电场强度 $\boldsymbol{E}$ 的方向相同. 因此又可写成

$$\boldsymbol{j}=\sigma\boldsymbol{E} \tag{4.18}$$

这就是**欧姆定律的微分形式**,它反映了导体中某点的电流密度与该点的电场强度之间的关系. 虽然式(4.18)是从特例导出的,但却普遍适用.

4.3　电功率和焦耳定律

4.3.1　电功率

电流通过一段电路时,正电荷从高电势处向低电势处运动,在这个过程中,电场力对电荷做功,若在 t 时间内把电量 q 由电势为 φ_1 处移到电势为 φ_2 处,则电场力所做的功为

$$A=q(\varphi_1-\varphi_2)=qU$$

因为 $q=It$,所以上式可以写成

$$A=UIt \tag{4.19}$$

电场在单位时间内所做的功,称为**电功率**. 如果用 P 表示电功率,由式(4.19)得

$$P = \frac{A}{t} = IU \tag{4.20}$$

即一段电路的**电功率等于电路两端的电压和通过电路的电流的乘积**.

4.3.2 焦耳定律

电场做功将转变成其他形式的能量. 若这一段电路是一台电动机,则电能转变成机械能. 若这一段电路是一电池或电解槽,则电能转变成化学能. 当这一段电路是电阻为 R 的欧姆电阻(如电炉或白炽灯)时,则电能转变成热能. 这时,根据能量转化和守恒定律,式(4.20)可表示为单位时间内电流通过这段电路所发出的热量,即**热功率**

$$P = IU$$

由一段电路的欧姆定律 $U = IR$ 或 $I = \frac{U}{R}$, 上式可写成

$$P = I^2R \quad 或 \quad P = \frac{U^2}{R} \tag{4.21}$$

此式称为**焦耳定律**.

4.3.3 焦耳定律的微分形式

单位体积的导体内的电功率称为电功率密度. 若用 p 表示电功率密度,则用推导欧姆定律微分形式的那段导体,推导出电功率密度为

$$p = \boldsymbol{j} \cdot \boldsymbol{E} \tag{4.22}$$

对于欧姆电阻,由欧姆定律的微分形式 $\boldsymbol{j} = \sigma\boldsymbol{E}$, 可得

$$p = \frac{j^2}{\sigma} \tag{4.23}$$

这就是焦耳定律的微分形式, j^2/σ 称为热功率密度,它表示电流通过欧姆电阻时,单位体积的导体中产生的焦耳热.

4.4 金属导电的经典微观解释

在 4.2 节曾对金属或电解液等导体,得出电流密度 $\boldsymbol{j}$ 和电场强度 $\boldsymbol{E}$ 有式(4.18)所表示的关系

$$\boldsymbol{j} = \sigma\boldsymbol{E}$$

我们知道,电流密度决定于载流子运动的速度,但电场 $\boldsymbol{E}$ 对载流子的作用力决定载流子的加速度. 二者为什么会有正比的关系呢? 这一点可以用微观理论加以说明. 最符合实际的微观理论是量子统计理论. 限于本课程的要求,下面用经典电子理论给出一个近似的然而是形象化的解释.

我们可以简单地把金属看成是位于晶格点阵上带正电的原子实(正离子)与自由电子的集合. 原子实虽然被固定在晶格上,但可以在各自的平衡位置附近作微小的振动;自由电子则在晶格间作激烈的不规则运动(图 4.8),在运动中还不断地和原子实作无规则的碰撞. 金属的经典电子论认为,**金属中自由电子和理想气体分子的运动是相同的. 自由电子运动遵守牛顿力学的定律,并且忽略自由电子间的相互作用,而自由电子与原子实间的相互作用,则仅在碰撞时才考虑**. 在没有外电场作用时,电子这种无规则运动使得它的平均速度为零,所以没有电流. 当导体中存在电场时,自由电子除了固有的不规则运动外,还因电场的作用而获得与场强方向相反的加速度,并作有规则的定向运动. 电子的运动是这两种运动的叠加. 由于电子与晶格上的原子实不断地碰撞,假设电子每次与原子实碰撞后,将完全丧失它原来的定向运动速度,就好像电子完全“忘记”了它在碰撞前的运动情况,从每次碰撞完毕开始,电子都在电场作用下重新开始作定向初速度为零的加速运动. 因此,电子的定向运动不是持续不断地加速运动,而是一段一段接替的匀加速直线运动. 图 4.9 给出了一个电子运动轨道的示意图.

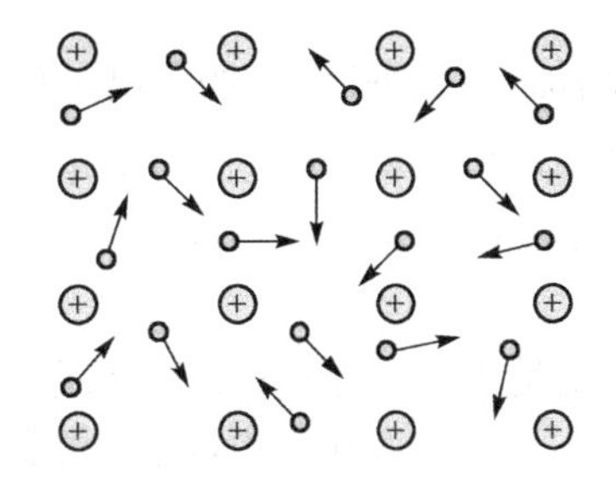

图 4.8　金属中自由电子无规则运动

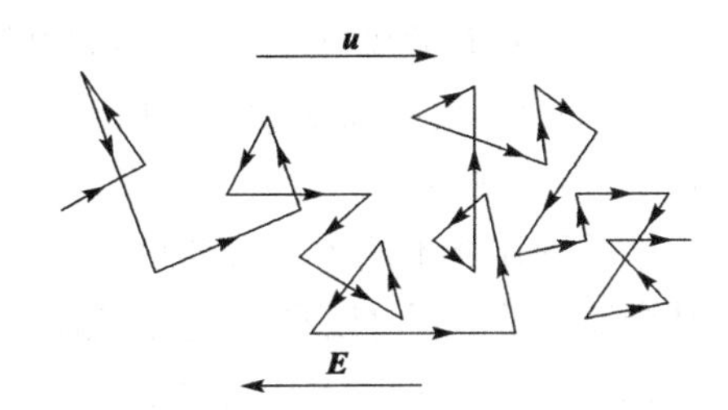

图 4.9　存在电场时金属中自由电子运动的轨道

电子与原子实连续两次碰撞之间所经历的时间称为**自由时间**. 由于电子的运动是无规则的,故自由时间有长有短,没有规律. 设连续两次碰撞之间**平均自由时间**为 τ,则在下一次碰撞前的定向运动速度为

$$\boldsymbol{v} = \boldsymbol{a}\tau = -\frac{e\boldsymbol{E}}{m}\tau$$

电子的平均定向运动速度即漂移速度为

$$\boldsymbol{u} = \frac{0+\boldsymbol{v}}{2} = -\frac{e\boldsymbol{E}}{2m}\tau \tag{4.24}$$

即漂移速度与电场强度 $\boldsymbol{E}$、平均自由时间 τ 成正比. 由式(4.2)知,金属导体中的电流密度为

$$\boldsymbol{j} = -ne\boldsymbol{u}$$

电流密度 $\boldsymbol{j}$ 与电子的漂移速度 $\boldsymbol{u}$ 方向相反. 将式(4.24)代入此式得

$$\boldsymbol{j} = \frac{e^2 n\tau}{2m}\boldsymbol{E} \tag{4.25}$$

这就是欧姆定律的微分形式，而电导率 σ 为

$$\sigma = \frac{e^2 n\tau}{2m} \tag{4.26}$$

和气体分子运动论相似，定义电子在两次相继碰撞间通过的平均距离为**平均自由程** λ. 由于热运动平均速率 v 大于定向运动平均速率 u，故我们可以得到平均自由时间 τ、平均速率 $\bar{v}$ 和平均自由程 λ 三者的关系

$$\lambda = \bar{v}\tau$$

于是，我们得到电导率的另一表达式

$$\sigma = \frac{1}{2}\frac{e^2 n\lambda}{m\bar{v}} \tag{4.27}$$

按照经典的观点，平均自由程 λ 应与温度无关，而热运动平均速率 $\bar{v}$ 与绝对温度的平方根 $\sqrt{T}$ 成正比，即 $\bar{v} \propto \sqrt{T}$. 于是由式(4.27)可以得到

$$\sigma \propto \frac{1}{\sqrt{T}}$$

这样就解释了随着温度的降低，金属的电导率增加，电阻率减小. 经典电子论还能成功地解释焦耳定律. 但是大多数金属的电导率近似地与 $1/T$ 成正比而不是与 $1/\sqrt{T}$ 成正比. 所以经典电子论对金属的导电性的解释在定量方面并不成功，只能用基于量子力学的固体能带论才能得到解释.

从金属电子论还可以看出，电子定向漂移速度是很慢的. 例如，若铜导线中电流密度 $j = 200\text{A/cm}^2$，自由电子的数密度 $n = 8.4\times10^{22}\ \text{cm}^{-3}$，则自由电子的漂移速度为

$$u = \frac{j}{ne} = \frac{200\text{A/cm}^2}{8.4\times10^{22}\ \text{cm}^{-3}\times1.6\times10^{-19}\text{C}} = 1.5\times10^{-4}\text{m/s}$$

而室温下，金属中自由电子热运动平均速率为10^5m/s. 相比之下，电子的定向漂移速率如此之小，为什么平常都说“电”的传播速度是非常快的？例如，把电键接通，在很远的地方的电灯就会立即亮起来. 原来，金属导线中各处都有自由电子，只是由于未接通电键时，导体内无电场，自由电子没有定向运动，才没有电流. 电键一旦接通，电场就会把一变化信息迅速传播出去，电路各处的导线里很快建立了电场，驱使当地的自由电子定向运动，形成电流. 而电场是以约 3×10^3m/s 的速度传播的，因此远处的电灯很快就亮起来. 如果认为，当电键接通后电子才从电源出发，等到它们到达负载之后，那里才有电流，这完全是一种误解.

4.5 电源和电动势

4.5.1 电源的作用

前已指出，在导体中产生稳恒电流的条件是在导体中维持稳恒的电场，或者说

在导体的两端维持稳恒的电势差.怎样才能满足这一条件呢?以带电电容器放电时产生电流为例来说明.先对电容器充电,使正、负极板各带有正、负电荷,这时正、负两极板之间有一定的电势差.当用导线把正、负两极板连接(图4.10)以后,导体中存在电场,在电场的作用下,正电荷就从正极板通过导线向负极板流动而形成电流.但是这只能是一种暂时电流,因为在通电的同时,两极板上的正负电荷因中和而逐渐减少,导线中的电场也将随着逐渐减弱,导致电流减小而最终消失.这种随时间减少的电荷分布不可能在导线中形成稳恒电场,所以也就不可能在导线中形成稳恒电流.

如果我们能够让流到负极板上的正电荷重新回到正极板上,并维持两极板正、负电荷分布不变,就能在导线中产生稳恒电场,从而形成稳恒电流.但是由于在两极板间的静电场方向是由电势高的正极板指向电势低的负极板的,同时又由于导线中存在电阻,电荷由正极板沿着导线流到负极板过程中电场力对它所做的功转化为焦耳热,到达负极板时并无多大定向运动动能,因此到达负极板的正电荷已不具有反抗静电力做功能力,从负极板返回到正极板上.由此可见,**只靠静电力的作用是不能维持稳恒电流的**,必须借助非静电力,迫使正电荷逆着静电场从低电势处流向高电势处,以维持电流恒定.能够提供非静电力的装置称为**电源**.**电源的作用就是提供非静电力而把其他形式的能量转换为电能**.电源的这种作用与水泵可以使水由水位低处经水泵移动到水位高处类似.电源的种类有很多,例如干电池、蓄电池、燃料电池、太阳能电池和发电机等就是常用的电源,干电池、蓄电池将化学能转换为电能,太阳能电池将太阳能转换为电能,发电机将机械能转换为电能.

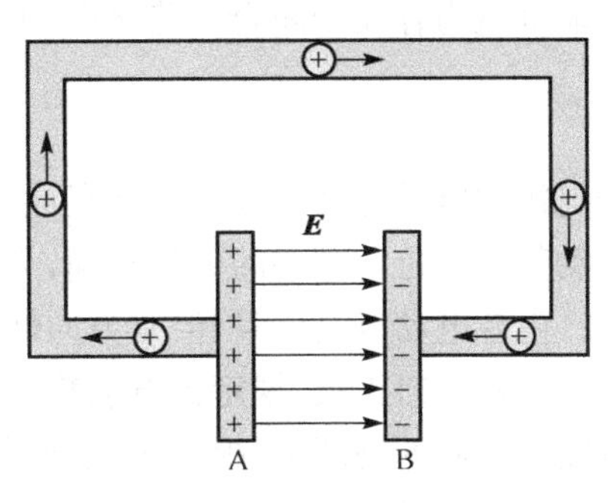

图4.10　电容器放电时产生的电流

4.5.2　非静电场的强度

通常将电源内部正、负两极之间的电路称为**内电路**,电源外部的电路称为**外电路**,如图4.11所示.正电荷从正极板流出,经外电路流入负极板;在电源内部,依靠非静电力 $\boldsymbol{F}_k$ 反抗静电力 $\boldsymbol{F}$ 做功,将正电荷从负极板移送到正极板,从而将其他形式的能量转换为电能.我们可以像定义静电场强度 $\boldsymbol{E}$ 那样,定义**非静电场的强度**,用 $\boldsymbol{E}_k$ 表示,即

$$\boldsymbol{E}_k = \frac{\boldsymbol{F}_k}{q} \tag{4.28}$$

其物理意义是单位正电荷所受的非静电力.

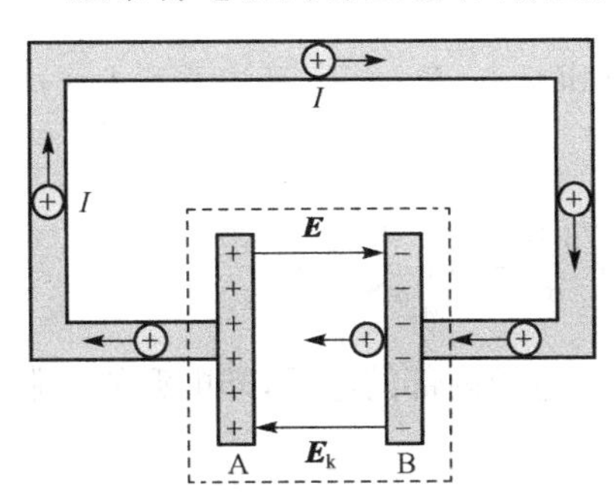

图4.11　电源的内、外电路

4.5.3 电动势

为了定量描述电源转换能量的本领，我们引入电源电动势的概念. **在电源内部从负极到正极移动单位正电荷时，电源中非静电力所做的功，称为电源电动势.** 用公式表示为

$$\varepsilon = \int_{-\text{电源内}}^{+} \boldsymbol{E}_{\mathrm{k}} \cdot \mathrm{d}\boldsymbol{l} \tag{4.29}$$

若非静电力存在于闭合回路之中，上式可以改写为

$$\varepsilon = \oint_{L} \boldsymbol{E}_{\mathrm{k}} \cdot \mathrm{d}\boldsymbol{l} \tag{4.30}$$

即电源的电动势等于非静电场的电场强度沿闭合回路的线积分. 在国际单位制中，电动势的单位与电势的单位相同，为伏特(V).

电源电动势是标量，但有方向性. 通常把电源内部的电势升高的方向，即电源内部从负极指向正极，规定为电动势的方向. 虽然电动势与电势差的单位相同，但它们是完全不同的物理量. 根据电动势的定义，电源电动势的大小反映电源中非静电场力做功的本领，只取决于电源本身的性质，与外电路的性质无关.

4.5.4 全电路欧姆定律和一段含源电路的欧姆定律

考虑到非静电场 $\boldsymbol{E}_{\mathrm{k}}$ 的作用，欧姆定律的微分形式应为

$$\boldsymbol{j} = \sigma(\boldsymbol{E} + \boldsymbol{E}_{\mathrm{k}}) \tag{4.31}$$

因为当存在非静电力时，电流是由静电力和非静电力共同产生的. 设想用长为 l 的粗细均匀的导线把电源的两极相联，正电荷由电源正极出发经过导线到负极，又从负极经过电源内部回到正极. 沿此闭合路径，静电力和非静电力对单位正电荷做的功为

$$\oint(\boldsymbol{E} + \boldsymbol{E}_{\mathrm{k}}) \cdot \mathrm{d}\boldsymbol{l} = \oint \boldsymbol{E} \cdot \mathrm{d}\boldsymbol{l} + \oint \boldsymbol{E}_{\mathrm{k}} \cdot \mathrm{d}\boldsymbol{l} = \oint \frac{\boldsymbol{j}}{\sigma} \cdot \mathrm{d}\boldsymbol{l} = \int_{\text{外}} \frac{\boldsymbol{j}}{\sigma} \cdot \mathrm{d}\boldsymbol{l} + \int_{\text{内}} \frac{\boldsymbol{j}}{\sigma} \cdot \mathrm{d}\boldsymbol{l}$$

注意到稳恒电场是保守场，其环流为零，即 $\oint \boldsymbol{E} \cdot \mathrm{d}\boldsymbol{l} = 0$，非静电力仅存在于电源内部，对单位正电荷所做的功即为电源电动势 $\varepsilon = \oint \boldsymbol{E}_{\mathrm{k}} \cdot \mathrm{d}\boldsymbol{l} = \int_{-\text{电源内}}^{+} \boldsymbol{E}_{\mathrm{k}} \cdot \mathrm{d}\boldsymbol{l}$. 又注意到 $I = jS$，上式得

$$\varepsilon = \int_{\text{外}} \frac{\boldsymbol{j}}{\sigma} \cdot \mathrm{d}\boldsymbol{l} + \int_{\text{内}} \frac{\boldsymbol{j}}{\sigma} \cdot \mathrm{d}\boldsymbol{l} = \int_{\text{外}} \frac{j\mathrm{d}l}{\sigma} + \int_{\text{内}} \frac{j\mathrm{d}l}{\sigma} = I\int_{\text{外}} \frac{\mathrm{d}l}{\sigma S} + I\int_{\text{内}} \frac{\mathrm{d}l}{\sigma S}$$

由于 $R = \int_{\text{外}} \frac{\mathrm{d}l}{\sigma S}$ 是整个外电路上的电阻，$r = \int_{\text{内}} \frac{\mathrm{d}l}{\sigma S}$ 是电源内部的电阻，即电源的内阻，所以有

$$\varepsilon = I(R + r) \tag{4.32}$$

这就是大家熟知的全电路欧姆定律.它说明在一完全电路中,电流决定于电源的电动势.

下面我们研究一段含有电源电路两端的电势差问题.图4.12表示从整个电路中任取的一段含源电路.

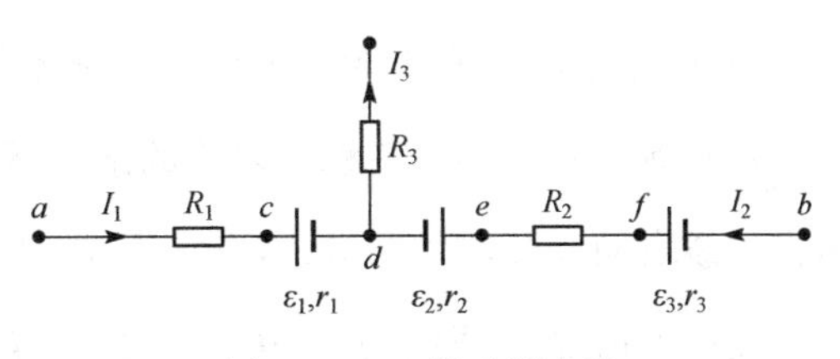

图4.12　一段含源电路

求电路上 a 和 b 之间的电势差,取 $a\to c\to d\to e\to f\to b$ 电路走向,设 a 点电势为 φ_a,由 a 点经过电阻 R_1 到达 c 点,正电荷在静电力的作用下由高电势处向低电势处运动,经过电阻 R_1 电势降落一定的量,其值为 I_1R_1;由 c 点经过电源1(电动势为 ε_1,内电阻为 r_1)到达 d 点,经过电阻 r_1,电势降落为 I_1r_1,从电源的正极经过电源内部到电源的负极,因电动势的作用,电势将降低,降低值为 ε_1;从 d 点经过电源2(电动势为 ε_2,内电阻为 r_2)到达 e 点,经过电阻 r_2,电势升高为 I_2r_2,从电源的负极经过电源内部到电源的正极,因电动势的作用,电势将升高,升高值为 ε_2;由 e 点经过 R_2 到达 f 点,电势升高 I_2R_2;同理,经过电源3(电动势为 ε_3,内电阻为 r_3),电势升高 I_2r_3,电势降低 ε_3.设 b 点的电势为 φ_b,于是有

$$\varphi_a - I_1R_1 - I_1r_1 - \varepsilon_1 + I_2r_2 + \varepsilon_2 + I_2R_2 - \varepsilon_3 + I_2r_3 = \varphi_b$$

$$\varphi_a - \varphi_b = I_1R_1 + I_1r_1 - I_2r_2 - I_2R_2 - I_2r_3 + \varepsilon_1 - \varepsilon_2 + \varepsilon_3$$

一般地,电路上任意两点 a 和 b 之间的电势差等于从 a 到 b 的路径上,各电阻上电势降落的代数和减去各电源的电动势所产生的电势升高的代数和,即

$$\varphi_a - \varphi_b = U_{ab} = \sum IR - \sum \varepsilon \tag{4.33}$$

式中凡是与走向(从 a 到 b 的路径方向)一致的电流,取正号,与走向相反的电流则取负号;凡与走向一致的电动势取正号,与走向相反的电动势取负号.这就是一段含源电路的欧姆定律.

4.5.5　稳恒电场在稳恒电路的作用

上面我们分析了非静电场、电动势在稳恒电路中的作用,下面我们进一步讨论稳恒电场在稳恒电路中的作用.

1. 导线表面的电荷分布

在没有非静电场的地方,根据稳恒条件 $\oint_S \boldsymbol{j}\cdot \mathrm{d}\boldsymbol{S}=0$ 和欧姆定律的微分形式 $\boldsymbol{j}=\sigma\boldsymbol{E}$ 可得

$$\oint_S \boldsymbol{j}\cdot \mathrm{d}\boldsymbol{S} = \oint_S \sigma\boldsymbol{E}\cdot \mathrm{d}\boldsymbol{S} = 0$$

如果导线的导电性能是均匀的,即 σ 是常数,可以从积分号内提出来,并且由于 $\sigma\neq 0$,得

$$\oint_S \boldsymbol{E} \cdot \mathrm{d}\boldsymbol{S} = 0$$

由于闭合曲面 S 可以任意取，由高斯定理 $\oint_S \boldsymbol{E} \cdot \mathrm{d}\boldsymbol{S} = \frac{q}{\varepsilon_0}$ 可知，任一闭合曲面 S 内 $q = 0$. 而对非均匀导线或在导线分界面上，σ 不是常数，不能从积分号内把它提出来，允许 $\oint_S \boldsymbol{E} \cdot \mathrm{d}\boldsymbol{S} \neq 0$. 所以，**在稳恒电流的条件下，均匀导线内部没有净电荷，电荷只能分布在导线表面以及非均匀处，或分界面上**. 正是这些电荷激发起导线内外的电场.

在稳恒情况下，根据 $\boldsymbol{j} = \sigma\boldsymbol{E}$ 和 $\oint_S \boldsymbol{E} \cdot \mathrm{d}\boldsymbol{S} = 0$ 知，在导线内部，电流线与电场线形状相同，并且都是连续曲线. 导线表面电荷稳恒分布不随时间改变，**电流线、电场线与导线表面平行**. 如果电流线不与表面平行，则有两种可能：一是电流线终止于(或发自于)表面，这将引起表面电荷分布改变，违反稳恒条件；二是电流线在表面处发生弯折，弯折处 $\boldsymbol{j}$、$\boldsymbol{E}$ 将有两个方向，这也是不可能的. 在导线外部，无可以自由移动的电荷，所以没有电流线，但有电场线. 导线表面有电流，所以表面场强有切向分量，因此表面附近电场线不与表面垂直.

电荷在导线表面的分布与导线的形状有密切的关系，**电荷分布的最终要求是使导线内部各点的 $\boldsymbol{E}$ 沿着导线方向，并从电源正极沿导线指向负极**. 如果导线形状发生变化，原来的电荷分布将不再能保证导线中各点的 $\boldsymbol{E}$ 仍沿导线方向，于是电荷分布将自动调整，直至导线内的 $\boldsymbol{E}$ 沿导线从电源正极指向负极为止. 应该指出，在调整过程中电流场并不稳恒(事实上也只有非稳恒电流才会出现电荷分布的改变)，但一般只需极短时间就能达到新的稳恒状态.

2. 静电场与非静电场一起保证电流的闭合性

考虑一电源，设非静电场 $\boldsymbol{E}_\mathrm{k}$ 分布在电源内部的两电极之间. 非静电场把正电荷从电源的负极移到正极，所以非静电场的方向从负极指向正极. 正、负电极上的电荷在空间产生的静电场 $\boldsymbol{E}$ 在电源内部，其方向与 $\boldsymbol{E}_\mathrm{k}$ 的方向相反. 达到平衡时，$\boldsymbol{E} + \boldsymbol{E}_\mathrm{k} = 0$，正极电势高于负极电势，正负电极间存在一定的电势差，其值等于电源的电动势，即

$$\varphi_+ - \varphi_- = \varepsilon$$

电极周围的电场分布如图 4.13(a)所示，其中虚线表示 $\boldsymbol{E}_\mathrm{k}$. 若各将一段导线分别接在每一电极上，则导线与相连的电极成为一个等势体. 导线的形状不同，周围电场的分布也将不同，但两导线的电势差仍等于电源的电动势，如图 4.13(b)所示. 当两导线的端点相距甚近时，端点间的电场比较强. 可见，接在电极上的导线的作用是把本来集中在电极附近的较强的静电场引到离电极较远的地方. 导线的两端非常靠近时，端点间的电场甚至能使空气击穿，产生火花放电. 若用导线将两端点连接，导线中便产生电流，如图 4.13(c)所示，使正极上的正电荷和负极上的负电荷都减少，从而打破了电源内部静电场与非静电场的平衡. 于是在电源内部，正电荷在非静电场

作用下,反抗静电场的作用由负极向正极移动;在电源外部,正电荷在静电场作用下由正极向负极移动,电路中获得持续的电流. 但在接通电路的瞬间,电流并不稳定,因为在导线表面附近的电流密度并不沿着表面的切线方向,导线表面上的电荷要重新分布. 电荷的重新分布将改变空间的电场分布,也改变导线内部的电场分布,最终使导线内部表面附近的电场沿着表面的切线方向,从而使稳恒电流的条件得到满足,电流达到稳定.

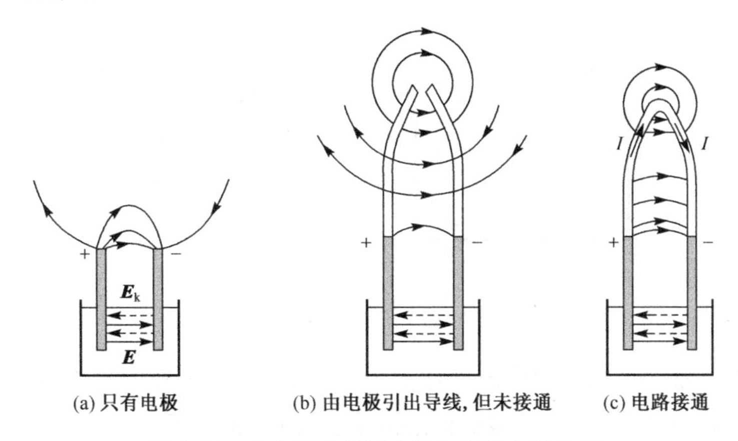

图 4.13 全电路中的静电场与非静电场分布

3. 静电场起着能量的中转作用

从能量的转换看,静电场的作用也是不可忽视的,尽管在整个闭合电路中静电场的总功为零. 我们知道,在电源外部以及电源内部不存在非静电场的地方,静电场在把正电荷从高电势处送到低电势处的过程中做正功,以消耗电场能为代价,若外电路是一电阻 R, 内电路具有电阻 r, 则静电场做的功转化为电阻上放出的焦耳热. 存在非静电场的地方,非静电场把正电荷从低电势处送到高电势处的过程中,反抗静电场做功,消耗非静电能,使电场能增加,在绕闭合电路一周的过程中,静电场做的总功为零,静电能变化的总和等于零. 电路上消耗的能量归根到底是非静电场提供的. 但是,静电场起着能量的中转作用,它把电源内部的非静电能转送到外电路上.

4.6 两种常见的电源

4.6.1 化学电源

化学电源又称电池,是一种能将化学能直接转变成电能的装置,它通过化学反应,消耗某种化学物质,输出电能. 常见的电池大多是化学电源. 它在国民经济、科学技术、军事和日常生活方面均获得广泛应用.

化学电池使用面广，品种繁多，按照其使用性质可分为：干电池、蓄电池、燃料电池. 按电池中电解质性质分为：锂电池、碱性电池、酸性电池、中性电池. 下面以丹聂耳电池为例来说明化学电池的原理.

丹聂耳电池结构如图 4.14(a)所示，铜极和锌极分别浸在硫酸铜溶液和硫酸锌溶液中. 两种溶液盛在同一个容器里，中间用多孔的素瓷板隔开. 这样，两种溶液不容易掺混，而带电的离子Cu^{2+}、Zn^{2+}和 SO_4^{2-} 却能自由通过.

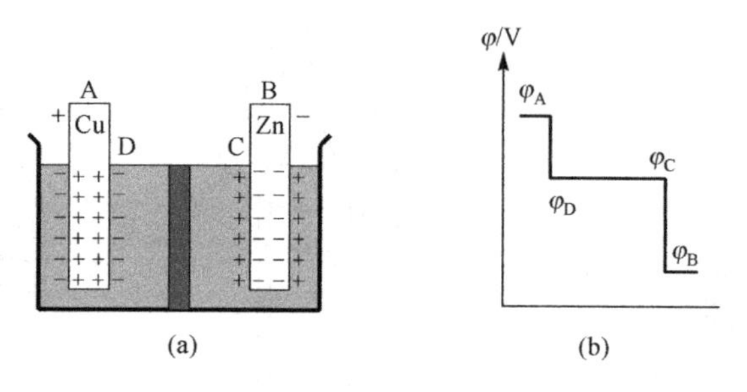

图 4.14 丹聂耳电池

Zn^{2+}离子和Cu^{2+}离子在极板和溶液之间受到的化学亲和作用是相反的. ①化学亲和作用使 Zn 极板上的原子溶解到溶液中去，成为正离子Zn^{2+}，把负电荷留在 Zn 极板上. 于是在带负电的极板和附近含过多正离子的溶液之间形成一个电偶极层，层内的电场的作用是使溶液中的离子淀积到极板上去的. 最后化学亲和力与电场力持平，离子溶解与淀积两个相反过程达到动态平衡. 此时在 Zn 极板和溶液之间形成一定的电势跃变$U_{CB}=\varphi_C-\varphi_B$，如图 4.14(b)右边所示，溶液的电势高于 Zn 板. ②化学亲和作用使溶液中正离子Cu^{2+}淀积到 Cu 极板上，使它带正电. 于是在极板和附近因含过少正离子从而带负电的溶液之间形成一个电偶极层，层内的电场的作用是使极板上的原子溶解到溶液中去的. 最后化学亲和力与电场力持平，离子淀积与溶解两个相反过程达到动态平衡. 此时在 Cu 极板和溶液之间形成一定的电势跃变$U_{AD}=\varphi_A-\varphi_D$，如图 4.14(b)左边所示，Cu 板的电势高于溶液.

丹聂耳电池中两极与溶液之间的上述化学亲和作用就是非静电力的来源. 将单位正电荷从负极移到正极时，非静电力需抵抗静电力做功，这就是电动势，它等于两电偶层处电势跃变之和

$$\varepsilon=U_{AD}+U_{CB}$$

当外电路未接通时，没有电流通过电池，溶液内各处电势相等，只有在溶液和两电极的接触面上才有电势跃变. 此时电池内部各处电势的变化情况如图 4.14(b)所示. 电池的端电压为

$$U_{AB}=U_{AD}+U_{CB}=\varepsilon$$

当把电池的两极用导体连接起来时，如图 4.15(a)所示，Zn 极上的负电子在电

场力的作用下通过导体流到 Cu 极上去与正电荷中和. 这时由于 Zn 极上的负电子减少，其表面的电偶极层的电场减弱，与非静电力失去平衡. 于是非静电力使Zn^{2+}离子持续溶解，不断恢复新的动态平衡，使 Zn 极表面的电势跃变保持在原来的水平. 同样，Cu 极所带的正电荷因与 Zn 极流来的负电子中和而减少，原来的平衡状态遭到破坏. 但非静电力使Cu^{2+}离子持续淀积，不断恢复新的动态平衡，使 Cu 极表面的电势跃变也保持在原来的水平. 由于Zn^{2+}不断地溶解和Cu^{2+}不断地沉积，使溶液中的正离子在 Zn 极附近增多，Cu 极附近减少，它们在溶液内形成一定的电势差 $U_{CD}=\varphi_C-\varphi_D$，它等于溶液电阻 r 上的电势降落 Ir. 这时电池内部各处电势的变化如图 4.15(b)所示，路端电压为

$$U_{AB}=U_{AD}+U_{CB}-U_{CD}=\varepsilon-Ir$$

电池充电情形如图 4.16(a)所示，情况与放电时相反，这里就不赘述了. 这时电池内部各处电势的变化如图 4.16(b)所示，路端电压为

$$U_{AB}=U_{AD}+U_{CB}+U_{CD}=\varepsilon+Ir$$

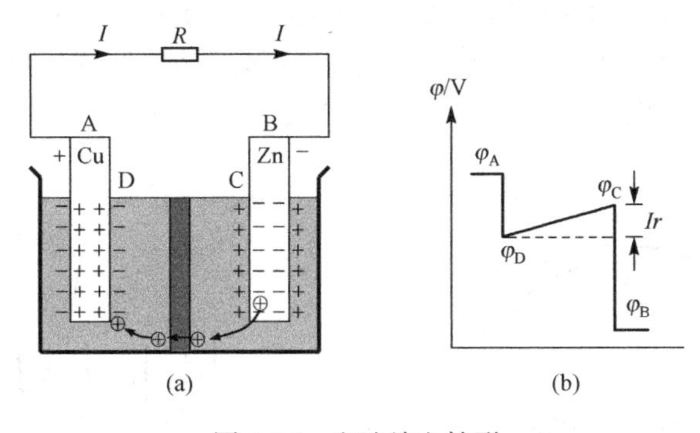

图 4.15 电池放电情形

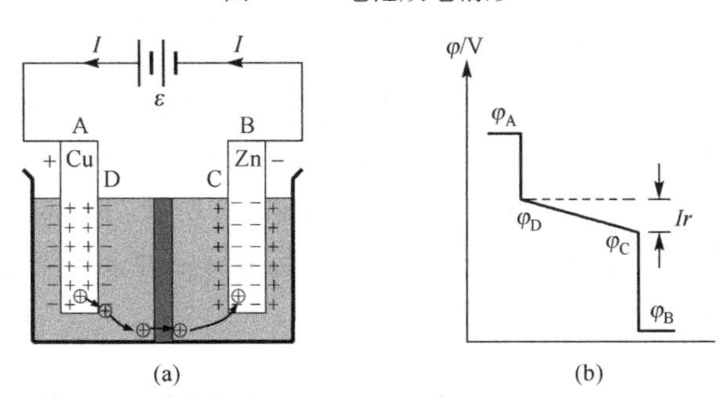

图 4.16 电池充电情形

4.6.2 温差电源

如图 4.17 所示，将 A、B 两种不同的金属构成闭合回路，当两种金属的接头处维持不同的温度 T_1、T_2 时，由于两种金属存在温度梯度和电子数密度梯度，在接触面

产生扩散现象，这种扩散作用等效于一种非静电力，在接触面上形成一定的电动势．这种电动势称为**温差电动势**，在它的作用下，闭合电路中形成稳恒电流，此电流称为**温差电流**．金属回路称为**温差电偶**．实验表明，当温度的变化范围不大时，温差电动势 ε_{AB} 与温度差 (T_2-T_1) 的关系为

$$\varepsilon_{AB}=a(T_2-T_1)+\frac{1}{2}b(T_2-T_1)^2 \tag{4.34}$$

其极性热端为正极，冷端为负极．a、b 是与金属性质有关的常量，可以通过实验测定．金属的温差电动势一般都很小，某些半导体材料的温差电动势比较大．

如果保持一个接触点于已知的固定温度，则通过测量回路中的电动势或开路两端的电势差，就可求得另一接触点的温度，从而成为一种温度计．这就是**温差电偶温度计**或**热电偶**．

当回路中接有第三种金属时，只要该金属两端的温度保持相同，电路中的电动势并不因存在第三种金属而改变，具体的测量温度的热电偶的线路如图 4.18 所示．通常热电偶的固定温度端插在冰水混合液中，保持温度为 0℃．热电偶测温有灵敏度高、测温范围大、受热面积和热容量小等优点．灵敏度高的原因是热电偶是通过电动势的测量来测量温度的，而电动势的测量精度是非常高的．

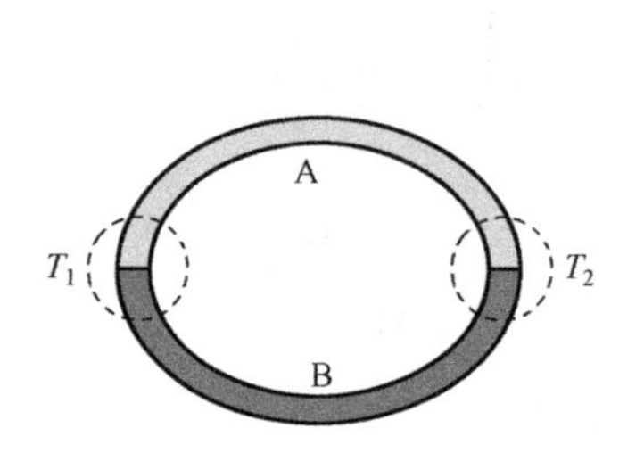

图 4.17 温差电动势

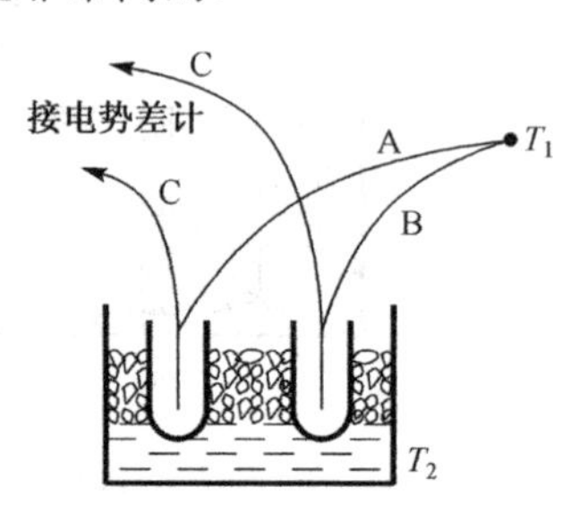

图 4.18 温差电偶温度计

常用的热电偶有康铜-铜（测 300℃以下的温度）、镍铬-镍镁（测量 1100℃以下的温度）、铂-铂铑（测量范围－200℃到 1700℃）和钨-钛（测量可高达 2000℃）等．各种热电偶温差电动势中的两个常量 a 和 b 的值如表 4.2 所示．表中系数 a 和 b 的正、负与选择电动势的方向有关．如果在热接头处，电流由后一种金属流进前一种金属，则电动势取正，反之取负．

表 4.2

温差电偶	$a/(\mathrm{V/K})$	$b/(\mathrm{V/K^2})$
铜-铁	-13.403×10^{-6}	$+0.0275\times10^{-6}$
铜-镍	$+20.390\times10^{-6}$	-0.0453×10^{-6}
铂-铁	-19.272×10^{-6}	-0.0289×10^{-6}
铂-金	-5.991×10^{-6}	-0.0360×10^{-6}

4.7 电路定理

4.7.1 基尔霍夫定律

1. 有关电路的几个概念

在分析电路时，我们把一个具有两个端钮而由多个元件串联而成的组合称为**支路**. 例如图 4.19 中相串联电阻 R_1 和电源 ε_1 就是一个支路，在支路中电流处处相等. 三条或更多条支路的连接点称为**节点**. 图 4.19 电路共有三个支路和 a、b 两个节点. 几条支路构成的闭合通路叫做**回路**，图 4.19 中的 $a\varepsilon_2R_2bR_1\varepsilon_1a$、$aR_3bR_2\varepsilon_2a$、$aR_3bR_1\varepsilon_1a$ 都是回路. 若干回路构成**网络**，网络中包含一系列回路，回路中至少要有一条其他回路没有的支路才能称为**独立回路**.

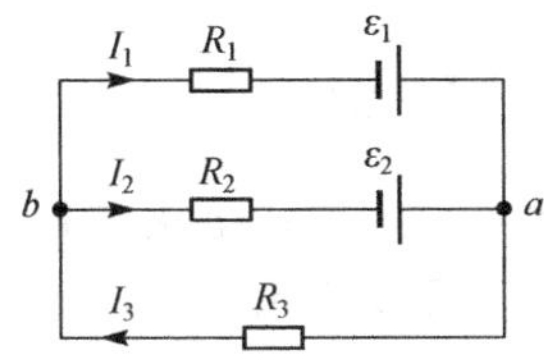

图 4.19 电路名词定义用图

2. 基尔霍夫第一定律(基尔霍夫电流定律)

根据稳恒电流条件 $\oint_S \boldsymbol{j}\cdot\mathrm{d}\boldsymbol{S}=0$，可推导出基尔霍夫电流定律：**汇集于电路中任一节点的各支路电流的代数和等于零**. 其数学表达式为

$$\sum I = 0 \tag{4.35}$$

求和号 $\sum$ 应对所有流入和流出这个节点的电流求和，并规定流出节点电流为正，流入节点电流为负，反过来也可以. 根据基尔霍夫电流定律，对电路中每个节点都可列出一个方程，但 n 个节点，只有 $n-1$ 个方程是独立的.

3. 基尔霍夫第二定律(基尔霍夫电压定律)

根据稳恒电场的环路定理 $\oint \boldsymbol{E}\cdot\mathrm{d}\boldsymbol{l}=0$，可推导出基尔霍夫第二定律：**闭合电路中电阻上的电势降落的代数和等于电动势的代数和**. 其数学表达式为

$$\sum IR = \sum \varepsilon \tag{4.36}$$

求和号应对该回路上所有元件的电压降求和，电压降的正负号规定如下：选定回路绕行方向，电路中电源电动势的方向与回路绕行方向一致时，电动势为正，反之为负；电路中电阻上的电流流向与回路绕行方向一致时，电阻上的电压降为正，反之为负. 根据基尔霍夫电压定律，对每一个闭合回路，都可列出一个回路方程，在一个平面电路中，若有 P 条支路，n 个节点，则可列出 $m=P-n+1$ 个独立回路方程.

例 4.1 已知如图 4.20 所示的电路中，电动势 $\varepsilon_1=3.0\mathrm{V}$，$\varepsilon_2=1.0\mathrm{V}$，内阻 $r_1=0.5\Omega$，$r_2=1.0\Omega$，电阻 $R_1=10.0\Omega$，$R_2=5.0\Omega$，$R_3=4.5\Omega$，$R_4=19.0\Omega$，求电路中电流的分布.

解　① 标定各支路电流的方向见图 4.20. 在一个复杂的电路中,电流的方向往往不能预先判断,暂且随意假定.

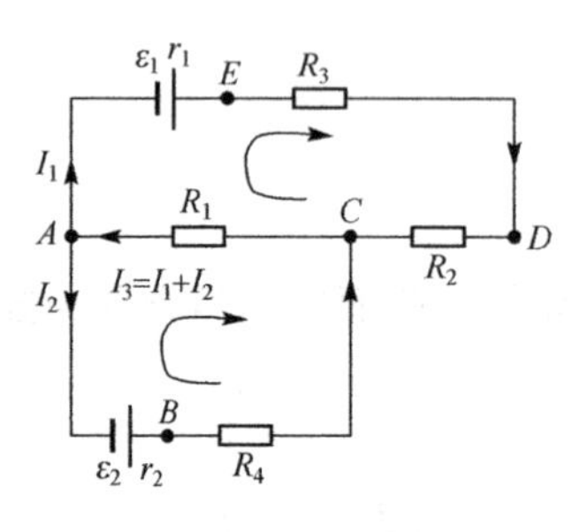

图 4.20　用基尔霍夫定律求解复杂电路问题

② 设未知变量 I_1、I_2 等. 为了使未知变量的数目尽量减少,应充分利用基尔霍夫电流定律. 例如在图 4.20中已设 ABC 支路的电流为 I_2,$AEDC$ 支路的电流为 I_1,在 CA 支路最好不再设一个变量 I_3,而根据基尔霍夫电流定律 $I_1+I_2-I_3=0$ 直接设它为 I_1+I_2,这样便将三个未知数减少到两个.

③ 选取 $m=P-n+1$ 个独立方程,选定回路绕行方向(通常取顺时针为回路的绕行方向). 如图 4.20 所示选择两个回路 $ACBA$ 和 $AEDCA$,由基尔霍夫电压定律列出回路方程

$$-\varepsilon_1+I_1r_1+I_1R_3+I_1R_2+(I_1+I_2)R_1=0$$
$$-(I_1+I_2)R_1-I_2R_4-I_2r_2+\varepsilon_2=0$$

④ 将上述方程组经过整理后,得

$$I_1(R_1+R_2+R_3+r_1)+I_2R_1-\varepsilon_1=0$$
$$-I_1R_1-I_2(R_1+R_4+r_2)+\varepsilon_2=0$$

将题目中给出的参量数值代入,从这个联立方程组即可解得

$$I_1=160\text{mA},\qquad I_2=-20\text{mA}$$

从得到的结果看到,$I_1>0$,$I_2<0$. 这表明最初随意假定的电流方向中,I_1 的方向是正确的,I_2 的实际方向与图中所标的相反.

例 4.2　求不平衡电桥通过检流计 G 的电流 I_g,已知电桥四个臂的电阻分别为 R_1、R_2、R_3 和 R_4,电源的电动势为 ε,内阻为零,检流计的内阻为 R_g.

解　标定各支路电流的方向和独立回路的绕行方向如图 4.21 所示,这里有 I_G、I_1、I_2 三个未知变量,我们相应地列出三个回路方程:

回路 $ABDA$,$I_1R_1+I_GR_G-I_2R_2=0$

回路 $BCDB$,$(I_1-I_G)R_3-(I_2+I_G)R_4-I_GR_G=0$

回路 $ABCEFA$,$I_1R_1+(I_1-I_G)R_3-\varepsilon=0$

经整理得

$$I_1R_1-I_2R_2+I_GR_G=0$$
$$I_1R_3-I_2R_4-I_G(R_3+R_4+R_G)=0$$
$$I_1(R_1+R_3)-I_GR_3=\varepsilon$$

联立方程组可用行列式解出

$$I_G = \frac{\Delta_G}{\Delta} = \frac{\begin{vmatrix} R_1 & -R_2 & 0 \\ R_3 & -R_4 & 0 \\ R_1 + R_3 & 0 & \varepsilon \end{vmatrix}}{\begin{vmatrix} R_1 & -R_2 & R_G \\ R_3 & -R_4 & -(R_3 + R_4 + R_G) \\ R_1 + R_3 & 0 & -R_3 \end{vmatrix}}$$

$$I_G = \frac{(R_2R_3 - R_1R_4)\varepsilon}{R_1R_2R_3 + R_2R_3R_4 + R_3R_4R_1 + R_4R_2R_1 + R_G(R_1 + R_3)(R_2 + R_4)}$$

从上式可以看出，当 $R_1R_4 = R_2R_3$ 时，$I_G = 0$，这时电桥达到平衡.

非平衡电桥在实际中有许多应用. 例如用电阻温度计测量温度时，一般采用非平衡电桥. 图 4.22 是用电阻温度计测量某一容器内温度的示意图. 图中 R_x 是用金属材料或半导体材料制成的热敏电阻，这种电阻的特点是电阻值随温度的变化非常灵敏. R_x 接在电桥的一臂，作为感温元件插入容器内. 在不同的温度下，电桥产生不同程度的不平衡，根据检流计 G(或其他测量仪表)读数的大小就可以换算出容器内的温度来.

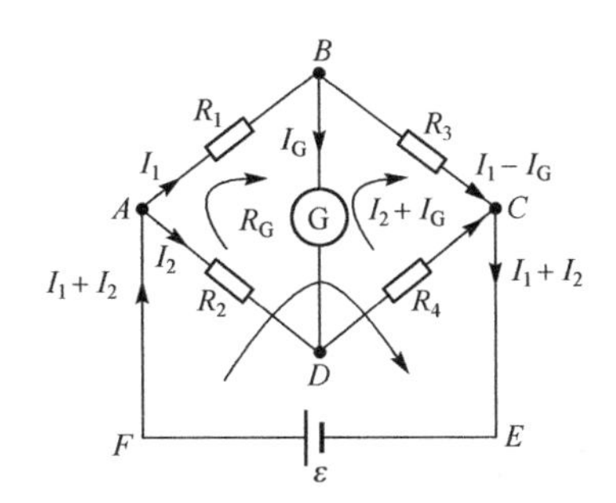

图 4.21 用基尔霍夫定律求解非平衡电桥问题

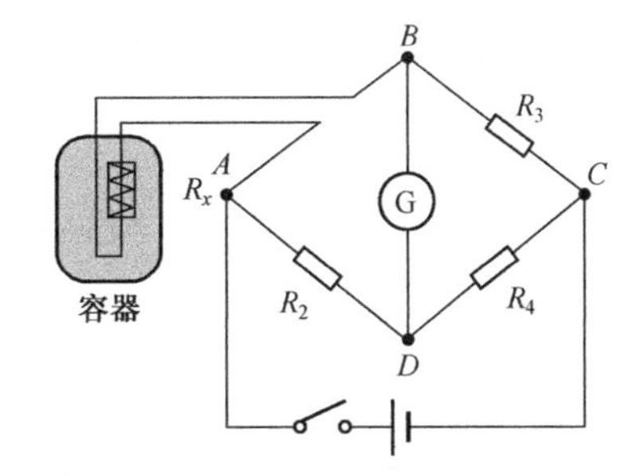

图 4.22 用非平衡电桥测温度

非平衡电桥还常用到自动控制系统. 自动化的生产和实验中常需要对某些条件和因素进行自动控制，利用一些转换元件(如压力传感器等)可以将这些条件和因素转换成电阻值，当条件和因素变化时，就引起相应的电阻变化，从而通过非平衡电桥引起桥路中 I_G 的变化，将此 I_G 放大并用以操纵控制机构，就能控制生产和实验中的某些条件.

4.7.2 叠加原理

在含多个电源的线性电路中，任一支路上的电流等于电路中各电源单独存在时在该支路上产生的电流之和. 这个关于各个电动势作用独立性的原理称为**叠加原理.**

应用叠加原理可以把一个复杂的电路分解成若干比较简单的电路. 在每一个比

较简单的电路中,仅有一个电动势在所研究的问题中起作用,其他电动势假定被短接了,不过它们的内电阻应包括在相应的各支路的电阻内.算出通过各个支路的电流,然后再对其他电源作类似的计算.真正的电流等于各次算出电流的叠加.

例 4.3　用叠加原理计算如图 4.23(a)所示电路中的各支路电流.

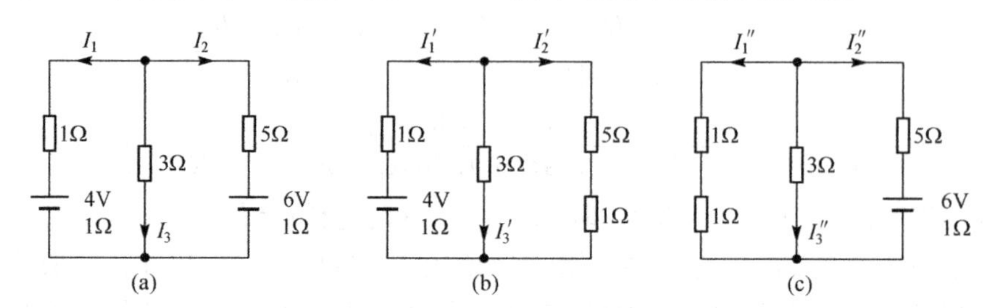

图 4.23　用叠加原理求解电路问题

解　先计算 4V 电源单独作用时的各支路电流.应把 6V 电源的电动势短路,但保留其内阻,如图 4.23(b)所示.这是一个串、并联电路,显然对 4V 电源来说,电路的总电阻为

$$R = 2 + \frac{3 \times 6}{3+6} = 4(\Omega)$$

所以

$$I'_1 = -\frac{4}{4} = -1(\text{A})$$

再根据分流关系可得

$$I'_2 = 1 \times \frac{3}{3+6} = 0.333(\text{A}),\quad I'_3 = 1 \times \frac{6}{3+6} = 0.667(\text{A})$$

再计算 6V 电源单独作用时的各支路电流.为此,应把 4V 电动势短路,如图 4.23(c)所示.对 6V 电源来说,电路的总电阻为

$$R = 6 + \frac{2 \times 3}{2+3} = 7.20(\Omega)$$

电流

$$I''_2 = -\frac{6}{7.2} = -0.833(\text{A})$$

再根据分流关系可得

$$I''_1 = 0.833 \times \frac{3}{2+3} = 0.500(\text{A}),\quad I''_3 = 0.833 \times \frac{2}{2+3} = 0.333(\text{A})$$

因此,各支路电流按图 4.23(a)所设方向应为

$$I_1 = I'_1 + I''_1 = -1 + 0.5 = -0.5(\text{A})$$

$$I_2 = I'_2 - I''_2 = 0.333 - 0.833 = -0.5(\text{A})$$

$$I_3 = I'_3 + I''_3 = 0.667 + 0.333 = 1.0(\mathrm{A})$$

必须指出，叠加原理只适用于线性电路，并只适应于计算线性电路中各电流和电压，不能用于计算电路的功率，因为电路的功率是和电流（或电压）的平方成正比的. 两数的平方和（或差）并不等于两数之和（或差）的平方.

4.7.3 电压源与电流源

考察一直流电源向负载 R 供电（图 4.24）. 电源的电动势为 ε、内阻为 r，则负载两端的电压

$$U_{ab} = \frac{\varepsilon}{R+r}R = \varepsilon - Ir$$

可以看出，当 R 减少时，电流增大，电源输出的电压 U_{ab} 必减小. 但如果电源的内阻 r 很小，以至可以忽略，则电源输出的电压与负载电阻 R 之值无关. 凡是能够输出恒定的与负载电阻无关的电压的电源，称为恒压源.

实际电源的内阻不为零，因而都不是恒压源，但我们可以把实际电源看作由恒压源与内阻串联而成的装置，这样的电源称为电压源. 恒压源与电压源如图 4.25 所示.

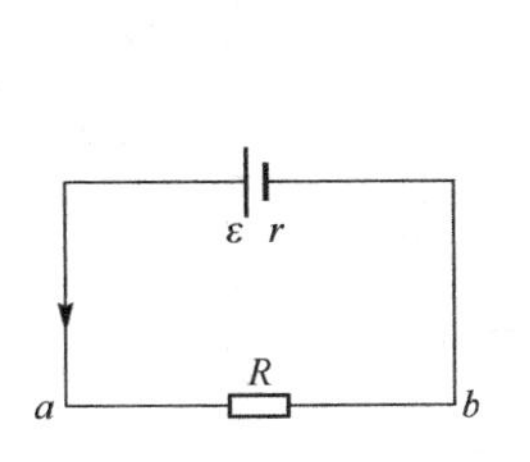

图 4.24 电源向负载供电

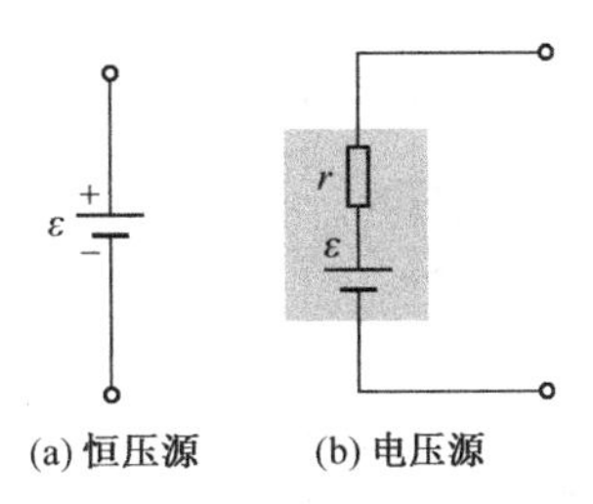

图 4.25 恒压源与电压源

实际电源输出的电流亦与负载电阻 R 有关，R 越大，输出电流越小，如果电源的内阻 r 非常大，而电源的电动势亦非常大，仍然有电流输出，这时输出电流与 R 的依赖关系就不十分明显. 在极限情况下，当 $r \to \infty$ 时，电路中的电流就与负载电阻完全无关. 凡能输出恒定的与负载电阻无关的电流的电源称为恒流源. 实际电源的内阻一般不是无限大，根据欧姆定律，输出电流

$$I = \frac{\varepsilon}{R+r} = \frac{\varepsilon}{r}\,\frac{r}{R+r} = I_0\,\frac{r}{R+r}$$

故实际电源可以看做电流为 $I_0 = \varepsilon/r$ 的恒流源与一内阻为 r 的并联装置. 这样的电源称为电流源，恒流源与电流源如图 4.26 所示.

电动势为 ε、内阻为 r 的电源既可看做电压源，亦可看做电流源. 前者是电动势为 ε 的恒压源与内阻 r 的串联，后者是电流 $I_0 = \varepsilon/r$ 的恒流源与内阻 r 并联. 因而，任何一个电压源总可与某一个电流源等效，反之亦然.

一个由 ε 和 r 标志的电压源，其等效电流源的电流 $I_0=\varepsilon/r$，内阻 r. 这就是说，等效电流源的电流 I_0 等于电压源的电动势除以内电阻，即等于电压源外电路短路时（$R=0$）的电流，故只要想象令电压源短路，此短路电流就是等效电流源的电流.

一个由 I_0 和 r 标志的电流源，其等效电压源的电动势等于 $\varepsilon=I_0r$，内阻为 r. 这就是说，等效电压源的电动势等于电流源的电流乘以内电阻，即等于电流源在断路（$R=\infty$）时的电压. 因此，只要想象令电流源断路，此断路电压就等于等效电压源的电动势.

4.7.4　戴维宁定理

直流电路问题原则上都可以用基尔霍夫定律求解，但是，对于比较复杂的电路，这种计算往往很复杂. 在某些实际问题中，我们并不要求获得每一支路中的电流，而只关心其中某一条支路中的电流. 为了求得一条支路中的电流而去求解一组复杂的联立方程组，似有事倍功半之感. 例如，如图 4.27 所示的电路中，由方框 M 划出的一部分电路，是由若干电源、电阻组成的复杂电路，由方框 N 划出的另一部分电路是由电阻组成的复杂电路，我们要求的也许仅是由方框 M 进入方框 N 中的电流.

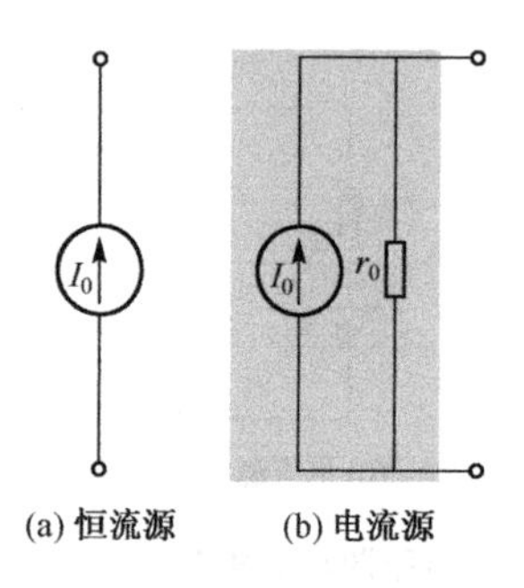

图 4.26　恒流源与电流源

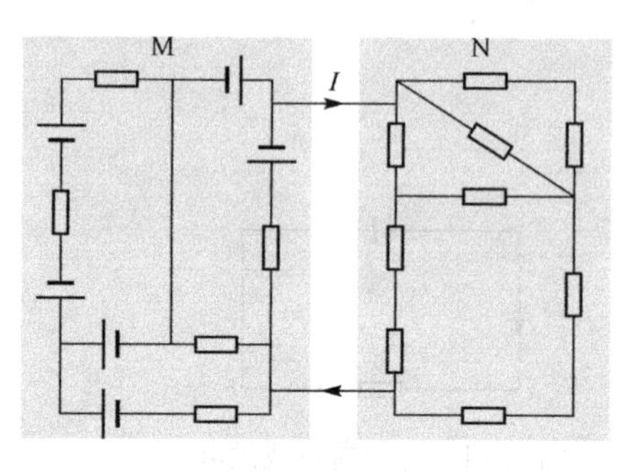

图 4.27　有源二端网络与无源二端网络组成的电路

复杂电路或其一部分通常称为网络. 上面的网络 M 和 N 都分别引出两条导线与另一网络联结，这种网络称为二端网络. 二端网络 M 中含有电源，称为有源二端网络，N 中无电源，称为无源二端网络. 戴维宁定理指出：**任何有源二端网络等效于一个电压源，电压源的电动势等于网络的开路端电压，内阻等于从网络两端看除源网络电阻**. 所谓除源网络，就是把网络内所有电动势作为零，也就是把电动势短路（但保留其内阻）后的网络. 戴维宁定理又称等效电压源定理. 根据戴维宁定理，图 4.27 的复杂电路可等效于图 4.28右边的电路. 两个二端网络 M 和 N 之间的电流为

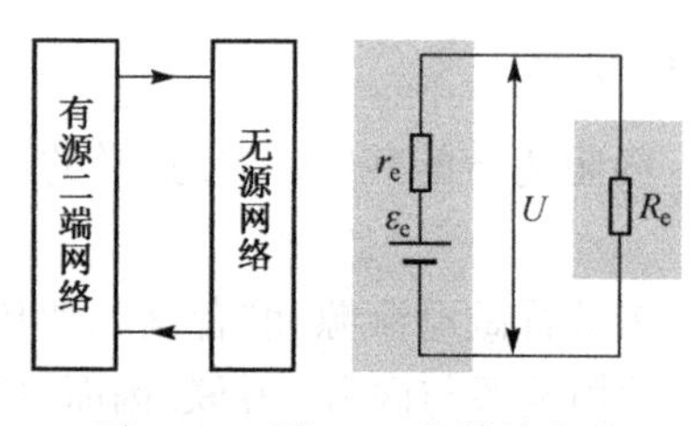

图 4.28　图 4.27 的等效电路

$$I = \frac{\varepsilon_e}{R_e + r_e}$$

例 4.4　用戴维宁定理求例题4.1中的电流 I_2.

解　如图4.29(a)所示将虚框内的二端网络等效于一个电压源，如图4.29(b)所示.

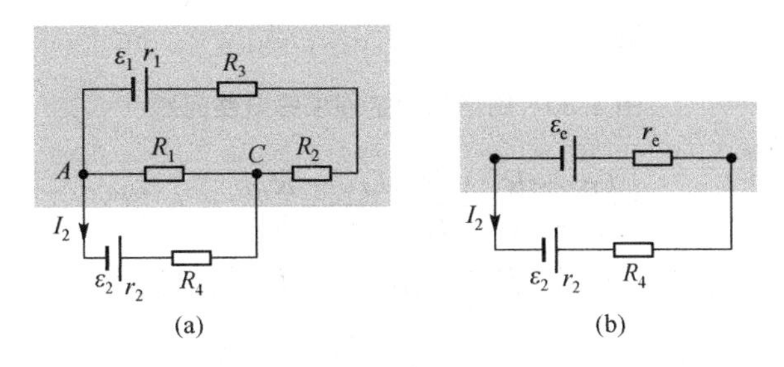

图4.29　用戴维宁定理求解电路问题

等效电压源的电动势为 A、C 两端电压

$$\varepsilon_e = \frac{R_1}{r_1 + R_1 + R_2 + R_3}\varepsilon_1 = 1.5\text{V}$$

等效电压源的内阻为 A、C 两端除源网络的电阻

$$r_e = \frac{R_1(r_1 + R_2 + R_3)}{r_1 + R_1 + R_2 + R_3} = 5\Omega$$

于是

$$I_2 = \frac{\varepsilon_e - \varepsilon_2}{r_e + r_2 + R_4} = 0.02\text{A}$$

结果与前相同.

4.7.5　诺尔顿定理

诺尔顿定理指出：**任何有源二端网络都可以等效于一个电流源．电流源的 I_0 等于网络两端短路时流经两端点的电流，内阻等于从网络两端看除源网络的电阻.** 所谓除源网络，就是把电压源的恒压源（即电动势）短路，把电流源的 I_0 断开，但保留它们的串联或并联内阻．诺尔顿定理又称等效电流源定理.

例 4.5　用诺尔顿定理求例题4.1中的电流 I_3.

解　根据诺尔顿定理，电流源的 I_0 等于将电路中 AC 两点短路时流过的电流，如图4.30(a)所示．于是

$$I_0 = \frac{\varepsilon_1}{r_1 + R_3 + R_2} + \frac{\varepsilon_2}{r_2 + R_4} = 0.35\text{A}$$

而电流源的内阻 r 等于从 AC 两端看除源网络的电阻，则

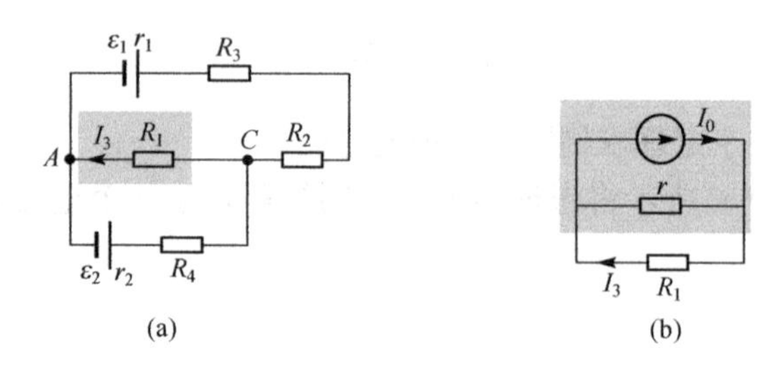

图 4.30　用诺尔顿定理求解电路问题

$$r=\frac{(r_1+R_3+R_2)(r_2+R_4)}{r_1+R_3+R_2+r_2+R_4}=6.7\Omega$$

经如此等效代换后，由图 4.30(b)容易看出，通过 R_1 的电流为

$$I_3=\frac{r}{r+R_1}I_0=0.14\text{A}$$

结果与前相同.

思　考　题

4.1　讨论静电场与稳恒电场的异同.

4.2　若导体内部有电流，即导体内电流密度 $j\neq 0$，问导体内部电荷体密度 ρ 是否一定也不等于零？在电中性的导体中能否有电流？

4.3　在稳恒电路中，激发稳恒电场的电荷是怎样分布的？

4.4　通过某一截面的电流 $I=0$，截面上的电流密度是否必为零？反过来又怎样？

4.5　如果通过导体中的各处的电流密度并不相同，那么电流能否是稳恒电流？

4.6　设通过铜导线的电流密度 $j=2.4\ \text{A/mm}^2$，铜的自由电子密度为 $8.4\times10^{28}/\text{m}^3$，电子定向运动速度 u 有多大？若电源到用电器的距离为 1km，则一个给定的电子从电源运动到电器要经历多少时间？如何理解？

4.7　在电解液中，正负离子均可运动导电，此时的电流密度将如何描写？

4.8　用哪些参量描写材料的导电性能？用电阻可否？

4.9　一长方体铜块，其长、宽、高均已知，此铜块的电阻是唯一确定的吗？

4.10　静电平衡时，导体表面的场强与表面垂直.若导体中有稳定电流，导体表面的场强是否仍然与导体表面垂直？为什么？

4.11　在金属导体中电流线是否与电场线平行？

4.12　试比较 $P=IU$ 与 $P=I^2R$ 两式意义的异同，举例说明之.

4.13　断丝后的白炽灯泡，若设法将灯丝重新搭上后，通常灯泡总要比原来亮，但寿命一般不长，试解释此现象.

4.14　一稳恒电流通过两不同导体材料的交界面，试推出电流密度在交界面上必须满足的边界条件.(设两材料的电导率分别为 σ_1 与 σ_2.)

4.15 把一恒定不变的电势差加一导线两端，使导线中产生一稳恒电流. 若突然改变导线的形状(如折曲导线)，在此瞬间会发生什么现象？是什么因素保持电流稳恒？

4.16 在全电路中，电流的方向是否总是沿着电势降落的方向？在任何情况下，$\boldsymbol{j}$ 和 $\boldsymbol{E}$ 是否总是同方向？

4.17 一个电池内的电流是否会超过其短路电流？电池的路端电压是否可以超过电动势？

4.18 一个 15W、24V 的灯泡接在一电源上时，能正常发光，而将另一 500W、24V 的灯泡接到同一电源上时，只发出微弱的光，为什么？

4.19 讨论有外负载时，丹聂耳电池内的电势分布. 当用一更大的电动势对丹聂耳电池充电时，丹聂耳电池内的电势分布又如何？

4.20 试证明：在 A、B 两种金属构成的温差电偶回路中串接金属 C，只要 C 两端温度相同，就不会影响回路的温差电动势.

4.21 为了测量电路两点间的电压，必须将电压表并联在电路上所要测的两点上，这是否会改变原电路中的电流和电压分配？为了作出较为准确的测量，对电压表有什么要求？

4.22 测量电路中的电流时，必须将电路断开，将电流表接入，这是否会影响原电路的电流？对电流表有何要求？

4.23 两只刻度都是 50μA、内阻是 3kΩ 的电流表，一只改装成 10mA 毫安表，另一只改成 100A 的安培表，当两只表分别接在电路中测量电流，表头指示都是满格时，问这两只表两端的电压哪个大？为什么？

4.24 两只完全相同的电流表，各改装成 10mV 和 1000V 电压表，一只并联在 5mV 负载两端，另一只并联在 500V 的负载两端，问通过哪一只表的电流大？为什么？

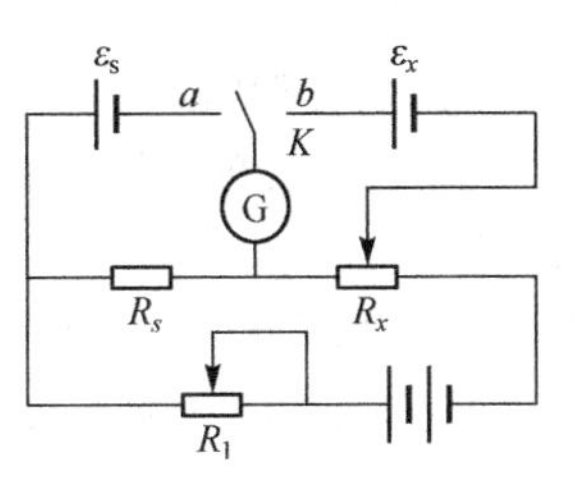

图 4.31 思考题 4.25 图

4.25 补偿器原理如图 4.31 所示，其中 ε_s 是标准电池的电动势，它的值已准确知道，ε_x 是被测电源的电动势，G 是检流计，R_s 是标准电阻，它的大小是根据补偿器的工作原理来选定. R_x 也是标准电阻，其上有滑动触头. 测量时先把电键 K 打向 a，改变电阻 R_1，直到电流计 G 中的读数为零，然后把 K 打到 b，在保持 R_1 不变的情况下，调节 R_x 上的活动触头，直到检流计 G 中的电流为零，根据此测量，试求出 ε_x 值. 这种测量与电压表测电动势有何不同？

4.26 已知复杂电路中一段电路的几种情况如图 4.32 所示，分别写出这段电路的 $U_{AB} = Q_A - Q_B$.

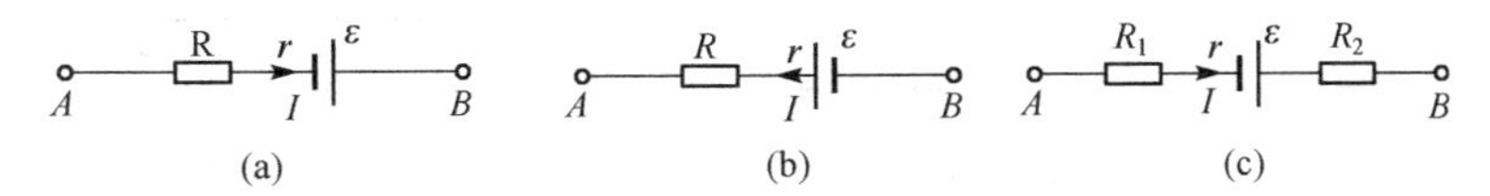

图 4.32 思考题 4.26 图

4.27 试用电流的稳恒条件 $\oint_S \boldsymbol{j} \cdot d\boldsymbol{S} = 0$，推导出基尔霍夫电流定律.

4.28 基尔霍夫方程对非稳恒电流是否适用？为什么？

习 题

4.1 有一真空二极管，其内阴极和阳极为一对平行导体片，面积都是 $2.0\ \text{cm}^2$，它们之间的电流 I 完全是由电子从阴极飞向阳极构成的. 若电流 $I=50\text{mA}$，电子达到阳极时的速率是 $1.2\times10^7\text{m}\cdot\text{s}^{-1}$，电子电荷 $e=-1.6\times10^{-19}\text{C}$，求阳极表面处每立方毫米内的电子数 n.

4.2 用 x 射线使空气电离时，在平衡情况下，每立方厘米有 1.0×10^7 对离子，已知每个正负离子的电量大小都是 $1.6\times10^{-19}\text{C}$，正离子的平均定向速度为 $1.27\text{cm}\cdot\text{s}^{-1}$，负离子的平均定向速度为 $1.84\text{cm}\cdot\text{s}^{-1}$. 求这时空气中电流密度的大小.

4.3 导线中的电流随时间变化关系是 $i=4+2t^2$，式中的 i 单位为 A，t 的单位是 s. 求：

(1) 从 $t=5\text{s}$ 到 $t=10\text{s}$ 的时间间隔内，通过此导线横截面的电荷是多少库？

(2) 在相同的时间内，输运相同的电荷量所需的恒定电流为多少 A？

4.4 已知铜的原子量为 63.75，密度为 $8.9\ \text{g/cm}^3$，在铜导线里，每一个铜原子都有一个自由电子，电子电荷的值为 $1.6\times10^{-19}\text{C}$，阿伏加德罗常数 $N_A=6.022\times10^{23}\ \text{mol}^{-1}$.

(1) 技术上为了安全，铜线内的电流密度不能超过 $j_{\max}=6\ \text{A/mm}^2$，求电流密度为 $j_{\max}$ 时，铜内电子的漂移速率 u.

(2) 按下列公式求 $T=300\text{K}$ 时铜内电子热运动的平均速率 $\bar{v}$，$\bar{v}=\sqrt{\dfrac{8kT}{\pi m}}$. 式中，$m=9.11\times10^{-31}\text{kg}$，是电子质量；$k=1.38\times10^{-23}\text{J/K}$，是玻尔兹曼常数；$T$ 是绝对温度. 问 $\bar{v}$ 是 u 的多少倍？

4.5 试证：在一个均匀导体做成的柱体中，若沿轴向流过稳恒电流，则导体内电流密度矢量必处处相等.

4.6 两根长而直的圆柱形导体，电导率分别为 σ_1 和 σ_2，如图 4.33 所示连接在一起. 若有电流 I 流过导体，问在两导体的交界面上总的电荷数值是多少？已知两导体的半径均为 a.

4.7 如图 4.34 所示，两边为电导率极大的良导体，中间两层是电导率分别为 σ_2、σ_1 的均匀导电介质，其厚度分别为 d_1、d_2，导体的截面积为 S，通过导体的稳恒电流的强度为 I，电流方向如图 4.34 所示，试求 A、B、C 三个界面上的面电荷密度.

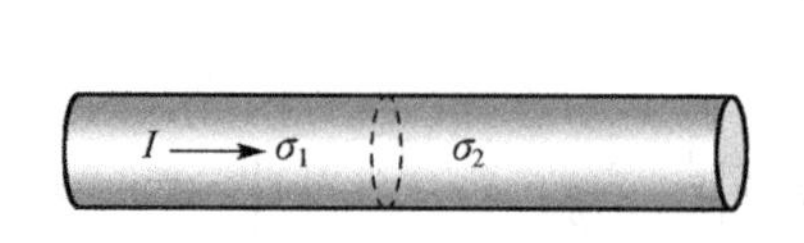

图 4.33 习题 4.6 图

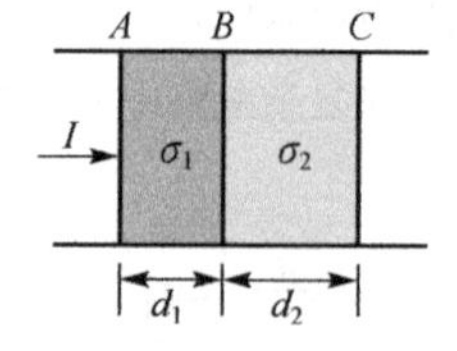

图 4.34 习题 4.7 图

4.8 在地面附近的大气里，由于土壤的放射性和宇宙射线的作用，平均每立方厘米的大气里，约有 5 对正负离子，已知其中正离子的迁移率（即单位电场强度所产生的平均定向速率）为 $1.37\times10^{-4}\text{m}^2/(\text{s}\cdot\text{V})$，负离子的迁移率为 $1.91\times10^{-4}\text{m}^2/(\text{s}\cdot\text{V})$，正负离子电量的大小都是 $1.6\times10^{-19}\text{C}$. 试求地面附近大气的电导率 σ.

4.9 一个电容器浸没在电导率为 σ 的介质中，测出电容器两极板间的电阻为 R. 证明 $RC=$

$\frac{\varepsilon}{\sigma}$，与电极的几何形状无关，其中 ε 是介质的绝对介电常数，C 是电容器在此介质中的电容.

*4.10　两块大金属板相距$(a+b)$，其间充满两种均匀导电介质，介质的介电常数和导电率分别为 ε_{r1}、σ_1 和 ε_{r2}、σ_2，厚度分别为 a 和 b，如图 4.35 所示. 在 $t=0$ 时刻，突然将一恒定的电压 U 加于两电极间，求两介质中的电场，电流密度及交界面上的电荷分布随时间的变化.

*4.11　如图 4.36 所示，载流导体内流有稳恒电流 I，在图示部分导体呈圆弧状，导体内 P_1、P_2 两点到圆心的距离分别为 r_1 和 r_2，证明 P_1 和 P_2 处的电流密度 j_1 和 j_2 有如下关系：

$$\frac{j_1}{j_2}=\frac{r_2}{r_1}$$

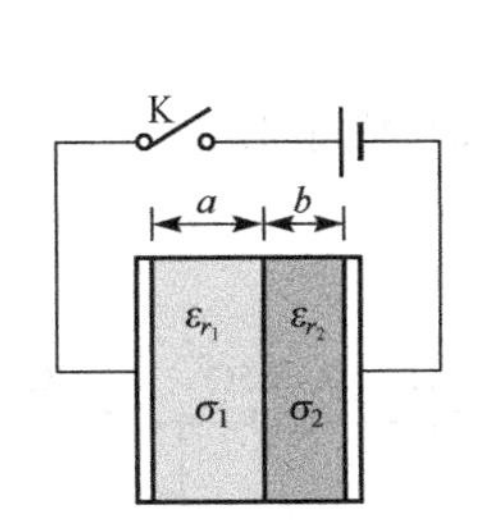

图 4.35　习题 4.10 图

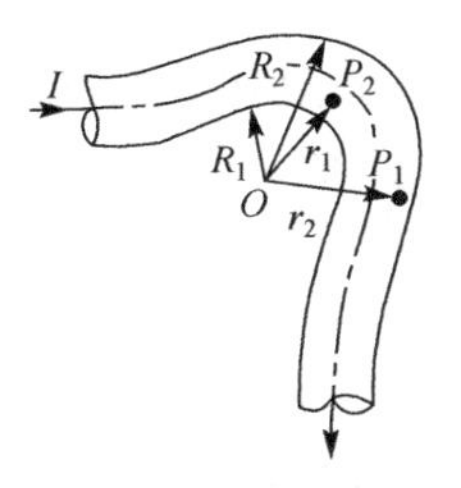

图 4.36　习题 4.11 图

4.12　一半径为 R_0 的理想导体球浸没在无限大的欧姆介质中，介质的电导率 $\sigma=kr$(k 为常数，r 是介质中任一点到球心的距离)，若使导体球的电压维持在 U，试求介质中的电场强度.

4.13　大地可看成均匀导电介质，设其电阻率为 ρ，用一半径为 a 的球形电极与大地表面相接，半个球体埋在地面下(见图 4.37)，电极本身的电阻可以忽略. 证明此电极的接地电阻为

$$R=\frac{\rho}{2\pi a}$$

4.14　两个同心的导体薄球壳，半径分别为和 r_a 和 r_b，其间充满电阻率为 ρ 的均匀介质.

(1) 求两球壳之间的电阻.

(2) 若两球壳之间的电压是 U，求电流密度.

4.15　如图 4.38 所示，一电阻器形状如平截头正圆锥体，两端面的半径分别为 a 和 b，高是 l，材料的电阻率是 ρ，如果锥度很小，我们可假定，穿过任一截面的电流密度是均匀的.

(1) 试计算这种电阻器的电阻；

(2) 试证明，对于锥度为零($a=b$)的特殊情况，答案将简化为 $\rho\frac{l}{S}$，其中 S 为圆柱形的横截面积.

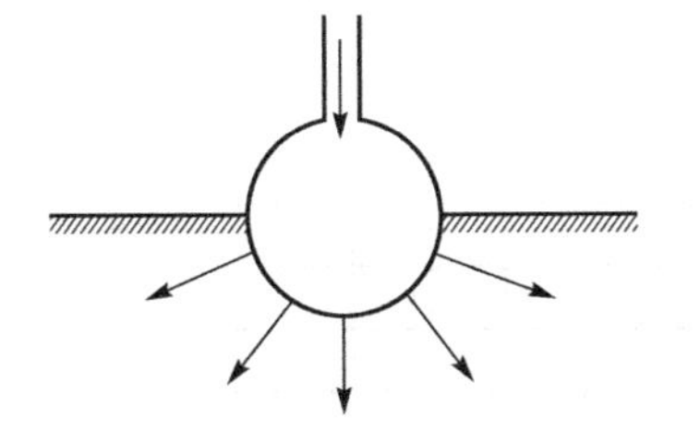

图 4.37　习题 4.13 图

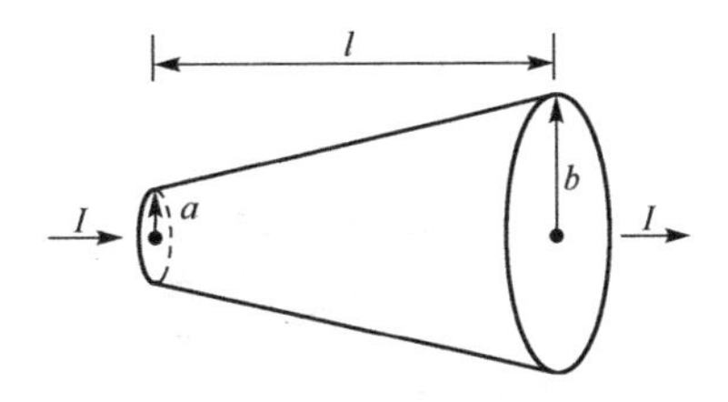

图 4.38　习题 4.15 图

4.16　如图 4.39 所示为一块内半径为 R_1，外半径为 R_2，厚度为 h 的金属板，它对曲率中心所张的圆心角为 θ，假设电导率为 σ，两端面间所加的直流电压为 U，试求：

(1) 金属板内的电流密度；

(2) 金属板的电阻.

4.17　若两个半径为 a 的小球状电极全部深埋在电导率为 σ 的大地中，两球的间距为 $d \gg a$，试求两电极间的电阻 R.

4.18　一无限大平面金属薄膜，厚度为 a，电阻率为 ρ，电流 I 自 O 处注入，自 O' 处流出，两点间的距离为 R. 在 O 与 O' 的连线上有 A、B 两点，A 与 O 相距 r_A，B 与 O' 相距 r_B，试求 A、B 两点间的电压 U_{AB}.

4.19　如图 4.40 所示的由电阻组成的回路，求 A、B 间的等值电阻.

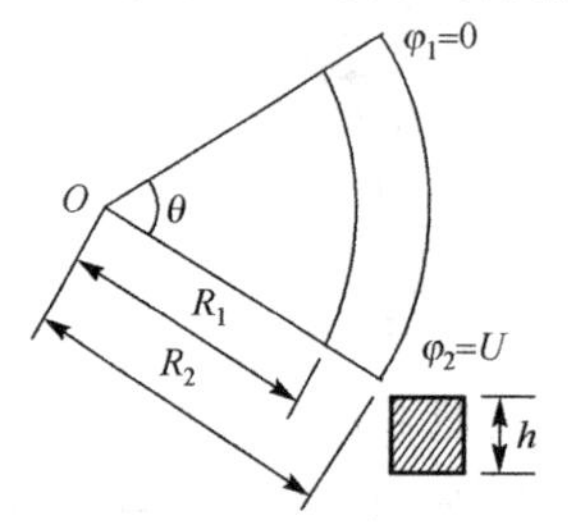

图 4.39　习题 4.16 图

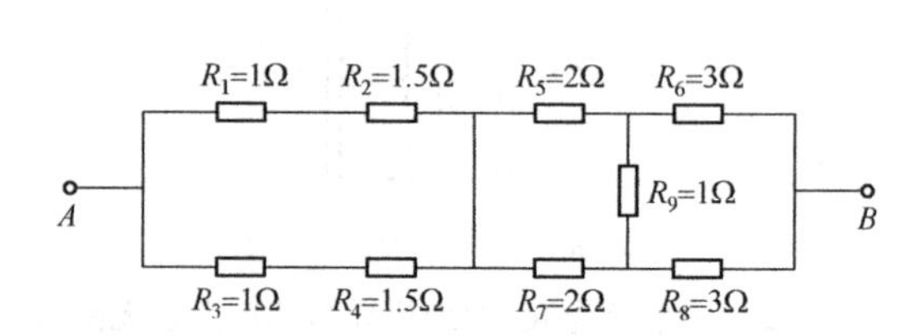

图 4.40　习题 4.19 图

4.20　如图 4.41 所示，图中各电阻值均为 R，求 R_{AB} 的大小.

4.21　如图 4.42 所示，在一立方体框架上，每一边有一个电阻，阻值均为 $R = 1\Omega$，求 R_{AB} 的大小.

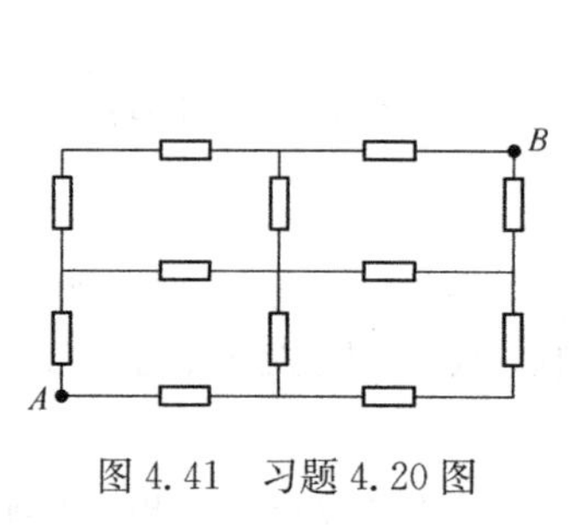

图 4.41　习题 4.20 图

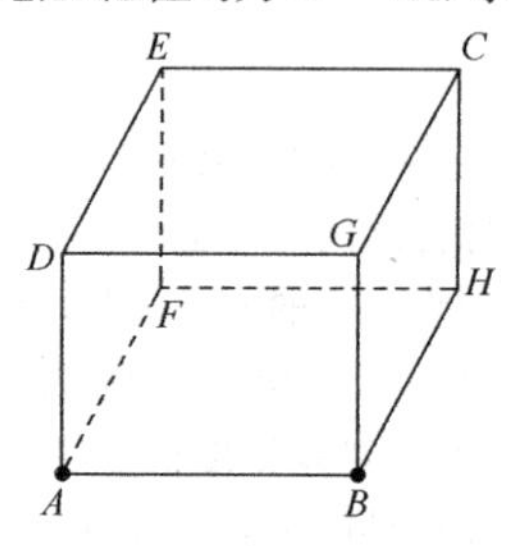

图 4.42　习题 4.21 图

4.22　如图 4.43 所示的电路中，如果 R_0 是已知的，为了使电路的总电阻恰等于 R_0，求 R_1 的值.

4.23　一个二维的无限延展的正方形电阻网络，如图 4.44 所示，设相邻两个格点之间的电阻都是 1Ω，求 A、B 间的等效电阻.

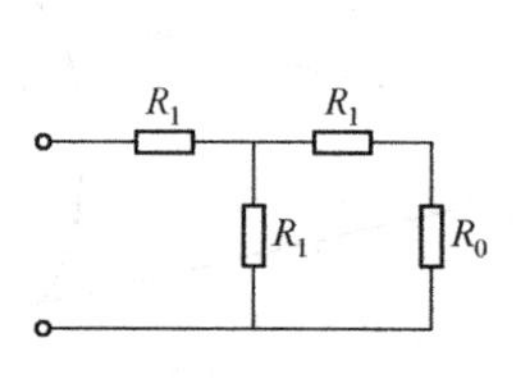

图 4.43　习题 4.22 图

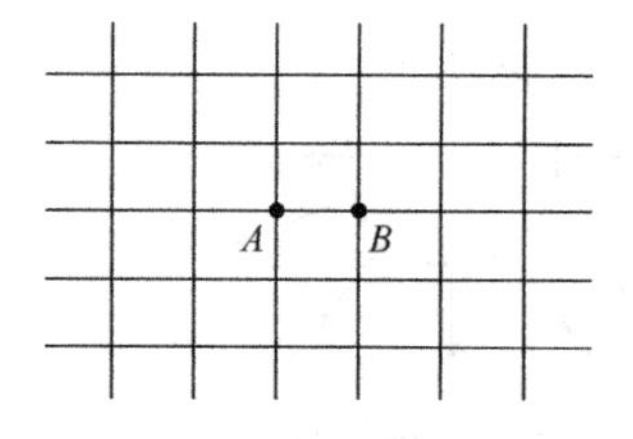

图 4.44　习题 4.23 图

4.24　铜电阻的温度系数为 $4.3\times10^{-3}/℃$，若 0℃时，铜的电阻率为 $1.60\times10^{-8}\Omega\cdot m$. 求直径为 5.00mm、长为 160km 铜制电话线在 25℃时的电阻.

4.25　一铂电阻温度计，在 0℃时的阻值为 200.0Ω. 当把它浸入已在溶解的三氯化锑($SbCl_3$)中后，阻值变为 257.6Ω，求三氯化锑的熔点 t（已知铂电阻的温度系数为 $\alpha=3.92\times10^{-3}/℃$).

4.26　220V、50W 钨丝灯光的钨丝直径为 25μm，求钨丝的长度. 已知在 18℃时，钨丝的电阻率为 $5.5\times10^{-8}\Omega\cdot m$，假定钨丝的电阻和绝对温度成正比，灯泡在使用时，钨丝温度达到 2500K，问在电路初通时(18℃)电流的数值比烧热后大多少倍?

*4.27　范德格喇夫起电机的金属球的半径为 a，支撑这金属球的绝缘支柱的电阻为 r、皮带把电荷送到金属球上去的恒定电流为 I_0，设金属球离地较远.

(1) 试求：自起电机的皮带向金属球内供电起，金属球的电势随时间的变化关系.

(2) 若 $I_0=0.1\mu A, r=5\times10^{11}\Omega$，该起电机可能达到的最高电势是多少?

(3) 若金属球的半径 $a=20cm$，试问该起电机能否达到上述最高电势? 设空气的击穿场强为 30kV/cm.

4.28　一个功率为 45W 的电烙铁，额定电压是 220/110V，其电阻丝有中心抽头[如图 4.45(a)所示]. 当电源是 220V 时，用 A、B 两点接电源；当电源是 110V 时，则将电阻丝并联后接电源[如图 4.45(b)所示]. 问：

(1) 电阻丝串联时的总电阻是多少?

(2) 接上 110V 时，电烙铁的功率是否仍是 45W?

(3) 在两种接法里，流过电阻丝的电流是否相同? 电源供应的电流是否相同?

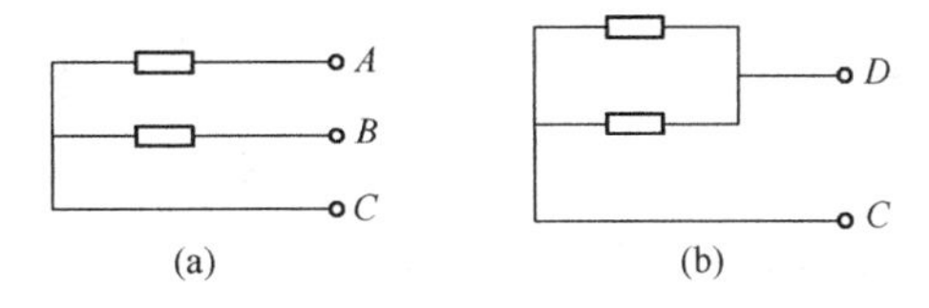

图 4.45　习题 4.28 图

4.29　电子直线加速器产生电子束脉冲，脉冲电流是 0.5A，脉冲宽度为 0.10μs. (1)每一脉冲有多少电子被加速? (2)机器工作于 500 脉冲/S，其平均电流是多少? (3)如电子被加速到能量为 50MeV，问加速器输出的平均功率是多大?

4.30　蓄电池在充电时通过的电流为 3A，此时其端电压为 4.25V. 当这蓄电池放电时，流出的电流为 4A，此时端电压为 3.9V. 试求此蓄电池的电动势和内阻.

*4.31　如图 4.46 所示，由 R_1 和 R_2 构成的无穷级分压电路，求给定输入电压 U 下的输入电流 I.

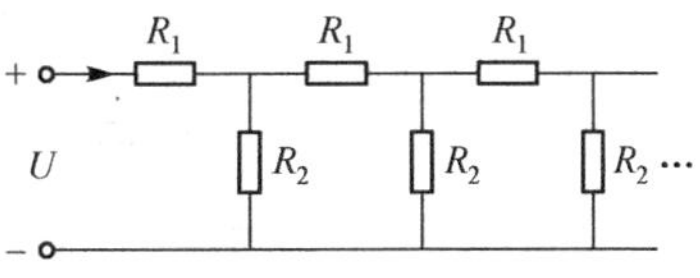

图 4.46　习题 4.31 图

4.32　一电路如图 4.47 所示，已知 $\varepsilon_1=12V, \varepsilon_2=9V, \varepsilon_3=8V, r_1=r_2=r_3=1\Omega, R_1=R_3=R_4=R_5=2\Omega, R_2=3\Omega$. 求：

(1) a、b 断开时的 U_{ab}；

(2) a、b 短路时通过 ε_2 的电流的大小和方向.

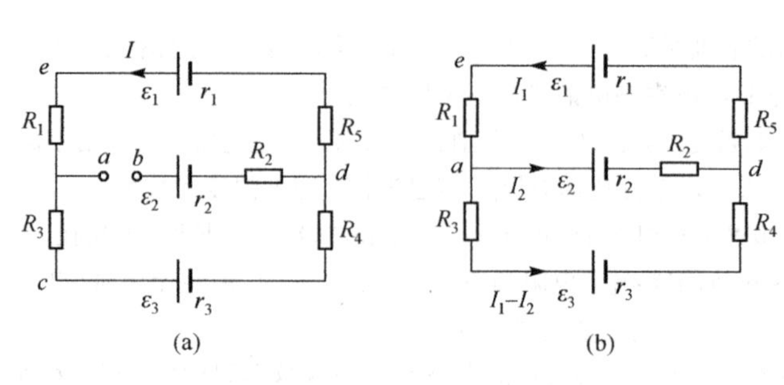

图 4.47　习题 4.32 图

4.33　如图 4.48 所示，当电键 S 开启时，电键两端的电势差是多少？哪一端电势高？当 S 闭合后电键处的最终电势是多少？S 闭合后，流经 S 的电量是多少？

4.34　如图 4.49 所示，当电键 S 开启时，电键两端的电势差是多少？哪一端电势高？S 闭合后，电键处的电势为多少？S 闭合后，每一个电容器的电量变化了多少？

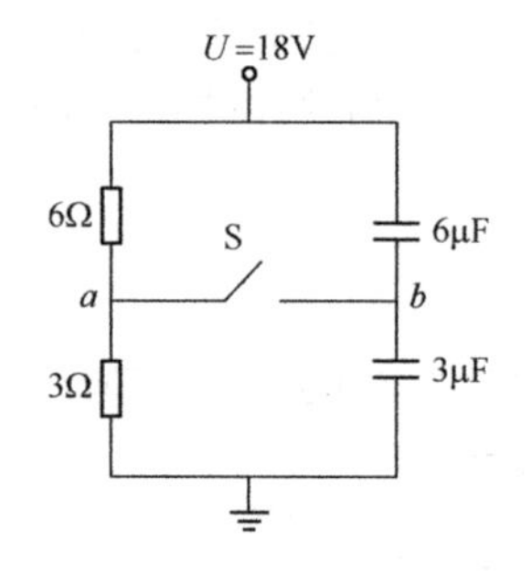

图 4.48　习题 4.33 图

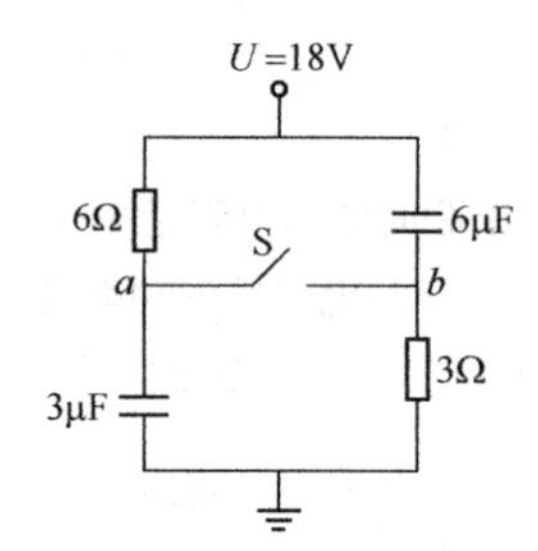

图 4.49　习题 4.34 图

4.35　如图 4.50 所示，已知 $\varepsilon_1 = 8\text{V}, \varepsilon_2 = 6\text{V}, C = 20\mu\text{F}, R_1 = 3\Omega, R_2 = 7\Omega$，求各支路电流及电容器上的电荷，若在 a、b 之间接上一个与电容器并联的 4Ω 电阻器，则情况又如何？

4.36　如图 4.51 所示电路中，ε_1 和 ε_2 是两个电源的电动势，它们的内阻皆为零，试证明检流计 G 的电流为零的充分必要条件是：$\dfrac{\varepsilon_1}{\varepsilon_2} = \dfrac{R_1}{R_2}$.

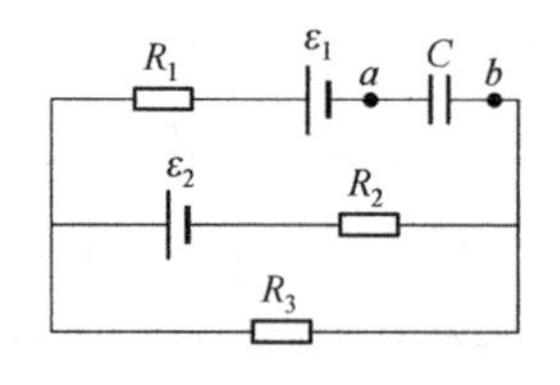

图 4.50　习题 4.35 图

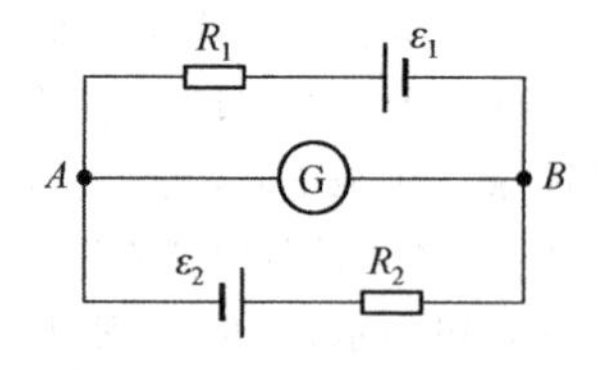

图 4.51　习题 4.36 图

4.37　在如图 4.52 所示的电路中 $\varepsilon_1 = 4\text{V}, \varepsilon_2 = 12\text{V}, R_1 = 6\Omega, R_2 = 4\Omega, R_3 = 2\Omega$，电流表 A 的读数为 0.5A，试求：

(1) 电源电动势 ε_3 的大小；

(2) 电源（ε_2）的输出功率（设 R_2 是该电源的内阻）；

(3) B、F 两点间的电势差.

4.38　电路如图4.53所示，$\varepsilon_1 = 6.0\text{V}$，$\varepsilon_2 = 4.5\text{V}$，$\varepsilon_3 = 2.5\text{V}$，$r_1 = 0.2\Omega$，$r_2 = 0.1\Omega$，$r_3 = 0.1\Omega$，$R_3 = 2.5\Omega$，$R_1 = R_2 = 0.5\Omega$，求各支路电流.

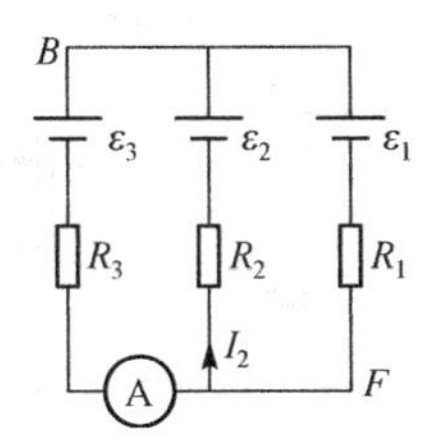

图4.52　习题4.37图

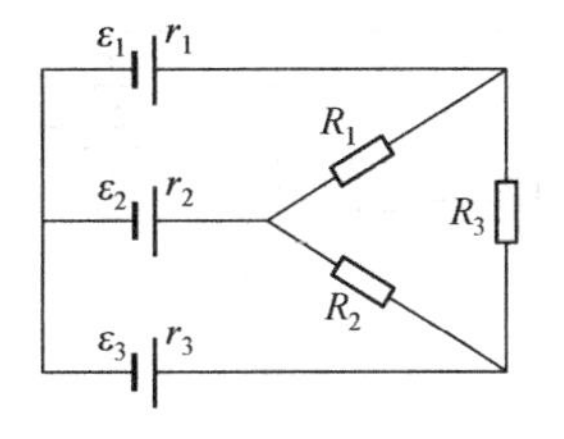

图4.53　习题4.38图

4.39　在如图4.54所示的电路中，求ε_1、ε_2及U_{ab}.

4.40　在如图4.55所示电路中，已知$\varepsilon_1 = 1\text{V}$，$\varepsilon_2 = 2\text{V}$，$\varepsilon_3 = 3\text{V}$，$r_1 = r_2 = r_3 = 1\Omega$，$R_1 = 1\Omega$，$R_2 = 3\Omega$，求：

(1) 通过ε_3的电流；

(2) R_2消耗的功率.

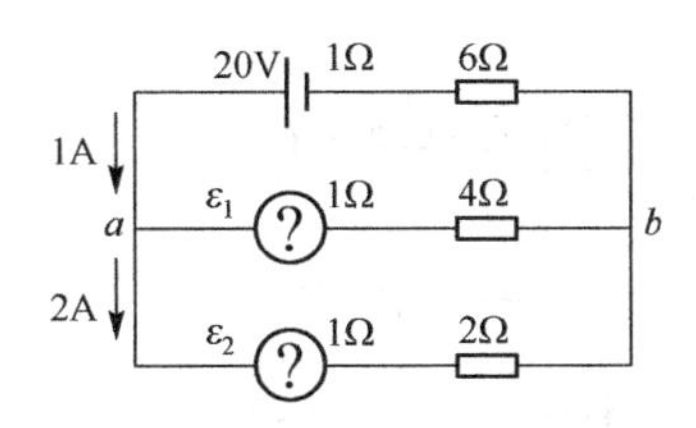

图4.54　习题4.39图

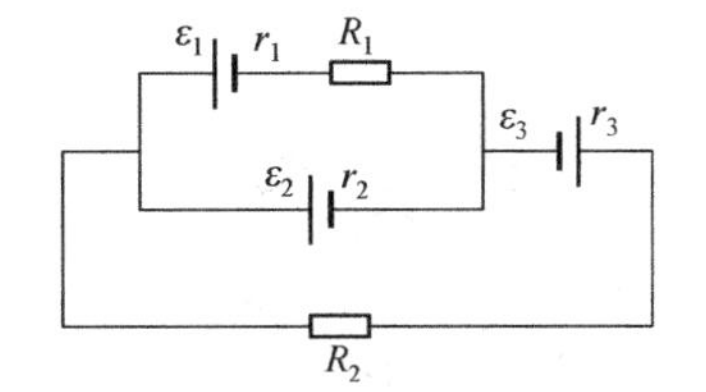

图4.55　习题4.40图

4.41　给你电动势为ε、内阻为r的两个电池组.这两个电池组既可以串联又可以并联，并用来在电阻器R中建立电流，试导出这两种连接法R中电流的表达式.问：

(1) 如果$R > r$，何种连接产生的电流较大；

(2) 如果$R < r$，又如何？

4.42　在如图4.56所示电路中，各电源均为零内阻，O点接地，求：

(1) A点电势；

(2) $10\mu\text{F}$电容器与O点相接的极板上的电量.

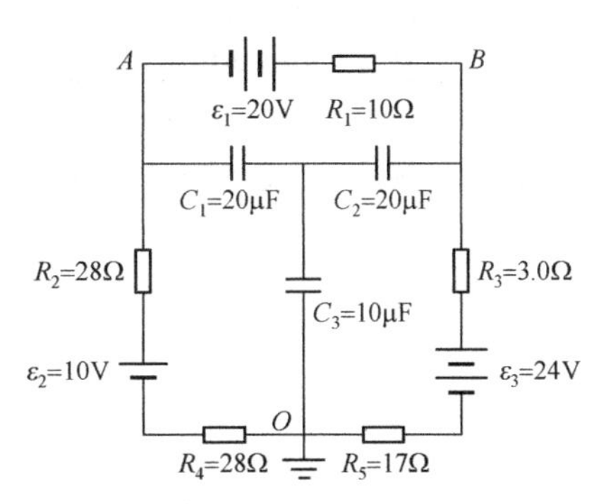

图4.56　习题4.42图

4.43　在如图4.57所示电路中，$R_3 = 2.0\Omega$，$R_1 = R_2 = R_4 = R_5 = 4R_3$，$R_6 = 3R_3$，二个理想电压源的电动势分别为$\varepsilon_1 = \varepsilon_2 = 10\text{V}$，求流过$R_3$的电流.

4.44　为了找出电缆在某处损坏而通地的地方，可用如图4.58所示装置：AB是一条长为100cm的均匀电阻线，接触点S可在它上面滑动.已知电缆长为7.8km，设当S滑到距B端的距离$x = 41\text{cm}$时，通过电流计G的电流为零.求电缆损坏处到B的距离.

4.45　如图 4.59 所示是一个可以测量电容的电桥，试证明：当电桥平衡时，待测电容 $C_x = \frac{R_1}{R_2} C_1$.

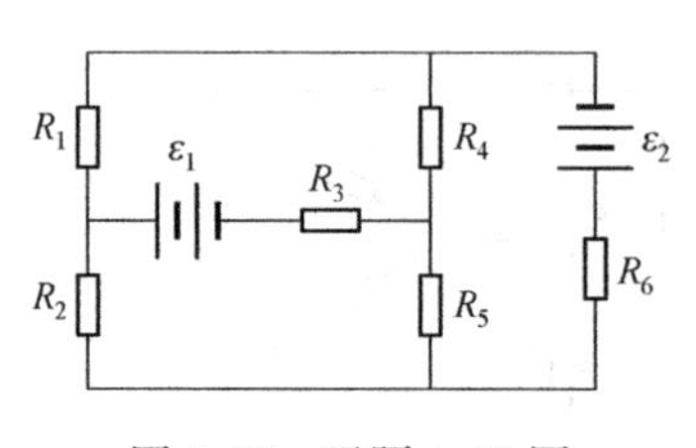

图 4.57　习题 4.43 图

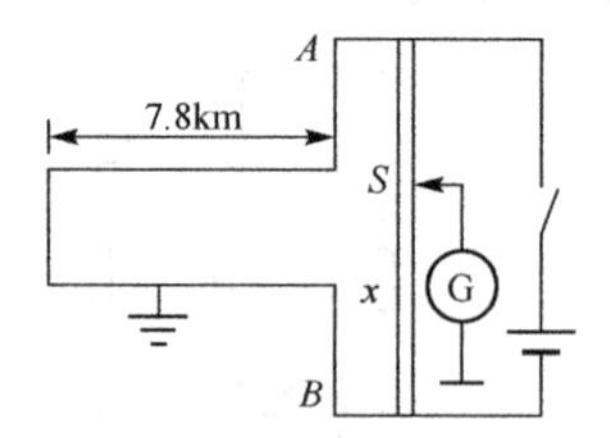

图 4.58　习题 4.44 图

4.46　在如图 4.60 所示电路中，各个电源的内阻均为 2.0Ω，电动势 $\varepsilon = 2.0\text{V}$，电路中电阻 $R_1 = 4.0\Omega$，$R_2 = 6.0\Omega$，$R_3 = 100\Omega$，$R_4 = 2R_3$，纯电感 $L = 2.0\text{mH}$，纯电容 $C = 1.0\mu\text{F}$，求：

(1) 流过 R_4 的电流；

(2) 流过电感的电流；

(3) 电容器上所带的电荷量.

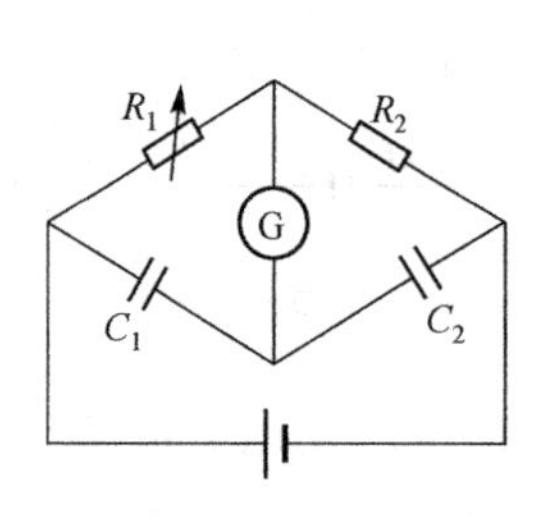

图 4.59　习题 4.45 图

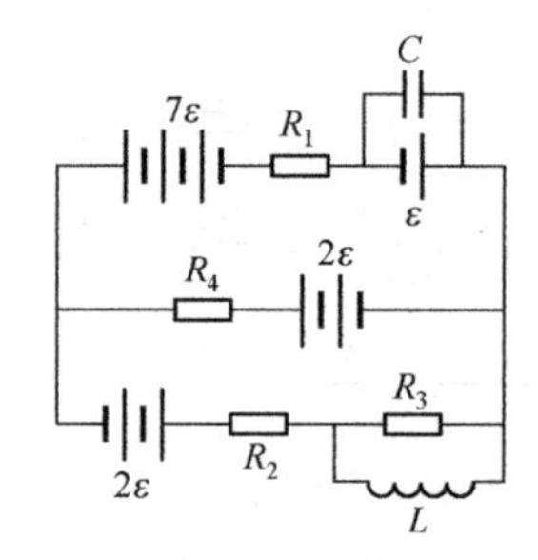

图 4.60　习题 4.46 图

4.47　由一对铜-康铜线所组成的热电偶，其温差电动势 $\varepsilon = 0.04\ \text{mV/℃}$. 在测量温度差时，热电偶与一电流计 G 相联. 试从下列数据求热电偶两接头处的温度差：热电偶及连接导线的电阻 $R_1 = 40\Omega$，电流计的电阻 $R_2 = 320\Omega$，电流计中的电流 $I = 7.8 \times 10^{-8}\text{A}$.

4.48　为了确定炉内的温度，把镍-镍铬合金的热电偶的一接头置于炉内，该热电偶的常数 $a = 0.5 \times 10^{-6}\ \text{V/℃}$. 使热电偶于内阻为 $R_g = 2000\Omega$、灵敏度为每分格10^{-8}A 的电流计相联. 当热电偶的第二接头的温度 $T_2 = 15℃$ 时，电流计偏转 $n = 25$ 分格，问炉内的温度 T_1 等于多少？

第5章 稳恒磁场

运动电荷(或电流)要在周围空间激发磁场. 不随时间变化的磁场称为**稳恒磁场**,有时也称为**静磁场**. 稳恒电流激发的磁场就是一种稳恒磁场. 本章主要讨论稳恒电流在真空中激发磁场的规律和这种磁场的特性以及磁场对电流和运动电荷的相互作用. 从安培定律出发,引出毕奥-萨伐尔定律、安培力公式和磁感应强度概念,从而导出反映稳恒磁场基本性质的磁场高斯定理和安培环路定理,并根据上述基本规律分析典型载流回路产生的磁场、磁场对载流回路和运动电荷的作用.

5.1 磁的基本现象

5.1.1 磁铁

早在远古时代,人们就从天然磁铁(Fe_3O_4)的相互作用中认识到磁现象,例如,我国战国末年的作品《吕氏春秋》中就有"慈石召铁"的记载. 这种天然磁铁称为**永久磁体**. 磁铁具有吸引铁、钴、镍等物质的性质,这种性质称为**磁性**. 磁铁总是存在两个磁性很强的区域,称为**磁极**. 如果将条形磁铁水平悬挂起来,磁铁的一端总是指向地球的南极,另一端总是指向地球的北极,这就是指南针(罗盘). 我国是世界上最早发现和应用这一磁现象的国家,指南针是我国古代的四大发明之一,对世界文明的发展有重大的影响. 历史上把磁针或磁棒指南的一端称为**磁南极**,用 S 表示,指北方的一端称为**磁北极**,用 N 表示. 磁极之间的相互作用称为**磁力**,同种磁极相斥,异种磁极相吸. 与电荷不同,两种不同性质的磁极总是成对出现. 尽管许多科学家从理论上预言存在**磁单极**,但是迄今为止,人们在实验中还没有令人信服地证实磁单极能够独立存在. 无论将磁铁怎样分割,分割后的每一小块磁铁总是具有 S、N 两个不同的磁极.

5.1.2 电流的磁效应

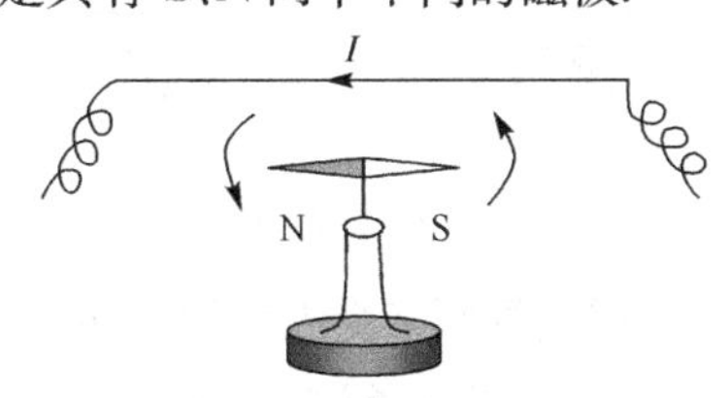

图 5.1 奥斯特实验

1820 年 7 月 21 日,丹麦物理学家奥斯特发现了电流的磁效应:在载流直导线附近,平行放置的磁针受力向垂直于导线的方向偏转,磁体与电流的作用如图 5.1 所示. 电流的磁效应表明电流给周围的磁体以作用力. 奥斯特发现电流的磁效应以后,人们对磁的认识和利用才得到较快的发展,改变把磁与电截然分开的看法,开始探索电、磁内在联系的新时期.

5.1.3　磁体对电流的作用

如图 5.2 所示,把导线悬挂在马蹄形磁铁的两极之间,当导线中通入电流时,导线会被排开或吸入.这显示通有电流的导线受到磁铁的作用.

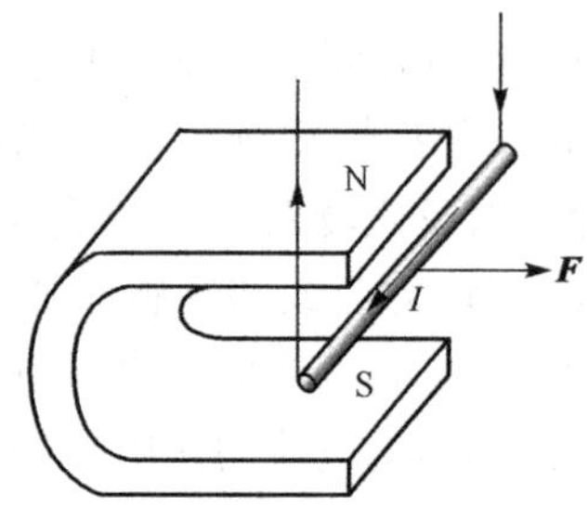

图 5.2　磁体对电流的作用

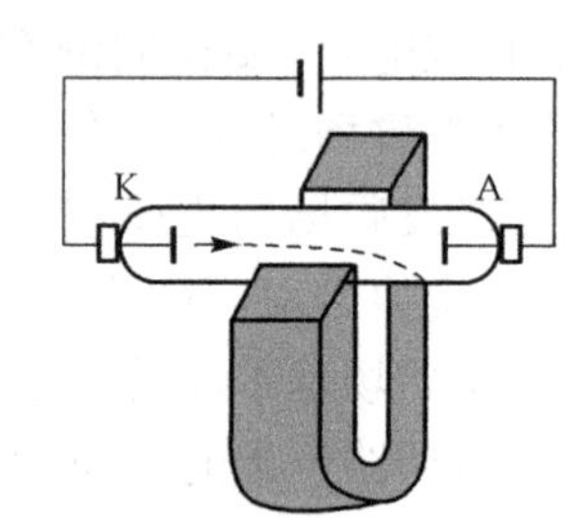

图 5.3　磁体对运动电子的作用

5.1.4　磁体对运动电子的作用

如图 5.3 所示,一个阴极射线管的两个电极之间加上电压后,会有电子束从阴极 K 射向阳极 A.当把一个马蹄形磁铁放到管的近旁时,会看到电子束发生偏转.这显示运动的电子受到磁铁的作用力.

5.1.5　平行电流间的相互作用

如图 5.4 所示,有两段平行放置并两端固定的导线,当它们通以方向相同的电流时,互相吸引(图 5.4(a)).当它们通以方向相反的电流时,互相排斥(图 5.4(b)).这说明电流与电流之间有相互作用力.

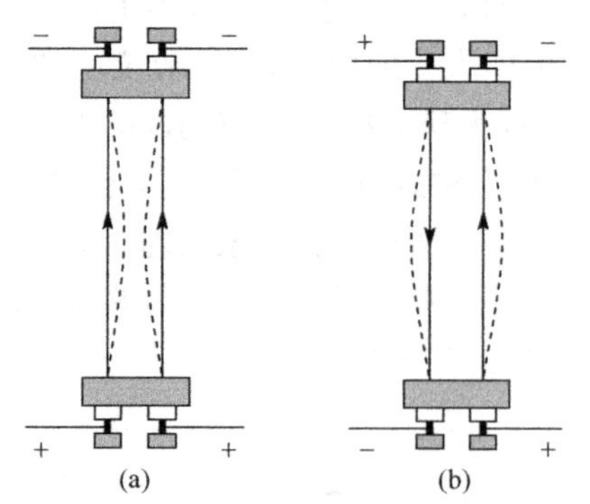

图 5.4　平行电流间的相互作用

5.1.6　载流螺线管与磁体相互作用

将一个螺线管用细线悬挂起来,使它可在水平面内绕竖直的轴自由转动,如图 5.5 所示,接通电流后,用一根磁棒的某个极分别去接近螺线管的两端.我们会发现,螺线管一端受到吸引,另一端受到排斥,如果把磁棒的极性换一下,则螺线管原来受吸引的一端变为受排斥,原来受排斥的一端变为受吸引.这表明,螺线管本身就像一条磁棒那样,一端相当于 N 极,另一端相当于 S 极.

螺线管和磁棒之间的相似性,启发我们提出这样的问题:磁铁和电流是否在本源上是一致的? 1821 年法国科学家安培提出了著名的分子电流假说,他认为,**一切**

磁现象的根源都是电流.磁性物质的分子中存在回路电流,称为分子电流,分子电流相当于基元磁铁,物质对外显示出的磁性,取决于物质中分子电流对外界的磁效应的总和.

现代理论表明,所谓分子电流是由原子中核外电子绕核的运动和自旋所形成.而电流是电荷作定向运动形成的,因此,各种磁现象在本质上源于运动电荷.

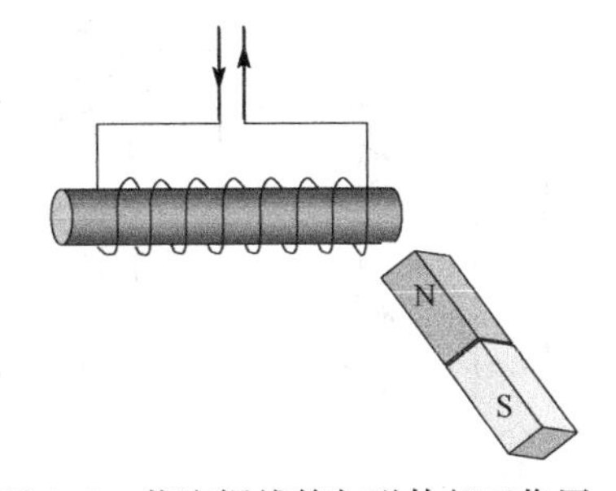

图 5.5 载流螺线管与磁体相互作用

5.2 安培定律

现在我们来研究电流与电流之间磁相互作用的规律.在研究带电体间的相互作用时,我们先引进点电荷这个理想模型,再研究点电荷之间相互作用的库仑定律,然后,根据叠加原理,把任意形状的带电体看作点电荷的集合,就可以计算出带电体间的相互作用力.仿照此法,安培在研究电流之间的相互作用时,首先把全部注意力放在探索电流元之间相互作用力的规律上,我们可以把载流回路看做是大量无限短的载流线段元的集合,每一线段元的长度 dl 乘以其中的电流 I 称为**电流元**,只要找到一对电流元之间相互作用力的规律,就可计算出任意两个载流回路间的作用力.然而,与点电荷不同,通有稳恒电流的孤立电流元在原则上无法获得,因而根本无法通过测量它们之间的作用力来研究电流元之间的相互作用规律.为此,安培从 1821 年开始设计四个非常精巧的示零实验.第一个实验的结果是,对折载流导线(图 5.6(a))对任何载流回路都不施加作用力.这说明**电流产生的作用力与电流的方向有关**,由于对折导线中电流方向相反,所以产生的作用力方向也相反,因而相互抵消.第二个实验的结果是,直导线外绕螺旋线,电流方向相反(图 5.6(b)),对任何载流回路都不施加作用力,这说明许多电流元的合作用力是单个电流元产生的作用力的矢量和,**电流元产生的作用力具有可叠加性**,因此电流元与它所产生的作用力之间有线性关系.第三个实验装置如图 5.6(c)所示,圆弧状导体置于水银槽 A、B 上,并通过绝缘柄与固定轴 O 相连,A、B 接电源,有电流流过圆弧状导体.实验结果表明,任何载流回路对圆弧状导体施加的作用力都不能使它绕 O 轴转动.这说明电流所受作用力的切向分量为零,即**作用在电流元上的作用力与电流元垂直**.第四个实验利用 A、B、C 三个线圈,周长分别为 l_1、l_2、l_3,距离为 r_{12}、r_{23},$l_1:l_2:l_3=\frac{1}{n}:1:n$,$r_{12}:r_{23}=1:n$,如图 5.6(d)所示,三个线圈中都通电流,A、C 中电流强度大小、方向相同,B 线圈受力为零.这说明 A、C 对 B 的作用力大小相等方向相反,即**相互作用的电流元长度与距离都增加相同倍数时,作用力不变.**

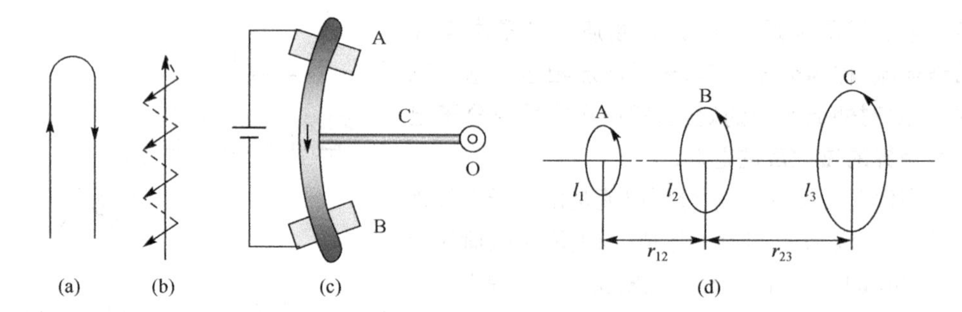

图 5.6　安培的四个实验

安培在以上四个实验的基础上导出了电流元之间相互作用的公式,被称为安培定律.经过修正,安培定律的现代形式是

$$\mathrm{d}\boldsymbol{F}_{21}=k\frac{I_2\mathrm{d}\boldsymbol{l}_2\times(I_1\mathrm{d}\boldsymbol{l}_1\times\boldsymbol{e}_{r21})}{r_{21}^2}\tag{5.1}$$

式中,I_1 和 I_2 分别是两个回路中的电流,$\mathrm{d}l_1$ 和 $\mathrm{d}l_2$ 分别为这两个回路上的线段元.通常把电流元表示成矢量 $I\mathrm{d}\boldsymbol{l}$,其中 I 是该载流线段元中的电流,$\mathrm{d}l$ 为线段元的长度,电流元的方向规定为载流线段元中电流的方向. r_{21} 是电流元 $I_1\mathrm{d}\boldsymbol{l}_1$ 到电流元 $I_2\mathrm{d}\boldsymbol{l}_2$ 的距离,$\boldsymbol{e}_{r21}$ 是沿 $\boldsymbol{r}_{21}$ 的单位矢量,方向从 $I_1\mathrm{d}\boldsymbol{l}_1$ 指向 $I_2\mathrm{d}\boldsymbol{l}_2$,如图 5.7 所示. k 为比例系数,其值取决于单位制的选择,$\mathrm{d}\boldsymbol{F}_{21}$ 则表示电流元 $I_1\mathrm{d}\boldsymbol{l}_1$ 对电流元 $I_2\mathrm{d}\boldsymbol{l}_2$ 的作用力.

电流元之间的作用力 $\mathrm{d}\boldsymbol{F}_{21}$ 的方向并不是显而易见的,若称 $I_1\mathrm{d}\boldsymbol{l}_1$ 与 $\boldsymbol{r}_{21}$ 组成的平面为 S_1 平面,则 $I_1\mathrm{d}\boldsymbol{l}_1\times\boldsymbol{e}_{r21}$ 垂直于 S_1 平面,即在 S_1 平面的法线方向.若称电流元 $I_2\mathrm{d}\boldsymbol{l}_2$ 与 $I_1\mathrm{d}\boldsymbol{l}_1\times\boldsymbol{e}_{r21}$ 所组成的平面为 S_2 平面,则 S_2 平面与 S_1 平面垂直(图 5.8).按照矢积的定义,$\mathrm{d}\boldsymbol{F}_{21}$ 垂直 S_2 平面,即既垂直 S_1 平面的法线又垂直电流元 $I_2\mathrm{d}\boldsymbol{l}_2$.

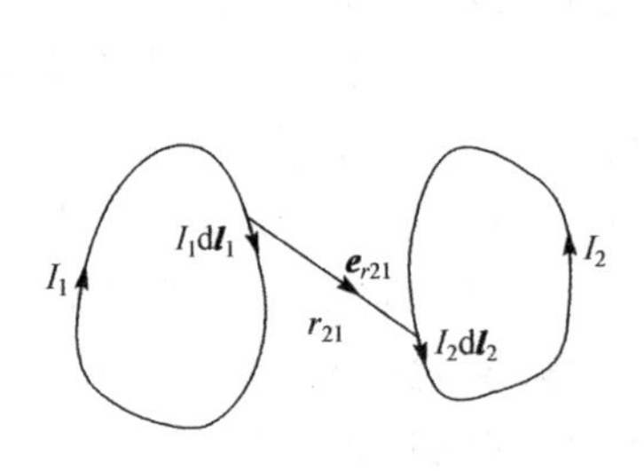

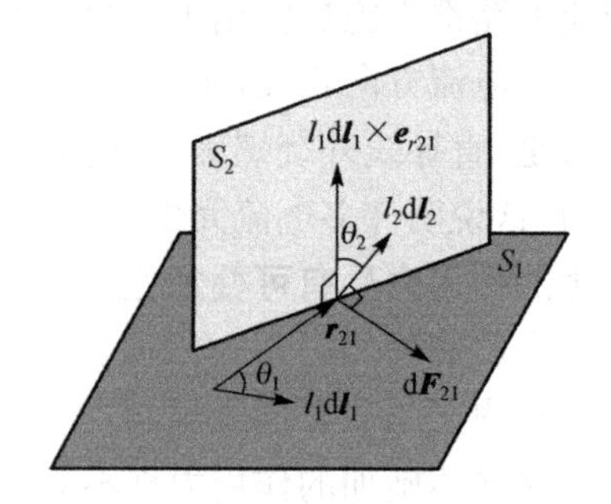

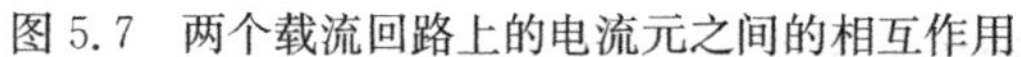
图 5.7　两个载流回路上的电流元之间的相互作用　　图 5.8　两个电流元之间的作用力

若 θ_1 为 $I_1\mathrm{d}\boldsymbol{l}_1$ 与 $\boldsymbol{e}_{r21}$ 间的夹角,θ_2 为 $I_2\mathrm{d}\boldsymbol{l}_2$ 与($I_1\mathrm{d}\boldsymbol{l}_1\times\boldsymbol{e}_{r21}$) 间的夹角,$\mathrm{d}\boldsymbol{F}_{21}$ 的大小为

$$\mathrm{d}F_{21}=k\frac{I_1I_2\sin\theta_1\sin\theta_2\mathrm{d}l_1\mathrm{d}l_2}{r_{21}^2}\tag{5.2}$$

由此可以看出,当 $\boldsymbol{r}_{21}$ 与 $I_2\mathrm{d}\boldsymbol{l}_2$ 给定后,只要 S_1 平面不变,$I_1\mathrm{d}\boldsymbol{l}_1$ 的方向的变化表现为 θ_1 大小的变化,这变化只改变 $\mathrm{d}\boldsymbol{F}_{21}$ 的大小,不改变 $\mathrm{d}\boldsymbol{F}_{21}$ 的方向.当 $\theta_1=0$ 即 $I_1\mathrm{d}\boldsymbol{l}_1$ 平行于

$\boldsymbol{r}_{21}$ 时，$\mathrm{d}\boldsymbol{F}_{21}$ 的值为零；而当 $\theta_1=\pi/2$ 即 $I_1\mathrm{d}\boldsymbol{l}_1$ 与 $\boldsymbol{r}_{21}$ 垂直时，$\mathrm{d}\boldsymbol{F}_{21}$ 的值达到最大. 此外，当 $I_1\mathrm{d}\boldsymbol{l}_1$ 和 $\boldsymbol{r}_{21}$ 确定后，只要 $I_2\mathrm{d}\boldsymbol{l}_2$ 始终在 S_2 平面内，则 $I_2\mathrm{d}\boldsymbol{l}_2$ 方向的变化表现为 θ_2 大小的变化，这种变化同样只改变 $\mathrm{d}\boldsymbol{F}_{21}$ 的大小而不改变其方向. 当 $\theta_2=0$ 即 $I_2\mathrm{d}\boldsymbol{l}_2$ 沿平面的法线方向时，$\mathrm{d}\boldsymbol{F}_{21}=0$，而当 $\theta_2=\pi/2$，即 $I_2\mathrm{d}\boldsymbol{l}_2$ 在 S_1 平面内时，$\mathrm{d}\boldsymbol{F}_{21}$ 的值达到最大.

在国际单位制中，电流的单位是 A，长度的单位是 m，力的单位是 N，这时比例系数 k 为

$$k=\frac{\mu_0}{4\pi}=10^{-7}\mathrm{N}\cdot\mathrm{A}^{-2} \tag{5.3}$$

μ_0 称为真空磁导率，它是一个有量纲的恒量. 在国际单位制中，安培定律的表示式为

$$\mathrm{d}\boldsymbol{F}_{21}=\frac{\mu_0}{4\pi}\frac{I_2\mathrm{d}\boldsymbol{l}_2\times(I_1\mathrm{d}\boldsymbol{l}_1\times\boldsymbol{e}_{r21})}{r_{21}^2} \tag{5.4}$$

安培定律的正确性无法直接通过实验验证，因为无法获得通有稳恒电流的电流元. 但是用它计算两个载流回路间的磁相互作用力所得到的结果与实验是符合的.

若将式(5.4)应用于两个孤立的电流元，则将得出两电流元之间的作用力一般不满足牛顿第三定律的结论. 这是因为孤立的电流元不可能是稳恒的，而非稳恒的电流元会产生随时间变化的场，场具有能量，还具有动量. 随时间变化的场的动量也是随时间变化的. 可以证明，如果考虑场的动量的变化，把电流元与场作为一个封闭系统，那么系统的总动量是守恒的. 在经典力学范围内，牛顿第三定律与动量守恒定律是等价的. 两个孤立的电流元不构成封闭系统，它们与场之间有动量交换，动量不守恒，故不满足牛顿第三定律. 但是，在稳恒电流的情况下，通有电流的回路是闭合的，可以证明两闭合载流回路间的作用力符合第三定律.

例 5.1 分析两平行的无限长载流直导线间的相互作用力.

解 设两平行直导线中的电流分别为 I_1 和 I_2，导线间是距离为 a. 建立直角坐标系，如图 5.9 所示，在两导线上分别任取一电流元 $I_1\mathrm{d}\boldsymbol{l}_1$ 和 $I_2\mathrm{d}\boldsymbol{l}_2$，它们之间是距离为 r_{21}. $I_1\mathrm{d}\boldsymbol{l}_1$ 到原点的距离为 z_1，$I_2\mathrm{d}\boldsymbol{l}_2$ 到 z 轴上的距离为 z_2. 根据安培定律，电流元 $I_1\mathrm{d}\boldsymbol{l}_1$ 对电流元 $I_2\mathrm{d}\boldsymbol{l}_2$ 的作用力为

$$\mathrm{d}\boldsymbol{F}_{21}=\frac{\mu_0}{4\pi}\frac{I_2\mathrm{d}\boldsymbol{l}_2\times(I_1\mathrm{d}\boldsymbol{l}_1\times\boldsymbol{e}_{r21})}{r_{21}^2}$$

式中，

$$\boldsymbol{r}_{21}=a\boldsymbol{j}+(z_2-z_1)\boldsymbol{k}$$
$$r_{21}^2=a^2+(z_2-z_1)^2$$
$$\mathrm{d}\boldsymbol{l}_1=\mathrm{d}z_1\boldsymbol{k}$$
$$\mathrm{d}\boldsymbol{l}_2=\mathrm{d}z_2\boldsymbol{k}$$

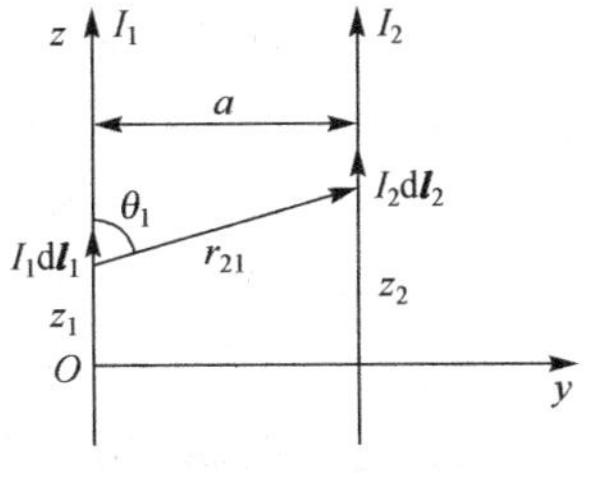

图 5.9 平行无限长载流直导线相互作用力

所以

$$\mathrm{d}\boldsymbol{F}_{21}=\frac{\mu_0}{4\pi}\frac{I_1I_2\mathrm{d}z_1\mathrm{d}z_2\boldsymbol{k}\times\{\boldsymbol{k}\times[a\boldsymbol{j}+(z_2-z_1)\boldsymbol{k}]\}}{[a^2+(z_2-z_1)^2]^{3/2}}$$

$$\mathrm{d}\boldsymbol{F}_{21}=-\frac{\mu_0}{4\pi}\frac{aI_1I_2\mathrm{d}z_1\mathrm{d}z_2}{[a^2+(z_2-z_1)^2]^{3/2}}\boldsymbol{j}$$

电流 I_1 的载流导线作用于电流元 $I_2\mathrm{d}\boldsymbol{l}_2$ 的力为

$$\boldsymbol{F}_{21}=-\frac{\mu_0 aI_1I_2}{4\pi}\mathrm{d}z_2\int_{-\infty}^{\infty}\frac{\mathrm{d}z_1}{[a^2+(z_2-z_1)^2]^{\frac{3}{2}}}\boldsymbol{j}=-\frac{\mu_0I_1I_2\mathrm{d}z_2}{2\pi a}\boldsymbol{j}$$

载流导线 1 作用于载流导线 2 的单位长度上的力为

$$\boldsymbol{f}=\frac{\boldsymbol{F}_{21}}{\mathrm{d}z_2}=-\frac{\mu_0I_1I_2}{2\pi a}\boldsymbol{j}$$

负号表示当电流 I_1 与 I_2 同向时，$\boldsymbol{f}$ 是吸引力；当电流 I_1 与 I_2 反向时，$\boldsymbol{f}$ 是排斥力.

此式是国际单位制用来定义电流单位的基础. 两平行长直导线，相距 1m，当两导线都通过同样大小的电流时，如果单位长度的导线上所受到的作用力大小为 $f=2\times10^{-7}$N/m，则这时导线中的电流为 1A.

5.3 磁场与磁感应强度

5.3.1 磁场

如前所述，磁体与磁体、磁体与电流、电流与电流、磁体与运动电荷之间存在着磁相互作用，其实质是运动电荷之间的相互作用. 与电相互作用一样，磁相互作用也不是超距作用，它们也是通过场来传递的，这种场就是**磁场**. 这就是说，运动电荷在其周围空间产生磁场，磁场对处在场内的另一个运动电荷有力的作用. 这种作用称为**磁场力**. 作用形式可表示为

运动电荷⇔磁场⇔运动电荷

运动电荷与静止电荷的性质很不一样. 静止电荷只产生电场，运动电荷除了产生电场外，还产生磁场. 静止电荷只受电场的作用力，运动的电荷除了受电场作用力外，还受磁场的作用力. 为了研究磁场，需要选择一种只有磁场存在的情况. 通有电流的导线周围空间就是这种情况. 在这里一个电荷是不会受到电场力作用的，这是因为导线内既有正电荷，即金属正离子，也有负电荷，即自由电子. 在通有电流时，导线也是中性的，其中的正负电荷密度相等，在导线外产生的电场相互抵消，合电场为零.

稳恒电流所激发的磁场不会随时间发生变化，因此称为**稳恒磁场**. 电流与运动电荷两概念并不完全相同，单个运动电荷在周围空间激发的是随时间变化的非稳恒磁场，而且它同时激发随时间变化的非稳恒电场.

5.3.2 磁感应强度

在静电场中，为了考查空间某处是否有电场存在，可以在该处放一静止试探电荷 q_0，若 q_0 受到力 $\boldsymbol{F}$ 的作用，我们就可以说该处存在电场，并以电场强度 $\boldsymbol{E}=\boldsymbol{F}/q_0$

来定量地描述该处的电场. 与此类似，我们将从磁场对运动电荷的作用力，引出磁感应强度 $\boldsymbol{B}$ 来定量地描述磁场. 但是，磁场作用在运动电荷上的力不仅与电荷的多少有关，而且还与电荷运动的速度大小及方向有关. 所以，磁场作用在运动电荷上的力比电场作用在静止电荷上的力要复杂得多. 因此，对 $\boldsymbol{B}$ 的定义比对 $\boldsymbol{E}$ 的定义也要复杂些. 下面以运动电荷在磁场力作用下发生偏转这一实验现象来定义磁感应强度 $\boldsymbol{B}$.

实验表明：

(1)当运动的试探电荷 q_0 以某一速度 $\boldsymbol{v}$ 沿磁场方向(或其反方向)运动时，运动电荷不受磁场力的作用，即 $\boldsymbol{F}=0$.

(2)当运动的试探电荷 q_0 以某一速度 $\boldsymbol{v}$ 沿不同于磁场方向运动时，它在磁场中某点 P 所受到的磁场力 $\boldsymbol{F}$ 的大小与运动电荷的电量 q_0 和运动速度 $\boldsymbol{v}$ 的大小成正比，而磁场力 $\boldsymbol{F}$ 的方向总是垂直于运动速度 $\boldsymbol{v}$ 与磁场方向所组成的平面.

(3)当运动的试探电荷 q_0 以某一速度 $\boldsymbol{v}$ 沿垂直于磁场方向运动时，它在磁场中所受磁场力 $\boldsymbol{F}$ 的量值为最大，即 $\boldsymbol{F}=\boldsymbol{F}_{\max}$，如图 5.10 所示. 这个最大磁场力 $\boldsymbol{F}_{\max}$ 的大小正比于运动电荷的电量与其速率 v 的乘积，但比值 $\dfrac{F_{\max}}{q_0 v}$ 具有确定的值，在确定的场点与运动电荷 $q_0 v$ 的大小无关，它反映了该点磁场的强弱.

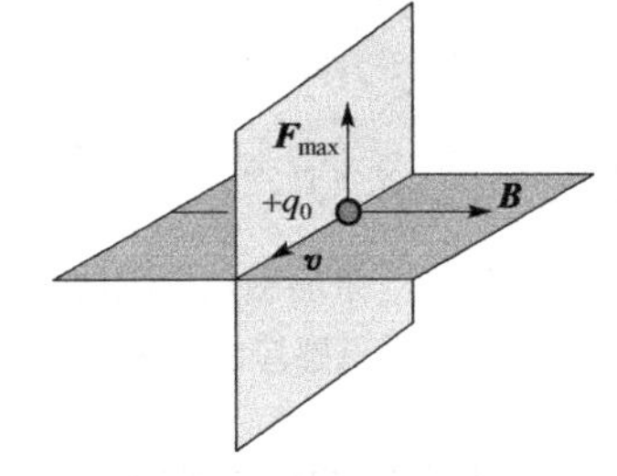

图 5.10　电荷在磁场中以速度 $\boldsymbol{v}$ 运动，当 $\boldsymbol{v}\perp\boldsymbol{B}$ 时所受磁场力最大

因此，我们定义磁场中某点的磁感应强度 $\boldsymbol{B}$ 的大小为

$$B=\frac{F_{\max}}{q_0 v} \tag{5.5}$$

磁感应强度 $\boldsymbol{B}$ 的方向为小磁针在该点处时 N 极的指向. 于是，我们可以通过实验归纳出磁感应强度 $\boldsymbol{B}$ 满足下面的关系：

$$\boldsymbol{F}=q_0\boldsymbol{v}\times\boldsymbol{B} \tag{5.6}$$

这就是运动电荷在磁场中受的磁场力，称为**洛伦兹力**. 由此式可知，磁场力 $\boldsymbol{F}$ 同时垂直于运动电荷的速度 $\boldsymbol{v}$ 和磁感应强度 $\boldsymbol{B}$ (即垂直于两者构成的平面)，它们之间符合右手螺旋法则，如图 5.11 所示.

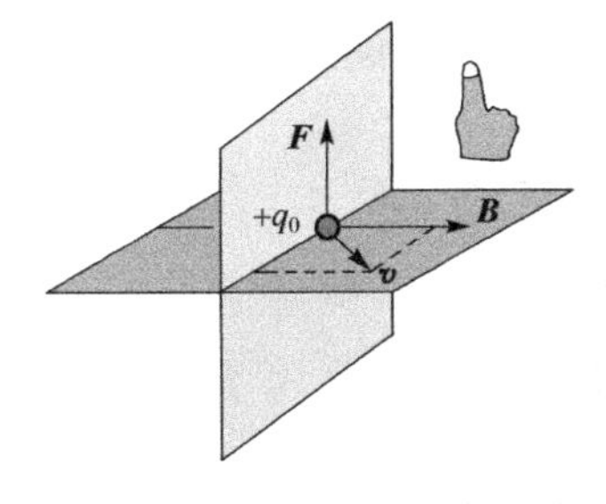

图 5.11　带电粒子在磁场中运动，其受力 $\boldsymbol{F}$ 的方向垂直于 $\boldsymbol{v}$ 和 $\boldsymbol{B}$ 所确定的平面

在国际单位制中，磁感应强度 $\boldsymbol{B}$ 的单位为特斯拉(T)，

$$1\text{T}=1\text{N}\cdot\text{A}^{-1}\cdot\text{m}^{-1}$$

目前常使用的另一个非国际单位制是高斯(Gs)，它与特斯拉的换算关系为

$$1\text{T}=10^4\text{Gs}$$

5.3.3　磁感应线

为了形象地描绘磁场中磁感应强度的分布,类似于在静电场中的电场线,我们引入**磁感应线**(或称 $\boldsymbol{B}$ 线)来反映磁场的空间分布. 磁感应线是在磁场中所描绘的一簇有向曲线. 通常规定:**磁感应线上任一点的切线方向都与该点的磁感应强度 $\boldsymbol{B}$ 的方向一致,而通过垂直于磁感应强度 $\boldsymbol{B}$ 的单位面积上的磁感应线的条数(磁感应线密度)则用来标示该处 $\boldsymbol{B}$ 的大小**. 也就是说,磁场中磁感应线的疏密程度反映了该处磁场的强弱. 对于均匀磁场来说,磁场中的磁感应线相互平行,各处磁感应线密度相等;对非均匀磁场来说,磁感应线相互不平行,各处磁感应线密度不相等.

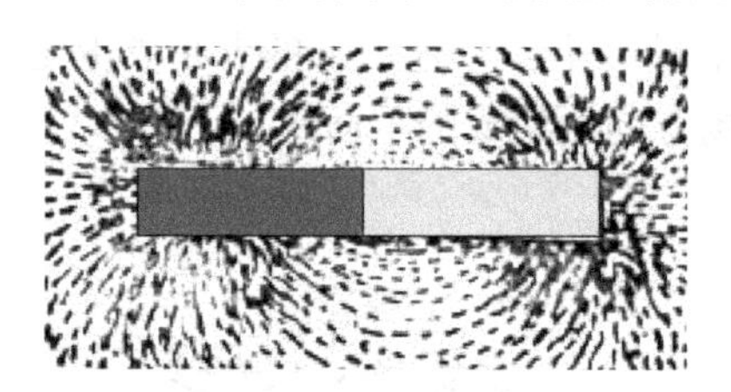

图 5.12　条形磁铁周围的铁屑沿磁感应线排列

磁感应线可以通过实验方法显示出来,用实验显示磁感应线要比显示电场线容易. 将一块玻璃板放在有磁场的空间中,在板上撒一些铁屑,轻轻地敲动玻璃板,铁屑就会沿磁感应线排列起来,如图 5.12 所示. 图 5.13 是几种典型电流所激发的磁场磁感应线分布图. 从中可以看出:磁感应线的回转方向与电流方向成右手螺旋关系,磁感应线永不相交;而且每条磁感应线都是无头无尾的闭合曲线,这与静电场中的电场线不同,电场线是有头有尾的不闭合曲线.

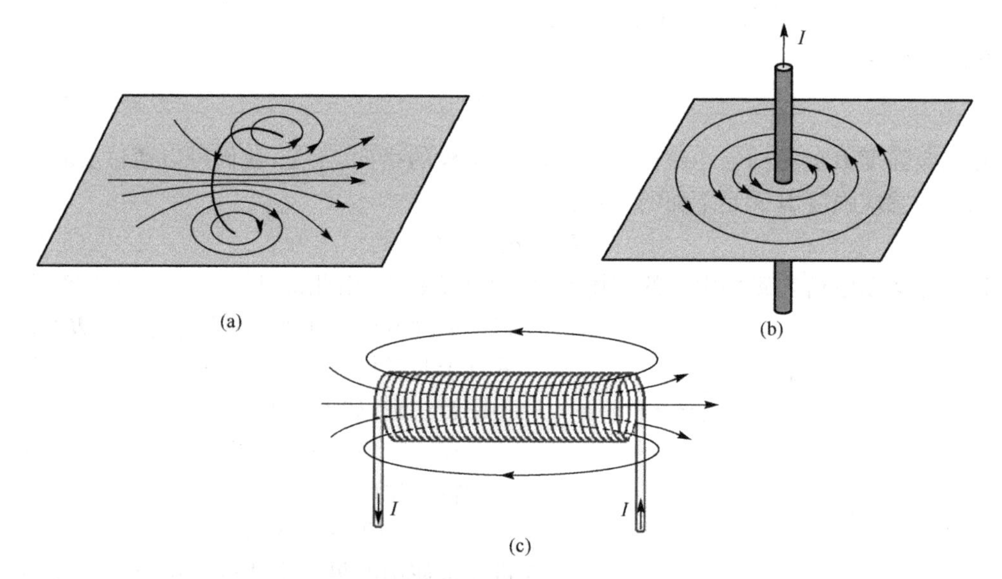

图 5.13　几种典型电流所激发的磁感应线分布图

(a)载流圆环周围的磁场分布;(b)载流直导线周围的磁场分布;(c)载流螺线管周围的磁场分布

5.4　毕奥-萨伐尔定律

在静电场中，通常将带电体看成由无数个电荷元组成，根据点电荷的电场强度表达式以及电场强度叠加原理可以计算出该带电体的电场强度. 同样在计算电流周围各处的磁感应强度时，我们也可以把电流看成由许多个电流元组合而成. 只要找出电流元的磁感应强度表达式，就可以利用磁场的叠加原理计算任意电流产生的磁感应强度.

5.4.1　毕奥-萨伐尔定律

1820 年 10 月，法国物理学家毕奥和萨伐尔通过大量的实验发现，载流直导线周围场点的磁感应强度 $\boldsymbol{B}$ 的大小与电流 I 成正比，与场点到直线电流的距离 r 成反比. 后来法国数学家兼物理学家拉普拉斯根据毕奥和萨伐尔由实验得出的结论，运用物理学的思想方法，从数学上给出了电流元产生磁场的磁感应强度的数学表达式，从而建立了著名的毕奥-萨伐尔定律. 它可表述为：**电流元在真空中某点 P 处所产生的磁感应强度 $\mathrm{d}\boldsymbol{B}$ 的大小与电流元 $I\mathrm{d}\boldsymbol{l}$ 的大小成正比，与电流元 $I\mathrm{d}\boldsymbol{l}$ 到点 P 的位矢 $\boldsymbol{r}$ 和电流元方向的夹角 θ 的正弦成正比，与位矢 $\boldsymbol{r}$ 的二次方成反比**，即

$$\mathrm{d}B=\frac{\mu_0}{4\pi}\frac{I\mathrm{d}l\sin\theta}{r^2} \tag{5.7}$$

电流元 $I\mathrm{d}\boldsymbol{l}$ 在 P 点处所产生的磁感应强度 $\mathrm{d}\boldsymbol{B}$ 的方向由 $I\mathrm{d}\boldsymbol{l}$ 和 $\boldsymbol{r}$ 的矢积确定，即垂直于 $I\mathrm{d}\boldsymbol{l}$ 和 $\boldsymbol{r}$ 所构成的平面，并沿 $I\mathrm{d}\boldsymbol{l}\times\boldsymbol{r}$ 的方向（由 $I\mathrm{d}\boldsymbol{l}$ 经小于 180°的角转向 $\boldsymbol{r}$ 时的右螺旋前进方向），如图 5.14 所示. 这样，我们便可把式(5.7)的毕奥-萨伐尔定律的表达式写成如下的矢量形式：

$$\mathrm{d}\boldsymbol{B}=\frac{\mu_0}{4\pi}\frac{I\mathrm{d}\boldsymbol{l}\times\boldsymbol{e}_r}{r^2} \tag{5.8}$$

式中，$\boldsymbol{e}_r$ 是电流元所在位置指向场点 P 的单位矢量.

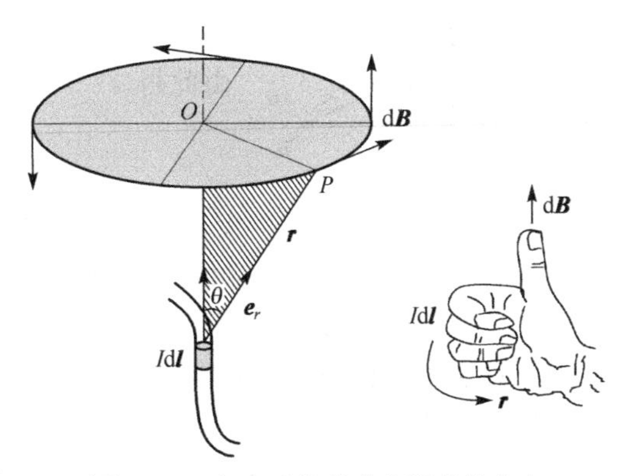

图 5.14　电流元的磁感应强度的方向

5.4.2　毕奥-萨伐尔定律的应用

根据场的叠加原理，任意线电流在场点 P 处的磁感应强度 $\boldsymbol{B}$ 等于构成这个线电流的所有电流元单独存在时在该点的磁感应强度的矢量和，数学上可表示为

$$\boldsymbol{B} = \int \mathrm{d}\boldsymbol{B} = \frac{\mu_0}{4\pi}\int \frac{I\mathrm{d}\boldsymbol{l} \times \boldsymbol{e}_r}{r^2} \tag{5.9}$$

如果是面电流或体电流，则可以将它们看成是由许多线电流组成的，然后通过上述类似方法加以处理.

下面我们应用毕奥-萨伐尔定律来计算几种常见电流的磁场分布.

例 5.2 求载流直导线的磁场.

解 设载流直导线长度为 L，电流为 I，考察点离导线的距离为 a，在导线上任取一电流元 $I\mathrm{d}\boldsymbol{l}$，它离考察点的距离为 r，如图 5.15 所示. 由毕奥-萨伐尔定律可知，电流元在 P 点处产生的磁场为

$$\mathrm{d}\boldsymbol{B} = \frac{\mu_0}{4\pi}\frac{I\mathrm{d}\boldsymbol{l} \times \boldsymbol{e}_r}{r^2}$$

式中，$\boldsymbol{r}$ 为 $I\mathrm{d}\boldsymbol{l}$ 到 P 点的位矢. 容易看出 $\mathrm{d}\boldsymbol{B}$ 的方向垂直于纸面向里，其大小为

$$\mathrm{d}B = \frac{\mu_0}{4\pi}\frac{I\mathrm{d}l\sin\theta}{r^2}$$

式中，θ 为电流元 $I\mathrm{d}\boldsymbol{l}$ 方向与位矢 $\boldsymbol{r}$ 之间的夹角. 将各电流元在 P 点处的磁感应强度求和，用积分表示有

$$B = \int \mathrm{d}B = \int \frac{\mu_0}{4\pi}\frac{I\mathrm{d}l\sin\theta}{r^2}$$

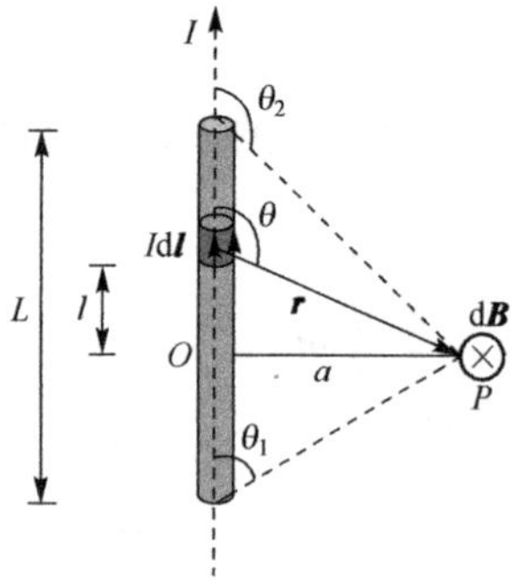

由图 5.15 可以看出，$r = a/\sin\theta, l = -a\cot\theta, \mathrm{d}l = a\mathrm{d}\theta/\sin^2\theta$. 把 r 和 $\mathrm{d}l$ 代入上式，可得

$$B = \int_{\theta_1}^{\theta_2} \frac{\mu_0 I}{4\pi a}\sin\theta\mathrm{d}\theta$$

由此得

$$B = \frac{\mu_0 I}{4\pi a}(\cos\theta_1 - \cos\theta_2)$$

图 5.15 载流直导线的磁场

式中，θ_1 和 θ_2 分别是载流直导线起点处和终点处电流元的方向与它们到 P 点位矢之间的夹角. 对上述结果讨论：

(1) 对于无限长的直电流（简称长直电流），$\theta_1 = 0°, \theta_2 = 180°$，则场点 P 处的磁感应强度大小为

$$B = \frac{\mu_0 I}{2\pi a}$$

在实际过程中，我们不可能遇到真正的无限长直电流，但是如果在闭合回路中有一段有限长的直电流，只要所考察的场点离直电流的距离远比直电流的长度及离两端的距离小，上式还是成立的.

(2)对于半无限长的直电流，即有 $\theta_1 = 0°$（或 $90°$），$\theta_2 = 90°$（或 $180°$），则场点 P

处的磁感应强度大小为

$$B=\frac{\mu_0 I}{4\pi a}$$

由上面讨论可知，长直电流周围的磁感应强度 B 与场点 P 到直导线的距离 a 的一次方成反比. 它的磁感应线是垂直于导线的平面内一簇同心圆，如图 5.13(b)所示.

例 5.3 求圆电流轴线上的磁场.

解 设有半径为 R，通有电流为 I 的圆形导线(常称为圆电流). 如图 5.16 所示，把圆电流轴线作为 x 轴，并令原点在圆心上，在轴线上任取一点 P，该点到圆心 O 点的距离为 x. 在圆电流上任取一电流元 $I\mathrm{d}\boldsymbol{l}$，电流元到 P 点的位矢为 $\boldsymbol{r}$，与位矢的夹角为 90°，根据毕奥-萨伐尔定律，此电流元在 P 点所激发的磁感应强度 $\mathrm{d}\boldsymbol{B}$ 的大小为

$$\mathrm{d}B=\frac{\mu_0}{4\pi}\frac{I\mathrm{d}l\sin 90^\circ}{r^2}=\frac{\mu_0}{4\pi}\frac{I\mathrm{d}l}{r^2}$$

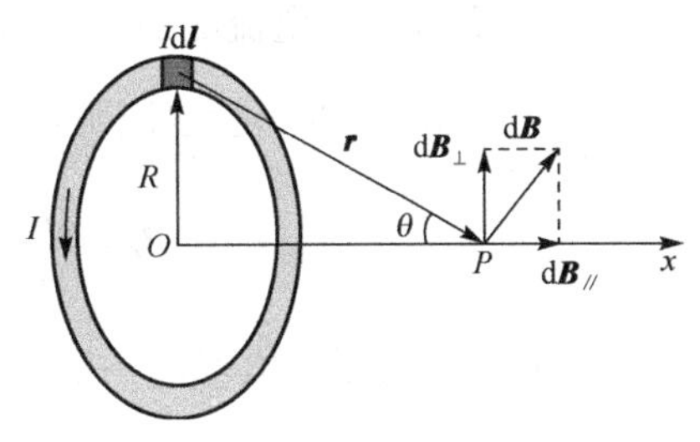

图 5.16 圆电流磁场

从磁场的对称性分析可知，各电流元在 P 点的磁感应强度 $\mathrm{d}\boldsymbol{B}$ 的大小都相等，且与垂直于 x 轴方向的夹角均为 θ，只是各个电流元分别在该点激发的磁感应强度 $\mathrm{d}\boldsymbol{B}$ 的方向不同，我们把 $\mathrm{d}\boldsymbol{B}$ 分解为平行于 x 轴的分量 $\mathrm{d}\boldsymbol{B}_{/\!/}$ 和垂直于 x 轴的分量 $\mathrm{d}\boldsymbol{B}_{\perp}$. 考虑到各个电流元关于 x 轴的对称关系，所有电流元在 P 点处的磁感应强度的垂直分量 $\mathrm{d}\boldsymbol{B}_{\perp}$ 相互抵消，而平行分量 $\mathrm{d}\boldsymbol{B}_{/\!/}$ 则相互加强. 所以，P 点处的磁感应强度 $\boldsymbol{B}$ 沿 x 轴方向，其大小为

$$B=B_{/\!/}=\int \mathrm{d}B\sin\theta$$

将 $\sin\theta=R/r$ 和 $\mathrm{d}B$ 代入上式，可得

$$B=\int_0^{2\pi R}\frac{\mu_0}{4\pi}\frac{I\mathrm{d}l}{r^2}\frac{R}{r}=\frac{\mu_0 IR^2}{2r^3}=\frac{\mu_0 IR^2}{2\left(R^2+x^2\right)^{3/2}}$$

磁感应强度 $\boldsymbol{B}$ 的方向与圆电流环绕方向呈右手螺旋关系. 由上式我们考虑两种特殊情况：

(1)场点 P 在圆心 O 处，$x=0$，该点磁感应强度大小为

$$B=\frac{\mu_0 I}{2R}$$

(2)场点 P 远离圆电流($x\gg R$)时，P 点的磁感应强度大小为

$$B\approx\frac{\mu_0 IR^2}{2x^3}=\frac{\mu_0 IS}{2\pi x^3}$$

在静电场中，我们曾讨论电偶极子的电场，并引入了电矩 $\boldsymbol{p}$ 这一物理量. 与此相

似，我们将引入**磁矩** $\boldsymbol{m}$ 来描述载流线圈的性质. 如图 5.17 所示，有一平面圆电流，其面积为 S，电流为 I，$\boldsymbol{e}_n$ 为圆电流平面的单位法线矢量，它与电流 I 的流向遵守右手螺旋法则. 我们定义圆电流的磁矩 $\boldsymbol{m}$ 为

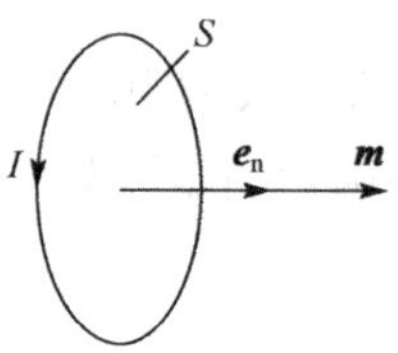

$$\boldsymbol{m} = IS\boldsymbol{e}_n \tag{5.10}$$

图 5.17 磁矩

当场点到载流线圈的距离远大于它的尺寸时，这个载流线圈就是一个**磁偶极子**，其特性仍然用式(5.10)磁矩描述.

在本例中，当 $x \gg R$ 时，此圆电流就是磁偶极子，在轴线上 P 点的磁感应强度 $\boldsymbol{B}$ 可表示为

$$\boldsymbol{B} = \frac{\mu_0 IS\boldsymbol{e}_n}{2\pi x^3} = \frac{\mu_0 \boldsymbol{m}}{2\pi x^3}$$

式中，$S = \pi R^2$，为圆电流的面积. 此式与电偶极子在轴线上一点的电场强度表达式 $\boldsymbol{E} = \dfrac{\boldsymbol{p}}{2\pi\varepsilon_0 r^3}$ 相似. 可以一般地证明，磁偶极子在其周围较远的距离 r 处产生的磁场为

$$\boldsymbol{B} = \frac{\mu_0}{4\pi}\frac{3(\boldsymbol{m}\cdot\boldsymbol{e}_r)\boldsymbol{e}_r - \boldsymbol{m}}{r^3}$$

这一公式和电偶极子的电场的一般公式 $\boldsymbol{E} = \dfrac{1}{4\pi\varepsilon_0}\dfrac{3(\boldsymbol{p}\cdot\boldsymbol{e}_r)\boldsymbol{e}_r - \boldsymbol{p}}{r^3}$ 的形式也相同.

例 5.4 求载流螺线管内部轴线上的磁场.

解 设有一均匀密绕直螺线管，管的长度为 L，半径为 R，单位长度上绕有 n 匝线圈，通有电流 I. 螺线管上的线圈绕得很紧密，每匝线圈相当于一个圆电流. 螺线管内部轴线上任意一点 P 的磁感应强度，可以看成各匝线圈在该点产生的磁感应强度的矢量和.

如图 5.18(a)所示，建立坐标轴 x，坐标原点 O 选在场点 P 处. 在螺线管上距场点 P 为 x 处取一小段 $\mathrm{d}x$，该小段上线圈的匝数为 $n\mathrm{d}x$，由于螺线管上的线圈绕得很紧密，可以将它看作电流为 $\mathrm{d}I = In\mathrm{d}x$ 的圆电流. 应用圆电流轴线上的磁感应强度计算公式可得到该圆电流在轴线上 P 点处所激发的磁感应强度 $\mathrm{d}\boldsymbol{B}$ 的大小为

$$\mathrm{d}B = \frac{\mu_0 R^2 nI\,\mathrm{d}x}{2(R^2 + x^2)^{3/2}} = \frac{\mu_0 R^2 nI\,\mathrm{d}x}{2r^3}$$

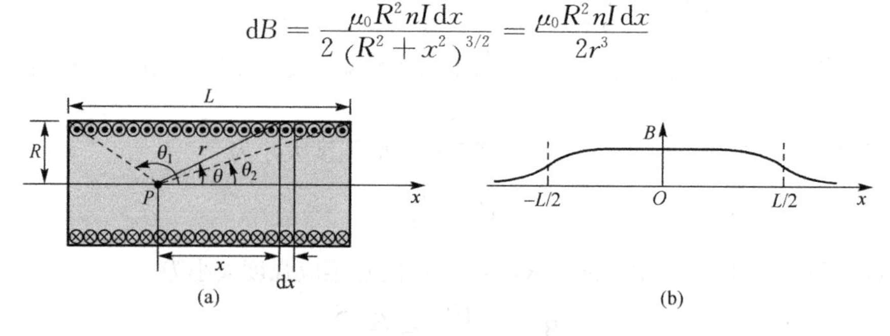

图 5.18 密绕螺线管轴线上的磁场

d$\boldsymbol{B}$的方向沿x轴正向. 因为螺线管上所有圆环在P点产生的磁感应强度的方向都相同,所以整个螺线管在P点处所产生的磁感应强度的大小应为

$$B=\int \mathrm{d}B=\int \frac{\mu_0 R^2 nI\,\mathrm{d}x}{2r^3}$$

由图5.18(a)可看出,$R=r\sin\theta, x=R\cot\theta$,而$\mathrm{d}x=-\dfrac{R}{\sin^2\theta}\mathrm{d}\theta$,将这些关系代入上式,可得

$$B=-\int_{\theta_1}^{\theta_2}\frac{\mu_0 nI}{2}\sin\theta\mathrm{d}\theta=\frac{1}{2}\mu_0 nI(\cos\theta_2-\cos\theta_1)$$

有限长直螺线管内的轴线上各点磁感应强度分布如图5.18(b)所示. 在螺线管中心附近很大范围内的磁场基本上是均匀的,只有到两个端面附近才逐渐减小. 在螺线管外,磁场很快减弱.

下面考虑两种特殊情况:

(1) 当螺线管可看作是"无限长"时(即螺线管的长度$L\gg 2R$),此时有$\theta_2=0°$,$\theta_1=180°$,得

$$B=\mu_0 nI$$

可见,无限长均匀密绕的长直螺线管内部轴线上各点磁感应强度为常矢量.

(2) 对于长直螺线管两个端面轴线上的P点,则有$\theta_2=90°$,$\theta_1=180°$或$\theta_2=0°$,$\theta_1=90°$,这两处的磁感应强度的大小为

$$B=\frac{1}{2}\mu_0 nI$$

即在半"无限长"螺线管两端中心轴线上的磁感应强度的大小只有管内的一半.

例5.5　电流均匀地通过无限长的平面导体薄板,求到薄板距离为x处的磁感强度.

解　设导体板的宽度为$2a$,通过宽为单位长度的狭条的电流为i. 取Oyz平面与导体板重合,x轴与板垂直,如图5.19所示. 在板上任取一宽度为dy,位于y到$y+\mathrm{d}y$之间内的狭条. 这狭条可作为无限长的直导线处理,其中电流为$i\mathrm{d}y$,它在考察点P激发的磁感应强度d$\boldsymbol{B}$大小为

$$\mathrm{d}B=\frac{\mu_0}{2\pi}\frac{i\mathrm{d}y}{r}$$

其方向与r垂直. 把dB分解成沿x和y方向的两个分量

$$\mathrm{d}B_x=\mathrm{d}B\sin\theta$$

$$\mathrm{d}B_y=\mathrm{d}B\cos\theta$$

由于对称性,与z轴对称的任意两狭条在P点的磁场d$\boldsymbol{B}$和d$\boldsymbol{B}'$的x轴分量相互抵消,因此,P点的磁感应强度由各狭条在P点产生

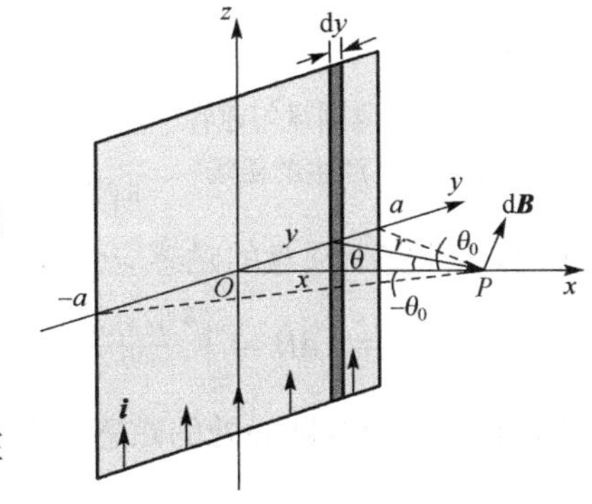

图5.19　无限长载流导体薄板的磁场

的磁场的 y 轴分量叠加而成,即

$$B = B_y = \int \mathrm{d}B_y = \frac{\mu_0 i}{2\pi}\int \frac{\cos\theta}{r}\mathrm{d}y$$

由图知 $r\cos\theta = x, y = x\tan\theta$,因此 $\mathrm{d}y = x\,\dfrac{\mathrm{d}\theta}{\cos^2\theta}$,代入上式得

$$B = \frac{\mu_0 i}{2\pi}\int_{-\theta_0}^{\theta_0}\mathrm{d}\theta = \frac{\mu_0 i}{\pi}\theta_0$$

因

$$\theta_0 = \arctan\frac{a}{x}$$

所以

$$B = \frac{\mu_0 i}{\pi}\arctan\frac{a}{x}$$

若薄板是无限宽的,即 $a \to \infty, \theta_0 = \dfrac{\pi}{2}$,则有

$$B = \frac{1}{2}\mu_0 i$$

无限大的载流导体板产生的磁场是均匀磁场,与考察点的位置无关.

例 5.6 一半径为 R 的薄圆盘均匀带电,其电荷面密度为 σ. 若圆盘以角速度 ω 绕通过圆心 O,且垂直于盘面的轴匀速转动,试求轴线上距圆盘中心 O 为 z 处的磁感应强度和圆盘的磁矩.

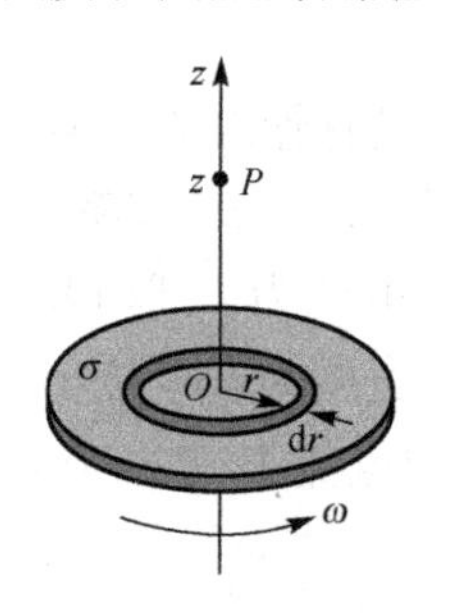

图 5.20 带电薄圆盘匀速转动时在轴线上产生的磁场

解 圆盘转动产生的电流可以看成由许多同心的圆电流组成. 如图 5.20 所示,设圆盘的电荷为正,且按图示方向转动. 在圆盘上距圆心 O 为 r 处取一宽度为 $\mathrm{d}r$ 的细圆环,其电流为

$$\mathrm{d}I = \frac{\omega}{2\pi}\sigma 2\pi r\mathrm{d}r = \sigma\omega r\,\mathrm{d}r$$

$\mathrm{d}I$ 在 P 点所产生的磁感应强度的大小为

$$\mathrm{d}B = \frac{\mu_0}{2}\frac{r^2\mathrm{d}I}{(r^2+z^2)^{3/2}} = \frac{\mu_0}{2}\frac{r^3\sigma\omega\mathrm{d}r}{(r^2+z^2)^{3/2}}$$

所有圆电流激发的磁感应强度的方向都相同,都沿 z 轴的正向,因此整个圆盘的磁感应强度大小为

$$B = \int\mathrm{d}B = \int_0^R \frac{\mu_0\sigma\omega}{2}\frac{r^3\mathrm{d}r}{(r^2+z^2)^{3/2}} = \frac{\mu_0\sigma\omega}{2}\left[\frac{R^2+2z^2}{\sqrt{R^2+z^2}} - 2z\right]$$

显然,当 $z = 0$ 时,圆心处的磁感应强度大小为

$$B = \frac{\mu_0}{2}\omega\sigma R$$

下面计算转动圆盘的磁矩，它应等于所有细圆环电流磁矩的叠加. 每个圆电流的磁矩大小为

$$\mathrm{d}m = S\mathrm{d}I = \pi r^2 \sigma\omega r\,\mathrm{d}r = \pi r^3 \sigma\omega\,\mathrm{d}r$$

由于所有圆电流磁矩的方向都相同，因此转动带电圆盘的磁矩大小为

$$m = \int \mathrm{d}m = \int_0^R \pi r^3 \sigma\omega\,\mathrm{d}r = \frac{1}{4}\pi\sigma\omega R^4$$

磁矩 $\boldsymbol{m}$ 的方向与电流方向成右手螺旋关系.

5.4.3　运动电荷的磁场

按照经典电子理论，导体中的电流是由大量载流子作定向运动而形成的. 因此电流激发的磁场，本质上讲是由运动电荷所激发的，一切磁现象都来源于电荷的运动. 下面我们从毕奥-萨伐尔定律出发讨论运动电荷产生的磁场.

如图 5.21 所示，设导体单位体积中载流子的数目为 n，每个载流子所带电量为 q，以速度 v 沿电流元 $I\mathrm{d}\boldsymbol{l}$ 的方向作定向运动，如果电流元 $I\mathrm{d}\boldsymbol{l}$ 的截面积为 S，则此电流元的电流为

$$I = jS = nqvS$$

由于图示的 $q\boldsymbol{v}$ 与 $I\mathrm{d}\boldsymbol{l}$ 方向相同，所以

$$I\mathrm{d}\boldsymbol{l} = nqS\,\mathrm{d}l\boldsymbol{v}$$

将上式代入毕奥-萨伐尔定律表达式，得

$$\mathrm{d}\boldsymbol{B} = \frac{\mu_0}{4\pi}\frac{nSq\,\mathrm{d}l\boldsymbol{v}\times\boldsymbol{e}_r}{r^2}$$

在电流元 $I\mathrm{d}\boldsymbol{l}$ 内有 $\mathrm{d}N = nS\mathrm{d}l$ 个载流子，从微观意义上讲，电流元产生的磁场 $\mathrm{d}\boldsymbol{B}$，实际上是由这 $\mathrm{d}N$ 个作定向运动的载流子共同产生的. 考虑到电流元内所有载流子在场点 P 产生的磁感应强度都近似相同，因而每一个载流子所产生的磁感应强度 $\boldsymbol{B}$ 为

$$\boldsymbol{B} = \frac{\mathrm{d}\boldsymbol{B}}{\mathrm{d}N} = \frac{\mu_0}{4\pi}\frac{q\boldsymbol{v}\times\boldsymbol{e}_r}{r^2} \tag{5.11}$$

$\boldsymbol{B}$ 的方向垂直于 $\boldsymbol{v}$ 和 $\boldsymbol{r}$ 所组成的平面，其指向由右手螺旋法则判定，如图 5.22 所示.

必须指出，运动电荷的磁场表达式(5.11)是非相对论的形式，它只适用于电荷的运动速率 v 远小于光的速率 c 的情况.

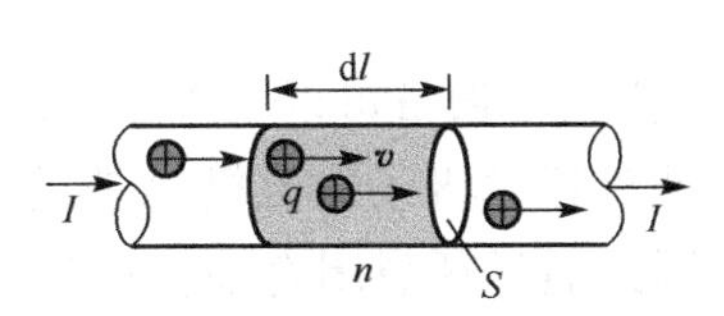

图 5.21　电流元中的运动电荷

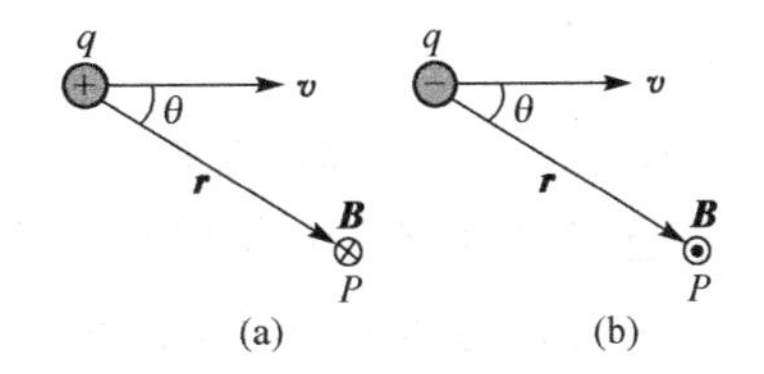

图 5.22　运动电荷产生的磁场方向

5.5　磁场的高斯定理

5.5.1　磁通量

类似于静电场中引入电通量的概念，现在我们将引入磁通量的概念，用以描写磁场的性质.

我们把**磁场中通过某一曲面的磁感应线的条数称为通过该曲面的磁感应通量（简称磁通量或磁通）**，用 Φ_m 表示. 设空间存在磁感应强度为 $\boldsymbol{B}$ 的磁场，如图 5.23 所示，在曲面 S 上任取一面积元 $d\boldsymbol{S}$，$d\boldsymbol{S}$ 的法线方向与该点处磁感应强度 $\boldsymbol{B}$ 方向之间的夹角为 θ. 根据磁通量的定义，以及关于磁感应强度 $\boldsymbol{B}$ 与磁感应线密度的规定，则通过该面积元 $d\boldsymbol{S}$ 的磁通量可写为

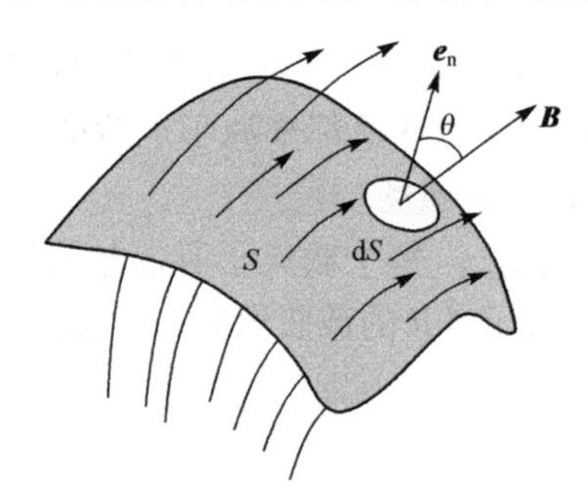

图 5.23　通过任意曲面的磁通量

$$d\Phi_m = BdS\cos\theta = \boldsymbol{B} \cdot d\boldsymbol{S} \qquad (5.12)$$

而通过有限曲面 S 的总磁通量为

$$\Phi_m = \int_S B\cos\theta dS = \int_S \boldsymbol{B} \cdot d\boldsymbol{S} \qquad (5.13)$$

在国际单位制中，磁通量的单位为韦伯（Wb），$1Wb=1T \cdot m^2$.

5.5.2　高斯定理

对于闭合曲面来说，和静电场中一样，通常规定，闭合曲面上任一面积元 $d\boldsymbol{S}$ 的外法线方向 $\boldsymbol{e}_n$ 为正. 这样，磁感应线从闭合曲面穿出（$\theta < 90°$）的磁通量为正，穿入的磁通量（$\theta > 90°$）为负. 由于磁感应线是一组闭合曲线，因此对于任何闭合曲面来说，有多少条磁感应线进入闭合曲面，就有多少条磁感应线穿出该闭合曲面. 这就是说，**在磁场中通过任意闭合曲面的磁通量恒等于零**，即

$$\oint_S \boldsymbol{B} \cdot d\boldsymbol{S} = 0 \qquad (5.14)$$

这就是**磁场的高斯定理**. 它是表明磁场基本性质的重要方程之一. 其形式与静电场中的高斯定理 $\oint_S \boldsymbol{E} \cdot d\boldsymbol{S} = \sum_i q_i/\varepsilon_0$ 很相似，但两者有本质上的区别. 在静电场中由于自然界存在单独的正、负电荷，因此通过任意闭合曲面的电通量可以不等于零. 而在磁场中，由于自然界没有与电荷相对应的“磁荷”（或称磁单极子），磁极总是成对出现，我们所讨论的磁场都不是单个磁极所产生的，因此通过任意闭合曲面的磁通量一定等于零，磁感应线必然闭合. 这样的场在数学上称为无源场，而静电场则是有源场.

我们知道,静电场中高斯定理是可以从库仑定律出发加以严格证明的. 上述磁场的高斯定理也可以从毕奥-萨伐尔定律出发加以严格的证明. 我们首先证明磁场的高斯定理对电流元的场成立,然后利用叠加原理,证明对任意电流的磁场该定理也成立.

根据毕奥-萨伐尔定律知,单个电流元产生的磁感应线是以 d$\boldsymbol{l}$ 方向为轴线的圆. 如图 5.24 所示,在电流元 $Id\boldsymbol{l}$ 的磁场中取任一闭合曲面 S. 显然,每根圆形的闭合磁感应线或者不与 S 相交,或者穿过它两次(更普遍些,应该说是偶数次),一次穿入,一次穿出. 与 S 不相交的磁感应线对磁通量无贡献. 现以某一长度为半径作一圆形磁感应线管(一束磁感应线围成的管状区). 在截面 dS'、dS'' 处与闭合曲面相交,两截面处磁感应强度为 $d\boldsymbol{B}'$、$d\boldsymbol{B}''$,两面元法向单位矢 $\boldsymbol{e}_n'$、$\boldsymbol{e}_n''$,$d\boldsymbol{B}'$ 与 $\boldsymbol{e}_n'$、$d\boldsymbol{B}''$ 与 $\boldsymbol{e}_n''$ 间之夹角为 θ'、θ''.

通过 dS'、dS'' 的元磁通量分别为

$$d\Phi_m' = d\boldsymbol{B}' \cdot d\boldsymbol{S}' = dB'dS'\cos\theta' = -dB'dS_\perp'$$

$$d\Phi_m'' = d\boldsymbol{B}'' \cdot d\boldsymbol{S}'' = dB''dS''\cos\theta'' = dB''dS_\perp''$$

式中,$dS_\perp'$、$dS_\perp''$ 为 dS'、dS'' 在 $d\boldsymbol{B}'$、$d\boldsymbol{B}''$ 垂直方向上的投影,因为 θ' 为钝角,所以 $d\Phi_m'$ 为负值.

根据毕奥-萨伐尔定律可知,电流元磁场具有轴对称性,所以

$$dB' = dB''$$

电流元磁场具有横向性,$d\boldsymbol{B}'$、$d\boldsymbol{B}''$ 与磁感应线(磁感应线管中虚线)相切,因此 $dS_\perp'$、$dS_\perp''$ 即为磁感应线管的横截面,所以

$$dS_\perp' = dS_\perp'' = dS_\perp$$

由以上两个结论可得

$$d\Phi_m = d\Phi_m' + d\Phi_m'' = 0$$

即通过 dS'、dS'' 一对面元的元磁通量代数和为零. 画许多这样的以 $Id\boldsymbol{l}$ 方向为轴的圆形磁感应线管,把闭合曲面截成一对面元,通过每对面元的元磁通量代数和都为零,所以

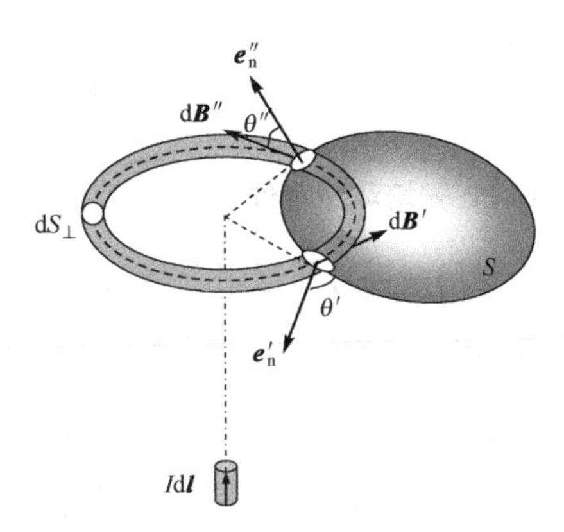

图 5.24 磁场的高斯定理证明

$$\oint_S d\Phi_m = 0$$

此即电流元磁场的高斯定理.

再证明任意电流磁场的高斯定理. 把任意电流分成为许多电流元 $Id\boldsymbol{l}_1$,$Id\boldsymbol{l}_2$,…,它们在场点产生的元磁感应强度分别为 $d\boldsymbol{B}_1$,$d\boldsymbol{B}_2$,…,根据叠加原理,电流在场点产生的磁感应强度为

$$\boldsymbol{B} = d\boldsymbol{B}_1 + d\boldsymbol{B}_2 + \cdots$$

由此可得任意电流磁场的高斯定理

$$\oint_S \boldsymbol{B}\cdot \mathrm{d}\boldsymbol{S}=\oint_S \mathrm{d}\boldsymbol{B}_1\cdot \mathrm{d}\boldsymbol{S}+\oint_S \mathrm{d}\boldsymbol{B}_2\cdot \mathrm{d}\boldsymbol{S}+\cdots=\oint_S \mathrm{d}\Phi_{\mathrm{m}_1}+\oint_S \mathrm{d}\Phi_{\mathrm{m}_2}+\cdots=0$$

至此,磁场的高斯定理得到了完全的证明.

磁场的高斯定理表明:**通过一个曲面的磁通量仅由曲面的边线所决定**.或者说**以任一闭合曲线 L 为边线的所有曲面都有相同的磁通量**.如图 5.25 所示,在一个闭合曲线 L 上,选定环绕方向,并作两个不同的曲面 S_1 和 S_2 ,按右手法则取它们的正法向 $\boldsymbol{e}_{n1}$ 和 $\boldsymbol{e}_{n2}$.从另一个角度看, S_1 和 S_2 组成一个闭合曲面 S ,根据磁场的高斯定理,通过此闭合曲面的磁通量恒等于零.用公式来表达时应注意法线的方向,因为作为闭合曲面的外法向,必与 S_1 、S_2 原来所取的正法向之一(如 S_2)相反.所以通过闭合曲面 S 的磁通量是通过 S_1 、S_2 磁通量之差,则有

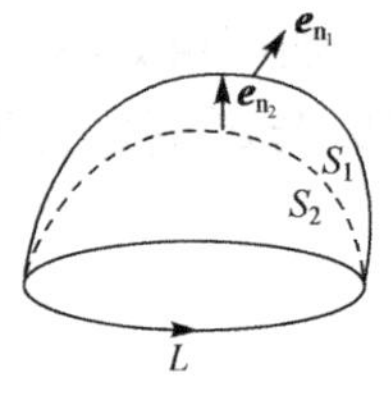

图 5.25　磁通量仅由曲面的边线所决定

$$\oint_S \boldsymbol{B}\cdot \mathrm{d}\boldsymbol{S}=\int_{S_1}\boldsymbol{B}\cdot \mathrm{d}\boldsymbol{S}-\int_{S_2}\boldsymbol{B}\cdot \mathrm{d}\boldsymbol{S}=0$$

$$\int_{S_1}\boldsymbol{B}\cdot \mathrm{d}\boldsymbol{S}=\int_{S_2}\boldsymbol{B}\cdot \mathrm{d}\boldsymbol{S}$$

即磁通量仅由 S_1 、S_2 的共同边线 L 所决定.

5.6　安培环路定理

5.6.1　安培环路定理

电场强度对任意闭合路径的线积分称为电场的环流.静电场的环流为零,即 $\oint_L \boldsymbol{E}\cdot \mathrm{d}\boldsymbol{l}=0$ 它反映了静电场是保守场这一重要性质.与此相似,磁感应强度对任意闭合路径的线积分称为磁场的环流,磁场的环流 $\oint_L \boldsymbol{B}\cdot \mathrm{d}\boldsymbol{l}$ 等于什么呢? 它又将反映磁场什么重要性质? 下面我们从毕奥-萨伐尔定律和场强叠加原理出发来导出这个关系,即**安培环路定理**.

(1) 磁感应强度 $\boldsymbol{B}$ 沿圈围长直载流导线的任意闭合路径 L 的线积分(环流)等于 $\mu_0 I$.

假定磁场是由无限长的载流直导线产生的,电流周围的磁感应强度大小为

$$B=\frac{\mu_0 I}{2\pi r}$$

磁场的磁感应线是以导线为圆心的一系列同心圆,其绕向与电流方向成右手螺旋关系.若在垂直于直导线的平面上作任意闭合路径 L ,如图 5.26 所示,则磁感应强度 $\boldsymbol{B}$ 沿该闭合路径 L 的线积分为

$$\oint_L \boldsymbol{B} \cdot \mathrm{d}\boldsymbol{l} = \oint_L B\cos\theta \mathrm{d}l$$

式中，$\mathrm{d}\boldsymbol{l}$ 为积分路径L 上任取的线元，$\boldsymbol{B}$ 为 $\mathrm{d}\boldsymbol{l}$ 处的磁感应强度，θ 为 $\mathrm{d}\boldsymbol{l}$ 与$\boldsymbol{B}$ 的夹角，由图 5.26 中的几何关系可知，$\cos\theta \mathrm{d}l = r\mathrm{d}\varphi$，$r$ 为线元 $\mathrm{d}\boldsymbol{l}$ 至直导线的距离，将 $B = \dfrac{\mu_0 I}{2\pi r}$ 代入上式，可得

$$\oint_L \boldsymbol{B} \cdot \mathrm{d}\boldsymbol{l} = \int_0^{2\pi} \frac{\mu_0 I}{2\pi r} r\mathrm{d}\varphi = \mu_0 I$$

(2) 磁感应强度$\boldsymbol{B}$沿不圈围长直载流导线的任意闭合路径L 的线积分(环流)等于零.

如果长直载流导线在闭合路径 L 以外，没有穿过 L 所圈围的面积，如图 5.27 所示. 则可以从长直载流导线出发，引与闭合路径 L 相切的两条切线，切点把闭合路径 L 分为L_1 和 L_2 两部分. 再从载流导线出发作两条直线，它们的夹角为 $\mathrm{d}\varphi$，两直线与闭合路径相割，并从路径上割下两个线段 $\mathrm{d}l_1$ 和 $\mathrm{d}l_2$，于是

$$\boldsymbol{B}_1 \cdot \mathrm{d}\boldsymbol{l}_1 = B_1 \cos\theta_1 \mathrm{d}l_1 = B_1 r_1 \mathrm{d}\varphi$$

$$\boldsymbol{B}_2 \cdot \mathrm{d}\boldsymbol{l}_2 = - B_2 \cos\theta_2 \mathrm{d}l_2 = - B_2 r_2 \mathrm{d}\varphi$$

因无限长的直电流的磁场与 r 成反比，$B_1 r_1 = B_2 r_2$，故有

$$\oint_L \boldsymbol{B} \cdot \mathrm{d}\boldsymbol{l} = \int_{L_1} \boldsymbol{B}_1 \cdot \mathrm{d}\boldsymbol{l}_1 + \int_{L_2} \boldsymbol{B}_2 \cdot \mathrm{d}\boldsymbol{l}_2 = \int_{L_1} B_1 r_1 \mathrm{d}\varphi - \int_{L_2} B_2 r_2 \mathrm{d}\varphi = 0$$

可见，当闭合路径 L 不圈围电流时，磁感应强度 $\boldsymbol{B}$ 沿闭合路径的线积分为零.

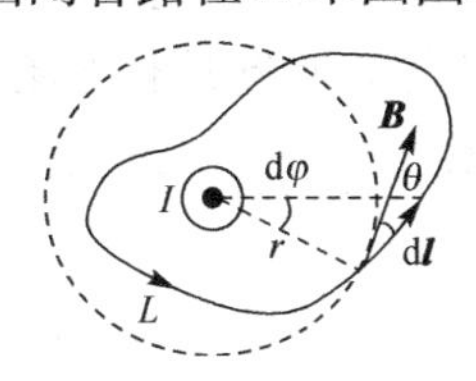

图 5.26 长直载流导线磁场中 $\boldsymbol{B}$ 的环路积分

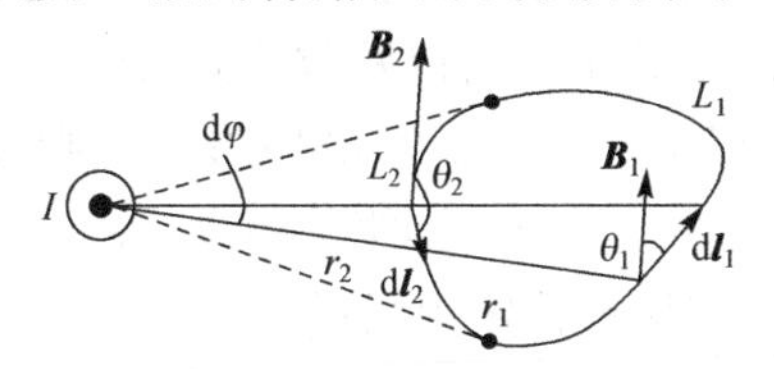

图 5.27 磁场对不圈围电流的闭合路径的环流的计算

(3)空间有 n 条平行的无限长载流直导线，k 条被闭合路径圈围，$n-k$ 条在闭合路径外，磁感应强度 $\boldsymbol{B}$ 沿闭合路径 L 的线积分(环流)等于 $\mu_0 \sum\limits_{i=1}^{k} I_i$.

根据叠加原理，n 个电流在空间任一点产生的合场强为

$$\boldsymbol{B} = \sum_{i=1}^{k} \boldsymbol{B}_i + \sum_{i=k+1}^{n} \boldsymbol{B}_i$$

$\boldsymbol{B}$ 对任意形状闭合路径L 的积分等于

$$\oint_L \boldsymbol{B} \cdot \mathrm{d}\boldsymbol{l} = \sum_{i=1}^{k} \oint_L \boldsymbol{B}_i \cdot \mathrm{d}\boldsymbol{l} + \sum_{i=k+1}^{n} \oint_L \boldsymbol{B}_i \cdot \mathrm{d}\boldsymbol{l}$$

若 I_i 被L 圈围，则$\oint_L \boldsymbol{B}_i \cdot \mathrm{d}\boldsymbol{l} = \mu_0 \sum\limits_{i=1}^{k} I_i$；若 I_i 没被L 圈围，则$\oint_L \boldsymbol{B}_i \cdot \mathrm{d}\boldsymbol{l} = 0$，所以

$$\oint_L \boldsymbol{B} \cdot \mathrm{d}\boldsymbol{l} = \mu_0 \sum_{i=1}^{k} I_i$$

即磁场的环流只决定于被积分路径所圈围的电流. 我们虽然从特例得到这一结论,但可以推广到一般情况,**在稳恒电流的磁场中,磁感应强度 $\boldsymbol{B}$ 沿任意闭合路径 L 的线积分(即 $\boldsymbol{B}$ 的环流),等于 μ_0 乘以被这个闭合路径所圈围的电流的代数和**. 其数学表达式为

$$\oint_L \boldsymbol{B} \cdot \mathrm{d}\boldsymbol{l} = \mu_0 \sum_i I_i \tag{5.15}$$

式中, I_i 是被闭合路径 L 所圈围的电流,当电流的方向与积分路径的绕行方向组成右手螺旋时,该电流取正号,否则取负号. 这一结论就是安培环路定理.

为了正确地理解安培环路定理,需要注意以下几点:

(1) 安培环路定理表达式右边的电流是指穿过以闭合环路 L 为边界的任意曲面的电流. 而磁感应强度 $\boldsymbol{B}$ 是指空间所有电流在闭合环路 L 上产生磁场的总磁感应强度. 没有被 L 圈围的电流,它们对沿 L 的 $\boldsymbol{B}$ 的环路积分没有贡献,可是却对环路 L 上的磁感应强度 $\boldsymbol{B}$ 是有贡献的.

(2)如果闭合路径所圈围的电流与闭合路径相互套链 N 圈,则有

$$\oint_L \boldsymbol{B} \cdot \mathrm{d}\boldsymbol{l} = \mu_0 NI$$

(3) 安培环路定理表明,稳恒电流的磁场的性质与静电场的性质很不相同. 磁场的环流不为零,表明磁场是非保守场,是涡旋场,电流是涡旋中心. 如果说静电场的高斯定理反映了电荷以发散的方式激发电场,凡是存在电荷的地方必有电场线发出(或在那里汇聚),那么安培环路定理则反映了电流以涡旋的方式激发磁场,凡是有电流的地方其周围必围绕着闭合的磁感应线.

(4) 安培环路定理只适用于真空中稳恒电流产生的磁场. 如果电流随时间发生变化或空间存在其他磁性材料,则需要对安培环路定理的形式进行修正.

5.6.2　安培环路定理的应用

当稳恒电流产生的磁场具有一定对称性时,可以利用安培环路定理很方便地求出磁感应强度 $\boldsymbol{B}$ 的分布. 用安培环路定理求解磁场分布的方法与静电场中运用高斯定理求解电场分布的方法十分类似,其具体步骤如下:

(1) 分析磁场分布,判断能否用安培定理求出磁场 $\boldsymbol{B}$. 安培环路定理对于稳恒磁场是普遍成立的,但要用它求磁场 $\boldsymbol{B}$ 的分布,必须使 $\oint_L \boldsymbol{B} \cdot \mathrm{d}\boldsymbol{l}$ 中的 $\boldsymbol{B}$ 的数值能提到积分号外,才能进行计算,这就要求在所选取的积分回路的全部或某一部分上磁感应强度 $\boldsymbol{B}$ 的数值不变. 要满足这要求,磁场的分布必须具有一定对称性,对称性一般具有轴对称性(无限长载流直导线、无限长载流圆柱、无限长载流圆柱面、无限长载流同轴圆柱面等)以及面对称(无限大载流平面、无限大载流平板、若干无限大载流平面等).

(2) 根据磁场分布特征，选择适当积分回路. 选择积分回路 L 的一般原则是：

① 回路 L 必须通过所求场强的点.

② 回路 L 上各点的磁感强度 $\boldsymbol{B}$ 的大小处处相等，$\boldsymbol{B}$ 的方向处处平行于线元 $\mathrm{d}\boldsymbol{l}$；或回路 L 的一部分上 $\boldsymbol{B}$ 的大小相等，方向平行于 $\mathrm{d}\boldsymbol{l}$，而另一部分上的 $\boldsymbol{B}$ 的方向垂直于线元 $\mathrm{d}\boldsymbol{l}$；或者某一部分上的 $\boldsymbol{B}$ 等于零.

③ 所选的积分回路 L 应是简单几何曲线(当场强轴对称分布时，取同轴圆周线；当场强面对称分布时，取垂直于平面的矩形线).

(3) 求出积分 $\oint_L \boldsymbol{B}\cdot\mathrm{d}\boldsymbol{l}$.

(4) 计算回路 L 所圈围的电流的代数和.

(5) 利用安培环路定理求出 $\boldsymbol{B}$ 值.

下面我们通过几个例题来理解上述应用安培环路定理计算磁感应强度 $\boldsymbol{B}$ 的方法.

例 5.7　一圆柱形的长直导线，截面半径为 R，稳恒电流均匀通过导线的截面，电流为 I，求导线内和导线外的磁场分布.

解　假定导线是无限长的，由于电流分布具有轴对称性，可以断定磁感应强度 $\boldsymbol{B}$ 的大小只与观察点到圆柱体轴线的距离有关，方向沿圆周的切线，如图 5.28(a)所示. 我们先讨论圆柱形导体外的磁场分布.

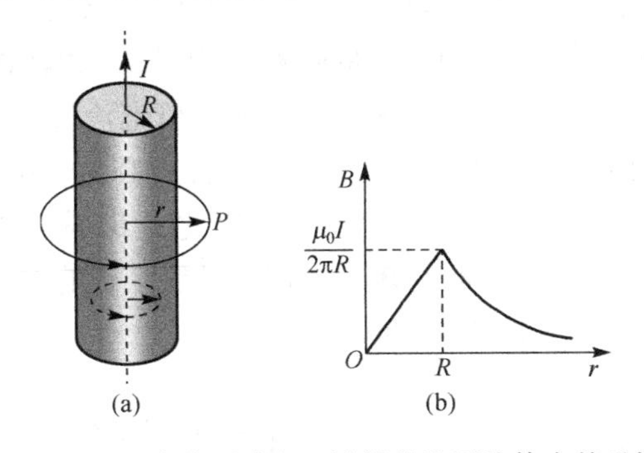

图 5.28　用安培环路定理计算载流圆柱体内外磁场

设 P 点离轴线的垂直距离为 $r(r>R)$，过 P 点作圆形积分回路 L，在积分回路 L 上各点的磁感应强度 $\boldsymbol{B}$ 的大小都相等，$\boldsymbol{B}$ 方向沿圆周的切线方向. 根据安培环路定理，有

$$\oint_L \boldsymbol{B}\cdot\mathrm{d}\boldsymbol{l} = B\cdot 2\pi r = \mu_0 I$$

所以

$$B = \frac{\mu_0 I}{2\pi r}$$

这与长直载流导线周围的磁场分布完全相同.

在圆柱形导体内部，取过 P 点，半径为 $r(r<R)$ 的同轴圆周线 L 为积分回路，L 上各点的磁感应强度 $\boldsymbol{B}$ 的大小都相等，方向沿回路 L 的切线方向. 回路 L 所圈围的电流为

$$\sum_i I_i = \frac{\pi r^2}{\pi R^2} I = \frac{I r^2}{R^2}$$

根据安培环路定理 $\oint_L \boldsymbol{B} \cdot \mathrm{d}\boldsymbol{l} = \mu_0 \sum_i I_i$ 得

$$\oint_L \boldsymbol{B} \cdot \mathrm{d}\boldsymbol{l} = B \cdot 2\pi r = \mu_0 \frac{I r^2}{R^2}$$

解得

$$B = \frac{\mu_0 r I}{2\pi R^2}$$

图 5.28(b)描绘了磁感应强度 $\boldsymbol{B}$ 的大小随距离 r 的变化关系曲线.

例 5.8 用安培环路定理计算载流长螺线管内外的磁场.

解 在例 5.4 中我们由毕萨定律求得无限长密绕螺线管内轴线上一点的 $B=\mu_0 nI$，方向沿轴线方向（由右手螺旋定则确定）. 现在我们用安培环路定理证明：管内各点均有与轴线相同的磁感应强度 $\boldsymbol{B}$（即管内为均匀磁场），而管外 $\boldsymbol{B}=0$.

首先证明螺旋管内任一点的 $\boldsymbol{B}$ 的方向平行于轴线方向. 我们用反证法：设通电螺线管在 P 点的 $\boldsymbol{B}$ 如图 5.29 所示，偏离轴线方向. 由于螺线管无限长，可认为 P 点位于中心位置. 过 P 作直线 zz' 垂直于轴线 OO'. 现以 zz' 为轴将螺线管转180°，则 P 点的磁感应强度必为与 $\boldsymbol{B}$ 对称的矢量 $\boldsymbol{B}'$. 再令螺线管电流反向. 按毕萨定律，电流反向，磁感应强度 $\boldsymbol{B}$ 必反向，因此这时 P 点的磁感应强度必为 $-\boldsymbol{B}'$. 注意此时螺线管的状态完全等同于螺线管未绕 zz' 转动前的状态，因此 $-\boldsymbol{B}'$ 应与 $\boldsymbol{B}$ 重合. 但如图 5.29 所示结果与此结论相矛盾，故 P 点的 $\boldsymbol{B}$ 只能取与轴线平行的方向. 类此，管内所有各点的 $\boldsymbol{B}$ 的方向均平行于轴线，如图 5.30 所示.

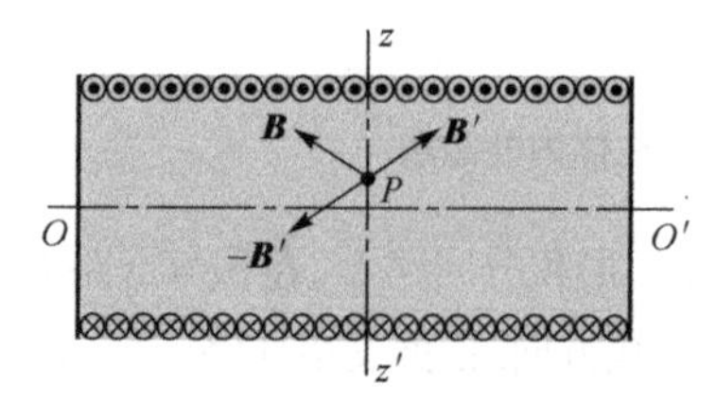

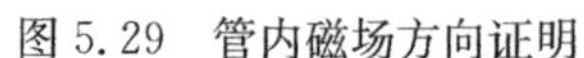

图 5.29 管内磁场方向证明

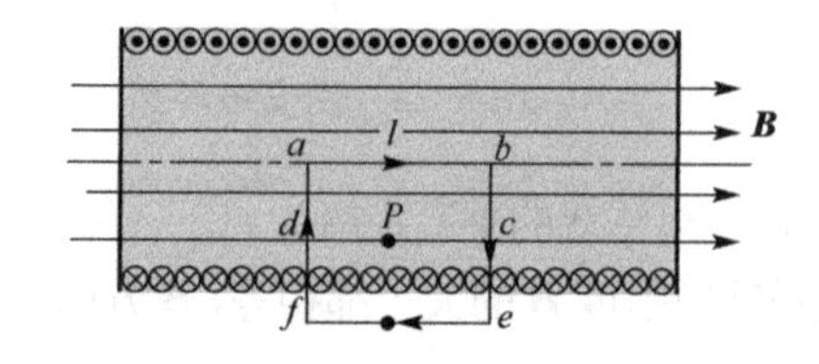

图 5.30 用安培环路定理计算长螺线管的磁场

设密绕螺线管单位长度的匝数为 n，导线中的电流为 I. 由于在管内离轴线等距离处，磁感应强度大小相等，方向与管轴平行. 作矩形闭合路径 $abcd$，ab 段和 cd 段与轴线平行，其中 ab 段在轴线上（ab 长为 l），另两条边与轴线垂直，如图 5.30 所示. 根据安培环路定理，磁场对这一闭合路径的环流为

$$\oint_L \boldsymbol{B} \cdot \mathrm{d}\boldsymbol{l} = \int_a^b \boldsymbol{B} \cdot \mathrm{d}\boldsymbol{l} + \int_b^c \boldsymbol{B} \cdot \mathrm{d}\boldsymbol{l} + \int_c^d \boldsymbol{B} \cdot \mathrm{d}\boldsymbol{l} + \int_d^a \boldsymbol{B} \cdot \mathrm{d}\boldsymbol{l}$$

在 bc、da 段上，由于管内 $\boldsymbol{B}$ 与线元 $\mathrm{d}\boldsymbol{l}$ 垂直，并注意该矩形闭合路径所圈围的电流为零，因而

$$\int_b^c \boldsymbol{B} \cdot \mathrm{d}l + \int_d^a \boldsymbol{B} \cdot \mathrm{d}\boldsymbol{l} = 0$$

又由于设螺线管无限长，在 ab 段各点的磁感应强度 $\boldsymbol{B}$ 相同，同理 cd 段各点上的磁感应强度也视为相同（看成管的中部），所以

$$\oint_L \boldsymbol{B} \cdot \mathrm{d}\boldsymbol{l} = \boldsymbol{B}_{ab} \int_a^b \mathrm{d}\boldsymbol{l} - \boldsymbol{B}_{cd} \int_c^d \mathrm{d}\boldsymbol{l} = 0$$

$$= (\boldsymbol{B}_{ab} - \boldsymbol{B}_{cd})l = 0$$

所以

$$B_{cd} = B_{ab} = \mu_0 nI$$

上式说明，无限长载流螺线管内部任意一点的磁感应强度大小均为 $B = \mu_0 nI$，方向平行于轴线. 虽然上述结论只适用于无限长的理想螺线管，但对实际螺线管内靠近中央部分的各点来说，也是适用的. 实验室中，常利用载流密绕长直螺线管来产生均匀磁场. 螺线管线圈中的电流流向与管内的磁场方向成右手螺旋关系.

用论证管内 $\boldsymbol{B}$ 的方向平行于轴线的方法，可证明若管外存在有 $\boldsymbol{B}$，则管外 $\boldsymbol{B}$ 的方向平行于轴线. 作矩形闭合路径 $abef$，ab 段和 ef 段与轴线平行，其中 ab 段在轴线上（ab 长为 l），另两条边与轴线垂直，如图 5.30 所示. 根据安培环路定理，磁场对这一闭合路径的环流为

$$\oint_L \boldsymbol{B} \cdot \mathrm{d}\boldsymbol{l} = \int_a^b \boldsymbol{B} \cdot \mathrm{d}\boldsymbol{l} + \int_b^e \boldsymbol{B} \cdot \mathrm{d}\boldsymbol{l} + \int_e^f \boldsymbol{B} \cdot \mathrm{d}\boldsymbol{l} + \int_f^a \boldsymbol{B} \cdot \mathrm{d}\boldsymbol{l}$$

在 be、fa 段上，由于管内 $\boldsymbol{B}$ 与线元 $\mathrm{d}\boldsymbol{l}$ 垂直，并注意该矩形闭合路径所圈围的电流为 nIl，故

$$\oint_L \boldsymbol{B} \cdot \mathrm{d}\boldsymbol{l} = B_{ab} \int_a^b \mathrm{d}l - B_{ef} \int_e^f \mathrm{d}l = \mu_0 nIl$$

$$(B_{ab} - B_{ef})l = \mu_0 nIl$$

我们已经证明，在轴线上有 $B_{ab} = \mu_0 nI$，代入上式，必有

$$B_{ef} = 0$$

即无限长螺线管外任一点的磁感应强度 $\boldsymbol{B}$ 为零.

例 5.9　在半径为 a 的圆柱形长直导线中挖一半径为 b 的圆柱形空管（$a > 2b$）空管的轴线与柱体的轴线平行，相距为 d，当电流仍均匀分布在管的横截面上且电流为 I 时，求空管内磁场强度 $\boldsymbol{B}$ 的分布，如图 5.31 所示.

解　空管的存在使电流的分布失去对称性，采用“填补法”将空管部分等效为同时存在电流密度为 $\boldsymbol{j}$ 和 $-\boldsymbol{j}$ 的电流，如图 5.31(a)所示. 这样，空间任一点的磁场 $\boldsymbol{B}$ 可

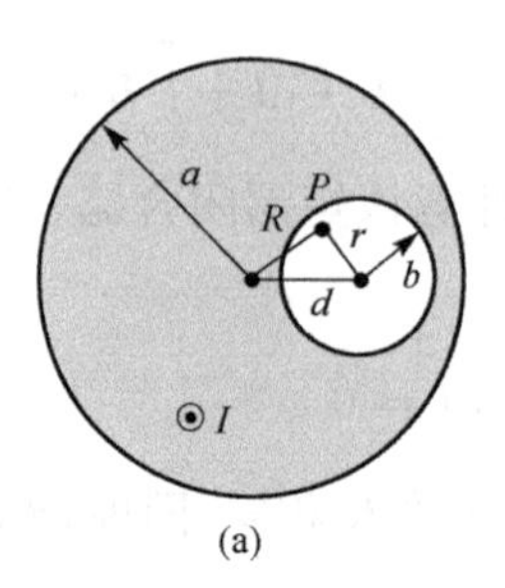

(a)

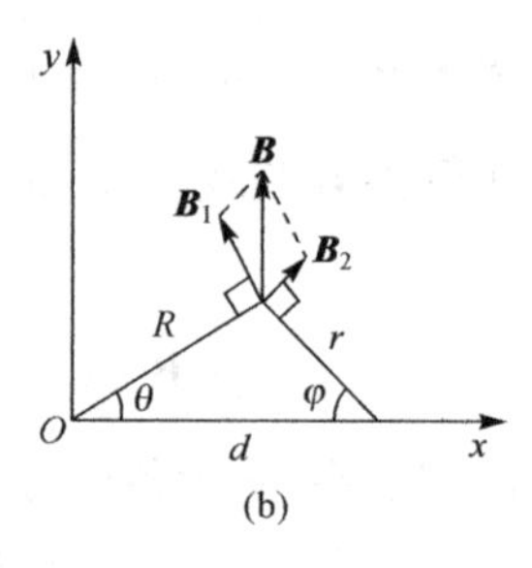

(b)

图 5.31

以看成由半径为 a、电流密度为 $\boldsymbol{j}$ 的长圆柱导体产生的磁场 $\boldsymbol{B}_1$ 和半径为 b、电流密度为 $-\boldsymbol{j}$ 的长圆柱导体产生的磁场 $\boldsymbol{B}_2$ 的矢量和,即

$$\boldsymbol{B}=\boldsymbol{B}_1+\boldsymbol{B}_2$$

由安培环路定理不难求出

$$B_1=\frac{\mu_0 j\pi R^2}{2\pi R}=\frac{\mu_0 R}{2}j$$

$$B_2=\frac{\mu_0 r}{2}j$$

式中,R 由圆柱的轴线到考察点 P 的距离,r 是由圆管的轴线到考察点 P 的距离.如图 5.31(b)所示,将 $\boldsymbol{B}_1$ 和 $\boldsymbol{B}_2$ 分解,x 轴上的分量为

$$B_{1x}=-B_1\sin\theta=-\frac{\mu_0 R}{2}j\sin\theta$$

$$B_{2x}=B_2\sin\varphi=\frac{\mu_0 r}{2}j\sin\varphi$$

因为

$$R\sin\theta=r\sin\varphi$$

所以

$$B_x=B_{1x}+B_{2x}=0$$

y 轴分量为

$$B_{1y}=\frac{\mu_0 R}{2}j\cos\theta$$

$$B_{2y}=\frac{\mu_0 r}{2}j\cos\varphi$$

所以

$$B_y=B_{1y}+B_{2y}=\frac{\mu_0 j}{2}(R\cos\theta+r\cos\varphi)=\frac{\mu_0 d}{2}j$$

由此得空管内的磁场强度大小为

$$B=B_y=\frac{\mu_0 d}{2}j=\frac{\mu_0 Id}{2\pi(a^2-b^2)}$$

方向与两轴线连线相垂直,其矢量式为

$$\boldsymbol{B}=\frac{\mu_0 Id}{2\pi(a^2-b^2)}\boldsymbol{j}$$

故此时空管内为一均匀场.

5.7 磁场对载流线圈的作用

5.7.1 磁场对载流直导线的作用

由安培定律 $\mathrm{d}\boldsymbol{F}_{21}=\frac{\mu_0}{4\pi}\frac{I_2\mathrm{d}\boldsymbol{l}_2\times(I_1\mathrm{d}\boldsymbol{l}_1\times\boldsymbol{e}_{r21})}{r_{21}^2}$ 和毕奥-萨伐尔定律 $\mathrm{d}\boldsymbol{B}=\frac{\mu_0}{4\pi}\frac{I\mathrm{d}\boldsymbol{l}\times\boldsymbol{e}_r}{r^2}$,很容易得到电流元 $I_2\mathrm{d}\boldsymbol{l}_2$ 在电流元 $I_1\mathrm{d}\boldsymbol{l}_1$ 激发的磁场 $\boldsymbol{B}_1$ 中受到的磁场力

$$\mathrm{d}\boldsymbol{F}_{21}=I\mathrm{d}\boldsymbol{l}_2\times\boldsymbol{B}_1$$

略去下角标,得到一般式

$$\mathrm{d}\boldsymbol{F}=I\mathrm{d}\boldsymbol{l}\times\boldsymbol{B}\tag{5.16}$$

它既是一个电流元在外磁场中受力的基本规律,又是定义磁感应强度 $\boldsymbol{B}$ 的依据. 这个力通常叫做**安培力**,式(5.16)称为安培力公式. 安培力的方向与矢积 $\mathrm{d}\boldsymbol{l}\times\boldsymbol{B}$ 的方向相同.

对于任意形状的载流导线 L 在磁场中所受的安培力 $\boldsymbol{F}$,应等于各个电流元所受的安培力 $\mathrm{d}\boldsymbol{F}$ 的矢量和,即

$$\boldsymbol{F}=\int_L I\mathrm{d}\boldsymbol{l}\times\boldsymbol{B}\tag{5.17}$$

式中,$\boldsymbol{B}$ 为各电流元所在处的"当地 $\boldsymbol{B}$".

5.7.2 磁场对载流线圈的作用

我们先讨论矩形载流线圈在均匀磁场中受的力矩,再推广到任意情况.

各种形状的平面载流线圈都按右手螺旋关系确定其正法线方向,四指指线圈中电流方向,拇指指线圈的正法线方向. 如图 5.32 所示,在磁感应强度为 $\boldsymbol{B}$ 的均匀磁场中,有一刚性矩形平面载流线圈 $abcd$,其边长分别为 l_1 和 l_2,电流为 I,ab 边和 cd 边与 $\boldsymbol{B}$ 垂直,线圈可绕垂直于磁感应强度 $\boldsymbol{B}$ 的中心轴 OO' 自由转动. 当线圈法线方向 $\boldsymbol{e}_n$ 与磁感应强度 $\boldsymbol{B}$ 之间的夹角为 θ 时,根据安培力公式,导线 bc 和 da 所受的磁场力大小分别为

$$F_{bc}=BIl_1\sin(90^\circ-\theta)$$

$$F_{da}=BIl_1\sin(90^\circ+\theta)$$

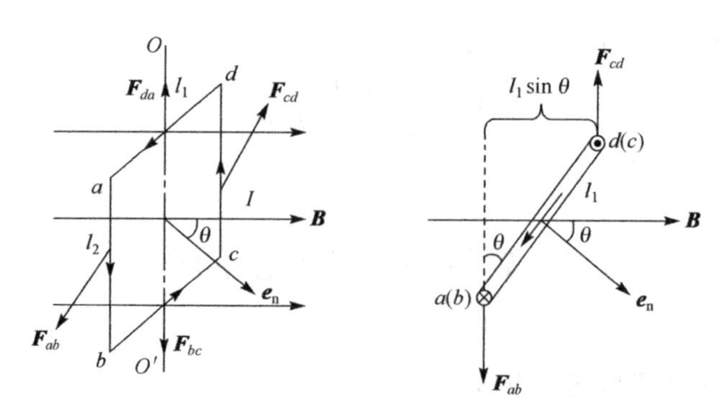

图 5.32 平面矩形载流线圈在均匀磁场中所受的力矩

可见 $F_{bc}=F_{da}$，方向相反，并且在同一直线上，所以这两力相互平衡. 而导线 ab 和 cd 所受的磁场力 F_{ab} 和 F_{cd} 的大小相等，为

$$F_{ab}=F_{cd}=BIl_2$$

方向相反，但不在同一直线上. 因此形成一力偶，力偶臂为 $l_1\sin\theta$，所以磁场对线圈作用的磁力偶矩大小为

$$M=F_{ab}l_1\sin\theta=BIl_1l_2\sin\theta=BIS\sin\theta$$

式中，$S=l_1l_2$ 为线圈面积.

如果线圈有 N 匝，那么线圈所受磁力矩的大小为

$$M=mB\sin\theta$$

式中，$m=NIS$ 为线圈磁矩，它的方向就是载流线圈平面法线的正方向，用矢量表示为 $\boldsymbol{m}=NIS\boldsymbol{e}_{\mathrm{n}}$. 磁力偶矩的方向为 $\boldsymbol{m}\times\boldsymbol{B}$. 将上式写成矢量形式为

$$\boldsymbol{M}=\boldsymbol{m}\times\boldsymbol{B} \tag{5.18}$$

上式虽然是从均匀磁场中的矩形载流线圈的情形推出的，但是，可以证明，对均匀磁场中任意形状的平面载流线圈都适用. 磁场作用于载流线圈的力矩提供了另一种定义磁感应强度 $\boldsymbol{B}$ 大小和方向的方法，用于定义 $\boldsymbol{B}$ 载流线圈的线度和磁矩应尽可能小，这种小线圈称为探测线圈.

磁场作用于任意形状的载流平面线圈的力矩有使线圈的磁矩 $\boldsymbol{m}$ 转向磁感应强度 $\boldsymbol{B}$ 的方向.

(1) 当 $\theta=0°$，线圈法线方向与磁场方向平行，$M=0$，线圈不受磁力偶矩作用，此时线圈处于稳定平衡状态.

(2) 当 $\theta=180°$ 时，线圈法线方向与磁场方向反平行，同样线圈不受磁力偶矩作用，有 $M=0$，但如果此时稍有外力干扰，线圈就向 $\theta=0°$ 处转动，因此称 $\theta=180°$ 时的状态为不稳定平衡状态.

(3) 当 $\theta=90°$ 时，线圈法线方向与磁场方向垂直，$M=M_{\max}=mB$，此时线圈所受的磁力矩最大.

平面载流线圈在均匀磁场中所受的安培力的合力为零,仅受到磁力偶矩的作用.因此刚性线圈在均匀磁场中只会发生转动状态变化,而不会发生平动状态变化.但线圈各段都受力的作用,使线圈受压或受拉而产生形变.当载流线圈处于非均匀磁场中时,它不但受到磁力矩的作用,还将受到不为零的合力作用,因此线圈将发生移动.

利用磁场对载流线圈的作用可以制造电动机、磁电式电流计等.

5.7.3　磁场对磁偶极子的作用

1. *磁偶极子在磁场中受的力矩*

式(5.18)既然适用于任意形状的平面载流线圈,当然也适用于磁偶极子.设想磁偶极子所在微小空间区域内,磁场是均匀的.磁偶极子所受力矩也是

$$\boldsymbol{M} = \boldsymbol{m} \times \boldsymbol{B}$$

这与电偶极子所受力矩 $\boldsymbol{M} = \boldsymbol{p} \times \boldsymbol{E}$ 可以类比.

2. *磁偶极子与磁场的相互作用能*

磁场的力矩 $\boldsymbol{M}$ 有使磁偶极子的磁矩 $\boldsymbol{m}$ 转向磁场 $\boldsymbol{B}$ 方向的趋势.因此要改变磁矩的方向,就要克服磁力矩做功.若取 $\boldsymbol{m}$ 与 $\boldsymbol{B}$ 相垂直时的相互作用能为零,则在磁矩从与场强成 θ 角转到与场强垂直的过程中,外力克服磁力矩做的功就等于磁偶极子在磁场中的相互作用能(势能),即

$$A = \int_{\theta}^{\pi/2} M \mathrm{d}\theta = \int_{\theta}^{\pi/2} mB\sin\theta \mathrm{d}\theta = mB\cos\theta = \boldsymbol{m} \cdot \boldsymbol{B}$$

$$A = W_{\pi/2} - W_{\theta}$$

$$W_{\theta} = -\boldsymbol{m} \cdot \boldsymbol{B} \tag{5.19}$$

此式与电偶极子与电场的相互作用能 $W = -\boldsymbol{p} \cdot \boldsymbol{E}$ 相对应.

需要指出的是,式(5.19)并不代表载流线圈磁场中的能量,因为当载流导体在磁场中移动时,除了磁场对载流导体的作用力(包括力矩)做功外,本书第7章将要讨论运动导体中产生的感应电动势也要做功,因此,磁场能量的变化不能只由磁场力所做的功来决定.但是,由于 W_{θ} 对磁场力或力矩的依赖关系,与保守场的势能对保守力的依赖关系相同,故仅在这一意义上,我们才把 W_{θ} 看作相互作用能.

3. *磁偶极子在非均匀磁场中受的力*

电偶极子在非均匀电场中受到力的作用,使它移向电场较强处,该力为

$$\boldsymbol{F} = \nabla(\boldsymbol{p} \cdot \boldsymbol{E})$$

磁偶极子在非均匀磁场中同样受到力的作用,使它移向磁场较强处.

磁偶极子(小矩形线圈)在 xOy 平面内,磁场 $\boldsymbol{B}$ 指向 z 方向并沿 x 方向变化(图5.33).由于 ab 边、cd 边上 $\boldsymbol{B}$ 分布相同,所以两边受力大

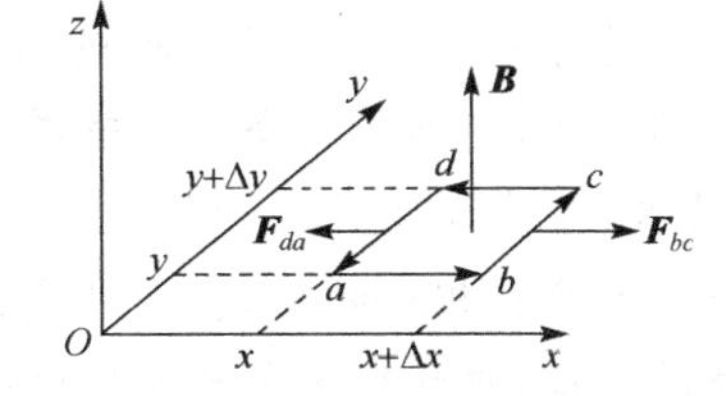

图5.33　非均匀磁场对磁偶极子的作用

小相等方向相反(因电流方向相反)相互抵消. 沿 bc 边、da 边 $\boldsymbol{B}$ 均匀分布,根据安培公式

$$\boldsymbol{F}_{bc}=IB(x+\Delta x)\Delta y\boldsymbol{i}$$

$$\boldsymbol{F}_{da}=-IB(x)\Delta y\boldsymbol{i}$$

所以磁偶极子受力

$$\boldsymbol{F}=\boldsymbol{F}_{bc}+\boldsymbol{F}_{da}=I[B(x+\Delta x)-B(x)]\Delta y\boldsymbol{i}$$

因是磁偶极子, Δx 很小,根据泰勒级数展开

$$B(x+\Delta x)=B(x)+\frac{\partial B}{\partial x}\Delta x$$

可得

$$\boldsymbol{F}=I\frac{\partial B}{\partial x}\Delta x\Delta y\boldsymbol{i}=m\frac{\partial B}{\partial x}\boldsymbol{i}=\left[\frac{\partial}{\partial x}(mB)\right]\boldsymbol{i} \tag{5.20}$$

或

$$\boldsymbol{F}=\nabla(\boldsymbol{m}\cdot\boldsymbol{B})=(\boldsymbol{m}\cdot\nabla)\boldsymbol{B} \tag{5.21}$$

显然磁偶极子受力的大小正比于 $\boldsymbol{B}$ 的变化率,方向指向 $\boldsymbol{B}$ 增加的方向. 此式可与电偶极子在非均匀电场中受力 $\boldsymbol{F}=\nabla(\boldsymbol{p}\cdot\boldsymbol{E})$ 相类比.

5.7.4 磁场对磁场作用——磁悬浮

1. 磁悬浮现象

当两块磁铁同名端靠近时,它们互相排斥;异名端靠近时,它们就互相吸引,如果下面一块磁铁 N 极向上,上面一块磁铁 N 极向下,那么上面的小磁铁就被向上推开,这就是永久磁铁的磁悬浮.

2. 磁悬浮应用

磁悬浮有很多应用,如磁悬浮列车、磁悬挂天平、磁悬浮轴承、磁悬浮电机等.

据报道,美国一家创新型再生能源科技公司,在风力发电机中采用带有永磁材料的叶片,使它们由于磁体的排斥力而在悬浮状态下旋转,利用磁悬浮原理,避免了电机的机械阻力和摩擦阻力,使风力发电机的风能利用率大大提高,从而降低了风力发电的成本. 2005 年年底《人民日报》也报道了中国科学院等几家单位,共同研制成了全永磁悬浮风力发电机,发电输出功率可提高 20%以上.

磁悬浮列车利用"同名磁极相斥,异名磁极相吸"的原理,让磁铁具有抗拒地心引力的能力,使车体完全脱离轨道,悬浮在距离轨道约 1cm 处,腾空行驶,创造了近乎"零高度"空间飞行的奇迹. 由于磁铁有同性相斥和异性相吸两种形式,故磁悬浮列车也有两种相应的形式:一种是利用磁铁同性相斥原理而设计的电磁运行系统的磁悬浮列车,它利用车上超导体电磁铁形成的磁场与轨道上线圈形成的磁场之间所产生的相斥力,使车体悬浮运行的铁路;另一种则是利用磁铁异性相吸原理而设计

的电动力运行系统的磁悬浮列车，它是在车体底部及两侧倒转向上的顶部安装磁铁，在T形导轨的上方和伸臂部分下方分别设反作用板和感应钢板，控制电磁铁的电流，使电磁铁和导轨间保持10～15mm的间隙，并使导轨钢板的排斥力与车辆的重力平衡，从而使车体悬浮于车道的导轨面上运行. 图5.34是我国自主研发的"中华01号"磁悬浮列车.

图5.34　磁悬浮列车

磁悬浮列车具有速度快、爬坡能力强、能耗低、运行噪音小、安全舒适、不燃油，污染少等优点，并且它采用高架方式，占用的耕地很少. 自20世纪60年代以来，以德国和日本为代表，对常导和超导两种模式，进行了深入的研究和试验. 日本的超导系统已建成山梨县18.4km试验线(双线)，最高时速曾达552km/h. 德国的常导系统，先后研制了TR01～TR08型车辆. 1987年，建成埃姆斯兰试验线31.5km，最高运行速度达450km/h，运行里程累计已超过60万km. 我国对磁悬浮列车的研究工作起步较迟，1989年3月，国防科技大学研制出我国第一台磁悬浮试验样车. 1995年，我国第一条磁悬浮列车试验线在西南交通大学建成，并且成功进行了稳定悬浮、导向、驱动控制和载人运行等时速为300km/h的试验. 2002年，由中德两国合作建成了上海浦东磁悬浮列车，是世界第一条商业运营的磁悬浮专线，专线全长29.863km. 2005年建成的我国第一条永磁悬浮列车在大连问世，采用的是我国自主创新的"永磁补偿式悬浮技术"，最高时速可达每小时500多千米.

5.8　磁场对运动电荷的作用

5.8.1　带电粒子在磁场中的运动

在5.3节中，讨论磁感应强度的定义时我们讲过，带电粒子在外磁场中将受到磁场力的作用，磁场力的大小与粒子所带电量以及它的速度有关. 当电荷量为q的粒子

以速度 v 在磁场 $\boldsymbol{B}$ 中运动时，由式(5.6)可知，其作用规律可表示为

$$\boldsymbol{F} = q\boldsymbol{v} \times \boldsymbol{B}$$

上式称为**洛伦兹力公式**. 洛伦兹力的方向由 $\boldsymbol{v}$ 和 $\boldsymbol{B}$ 的矢积确定，其大小可表示为

$$F = qvB\sin\theta \tag{5.22}$$

应当指出，由于洛伦兹力 $\boldsymbol{F}$ 总是与带电粒子的速度 $\boldsymbol{v}$ 垂直，因此洛伦兹力对带电粒子不做功，它只改变带电粒子的运动方向，而不改变它的速率和动能. 以下我们分 3 种情况来讨论带电粒子在磁场中的运动规律.

(1) 带电粒子 q 以速率 v 沿磁场 $\boldsymbol{B}$ 方向进入均匀磁场. 由洛伦兹力公式可知. 粒子将不受磁场力的作用，它将沿磁场方向作匀速直线运动.

(2) 带电粒子 q 以速率 v 沿垂直于磁场 $\boldsymbol{B}$ 的方向进入均匀磁场，这时它受到洛伦兹力的作用，作用力的大小为 $F = qvB$. 因为洛伦兹力始终与粒子的运动方向垂直，所以带电粒子将在垂直于磁场的平面内作半径为 R 的匀速率圆周运动，如图 5.35 所示. 其运动方程为

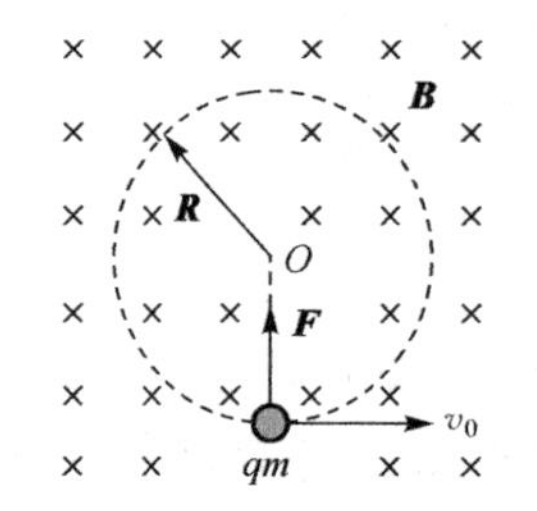

图 5.35　带电粒子在均匀磁场中作圆周运动

$$qvB = m\frac{v^2}{R}$$

由上式可给出带电粒子相应的轨道半径为

$$R = \frac{mv}{qB} = \frac{v}{Bq/m} \tag{5.23}$$

可见，轨道半径 R 与带电粒子的运动速率 v 成正比，与磁感应强度 $\boldsymbol{B}$ 的大小成反比. 其中 q/m 称为带电粒子的荷质比.

带电粒子沿圆形轨道绕行一周所需的时间，即周期 T

$$T = \frac{2\pi R}{v} = \frac{2\pi}{Bq/m} \tag{5.24}$$

单位时间内粒子所运行的圈数称为**回旋频率**，用 f 表示，它是周期的倒数，即

$$f = \frac{Bq/m}{2\pi} \tag{5.25}$$

由式(5.24)、式(5.25)可以看出，带电粒子的运动周期或回旋频率与带电粒子的速度无关，仅取决于磁感应强度和带电粒子的荷质比.

(3) 带电粒子进入磁场时的速度 $\boldsymbol{v}$ 和磁场 $\boldsymbol{B}$ 方向成一夹角 θ ，这时可以将带电粒子的初速度 $\boldsymbol{v}$ 分解为平行于 $\boldsymbol{B}$ 的分量 $v_{/\!/}$ 和垂直于 $\boldsymbol{B}$ 的分量 $\boldsymbol{v}_{\perp}$ ，有

$$v_{/\!/} = v\cos\theta$$

$$v_{\perp} = v\sin\theta$$

即，带电粒子同时参与两种运动. 因为平行于磁场方向的速度分量 $v_{/\!/}$ 不受洛伦兹力作用，所以粒子一方面作匀速直线运动；因为还存在垂直于磁场方向的速度分量 $v_{\perp}$ ，在洛伦兹力作用下，粒子还同时作匀速圆周运动. 因此，带电粒子的合运动是以磁场方向为轴的等螺距螺旋运动，如图 5.36 所示，螺旋线半径为

$$R = \frac{mv_{\perp}}{qB} = \frac{mv\sin\theta}{qB} \tag{5.26}$$

螺旋周期为

$$T = \frac{2\pi R}{v_{\perp}} = \frac{2\pi m}{qB} \tag{5.27}$$

一个周期内,粒子沿磁场方向前进的距离称为**螺距**,为

$$h = Tv_{/\!/} = \frac{2\pi mv\cos\theta}{qB} \tag{5.28}$$

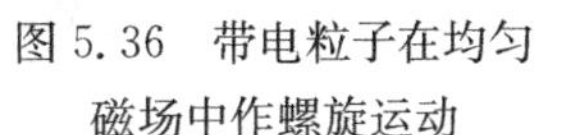

图 5.36 带电粒子在均匀磁场中作螺旋运动

在阴极射线管中,由阴极出射的电子束在控制极和阳极加速电压的作用下,会聚于 A 点. 这时由于速度近似相等的电子束受到库仑力的作用而产生发散. 由于电子束的发散角比较小,且电子的速率又差不多相等,因此有

$$v_{/\!/} = v\cos\theta \approx v, \quad v_{\perp} = v\sin\theta \approx v \cdot \theta$$

这时若在电子束原来速度方向加上一个均匀磁场,则各电子将沿不同半径的螺旋线前进. 由于它们速度的平行分量近似相等,因而螺距近似相等,因此经过一个螺距后,它们又会重新聚在 A' 点,这与光束通过透镜后聚焦的现象有些类似,所以称为**磁聚焦**现象,如图 5.37 所示. 由于均匀磁场通常是由长直螺线管产生的,所以上述装置称为**长磁透镜**. 然而实际情况下用得更多的是短磁透镜,它由短线圈产生非均匀磁场的聚焦作用(如图 5.38 所示),被广泛用于电真空器件,特别是电子显微镜中.

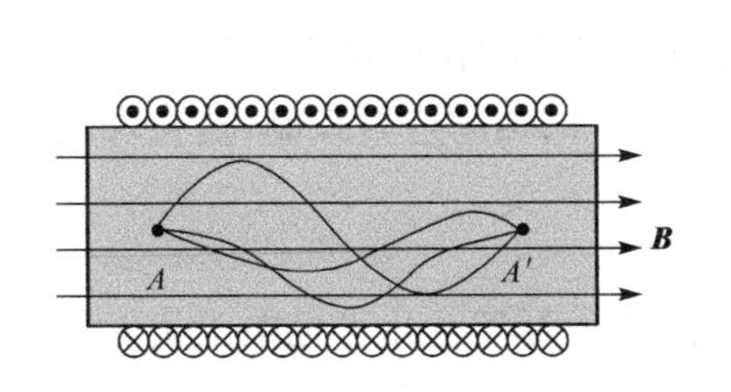

图 5.37 均匀磁场的磁聚焦

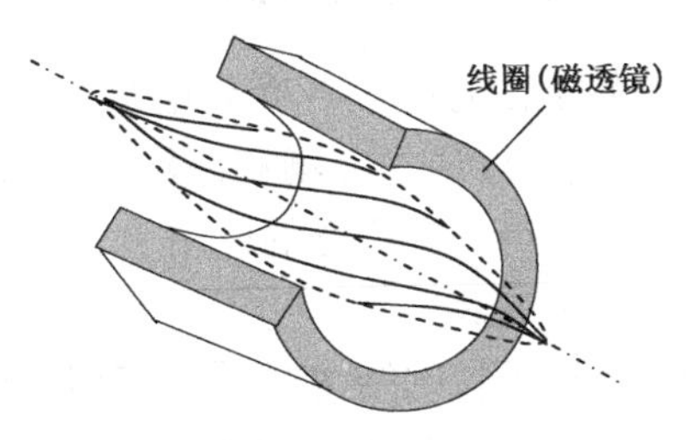

图 5.38 磁透镜

带电粒子在非均匀磁场中向磁场较强的方向运动时,螺旋线半径将随着磁感应强度的增加而减少. 如图 5.39 所示,两个相隔一定距离的通电线圈,当带电粒子靠近任何一个线圈时都要受到一个指向中央区域的磁场力. 如果带电粒子沿轴线方向上的分速度较小时,就会减速到零,然后作反向运动,就像光线射到镜面上反射回来一样. 通常把这种强度逐渐增强的会聚磁场的作用称为**磁镜约束**. 这样,两个线圈就好像两面"镜子",称为**磁瓶**. 在一定速度范围内的带电粒子进入这个区域后,就会被这样一个磁场所俘获而无法逃脱. 这种技术主要用在可控热核反应装置中. 这是因为在热核反应中物质处于等离子态,温度高达10^6K 以上,目前尚无一种实体容器能够耐受如此高温. 所以采用磁瓶这样一个"虚拟"容器可控热核反应物质.

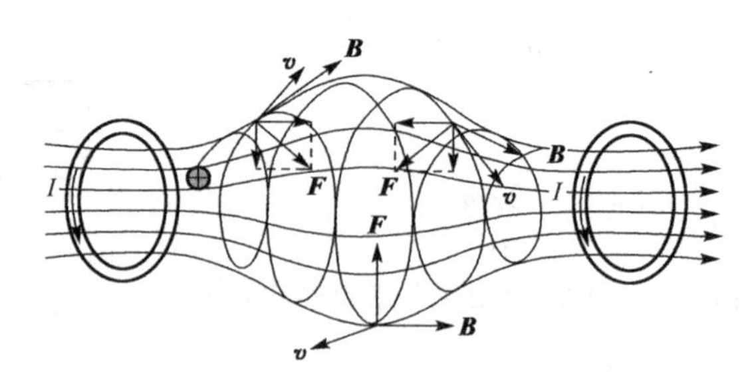

图 5.39 磁瓶

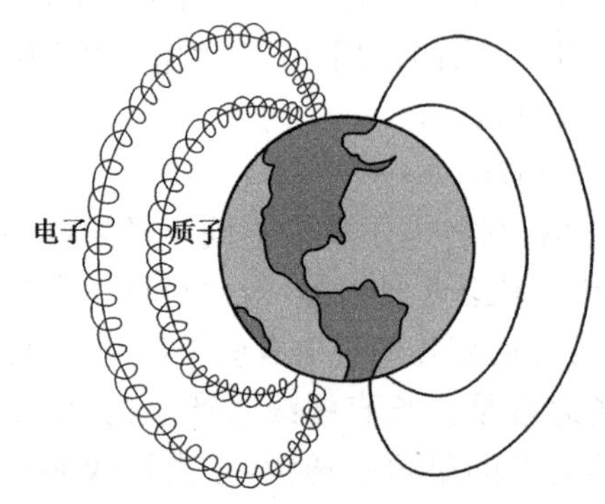

图 5.40 地磁场内范艾仑辐射带

地球也可算是一个天然磁约束捕集器，地球周围的非均匀磁场能够俘获来自宇宙射线和“太阳风”的带电粒子，使它们在地球两极之间来回振荡. 探索者 1 号宇航器在 1958 年从太空中发现，在距地面几千公里和两万公里的高空，分别存在质子层、电子层两个环绕地球的辐射带，这些区域称为**范艾仑辐射带**. 在高纬地区出现的极光则是高速电子与大气相互作用引起的，如图 5.40 所示.

5.8.2 带电粒子在电场和磁场中运动举例

带电粒子在电场中将受到电场力的作用，运动时在磁场中将受到磁场力的作用，因此我们可以通过电场和磁场来对带电粒子的运动进行控制，这在现代科学技术领域中已经得到了广泛的应用.

1. 回旋加速器

在研究原子核的结构时，需要有几百万、几千万甚至几十亿电子伏能量的带电粒子来轰击它们，使它们产生核反应. 要使带电粒子获得这样高的能量，一种可能的途径是在电场和磁场的共同作用下，使粒子经过多次加速来达到目的. 第一台回旋加速器是美国物理学家劳伦斯于 1932 年研制成功的，可将质子和氘核加速到 1MeV 的能量. 为此，1939 年劳伦斯获诺贝尔物理学奖. 下面简述回旋加速器的工作原理.

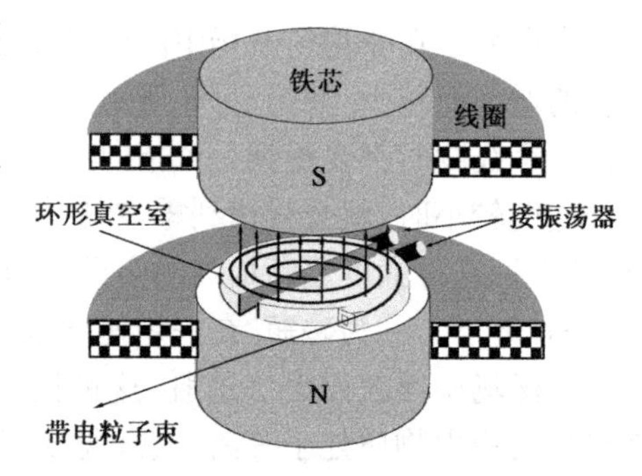

图 5.41 回旋加速器原理图

图 5.41 是回旋加速器原理图，它的主要部分是作为电极的两个金属半圆形真空盒 D_1 和 D_2，放在高真空的容器内. 然后将它们放在电磁铁所产生的强大均匀磁场 $\boldsymbol{B}$

中,磁场方向与半圆形盒 D_1 和 D_2 的平面垂直.当两电极间加有高频交变电压时,两电极缝隙之间就存在高频交变电场 $\boldsymbol{E}$,致使极缝间电场的方向在相等的时间间隔 t 内迅速地交替改变.如果有一带正电荷 q 的粒子,从极缝间的粒子源 O 中释放出来,那么,这个粒子在电场力的作用下,被加速而进入半盒 D_1.设这时粒子的速率已达 v_1,由于盒内无电场,且磁场的方向垂直于粒子的运动方向,所以粒子在 D_1 内做匀速圆周运动.经时间 t 后,粒子恰好到达缝隙,这时交变电压也将改变符号,即极缝间的电场正好也改变了方向,所以粒子又会在电场力的作用下加速进入盒 D_2,使粒子的速率由 v_1 增加至 v_2,在 D_2 内的轨道半径也相应地增大.由式(5.25)已知粒子的回旋频率为

$$f=\frac{Bq/m}{2\pi}$$

上式表明,粒子回旋频率与圆轨道半径无关,与粒子速率无关.这样,带正电的粒子,在交变电场和均匀磁场的作用下,多次累积式地被加速而沿着螺旋形的平面轨道运动,直到粒子能量足够高时到达半圆形电极的边缘,通过铝箔覆盖着的小窗 F,被引出加速器.

当粒子到达半圆盒的边缘时,粒子的轨道半径即为盒的半径 R,此时粒子的速率由式(5.23)可得

$$v=\frac{qBR}{m}$$

粒子的动能为

$$E_{\mathrm{k}}=\frac{1}{2}mv^2=\frac{q^2B^2R^2}{2m}$$

从上式可以看出,某一带电粒子在回旋加速器中所获得的动能,与电极半径的二次方成正比,与磁感应强度 $\boldsymbol{B}$ 的大小的二次方成正比.可见,要使粒子的能量更高,就得建造巨型的强大电磁铁,例如,一台使质子获得 100MeV 能量的回旋加速器的电磁铁重达 4000t,这显然会受到技术上、经济上的制约.

粒子的最大速率除了受到磁感应强度 $\boldsymbol{B}$ 和 D 形盒半径 R 的限制外,还要受到相对论效应的限制.当粒子的速度接近光速时,粒子的质量 m 将与速度有关,即 $m=m_0/\sqrt{1-v^2/c^2}$.式中,m_0 为粒子静止时的质量,质量随速度的加大而加大,回旋周期也将随之而加大,若交变电压周期不变,两者不能同步,因而不能保证粒子每次经过缝隙时都被加速,所以要求粒子速度远小于光速.对同样能量的粒子,重粒子速度小,所以回旋加速器更适合加速重粒子.

为了补偿相对论效应,我们可以根据相对论效应调节交变电压的频率使之与粒子在 D 形盒中运动所经历的时间同步,从而制成同步回旋加速器.用同步回旋加速器加速粒子,可使粒子的能量大大提高.我国同步回旋加速器可将质子加速到 50GeV($1\mathrm{GeV}=10^9\mathrm{eV}$),目前世界上最大的粒子加速器是美国费米国立加速器实验室的一台质子同步加速器,它可以把质子加速到 500GeV.

2. 质谱仪

质谱仪是用物理方法分析同位素的仪器，是由英国实验化学家和物理学家阿斯顿在 1919 年创制的，当年用它发现了氯和汞的同位素. 以后几年内又发现了许多种同位素，特别是一些非放射性的同位素. 为此，阿斯顿于 1922 年获诺贝尔化学奖.

图 5.42 是一种质谱仪的示意图. 从离子源 N 产生的正离子，经 S_1、S_2 间高电压加速后沿狭缝直线进入速度选择器，速度选择器中存在向右的均匀电场 $\boldsymbol{E}$ 和垂直纸面向外的均匀磁场 $\boldsymbol{B}$，只有离子速度 v 满足条件 $qE = qvB$，即 $v = E/B$ 时，才能沿直线通过狭缝 S_3 进入磁感应强度为 $\boldsymbol{B}'$ 的均匀磁场区域(磁场方向垂直纸面向外，无电场)，该区域称为磁偏转器. 在磁偏转器中，离子在磁场力作用下，将以半径 R 作匀速圆周运动，若离子的质量为 m，则有

$$qvB' = m\frac{v^2}{R}$$

所以

$$m = \frac{qB'R}{v}$$

由于 B' 和离子的速度 v 是已知的，且假定每个离子的电荷都是相等的，从上式可以看出，离子的质量和它的轨道半径成正比.

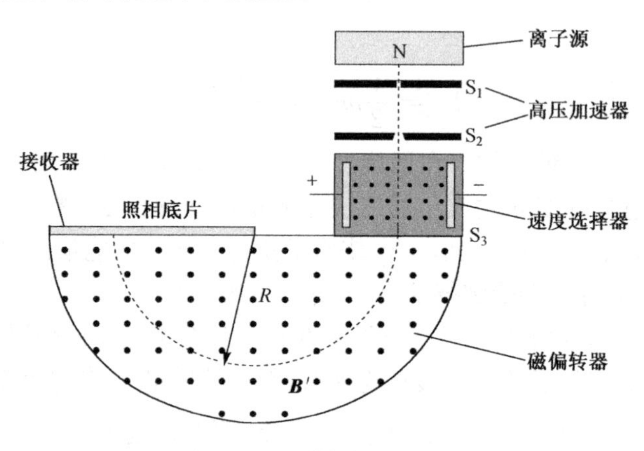

图 5.42　质谱仪构造示意图

如果这些离子中有不同质量的同位素，它们的轨道半径就不一样，将分别射到照相底片上不同的位置，形成若干线状谱的细条纹，每一条纹相当于一定质量的离子. 从条纹的位置可以推算出轨道半径 R，从而算出它们的相应质量，所以，这种仪器称为质谱仪.

若待测粒子的质量很大，如大分子，欲使质量很大的粒子偏转，磁偏转器的磁场应非常强，而太强的磁场实际上很难获得，故磁偏转质谱仪只适用于测量原子或小分子的质量. 近年来发展了一种新的质谱仪，称为飞行时间质谱仪，它没有磁偏转

器.当离子经高压加速器加速后，便获得相等的动能，而不同质量的离子的速度不同，因而通过同一固定路程经历的时间 t 亦不同，不同质量的离子将在不同时刻到达接收器，离子质量便按飞行时间不同而区分开来，从而得到离子质量按飞行时间的分布谱.

3. 汤姆孙实验

1897 年，汤姆孙在英国剑桥卡文迪许实验室从事 X 射线和稀薄气体的研究工作时，对当时已经发现的阴极射线进行了研究. 通过电场和磁场对阴极射线的作用，他得出了这种射线不是以太波而是物质质粒的结论. 他利用图 5.43(a)所示的装置测量了这些质粒的荷质比. 图中 K 是阴极射线的发射源(一种热阴极)，在阳极 A_1 的电压 U_A 的作用下，射线经过 A_1 和 A_2 的小孔形成粒子束并进入区域 C，最后打在荧光屏 S 上的 O 点. 在区域 C 中，设置一相互垂直的电场和磁场，并都与粒子速度的方向相垂直. 在电极 P_1、P_2 上加上一电压，其场强为 E，在没有磁场的条件下，电子因受电场力作用而偏转，并打在荧光屏 S 上的 O_1 点. ，测得偏转距离 d .

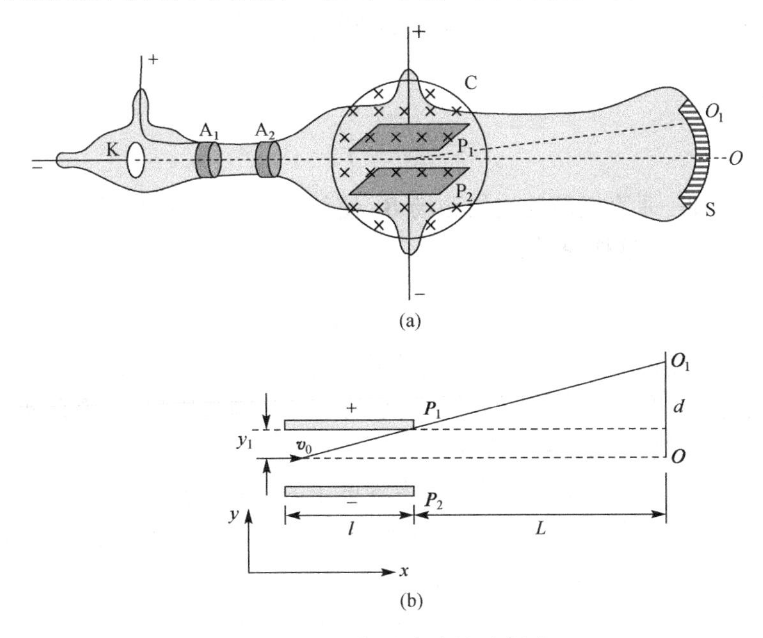

图 5.43　汤姆孙实验的示意图

若已知电场区域的长度 l，极板到荧光屏的距离 L，粒子的质量为 m，电量为 q，射入电场的速度为 v_0，如图 5.43(b)所示. 粒子因受电场力 qE 作用，具有向上的加速度为

$$a = \frac{qE}{m}$$

粒子在两极板间运动的时间为 $t=\frac{l}{v_0}$，当离开电场区域时，向上偏离的距离为

$$y_1=\frac{1}{2}at^2=\frac{1}{2}\frac{qE}{m}\left(\frac{l}{v_0}\right)^2$$

这时粒子具有的向上的速度分量为

$$v_y=at=\frac{qE}{m}\frac{l}{v_0}$$

粒子离开电场后速度不再变化，故到达荧光屏所需的时间 t' 为

$$t'=\frac{L}{v_0}$$

在这段时间中，粒子 y 方向位移为

$$v_yt'=\frac{qE}{m}\frac{l}{v_0}\cdot\frac{L}{v_0}$$

因此 O_1 点和 O 点间的距离，即偏转距离 d 为

$$d=y_1+v_yt'=\frac{qEl}{mv_0^2}\left(L+\frac{l}{2}\right)$$

因 $L\gg l$，则有

$$\frac{qEl}{mv_0^2}=\frac{d}{L}$$

若在区域 C 中加一垂直纸面的均匀磁场 $\boldsymbol{B}$，使粒子反向偏转，并回到荧光屏上的 O 点，则有 $v_0=E/B$，这样，我们得

$$\frac{q}{m}=\frac{Ed}{B^2Ll}$$

汤姆孙通过实验测得阴极射线中质粒的荷质比为 1.7×10^{11} C/kg. 在这以前，人们还未确切知道电子的存在，误认为原子是最小的不可分割的质粒. 汤姆孙实验测得阴极射线质粒的荷质比很大，说明这种质粒是比原子更小的质粒，后来这种质粒被称为电子. 因此，汤姆孙实验被称为第一次发现电子的实验. 汤姆孙实验并没有测得电子的电量或质量. 12 年以后，密立根用油滴实验测得了电子的电量后，才通过荷质比求出电子的质量. 现代实验测得电子的荷质比为

$$\frac{e}{m}=1.75881962\times10^{11}\text{C/ kg}$$

4. 霍尔效应

1879 年，霍尔发现处在匀强磁场中的通电导体板，当电流的方向垂直于磁场时，在垂直于磁场和电流方向的导体板的 A 、A' 两端之间会出现电势差. 这一现象称为**霍尔效应**，如图 5.44 所示，出现的电势差称为**霍尔电势差 $\boldsymbol{U}_{\mathrm{H}}$** 或**霍尔电压**.

实验指出，霍尔电势差与通过导体板的电流 I 、磁场的磁感应强度 B 成正比，与板的厚度 d 成反比.

$$U_{\mathrm{H}}=k\frac{BI}{d} \tag{5.29}$$

式中，k 称为**霍尔系数**.

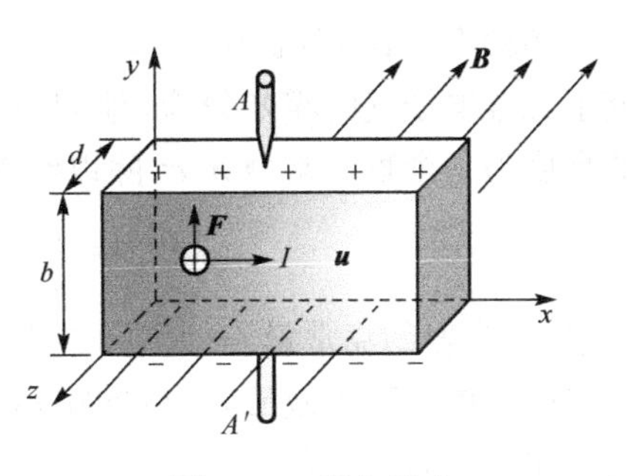

图 5.44　霍尔效应

霍尔效应可用洛伦兹力来说明. 因为磁场使导体内移动的电荷(载流子)发生偏转，结果在 A、A' 两端分别聚集了正负电荷，从而在板内形成横向电场 $\boldsymbol{E}_{\mathrm{H}}$，称为**霍尔电场**，在 A、A' 两端面出现电势差.

如图 5.44 所示，若导体板内载流子的电量为 q，定向运动速度为 u，则载流子受到的洛伦兹力为 quB，而霍尔电场对载流子的作用力为

$$qE=q\frac{U_{\mathrm{H}}}{b}$$

达到平衡时，载流子不再偏转，这时洛伦兹力与霍尔电场力平衡，导体的上下两侧出现稳定的霍尔电势差. 注意到电流 $I=bdnqu$，其中 n 为单位体积内的载流子数，于是得

$$U_{\mathrm{H}}=\frac{1}{nq}\frac{BI}{d} \tag{5.30}$$

与式(5.29)比较，即可知道霍尔系数为

$$k=\frac{1}{nq} \tag{5.31}$$

式(5.31)表明，霍尔系数与载流子的浓度有关，因此通过霍尔系数的测量，可以确定导体内载流子的浓度 n. 半导体内载流子的浓度远比金属中的载流子的浓度小，所以半导体的霍尔系数比金属的大得多. 而且半导体内载流子的浓度受温度、杂质以及其他因素的影响很大，因此霍尔效应为研究半导体载流子浓度的变化提供了重要的方法.

利用霍尔效应制成的半导体器件被广泛应用于工业生产和科学研究中. 例如，可以通过霍尔电压来测量磁场，这是现阶段比较精确测量磁场的一种常见方法. 霍尔效应还可以用来测量强电流、压力、转速等. 目前，霍尔效应在计算机技术和自动控制领域的应用越来越广泛.

在研究半导体的霍尔效应时，通常把式(5.30)中的霍尔电压 U_{H} 与垂直于霍尔电场方向的电流 I 之比值称为该样品的**霍尔电阻** R_{H}，即

$$R_{\mathrm{H}}=\frac{U_{\mathrm{H}}}{I}=\frac{1}{nq}\frac{B}{d}=\frac{B}{n_{\mathrm{S}}q}$$

式中，nd 为单位面积上的载流子数，即载流子的面密度 n_{S}. 当载流子的面密度一定时，霍尔电阻与磁感应强度成正比.

1980年,年青的德国物理学家克利钦等在低温(约几K)、强磁场(1～10T)下研究了二维电子气的霍尔效应,他们发现霍尔电阻随磁场的增大作台阶状升高,台阶的高度为一个物理常数 h/e^2 除以整数 i,即

$$R_{\mathrm{H}}=\frac{h}{ie^2},\qquad i=1,2,3,4,\cdots$$

式中,h 为普朗克常量,e 为电子电量,且 R_{H} 与样品的种类、结构、尺寸都无关.这一现象称为**量子霍尔效应**,对应的霍尔电阻称为**量子霍尔电阻**.量子霍尔电阻随磁场的变化如图5.45所示.

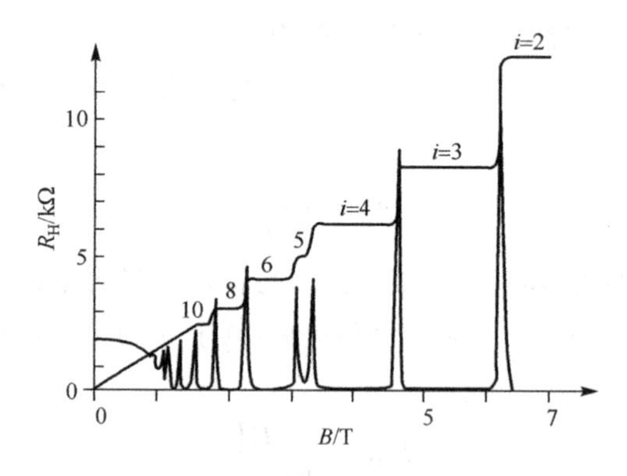

图5.45 整数量子霍尔效应

1982年,崔琦等研究低温(约0.1K)和超强磁场(大于10T)下二维电子气的霍尔效应时,发现霍尔电阻可以是 h/e^2 的1/3、2/3、2/5、3/5、4/5,…倍,这就是**分数量子霍尔效应**.上述两种效应是近年凝聚态物理领域中最重要发现之一,因此克利钦荣获1985年诺贝尔物理学奖,崔琦等则荣获1998年诺贝尔物理学奖.崔琦是继李政道、杨振宁(1957)、丁肇中(1976)、李远哲(1986)、朱棣文(1997)之后第六位获得诺贝尔奖的华裔科学家.崔琦1939年出生在中国河南省宝丰县,在那里度过了青少年时代,50年代后期还在中学阶段时移居境外.1967年获美国芝加哥大学物理学博士学位,后在美国贝尔实验室工作13年,1982年受聘于美国普林斯顿大学,任物理学教授.

5.8.3 洛伦兹力与安培力

磁场作用于载流导体的安培力与磁场作用于运动电荷的洛伦兹力在形式上很相似,这种相似性正好反映了两者的内在联系.所谓载流导体,就是固定在晶格上的原子(正离子)和大量作定向运动的电子的集合体,磁场对作定向运动的电子的洛伦兹力是磁场对载流导体的安培力的根本起因.考察 $\mathrm{d}l$ 段载流导体,其中通有向左电流 I,导体的横截面积为 S,单位体积中的自由电子数为 n,电子的电量为 e,自由电子向右定向速度为 $\boldsymbol{u}$,有磁感应强度为 $\boldsymbol{B}$ 的磁场作用于载流导体,其方向垂直纸面向里,如图5.46所示,电子受到向下的洛伦兹力 $\boldsymbol{F}=-e\boldsymbol{u}\times\boldsymbol{B}$ 作用而发生侧向漂移,

导体的下侧积聚负电荷，上侧积聚正电荷，其间形成一横向霍尔电场 $\boldsymbol{E}_{\mathrm{H}}$ 阻碍电子的侧向漂移运动. 当霍尔电场力 $\boldsymbol{F}_{\mathrm{H}}=-e\boldsymbol{E}_{\mathrm{H}}$ 与洛伦兹力平衡时，即

$$\boldsymbol{E}_{\mathrm{H}}=-\boldsymbol{u}\times\boldsymbol{B}$$

电子在等大反向的霍尔电场力和洛伦兹力作用下，作无侧向漂移的定向移动，而晶格中的正电荷只受霍尔电场力 $\boldsymbol{F}_{\mathrm{H}}$ 的作用，这些正电荷所受霍尔电场力合力的宏观效果正是导体所受的安培力.

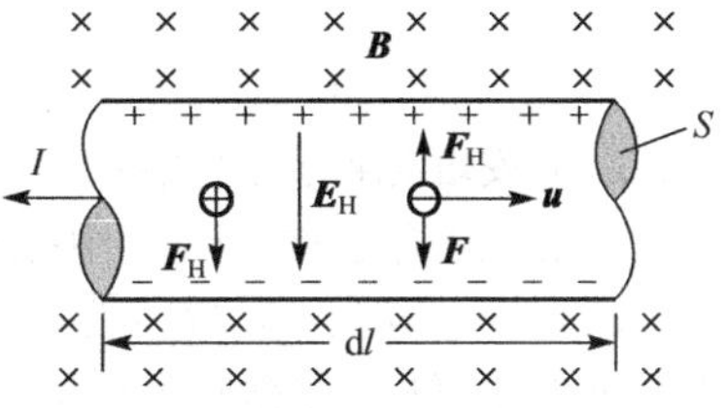

图 5.46　洛伦兹力与安培力的关系

因为 dl 段导体中正电荷数等于自由电子数，所以导体中正电荷所受霍尔电场力的合力 d$\boldsymbol{F}$ 与自由电子所受霍尔电场力的合力大小相等，方向相反，即

$$\mathrm{d}\boldsymbol{F}=-N\boldsymbol{F}_{\mathrm{H}}=Ne\boldsymbol{E}_{\mathrm{H}}=-Ne\boldsymbol{u}\times\boldsymbol{B}$$

式中，N 是 dl 段导体的正电荷数，等于相应的电子数. 将 $N=n\mathrm{d}lS$，代入上式得

$$\mathrm{d}\boldsymbol{F}=-n\mathrm{d}lSe\boldsymbol{u}\times\boldsymbol{B}$$

再将 $\boldsymbol{j}=-ne\boldsymbol{u}$，$I=\boldsymbol{j}\cdot\boldsymbol{S}$ 代入上式，并考虑 d$\boldsymbol{l}$ 方向与 $\boldsymbol{j}$ 方向相同，则有

$$\mathrm{d}\boldsymbol{F}=I\mathrm{d}\boldsymbol{l}\times\boldsymbol{B}$$

这就是说，载流导体受到的安培力就是磁场作用于导体内自由电子上的洛仑兹力的宏观效应. 安培力无论在数值上还是方向上都与自由电子所受洛伦兹力的合力相同.

例 5.10　回旋加速器 D 形盒圆周的最大半径 $R=0.6$m. 若用它加速质子，将质子从静止加速到 4.0MeV 的能量. (1)磁场的磁感强度 B 应多大？(2)若两 D 形盒电极间距离很小，极间的电场可视为均匀电场，两极的电势差为 2×10^4V，求加速到上述能量所需的时间.

解　(1) 质子在 D 形盒中作圆周运动，有

$$qvB=\frac{mv^2}{r}$$

设质子达到最大能量 E_{m} 时的速度为 v_{m}，半径为 R，则

$$E_{\mathrm{m}}=\frac{1}{2}mv_{\mathrm{m}}^2$$

所需要的最小磁感强度 B 为

$$B=\frac{\sqrt{2mE_{\mathrm{m}}}}{qR}=\frac{\sqrt{2\times1.67\times10^{-27}\times4\times10^6\times1.6\times10^{-19}}}{1.6\times10^{-19}\times0.6}=0.48(\mathrm{T})$$

(2) 质子每旋转一周能量增加 $2q\Delta\varphi$，达到最大能量时需旋转的次数为 $\dfrac{E_{\mathrm{m}}}{2q\Delta\varphi}$，每转一次需要时间为 $T=\dfrac{2\pi m}{qB}$，故总时间为

$$t=\frac{E_{\mathrm{m}}}{2q\Delta\varphi}\cdot\frac{2\pi m}{qB}=\frac{4\times10^6}{2\times2\times10^4}\cdot\frac{2\pi\times1.67\times10^{-27}}{(1.6\times10^{-19})^2\times0.48}=1.4\times10^{-5}(\mathrm{s})$$

思 考 题

5.1 在安培定律的表达式中,若 $r_{21}\to 0$,则 $\mathrm{d}\boldsymbol{F}_{21}\to\infty$,这一结论是否正确?怎样解释?

5.2 比较库仑定律在静电学中的地位与安培定律在静磁学中的地位.

*5.3 如图 5.47 所示,取直角坐标系,电流元 $I_1\mathrm{d}\boldsymbol{l}_1$ 放在 x 轴上指向原点 O,电流元 $I_2\mathrm{d}\boldsymbol{l}_2$ 放在原点 O 处指向 z 轴.试根据安培定律回答,在下列情形里电流元 1 给电流元 2 的力 $\mathrm{d}\boldsymbol{F}_{21}$ 以及电流元 2 给电流元 1 的力 $\mathrm{d}\boldsymbol{F}_{12}$,大小和方向各有什么变化?

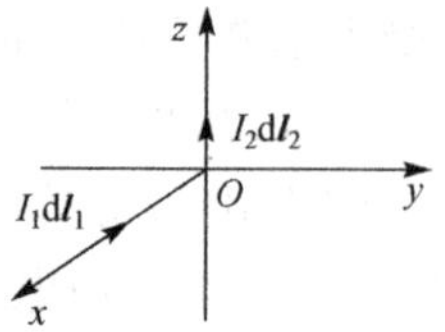

(1) 电流元 2 在 zx 平面内转过角度 θ;

(2) 电流元 2 在 yz 平面内转过角度 θ;

(3) 电流元 1 在 xy 平面内转过角度 θ;

(4) 电流元 1 在 zx 平面内转过角度 θ.

图 5.47 思考题 5.3 图

5.4 磁铁产生的磁场与电流产生的磁场本质上是否相同?有何区别?

5.5 一个电荷能在它的周围空间中任一点激发电场;一个电流元是否也能够在它周围空间任一点激发磁场?

5.6 设想用一电流元作为检测磁场的工具.若沿某一方向,给定的电流元 $I_0\mathrm{d}\boldsymbol{l}$ 放在空间任一点都不受力作用,你能否由此断定该空间不存在磁场?为什么?

5.7 一个作匀速直线运动的电荷,在真空中某点产生的磁场是不是稳恒磁场?为什么?

5.8 通电线圈中任一电流元 $I\mathrm{d}\boldsymbol{l}$ 均处于线圈的其余部分所产生的磁场中,试证明通电圆环线圈中每一小元段所受的磁场力均为背离圆心的径向力,线圈所受的合力为零.

5.9 把一电流元依次放置在无限长的载流直导线附近的两点 A 和 B,如果 A 点和 B 点到导线的距离相等,问电流元所受到的磁力大小是否一定相等?

5.10 一载流小回路可以用磁矩 $\boldsymbol{m}=I\boldsymbol{S}$ 来表示,亦可称其为磁偶极子.试从产生场和受外场作用两方面比较电偶极子和磁偶极子的异同.

5.11 (1) 在没有电流的空间区域里,如果磁感应线是平行直线,磁感应强度 $\boldsymbol{B}$ 的大小在沿磁感应线和垂直它的方向上是否可能变化(即磁场是否一定是均匀的)?

(2) 若存在电流,上述结论是否还对?

5.12 试证明:在实际磁场中边缘效应总是存在的,即在一个均匀磁场的边缘处,磁应强度 $\boldsymbol{B}$ 不可能突然降为零,如图 5.48 所示.

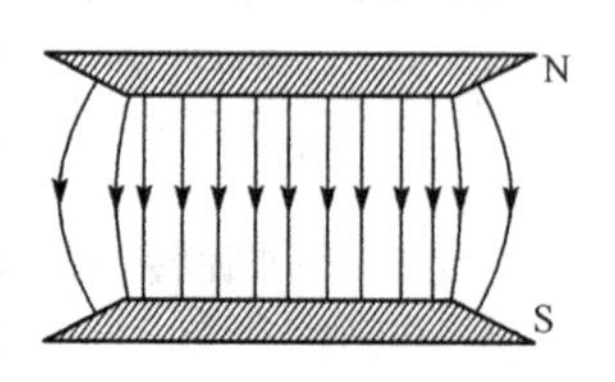

图 5.48 思考题 5.12 图

5.13 一长螺线管通有电流 I ,若导线均匀密绕,则螺线管中部的磁感应强度为 $\mu_0 nI$,端面处的磁感应强度约 $\frac{1}{2}\mu_0 nI$,这是否说明螺线管中部的磁感线到端部时有 1/2 中断了?

5.14 一长方形的通电闭合导线回路,电流强度为 I ,其四条边分别为 ab、bc、cd、da ,如图 5.49 所示,设 B_1、B_2、B_3 及 B_4 分别是以上各边中电流单独产生的磁场的磁感强度,试判断下列各式的正确性:

(1) $\oint_{L_1} \boldsymbol{B}_1 \cdot \mathrm{d}\boldsymbol{l} = \mu_0 I$;

(2) $\oint_{L_2} \boldsymbol{B}_1 \cdot \mathrm{d}\boldsymbol{l} = \mu_0 I$;

(3) $\oint_{L_1} (\boldsymbol{B}_1 + \boldsymbol{B}_2) \cdot \mathrm{d}\boldsymbol{l} = \mu_0 I$;

(4) $\oint_{L_2} (\boldsymbol{B}_1 + \boldsymbol{B}_2) \cdot \mathrm{d}\boldsymbol{l} = \mu_0 I$;

(5) $\oint_{L_1} (\boldsymbol{B}_1 + \boldsymbol{B}_2 + \boldsymbol{B}_3 + \boldsymbol{B}_4) \cdot \mathrm{d}\boldsymbol{l} = \mu_0 I$;

(6) $\oint_{L_2} (\boldsymbol{B}_1 + \boldsymbol{B}_2 + \boldsymbol{B}_3 + \boldsymbol{B}_4) \cdot \mathrm{d}\boldsymbol{l} = \mu_0 I$;

(7) $\oint_{L_2} (\boldsymbol{B}_1 + \boldsymbol{B}_2 + \boldsymbol{B}_3 + \boldsymbol{B}_4) \cdot \mathrm{d}\boldsymbol{l} = 0$.

图 5.49 思考题 5.14 图

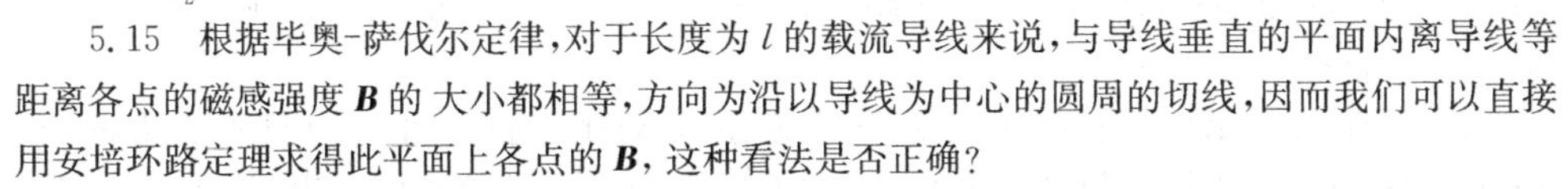

5.15 根据毕奥-萨伐尔定律，对于长度为 l 的载流导线来说，与导线垂直的平面内离导线等距离各点的磁感强度 $\boldsymbol{B}$ 的大小都相等，方向为沿以导线为中心的圆周的切线，因而我们可以直接用安培环路定理求得此平面上各点的 $\boldsymbol{B}$，这种看法是否正确？

5.16 两个载流回路，电流分别为 I_1 和 I_2，如图 5.50 所示. 设电流 I_1 单独产生的磁场为 $\boldsymbol{B}_1$，电流 I_2 单独产生的磁场为 $\boldsymbol{B}_2$，试判断下列各式的正确性：

(1) $\oint_{L_1} \boldsymbol{B}_1 \cdot \mathrm{d}\boldsymbol{l} = \mu_0 I_1$;

(2) $\oint_{L_2} \boldsymbol{B}_1 \cdot \mathrm{d}\boldsymbol{l} = \mu_0 I_1$;

(3) $\oint_{L_2} \boldsymbol{B}_2 \cdot \mathrm{d}\boldsymbol{l} = \mu_0 I_2$;

(4) $\oint_{L_1} (\boldsymbol{B}_1 + \boldsymbol{B}_2) \cdot \mathrm{d}\boldsymbol{l} = \mu_0 I_1$;

图 5.50 思考题 5.16 图

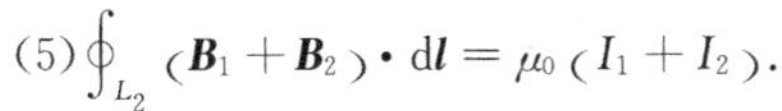

(5) $\oint_{L_2} (\boldsymbol{B}_1 + \boldsymbol{B}_2) \cdot \mathrm{d}\boldsymbol{l} = \mu_0 (I_1 + I_2)$.

*5.17 S_1、S_2 和 S_3 都是以闭合路径 L 为周界的曲面，如图 5.51 所示. 问此闭合路径是否圈围电流 I？

*5.18 如图 5.52 所示，在载流螺线管的外面环绕闭合回路径一周积分 $\oint_L \boldsymbol{B} \cdot \mathrm{d}\boldsymbol{l}$ 等于多少？

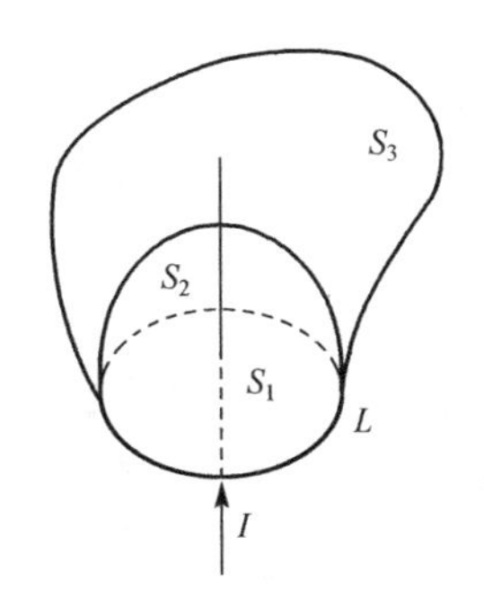

图 5.51 思考题 5.17 图

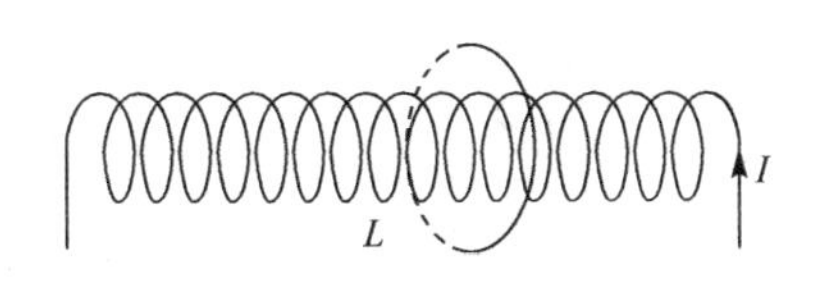

图 5.52 思考题 5.18 图

5.19　在均匀磁场中，有两个面积相等、通有相同电流的线圈，一个是三角形，另一个是圆形．这两个线圈所受的磁力矩是否相等？所受的最大磁力矩是否相等？所受磁力的合力是否相等？两线圈的磁矩是否相等？当它们在磁场中处于稳定位置时，由线圈中电流所激发的磁场的方向与外磁场的方向是相同、相反、还是相互垂直？

5.20　矩形载流线圈在均匀磁场中受到的力矩为 $\boldsymbol{M}=\boldsymbol{m}\times\boldsymbol{B}$，试证明：对于任意形状的载流线圈，上式都成立．

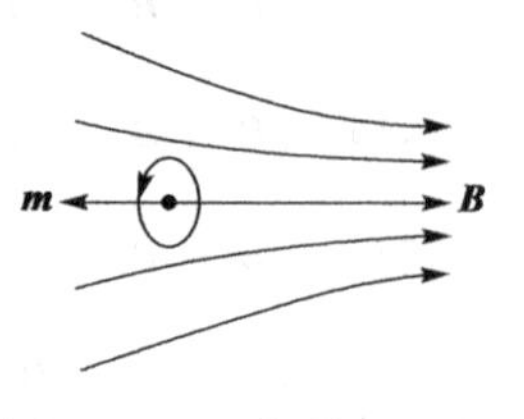

图 5.53　思考题 5.20 图

*5.21　设有一非均匀磁场呈轴对称分布，磁感应线由左至右逐渐收缩，如图 5.53 所示．将一圆形载流线圈共轴地放置其中，线圈的磁矩与磁场方向相反．试问线圈将怎样运动？

*5.22　如果认为磁场对载流导体的安培力的起源是磁场作用于载流子的洛伦兹力通过与产生霍尔电场的电荷间的相互作用，最终把力传递给导体，那么当霍尔系数不同的导体中通以相同的电流并处在相同的磁场中时，导体受到的安培力是否相同？

5.23　有人认为载流导体静止在磁场中与在磁场中运动时受到的安培力是不同的，因为静止导体中的载流子只受到安培力的作用，而运动导体中的载流子还受到洛伦兹力的作用，这种看法对否？

5.24　一电量为 q 的点电荷在均匀磁场中运动，判断下列说法是否正确，并说明理由．

(1) 只要速度大小相同，所受的洛伦兹力就相同．

(2) 在速度不变的前提下，电荷 q 改变为 $-q$，受力的方向反向，数值不变．

(3) 电荷 q 改变为 $-q$，速度方向相反，力的方向反向，数值不变．

(4) $\boldsymbol{v}$、$\boldsymbol{B}$、$\boldsymbol{F}$ 三个矢量，已知任意两个量的大小和方向，就能判断第三个量的方向与大小．

(5) 质量为 m 的运动电荷，受到洛伦兹力后，其动能与动量不变．

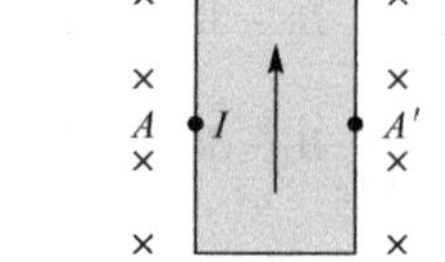

图 5.54　思考题 5.25 图

5.25　在测量霍尔电势差时，为什么两测量点必须是霍尔导体两侧相对处，如图 5.54 所示，A、A'两点？如不是相对处则可能带来什么问题？

习　题

5.1　求图 5.55(a)～(f)圆弧中心 O 处的磁感强度 $\boldsymbol{B}$(虚线表示通向无穷远的导线)．

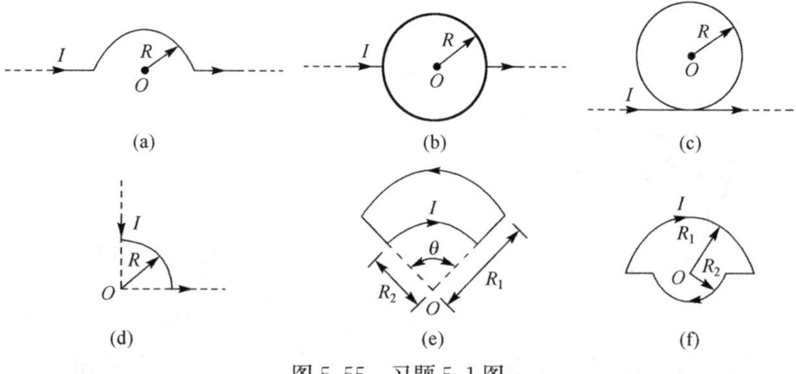

图 5.55　习题 5.1 图

5.2 载流正方形线圈的边长为 $2a$，通以电流 I.

(1) 求线圈轴线上距其中心 O 为 r 处的磁感强度；

(2)当 $a=1.0\text{cm}, I=5.0\text{A}, r=0$ 和 10cm 时. 磁感强度 $\boldsymbol{B}$ 等于多少?

5.3 两条无限长的平行直导线相距为 $2a$，分别载有电流 I_1 和 I_2，空间中任一点 P 到两条导线的距离分别为 x_1 和 x_2（图 5.56），当两电流同向及反向时，P 点的磁感强度各为多少?

5.4 边长为 $2a$ 的等边三角形载流回路，电流为 I. 求过三角形重心且与三角形平面垂直的轴线上距重心为 r_0 处的磁感强度.

5.5 以相同的几根导线焊成立方形（图 5.57），在 A、B 两端接上一电源. 在立方形中心的磁感强度 $\boldsymbol{B}$ 等于多少?

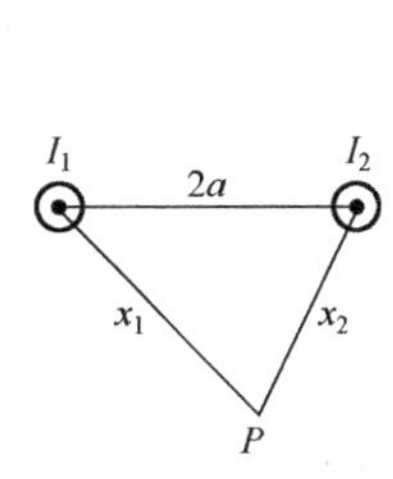

图 5.56 习题 5.3 图

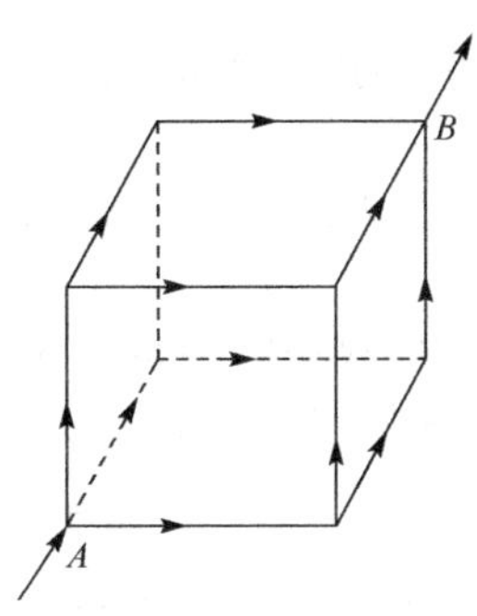

图 5.57 习题 5.5 图

5.6 氢原子处在基态时，它的电子可看做在半径为 $a_0=0.53\times10^{-8}\text{cm}$ 的轨道（玻尔轨道）上作匀速圆周运动，速率为 $v=2.2\times10^{8}\text{cm/s}$. 已知电子电荷 $e=1.6\times10^{-19}\text{C}$，求电子的这种运动在轨道中心处产生的磁感强度 $\boldsymbol{B}$ 的值.

5.7 与环的半径 OA、OB 的延长线相重合的两根长直导线与均匀铁环上的 A、B 两点相连，如图 5.58 所示，并且与很远的电源相连，求环中心的磁感强度.

5.8 在一半径 $R=1\text{cm}$ 的无限长半圆柱面状的金属薄片中，沿圆柱轴线方向自下而上地均匀通过电流 $I=5\text{A}$ 的电流，试求圆柱轴线上任意一点 P 的磁感强度.

5.9 一多层密绕螺线管内半径为 R_1，外半径为 R_2，长为 $2L$. 设总匝数为 N，导线中通过的电流为 I，求这螺线管中心 O 点的磁感强度.

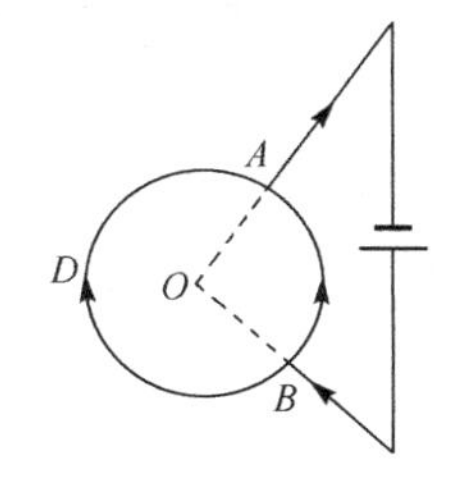

图 5.58 习题 5.7 图

5.10 在无限长导体薄板中，通以电流 I，薄板的宽为 $2a$，取宽度方向为 x 轴，导体板边缘位于 $x=\pm a$，电流沿 z 轴的正方向，证明对 Oxy 平面上第一象限内的点，有

$$B_x=-\frac{\mu_0 I}{4\pi a}\alpha,\quad B_y=\frac{\mu_0 I}{4\pi a}\ln\frac{r_2}{r_1}$$

式中，r_1 与 r_2 分别是从考察点到薄板上 $x=+a$ 点和 $x=-a$ 点的距离，α 是 r_1 与 r_2 之间的夹角. 当保持面电流密度 $i=\dfrac{I}{2a}$ 的值不变而令板的宽度趋向无穷大时，则上述结果趋向何值?

5.11 在半径为 R 的木球上紧密地绕有细导线，相邻线圈可视为相互平行，以单层盖住半个球面，如图 5.59 所示. 沿导线流过的电流为 I，总匝数为 N. 求此电流在球心处 O 产生的磁感应强度.

5.12　一半径为 R 的无限长直圆筒，表面均匀带电，电荷密度为 σ，若圆筒绕其轴线匀速旋转，角速度是 ω，试求轴线上任一点处的磁感应强度.

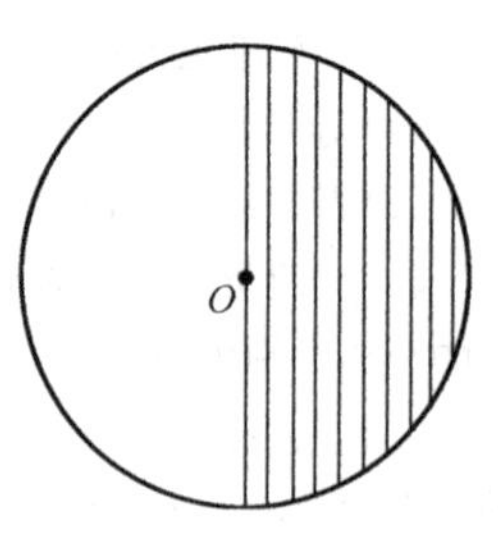

图 5.59　习题 5.11 图

5.13　一个塑料圆盘，半径为 R，电荷 q 均匀地分布于表面. 圆盘绕通过圆心且垂直于圆盘面的轴转动，角速度为 ω，试证明：

(1) 在圆盘在中心处的磁感应强度为 $B=\dfrac{\mu_0\omega q}{2\pi R}$.

(2) 若此圆盘放入与盘平行的均匀外磁场 B_0 中，外磁场作用在圆盘上的力矩大小为 $M=\dfrac{q\omega R^2}{4}B$.

*5.14　一半径为 R 的带电导体球壳，电势为 U，绕其中一直径以角速度 ω 匀速转动，在实验室坐标系中.

(1) 证明导体球壳表面的面电流密度 $i=\varepsilon_0\omega U\sin\theta$（$\theta$ 为球心与考察点的连线与固定轴的夹角）；

(2) 求出轴线上任一点(球内和球外)的磁感应强度；

(3)证明此旋转导体的磁偶极矩

$$\boldsymbol{m}=\frac{4}{3}\pi R^3\varepsilon_0\omega U\boldsymbol{k}$$

式中，$\boldsymbol{k}$ 是沿着轴的单位矢量，其方向与旋转方向组成右手螺旋关系.

5.15　在顶角为 2θ 的圆锥面上密绕 N 匝线圈，通过电流 I，圆锥台的上下底半径分别为 r 和 R，求圆锥顶点处的磁感应强度.

*5.16　一半无限长螺线管，如图 5.60 所示. 证明：

(1) 端面上的磁通量正好等于线圈内部磁通量的一半；

(2) 过螺线管内部离轴 r_0 处的任一条磁感线到达端面时，离轴线的距离 r_1 应满足关系 $r_1=\sqrt{2}r_0$；

(3) 过端面边沿的磁感线 FGH，从 G 点经 H 直到无穷远是一根与螺线管轴线相垂直的直线.

5.17　横截面积 $S=2.0\,\mathrm{mm}^2$ 的铜线弯成如图 5.61 所示形状，其中 OA 和 DO' 段固定在水平方向不动，$ABCD$ 段是边长为 a 的正方形的三边，可以绕 OO' 转动，整个装置放在均匀磁场 $\boldsymbol{B}$ 中，$\boldsymbol{B}$ 的方向垂直向上. 已知铜的密度 $\rho=8.9\,\mathrm{g/cm^3}$，当这铜线中的电流 $I=10\,\mathrm{A}$ 时，在平衡情况下，AB 段和 CD 段与竖直方向的夹角 $\theta=15°$. 求磁感应强度 $\boldsymbol{B}$ 的大小.

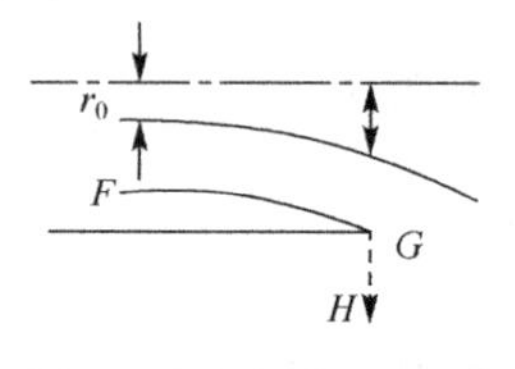

图 5.60　习题 5.16 图

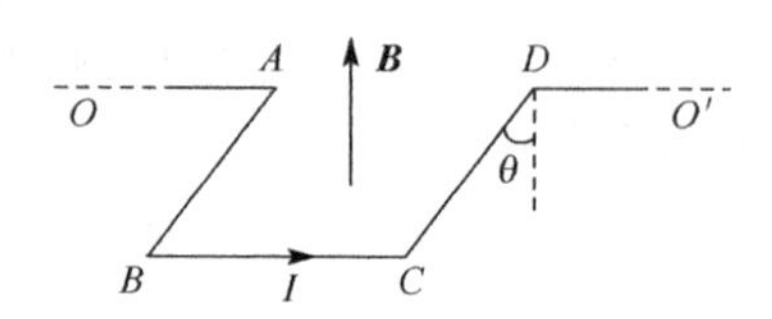

图 5.61　习题 5.17 图

5.18　安培秤(图 5.62)一臂挂一个矩形线圈，线圈共有 9 匝，线圈的下部处在均匀磁场 $\boldsymbol{B}$ 内，下边一段长为 L，方向与天平底座平面平行，且与 $\boldsymbol{B}$ 垂直，当线圈中通过电流 I 时，调节砝码使两臂达到平衡，然后再使电流反向，这时需要在一臂上添加质量为 m 的砝码才能使两臂达到重新平衡.

(1)求磁感应强度 $\boldsymbol{B}$ 的大小；

(2)当 $L=100\text{cm}, I=0.100\text{A}, m=9.18\text{g}$ 时，求 $\boldsymbol{B}$ 的大小(取 $g=9.8\ \text{m/s}^2$)；

(3)在上述使用安培秤的操作程序中，为什么要使电流反向？

(4)利用这种装置是否能测量电流？

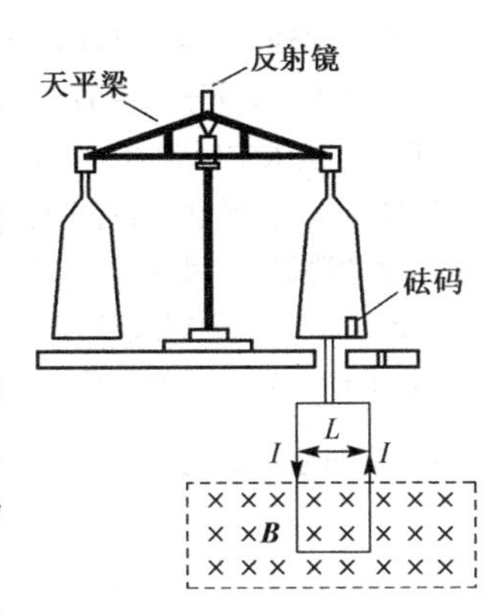

图 5.62　习题 5.18 图

5.19　如图 5.63 所示，一半径为 R 的导线圆环同一个径向对称的发散磁场处处正交，环上各点的磁感强度 $\boldsymbol{B}$ 的大小相同，方向都与环面的法向成 θ 角，设导线圆环载有电流 I，试求磁场作用在此环上的合力大小和方向.

5.20　半径为 R 的圆形回路中有电流 I_2，另一无限长直载流导线 AB 中有电流 I_1. AB 通过圆心，且与圆形回路在同一平面内，求圆形回路所受 I_1 的磁场力.

5.21　一边长为 a 的正方形线圈载有电流 I，处在均匀而沿水平方向的外磁场 $\boldsymbol{B}$ 中，线圈可以绕通过中心的竖直轴 OO'(图 5.64)转动，转动惯量为 J，求线圈在平衡位置附近作微小摆动的周期 T.

5.22　一圆线圈的半径为 R，载有电流 I，放在均匀外磁场中，线圈的右旋法线方向与 $\boldsymbol{B}$ 的方向相同，求线圈导线上的张力.

5.23　一段导线弯成如图 5.65 所示形状，它的质量为 m，上面水平一段长为 l，处在均匀磁场中，磁感强度为 $\boldsymbol{B}$, $\boldsymbol{B}$ 与导线垂直；导线下面两端分别插在两个浅水银槽里，两槽水银与一带开关 K 的外电源连接. 当 K 一接通，导线便从水银槽里跳起来. 设跳起来的高度为 h，求通过导线的电量 q.

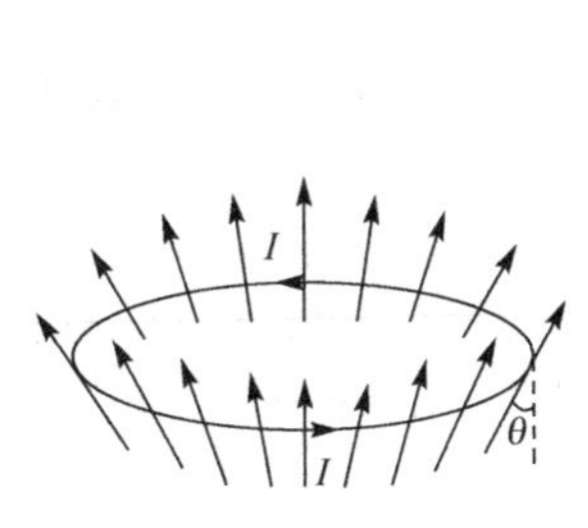

图 5.63　习题 5.19 图

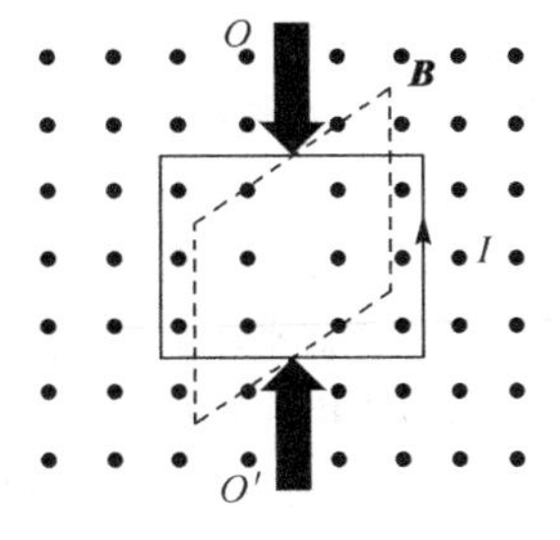

图 5.64　习题 5.21 图

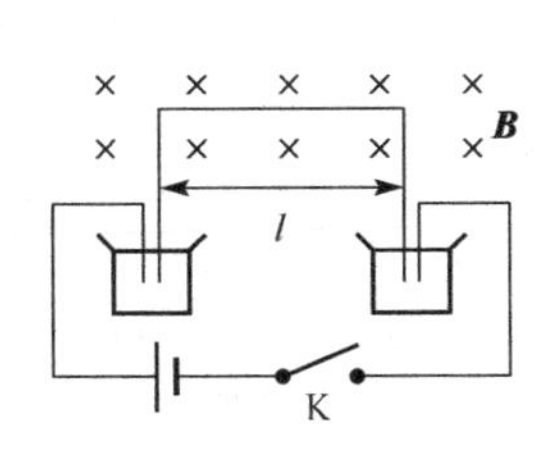

图 5.65　习题 5.23 图

5.24　两无穷大平行板上都载有均匀分布的面电流，面电流密度均为 i，两电流平行且同向. 求：

(1)空间各点的磁感强度；

(2)平板上单位面积所受到的磁力.

5.25　电荷 Q 均匀地分布在半径为 R 的球体内，这球以角速度 ω 绕它的一个固定直径匀速旋转，求：

(1)球内离转轴为 r 处的电流密度 j；

(2)该球的总磁矩 $\boldsymbol{m}$.

5.26　在磁感应强度为 $\boldsymbol{B}$ 的水平方向均匀磁场中，一段质量为 m、长度为 L 的载流直导线沿竖直方向从静止自由滑落，其所载电流为 I，滑动中导线与 $\boldsymbol{B}$ 正交，且保持水平. 求导线下落的速度(摩擦及空气阻力不计).

5.27　同轴电缆由一导体圆柱和一它同轴的导体圆筒所构成. 使用时，电流 I 从一导体流入，从另一导体流出，设导体中的电流均匀地分布在横截面上. 圆柱的半径为 r_1，圆筒的内外半径分别为 r_2 和 r_3，试求空间各处的磁感应强度.

5.28　长直导线中流过电流为 I，在它的径向剖面中，有两个回路 $abcd$ 和 $EFMN$，求通过这两个回路的磁通量. 尺寸如 5.66 图所示，ab 边离轴 $R/4$，cd 边离直导线表面也为 $R/4$.

5.29　一密绕的螺线环，其横截面为矩形，尺寸见图 5.67.

(1)求环内磁感强度的分布；

(2)证明通过螺线环截面的磁通量为 $\Phi_R = \dfrac{\mu_0 NIh}{2\pi}\ln\dfrac{D_1}{D_2}$.

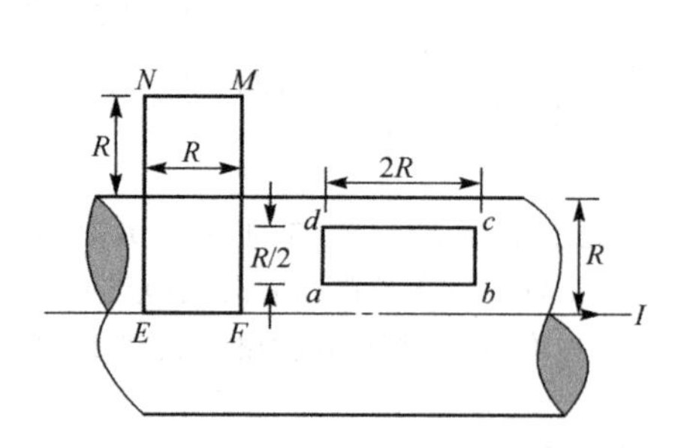

图 5.66　习题 5.28 图

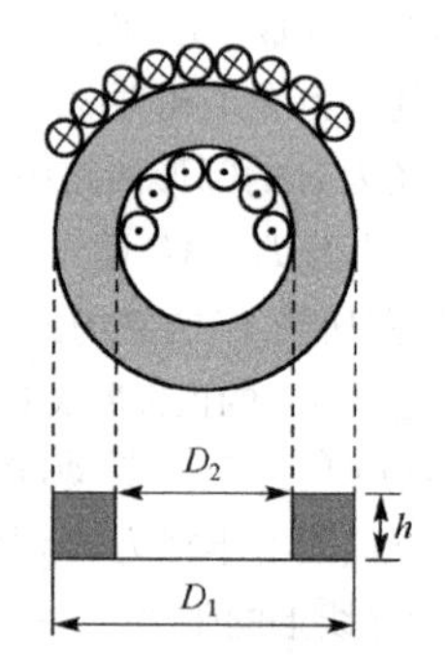

图 5.67　习题 5.29 图

5.30　在一个半径为 R 的无限长半圆筒状的金属薄片中，电流 I 沿圆筒的轴向从下而上流动若 A 为该金属薄片的两条竖边所确定的平面上的一点(A 点在竖边之间如图 5.68 所示)，试证明 A 点的磁感应强度 $\boldsymbol{B}$ 的方向一定平行于该平面.

5.31　厚度为 $2d$ 的无限大导体平板，电流密度 $\boldsymbol{j}$ 沿 z 方向均匀流过导体，求空间磁感强度 $\boldsymbol{B}$ 的分布.

*5.32　将一均匀分布着面电流的无限大载流平面放入均匀磁场中，已知平面两侧的磁感应强度分别为 $\boldsymbol{B}_1$ 与 $\boldsymbol{B}_2$ (如图 5.69 所示)，求该载流平面上单位面积所受的磁场力的大小及方向.

*5.33　两个相同导体球，半径为 a，球心相距为 $d(d \gg a)$，浸没在电导率为 σ 的均匀无限大欧姆介质中，如图 5.70 所示，若两球间的电压保持为 U，试求在两球心连线的中垂面上距垂足 O 为 r 处的电流密度 j 和磁感应强度 B.

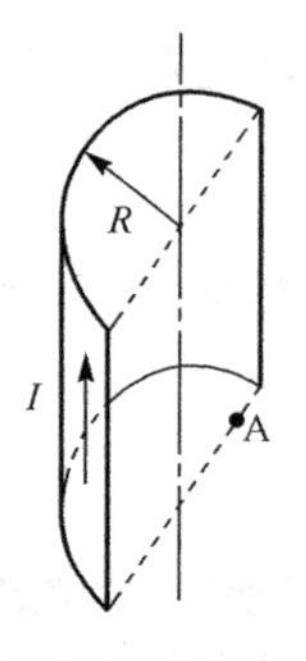

图 5.68　习题 5.30 图

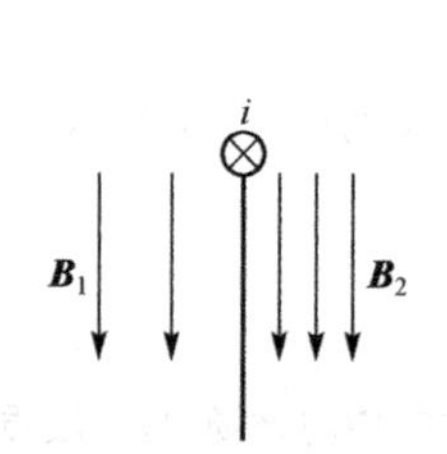

图 5.69　习题 5.31 图

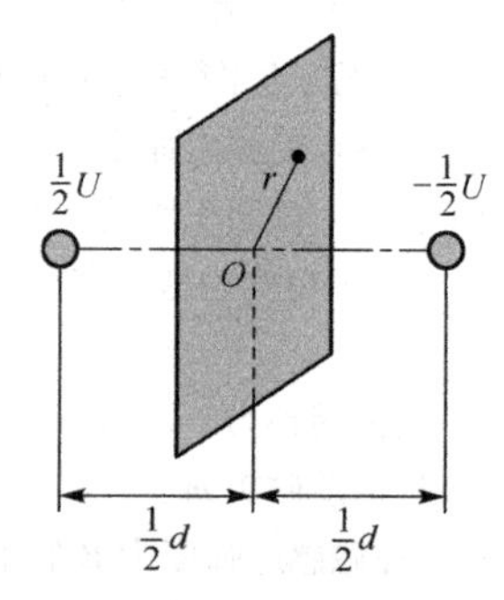

图 5.70　习题 5.33 图

5.34 在空间有互相垂直的均匀电场 $\boldsymbol{E}$ 和均匀磁场 $\boldsymbol{B}$，电场方向为 x 轴方向，磁场方向为 z 轴方向. 一电子从原点 O 静止释放，求电子在 x 方向前进的最大距离.

*5.35 研究磁控管中电子的运动，两同轴金属圆管半径分别为 a 和 $b(a<b)$，置于均匀磁场中，磁感强度 $\boldsymbol{B}$ 平行于圆筒的轴线，设两圆筒间电压为 U，因此两圆筒之间存在一正交的电场和磁场，即 $\boldsymbol{B}=B\boldsymbol{e}_z$，$\boldsymbol{E}=E(\rho)\boldsymbol{e}_\rho$. 自内圆筒表面出发的电子，在电场作用下加速，飞向外圆筒，而磁场使电子运动方向偏转，甚至有可能使电子又返回内圆筒表面，若磁场的作用刚能使电子不能达到外圆筒，求磁场的磁感强度.

5.36 回旋加速器D形电极圆周的最大半径 $R=0.6\text{m}$，用它来加速质子，要把质子从静止加速到 4.0MeV 的能量.

(1)求所需的磁感强度 $\boldsymbol{B}$；

(2)设两D形电极间的距离为 1.0cm，电压为 2.0×10^4 V，其间电场是均匀的. 求加速到上述能量所需时间.

*5.37 在空间有互相垂直的均匀电场 $\boldsymbol{E}$ 和均匀磁场 $\boldsymbol{B}$，$\boldsymbol{B}$ 沿 x 轴方向，$\boldsymbol{E}$ 沿 z 轴方向，一电子开始以速度 $\boldsymbol{v}$ 向 y 轴方向前进. 求电子运动的轨迹.

5.38 霍尔效应高斯计的探头采用 n 型锗半导体薄片，其厚度为 0.18mm，材料的载流子浓度为 $n=4.4\times10^{15}\ \text{cm}^{-3}$. 若薄片载流 10mA，与薄片垂直的磁场 $B=1.0\times10^{-3}\text{T}$.

(1)求霍尔电势差；

(2)若探头换用铜，铜的自由电子密度为 $n=8.5\times10^{22}\ \text{cm}^{-3}$，其霍尔电势差又为多少?

5.39 在方向一致的电场和磁场中运动着电子，其法向和切向加速度是怎样的?

(1)电子的速度 $\boldsymbol{v}$ 沿着场的方向；

(2)电子的速度垂直于场的方向.

5.40 已知氘核的质量比质子的质量大一倍，电荷与质子相同；α 粒子的质量是质子的 4 倍，电荷是质子的 2 倍. 试问：

(1)静止的质子、氘核及 α 粒子经过相同的电压加速后，它们的动能之比是多少；

(2)当它们经过这样加速后进入同一均匀磁场时，测得质子圆轨道的半径是 10cm，则氘核和 α 粒子的半径各为多大?

5.41 一电子在 $B=2.0\times10^{-3}\text{T}$ 的磁场里沿半径 $R=20\text{cm}$ 的螺旋线运动，螺距 $h=5.0\text{cm}$，已知电子核质比 $e/m=1.76\times10^{11}\text{C/kg}$，求此电子的速度.

第 6 章　磁场中的磁介质

在磁场中能显示磁性的物质叫**磁介质**. 实验证明,自然界中所有物质在磁场中都能显示磁性,只是磁性强弱不同. 磁性是物质所固有的属性之一,它是物质电结构的一种宏观表现. 不过,一般物质的磁性都非常微弱. 按磁性不同,物质分为三类:顺磁质、抗磁质和铁磁质. 本章的任务是研究磁介质存在时稳恒磁场的基本规律和介质的微观机制及其磁化规律.

6.1　磁介质对磁场的影响

与电介质在电场中与电场相互作用而产生极化一样,当磁场中存在介质时,磁场对介质也会产生作用,使其**磁化**. 介质磁化后激发附加磁场,从而对原磁场产生影响,此时,介质内部任何一点处的磁感应强度 $\boldsymbol{B}$ 应该是外磁场 $\boldsymbol{B}_0$ 和附加磁场 $\boldsymbol{B}'$ 的矢量和,表示为

$$\boldsymbol{B} = \boldsymbol{B}_0 + \boldsymbol{B}' \tag{6.1}$$

磁介质对磁场的影响可以通过实验观察出来. 最简单的方法是做一个长直螺线管,先让管内是真空或空气(图 6.1(a)),沿导线通入电流 I,测出此时管内的磁感应强度的大小(测量的方法可以用习题 5.18 的安培秤的方法,也可用在第 7 章要讲的电磁感应的方法). 然后使管内充满某种磁介质材料(图 6.1(b)),保持电流 I 不变,再测出此时管内磁介质内部的磁感应强度的大小. 以 B_0 和 B 分别表示管内为真空和充满磁介质时的磁感应强度大小,则实验结果显示出二者的数值不同,它们的关系可以用下式表示:

$$B = \mu_r B_0 \tag{6.2}$$

式中,μ_r 称为磁介质的相对磁导率. 根据相对磁导率 μ_r 的大小,通常可将磁介质分为三类:

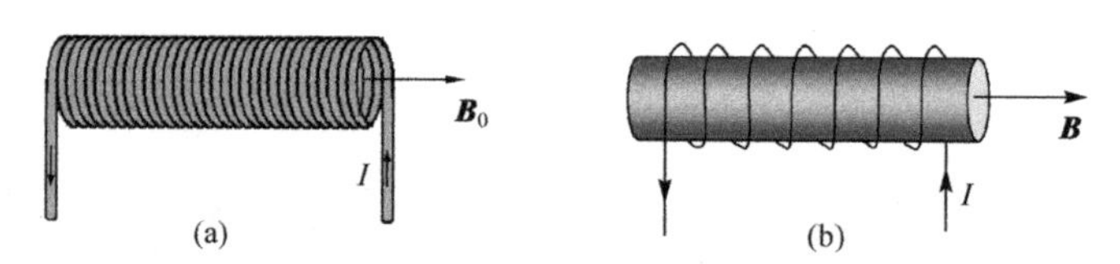

图 6.1　磁介质对磁场的影响

(1) 抗磁质 ($\mu_r < 1$):$B < B_0$，附加磁场 $\boldsymbol{B}'$ 与外磁场 $\boldsymbol{B}_0$ 方向相反，磁介质内的磁场被削弱.

(2) 顺磁质 ($\mu_r > 1$):$B > B_0$，附加磁场 $\boldsymbol{B}'$ 与外磁场 $\boldsymbol{B}_0$ 方向一致，磁介质内的磁场被加强.

(3) 铁磁质 ($\mu_r \gg 1$):$B \gg B_0$，磁介质内的磁场被大大增强.

抗磁质和顺磁质又称为**弱磁质**，它们磁化后激发的附加磁场 $\boldsymbol{B}'$ 非常弱，通常只是 $\boldsymbol{B}_0$ 的几万分之一或几十万分之一. 而铁磁质则被称为**强磁质**，它的附加磁场 $\boldsymbol{B}'$ 值一般是 $\boldsymbol{B}_0$ 值的 $10^2 \sim 10^4$ 倍. 表 6.1 给出了几种磁介质的相对磁导率.

表 6.1　几种磁介质的相对磁导率

磁介质种类	种类	温度	相对磁导率
抗磁质 ($\mu_r < 1$)	铋	293K[①]	$1-16.6\times10^{-5}$
	汞	293K	$1-2.9\times10^{-5}$
	铜	293K	$1-1.0\times10^{-5}$
	氢(气)		$1-3.98\times10^{-5}$
顺磁质 ($\mu_r > 1$)	氧(液)	90K	$1+769.9\times10^{-5}$
	氧(气)	293K	$1+344.9\times10^{-5}$
	铝	293K	$1+1.65\times10^{-5}$
	铂	293K	$1+26\times10^{-5}$
铁磁质 ($\mu_r \gg 1$)	铸钢		2.2×10^3(最大值)
	铸铁		4×10^2(最大值)
	硅钢		7×10^2(最大值)
	坡莫合金		1×10^2(最大值)

注:①273K=0℃.

6.2　磁介质的磁化

磁介质在磁场中为什么会被磁化? 磁化的作用机制是怎样的? 要了解这一切，首先要从磁介质的微观结构说起. 就弱磁质和强磁质来说，它们的磁化机制完全不同. 本节先介绍弱磁质的磁化过程.

6.2.1　原子的磁矩

根据物质的电结构，所有物质都是由分子或原子组成. 在原子内，核外电子有绕核的轨道运动，同时还有自旋，核也有自旋运动. 这些运动都形成微小的圆电流. 因而它们都具有磁矩和角动量.

若电子轨道运动的速率为 v，轨道的半径为 r，则电子沿轨道运动一周所经历的时间为 $2\pi r/v$，单位时间内通过轨道上任一“截面”的电量即电流为

$$i=\frac{ev}{2\pi r}$$

于是,电子轨道运动的磁矩(简称**轨道磁矩**)大小为

$$m_l=iS=\frac{ev}{2\pi r}\pi r^2=\frac{1}{2}evr=\frac{1}{2}er^2\omega$$

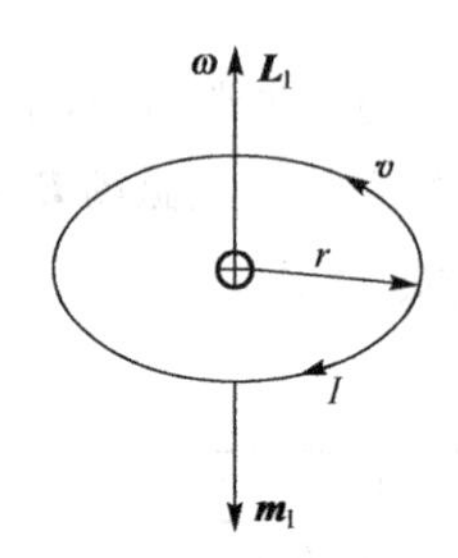

图 6.2　电子轨道运动的磁矩与角动量

磁矩方向与 ω 方向相反,如图 6.2 所示. 因为电子形成电流方向与电子转动方向相反,根据右手螺旋定则,$\boldsymbol{\omega}$ 向上,磁矩 $\boldsymbol{m}_l$ 方向向下. 磁矩矢量可写为

$$\boldsymbol{m}_l=-\frac{1}{2}er^2\boldsymbol{\omega} \tag{6.3}$$

电子轨道运动的角动量(简称**轨道角动量**)为

$$\boldsymbol{L}_l=\boldsymbol{r}\times m\boldsymbol{v}$$

其数值 $L_l=mr^2\omega$,方向与 $\boldsymbol{\omega}$ 相同,即

$$\boldsymbol{L}_l=mr^2\boldsymbol{\omega} \tag{6.4}$$

由于电子带负电荷,电子轨道磁矩与电子的轨道角动量方向相反,如图 6.2 所示,两者关系为

$$\boldsymbol{m}_l=-\frac{e}{2m}\boldsymbol{L}_l \tag{6.5}$$

上式虽然是从经典的观点求得的,但在量子力学中也成立.

电子在轨道运动的同时,还具有自旋运动,量子力学给出了电子的自旋磁矩与自旋角动量的关系

$$\boldsymbol{m}_s=-\frac{e}{m}\boldsymbol{L}_s \tag{6.6}$$

这一磁矩称为**玻尔磁子**.

在一个分子中有许多电子和若干个核,一个分子的磁矩是其中所有电子的轨道磁矩和自旋磁矩以及核的自旋磁矩的矢量和. 但原子核的自旋磁矩都小于电子磁矩的千分之一. 通常计算原子的磁矩时只计算它的电子轨道磁矩和自旋磁矩的矢量和也就足够精确了,但有的情况下要单独考虑核磁矩,如核磁共振技术. 因此一个分子或原子的磁矩 $\boldsymbol{m}$ 是它内部所有电子磁矩的叠加,即

$$\boldsymbol{m}=\sum\boldsymbol{m}_e=\sum\boldsymbol{m}_l+\sum\boldsymbol{m}_s \tag{6.7}$$

显然,分子或原子的磁矩取决于各电子磁矩的大小和方向.

大多数原子或分子内部电子磁矩的排列使原子或分子的磁矩为零,因此这种原子或分子本身并无固有的分子磁矩,由这些分子组成的物质就是抗磁质;也有一些原子或分子,其电子磁矩的合磁矩并不为零,因而这种原子或分子就具有固有分子磁矩(简称**固有磁矩**),由这些分子组成的物质就是顺磁质.

6.2.2　顺磁质的磁化

顺磁质由具有固有磁矩的分子组成.在没有外磁场的情况下,组成顺磁质的每个分子虽然都有磁性,但由于分子的热运动,各个分子磁矩的排列是杂乱无章的.所以,就大量分子组成的介质而言,平均说来各分子磁矩的磁效应相互抵消,故在宏观上介质并不显示磁性.但是,当介质处在外磁场中时,磁场对分子磁矩有力矩作用,使分子磁矩转向沿外磁场 $\boldsymbol{B}_0$ 方向排列.然而由于分子的热运动,这种排列并不整齐,在达到平衡时,总的趋势是一定程度上沿磁场方向排列.这时所有分子磁矩的矢量和将不再为零,这样在宏观上就显示出附加磁场,且与外磁场方向相同,具有顺磁性.外磁场越强,排列越整齐,附加磁场也越强.

6.2.3　抗磁质的磁化

组成抗磁质的原子或分子没有固有磁矩,但由于原子或分子内部的每个电子都有电子磁矩 $\boldsymbol{m}_e$,当介质处在外磁场中时,每个电子磁矩都受到力矩

$$\boldsymbol{M}=\boldsymbol{m}_e\times\boldsymbol{B}_0$$

的作用.这情况与一磁矩为 $\boldsymbol{m}$ 的载流线圈一样.但是,两者在力矩作用下的运动很不一样.载流线圈在磁场力矩作用下将发生转向磁场方向的运动,而电子具有角动量,力矩的作用引起角动量的改变,角动量的改变量的方向与电子原有角动量的方向是不同的.设力矩作用的时间为 $\mathrm{d}t$,电子的角动量变化为 $\mathrm{d}\boldsymbol{L}_e$,由角动量定理有

$$\mathrm{d}\boldsymbol{L}_e=\boldsymbol{M}\mathrm{d}t=(\boldsymbol{m}_e\times\boldsymbol{B}_0)\mathrm{d}t$$

将式(6.5)代入上式得

$$\mathrm{d}\boldsymbol{L}_e=-\frac{e}{2m}(\boldsymbol{L}_e\times\boldsymbol{B}_0)\mathrm{d}t=\frac{e}{2m}(\boldsymbol{B}_0\times\boldsymbol{L}_e)\mathrm{d}t$$

上式表明,角动量的增量 $\mathrm{d}\boldsymbol{L}_e$ 的方向始终与角动量 $\boldsymbol{L}_e$ 本身相垂直.结果,磁场对电子的作用并没有使电子磁矩转到磁场方向,而是使电子绕磁场方向进动,就像陀螺的运动那样,如图6.3所示.在进动过程中,电子磁矩方向与磁场方向间的夹角 θ 保持不变,这种进动称为**拉莫进动**.由图6.3可以求出,拉莫进动的角速度为

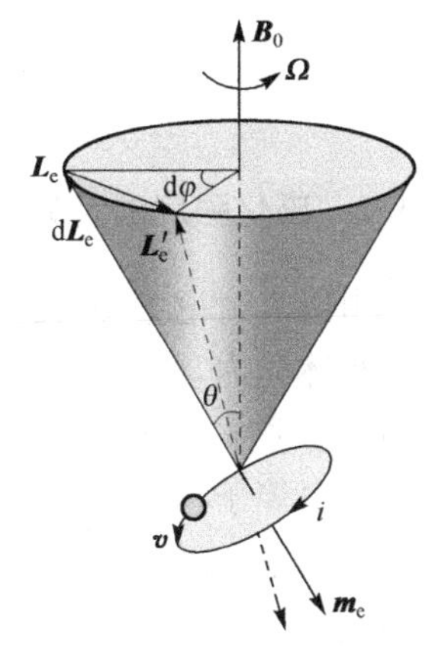

图6.3　电子在磁场作用下发生绕磁场方向的进动

$$\Omega=\frac{\mathrm{d}\varphi}{\mathrm{d}t}=\frac{\mathrm{d}L_e}{L_e\sin\theta\mathrm{d}t}=\frac{1}{L_e\sin\theta\mathrm{d}t}\frac{e}{2m}B_0L_e\sin\theta\mathrm{d}t=\frac{e}{2m}B_0$$

进动角速度的方向与磁场的方向相同,故有

$$\boldsymbol{\Omega}=\frac{e}{2m}\boldsymbol{B}_0\tag{6.8}$$

式(6.8)表明,拉莫进动使电子获得了一个附加的转动.这个附加的转动同样等效于一个圆电流,从而产生一个附加磁矩

$$\Delta \boldsymbol{m} = -\frac{1}{2}er^2\boldsymbol{\Omega}$$

因电子带负电,故附加磁矩方向与外磁场方向相反.这个附加磁矩又称**感应磁矩**.电子的磁矩由其原来的磁矩 $\boldsymbol{m}_e$ 和因进动产生的附加磁矩 $\Delta\boldsymbol{m}$ 两部分组成,于是原子或分子的磁矩为

$$\boldsymbol{m} = \sum \boldsymbol{m}_e + \sum \Delta\boldsymbol{m}$$

式中,$\sum \boldsymbol{m}_e$ 取决于原子或分子的结构,与外磁场无关.对于抗磁质,$\sum \boldsymbol{m}_e = 0$,但 $\sum \Delta\boldsymbol{m} \neq 0$,且方向与磁场方向相反.这样,由于磁场作用,每个分子产生一个与外磁场方向相反的分子磁矩,使介质呈现磁性,具有抗磁性.

物质的抗磁性取决于原子内部电子磁矩与磁场的相互作用.对于组成顺磁质的分子,在磁场作用下,分子内部的电子也发生进动,亦产生与磁场方向相反的附加磁矩 $\Delta\boldsymbol{m}$,结果分子亦有一定的附加分子磁矩 $\sum \Delta\boldsymbol{m}$,从而出现抗磁性.可见抗磁性是所有分子都具有的共同特性.不过在通常情况下,大量分子的固有磁矩所表现出的磁效应大于各分子附加磁矩的磁效应,即顺磁性超过抗磁性,故物质仍呈现顺磁性.

6.3 磁化强度与磁化电流

6.3.1 磁化强度的定义

由以上讨论可知,无论是顺磁质还是抗磁质,在未加外磁场时,磁介质宏观上的一个小体积内,各分子磁矩的矢量和等于零,因此磁介质在宏观上不产生磁效应.但是当磁介质放在外磁场中被磁化后,磁介质中的一个小体积内,各分子磁矩的矢量和将不再等于零.顺磁质中分子的固有磁矩排列得越整齐,它们的矢量和就越大;抗磁质中分子的附加磁矩越大,它们的矢量和也越大.同一体积内,分子磁矩矢量和的大小反映了介质被磁化的强弱程度.因此,为了描述这种磁化的强弱程度,我们将引入物理量:**磁化强度**矢量,用 $\boldsymbol{M}$ 表示.它定义为:**磁介质中单位体积内各分子磁矩的矢量和**,即

$$\boldsymbol{M} = \frac{\sum \boldsymbol{m}}{\Delta V} \tag{6.9}$$

式中,$\sum \boldsymbol{m}$ 为 ΔV 内所有各分子的磁矩的矢量和,ΔV 为物理无限小的体积元,它在宏观上是非常小的,从而可以反映出介质中可能存在的宏观上的差别,但在微观上它又是足够大的,其中仍包含大量原子或分子.

在国际单位制中，磁化强度的单位为安培每米，符号为 $\mathrm{A \cdot m^{-1}}$.

磁化强度是矢量点函数，它是逐点描述介质磁化程度和方向的物理量. 当磁化强度矢量为恒矢量时，称磁介质被**均匀磁化**，否则为**非均匀磁化**. 顺磁质的磁化强度与磁场的方向相同，抗磁质的磁化强度与磁场的方向相反. 真空的磁化强度为零，因为真空中无分子磁矩.

6.3.2 磁化强度与磁感应强度的关系

磁介质磁化后，空间任一点的磁感应强度由该条件下，一切传导电流产生的磁场与一切磁化电流产生的磁场叠加而成. 若用 $\boldsymbol{B}_0$ 和 $\boldsymbol{B}'$ 分别表示传导电流和磁化电流单独产生磁场的磁感应强度，则空间任一点的磁场磁感应强度为

$$\boldsymbol{B} = \boldsymbol{B}_0 + \boldsymbol{B}'$$

已知传导电流和磁化电流的分布，便可由毕奥-萨伐尔定律求出各点的磁感应强度.

磁化既然由磁场引起，磁化强度就应与介质中磁感应强度有关. 对于线性的非铁磁质，磁化强度 $\boldsymbol{M}$ 与磁感应强度 $\boldsymbol{B}$ 成正比，即

$$\boldsymbol{M} \propto \boldsymbol{B}$$

与介质的极化相似，除了与单位制有关的常数外，比例系数应称为磁化率. 对于非铁磁质，该比例系数是与磁场无关的常量，仅取决于介质的性质. 但由于历史上的原因，$\boldsymbol{B}$ 曾一度被认为是与电位移矢量 $\boldsymbol{D}$ 相当的辅助量，而把我们即将引入的辅助量 $\boldsymbol{H}$ 作为描写磁场的基本物理量，从而认为 $\boldsymbol{M}$ 与 $\boldsymbol{H}$ 成正比，并把 $\boldsymbol{M} \propto \boldsymbol{H}$ 比例系数称为磁化率 χ_m. 由于这个原因，我们只得把 $\boldsymbol{M}$ 与 $\boldsymbol{B}$ 的关系表示为

$$\boldsymbol{M} = \frac{1}{\mu_0} \frac{\chi_\mathrm{m}}{1 + \chi_\mathrm{m}} \boldsymbol{B} \tag{6.10}$$

式中，磁感应强度 $\boldsymbol{B}$ 是介质内部的宏观量，是微观磁感应强度在物理无限小体积内的统计平均值.

6.3.3 磁化电流

考察一被均匀磁化的圆柱形磁介质，磁化强度沿圆柱轴线. 在介质内，磁化强度处处相等，并假定各分子磁矩都与磁化强度同向，如图 6.4(a)所示. 在介质外，磁介质的磁效应为每一个分子磁矩的磁效应总和，而每个分子磁矩又等效于一个分子电流，如图 6.4(b)所示. 可以看出，在介质内部与各分子磁矩等效的分子电流相互抵消，而在介质的表面，各分子电流相互叠加. 结果在磁化棒的表面上分布有电流，好像一载流螺线管. 这种电流束缚在磁介质的表面上，我们称它为**磁化电流**. 实际上并没有电荷在磁棒表面上流动，所谓磁化电流，只是一种等效电流，是大量分子磁效应的一种表示.

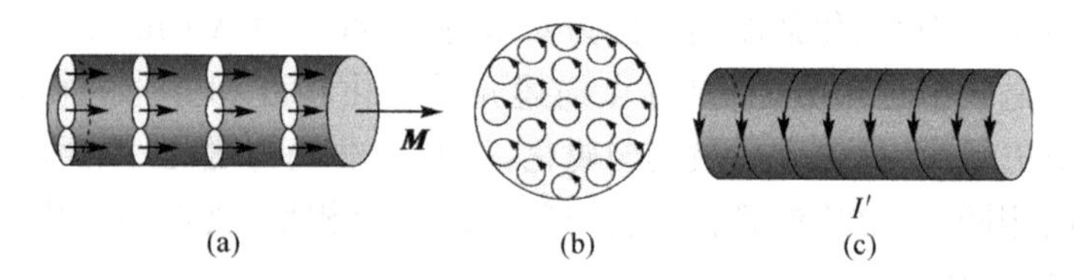

图 6.4 磁介质表面磁化电流的产生

6.3.4 磁化电流与磁化强度的关系

由于磁介质的磁化电流是磁介质磁化的结果，所以磁化电流和磁化强度之间一定存在着某种定量关系.假定磁介质已被磁化，各分子磁矩基本上顺着(或逆着)磁感应强度 $\boldsymbol{B}$ 的方向排列.设想在介质中作一平面 S，其边界为 L，S 面的法线与 L 的绕行方向组成右手螺旋，现计算通过 S 面的磁化电流 I'.显然，离开 S 面较远的分子，它们的等效分子圆电流根本未与 S 面相交，因而对通过 S 面的电流没有贡献.那些位于 S 面附近的且位于 S 面边界线 L 内侧的分子，它们的等效分子圆电流都与 S 面相交两次，一次是进入 S 面，另一次是自 S 面流出，因而这些分子对通过 S 面的电流也没有贡献.只有那些位于 S 面的边界线 L 附近的分子，它们的等效分子圆电流与 S 面只相交一次，如图 6.5(a)所示.其中有些分子的等效分子圆电流流入 S 面，有的则流出 S 面，通过 S 面的电流将由这些分子共同决定.

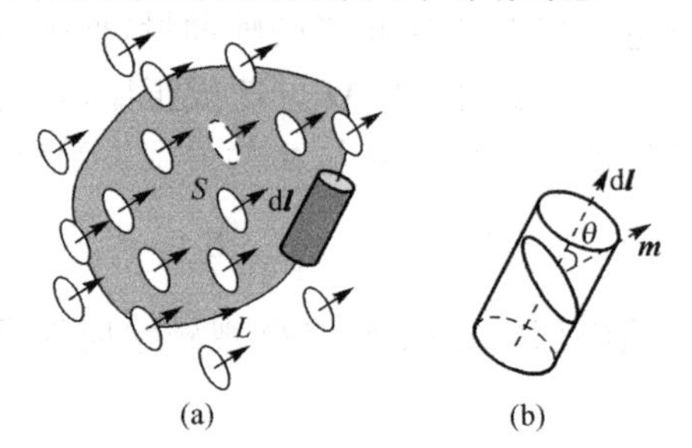

图 6.5 磁化电流与磁化强度的关系

在 S 面的边界线上任取一线段元 $\mathrm{d}l$，$\mathrm{d}l$ 沿 L 的绕行方向与分子磁矩 $\boldsymbol{m}$ 成 θ 角，如图 6.5(b)所示.若 a 为等效分子圆电流所圈围的面积，则凡是处在以 $\mathrm{d}l$ 为高，$a\cos\theta$ 为底的柱体内的分子圆电流都与 S 面相交一次.当 $\theta < \pi/2$ 时，分子电流从 S 面穿出，而当 $\theta > \pi/2$ 时，分子电流进入 S 面.若单位体积内的分子数为 n，则这圆柱体内的分子数为 $na\cos\theta\mathrm{d}l$.设每个分子圆电流为 i，则这些分子对通过 S 面的电流的贡献为

$$\mathrm{d}I' = ian\cos\theta\mathrm{d}l = nm\cos\theta\mathrm{d}l = M\cos\theta\mathrm{d}l = \boldsymbol{M}\cdot\mathrm{d}\boldsymbol{l}$$

于是通过 S 面的总磁化电流为

$$I' = \oint_L \boldsymbol{M}\cdot\mathrm{d}\boldsymbol{l} \tag{6.11}$$

即通过磁介质内任一面积 S 的磁化电流等于磁化强度沿该面周界 L 的线积分，即磁化强度的环流.

6.3.5　磁化电流面密度与磁化强度的关系

一般讲来，均匀磁介质被均匀磁化后，在介质的表面上和两种不同介质的交界面上，都会有面分布的磁化电流，我们用**磁化电流面密度 i'** 来描述. 它表示介质表面单位长度上的面磁化电流.

下面我们以顺磁质为例，讨论磁化电流面密度与磁化强度的关系. 若有两种不同的磁介质，第一种介质的磁化强度为 $\boldsymbol{M}_1$，第二种介质的磁化强度为 $\boldsymbol{M}_2$，磁化强度在界面上由 $\boldsymbol{M}_1$ 突变为 $\boldsymbol{M}_2$，如图 6.6 所示. 图中曲面表示两种介质的交界面. 为了求得界面上的磁化电流面密度 $\boldsymbol{i}'$，我们作一矩形回路，此回路的一对边与介质表面平行，且垂直于磁化电流线，其长度为 Δl，另一对边与表面垂直，其长度为 Δh，其中 $\Delta h \ll \Delta l$，矩形回路圈围的小面元 $\Delta S = \Delta l \Delta h$. 设介质表面磁化电流面密度为 $\boldsymbol{i}'$，则通过 ΔS 的磁化电流为

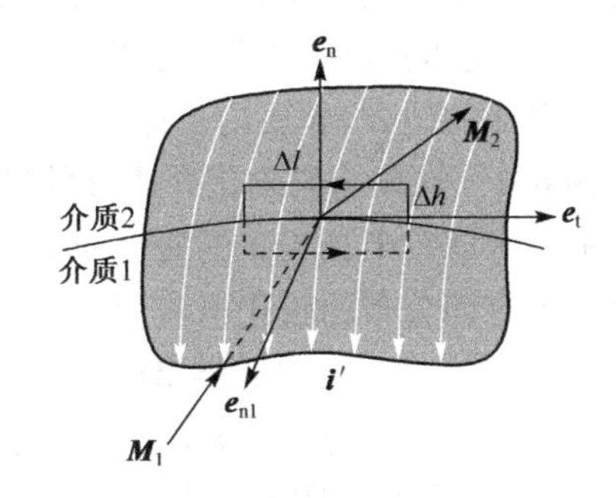

图 6.6　磁化电流面密度与磁化强度的关系

$$I' = \boldsymbol{i}' \cdot \boldsymbol{e}_{n1} \Delta l$$

式中，$\boldsymbol{e}_{n1}$ 为面元 ΔS 的法向单位矢量.

通过 ΔS 的磁化电流也等于磁化强度沿矩形回路 L 的线积分，即

$$I' = \oint_L \boldsymbol{M} \cdot \mathrm{d}\boldsymbol{l} = \int_1 \boldsymbol{M}_1 \cdot \mathrm{d}\boldsymbol{l} + \int_2 \boldsymbol{M}_2 \cdot \mathrm{d}\boldsymbol{l} = (\boldsymbol{M}_1 - \boldsymbol{M}_2) \cdot \boldsymbol{e}_t \Delta l + \delta$$

式中 δ 为磁化强度 $\boldsymbol{M}$ 对 Δh 的线积分. 当 $\Delta h \to 0$ 时，$\delta \to 0$，和上式对比有

$$\boldsymbol{i}' \cdot \boldsymbol{e}_{n1} = (\boldsymbol{M}_1 - \boldsymbol{M}_2) \cdot \boldsymbol{e}_t$$

我们取分界面的法向单位矢量 $\boldsymbol{e}_n$ 的方向由介质 1 指向介质 2，$\boldsymbol{e}_t$ 为 ΔS 与边界面交线的切向单位矢量，限定 $\boldsymbol{e}_t$、$\boldsymbol{e}_n$ 和 $\boldsymbol{e}_{n1}$ 组成右手螺旋，即 $\boldsymbol{e}_t = \boldsymbol{e}_n \times \boldsymbol{e}_{n1}$. 于是

$$\boldsymbol{i}' \cdot \boldsymbol{e}_{n1} = (\boldsymbol{M}_1 - \boldsymbol{M}_2) \cdot (\boldsymbol{e}_n \times \boldsymbol{e}_{n1})$$

利用矢量公式 $\boldsymbol{a} \cdot (\boldsymbol{b} \times \boldsymbol{c}) = (\boldsymbol{a} \times \boldsymbol{b}) \cdot \boldsymbol{c}$，得

$$\boldsymbol{i}' \cdot \boldsymbol{e}_{n1} = [(\boldsymbol{M}_1 - \boldsymbol{M}_2) \times \boldsymbol{e}_n] \cdot \boldsymbol{e}_{n1}$$

由于 $\boldsymbol{e}_{n1}$ 是任意的，故必有

$$\boldsymbol{i}' = (\boldsymbol{M}_1 - \boldsymbol{M}_2) \times \boldsymbol{e}_n \tag{6.12}$$

即 $\boldsymbol{i}'$ 垂直于 $\boldsymbol{M}_1 - \boldsymbol{M}_2$ 与 $\boldsymbol{e}_n$ 组成的平面，在给定界面上的面磁化电流分布是一定的. 若第二种介质为真空，即 $\boldsymbol{M}_2 = 0$，便得介质表面上的磁化电流面密度

$$\boldsymbol{i}' = \boldsymbol{M} \times \boldsymbol{e}_n \tag{6.13}$$

式中，$\boldsymbol{e}_n$ 由介质指向真空.

6.3.6 磁化电流体密度与磁化强度的关系

对于非均匀介质，其内部的磁化电流可由式(6.11)求得，设磁化电流的体密度为 $\boldsymbol{j}'$，根据矢量分析中的斯托克斯定理 $\oint_L \boldsymbol{A}\cdot \mathrm{d}\boldsymbol{l}=\int_S(\nabla\times\boldsymbol{A})\cdot\mathrm{d}\boldsymbol{S}$，式(6.11)中 $\boldsymbol{M}$ 沿闭合路径的线积分可用 $\boldsymbol{M}$ 的旋度 $\nabla\times\boldsymbol{M}$ 的面积分来表示，即

$$I'=\oint_L \boldsymbol{M}\cdot\mathrm{d}\boldsymbol{l}=\int_S(\nabla\times\boldsymbol{M})\cdot\mathrm{d}\boldsymbol{S}=\int_S\boldsymbol{j}'\cdot\mathrm{d}\boldsymbol{S}$$

于是

$$\boldsymbol{j}'=\nabla\times\boldsymbol{M} \tag{6.14}$$

即磁化电流体密度等于磁化强度的旋度. 对于均匀磁化的介质，$\boldsymbol{M}$ 是恒量，其旋度为零，磁化电流体密度亦为零. 可以证明，只要介质是均匀的，在介质中除了有体分布的传导电流的地方，介质内部亦无体分布的磁化电流，即使磁化是非均匀的.

例 6.1 计算均匀磁化介质球的磁化电流在轴线上所产生的磁场.

解 考虑一半径为 a 的磁介质球，因为均匀磁化，磁化强度 $\boldsymbol{M}$ 为恒量，只是在球的表面上有面分布的磁化电流，其电流面密度为

$$\boldsymbol{i}'=\boldsymbol{M}\times\boldsymbol{e}_\mathrm{n}=M\boldsymbol{e}_z\times\boldsymbol{e}_\mathrm{n}=M\sin\theta\boldsymbol{e}_\varphi$$

即磁化电流面密度与 θ 有关，在赤道处，电流面密度最大；在两极，电流面密度为零，如图 6.7(a)所示. 如图 6.7(b)所示，把整个球面分成许多球带，通过宽度为 $a\mathrm{d}\theta$ 的一条球带上的电流为

$$\mathrm{d}I'=i'a\,\mathrm{d}\theta=Ma\sin\theta\mathrm{d}\theta$$

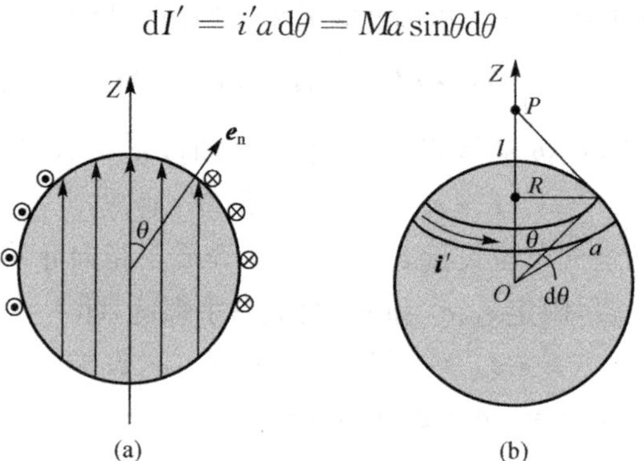

图 6.7 均匀磁化介质球

设 P 点的坐标为 z，因此半径为 $a\sin\theta$ 的球带在 P 点产生的磁感应强度为

$$\begin{aligned}\mathrm{d}B&=\frac{\mu_0}{2}\frac{Ma^3\sin^3\theta\mathrm{d}\theta}{[a^2\sin^2\theta+(z-a\cos\theta)^2]^{3/2}}\\&=\frac{\mu_0Ma^3}{2}\frac{\sin^3\theta\mathrm{d}\theta}{(a^2+z^2-2az\cos\theta)^{3/2}}\end{aligned}$$

于是轴线上任一点 P 的磁感应强度大小为

$$B = \frac{\mu_0 M a^3}{2}\int_0^{\pi}\frac{\sin^3\theta \mathrm{d}\theta}{(a^2+z^2-2az\cos\theta)^{3/2}}$$

令 $u=\cos\theta, \mathrm{d}u=-\sin\theta\mathrm{d}\theta$，则

$$\begin{aligned}B&=-\frac{\mu_0 M a^3}{2}\int_{+1}^{-1}\frac{(1-u^2)\mathrm{d}u}{(a^2+z^2-2azu)^{3/2}}\\&=\frac{\mu_0 M}{3z^3}\{(z^2+a^2)[|z+a|-|z-a|]-za[|z+a|+|z-a|]\}\end{aligned}$$

上式的结果有以下两种不同的情况：

(1) 考察点在球外，即 $z>a, |z-a|=z-a$，得

$$B=\frac{2\mu_0 M a^3}{3|z^3|}=\frac{\mu_0}{4\pi}\frac{2m}{|z|^3}$$

式中，$m=\frac{4}{3}\pi a^3 M$ 是整个球体内所有分子磁矩的总和，这表示一个均匀磁化球上的磁化电流在球外轴线上的磁场等效于一个磁矩大小为 m 的圆电流的磁场.

(2) 考察点在球内，即 $z<a, |z-a|=a-z$，得

$$B=\frac{2}{3}\mu_0 M$$

即磁化电流在球内轴线上的磁场与考察点在 z 轴上的位置无关，方向平行与磁化强度.

例 6.2　如图 6.8 所示，在一无限长的螺线管中，充满某种各向同性的均匀线性介质，介质的磁化率为 χ_m，设螺线管单位长度上绕有 n 匝导线，导线中通以传导电流 I，求螺线管内的磁场.

解　无限长螺线管内的磁场是均匀的，均匀的磁介质在螺线管内被均匀磁化，磁化电流分布在介质表面上，其分布与螺线管相似. 传导电流单独产生的磁感应强度大小为

$$B_0=\mu_0 nI$$

磁化电流单独产生的磁感应强度大小为

$$B'=\mu_0 i'=\mu_0 M$$

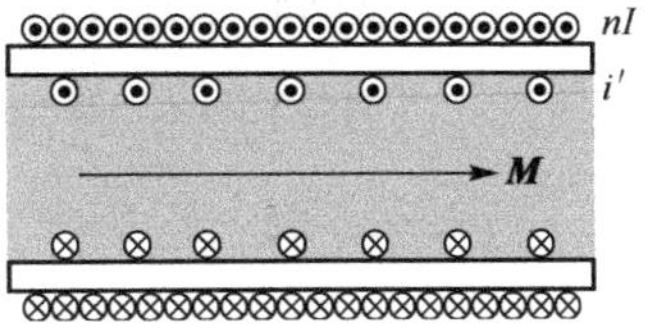

于是，螺线管内的磁感应强度大小为

$$B=B_0+B'=\mu_0 nI+\mu_0 M=\mu_0 nI+\frac{\chi_m}{1+\chi_m}B$$

$$B=(1+\chi_m)\mu_0 nI$$

图 6.8　无限长螺线管内充满均匀介质

令 $\mu_r=1+\chi_m$，得

$$B=\mu_0\mu_r nI=\mu_r B_0$$

即介质中的磁感应强度为传导电流单独产生的磁感应强度的 μ_r 倍. μ_r 称为介质的相对磁导率. 从所得结果看，介质所起的作用相当于传导电流由 I 变为 $\mu_r I$.

例 6.3　如图 6.9 所示，一无限长的圆柱体，半径为 R，均匀通过电流，电流为 I，柱体浸在无限大的各向同性的均匀线性磁介质中，介质的磁化率为 χ_m，求介质中的磁场.

解　由于介质是均匀无限大的，只有在介质与圆柱形导体的交界面上，才有面分布的磁化电流，磁化电流面密度为

$$i' = M(R)$$

$M(R)$ 为 M 在 $r = R$ 处的值，也就是圆柱表面处的值. 通过圆柱面的磁化电流为

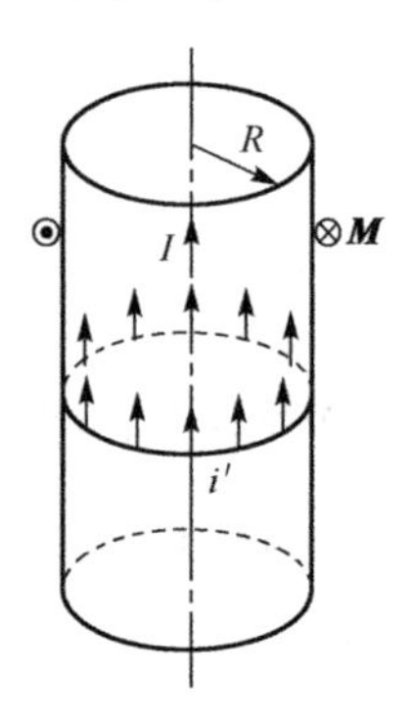

图 6.9　浸在均匀介质中无限长载流圆柱体

$$I' = i' \cdot 2\pi R = 2\pi R M(R)$$

根据对称性，可知传导电流单独产生的磁感应强度大小为

$$B_0 = \frac{\mu_0}{2\pi}\frac{I}{r} \qquad (r > R)$$

磁化电流单独产生的磁感应强度大小为

$$B' = \frac{\mu_0}{2\pi}\frac{I'}{r} = \mu_0 \frac{R}{r}M(R) = \frac{R}{r}\frac{\chi_m}{1+\chi_m}B(R)$$

介质中任一点的磁感强度值为

$$B(r) = B_0 + B' = \frac{\mu_0}{2\pi}\frac{I}{r} + \frac{R}{r}\frac{\chi_m}{1+\chi_m}B(R)$$

当 $r = R$ 时，有

$$B(R) = \frac{\mu_0}{2\pi}\frac{I}{R} + \frac{R}{R}\frac{\chi_m}{1+\chi_m}B(R)$$

$$B(R) = (1+\chi_m)\frac{\mu_0}{2\pi}\frac{I}{R}$$

于是，任意一点的磁感强度值为

$$B(r) = \frac{\mu_0}{2\pi}\frac{I}{r} + \frac{R}{r}\frac{\chi_m}{1+\chi_m}(1+\chi_m)\frac{\mu_0}{2\pi}\frac{I}{R} = (1+\chi_m)B_0$$

令 $\mu_r = 1 + \chi_m$，得

$$B(r) = \frac{\mu_0 \mu_r I}{2\pi r} = \mu_r B_0$$

即介质中的磁感应强度是传导电流单独产生的磁感应强度的 μ_r 倍，介质的作用等效于传导电流由 I 变为 $\mu_r I$.

以上两个例题都表明，存在介质后，介质中的磁感应强度是传导电流单独产生的磁感应强度的 μ_r 倍. 值得注意的是在这两个例子中，磁介质都是均匀的，且充满着磁场存在的整个空间，在这情况下，磁化电流只分布在与传导电流交界处的介质表面上及无限远处，但无限远处的磁化电流的磁效应可忽略，结果介质的作用等效于激发磁场的电流由 I 变为 $\mu_r I$，因而介质中的磁感应强度为传导电流单独产生的磁感应强度的 μ_r 倍. 如果介质是非均匀的或介质未充满整个场存在的空间，则相应的结论就不一定正确了.

6.4　有磁介质时的稳恒磁场方程

6.4.1　有介质时的高斯定理

磁介质内部的磁场是由传导电流激发的磁场与磁化电流激发的磁场叠加而成的. 由于磁化电流在激发磁场方面与传导电流等效,激发的磁场都是有旋场,因此在存在介质的磁场中高斯定理仍然成立,即

$$\oint_S \boldsymbol{B} \cdot \mathrm{d}\boldsymbol{S} = 0 \tag{6.15}$$

可见稳恒磁场总是有旋无源的.

6.4.2　磁场强度 *H* 与有介质时的安培环路定理

当有磁介质存在时,空间任一点的磁感应强度 $\boldsymbol{B}$,是由传导电流和磁化电流共同产生的. 闭合的传导电流和磁化电流都与闭合的磁感线相互交链. 磁场的环流由被闭合路径所圈围的传导电流与磁化电流共同决定,即

$$\oint_L \boldsymbol{B} \cdot \mathrm{d}\boldsymbol{l} = \mu_0 \sum (I_0 + I') \tag{6.16}$$

式中, $\sum I_0$ 与 $\sum I'$ 分别是闭合路径 L 所圈围的传导电流与磁化电流的代数和. 这就是考虑了介质对磁场的影响后的安培环路定理. 在一般情况下,磁化电流 I' 难以直接测量,因此很难直接利用式(6.16)来计算介质中的磁感应强度. 为了使安培环路定理中不出现磁化电流 I', 我们把式(6.11)代入式(6.16),消去 I', 有

$$\oint_L \boldsymbol{B} \cdot \mathrm{d}\boldsymbol{l} = \mu_0 \sum I_0 + \mu_0 \oint_L \boldsymbol{M} \cdot \mathrm{d}\boldsymbol{l}$$

整理后,可得

$$\oint_L \left(\frac{1}{\mu_0}\boldsymbol{B} - \boldsymbol{M}\right) \cdot \mathrm{d}\boldsymbol{l} = \sum I_0$$

而今引入一个辅助物理量 $\boldsymbol{H}$, 称为**磁场强度**,令

$$\boldsymbol{H} = \frac{1}{\mu_0}\boldsymbol{B} - \boldsymbol{M} \tag{6.17}$$

这样,磁介质中的安培环路定理便可写为

$$\oint_L \boldsymbol{H} \cdot \mathrm{d}\boldsymbol{l} = \sum I_0 \tag{6.18}$$

此式说明:**磁场强度对任意闭合路径的环流等于该闭合路径所圈围的传导电流的代数和.** 在国际单位制中, $\boldsymbol{H}$ 的单位是安培每米,符号为 $\mathrm{A} \cdot \mathrm{m}^{-1}$.

磁场强度 $\boldsymbol{H}$ 由物理意义完全不同的两个物理量 $\boldsymbol{B}$ 和 $\boldsymbol{M}$ 叠加而成,它并不代表

一个实际的物理量.从这一点来看，$\boldsymbol{H}$ 的含义是不明确的，它不过是代表两个不同矢量叠加结果的一个符号.但是，$\boldsymbol{H}$ 的环流仅决定于传导电流，从这一点看，$\boldsymbol{H}$ 还是具有一定物理意义的.至于把 $\boldsymbol{H}$ 称为磁场强度则完全是历史原因. $\boldsymbol{H}$ 并不能反映磁场对运动电荷或载流导体作用力的强弱，实际上，磁感应强度是反映磁场强弱的物理量，才具有“磁场强度”的含义.历史上认为磁极上存在类似电荷的磁荷，磁力是磁场对磁荷的作用力，在这种观点下，$\boldsymbol{H}$ 反映了磁场对单位磁荷的作用力，故把 $\boldsymbol{H}$ 称为磁场强度.

对于各向同性的线性的磁介质，磁场强度 $\boldsymbol{H}$ 与磁感应强度 $\boldsymbol{B}$ 的关系可以进一步简化.因

$$\boldsymbol{H}=\frac{1}{\mu_0}\boldsymbol{B}-\boldsymbol{M}=\frac{1}{\mu_0}\boldsymbol{B}-\frac{1}{\mu_0}\frac{\chi_m}{1+\chi_m}\boldsymbol{B}=\frac{1}{\mu_0}\frac{1}{1+\chi_m}\boldsymbol{B}$$

令

$$\mu_r=1+\chi_m$$

得

$$\boldsymbol{H}=\frac{1}{\mu_0\mu_r}\boldsymbol{B}$$

或

$$\boldsymbol{B}=\mu_0\mu_r\boldsymbol{H} \tag{6.19}$$

即对于各向同性的线性的磁介质，磁场强度与磁感应强度 $\boldsymbol{B}$ 成正比，比例系数中的 $\mu=\mu_0\mu_r$ 称为介质的磁导率，μ_r 就是介质的相对磁导率.

历史上曾一度把磁场强度 $\boldsymbol{H}$ 作为基本物理量，认为磁化强度与磁场强度成正比，并称其比例系数为磁化率，即

$$\boldsymbol{M}=\chi_m\boldsymbol{H} \tag{6.20}$$

由于这个原因，我们在上节中把 $\boldsymbol{M}$ 与 $\boldsymbol{B}$ 的关系写成了式(6.10)的形式，以便与习惯的用法相一致.

在真空中，$\boldsymbol{M}=0$，故 $\chi_m=0$，$\mu_r=1$，$\boldsymbol{B}=\mu_0\boldsymbol{H}$. 对于顺磁质，$\chi_m>0$，故 $\mu_r>1$. 对于抗磁质，$\chi_m<0$，故 $\mu_r<1$.

6.4.3 稳恒磁场的边界条件

在磁场中两种介质的交界面两侧，由于介质的相对磁导率不同，磁化强度也不同，因而界面两侧的磁场也不同，但两侧的磁场有一定的关系，根据稳恒磁场的基本方程式(6.15)、式(6.18)可以导出两侧的磁场在交界面上满足的规律，这一规律称为磁场的**边界条件**.设两种介质的相对磁导率分别为 μ_{r1} 和 μ_{r2}，而且在交界面上并无传导电流分布.

如图 6.10(a)所示，在介质交界面上取一狭长的矩形回路，长度为 Δl 的两长对

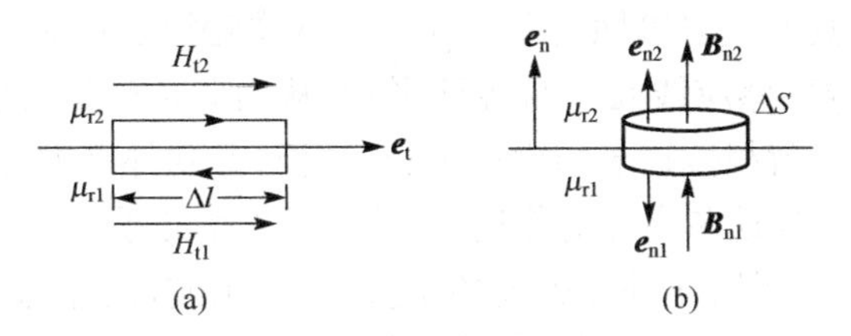

图 6.10　稳恒磁场的边界条件

边分别在两介质内并平行于界面. 以 H_{t1} 和 H_{t2} 分别表示界面两侧的磁场强度的切向分量,则由稳恒磁场的环路定理(忽略两短边的积分值)可得

$$\oint_L \boldsymbol{H} \cdot \mathrm{d}\boldsymbol{l} = H_{t2}\Delta l - H_{t1}\Delta l = 0$$

由此得

$$H_{t1} = H_{t2} \tag{6.21}$$

即在两种介质的交界面上,当无传导电流时,磁场强度的切向分量是连续的. 由式(6.19)、式(6.21)可得

$$\frac{B_{t1}}{\mu_{r1}} = \frac{B_{t2}}{\mu_{r2}} \tag{6.22}$$

即在两种介质的交界面上,磁感应强度的切向分量是不连续的,有突变.

如图 6.10(b)所示,在介质交界面上作一扁圆柱面,面积为 ΔS 的两底面分别在两介质内并平行于界面. 以 B_{n1} 和 B_{n2} 分别表示界面两侧磁感应强度的法向分量,则由介质中的高斯定理(忽略圆柱侧面的积分值)可得

$$\oint_S \boldsymbol{B} \cdot \mathrm{d}\boldsymbol{S} = B_{n2}\Delta S - B_{n1}\Delta S = 0$$

由此得

$$B_{n1} = B_{n2} \tag{6.23}$$

即在两种介质的交界面上,磁感应强度的法向分量是连续的. 由式(6.19)、式(6.23)可得

$$\frac{H_{n1}}{\mu_{r2}} = \frac{H_{n2}}{\mu_{r1}} \tag{6.24}$$

即在两种介质的交界面上,磁场强度的法向分量是不连续的,有突变.

式(6.21)、式(6.22)、式(6.23)和式(6.24)统称为稳恒磁场的边界条件,但对随时间变化的磁场也成立.

由于在界面上 $\boldsymbol{B}_t$ 有突变而 $\boldsymbol{B}_n$ 无突变, $\boldsymbol{B}$ 的方向在界面上必然发生突变,设 θ_1、θ_2 是 $\boldsymbol{B}_1$、$\boldsymbol{B}_2$ 与法线的夹角,由图 6.11 可知

$$\frac{\tan\theta_1}{\tan\theta_2} = \frac{B_{t1}/B_{n1}}{B_{t2}/B_{n2}} = \frac{B_{t1}}{B_{t2}} = \frac{\mu_{r1}}{\mu_{r2}} \tag{6.25}$$

可见 θ 在界面上发生突变,这种情况称为 $\boldsymbol{B}$ 线在界面上的折射.

如果 $\mu_{r2}=1$（真空或非磁性物质），$\mu_{r1}\gg 1$（铁磁物质），则 $\theta_2\approx 0°$，$\theta_1\approx 90°$，这时在介质 1（铁芯）内磁感应线几乎与界面平行，从而非常密集，铁芯磁导率越大，θ_1 越接近 90°，磁感应线就越接近于与表面平行，从而，漏到外面的磁通越少. 高磁导率的铁芯有使磁通集中到铁芯内部的作用，而腔内的磁场几乎为零，如图 6.12 所示. 这个事实称为**磁屏蔽**. 为了防止外界磁场的干扰，常在示波器、显像管中电子束聚焦部分的外部加上磁屏蔽罩，就可起到磁屏蔽的作用.

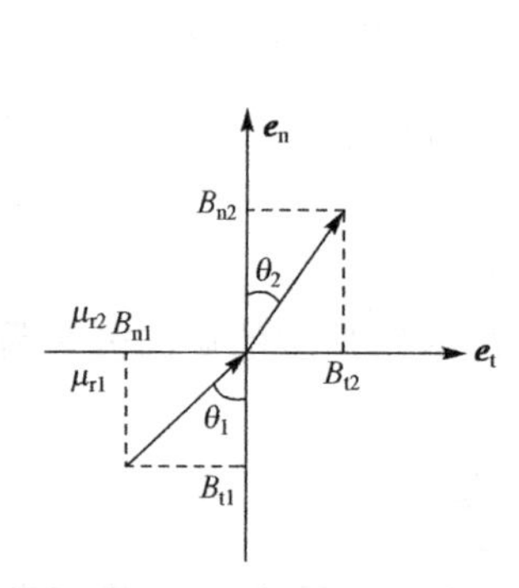

图 6.11　在两种介质的分界面上磁感应线发生折射

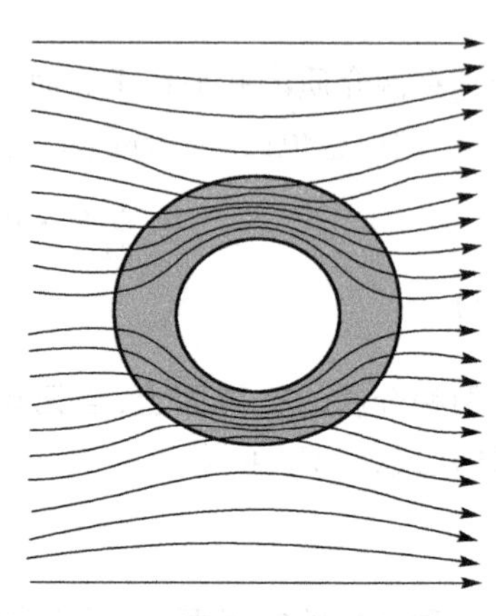

图 6.12　磁屏蔽

例 6.4　如图 6.13 所示，一同轴电缆由半径为 a 的长直导线和半径为 b 的长直导体圆筒组成. 两者之间充满相对磁导率为 μ_r 的均匀磁介质. 电流 I 由中心导体流入，由外圆筒流回. 求磁介质中的磁感应强度的分布和磁介质内表面的磁化电流.

解　对于长直同轴电缆，由于电流分布和磁介质分布具有轴对称性. 因此其激发的磁场分布也具有轴对称性，且 **B** 线和 **H** 线都处在垂直于轴线的平面内，并以轴线为圆心的同心圆. 在距离轴线为 r 处取一半径为 r 的圆形闭合回路 L 根据介质中的安培环路定理

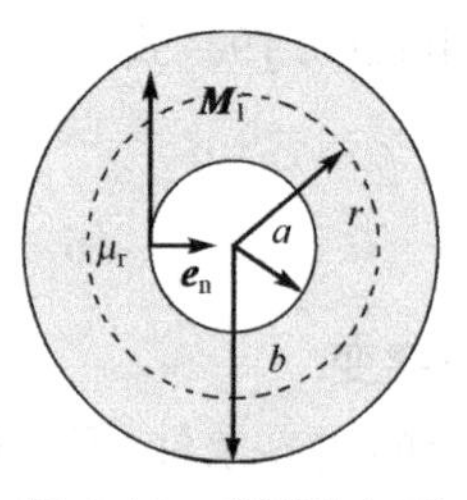

图 6.13　充满均匀磁介质的同轴电缆

$$\oint_L \boldsymbol{H}\cdot d\boldsymbol{l}=2\pi rH=I$$

介质中的磁场强度为

$$H=\frac{I}{2\pi r}$$

介质中的磁感应强度为

$$B=\mu_0\mu_r H=\frac{\mu_0\mu_r I}{2\pi r}=\mu_r B_0$$

由此可得介质内表面处的磁化强度为

$$M_1=\chi_m H=(\mu_r-1)H=(\mu_r-1)\frac{I}{2\pi r}=(\mu_r-1)\frac{I}{2\pi a}$$

介质内表面处的磁化强度的方向和该处的法线方向如图 6.13 所示. 由 $\boldsymbol{i}'=\boldsymbol{M}\times\boldsymbol{e}_{\mathrm{n}}$ 可得到介质内表面磁化电流面密度为

$$i'=M_1=(\mu_{\mathrm{r}}-1)\frac{I}{2\pi a}$$

介质内表面上的磁化电流为

$$I'=2\pi a i'=2\pi a(\mu_{\mathrm{r}}-1)\frac{I}{2\pi a}=(\mu_{\mathrm{r}}-1)I$$

磁化电流的方向垂直纸面向里.

例 6.5　相对磁导率为 μ_{r1} 和 μ_{r2} 的两种均匀磁介质，分别充满 $x>0$ 和 $x<0$ 的两个半空间，其交界面上为 Oyz 平面，一细导线，位于 y 轴上，其中通以电流为 I_0，如图 6.14 所示，求空间各点的 B 和 H.

解　由于导线很细，可视作几何线，除了导线所在处外，磁感应强度与界面垂直，故磁化电流只分布在导线所在处，界面的其他地方无磁化电流分布. 磁化电流分布也是一条几何线. 根据传导电流和磁化电流的分布特性，可确定 $\boldsymbol{B}$ 矢量的分布具有圆柱形对称性，故由

$$\oint\boldsymbol{B}\cdot\mathrm{d}\boldsymbol{l}=2\pi rB=\mu_0(I_0+I')$$

得

$$B=\frac{\mu_0}{2\pi r}(I_0+I')$$

由 $B=\mu_0\mu_{\mathrm{r}}H$ 得

$$H_1=\frac{1}{\mu_0\mu_{\mathrm{r1}}}B,\quad H_2=\frac{1}{\mu_0\mu_{\mathrm{r2}}}B$$

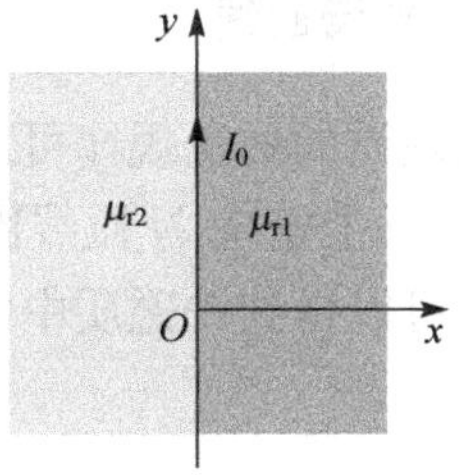

图 6.14　位于两种半无限大均匀介质交界面上的无限长载流导线

由介质中磁场的安培环路定理

$$\oint\boldsymbol{H}\cdot\mathrm{d}\boldsymbol{l}=\pi r(H_1+H_2)=I_0$$

$$\frac{\pi r}{\mu_0}\left(\frac{1}{\mu_{\mathrm{r1}}}+\frac{1}{\mu_{\mathrm{r2}}}\right)B=I_0$$

消去 B 得

$$\frac{\pi r}{\mu_0}\left(\frac{1}{\mu_{\mathrm{r1}}}+\frac{1}{\mu_{\mathrm{r2}}}\right)\frac{\mu_0}{2\pi r}(I_0+I')=I_0$$

$$I_0+I'=\frac{2I_0}{\dfrac{1}{\mu_{\mathrm{r1}}}+\dfrac{1}{\mu_{\mathrm{r2}}}}$$

于是

$$B=\frac{\mu_0}{\pi r}\frac{I_0}{\dfrac{1}{\mu_{\mathrm{r1}}}+\dfrac{1}{\mu_{\mathrm{r2}}}}=\frac{\mu_0\mu_{\mathrm{r1}}\mu_{\mathrm{r2}}}{\pi(\mu_{\mathrm{r1}}+\mu_{\mathrm{r2}})}\frac{I_0}{r}$$

$$H_1=\frac{\mu_{r2}}{\pi(\mu_{r1}+\mu_{r2})}\frac{I_0}{r}$$

$$H_2=\frac{\mu_{r1}}{\pi(\mu_{r1}+\mu_{r2})}\frac{I_0}{r}$$

可以看出,在交界面处,$\boldsymbol{B}$ 和 $\boldsymbol{H}$ 只有法向分量,$\boldsymbol{B}$ 的法向分量是连续的,$\boldsymbol{H}$ 的法向分量不连续.

6.5 铁 磁 质

铁、钴、镍等金属及其合金称为**铁磁质**.铁磁质的磁化机制与顺磁质和抗磁质完全不同,在室温下其磁导率比真空或空气的磁导率大几百倍甚至几千倍,铁磁质即使在较弱的磁场内,也可得到极高的磁化强度,而且当外磁场撤去后,某些铁磁质仍可保留极强的磁性.因此,在电工设备中,如电磁铁、电机、变压器等,铁磁质材料都有其广泛的应用.

6.5.1 磁滞回线

铁磁质的磁化规律可以通过实验来进行研究.将铁磁质样品做成平均半径为 R 环形状,环上密绕 N 匝线圈.当线圈中通过电流 I 后,铁磁质将被磁化.根据安培环路定理可以得到铁磁质中的磁场强度大小为

$$H=\frac{NI}{2\pi R}$$

在铁磁质环状样品中切开一个很窄的缝,用依据霍尔效应制成的特斯拉计在狭缝内测出磁感应强度 $\boldsymbol{B}$.改变电流就可以得到一系列对应的 $\boldsymbol{H}$ 和 $\boldsymbol{B}$ 值,从而画出 $\boldsymbol{H}$ 和 $\boldsymbol{B}$ 的关系曲线,这种曲线称为**磁化曲线**.此外可以根据公式 $\boldsymbol{M}=\frac{\boldsymbol{B}}{\mu_0}-\boldsymbol{H}$ 以及 $\boldsymbol{B}=\mu\boldsymbol{H}$,可以计算出磁化强度 $\boldsymbol{M}$ 和磁导率 μ.

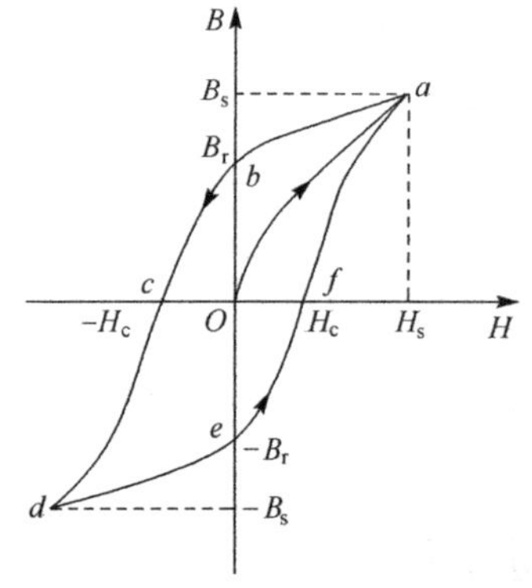

图 6.15 初始磁化曲线和磁滞回线

下面从实验过程来具体说明 $\boldsymbol{H}$ 和 $\boldsymbol{B}$ 的关系曲线的形成.在线圈中通以电流,对一块未经磁化铁磁环进行磁化实验,如图 6.15 所示.

开始时,随着电流的增加,磁场强度 $\boldsymbol{H}$ 增大,观察到铁磁环内的 $\boldsymbol{B}$ 随之作非线性地增大,这就意味着铁磁环开始被磁化;当 $\boldsymbol{H}$ 增大到某一数值 $\boldsymbol{H}_s$ 后,磁感应强度 $\boldsymbol{B}$ 将进入饱和状态,这时,即使继续增大 $\boldsymbol{H}$ 值,$\boldsymbol{B}$ 也不会发生改变.此时对应的磁感应强度 $\boldsymbol{B}_s$ 称为饱和磁感应强度,曲线 Oa 称为**初始磁化曲线**.

铁磁环被磁化达到饱和后，逐渐减小电流，使磁场强度 $\boldsymbol{H}$ 减小，直至为零. 在此过程中，$\boldsymbol{B}$ 的大小并不按原曲线返回至零，而是沿另一曲线至 b，即当 $\boldsymbol{H}=0$ 时，$\boldsymbol{B}$ 并不为零. 这时铁磁环保留的磁感应强度 $\boldsymbol{B}_r$ 称为**剩磁**，铁磁环成为了永久磁铁.

要想把剩磁完全消除，需要逐渐增加反向电流，即外加一个反向磁场 $\boldsymbol{H}$，当 $\boldsymbol{H}$ 值达到 $-\boldsymbol{H}_c$，才使铁磁环中的磁感应强度 $\boldsymbol{B}$ 回到零. 这一过程称为**退磁**. 这时的反向磁场强度 $\boldsymbol{H}_c$ 称为**矫顽力**.

进一步增大反向磁场强度将使磁感应强度在相反方向上达到饱和值 $-\boldsymbol{B}_s$. 如果再继续减小反向磁场 $\boldsymbol{H}$，磁化曲线将沿下部曲线上升，当 $\boldsymbol{H}$ 再度减小为零时，曲线到达 e 点，铁磁质具有 $-\boldsymbol{B}_r$ 的反向剩磁. 继续增加正向电流，曲线沿 efa 再度到达饱和磁感应强度 $\boldsymbol{B}_s$，这样磁化曲线就构成一个闭合的曲线.

从以上实验规律可知，磁感应强度 $\boldsymbol{B}$ 的变化总是滞后于磁场强度 $\boldsymbol{H}$ 的变化，这一现象称为**磁滞**. 因此，图 6.15 所示的实验曲线称为**磁滞回线**. 把铁磁质放到周期性变化的磁场中被反复磁化时，它要变热. 变压器或其他交流电磁装置中的铁芯在工作时由于反复磁化发热而引起的能量损失称为**磁滞损耗**或"铁损". 单位体积的铁磁质反复磁化一次所发的热和这种材料的磁滞回线所围的面积成正比.

磁滞回线大小和形状显示了磁性材料的特性，从而可把磁性材料分为软磁、硬磁和矩磁材料.

软磁材料的磁滞回线呈狭长形，如图 6.16(a)所示. 可见，软磁材料的矫顽力小($H_c<10^2\,\mathrm{A/m}$)，所以软磁材料容易磁化，也容易退磁，磁滞损耗小，适宜用于交变磁场中，用来制造电磁铁、变压器、电机和高频电磁元件的铁芯等. 在软磁材料的发展过程中 20 世纪 30 年代前为金属软磁的一统天下，如纯铁、硅钢等. 20 世纪 50、60 年代为软磁铁氧体的黄金时代，如锰锌铁氧体、镍锌铁氧体等. 20 世纪 70 年代后又相继成功开发出非晶/纳米晶软磁材料，此种材料具有较高的综合软磁性能，如高饱和磁感应强度、高磁导率、低高频损耗等，硅钢、铁氧体和坡莫合金的替代品. 用非晶/纳米晶软磁材料制作的器件具有质量轻、体积小、性能高等优点，在大功率中高频变压器、高频开关电源、电磁兼容器件、高精度电流互感器、巨磁阻抗传感器等中得到了广泛的应用，是软磁材料的又一个发展方向和研究热点. 近年来又开发了许多高频特性优良的纳米颗粒结构的软磁材料.

硬磁材料的磁滞回线宽肥，如图 6.16(b)所示. 它具有较高的剩磁，较高的矫顽力($H_c>10^2\,\mathrm{A/m}$)以及高饱和磁感应强度，磁化后可长久保持很强的磁性，不仅可用作电讯器件如录音器、电话机及各种仪表的磁铁，而且已在医学、生物和印刷显示等方面也得到了应用. 硬磁材料常用来制作各种永久磁铁、扬声器的磁钢和电子电路中的记忆元件等. 碳钢、钨钢、铝钢、钕铁硼合金、钕铁氮合金等材料都是硬磁材料.

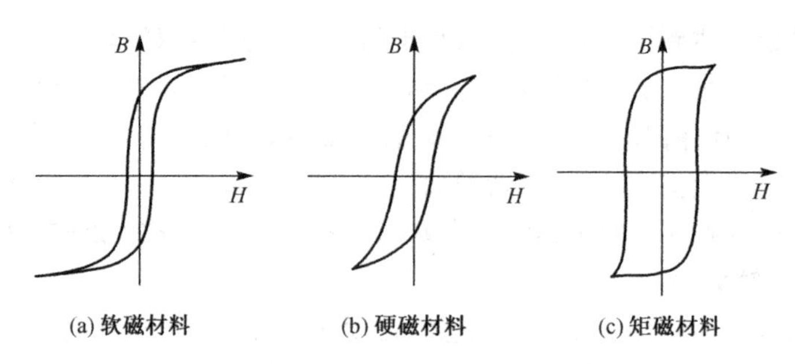

图 6.16 各种磁性材料的磁滞回线

矩磁材料的磁滞回线呈矩形状，比硬磁材料具有更高的剩磁、更高的矫顽力，如图 6.16(c)所示. 这种磁性材料在信息存储领域内的作用越来越重要，适合于制作磁带、计算机软盘和硬盘等，用于记录信息. 用于计算机存储信息时可以用磁极方向来表示 1 和 0. 例如，N 极向上存储的信息为 1，向下表示为 0. 根据矩磁材料的特点，能保证存储信息的安全. 常用的矩磁材料有镁锰铁氧体和锂锰铁氧体等.

6.5.2 磁畴

为什么铁磁质不同于其他软磁质，在外磁场中能激发出远大于外磁场的强磁场？这与铁磁质独特的微观物质结构有关.

根据固体结构理论，铁磁质中相邻原子的电子间因自旋而存在很强的“交换作用”. 在这种作用下，铁磁质内部相邻原子的磁矩会在一个微小的区域内形成方向一致、排列非常整齐的“自发磁化区”，称为**磁畴**. 磁畴结构的形成是由于这种磁体为了保持自发磁化的稳定性，而必须使强磁体的能量达最低值，因而就分裂成许多微小的磁畴. 每个磁畴为 $10^{-12} \sim 10^{-8}\,\mathrm{m}^3$，其中含有 $10^{17} \sim 10^{21}$ 个原子. 在无外磁场时，由于热运动，各磁畴的排列是无规则的，各磁畴的磁化方向各不相同，因此，产生的磁效应相互抵消，整个铁磁质对外不显磁性，如图 6.17 所示.

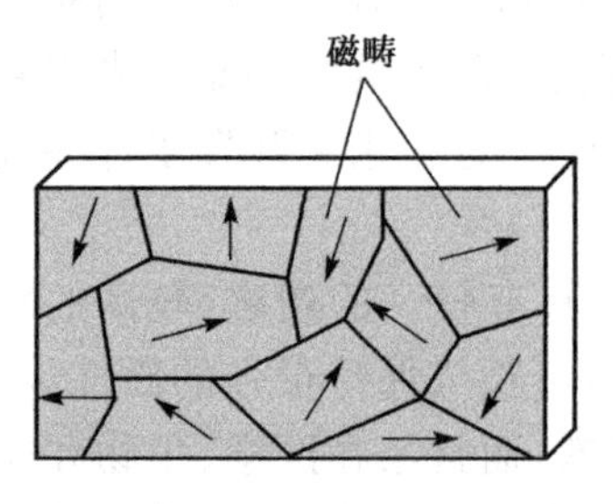

图 6.17 无外磁场时的磁畴

磁畴之间被磁畴壁隔开，畴壁实质上是相邻磁畴间的过渡层. 为了降低交换能，在这个过渡层中，磁矩不是突然改变方向，而是逐渐地改变，因为过渡层(磁畴壁)有一定厚度. 铁磁质在外磁场中的磁化过程主要为畴壁的移动和磁畴内磁矩的转向. 这就使得铁磁体只需在很弱的外磁场中就能得到较大的磁化强度. 当铁磁质处于外磁场中时，与外磁场方向接近的磁畴体积不断扩大(称为壁移运动)，自发磁化方向逐渐转向外磁场 H 的方向(磁畴转向)，直到所有磁畴都沿外磁场方向整齐排列时，铁磁质就达到磁饱和状态. 如果将外磁场撤去，由于被磁化的铁磁质受到体内杂质和内应力的阻碍，并不能恢复到磁化前的状态，从而出现了剩磁. 为了去除这种剩磁，可以利用振动和加热的方法. 居里发现，不同的铁磁质各自存在一个特定的临界温度 T_C，当温度升至 T_C 时，剧烈的热运动使得磁畴全部瓦解，铁磁性将失去而变成普通的顺磁质. 这个临界温度 T_C 称为铁磁质的**居里温度**或**居里点**. 例如，铁的居里点为 1043K，镍的居里点为 633K.

6.5.3　磁路定理

在电气工程和无线电技术中，磁场的作用是非常大的. 大多数的磁场都由绕在铁芯上的载流线圈所产生. 由于铁磁材料的磁导率非常大，磁感应线几乎都集中在铁芯内部. 这一情况与传导电流几乎全部集中在导体内部相似. 电流流经的区域称为电路，我们把磁通量集中的区域称为**磁路**. 在电路中，导体的电导率是周围介质的电导率的数千亿倍，因此实际上几乎没有电流流过周围的介质. 在磁路中，铁芯的磁导率仅为周围介质的磁导率的数千倍或上万倍，因此磁路中“流失”在周围介质中的磁通量还是比较大的. 我们把分布在安排好的路径中的磁通量称为**主磁通**，分布在路径外的磁通量称为**漏磁通**. 例如，如图 6.18 所示，在铁芯上绕的导线中通以电流，电流产生的磁场使铁芯磁化. 磁化的铁芯上的磁化电流也产生磁场，从而使磁感应强度增大，结果铁芯中的磁感应线密集，通过铁芯的磁通便是主磁通 Φ_m，分布在周围空气中的磁通便是漏磁通 Φ_S.

我们知道，稳恒电流具有闭合性，其数学形式为

$$\oint_S \boldsymbol{j} \cdot \mathrm{d}\boldsymbol{S} = 0$$

而磁场的磁感应线也具有闭合性，其数学表述为

$$\oint_S \boldsymbol{B} \cdot \mathrm{d}\boldsymbol{S} = 0$$

从这一点看，$\boldsymbol{B}$ 与 $\boldsymbol{j}$ 的地位是相当的，在电路中，通过任一截面的电流为

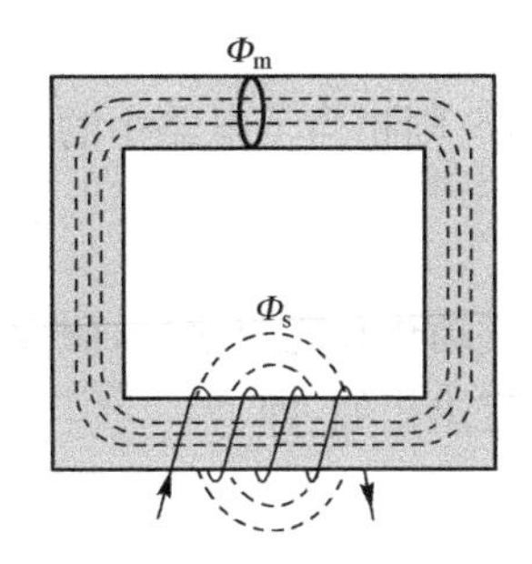

图 6.18　铁芯中的主磁通与漏磁通

$$I = \int_S \boldsymbol{j} \cdot \mathrm{d}\boldsymbol{S}$$

在磁路中，通过任一截面的磁通量为

$$\Phi_m = \int_S \boldsymbol{B} \cdot \mathrm{d}\boldsymbol{S}$$

从这一点看，磁通量 Φ_m 与电流 I 的地位是相当的. 在直流电路中，电动势 ε 、整个回路的电阻 R 、电流 I 三者间的关系为

$$I = \frac{\varepsilon}{R}$$

而

$$\varepsilon=\oint \boldsymbol{E}\cdot \mathrm{d}\boldsymbol{l},\quad R=\frac{1}{\sigma}\frac{l}{S}$$

式中，σ 为导体的电导率，S 为电路的截面积，l 为电路的长度，$\boldsymbol{E}$ 是导线中电场强度.

下面我们考察螺绕环内的磁通量. 设螺绕环内充满铁芯，其截面为 S，线圈的总匝数为 N，环的平均长度为 l，线圈中的传导电流为 I_0，则由介质中的安培环路定理求得铁芯内磁场强度为

$$\oint \boldsymbol{H}\cdot \mathrm{d}\boldsymbol{l}=NI_0$$

$$H=\frac{NI_0}{l}$$

对于一定的 H 值，可由磁化曲线求得对应的 B 值，并可由此求得该 H 值时铁芯的磁导率 μ，

$$\mu=\frac{B}{H}$$

由此得磁通量为

$$\Phi_{\mathrm{m}}=BS=\mu HS=\mu\frac{NI_0S}{l}=\frac{NI_0}{\dfrac{1}{\mu}\dfrac{l}{S}}$$

与电路定理相比，可以看出 NI_0 与电路中的电动势相当，我们称之为磁动势 ε_{m}，即

$$\varepsilon_{\mathrm{m}}=\oint \boldsymbol{H}\cdot \mathrm{d}\boldsymbol{l}=NI_0 \tag{6.26}$$

而 $l/\mu S$ 则相当于电路中的电阻，我们称之为磁路的磁阻 R_{m}，即

$$R_{\mathrm{m}}=\frac{1}{\mu}\frac{l}{S} \tag{6.27}$$

引入磁动势和磁阻之后，磁路中的磁通量、磁动势和磁阻三者间的关系与电路中的欧姆定律相似，即

$$\Phi_{\mathrm{m}}=\frac{\varepsilon_{\mathrm{m}}}{R_{\mathrm{m}}} \tag{6.28}$$

上式称为磁路的欧姆定律.

对于任意复杂的磁路，可以有磁路的基尔霍夫定律. 对磁路上每一分节点，有

$$\sum \Phi_{\mathrm{m}}=0 \tag{6.29}$$

即汇集于磁路中任一节点的各支路磁通的代数和等于零. 这称为磁路的基尔霍夫第一定律.

对于每一个闭合磁路有

$$\sum \Phi_{\mathrm{m}}R_{\mathrm{m}}=\sum \varepsilon_{\mathrm{m}} \tag{6.30}$$

即闭合磁路中各段磁路上磁势降落的代数和等于磁动势的代数和. 这称为磁路的基尔霍夫第二定律.

式(6.28)、式(6.29)、式(6.30)统称为磁路定理.

例6.6　已知图6.19(a)中线圈的匝数$N=300$,铁芯的横截面积$S=3\times10^{-3}\text{m}^2$,平均长度$l=1\text{m}$,铁磁材料的相对磁导率$\mu_r=2600$,欲在铁芯中激发$3\times10^{-3}$Wb的磁通,线圈应通过多大的电流?

解　实际磁路可等效成图6.19(b)所示磁路.磁路的总磁阻为

$$R_m=\frac{1}{\mu}\frac{l}{S}=\frac{1}{\mu_0\mu_r}\frac{l}{S}=\frac{1}{2600\times(4\pi\times10^{-7})}\frac{1}{3\times10^{-3}}=10^5(\text{A/Wb})$$

磁路的磁动势为

$$\varepsilon_m=\Phi_m R_m=3\times10^{-3}\times10^5=300(\text{A}\cdot\text{匝})$$

故线圈应通过的电流为

$$I=\frac{\varepsilon_m}{N}=\frac{300}{300}=1(\text{A})$$

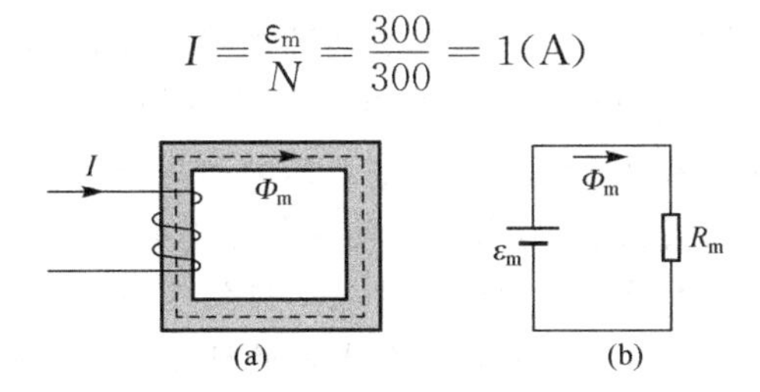

图6.19　无分支闭合磁路

6.6　超　导　体

6.6.1　超导体的基本性质

1911年,荷兰科学家卡末林-昂内斯(Heike Kamerlingh-Onnes)用液氦冷却汞,当温度下降到4.2K时,水银的电阻完全消失,这种现象称为**超导电性**,具有超导电性的材料称为**超导体**.电阻突然消失的温度称为**临界温度**,也称**转变温度**,记为T_C.根据临界温度的不同,超导材料可以被分为:高温超导材料和低温超导材料.但这里所说的“高温”,其实仍然是远低于冰点0℃的,对一般人来说算是极低的温度.高温超导体具有更高的超导转变温度(通常高于氮气液化的温度),有利于超导现象在工业界的广泛利用,因此,各国科学家们致力于临界超导温度的研究.1973年,发现超导合金—铌锗合金,其临界超导温度为23.2K;1986年,设在瑞士苏黎世的美国IBM公司的研究中心报道了一种氧化物(镧钡铜氧化物)具有35K的高温超导性;1987年,美国华裔科学家朱经武以及中国科学家赵忠贤相继在钇-钡-铜-氧系材料上把临界超导温度提高到90K以上;1987年底,铊-钡-钙-铜-氧系材料又把临界超导温度的记录提高到125K;1988年初,日本研制成临界温度达110K的Bi-Sr-Ca-Cu-O超导体;2008年3月25日和3月26日,中国科学技术大学陈仙辉组和物理所王楠林组分别独立发现临界温度超过零下233.15℃的超导体;2008年3月29日,中国科学院院士、物理所研究员赵忠贤领导的小组通过氟掺杂的镨氧铁砷化合物的超导临界温度可达零下221.15℃,4月初该小组又发现无氟缺氧钐氧铁砷化合物在压力环境下合成超导临界温度可进一步提升至零下218.15℃.高温超导材料的不断问世,为超导材料从实验室走向应用铺平了道路.

超导体的电阻准确为零,因此一旦内部产生电流后,只要保持超导状态不变,其电流就不会减小.这种电流称为**持续电流**.为了证实(超导体)电阻为零,科学家将一个铅制的圆环,放入温度低于 $T_C=7.2\text{K}$ 的空间,利用电磁感应使环内激发起几百安的电流,在持续两年半的时间内的电流一直没有衰减,这说明圆环内的电能没有损失,当温度升到高于 T_C 时,圆环由超导状态变正常态,材料的电阻骤然增大,感应电流立刻消失,这就是著名的昂尼斯持续电流实验.

由于超导体具有零电阻特性,自然就想到可利用超导体制成的导线来传输非常大的电流,利用超导体制成的线圈来产生非常强的磁场.但是在1914年,昂纳斯发现,当超导体中的电流太大或将超导体置于太强的磁场中时,超导电性遭破坏,导体将从超导态回到正常态.实验表明,每一种处在超导态的导体材料,当其中的电流超过某一临界值 I_C 或超导体所在处的磁场的磁感应强度超过某一临界值 B_C 时,超导电性都会破坏.临界磁场 B_C 不仅与超导体本身的性质有关,而且与温度 T 有关.相当多的导电材料的临界磁场与温度的关系,在一定的精确程度上可以用一抛物线来表示,即

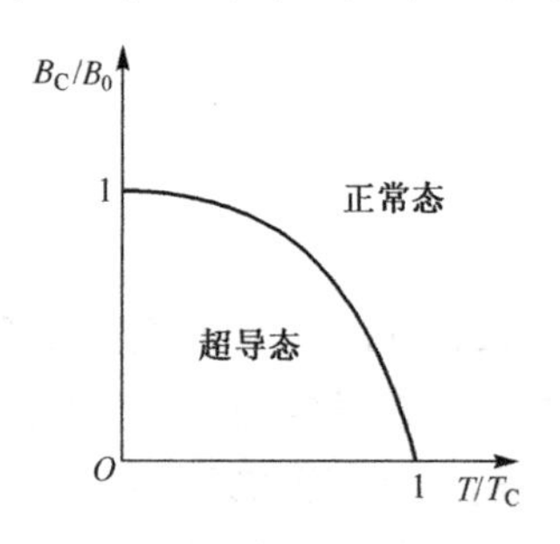

图6.20 临界磁场与温度的关系

$$B_C=B_0\left[1-\left(\frac{T}{T_C}\right)^2\right] \tag{6.31}$$

式中,T_C 是无磁场存在时的转变温度,B_0 是 $T=0\text{K}$ 时的临界磁场.式(6.31)表示,在转变温度 T_C 时,$B_C=0$,而在接近 $T=0\text{K}$ 时,B_C 达最大值 B_0.实际上 $B_C(T)$ 曲线把 B-T 平面划分为两个区域,如图6.20所示,曲线的右上方为正常态,左下方为超导态,在曲线上,发生从正常态到超导态的可逆变化.从超导态到正常态的变化可以通过改变温度来实现,也可通过改变磁场来实现.

6.6.2 迈斯纳效应

由超导态的零电阻性质,可推论到超导态的一些磁学性质.首先,处于超导态的物体内部不可能存在电场,否则电流将越来越大以至电流密度超过临界值 I_C,转变到正常态.这就是说,**在超导体内部电场总为零**.

由于超导体内部电场强度为零,根据电磁感应定律,它体内各处的磁通量也不能变化.由此可以进一步导出**超导体内部的磁场为零**.例如,当把一个超导体样品放入一磁场中时,在放入的过程中,由于穿过超导体样品的磁通量发生了变化,所以将

在样品的表面产生感应电流(图 6.21(a)).这电流将在超导体样品内部产生磁场.这磁场正好抵消外磁场,而使超导体内部磁场仍为零.在超导体的外部,超导体表面感应电流的磁场和原磁场的叠加将使合磁场的磁感应线绕过超导体而发生弯曲(图 6.21(b)).这种结果常常说成是**磁感应线不能进入超导体**.

不但把超导体移入磁场中时,磁感线不能进入超导体,而且原来就在磁场中的超导体也会把磁场排斥到超导体之外.1933 年迈斯纳(Meissner)和奥克森费尔特(Ochsenfeld)在实验中发现了下述事实.他们先把临界温度以上的锡和铅样品放入磁场中,由于这时样品不是超导体,所以其中有磁场存在(图 6.22(a)).当他们维持磁场不变而降低样品的温度时,发现当样品转变为超导体后,其内部也没有磁场了(图 6.22(b)).这说明,在转变过程中,在超导体表面上也产生了电流,这电流在其内部的磁场完全抵消了原来的磁场.一种材料能减弱其内部磁场的性质叫抗磁性.迈斯纳实验表明,**超导体具有完全的抗磁性**.转变为超导体时能排除体内磁场的现象叫**迈斯纳效应**.迈斯纳效应中,只在超导体表面产生电流是就宏观而言的.在微观上,这电流是在表面薄层内产生的,薄层厚度约10^{-5} cm.在这表面层内,磁场并不完全为零,因而还有一些磁感应线穿入表面层.

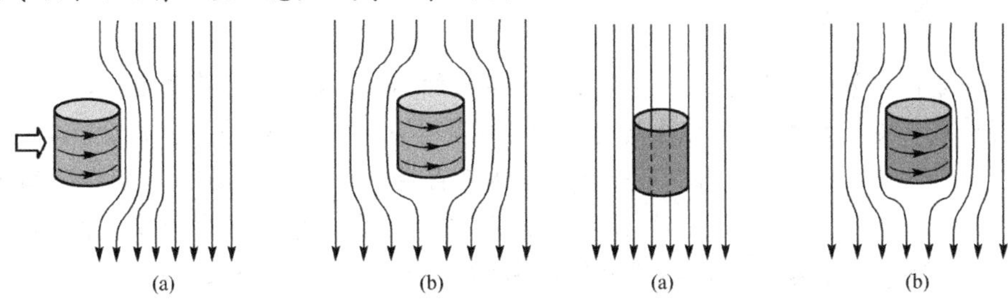

图 6.21　超导体样品放入磁场中　　图 6.22　在磁场中样品超导体转变

严格说来,理想的迈斯纳效应只能在沿磁场方向非常长的圆柱体(如导线)中发生.对于其他形状的超导体,磁感应线被排除的程度取决于样品的几何形状.在一般情况下,整个金属体内分成许多超导区和正常区.磁场增强时,正常区扩大,超导区缩小.当达到临界磁场时,整个金属都变成正常的了.

6.6.3　BCS 理论

经过许多理论物理学家长期努力,直至 1957 年,超导电性的微观机理才被揭示.是年,巴丁(J. Bardeen)、库珀(L. N. Cooper)、施里弗(J. R. Schrieffer)三人成功地解释了低温超导.这个理论被称为 **BCS 理论**,并于 1972 年获诺贝尔物理学奖.而巴丁则成为迄今唯一两次获得诺贝尔物理学奖的科学家.现简单介绍其概念如下.

4.4 节曾讨论金属导电的经典理论,并指出其缺陷.现代导电理论是从经典理论发展出来并建立在量子力学基础上的.近代理论认为构成金属晶格的正离子提供了沿空间周期变化的电场,自由电子则在此电场中运动.由于周期电场的作用,电子能态分裂成能带，并使电子的质量形式上发生改变，其有效质量不同于原有的质量，甚至可以成为负的. 若假定所有正离子完全静止于格点上，则各个电子将无阻碍地通过晶格，即无电阻. 但正离子总是以格点为平衡位置做小振动，而且各个正离子的振动是互相关联的，从而形成一种波动(称为**格波**)，犹如由许多弹簧相连成串的小球的振动一样. 这种格波会使电子发生散射(即电子与振动中的晶格碰撞)而产生电阻. 在此理论中，各个电子的运动是近似于独立互不相关的.

BCS理论认为，当某个电子通过晶格时，电子与离子晶格的库仑引力造成局部电荷密度增大，这一扰动以格波形式在晶格中传播，会对别处的另一电子产生吸引作用. 当此吸引作用超过两个电子间的库仑斥力时，两电子就会结合成对，称为**库珀对**；库珀对中两电子的距离约10^{-4}cm. 因此当条件合适时，导体中的载流子不再是一个一个独立运动，而是结合成库珀对运动. 而库珀对可以无阻碍地通过晶格(零电阻)，这时物质就转变到超导态. 当样品处于外磁场中时，库珀对会在样品表面薄层中形成抗磁电流，抵消掉样品中的磁场，即把磁场完全排出体外. 至于是否需要新的理论来解释高温超导现象，则有待于理论物理学家们去解决.

6.6.4 第二类超导体

超导体分第一类超导体和第二类超导体两种. 在已发现的超导元素中，只有钒、铌和锝属第二类超导体，其他元素均为第一类超导体，但大多数超导合金属于第二类超导体. 第一类超导体只存在一个临界磁场 B_C，当外磁场 $B < B_C$ 时，呈现完全抗磁性，体内磁感应强度为零. 第二类超导体具有两个临界磁场，分别用 B_{C10}（下临界磁场）和 B_{C20}（上临界磁场）表示. 当外磁场 $B < B_{C10}$ 时，具有完全抗磁性，体内磁感应强度处处为零. 当外磁场满足 $B > B_{C10}$ 时，磁场开始部分地透入，样品进入正常态与超导态的混合态. 当外磁场 B 增加时，超导态区域缩小，正常态区域扩大，$B = B_{C20}$，样品被磁畴完全穿透，超导体全部变为正常态. 第二类超导体的临界场与温度的关系如图 6.23 所示.

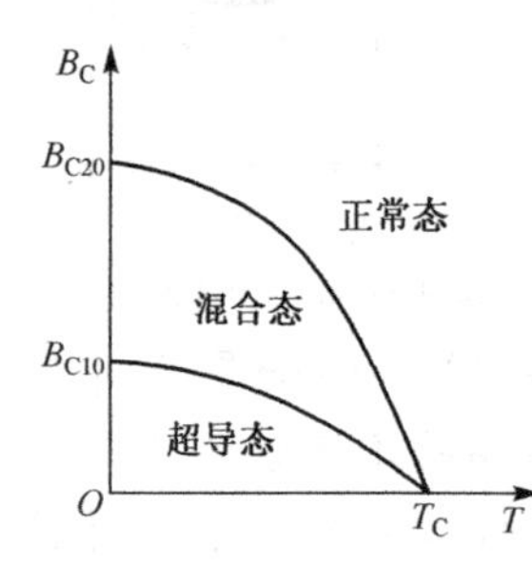

图 6.23 第二类超导体的临界磁场与温度的关系

6.6.5 约瑟夫森效应

在两超导薄层中间夹一层 1～0.1nm 的绝缘层的结构，称为**约瑟夫森结**. 即使绝缘层两侧不存在任何电压，其间仍然可以持续地流过直流的超导电流. 绝缘层是电子通道上的障碍物(即势垒). 电流穿过绝缘层是两边的超导体的电子对同时从绝缘层两边开"隧道"使其贯通的结果. 在力学中我们知道，当宏观物体的动能小于势垒高度相应的势能差时，便无法穿越. 微观粒子则由于具有波动性，除被势垒反射外，仍有一定的透射概率，并被称为**隧道效应**. 若在绝缘层两侧加直流电压 U，将有一定

频率 f 的交流电通过绝缘薄层，f 与 U 的关系为

$$f=\frac{2eU}{\hbar}\qquad\left(\hbar=\frac{h}{2\pi},h\text{ 为普朗克常量}\right)\tag{6.32}$$

同时向外辐射电磁波. 上述现象分别称为直流与交流**约瑟夫森效应**.

约瑟夫森效应是约瑟夫森于1962年预言的. 不久，直流与交流约瑟夫森效应均被实验证实. 约瑟夫森因此获1973年诺贝尔物理奖.

量子现象或隧道效应都是微观粒子所特有的，而由大量微观粒子组成的宏观物体一般都不具有量子化现象和隧道效应. 超导体是宏观物体，上述约瑟夫森效应是在宏观尺度上显示出来的量子效应，它显示了超导体的奇特性质.

利用约瑟夫森效应，制成了超导量子干涉仪(SQUID)，这种器件测量磁通量的灵敏度非常高. 现在，用它作探头所制成的测量微弱磁场和电压的极其灵敏的仪器装置，已经应用于物理学和医学的许多领域. 利用它可测出人体各部分的磁场及其变化. 应用SQUID时，需严格屏蔽外界杂散磁场，包括地磁场，防止极轻微的振动，要求极为严格.

思　考　题

6.1　设想组成某种物质的分子都具有固有磁矩，但分子间没有包括碰撞在内的任何相互作用，试问这种物质是否具有顺磁性？是否具有抗磁性？

6.2　有人说，均匀介质磁化后，介质内部没有体分布的磁化电流. 有人说，只有当 $\boldsymbol{M}$ 为恒矢量时，介质内部才没有磁化电流，你认为如何？

6.3　下面的几种说法是否正确，试说明理由：

(1) $\boldsymbol{H}$ 仅由传导电流决定，而与磁化电流无关；

(2)在抗磁质与顺磁质中，$\boldsymbol{B}$ 总与 $\boldsymbol{H}$ 同向；

(3)通过以闭合曲线 L 为边线的任意曲面的 $\boldsymbol{B}$ 通量均相等；

(4)通过以闭合曲线 L 为边线的任意曲面的 $\boldsymbol{H}$ 通量均相等.

*6.4　当各向同性而均匀的线性磁介质磁化后，磁化电流密度与传导电流密度的关系为 $j'=(\mu_r-1)j_0$，如何证明这一关系？怎样理解这一结论？

6.5　试证明任何长度的沿轴向磁化的磁棒中垂面上侧表面内外两点1、2(图6.24)的磁场强度 $\boldsymbol{H}$ 相等(这提供了一种测置磁棒内部磁场强度 $\boldsymbol{H}$ 的方法). 这两点的磁感应强度相等吗？为什么？

6.6　如图6.25所示是一根沿轴向均匀磁化的细长永磁棒，磁化强度为 $\boldsymbol{M}$，求图中标出各点的 $\boldsymbol{B}$ 和 $\boldsymbol{H}$.

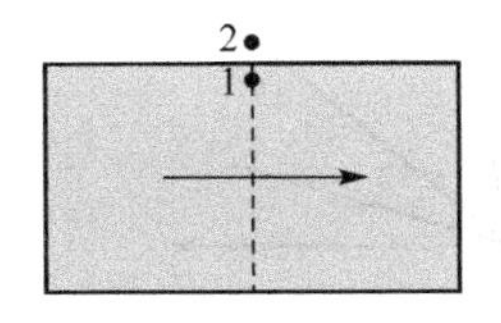

图6.24　思考题6.5图

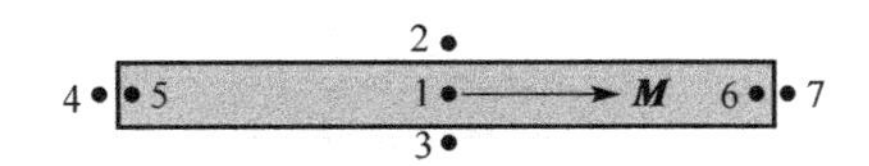

图6.25　思考题6.6图

6.7　设磁棒保持磁化强度 $\boldsymbol{M}$ 为恒量，方向沿棒的轴线. 有人利用 $\boldsymbol{H}=\frac{1}{\mu_0\mu_r}\boldsymbol{B}$ 去分析磁棒内外的 $\boldsymbol{H}$ 矢量，因为在磁棒外的 $\boldsymbol{B}=0$，空气的 $\mu_r=1$，因此得到磁棒外 $\boldsymbol{H}=0$ 的结论. 在磁棒内，虽然不知道磁棒的相对磁导率 μ_r 的值，但它总是一个有限量，因为磁棒内 $\boldsymbol{B}=\mu_0\boldsymbol{M}\neq 0$，即磁棒内 $\boldsymbol{H}\neq 0$，根据 $\boldsymbol{H}$ 的边界条件，$H_{1t}=H_{2t}$，因此磁棒外的 $\boldsymbol{H}$ 值也不为零；如果磁棒外 $\boldsymbol{H}=0$，那么在磁棒内 $\boldsymbol{H}$ 也为零，你认为如何？

6.8　设磁棒保持磁化强度 $\boldsymbol{M}$ 为恒量，方向沿棒的轴线. 有人说，因为磁感线是连续的、闭合的. 既然在棒内 $\boldsymbol{B}=\mu_0\boldsymbol{M}$，那么在磁棒两端，不论在棒内还是在棒外，$\boldsymbol{B}=\mu_0\boldsymbol{M}$ 都成立. 有人不同意这一看法，因为在磁棒内 $\boldsymbol{M}\neq 0$，所以 $\boldsymbol{B}=\mu_0\boldsymbol{M}$ 成立. 但在磁棒外，$\boldsymbol{M}=0$，故 $\boldsymbol{B}=\mu_0\boldsymbol{M}$ 不成立. 有人则根据 $\boldsymbol{B}$ 的边界条件 $\boldsymbol{B}_{1n}=\boldsymbol{B}_{2n}$，认为在棒两端，磁棒内外的 $\boldsymbol{B}$ 应相等. 若在棒内 $\boldsymbol{B}=\mu_0\boldsymbol{M}$，则在棒外 $\boldsymbol{B}=\mu_0\boldsymbol{M}$ 也成立. 你的看法如何？怎样认识和分析这些问题？

6.9　在传导电流分布对称时，为什么还必须满足介质线性且各向同性，并且均匀充满磁场所在的空间或介质表面形状对称的条件，才能单用磁场的安培环路定理计算介质中的磁感应强度？

6.10　设磁棒保持磁化强度 $\boldsymbol{M}$ 为恒量，方向沿棒的轴线. 取一闭合积分路径，该路径从磁棒的一端为起点，进入磁棒内部后再从磁棒的另一端出来，经过磁棒外部回到起点. 显然，对这一闭合路径，$\oint\boldsymbol{H}\cdot d\boldsymbol{l}=0$. 你能否由此得出 $\boldsymbol{H}$ 线是有头有尾的结论？

6.11　设想一个闭合曲面包围住永磁体的 N 极，通过此闭合曲面的磁通量是多少？通过此闭合曲面的 $\boldsymbol{H}$ 通量如何？

6.12　在均匀磁化的无限大磁介质中挖一个半径为 r，高为 h 的圆柱形空腔，其轴线平行于磁化强度 $\boldsymbol{M}$，试证明：对于扁平空腔（$h\ll r$），空腔中心的 $\boldsymbol{B}$ 与磁介质内的 $\boldsymbol{B}$ 相等.

6.13　软磁材料和硬磁材料的磁滞回线各有何特点？

6.14　具有缝隙的磁路如图 6.26 所示，它可看做是磁导率为 μ_r、长度为 l 的一段磁路与磁导率 $\mu_r=1$，长度为 l_g 的一段磁路的串联. 试求出串联磁路中的磁感应通量的表示式和串联磁路的等效磁阻.

6.15　试证明两磁路并联时其等效磁阻 R_m 满足

$$\frac{1}{R_m}=\frac{1}{R_{m1}}+\frac{1}{R_{m2}}$$

6.16　在工厂里，搬运烧红的钢锭，为什么不能用电磁铁的起重机.

6.17　图 6.27 所示的三条线分别表示三种不同的磁介质的 B-H 关系，试指出哪一条表示顺磁质？哪一条表示抗磁质？哪一条表示铁磁质？

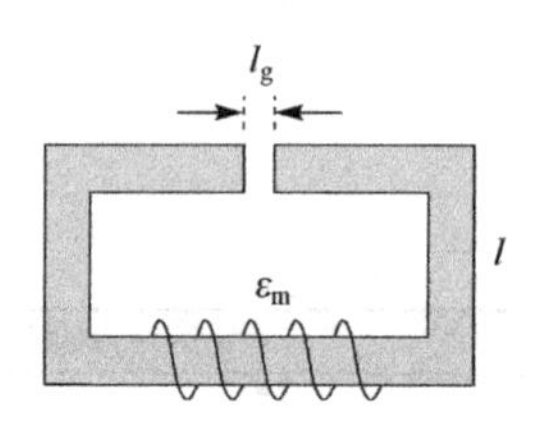

图 6.26　思考题 6.14 图

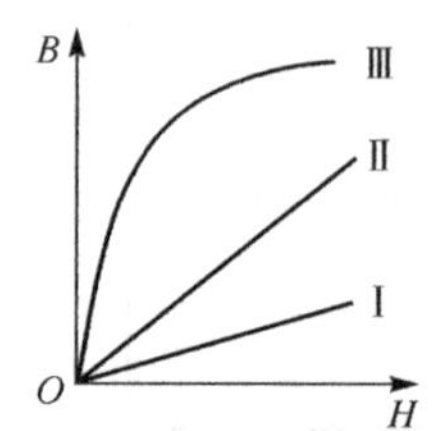

图 6.27　思考题 6.17 图

6.18　有两根铁棒,其外形完全相同.其中,一根为磁铁,另一根则不是.你怎样由相互作用来判别它们?

6.19　顺磁质和铁磁质的磁导率明显地依赖于温度,而抗磁质的磁导率则几乎与温度无关,为什么?

习　题

6.1　一沿轴向均匀磁化的圆锥形磁体磁化强度为 $\boldsymbol{M}$(如图 6.28 所示),此圆锥体高为 h,底面半径为 R,试求磁化电流面密度及其总磁矩.

*6.2　如图 6.29 所示,如果样品为一抗磁性物质,其质量为 1×10^{-3} kg,密度为 9.8×10^{3} kg/m^{3},磁化率为 $\chi_{m}=-1.82\times10^{-4}$,并且已知该处的 $B=1.8$T,B 的空间变化率为 17 T/m,试计算作用在此样品上的力.

*6.3　一抗磁质小球的质量为 0.1×10^{-3} kg,密度为 $\rho=9.8\times10^{3}$ kg/m^{3},磁化率为 $\chi_{m}=-1.82\times10^{-4}$,放在一个半径为 $R=10$cm 的圆线圈的轴线上,距圆心为 $l=10$cm(图 6.30),线圈中载有电流 $I=100$ A,求电流作用在抗磁质小球上的力的大小和方向.

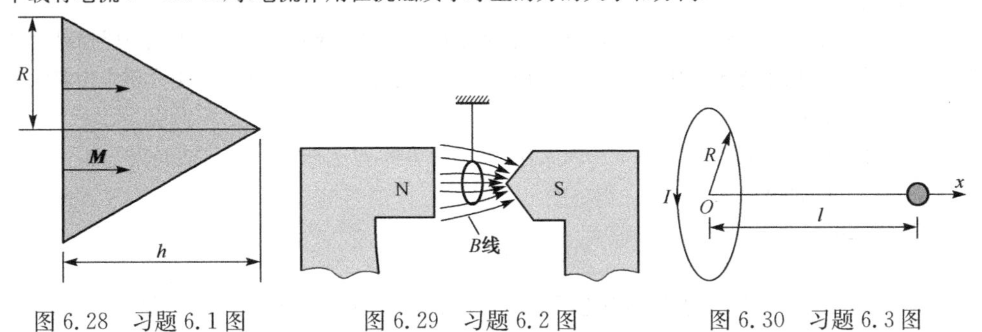

图 6.28　习题 6.1 图　　图 6.29　习题 6.2 图　　图 6.30　习题 6.3 图

6.4　如图 6.31 所示,一半径为 R、厚度为 l 的盘形介质薄片被均匀磁化,磁化强度为 $\boldsymbol{M}$,$\boldsymbol{M}$ 的方向垂直于盘面,试估算图中轴上 1、2、3 各点处的磁场强度 $\boldsymbol{H}$ 和磁感强度 $\boldsymbol{B}$($R\gg l$).

6.5　一块很大的磁介质在均匀外场 H_0 的作用下均匀磁化.已知介质内磁化强度为 $\boldsymbol{M}$,$\boldsymbol{M}$ 的方向与 $\boldsymbol{H}$ 的方向相同,在此介质中有一半径为 a 的球形空腔,求腔中心的磁场强度和磁感强度(设空腔的存在不影响介质的磁化).

6.6　一内半径为 a,外半径为 b 的介质半球壳,其截面如图 6.32 所示,被沿着 z 轴的正方向均匀磁化,磁化强度为 $\boldsymbol{M}$,求球心 O 处的磁感强度 $\boldsymbol{B}$.

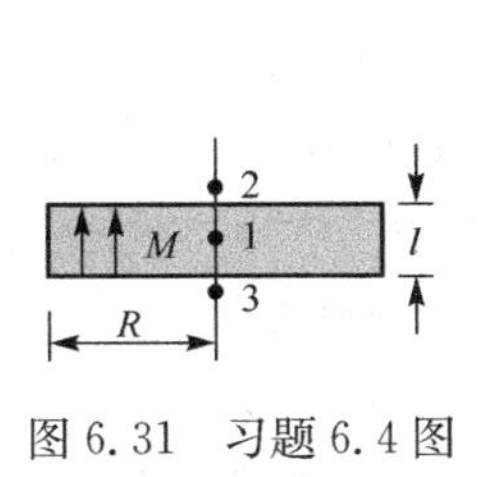

图 6.31　习题 6.4 图

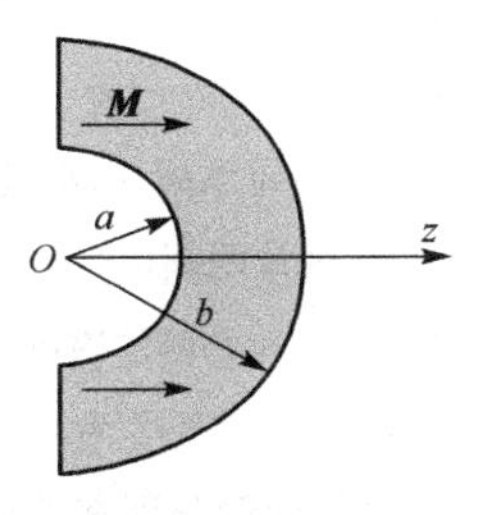

图 6.32　习题 6.6 图

6.7　一长螺线管，长为 L，由表面绝缘的导线密绕而成，共绕有 N 匝，导线中通有电流 I. 一同样长的铁磁质棒，横截面和这螺线管相同，棒是均匀磁化的，磁化强度为 M，且 $M=\frac{NI}{L}$. 在同一坐标纸上分别以该螺管和铁磁棒的轴线为横坐标 x，以它们轴线上的 B、$\mu_0 M$ 和 $\mu_0 H$ 为横坐标，画出螺线管和铁磁棒内外的 B-x，$\mu_0 M$-x 和 $\mu_0 H$-x 曲线.

6.8　在一无限长的螺线管中，充满某种各向同性的均匀线性介质，介质的相对磁导率为 μ_r，设螺线管单位长度上绕有 N 匝导线，导线中通以传导电流 I，求螺线管内的磁场.

6.9　一无限长的圆柱体，半径为 R，均匀通过电流，电流为 I，柱体浸在无限大的各向同性的均匀线性磁介质中，介质的相对磁导率为 μ_r，求介质中的磁场.

6.10　无限长圆柱形均匀介质的电导率为 σ，相对磁导率为 μ_r，截面半径为 R，沿轴向均匀地通有电流 I.

(1)求介质中电场强度 $\boldsymbol{E}$ 和磁感强度 $\boldsymbol{B}$ 的分布；

(2)求磁化电流的面密度和体密度.

*6.11　设有一永久磁介质球，半径为 a，其磁化强度为 $\boldsymbol{M}$，若取 $\boldsymbol{M}$ 的方向为 z 轴，试求出球内外沿 z 轴的磁场强度.

6.12　一无限长的圆柱形导电介质，截面半径为 R_1，相对磁导率为 μ_{r1}，其外包一层相对磁导率为 μ_{r2} 的圆筒形的不导电介质，介质圆筒的内外半径分别为 R_1 和 R_2，若在导电介质中均匀地通过电流为 I 的传导电流，求：

(1) 空间各点的磁感强度 $\boldsymbol{B}$ 和磁场强度 $\boldsymbol{H}$，并画处 B-r、H-r 曲线；

(2) 磁化电流面密度；

(3) 磁化电流体密度；

(4) 两圆筒中的总磁化电流.

6.13　一无限长的同轴电缆线，其芯线的截面半径为 R_1，相对磁导率为 μ_{r1}，其中均匀地通过电流 I. 在它的外面包有一半径为 R_2 的无限长同轴导体圆筒(其厚度可忽略不计)，筒上的电流与前者等值反向. 在芯线与导体圆筒之间充满相对磁导率为 μ_{r2} 的均匀、不导电磁介质. 试求空间磁场强度 $\boldsymbol{H}$ 和磁感强度 $\boldsymbol{B}$ 的分布.

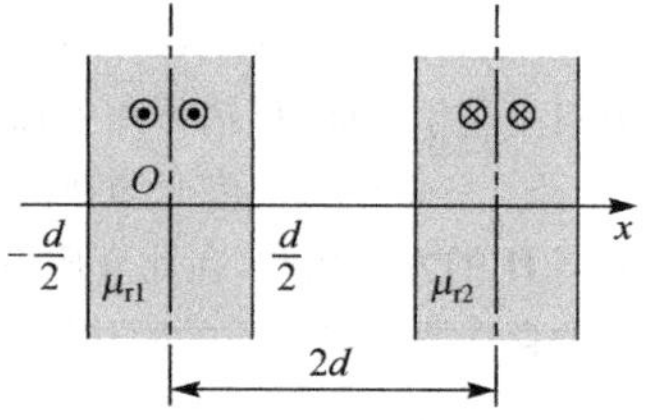

图 6.33　习题 6.14 图

6.14　在真空中有两无限大的导电介质平板平行放置，载有相反方向的电流，电流密度均匀为 j，且均匀分布在载面上，两板厚度均为 d，两板的中心面间距为 $2d$，如图 6.33 所示，已知两块线性介质平板的相对磁导率分别为 μ_{r1} 和 μ_{r2}，求空间各区域的磁感强度.

6.15　一块面积很大的导体薄片，沿其表面某一方向均匀地通有面电流密度为 i 的传导电流，薄片两侧相对磁导率分别为 μ_{r1} 和 μ_{r2} 的不导电无穷大的均匀介质，试求这薄片两侧的磁场强度 $\boldsymbol{H}$ 和磁感强度 $\boldsymbol{B}$.

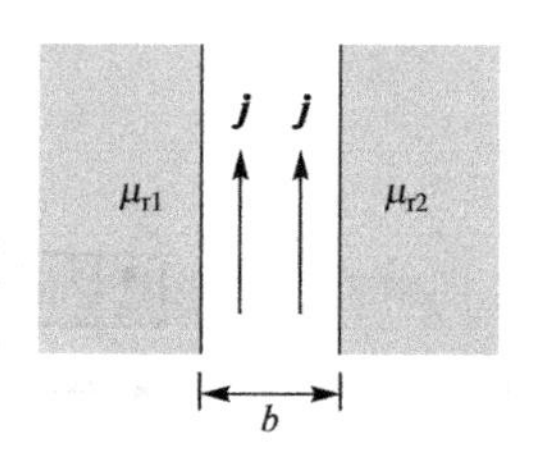

图 6.34　习题 6.16 图

6.16　如图 6.34 所示，一厚度为 b 的大导体平板中均匀地通有体密度为 j 的电流，在平板两侧分别充满相对磁导率为 μ_{r1} 和 μ_{r2} 的无穷大各向同性、均匀的不导电介质，设导体平板的相对磁导率为 1，忽略边缘效应，试求：导体平板内外任一点的磁感强度.

6.17　如图6.35所示，在两块相对磁导率为 μ_{r1} 和 μ_{r2} 的无限大均匀磁介质间夹有一块大导电平板，其厚度为 d，板中载有沿 z 方向的体电流，电流密度 j 沿 x 方向从零值开始均匀增加，即 $\frac{\mathrm{d}j}{\mathrm{d}x}=k$（$k$ 为正的常数），设导电板的相对磁导率为1，磁介质不导电，试问导电板中何处的磁感强度为零？

6.18　两块无限大的导体薄平板上均匀地通有电流，电流的面密度为 i，两块板上的电流流向互成反平行. 两块导体板间插有两块相对磁导率为 μ_{r1} 及 μ_{r2} 的顺磁介质，如图6.36所示. 求空间各处的 $\boldsymbol{B}$、$\boldsymbol{H}$ 及磁化电流密度.

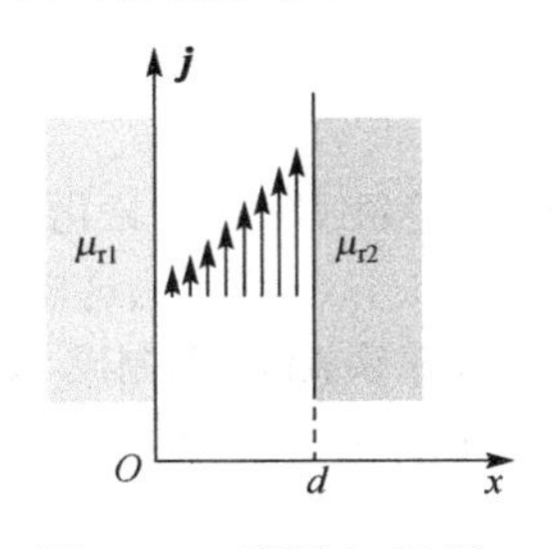

图6.35　习题6.17图

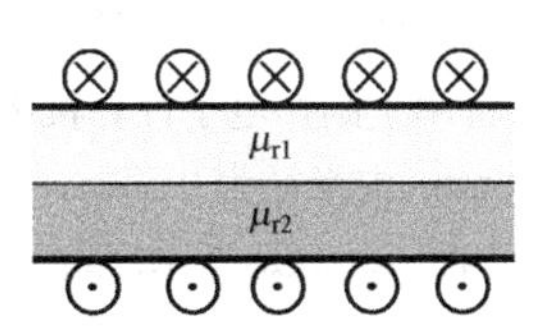

图6.36　习题6.18图

6.19　相对磁导率分别为 μ_{r1} 和 μ_{r2} 的两磁介质的分界面是一无穷大平面，界面上有两根无限长平行细直线电流，电流均为 I，相距为 d，求其中一根导线单位长度上所受的力.

6.20　如图6.37所示，一根无限长的细导线，其中电流为 I，它与一半无限大的铁磁质的平面界面相平行，间距为 d，假定此铁磁质有无限大的磁导率，试求单位长载流导线上所受到的磁力.

*6.21　一通有电流 I 的长直导线放在相对磁导率为 $\mu_r(>1)$ 的半无限大磁介质前面，与介质表面的距离为 a. 试求作用于长直线每单位长度上的力.

6.22　一半径为 a 的圆柱形长棒，沿轴的方向均匀磁化，磁化强度为 $\boldsymbol{M}$. 从棒的中间部分切出一厚度为 $b\ll a$ 的薄片，假定其余部分的磁化不受影响，估算在间隙中心点和离间隙足够远的棒内一点的磁场强度和磁感强度.

6.23　如图6.38所示是一个带有很窄缝隙的永磁环，磁化强度为 $\boldsymbol{M}$，求图中所标各点的 $\boldsymbol{B}$ 和 $\boldsymbol{H}$.

*6.24　如图6.39所示，相对磁导率为 μ_r 的线性、各向同性的半无限大磁介质与真空交界，界面为平面，已知在真空一侧靠近界面一点的磁感强度为 $\boldsymbol{B}$，其方向与界面法线成 θ 角，试求：

(1) 在介质中靠近界面一点的磁感强度的大小和方向；

(2) 靠近这一点处磁介质平面的磁化电流面密度.

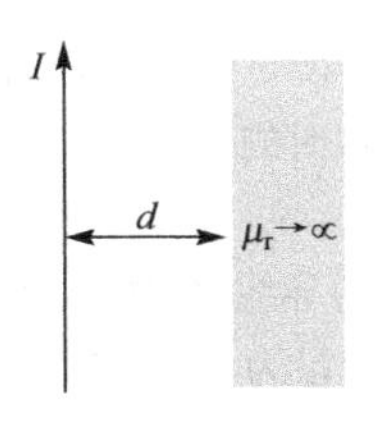

图6.37　习题6.20图

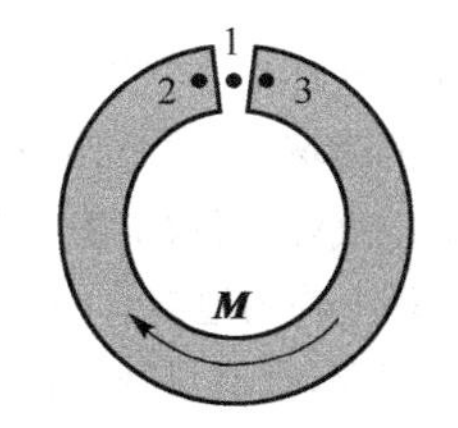

图6.38　习题6.23图

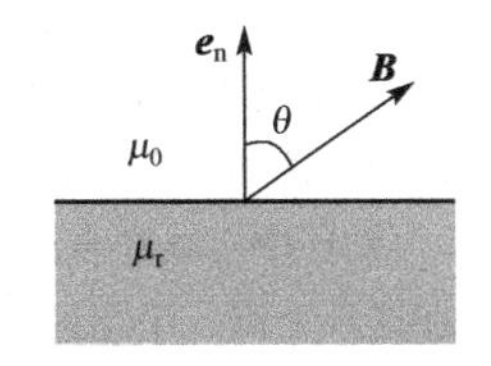

图6.39　习题6.24图

6.25 一铁环中心线的周长为 30cm，横截面积为 $1.0\times10^{-4}\text{m}^2$，在环上紧紧地绕有 300 匝表面绝缘的导线. 当导线中通有电流 32×10^{-3}A 时，通过环的磁通量为 2.0×10^{-6}Wb. 求：

(1) 铁环内磁感强度的大小；

(2) 铁环内磁场强度的大小；

(3) 铁的相对磁导率 μ_r；

(4) 铁环内磁化强度的大小.

6.26 中心线周长为 20cm，截面积为 4 cm² 的闭合环形磁芯，其材料的磁化曲线如图 6.40 所示.

(1) 如需要在该磁芯中产生磁感强度为 0.1T、0.6T、1.8T 的磁场，绕组的安匝数 NI 应多大？

(2) 若绕组的匝数为 $N=1000$，上述各情况中，电流应为多大？

(3) 若通过绕组的电流恒为 $I=0.1$A，绕组的匝数各为多少？

(4) 求上述各工作状态下材料的相对磁导率 μ_r.

6.27 矩磁材料具有矩形磁滞回线(图 6.41(a))，反向场一旦超过矫顽力，磁化方向就立即反转. 矩磁材料曾用于制作电子计算机中存储元件的环行磁芯. 图 6.41(b)所示为这样一种磁芯，其外半径为 0.8mm，内半径为 0.5mm，高为 0.3mm，这类磁芯由矩磁铁氧体材料制成. 设磁芯原来已被磁化，方向如图 6.41(b)所示. 现需使磁芯中自内导外的磁化方向全部反转，导线中脉冲电流 i 的峰值至少需多大(设磁芯材料的矫顽力 $H_c=\dfrac{500}{\pi}$A/m)？

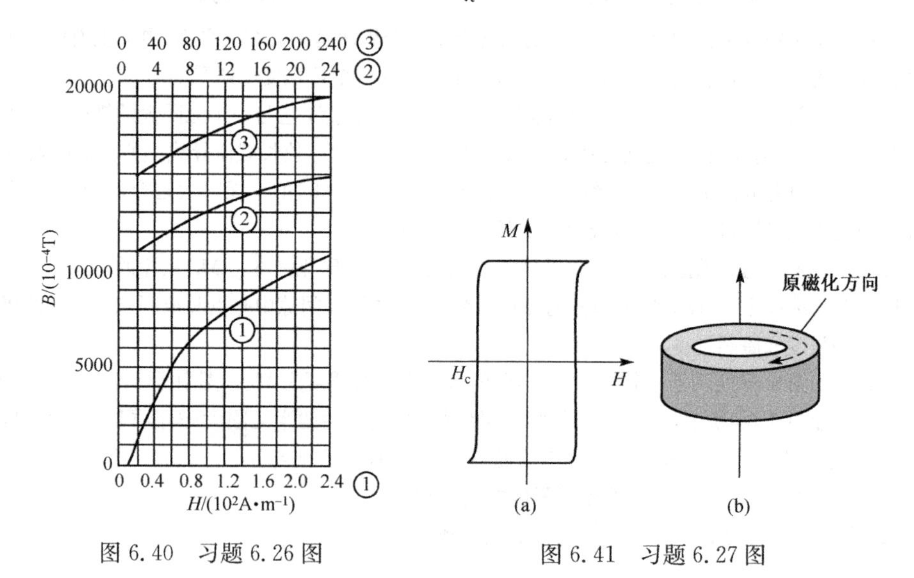

图 6.40 习题 6.26 图　　图 6.41 习题 6.27 图

6.28 一铁芯螺环由表面绝缘的导线在铁环上密绕而成. 环的中心线长 500mm，横截面积为 $1\times10^{-3}\text{m}^2$. 现在要在环内产生 $B=1.0$T 的磁场，由铁的 B-H 曲线得到这时的 $\mu_r=796$，求所需的安匝数. 如果铁环上有一个 2.0mm 宽的空气隙，再求所需的安匝数.

6.29 铁环中心线的直径 $D=40$cm，环上均匀地绕有一层表面绝缘的导线，导线中通有一定电流. 若在这环上锯一个宽为 1.0mm 的空气隙，则通过环的横截面的磁通量为 3.0×10^{-4}Wb，若空气隙的宽度为 2.0mm，则通过环的横截面的磁通量为 2.5×10^{-4}Wb. 忽略漏磁，求此状态下铁环的相对磁导率.

6.30　铁环的平均周长 $l=61\text{cm}$，在环上割一空隙 $l_g=1\text{cm}$（图 6.42 所示），环上绕有绕圈 $N=1000$ 匝．当线圈中流过电流 $I=1.5\text{A}$ 时，空隙中的磁感强度的值为 $B=0.18\text{T}$．试求在这些条件下铁的相对磁导率 μ_r（取空隙中磁感通量的截面积为环的面积的 1.1 倍）．

6.31　在磁路中若不绕线圈，而用长为 l_m 的永磁体换下相应的一段，已知此永磁体内的平均磁场强度为 H_m，试改写这种情况下的磁路定理．

6.32　一电磁铁铁芯的形状如图 6.43 所示，线圈的匝数为 1000，空气隙长度 $l=2.0\text{mm}$，磁路的 a、b、c 三段长度与截面都相等，气隙的磁阻比它们每段大 30 倍，当线圈中有电流 $I=1.8\text{A}$ 时，气隙内的磁感强度为多少（忽略漏磁通及左右边框的磁阻）？

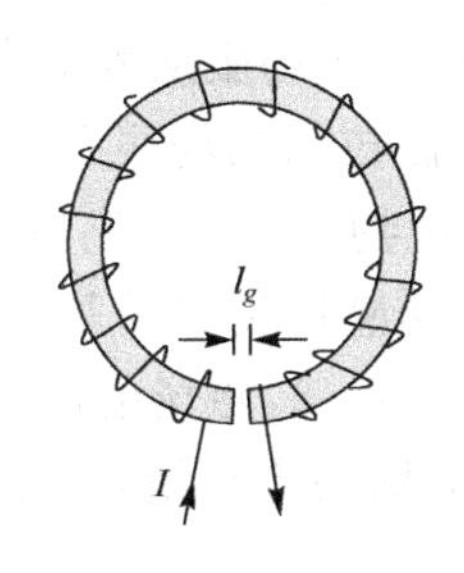

图 6.42　习题 6.30 图

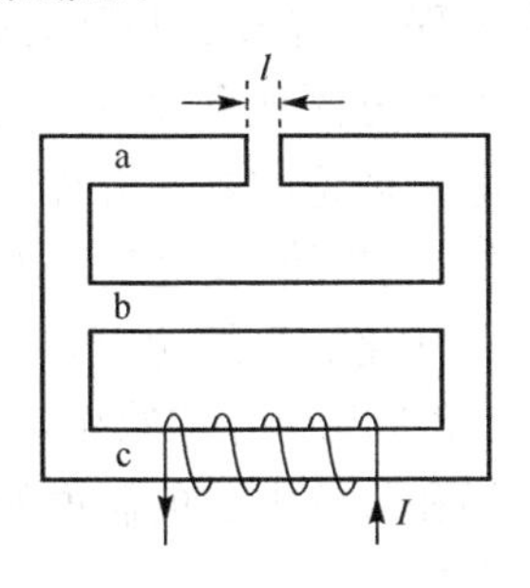

图 6.43　习题 6.32 图

第 7 章　变化的电磁场

静止电荷的电场与稳恒电流的磁场都不随时间变化,电场与磁场彼此独立,服从各自的基本方程. 本章要讨论随时间变化的磁场与电场. 当场矢量随时间变化时,电场与磁场将不可分割地联系在一起. 随时间变化的电磁场服从麦克斯韦方程. 麦克斯韦方程是电磁理论的基本方程,是在继承和发展法拉第的场线和场的思想的基础上建立起来的. 法拉第-麦克斯韦电磁理论是 19 世纪物理学的最高成就,它开创了人类生活进入电气化的新纪元. 本章主要任务是在电磁感应现象的基础上讨论电磁感应定律,以及动生电动势和感生电动势. 介绍自感和互感,磁场的能量. 在麦克斯韦关于涡旋电场和位移电流的假说的基础上建立麦克斯韦方程组,并介绍电磁波的一些基本性质和概念.

7.1　电磁感应定律

7.1.1　电磁感应现象

1820 年,奥斯特发现了电流的磁效应,从一个侧面揭示了电现象和磁现象之间的联系. 既然电流可以产生磁场,从方法论中的对称性原理出发,“是否磁场也能产生电流呢?”1822 年法拉第在日记中写下了这一光辉思想,并开始在这方面进行系统的探索.

经历了 10 年的艰苦工作,并经历了一次又一次的失败,终于在 1831 年从实验证实磁场可以产生电流. 1831 年 8 月,法拉第在软铁环两侧分别绕两个线圈 A 和 B,如图 7.1 所示线圈 A 通过开关和电池连接,线圈 B 用一导线连通,导线下面平行放置一只小磁针,充当检验电流通过的指示器. 实验发现,合上开关,磁针偏转;切断开关,磁针反向偏转,这表明在无电池组的 B 线圈中出现了电流. 1831 年 11 月 24 日,法拉第写了一篇论文,向皇家学会报告整个情况,并将上述现象正式定名为**电磁感应**,线圈中出现的电流称为**感应电流**. 并把产生电流的情形概括为 5 类: 变化的电流[图 7.2(a)];变化的磁场

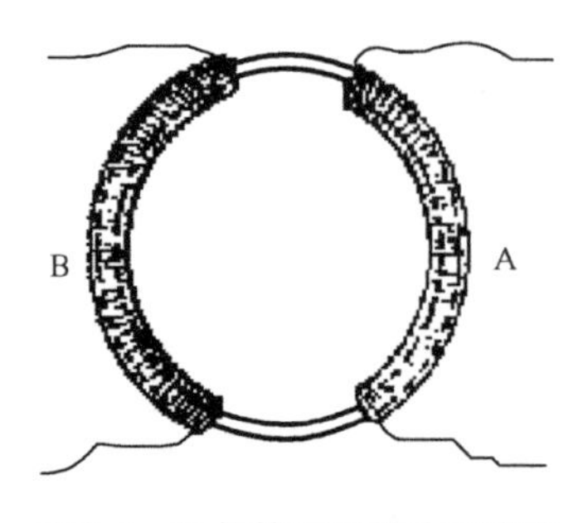

图 7.1　法拉第用过的铁环线圈

[图 7.2(a)];运动的恒定电流[图 7.2(b)];运动的磁铁[图 7.2(c)];在磁场中运动的导体[图 7.2(d)].

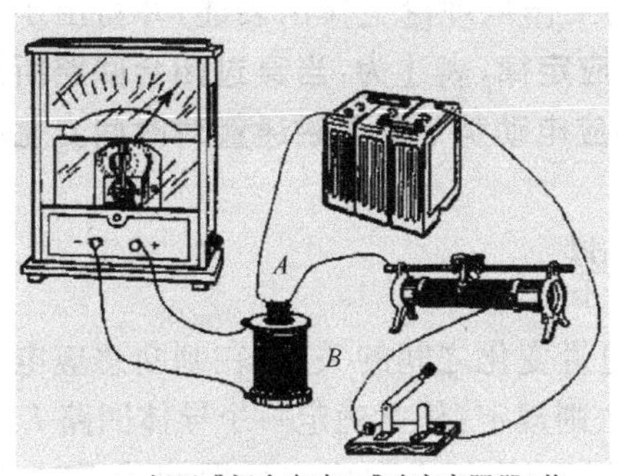

(a) 打开或闭合电建K或改变变阻器R值,
线圈A中的电流变化,引起磁场变化,
线圈B中产生感应电流

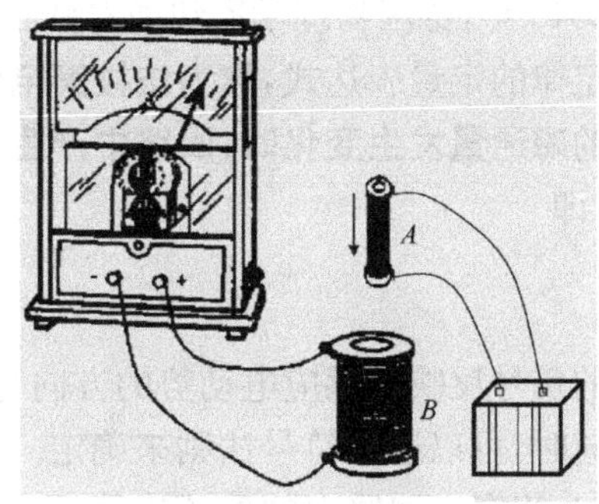

(b) 线圈A插入或拔出线圈B时,
线圈B中产生感应电流

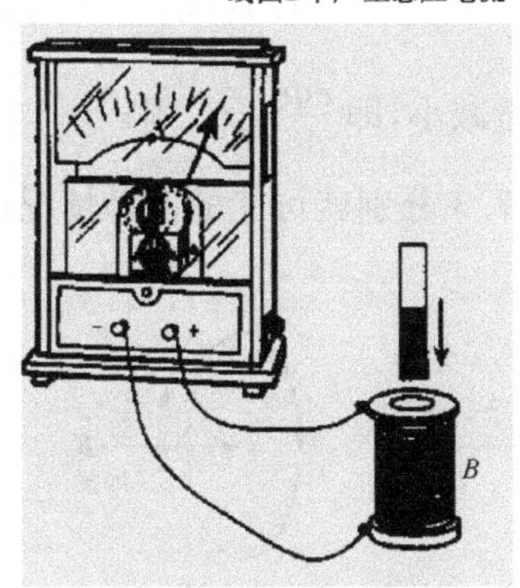

(c) 磁铁插入或拔出线圈B时,
线圈B中产生感应电流

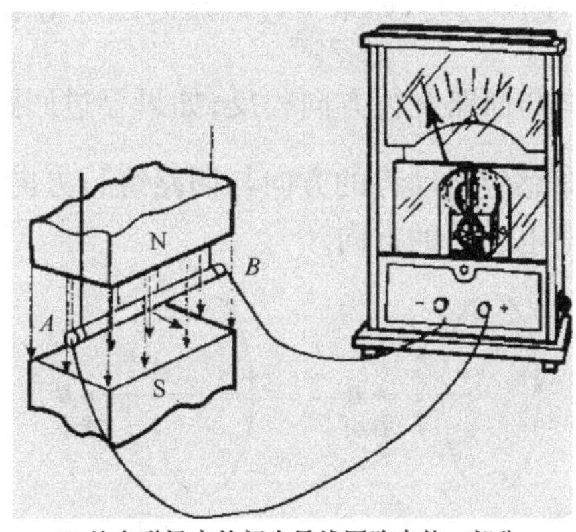

(d) 处在磁场中的闭合导线回路中的一部分
导体在磁电流场运动,回路产生感应电流

图 7.2　几种电磁感应现象

法拉第的实验大体上可分为两大类:一类是导线回路或回路上的部分导体在恒定不变的磁场中运动,结果回路中出现感应电流. 至于磁场,它可以是磁铁产生的,也可以是电流产生的. 另一类是固定不动的闭合的导线回路所在处或其附近的磁场发生变化,结果回路中出现感应电流. 磁场变化的原因是多种多样的,可以是产生磁场的载流线圈或磁铁的位置发生变化,也可以是电流发生变化或电流的分布情况发生变化.

法拉第归纳了两类电磁感应现象的共同点:**当穿过闭合导线回路所圈围面积的磁通量发生变化时,不管这种变化是由于什么原因所引起的,回路中就会出现感应电流**. 法拉第的研究还发现,在相同条件下,不同金属导体中感应电流与导体的导电能力成正比. 由此他意识到感应电流是由与导体性质无关的电动势产生的,这个电动势称为**感应电动势**. 电磁感应现象就是磁通量的变化在回路中产生感应电动势的现象,感应电流只是回路中存在感应电动势的外在表现,如果导体回路不闭合就不会有感应电流,但感应电动势仍然可以存在.

7.1.2 电磁感应定律

1845 年,德国物理学家纽曼对法拉第的工作从理论上作出表述,并写出了电磁感应定律的定量表达式,称为**法拉第电磁感应定律**,表述为:**当穿过闭合回路所圈围面积的磁通量发生变化时,回路中产生了感应电动势 ε 等于磁通量对时间变化率的负值**. 即

$$\varepsilon = -\frac{\mathrm{d}\Phi}{\mathrm{d}t} \tag{7.1}$$

式中的负号反映了感应电动势的方向与磁通量变化之间的关系. 在判断感应电动势的方向时,可以通过符号法则来确定. 符号法则规定:任意确定一个导体回路 L 的绕行方向,当穿过回路中的磁感应线方向与回路的绕行方向成右手螺旋关系时,磁通量 Φ 为正. 这时,如果穿过回路的磁通量增大,$\frac{\mathrm{d}\Phi}{\mathrm{d}t}>0$,则 $\varepsilon<0$,这说明感应电动势的方向与回路绕行方向相反;如果穿过回路的磁通量减小,即 $\frac{\mathrm{d}\Phi}{\mathrm{d}t}<0$,则 $\varepsilon>0$,这说明此时感应电动势的方向与回路绕行方向一致. 图 7.3 分别就可能的四种情况标出了感应电动势的方向.

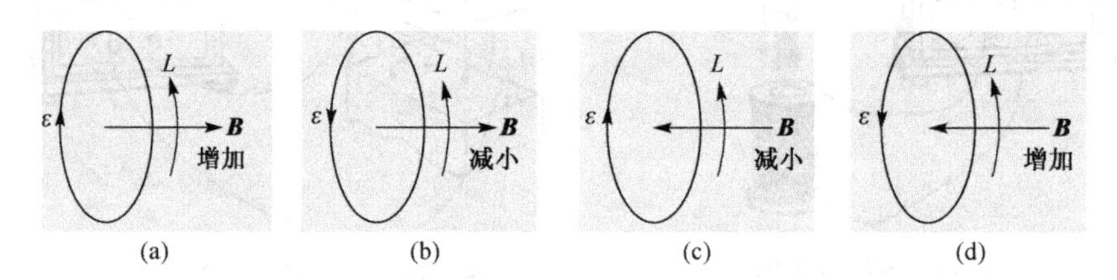

图 7.3 感应电动势方向与磁通量变化之间的关系

当导体回路是由 N 匝导线构成的线圈时,整个线圈的总感应电动势就等于各匝导线回路所产生的感应电动势之和. 设穿过各匝线圈的磁通量为 $\Phi_1,\Phi_2,\cdots,\Phi_N$,则线圈中总感应电动势为

$$\begin{aligned}\varepsilon &= -\frac{\mathrm{d}}{\mathrm{d}t}(\Phi_1+\Phi_2+\cdots+\Phi_N)\\ &= -\frac{\mathrm{d}}{\mathrm{d}t}\left(\sum_{i=1}^{N}\Phi_i\right) = -\frac{\mathrm{d}\Psi}{\mathrm{d}t}\end{aligned} \tag{7.2}$$

式中,$\Psi=\sum_{i=1}^{N}\Phi_i$ 是穿过 N 匝线圈的总磁通量,称为**全磁通**或**磁通匝链数**简称**磁链**. 当穿过各匝线圈的磁通量相等时,N 匝线圈的全磁通为 $\Psi=N\Phi$,此时应有

$$\varepsilon = -N\frac{\mathrm{d}\Phi}{\mathrm{d}t} \tag{7.3}$$

在国际单位制中,ε 的单位为伏特(V),Φ 的单位为韦伯(Wb),t 的单位为秒(s).

如果闭合回路的电阻为 R，那么根据闭合回路欧姆定律 $\varepsilon = IR$，则回路中的感应电流为

$$I = -\frac{1}{R}\frac{\mathrm{d}\Psi}{\mathrm{d}t} \tag{7.4}$$

利用上式以及 $I = \mathrm{d}q/\mathrm{d}t$，可计算出从 t_1 到 t_2 这段时间内，通过导线任一横截面的感应电荷为

$$q = \int_{t_1}^{t_2} I\mathrm{d}t = -\frac{1}{R}\int_{\Psi_1}^{\Psi_2}\mathrm{d}\Psi = \frac{1}{R}(\Psi_1 - \Psi_2) \tag{7.5}$$

从式(7.5)可以看出，感应电荷只与回路中全磁通的变化量有关，而与全磁通随时间的变化率无关. 在实验中通过测量线圈回路的电荷和线圈的电阻，就可以知道相应的全磁通的变化. 这就是磁强计的设计原理. 在地质勘探和地震监测等部门中，常用磁强计来测地磁场的变化.

7.1.3 楞次定律

1834 年，俄国物理学家楞次获悉法拉第发现电磁感应现象后，做了许多实验，通过实验资料提出了直接判断感应电流和感应电动势方向的法则，称为**楞次定律**. 它表述为：**闭合回路中感应电流的方向，总是企图使感应电流产生的磁场去阻止引起该感应电流的磁通量的变化**. 如图 7.4(a)所示，当我们把磁棒的 N 极插入线圈时，穿过线圈向下的磁通量在增加，此时线圈中将产生感应电流 I，感应电流所产生的磁场(图中虚线)是阻止线圈中原磁通量的增加，由此根据右手螺旋法则则可确定感应电流的方向. 同样，当磁棒从线圈中拔出时，如图 7.4(b)所示，穿过线圈的磁通量将减少，此时在线圈中也会产生感应电流，但感应电流所产生磁场的方向(图中虚线)与原磁场的方向一致，阻止原磁通量的减少.

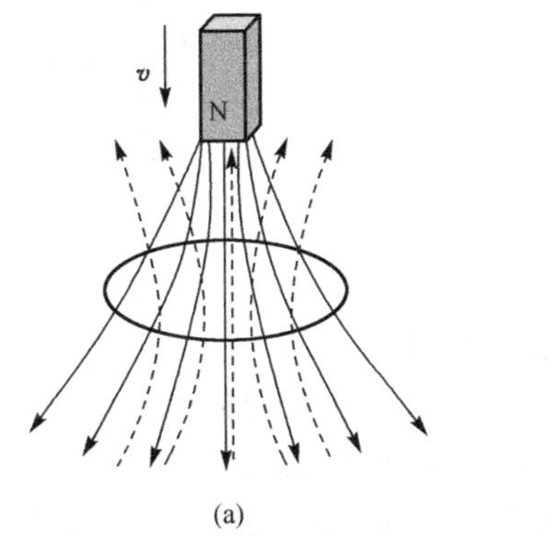

(a)

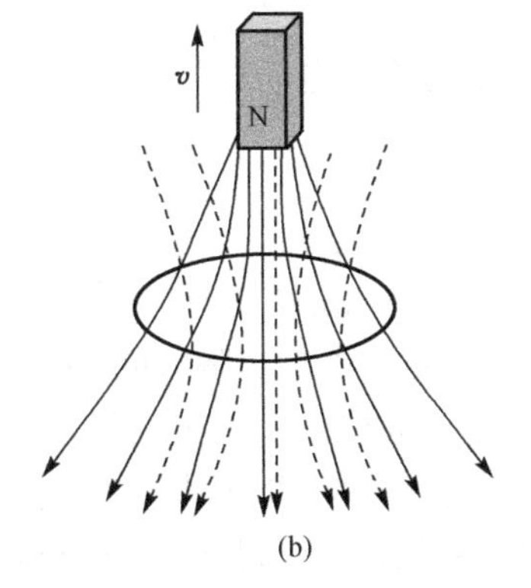

(b)

图 7.4 感应电流的方向

楞次定律在本质上是能量守恒定律的必然反映. 当把磁棒的 N 极插入线圈时，线圈中感应电流激发的磁场等效于一根磁棒，它的 N 极与插入磁棒的 N 极相对，两

者相互排斥，其效果是阻止磁棒的插入，磁棒在插入过程中必须克服磁力作功，这部分机械功就转化为感应电流的能量，最终在电路中产生焦耳热. 设想如果感应电流的磁场不是阻碍引起感应电流的磁通量的变化，那么在上述将磁棒插入或拔出的过程中不就无需外力作功，反而却能获得电能和焦耳热吗？显然这是违反了能量守恒定律的.

例 7.1　一矩形闭合导线回路放在均匀磁场中，磁场方向与回路平面垂直，如图 7.5 所示，回路的一边 ab 可以在另外的两条边上滑动，在滑动过程中，保持良好的电接触，若可动边的长度为 l，滑动速度为 v，求回路中的感应电动势.

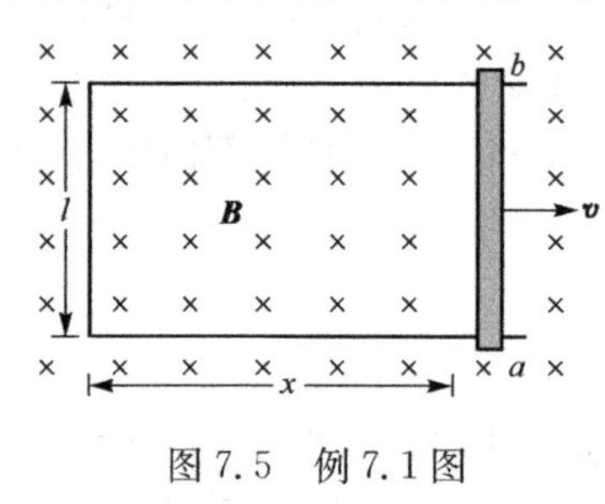

图 7.5　例 7.1 图

解　设 t 时刻可动边运动到距固定边距离为 x 处，如图 7.5 所示. 取回路面积的正法线方向与磁场的方向一致，则磁场对回路圈围面积的磁通量为

$$\Phi = Blx$$

由法拉第电磁感应定律，有

$$\varepsilon = -\frac{\mathrm{d}\Phi}{\mathrm{d}t} = -Bl\frac{\mathrm{d}x}{\mathrm{d}t} = -Blv$$

电动势的方向由 a 到 b.

例 7.2　如图 7.6 所示，一长直导线中通有电流 $I = I_0\sin\omega t$，I_0 表示电流的最大值(称为电流的振幅)，ω 是角频率(I_0 和 ω 都是常量). 旁边放置一个长为 l，宽为 a 的矩形线框，线框的一边与长直导线的距离为 b. 求任一时刻矩形线框中的感应电动势.

解　规定顺时针方向为回路正方向，在 t 时刻通过整个矩形线框面积 S 的磁通量为

$$\Phi = \int \mathrm{d}\Phi = \int_b^{b+a}\frac{\mu_0 I}{2\pi r}l\,\mathrm{d}r = \frac{\mu_0 I_0 l}{2\pi}\ln\frac{b+a}{b}\sin\omega t$$

故线框回路中的感应电动势为

$$\varepsilon = -\frac{\mathrm{d}\Phi}{\mathrm{d}t} = -\frac{\mu_0 I_0 l}{2\pi}\ln\frac{b+a}{b}\frac{\mathrm{d}}{\mathrm{d}t}\sin\omega t$$

$$= -\frac{\mu_0 I_0 l\omega}{2\pi}\ln\frac{b+a}{b}\cos\omega t$$

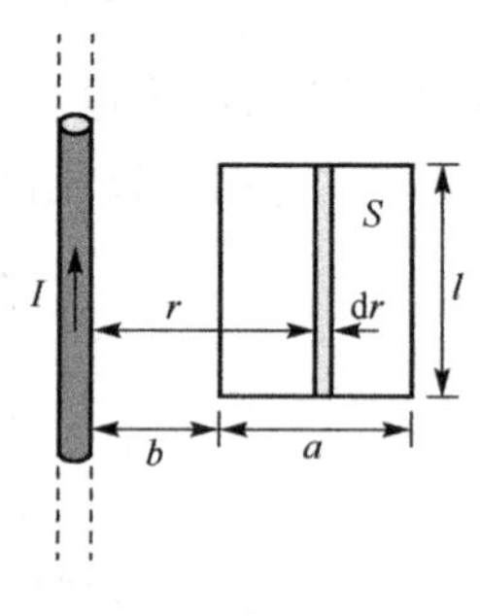

图 7.6　例 7.2 图

显然，线框中的感应电动势随时间 t 按余弦规律变化. 当 $0 < \omega t < \pi/2$ 时，$\cos\omega t > 0$，由上式得 $\varepsilon < 0$，表示感应电动势的指向为逆时针方向. 读者用同样的方法可以判断在其他时间内感应电动势的方向.

例 7.3　一长螺线管，长度 $l = 1\mathrm{m}$，截面积 $S = 1\ \mathrm{cm}^2$ 绕有 $N_1 = 1200$ 匝导线，通有直流电流 $I = 2\mathrm{A}$. 螺线管外绕有 $N_2 = 200$ 匝的线圈，线圈的总电阻 $R = 100\Omega$，如图 7.7 所示，问当螺线管中的电流反向时，通过外线圈导线截面上的总电量为多少？

解　当螺线管中的电流反向时其磁场亦反向，于是通过线圈的磁通量发生变

化,导线中产生感应电动势.螺线管中磁场的磁感强度为

$$B=\mu_0\frac{N_1}{l}I$$

这磁场对整个外线圈的磁通匝链数为

$$\Psi_1=N_2\Phi_m=N_2BS=\mu_0\frac{N_1N_2}{l}IS$$

当电流反向时,外线圈的磁通匝链数为

$$\Psi_2=-\Psi_1=-\mu_0\frac{N_1N_2}{l}IS$$

通过导线截面的总电量为

$$q=\frac{1}{R}(\Psi_1-\Psi_2)=\frac{2N_1N_2\mu_0}{Rl}IS$$

$$=\frac{2\times200\times1200\times4\pi\times10^{-7}\times2\times10^{-4}}{100\times1}=1.21\times10^{-6}(\mathrm{C})$$

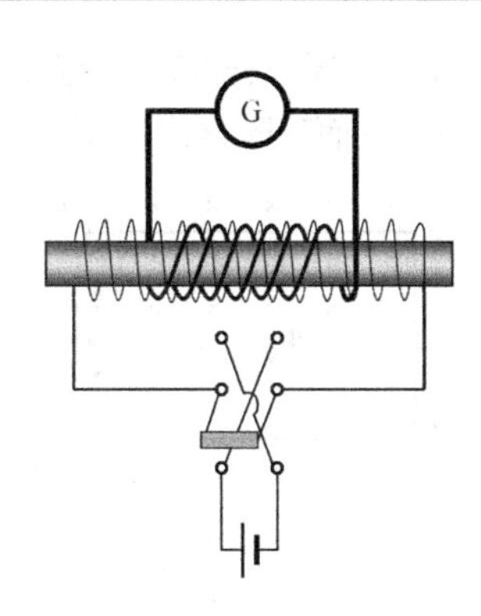

图 7.7 例 7.3 图

7.2 动生电动势和感生电动势

在两类电磁感应现象中,由于导线回路或回路上的部分导体在恒定不变的磁场中运动而引起磁通量变化,这时产生的感应电动势称为**动生电动势**;导体回路在磁场中无运动,由于磁场的变化而引起磁通量变化,这时产生的感应电动势称为**感生电动势**.

应该指出,动生电动势和感生电动势只是一个相对的概念,因为相对于不同的惯性系,对同一个电磁感应现象形成的过程可以有不同的理解.比如,如图 7.8 所示,设以磁铁为参考系,观察者甲随磁铁一起向右作匀速直线运动,在他看来,磁场不变,导体回路在磁场中相对磁铁发生运动,通过线圈的磁通量发生了变化,在线圈中产生了动生电动势;而以线圈为参考系,观察者乙相对线圈静止,在他看来,线圈不动,线圈周围的磁场由于磁铁的运动而发生变化,从而引起通过线圈的磁通量发生了变化,以致在线圈中产生了感生电动势.

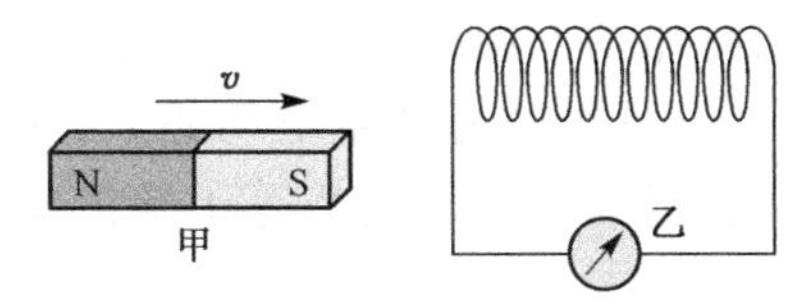

图 7.8 相对于不同参考系观察到同一电磁感应过程会有不同的理解

7.2.1 动生电动势

我们知道,磁场对运动电荷有力作用.如图 7.9 所示,一段长为 l 的导体棒 ab 与

U形导体框架构成一回路. 在均匀磁场 $\boldsymbol{B}$ 中导体棒 ab 以速度 v 向右作平动,且 $\boldsymbol{v}$ 与 $\boldsymbol{B}$ 垂直;而U形导体框架则固定不动. 导体棒在运动过程中,其中的自由电子将随之以相同速度 $\boldsymbol{v}$ 在磁场中作定向运动,每个自由电子受到的洛伦兹力为

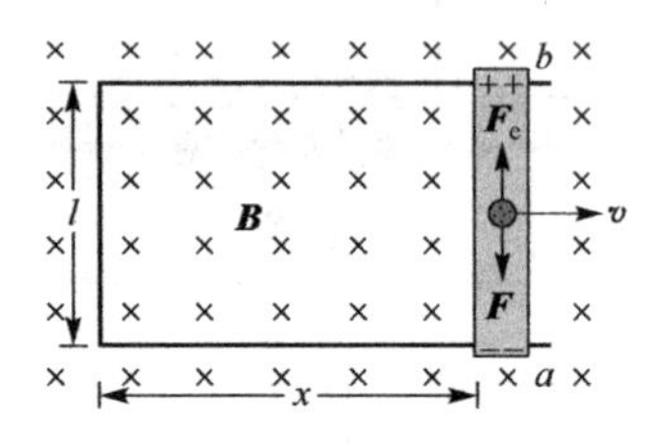

图 7.9 动生电动势产生

$$\boldsymbol{F} = -e\boldsymbol{v} \times \boldsymbol{B}$$

其方向由 b 指向 a,它使电子沿导体向下运动,致使导体棒的 a 端积累了负电荷,b 端则积累了正电荷,从而在导体内建立起静电场. 当作用在电子上的静电场力 $\boldsymbol{F}_e$ 与洛伦兹力 $\boldsymbol{F}$ 相平衡(即 $\boldsymbol{F}_e + \boldsymbol{F} = 0$)时,$a$、$b$ 两端便有稳定的电势差,相当于一个电源. 电源中一定存在非静电力,洛伦兹力就是提供动生电动势的非静电力. 该非静电力所对应的非静电的场强度就是作用于单位正电荷的洛伦兹力,则有

$$\boldsymbol{E}_k = \frac{\boldsymbol{F}}{-e} = \boldsymbol{v} \times \boldsymbol{B}$$

根据电动势的定义式(4.29),运动导体 ab 上的动生电动势为

$$\varepsilon = \int_{-}^{+} \boldsymbol{E}_k \cdot \mathrm{d}\boldsymbol{l} = \int_a^b (\boldsymbol{v} \times \boldsymbol{B}) \cdot \mathrm{d}\boldsymbol{l} \tag{7.6}$$

即动生电动势就是洛伦兹力通过运动导体内部将单位正电荷从负极移送到正极所做的功.

如图 7.9 所示的特殊情况下,由于 $\boldsymbol{v}$ 与 $\boldsymbol{B}$ 垂直,且 $\boldsymbol{v} \times \boldsymbol{B}$ 与 $\mathrm{d}\boldsymbol{l}$ 方向相同,因此可得

$$\varepsilon = \int_0^l vB\,\mathrm{d}l = Blv$$

这一结果与上节例 7.1 通过回路磁通量变化所计算的结果相同.

从以上的讨论可以看出,动生电动势只可能存在于运动的这一段导体上,而不动的那一段导体上没有电动势,它只是提供电流可运行的通路,如果仅仅有一段导体在磁场中运动,而没有回路,在这一段导体上虽然没有感应电流,但仍可能有动生电动势. 至于运动导体在什么情况下才有动生电动势,这要看导体在磁场中是如何运动的. 例如导体顺着磁场方向运动,根据洛伦兹力来判断,则不会有动生电动势;若导体横切磁场方向运动,则有动生电动势. 因此,有时形象地说成"导体切割磁感应线时产生动生电动势,动生电动势等于导体在单位时间内切割的磁感应线条数".

上面讨论的只是特殊情况(直导线,均匀磁场,导线垂直磁场平动),对于普遍情况,把任意形状的导线线圈 L 放置在磁场内,线圈可以是闭合的,也可以是不闭合的. 当这线圈在运动或发生形变时,这一线圈中的任意一小段 $\mathrm{d}\boldsymbol{l}$ 都可能有一速度 $\boldsymbol{v}$. 一般来说,不同 $\mathrm{d}\boldsymbol{l}$ 段的速度 $\boldsymbol{v}$ 不同,这时在整个线圈中产生的动生电动势为

$$\varepsilon=\oint_L(\boldsymbol{v}\times\boldsymbol{B})\cdot \mathrm{d}\boldsymbol{l} \tag{7.7}$$

7.2.2 电磁感应中的能量转换关系

我们知道洛伦兹力对运动电荷不做功，而动生电动势又是洛伦兹力移动单位正电荷做功引起的，两者岂不矛盾？其实并不矛盾，我们这里的讨论只计及洛伦兹力的一部分．全面考虑的话，在运动导体中的电子不但具有导体本身的速度 v，而且还有相对导体的定向运动速度 $\boldsymbol{u}$，如图7.10所示，正是由于电子的后一运动构成了感应电流．因此，电子所受的总的洛伦兹力为

$$\boldsymbol{F}_{总}=-e(\boldsymbol{u}+\boldsymbol{v})\times\boldsymbol{B}$$

它与合成速度 $(\boldsymbol{u}+\boldsymbol{v})$ 垂直(图7.10)，总的来说洛伦兹力不对电子做功．然而 $\boldsymbol{F}_{总}$ 的一个分量

$$\boldsymbol{F}=-e(\boldsymbol{v}\times\boldsymbol{B})$$

却对电子做正功，即 $\boldsymbol{F}\cdot\boldsymbol{u}=-e(\boldsymbol{v}\times\boldsymbol{B})\cdot\boldsymbol{u}$，形成动生电动势．$\boldsymbol{F}_{总}$ 的另一个分量

$$\boldsymbol{F}'=-e(\boldsymbol{u}\times\boldsymbol{B})$$

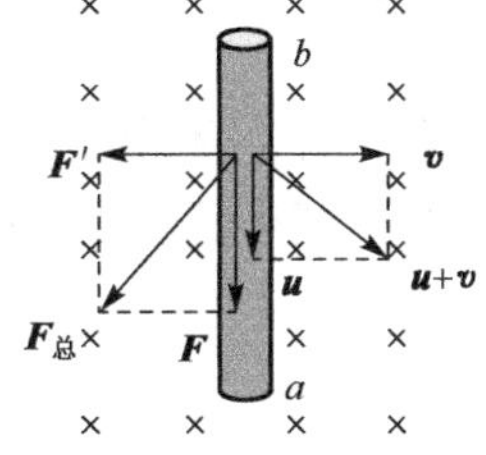

图7.10　洛伦兹力不做功

它的方向与 $\boldsymbol{v}$ 相反，它是阻碍导体运动的，从而做负功，即 $\boldsymbol{F}'\cdot\boldsymbol{v}=-e(\boldsymbol{u}\times\boldsymbol{B})\cdot\boldsymbol{v}$.

根据矢量混合积公式，$\boldsymbol{a}\cdot(\boldsymbol{b}\times\boldsymbol{c})=\boldsymbol{b}\cdot(\boldsymbol{c}\times\boldsymbol{a})$，可以证明 $\boldsymbol{F}\cdot\boldsymbol{u}=-\boldsymbol{F}'\cdot\boldsymbol{v}$，两个分量所做的功的代数和为零．因此洛伦兹力的作用并不提供能量，而只是传递能量，即外力克服洛伦兹力的一个分量 $\boldsymbol{F}'$ 所做的功通过另一个分量 $\boldsymbol{F}$ 转化为感应电流的能量．

7.2.3 感生电动势和感生电场

导体在磁场中运动产生动生电动势，其非静电力是洛伦兹力；磁场变化在固定不动的导体回路中产生的感生电动势的非静电力又是什么呢？它是如何形成的呢？我们用图7.11的实验加以说明．一个密绕的螺绕环，当导线中通以电流时，电流的磁场都集中在环内，环外无磁场．在螺绕环上套一个闭合线圈，线圈连接一个检流计，根据法拉第电磁感应定律，当螺绕环中的电流变化时，通过线圈所圈围面积的磁通量发生变化，线圈中应出现感应电流．实验证实了这一点．是什么力使闭合线圈中的自由电子绕线圈作定向运动呢？显然它不是洛伦兹力，因为线圈没有运动，而且它所在处连磁场都不存在．作用于电荷的力无非是电力和磁力两类，今磁力不存在，那么唯一的可能是线圈中存在着电场，而这个电场又不是电荷产生的静电场．为了解释这一类电磁感应现象，麦克斯韦假设：

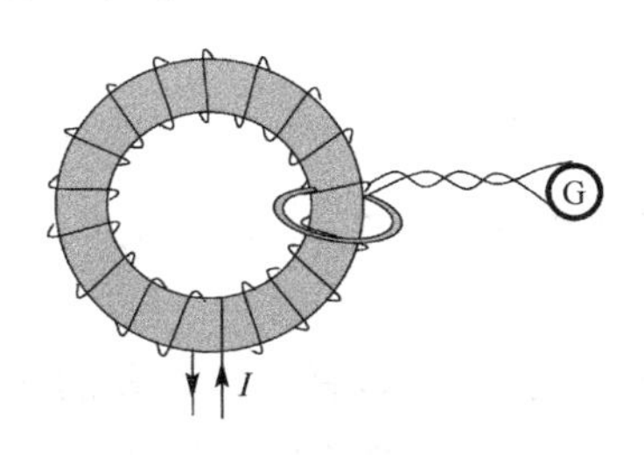

图7.11　螺绕环内磁场变化在线圈中产生感应电流

除了电荷产生电场外，变化的磁场也产生电场. 磁场变化在固定不动的线圈中产生的感应电流，就是由变化的磁场产生的电场引起的. 大量实验证明了麦克斯韦假设的正确性.

变化的磁场产生的电场称为**感生电场**，由感生电场引起的电动势就是**感生电动势**. 若用 $\boldsymbol{E}_\text{k}$ 表示感生电场，则感生电动势为

$$\varepsilon = \oint_L \boldsymbol{E}_\text{k} \cdot \mathrm{d}\boldsymbol{l}$$

根据法拉第电磁感应定律

$$\oint_L \boldsymbol{E}_\text{k} \cdot \mathrm{d}\boldsymbol{l} = -\frac{\mathrm{d}\Phi_\text{m}}{\mathrm{d}t} = -\frac{\mathrm{d}}{\mathrm{d}t}\int_S \boldsymbol{B} \cdot d\boldsymbol{S}$$

式中，L 是任一闭合路径，它可以是某一导线回路，也可以是任一想象的闭合积分路径，S 是以闭合路径 L 为周界的任意曲面. 由于回路是固定不动的，故上式可写成

$$\oint_L \boldsymbol{E}_\text{k} \cdot \mathrm{d}\boldsymbol{l} = -\int_S \frac{\partial \boldsymbol{B}}{\partial t} \cdot \mathrm{d}\boldsymbol{S} \tag{7.8}$$

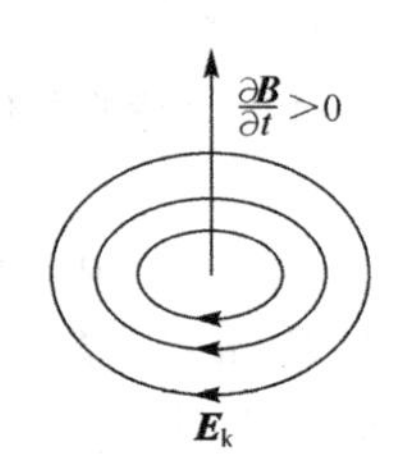

图 7.12 $\boldsymbol{E}_\text{k}$ 与 $\frac{\partial \boldsymbol{B}}{\partial t}$ 呈左手螺旋关系

即感生电场对任意闭合路径的线积分（环流）取决于磁感应强度的变化率对这一闭合路径所圈围面积的通量. 当选择了积分路径的绕行方向后，面积的法线方向与绕行方向成右手螺旋关系. 磁场 $\boldsymbol{B}$ 方向与回路面积的法线方向一致时，其磁场变化率 $\frac{\partial \boldsymbol{B}}{\partial t}$ 为正. 式中的负号表示 $\boldsymbol{E}_\text{k}$ 的方向与磁场的变化率 $\frac{\partial \boldsymbol{B}}{\partial t}$ 的方向呈左手螺旋关系，如图 7.12 所示.

由以上讨论知道，感生电场与静电场有相似之处，也有不同点. 它们的共同点就是对电荷有作用力；不同点表现为：其一，感生电场由变化的磁场激发，而静电场则由静止的电荷激发；其二，感生电场不是保守场，其环流不等于零，而静电场是保守场，其环流等于零；其三，静电场对任意闭合曲面的通量可以不为零，它是有源场，而感生电场的电场线是环绕变化磁场的一组闭合曲线，故感生电场又称为**涡旋电场**. 因此感生电场对任意闭合曲面的通量必然为零，即

$$\oint_S \boldsymbol{E}_\text{k} \cdot \mathrm{d}\boldsymbol{S} = 0 \tag{7.9}$$

上式称为**感生电场的高斯定理**，它表明感生电场是无源场. 式(7.8)和式(7.9)是感生电场的基本方程.

例 7.4 在与磁感强度为 B 的均匀恒定磁场垂直的平面内，有一长为 L 的直导线 ab，导线绕 a 点以匀角速 ω 转动，转轴与 B 平行，求 ab 上的动生电动势及 a 、b 之间的电压.

解一　洛伦兹力法. 在 ab 上任取一线元 $\mathrm{d}\boldsymbol{l}$，其 $\boldsymbol{v}$ 与 $\boldsymbol{B}$ 垂直，且 $\boldsymbol{v}\times\boldsymbol{B}$ 与 $\mathrm{d}\boldsymbol{l}$ 同向，如图 7.13(a)，故

$$\varepsilon_{ab}=\int_a^b(\boldsymbol{v}\times\boldsymbol{B})\cdot\mathrm{d}\boldsymbol{l}=\int_a^b vB\,\mathrm{d}l=\int_0^L \omega Bl\,\mathrm{d}l=\frac{1}{2}\omega BL^2$$

$\varepsilon_{ab}>0$ 说明动生电动势由 a 向 b，它使导线出现电荷积累(靠近 b 的一侧为正，靠近 a 的一侧为负)，直至电荷产生的电场对导线中电子的作用力与洛伦兹力抵消为止. 这时，ab 相当于一个处于开路状态的电源，b 为正极、a 为负极. 由一段含源电路的欧姆定律(并注意到开路时电流为零)，ab 间的电势差为

$$U_{ba}=\varepsilon_{ab}=\frac{1}{2}\omega BL^2$$

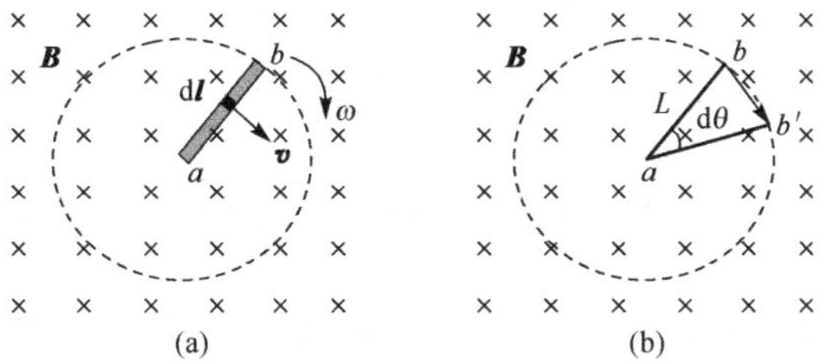

图 7.13　例 7.4 图

解二　磁通量法. 设 ab 在 $\mathrm{d}t$ 时间内转了 $\mathrm{d}\theta$ 角，则它扫过的面积为 $\frac{1}{2}L^2\mathrm{d}\theta$，如图 7.13(b)所示，磁场对此面积的磁通为

$$\mathrm{d}\Phi_{\mathrm{m}}=\frac{1}{2}BL^2\mathrm{d}\theta$$

由法拉第电磁感应定律得

$$|\varepsilon|=\left|\frac{\mathrm{d}\Phi_m}{\mathrm{d}t}\right|=\frac{1}{2}BL^2\frac{\mathrm{d}\theta}{\mathrm{d}t}=\frac{1}{2}\omega BL^2$$

例 7.5　如图 7.14(a)所示，在半径为 R 的无限长螺线管内部有一均匀磁场 $\boldsymbol{B}$，方向垂直纸面向里，磁场以 $\frac{\mathrm{d}B}{\mathrm{d}t}$ 恒定速率变化. 求管内、外感生电场强度.

解　由磁场的轴对称分布可知，变化磁场所激发的感生电场也轴对称分布的，电场线是一系列与螺线管同轴的同心圆，$\boldsymbol{E}_{\mathrm{k}}$ 在同一圆周线上大小相等，方向沿圆周切向. 在管内取一半径为 $r<R$ 的圆形回路 L_1，回路的绕行方向为顺时针，使其所圈围的面积的正法线方向与磁感应强度方向一致，如图 7.14(a)中的虚线所示. 感生电场对 L_1 的环流为

$$\oint_{L_1}\boldsymbol{E}_{\mathrm{k}}\cdot\mathrm{d}\boldsymbol{l}=-\int_S\frac{\partial\boldsymbol{B}}{\partial t}\cdot\mathrm{d}\boldsymbol{S}$$

由此可得感生电场的大小为

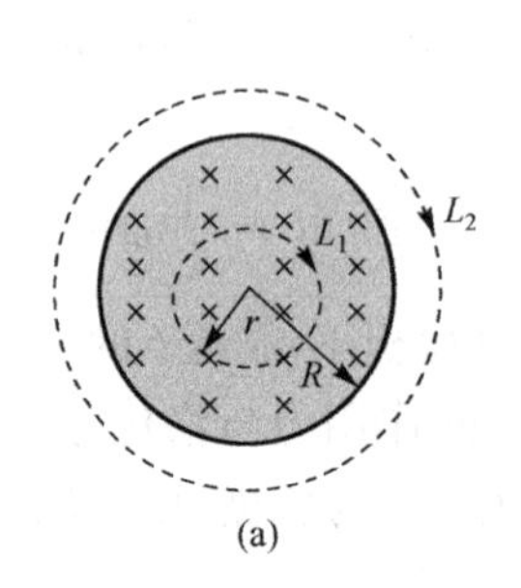

(a)

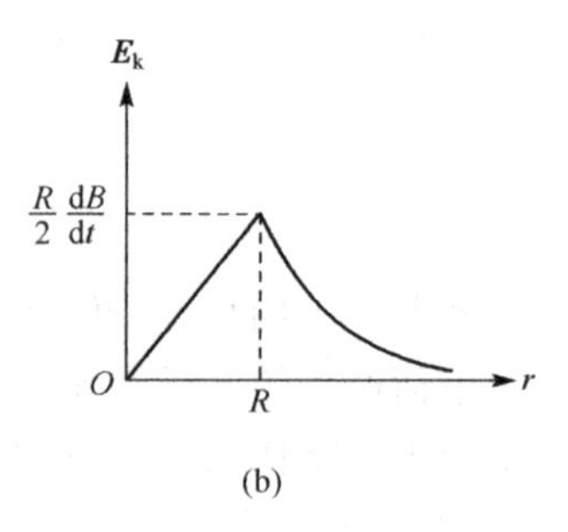

(b)

图 7.14 例 7.5 图

$$2\pi r E_k = -\pi r^2 \frac{dB}{dt}$$

$$E_k = -\frac{r}{2}\frac{dB}{dt}$$

式中的负号表明 E_k 与 $\frac{dB}{dt}$ 反号，由此可以根据 $\frac{dB}{dt}$ 的正负来确定 $\boldsymbol{E}_k$ 的方向. 例如，若 $\frac{dB}{dt}<0$，则 $E_k>0$，$\boldsymbol{E}_k$ 与 L 的积分方向的切向同向，即 $\boldsymbol{E}_k$ 线为顺时针方向；若 $\frac{dB}{dt}>0$，则 $E_k<0$，$\boldsymbol{E}_k$ 与 L 的积分方向的切向反向，即 $\boldsymbol{E}_k$ 线为逆时针方向.

在管外作一半径为 $r>R$ 的圆形回路 L_2，感生电场对 L_2 的环流为

$$\oint_{L_2} \boldsymbol{E}_k \cdot d\boldsymbol{l} = -\int_S \frac{\partial \boldsymbol{B}}{\partial t} \cdot d\boldsymbol{S}$$

由此得到螺线管外的感生电场大小为

$$2\pi r E_k = -\pi R^2 \frac{dB}{dt}$$

$$E_k = -\frac{R^2}{2r}\frac{dB}{dt}$$

$\boldsymbol{E}_k$ 的方向同上分析判别，其大小在管内外分布规律曲线如图 7.14(b)所示.

例 7.6 有一金属棒 MN，长为 L，放在例 7.5 磁场中，金属棒位于垂直于磁场的平面内，圆形区域的中心到棒的距离为 h，如图 7.15 所示，求棒的电动势.

解一 感生电场力法. 在 MN 上任取线元 $d\boldsymbol{l}$，到中心距离为 r，方向由 M 指向 N. 设 $\frac{dB}{dt}>0$，则由对称性和左手螺旋关系可知，$d\boldsymbol{l}$ 处的感生电场 $\boldsymbol{E}_k$ 方向沿以 r 为半径圆周切向，如图 7.15 所示，$\boldsymbol{E}_k$ 与 $d\boldsymbol{l}$ 之间的夹角为 θ.

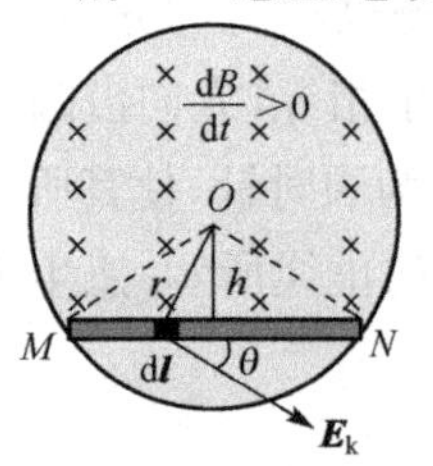

图 7.15 例 7.6 图

沿金属 MN 求积分

$$\varepsilon = \int_{M\to N} \boldsymbol{E}_k \cdot d\boldsymbol{l}$$

将例 7.5 的结果 $E_k = \dfrac{r}{2}\dfrac{dB}{dt}$ 代入上式得

$$\varepsilon = \int_M^N \frac{r}{2}\frac{dB}{dt}\cos\theta dl = \int_0^L \frac{h}{2}\frac{dB}{dt}dl = \frac{h}{2}L\frac{dB}{dt}$$

电动势的方向由 M 指向 N.

解二　磁通量法. 作辅助线 OM 和 ON，因 $\boldsymbol{E}_k$ 与 OM 及 ON 垂直，故 OM 及 ON 段的感生电动势等于零. 可见闭合曲线 $OMNO$ 的感生电动势即为 MN 段的电动势. $OMNO$ 所圈围面积为

$$S = \frac{1}{2}hL$$

取回路的绕行方向为逆时针向，于是穿过闭合曲线 $OMNO$ 的磁通量为

$$\Phi_m = \int_S \boldsymbol{B}\cdot d\boldsymbol{S} = -\frac{1}{2}hLB$$

由法拉第电磁感应定律知，$OMNO$ 的感生电动势为

$$\varepsilon = -\frac{d\Phi_m}{dt} = \frac{1}{2}hL\frac{dB}{dt}$$

$\varepsilon > 0$，表示电动势的方向为自 M 指向 N. 所得结果与第一种方法相同.

7.2.4　电磁感应的应用

1. 电子感应加速器

电子感应加速器是利用感生电场来加速电子的一种装置，如图 7.16(a)所示是加速器的结构原理图. 在电磁铁的两极间有一环形真空室，电磁铁受交变电流激发，在两极间产生一个由中心向外逐渐减弱、并具有对称分布的交变磁场，这个交变磁场又在真空室内激发感生电场，其电场线是一系列绕磁感应线的同心圆，如图 7.16(b)所示. 这时，若用电子枪把电子沿切线方向射入环形真空室，如图 7.16(c)所示，电子将受到环形真空室中的感生电场 $\boldsymbol{E}_k$ 的作用而被加速，同时，电子还受到真空室所在处磁场的洛伦兹力的作用，使电子在半径为 R 的圆形轨道上运动.

交变磁场方向随时间的正弦变化导致感生电场方向随时间而变，图 7.16(d)给出了一周期内磁场方向、感生电场方向和洛伦兹力方向的变化情况. 从感生电场的一个周期看出，只有在第一和第四两个 1/4 周期中电子才可能被加速，但是，在第四个 1/4 周期中作为向心力的洛伦兹力由于 $\boldsymbol{B}$ 的变向而背离圆心，这样就不能维持电子在恒定轨道上作圆周运动. 因此，只有在第一个 1/4 周期中，才能实现对电子的加速，由于从电子枪入射的电子速率很大，实际上在第一个 1/4 周期的短时间内电子已绕行了几十万圈而获得相当高的能量，所以在第一个 1/4 周期末，就可利用特殊的装置使电子脱离轨道射向靶子. 用电子感应加速器来加速电子，要受到电子因加速运动而辐射能量的限制. 因此用电子感应加速器还不能把电子加速到极高的能

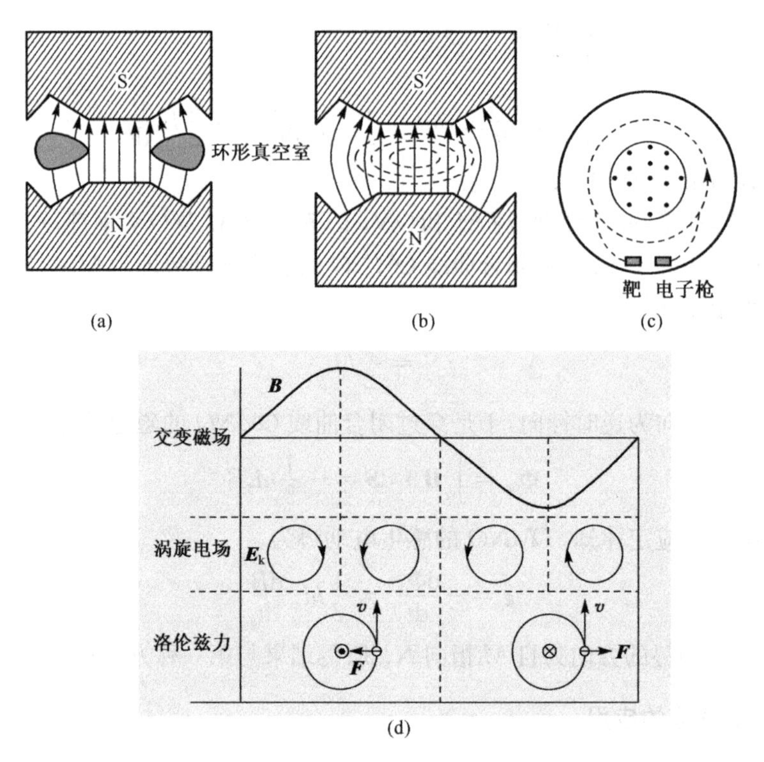

图 7.16　电子感应加速器原理

量. 一般小型电子感应加速器可将电子加速到10^5 eV，大型的可达 100MeV. 现在利用电子感应加速器已可使电子的速度达到 0.999986c. 利用高能电子束(β射线)打击在靶子上，便得到能量较高的 X 射线，可用于研究某些核反应和制备一些放射性同位素. 小型电子感应加速器所产生的 X 射线可用于工业探伤和医治癌症等.

电子在真空室内运动时不断加速，要维持圆周运动，其向心力必须随速度作相应增加. 这就需要对真空室内的磁感应强度值提出一定要求. 设电子轨道处的磁场为 B_R ，电子作圆形轨道运动时所受的向心力为洛伦兹力，因此

$$evB_R = m\frac{v^2}{R}$$

得

$$mv = eRB_R \tag{7.10}$$

式(7.10)表明，只要电子动量随磁感应强度成比例地增加，就可以维持电子在一定的轨道上运动. 电子在轨道上运动时受到切向感生电场力作用而加速，根据牛顿第二定律

$$\frac{\mathrm{d}(mv)}{\mathrm{d}t} = -eE_{\mathrm{k}} = \frac{e}{2\pi R}\frac{\mathrm{d}\Phi_{\mathrm{m}}}{\mathrm{d}t}$$

$$\mathrm{d}(mv)=\frac{e}{2\pi R}\mathrm{d}\Phi_{\mathrm{m}}$$

若电子的速度从零增加到 v 的过程对应磁通量从零变化到 Φ_{m} 的过程,则对上式积分得

$$mv=\frac{e}{2\pi R}\Phi_{\mathrm{m}}=\frac{e}{2\pi R}\cdot\pi R^{2}\overline{B}=\frac{1}{2}eR\overline{B}\tag{7.11}$$

式中,$\overline{B}$ 是电子运动轨道内的平均磁感应强度.

比较式(7.10)和式(7.11)得

$$B_{R}=\frac{1}{2}\overline{B}\tag{7.12}$$

这就是维持电子在恒定圆形轨道上运动的条件. 这个条件表明,轨道上的磁感应强度值等于轨道内磁感应强度的平均值的一半时,电子能在稳定的圆形轨道上被加速.

2. 涡电流

由于变化的磁场总是伴随着涡旋的电场,金属内部的自由电子在涡旋电场的作用下可以形成电流,即使在未构成回路的大块金属内部亦会产生闭合的电流,这种电流称为**涡电流**,简称为**涡流**. 涡电流是法国物理学家傅科发现的,所以,也叫做**傅科电流**. 对于大块的良导电体,由于电阻很小,涡电流强度可以很大. 如图 7.17 所示为放在螺线管内的大块金属导体,当螺线管中通有交变电流时,交变的磁场产生涡旋电场,电场在导体中产生涡流. 由于涡电流的截面积很大,导体的电阻又较小,因而涡电流非常大,结果发生大量的焦耳热,造成能量的损耗.

在变压器、电机等设备中,产生磁场的部件都具有铁芯,变化的磁场在铁芯中产生强大的涡电流,不但损耗了许多能量,而且使设备发热,甚至把设备烧坏. 为了减小涡流及其损耗,通常采用彼此绝缘的硅钢片代替整块铁芯,并使硅钢片平面与磁感应线平行,如图 7.18 所示. 一方面由于硅钢片本身的电阻率较大,另一方面各片之间涂有绝缘漆或附有天然的绝缘氧化层,把涡流限制在各薄片内,使涡流大为减小,从而减少了电能的损耗. 铁氧体(半导体磁性材料)具有高电阻率和高磁导率. 所以,用铁氧体作铁芯,不仅可以使涡流损耗大大降低,而且可大大缩小电感器或变压器的体积.

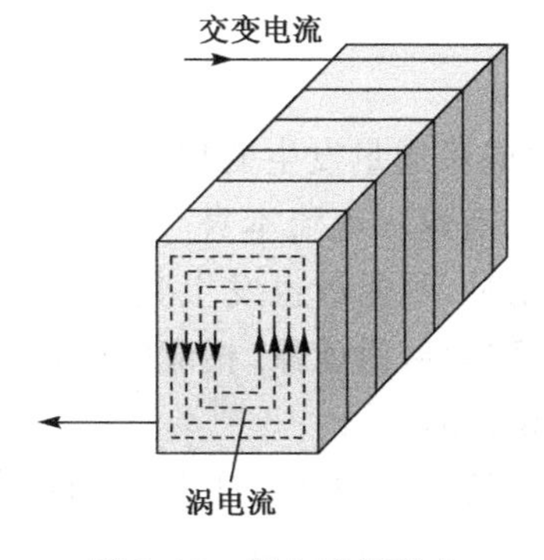

图 7.17　涡电流的形成

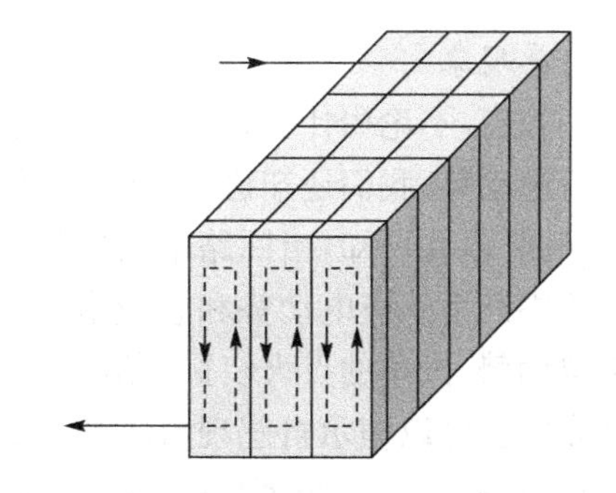

图 7.18　用铁片叠成的铁芯可减小涡流

涡流的热效应有许多实际用途.家用电磁灶就是利用涡电流的热效应来加热和烹制食物的.电磁灶的核心是一个高频载流线圈,高频电流产生高频变化的磁场,于是在铁锅中产生涡电流,通过电流的热效应来加热被煮物体.同样,在钢铁厂用电磁感应炉进行冶炼.感应炉中的铁矿石或废铁本身就是导体,大功率高频交流电产生高频强变化磁场,从而在铁矿石中形成强涡电流,利用涡电流热效应促使金属融化.

涡流除了热效应外,它所产生的机械效应在实际中也有广泛的应用,可用作电磁阻尼.如图7.19所示,把一块铜或铝等非铁磁性物质制成的金属片悬挂在电磁铁的两极之间,形成一个摆.在电磁铁线圈未通电时,金属片自由摆动,要经过较长时间才会停下来.当电磁铁的线圈通电后,两极间有了磁场,由于穿过运动金属片的磁通量发生变化,在金属片内产生了涡电流,而它要受到磁场安培力的作用,其方向恰与摆的运动方向相反,因而阻碍摆的运动,所以摆很快就停止下来.磁场对金属片的这种阻尼作用,称为**电磁阻尼**.在许多电磁仪表中,为了使测量时指针的摆动能够迅速稳定下来,就是采用了类似的电磁阻尼.电气火车中所用的电磁制动器也是根据同样的道理制成的.

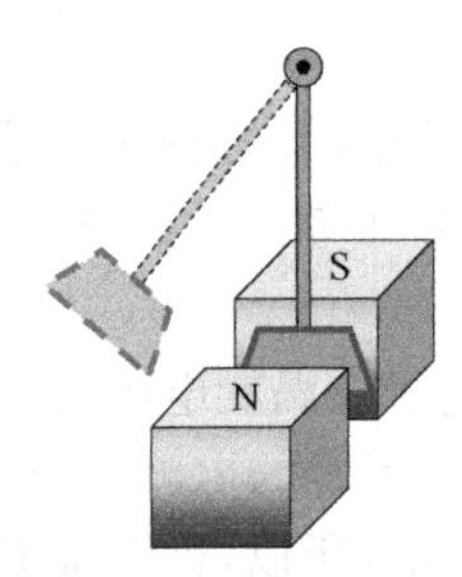

图7.19 电磁阻尼

7.3 自感和互感

在生活中,当我们把家用电器的插头迅猛地从插座中拔出,常会看到有电火花从插座里飞出.这是由于高电压引起的,那么,这个高电压又是从哪里来的呢?汽车引擎中要使火花塞点火需要上万伏的高电压,而汽车蓄电池所能提供的电压仅为12V,火花塞是如何实现在高电压下的点火呢?诸如此类的现象或工程技术问题需要我们利用电磁感应现象去拷问和探究.

7.3.1 自感

1. 自感现象

我们知道,不论用什么方式,只要穿过闭合回路的磁通量发生变化,回路中就会出现感应电动势.我们还知道,回路中通有电流时,就有这一电流本身产生的磁通量穿过这回路.由此可知,当回路中的电流随时间变化时,磁通量也发生变化,因而在自身回路中产生感应电动势和感应电流,这种现象称为**自感现象**.相应的电动势称为**自感电动势**.汽车的点火装置就是利用自感原理设计的.

许多实验可以演示自感现象.如图7.20(a)所示的电路中,S_1 和 S_2 是两个完全相同的灯泡,S_1 与一电阻器串联,S_2 与一具有铁芯的线圈串联,并联在电源上,电阻器的阻值的选择是保证电路连通并达到稳定后,通过两个灯泡的电流相等.实验结果表明，在接通此电路的瞬间，S_1 在瞬息间即达到最大亮度，S_2 则要稍晚一些时间才达到最大亮度. 也就是说，通过 S_2 的电流比通过 S_1 的电流增长得慢些.

我们知道，接通电路后，回路中的电流由零增长到稳定值. 在 S_2 支路中，线圈中的电流产生一较强的磁场，磁场对线圈的磁通量在电流增长的过程中增大，因而线圈中产生较大的自感电动势，其作用是阻碍电流增大，因而电流增长较慢. 但在 S_1 支路中，由于没有线圈，几乎没有自感电动势出现.

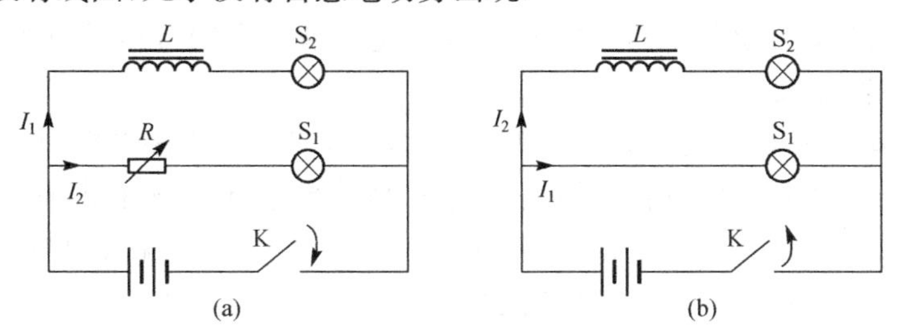

图 7.20　自感现象演示

图 7.20(b)也是演示自感现象的实验，其中灯泡 S_2 与线圈串联，适当选择线圈的电阻和灯泡的内阻，使得电流达到稳定时，通过 S_2 的电流 I_2 比通过 S_1 的电流 I_1 大得多，即 $I_2 \gg I_1$. 实验表明，在切断电路的瞬间，S_1 在熄灭前变得更亮. 这是因为在切断电路时，I_1 立即趋向于零，但 I_2 的变化在线圈中产生自感电动势，其作用是抵制电流 I_2 的变化，因此 I_2 并不立即消失，而是慢慢趋向于零，但这时总电路已切断，只有 S_1 和 S_2 组成一回路，慢慢减小着的电流 I_2 将经过 S_1，由于 $I_2 \gg I_1$，因此在切断电路时，S_1 先比原来亮，然后熄灭.

2. 自感系数

考虑一个闭合回路，设其中的电流为 I，根据毕奥-萨伐尔定律，此电流在空间任意一点的磁感应强度都与 I 成正比，因此，穿过回路本身所圈围面积的全磁通也与电流成正比，即

$$\Psi = LI \tag{7.13}$$

式中比例系数 L 称为**自感系数**(简称**自感**或**电感**). 实验表明，自感系数 L 只与回路的几何形状、匝数和周围磁介质的性质有关，而与回路中的电流无关(有铁芯时除外). 当回路中的电流随时间变化时，由法拉第电磁感应定律，自感电动势为

$$\varepsilon_L = -L\frac{\mathrm{d}I}{\mathrm{d}t} \tag{7.14}$$

由此式可以看出，对于相同的电流变化率，回路的自感系数 L 越大，回路中的自感电动势也越大，因自感电动势有阻碍回路中电流变化的作用，故这种阻碍电流变化的作用也越大. 阻碍电流变化相当于保持电流不变，因此回路的自感系数的大小反映了一个回路保持其中电流不变本领的大小，犹如力学中物体的惯性，因而可把回路自感系数作为电路“惯性大小的量度”.

在国际单位制中，自感系数的单位为亨利(H). 由式(7.13)可知

$$1\text{H}=1\text{Wb}\cdot\text{A}^{-1}$$

由于亨利的单位比较大，实际中常用毫亨(mH)与微亨(μH)作为自感系数的单位，其换算关系如下：

$$1\text{H}=10^3\text{mH}=10^6\ \mu\text{H}$$

自感现象在各种电器设备和无线电技术中都有广泛的应用. 例如，日光灯的镇流器就是利用线圈自感现象的一个例子，无线电设备中常用自感线圈和电容器来构成谐振电路或滤波器等.

在某些情况下，自感现象是非常有害的. 例如，当电路被断开时，由于电流在极短的时间内发生了很大的变化，因此会产生较高的自感电动势，在断开处形成电弧. 这就是为什么在迅速拔出插头时，插座中会冒出电火花的原因. 如果电路是由自感系数很大的线圈构成，则在断开的瞬间会产生非常高的自感电动势，这不仅会烧坏开关，甚至危及工作人员的安全. 因此，切断这类电路时必须采用特制的安全开关，逐渐增加电阻来断开电路.

3. 含有自感的电路接通与断开时的瞬时电流

对于一个由电感和电阻组成的电路，在接通电路或切断电路的瞬间，由于自感的作用，电路中的电流并不立即达到稳定值或立即消失，而要经历一定的时间，持续一个过程，这个过程称为**暂态过程**. 如图 7.21 所示，当电建 K 打向 a 点时，电路接通，电路中出现电流 i，由基尔霍夫电压定律，电路方程式为

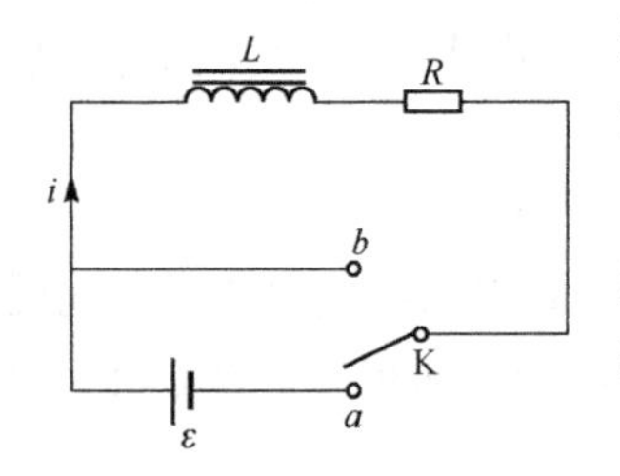

图 7.21 RL 电路

$$iR=\varepsilon_L+\varepsilon$$

这里已假定自感线圈的电阻为零，电源的内阻亦为零，若自感线圈的自感系数为 L，则

$$iR=-L\frac{\mathrm{d}i}{\mathrm{d}t}+\varepsilon$$

将上式稍加整理，得

$$\frac{\mathrm{d}i}{\dfrac{\varepsilon}{R}-i}=\frac{R}{L}\mathrm{d}t$$

考虑到初始条件为：$t=0$ 时，$i=0$，即得

$$\int_0^i\frac{\mathrm{d}i}{\dfrac{\varepsilon}{R}-i}=\int_0^t\frac{R}{L}\mathrm{d}t$$

积分并整理后得

$$i=\frac{\varepsilon}{R}(1-\mathrm{e}^{-\frac{R}{L}t})=I_0(1-\mathrm{e}^{-\frac{t}{\tau}})\tag{7.15}$$

上式括号中第二项 $e^{-\frac{R}{L}t}$ 随时间的增加而作指数衰减. 当 $t\to\infty$时，$I_0=\frac{\varepsilon}{R}$，此时电流达到稳定值. 当 $t=\tau=\frac{L}{R}$ 时，$i\approx 0.63\frac{\varepsilon}{R}$，$\tau$ 称为RL 电路的**时间常数**或**弛豫时间**. 这就是说，$t=\tau$ 时，电流可达电流稳定值的63%. 从式(7.15)可以看出，当 $t=3\tau$ 时，$(1-e^{-\frac{R}{L}t})\approx 0.95$；$t=5\tau$ 时，$(1-e^{-\frac{R}{L}t})\approx 0.994$. 因此，我们可以认为 $t=(3\sim5)\tau$ 时，RL 电路中电流已达稳定值. 显然，时间常数 τ 与R 和L 有关，R 越小，L 越大，达到电流稳定值所需的时间越长，电流增长得越慢. 图 7.22 中的实线给出 RL 电路在不同 τ 情形下的电流增长曲线.

当 RL 电路中的电流已达到稳定值 $I_0=\frac{\varepsilon}{R}$ 后，在图 7.21 中将电键从 a 打向 b，这时，电路中虽无外接电源，但由于电流消失时自感线圈中产生自感电动势，回路中电流将持续一定时间后才达到零值. 在这过程中，电路方程式为

$$iR=-L\frac{di}{dt}$$

考虑到初始条件为：$t=0$ 时，$i=I_0=\frac{\varepsilon}{R}$，即得

$$\int_{I_0}^{i}\frac{di}{i}=\int_0^t-\frac{R}{L}dt$$

积分并稍加整理得

$$i=\frac{\varepsilon}{R}e^{-\frac{R}{L}t}\tag{7.16}$$

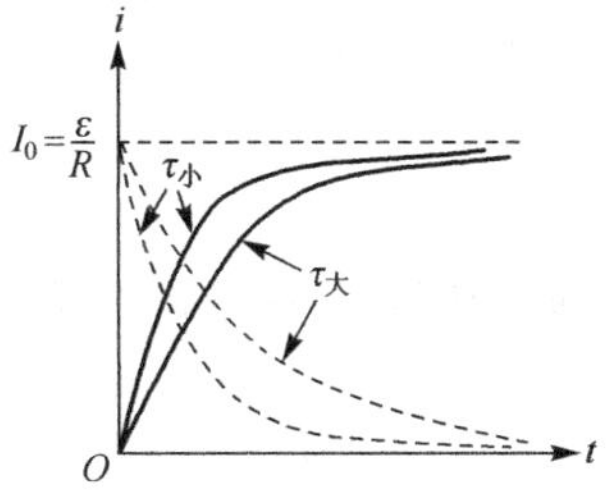

图 7.22　RL 电路暂态电流与时间的关系

即拆除外电源后，RL 电路中的电流并不立即为零，而是按指数衰减，衰减快慢的程度也可以用时间常数 τ 表示. 图 7.22 中的虚线给出 RL 电路在不同 τ 情形下的电流衰减曲线.

7.3.2　互感

1. 互感现象和互感系数

当一个载流回路中的电流发生变化时，在其周围会激发变化的磁场，从而引起相邻回路中产生感应电动势和感应电流. 这种现象称为**互感现象**，所产生的电动势称为**互感电动势**.

如图 7.23 所示，设有两个相邻的载流回路 1 和 2，其中分别通有电流 I_1 和 I_2. 由毕奥-萨伐尔定律，电流 I_1 产生的磁场正比于 I_1，因而其穿过回路 2 所圈围面积的全磁通 Ψ_{21} 也正比于 I_1，所以有

$$\Psi_{21}=M_{21}I_1\tag{7.17}$$

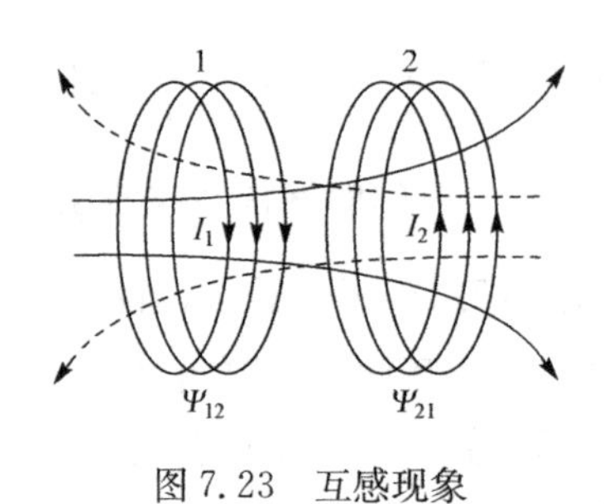

图 7.23　互感现象

同理,电流 I_2 产生的磁场通过回路 1 所圈围面积的全磁通 Ψ_{12} 为

$$\Psi_{12} = M_{12} I_2 \tag{7.18}$$

式中,M_{21} 称为回路 1 对回路 2 的互感系数,M_{12} 称为回路 2 对回路 1 的互感系数,它们仅与两个线圈的几何形状、匝数、相对位置和周围磁介质的性质有关,而与回路中电流无关(有铁芯时除外).理论和实验都可以证明,对于给定的一对导体回路,有

$$M = M_{21} = M_{12}$$

M 称为两个回路之间的**互感系数**(简称**互感**).

2. 互感电动势

当回路 1 中的电流 I_1 发生变化时,根据法拉第电磁感应定律,在回路 2 中引起的互感电动势为

$$\varepsilon_{21} = -\frac{\mathrm{d}\Psi_{21}}{\mathrm{d}t} = -M\frac{\mathrm{d}I_1}{\mathrm{d}t} \tag{7.19}$$

同理,当回路 2 中的电流 I_2 发生变化时在回路 1 中引起的互感电动势为

$$\varepsilon_{12} = -\frac{\mathrm{d}\Psi_{12}}{\mathrm{d}t} = -M\frac{\mathrm{d}I_2}{\mathrm{d}t} \tag{7.20}$$

式中的负号表示,在一个回路中引起的互感电动势,要反抗另一个回路中的电流变化.当一个回路中的电流随时间的变化率一定时,互感越大,则通过互感在另一个回路中所引起的互感电动势也越大.反之,互感电动势则越小.所以互感 M 是两个线圈耦合强弱的物理量.互感的单位和自感的单位相同,都为亨利(H).

互感现象在各种电器设备和无线电技术中有着广泛的应用.例如,发电厂输出的高压电流要引入民居使用时,为了安全,就需要先用变压器把电压降下来,而变压器的工作原理正是应用了互感的规律.

但是,互感现象有时也会带来不利的一面,例如,通信线路和电力输送线之间靠得太近时会受到干扰;有线电话有时会因为两条线路之间互感而造成串音,信息在传送过程中安全性会降低,容易造成泄密等等.

3. 两个线圈串联的自感系数

将两个线圈串联起来看作一个线圈,它有一定的总自感.在一般的情形下,总自感的数值并不等于两个线圈各自自感的和,还必须注意到两个线圈之间的互感.如图 7.24(a)所示,考虑两个线圈,设线圈 1 的自感为 L_1,线圈 2 的自感 L_2,两个线圈的互感为 M.用不同的联接方式把线圈串联起来将有不同的总自感.

图 7.24(b)表示的是顺接情形,两线圈首尾 a'、b 相联.设线圈通以图示的电流 I,并且使电流随时间增加,则在线圈 1 中产生自感电动势 ε_1 和线圈 2 对线圈 1 的互

感电动势 ε_{12}. 这两个电动势方向相同,并与电流的方向相反. 假设 $\frac{\mathrm{d}I}{\mathrm{d}t}>0$,因此在线圈 1 中的电动势是两者相加,即

$$\varepsilon_1+\varepsilon_{12}=-\left(L_1\frac{\mathrm{d}I}{\mathrm{d}t}+M\frac{\mathrm{d}I}{\mathrm{d}t}\right)$$

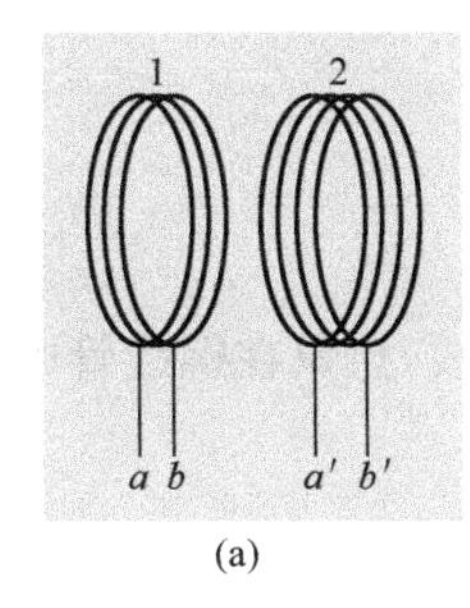

(a)

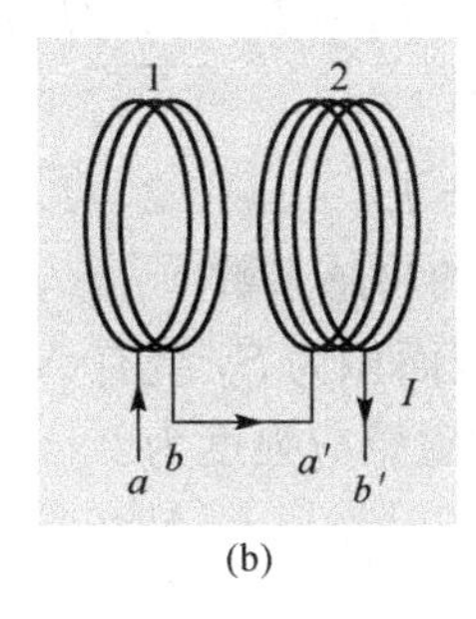

(b)

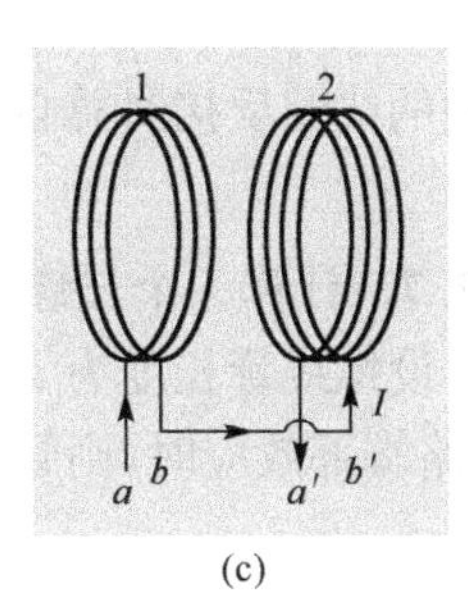

(c)

图 7.24　两个线圈的顺接与反接

同样,在线圈 2 中产生自感电动势 ε_2 和线圈 1 对线圈 2 的互感电动势 ε_{21}. 这两个电动势方向相同,也与电流的方向相反. 因此在线圈 2 中的电动势为

$$\varepsilon_2+\varepsilon_{21}=-\left(L_2\frac{\mathrm{d}I}{\mathrm{d}t}+M\frac{\mathrm{d}I}{\mathrm{d}t}\right)$$

由于 $\varepsilon_1+\varepsilon_{12}$ 和 $\varepsilon_2+\varepsilon_{21}$ 的方向相同,因此在串联线圈中的总感应电动势为

$$\varepsilon=\varepsilon_1+\varepsilon_{12}+\varepsilon_2+\varepsilon_{21}=-(L_1+L_2+2M)\frac{\mathrm{d}I}{\mathrm{d}t}$$

此式表明,顺接串联线圈的总自感为

$$L=L_1+L_2+2M \tag{7.21}$$

图 7.24(c)表示反接情形,两线圈尾尾 b、b' 相联. 当线圈通以图示的电流并且使电流随时间增加,则在线圈 1 中产生的互感电动势 ε_{12},与自感电动势 ε_1 方向相反,在线圈 2 中产生的互感电动势 ε_{21} 与自感电动势 ε_2 方向相反. 因此,总的感应电动势为

$$\varepsilon=\varepsilon_1-\varepsilon_{12}+\varepsilon_2-\varepsilon_{21}=-(L_1+L_2-2M)\frac{\mathrm{d}I}{\mathrm{d}t}$$

此式表明,反接串联线圈的总自感为

$$L=L_1+L_2-2M \tag{7.22}$$

考虑两个特殊情形. 第一,当两个线圈制作或放置使得它们各自产生的磁通量不穿过另一线圈,即两个线圈间没有互感耦合,则两个线圈的互感系数为零. 这时串联线圈的自感系数就是两个线圈自感系数之和

$$L=L_1+L_2 \tag{7.23}$$

第二,两个线圈中每个线圈所产生的磁通量对每一匝都相等,并且全部穿过另一个线圈的每一匝,这种情形称为无漏磁. 此时

$$\Psi_{12}=\Psi_2=L_2I_2=MI_2$$

$$\Psi_{21} = \Psi_1 = L_1 I_1 = M I_1$$

所以

$$M = \sqrt{L_1 L_2} \tag{7.24}$$

两无漏磁的线圈顺接时总自感为

$$L = L_1 + L_2 + 2\sqrt{L_1 L_2} \tag{7.25}$$

两无漏磁的线圈反接时总自感为

$$L = L_1 + L_2 - 2\sqrt{L_1 L_2} \tag{7.26}$$

例 7.7　计算一个长螺线管的自感系数.

解　设螺线管长度为 l，横截面积为 S，绕有 N 匝导线，想象在螺线管中通有电流 I，忽略端部效应时，则管内的磁感应强度为

$$B = \mu_0 \frac{N}{l} I$$

磁场对螺线管每匝线圈的磁通量为

$$\Phi_{\mathrm{m}} = \boldsymbol{B} \cdot \boldsymbol{S} = \mu_0 \frac{N}{l} IS$$

磁链为

$$\Psi = N\Phi_{\mathrm{m}} = \mu_0 \frac{N^2}{l} IS$$

自感系数为

$$L = \frac{\Psi}{I} = \mu_0 n^2 lS = \mu_0 n^2 V$$

式中，n 为单位长度上的匝数；$V = lS$ 为螺线管的体积.

例 7.8　有一很长的同轴电缆，电流均匀地从半径为 R_1 的内导线流出，从半径为 R_2 的圆筒流回，导线与圆筒间充满相对磁导率为 μ_{r} 的磁介质. 求电缆每单位长度的自感系数.

解　根据对称性和安培环路定理可知在圆筒外没有磁场，磁场局限在导线与圆筒间以及导线内. 考虑这电缆长为 l 的一段，如图 7.25(a)所示，设导线内的磁场的磁链为 Ψ_1，导线与圆筒间的磁场的磁链为 Ψ_2，与 Ψ_1 有关的自感称为内自感，以 L_1 表示，与 Ψ_2 有关的自感称为外自感，以 L_2 表示，则依定义有

$$L_1 = \frac{\Psi_1}{I}$$

$$L_2 = \frac{\Psi_2}{I}$$

总的自感为

$$L = L_1 + L_2$$

先求 L_1. 在导线内，由对称性和安培环路定理得

$$\oint \boldsymbol{H} \cdot \mathrm{d}\boldsymbol{l} = H \cdot 2\pi r = \frac{I}{\pi R_1^2} \cdot \pi r^2$$

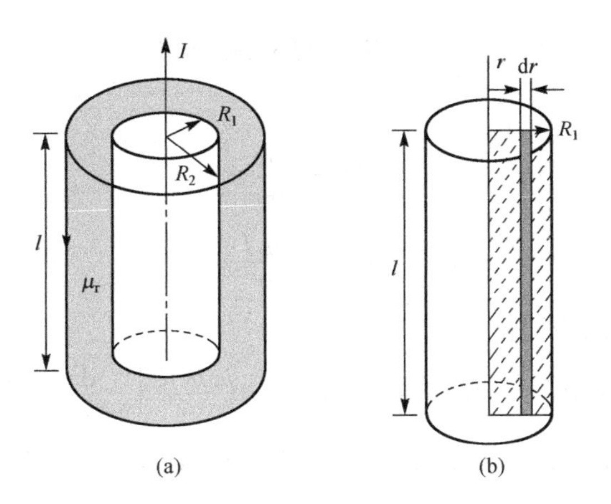

图 7.25　长同轴电缆的自感系数计算

所以

$$H = \frac{Ir}{2\pi R_1^2}$$

$$B = \frac{\mu_0 Ir}{2\pi R_1^2}$$

如图 7.25(b)所示，在长为 l 的一段导线里，取面积元 $dS = l dr$，通过它的磁通量为

$$d\Phi_1 = \boldsymbol{B} \cdot d\boldsymbol{S} = Bl\,dr = \frac{\mu_0 Il}{2\pi R_1^2} r dr$$

由于这个磁通量的磁感应线并没有圈围导线里的全部电流 I，而只圈围半径 r 内的电流 I_1，这 I_1 为

$$I_1 = \frac{I}{\pi R_1^2} \cdot \pi r^2 = \frac{r^2}{R_1^2} I$$

故与 $d\Phi_1$ 相应的磁链便为

$$d\Psi_1 = \frac{I_1}{I} d\Phi_1 = \frac{r^2}{R_1^2} d\Phi = \frac{\mu_0 Il}{2\pi R_1^4} r^3 dr$$

$$\Psi_1 = \frac{\mu_0 Il}{2\pi R_1^4} \int_0^{R_1} r^3 dr = \frac{\mu_0 Il}{8\pi}$$

于是得

$$L_1 = \frac{\Psi_1}{I} = \frac{\mu_0 l}{8\pi}$$

因为

$$\frac{I_1}{I} = \frac{r^2}{R_1^2} < 1$$

所以有人便把 I_1/I 称为“分数匝数”.

再求 L_2. 在导线与圆筒间，由对称性和安培环路定理得

$$\oint \boldsymbol{H} \cdot \mathrm{d}\boldsymbol{l} = H \cdot 2\pi r = I$$

所以

$$H = \frac{I}{2\pi r}$$

$$B = \frac{\mu_0 \mu_r I}{2\pi r}$$

导线与圆筒间的磁通量为

$$\Phi_2 = \int_S \boldsymbol{B} \cdot \mathrm{d}\boldsymbol{S} = \int_S B\mathrm{d}S = \int_{R_1}^{R_2} Bl\,\mathrm{d}r = \frac{\mu_0 \mu_r Il}{2\pi} \int_{R_1}^{R_2} \frac{\mathrm{d}r}{r} = \frac{\mu_0 \mu_r Il}{2\pi} \ln \frac{R_2}{R_1}$$

由于这个磁通量的磁感应线圈围了导线中的全部电流 I，故与之相应的磁链便为

$$\Psi_2 = \Phi_2 = \frac{\mu_0 \mu_r Il}{2\pi} \ln \frac{R_2}{R_1}$$

于是得

$$L_2 = \frac{\Psi_2}{I} = \frac{\mu_0 \mu_r l}{2\pi} \ln \frac{R_2}{R_1}$$

所以单位长度的自感为

$$\frac{L}{l} = \frac{L_1 + L_2}{l} = \frac{\mu_0}{8\pi} + \frac{\mu_0 \mu_r}{2\pi} \ln \frac{R_2}{R_1} = \frac{\mu_0}{4\pi}\left(\frac{1}{2} + 2\mu_r \ln \frac{R_2}{R_1}\right)$$

当直导线变为圆筒时，电缆单位长度的自感为

$$\frac{L}{l} = \frac{\mu_0 \mu_r}{2\pi} \ln \frac{R_2}{R_1}$$

例 7.9 一圆形线圈由 50 匝表面绝缘的细导线绕成，圆面积 $S = 4.0\mathrm{m}^2$，放在另一个半径 $R = 20\mathrm{cm}$ 的大圆形线圈中心，两者同轴，大圆线圈由 100 匝表面绝缘的导线绕成.

(1) 求这两个线圈的互感 M；

(2) 当大线圈导线中电流每秒减少 50A 时，求小线圈中感应电动势.

解 (1)令大线圈为 1 线圈，小线圈为 2 线圈，且设大线圈中通以电流 I_1 . 整个大线圈在圆心处产生的磁感应强度为

$$B_1 = \frac{\mu_0 N_1 I_1}{2R}$$

因小线圈半径远小于 R，穿过小线圈的磁通匝链数为

$$\Psi_{21} = N_2 B_1 S_2 = \frac{\mu_0 N_1 N_2 I_1 S_2}{2R}$$

依互感定义，两线圈的互感为

$$M = \frac{\Psi_{21}}{I_1} = \frac{\mu_0 N_1 N_2 S_2}{2R} = \frac{4\pi \times 10^{-7} \times 100 \times 50 \times 4.0 \times 10^{-4}}{2 \times 0.20} = 6.3 \times 10^{-6}(\mathrm{H})$$

(2) 小线圈中的感应电动势为

$$\varepsilon = -M\frac{\mathrm{d}I_1}{\mathrm{d}t} = -6.3\times10^{-6}\times(-50) = 3.2\times10^{-4}(\mathrm{V})$$

例 7.10　在图 7.26 所示的电路中，L 为一理想电感，已知 $U=220\mathrm{V}, R_1=10\Omega, R_2=100\Omega, L=10\mathrm{H}$，将电路接通并持续很长时间，求在这段时间内电阻 R_2 上放出的焦耳热，然后切断电路并持续很长时间，求在这段时间内电阻 R_2 上放出的焦耳热.

解　(1) 接通电路后，由基尔霍夫定律可列电路方程为

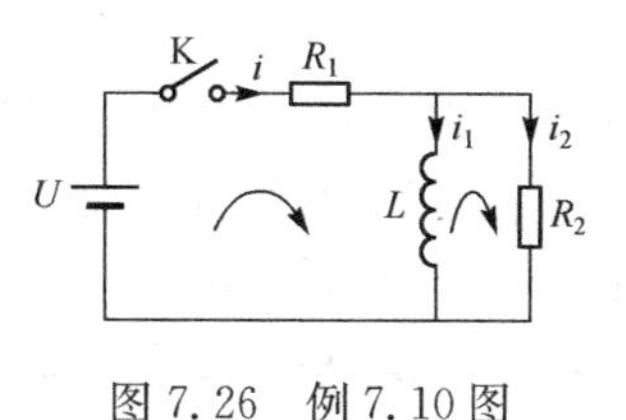

图 7.26　例 7.10 图

$$i = i_1 + i_2$$

$$iR_1 = -L\frac{\mathrm{d}i_1}{\mathrm{d}t} + U$$

$$i_2R_2 = L\frac{\mathrm{d}i_1}{\mathrm{d}t}$$

把第一式代入第二式得

$$i_2 = \frac{1}{R_1}\left(U - L\frac{\mathrm{d}i_1}{\mathrm{d}t} - i_1R_1\right)$$

代入第三式得

$$L\frac{\mathrm{d}i_1}{\mathrm{d}t} + \frac{R_1R_2}{R_1+R_2}i_1 = \frac{R_2}{R_1+R_2}U$$

解此微分方程，并利用初始条件：$t=0, i_1=0$，得

$$i_1 = \frac{U}{R_1}\left(1 - \mathrm{e}^{-\frac{R_1R_2}{L(R_1+R_2)}t}\right)$$

$$i_2 = \frac{U}{R_1+R_2}\mathrm{e}^{-\frac{R_1R_2}{L(R_1+R_2)}t}$$

从接通到达稳定，R_2 上放出的焦耳热为

$$Q_2 = \int_0^\infty i_2^2R_2\,\mathrm{d}t = \frac{U^2L}{2R_1(R_1+R_2)} = \frac{220^2\times10}{2\times10\times(10+100)} = 220(\mathrm{J})$$

(2) 切断电路后，电路方程为

$$iR_2 = -L\frac{\mathrm{d}i}{\mathrm{d}t}$$

解此微分方程，并利用初始条件：$t=0$ 时，$i=\frac{U}{R_1}$，得

$$i = \frac{U}{R_1}\mathrm{e}^{-\frac{R_2}{L}t}$$

切断电路并持续很长时间，电阻 R_2 上放出的焦耳热为

$$Q_2 = \int_0^\infty i^2R_2\,\mathrm{d}t = \frac{U^2L}{2R_1^2} = \frac{220^2\times10}{2\times10^2} = 2420(\mathrm{J})$$

可以证明，当 K 断开 R_2 放出热量等于 L 中储存的磁能.

7.4　磁场的能量

7.4.1　自感磁能

在静电场中，电容器是储存电能的器件. 在磁场中，用于储存磁场能量的器件则是载流线圈.

在 7.3 节图 7.21 中，当电键 K 打向 a 点时，回路中的电流突然由零开始增加，这时在线圈 L 中会产生自感电动势 ε_L. 由于 ε_L 反抗电流的增加，因此回路中的电流不能立即达到稳定值，而需要有一个逐渐增大的过程. 在这一过程中，电源所供的能量，一部分损耗在电阻上，转化为热能，另一部分用于克服自感电动势做功，转化为磁场的能量，在线圈中建立起磁场.

设某一时刻回路中的电流为 i，线圈中的自感电动势为

$$\varepsilon_L = -L\frac{\mathrm{d}i}{\mathrm{d}t}$$

在 $\mathrm{d}t$ 时间内电源电动势反抗自感电动势所做的功为

$$\mathrm{d}A = -\varepsilon_L i\,\mathrm{d}t = Li\,\mathrm{d}i$$

当电流 i 从零增加到稳定值 I 时，电源所做的总功为

$$A = \int_0^I \mathrm{d}A = \int_0^I Li\,\mathrm{d}i = \frac{1}{2}LI^2$$

这部分功转化为能量储存在线圈的磁场之中，称为**自感磁能**.

$$W_L = \frac{1}{2}LI^2 \tag{7.27}$$

电键从 a 打向 b，电路中虽无外接电源，但在短暂的时间中，电路中仍然有电流，电阻上放出的焦耳热正好是线圈中的自感磁能.

7.4.2　互感磁能

设有两个相邻的线圈 1 和线圈 2，它们的自感系数分别为 L_1 和 L_2，互感系数为 M. 在两个线圈中建立稳恒电流 I_1 和 I_2 的过程中，电源的电动势除了供给线圈中产生焦耳热的能量和抵抗自感电动势做功外，还要抵抗互感电动势做功. 在两个线圈建立电流的过程中，抵抗互感电动势所做的总功为

$$\begin{aligned} A = A_1 + A_2 &= -\int_0^\infty \varepsilon_{12} i_1\,\mathrm{d}t - \int_0^\infty \varepsilon_{21} i_2\,\mathrm{d}t \\ &= \int_0^\infty \left[M\frac{\mathrm{d}i_2}{\mathrm{d}t}\cdot i_1\,\mathrm{d}t + M\frac{\mathrm{d}i_1}{\mathrm{d}t}\cdot i_2\,\mathrm{d}t\right] = M\int_0^\infty \frac{\mathrm{d}(i_1 i_2)}{\mathrm{d}t}\mathrm{d}t \\ &= M\int_0^{I_1 I_2} \mathrm{d}(i_1 i_2) = MI_1 I_2 \end{aligned}$$

和自感磁能情形一样，两个线圈中电源抵抗互感电动势所做的这部分额外的功转化

为能量储存在两个线圈的磁场之中，称为**互感磁能**.

$$W_{12}=MI_1I_2 \tag{7.28}$$

一旦电流中止，互感磁能便通过互感电动势做功转化为焦耳热而全部释放出来.

综上所述，两个相邻的载流线圈所储存的总磁能是自感磁能和互感磁能之和，即

$$W_m=W_1+W_2+W_{12}=\frac{1}{2}L_1I_1^2+\frac{1}{2}L_2I_2^2+MI_1I_2 \tag{7.29}$$

总磁能就是电源克服感应电动势所做的功.

应该注意，自感磁能不可能是负的，但互感磁能则不一定，它可能为正，也可能为负，取决于两线圈中电流 I_1 和 I_2 激发的磁通量是互相加强，还是互相削弱.

7.4.3 磁场的能量

与电场能量一样，磁场的能量也是定域在磁场中，因此可以用磁感应强度来表示磁场能量. 为了简单起见，我们以密绕长直螺线管为例进行讨论. 设长直螺线管通有电流 I，体积为 V，其间充满相对磁导率为 μ_r 的均匀磁介质，忽略边缘效应，则螺线管内部的磁感应强度为

$$B=\mu_0\mu_r nI$$

螺线管的自感系数为

$$L=\mu_0\mu_r n^2V$$

式中 n 为螺线管单位长度上线圈的匝数. 螺线管的磁能为

$$W_m=\frac{1}{2}LI^2=\frac{1}{2}\mu_0\mu_r n^2I^2V=\frac{1}{2}\mu_0\mu_r n^2V\left(\frac{B}{\mu_0\mu_r n}\right)^2=\frac{1}{2}\frac{B^2}{\mu_0\mu_r}V$$

将 $B=\mu_0\mu_r H$ 代入上式，得

$$W_m=\frac{1}{2}BHV=\frac{1}{2}\boldsymbol{B}\cdot\boldsymbol{H}V$$

体积 V 可以看作磁场分布的空间，因而磁能分布于整个磁场存在的空间，单位体积内磁场的能量即磁场的**能量密度**

$$w_m=\frac{1}{2}\boldsymbol{B}\cdot\boldsymbol{H} \tag{7.30}$$

式(7.30)虽是在特殊情况下求得的，但可证明此结果是普遍的. 一般情况下，磁场的磁能密度是空间的位置的函数，场内任一体积中磁场的能量为

$$W_m=\int_V w_m\mathrm{d}V=\frac{1}{2}\int_V\boldsymbol{B}\cdot\boldsymbol{H}\mathrm{d}V \tag{7.31}$$

上式积分范围应遍及整个磁场分布的空间.

例 7.11 用磁场能量重新计算例 7.8 中电缆每单位长度的自感系数.

解 由对称性和安培环路定理得电缆中磁场强度和磁感应强度的分布为

$$H_1=\frac{Ir}{2\pi R_1^2}\quad(r<R_1)$$

$$H_2=\frac{I}{2\pi r}\quad(R_1<r<R_2)$$

$$B_1=\frac{\mu_0 Ir}{2\pi R_1^2}\quad(r<R_1)$$

$$B_2=\frac{\mu_0\mu_r I}{2\pi r}\quad(R_1<r<R_2)$$

磁场的能量密度为

$$w_{m1}=\frac{1}{2}B_1H_1=\frac{1}{2}\cdot\frac{Ir}{2\pi R_1^2}\cdot\frac{\mu_0 Ir}{2\pi R_1^2}=\frac{\mu_0 I^2}{8\pi^2R_1^4}r^2\quad(r<R_1)$$

$$w_{m2}=\frac{1}{2}B_2H_2=\frac{1}{2}\cdot\frac{\mu_0\mu_r I}{2\pi r}\cdot\frac{I}{2\pi r}=\frac{\mu_0\mu_r I^2}{8\pi^2r^2}\quad(R_1<r<R_2)$$

故长为 l 的一段电缆所具有的磁场能量为

$$\begin{aligned}W&=\int_{V_1}w_{m1}\,\mathrm{d}V+\int_{V_2}w_{m2}\,\mathrm{d}V\\&=\int_0^{R_1}\frac{\mu_0 I^2}{8\pi^2R_1^4}r^2\cdot 2\pi rl\,\mathrm{d}r+\int_{R_1}^{R_2}\frac{\mu_0\mu_r I^2}{8\pi^2r^2}\cdot 2\pi rl\,\mathrm{d}r\\&=\frac{\mu_0 I^2 l}{4\pi R_1^4}\int_0^{R_1}r^3\,\mathrm{d}r+\frac{\mu_0\mu_r I^2 l}{4\pi}\int_{R_1}^{R_2}\frac{1}{r}\mathrm{d}r\\&=\frac{\mu_0 I^2 l}{16\pi}+\frac{\mu_0\mu_r I^2 l}{4\pi}\ln\frac{R_2}{R_1}\end{aligned}$$

由公式

$$W_m=\frac{1}{2}LI^2$$

得这一段的自感为

$$L=\frac{2W_m}{I^2}=\frac{\mu_0 l}{8\pi}+\frac{\mu_0\mu_r l}{2\pi}\ln\frac{R_2}{R_1}$$

于是得单位长度的自感为

$$\frac{L}{l}=\frac{\mu_0}{8\pi}+\frac{\mu_0\mu_r}{2\pi}\ln\frac{R_2}{R_1}=\frac{\mu_0}{4\pi}\left(\frac{1}{2}+2\mu_r\ln\frac{R_2}{R_1}\right)$$

这一结果与例 7.8 中的结果相同.

7.5 位移电流

麦克斯韦自 1861 年提出了随时间变化的磁场产生“感生电场”的假设后，于 1862 年又提出了随时间变化的电场(“位移电流”)产生磁场的假设，从而进一步揭示电场和磁场之间的内在联系. 这是麦克斯韦对电磁学理论的重要贡献.

7.5.1　位移电流

由前章知道,稳恒电流和它所激发的磁场之间遵守安培环路定理

$$\oint_L \boldsymbol{H} \cdot \mathrm{d}\boldsymbol{l} = \int_S \boldsymbol{j}_0 \cdot \mathrm{d}\boldsymbol{S} = I_0$$

式中,I_0是穿过以回路L为边界的任意曲面S的传导电流,$\boldsymbol{j}_0$是传导电流密度.一个以确定的回路L为边界的曲面S有无限多个.在稳恒电流的条件下,穿过以L为边界任意曲面的传导电流都相等,磁场强度沿回路L的环流与以回路L为边界的曲面选择无关.从图7.27可以看出,

$$\int_{S_2} \boldsymbol{j}_0 \cdot \mathrm{d}\boldsymbol{S} - \int_{S_1} \boldsymbol{j}_0 \cdot \mathrm{d}\boldsymbol{S} = \oint_S \boldsymbol{j}_0 \cdot \mathrm{d}\boldsymbol{S} = 0$$

这里S为S_1和S_2组成的闭合曲面.在非稳恒电流的磁场中,人们自然要问,安培环路定理是否仍然成立呢?

让我们来研究电容器的充、放电过程.在一个含有电容器的电路中,当电容器在充、放电时,导线内的传导电流将随时间变化,传导电流不能在电容器两极板之间通过,因而对整个电路来说,传导电流是不连续的.

如图7.28所示,在电容器的充电电路中作闭合回路L,并以L为边界作曲面S_1与导线相交,根据安培环路定理,应有

$$\oint_L \boldsymbol{H} \cdot \mathrm{d}\boldsymbol{l} = I_0 = \int_{S_1} \boldsymbol{j}_0 \cdot \mathrm{d}\boldsymbol{S}$$

I_0是穿过曲面S_1的传导电流.若又以同一回路L为边界作曲面S_2,使S_2通过电容器两极板之间,由于没有传导电流穿过,则根据安培环路定理,应有

$$\oint_L \boldsymbol{H} \cdot \mathrm{d}\boldsymbol{l} = \int_{S_2} \boldsymbol{j}_0 \cdot \mathrm{d}\boldsymbol{S} = 0$$

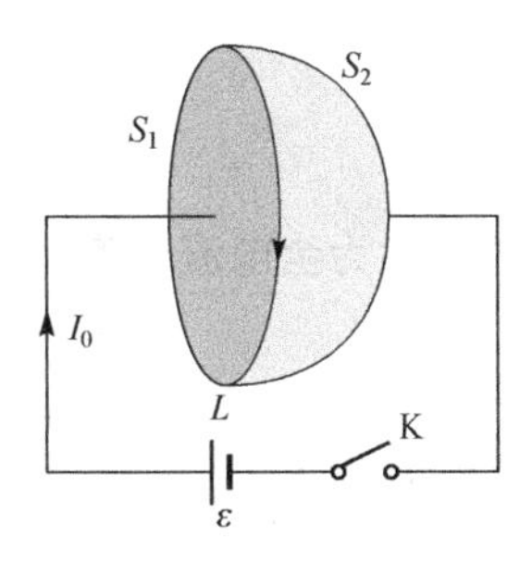

图7.27　穿过L为边界的曲面S_1和S_2的稳恒电流相等

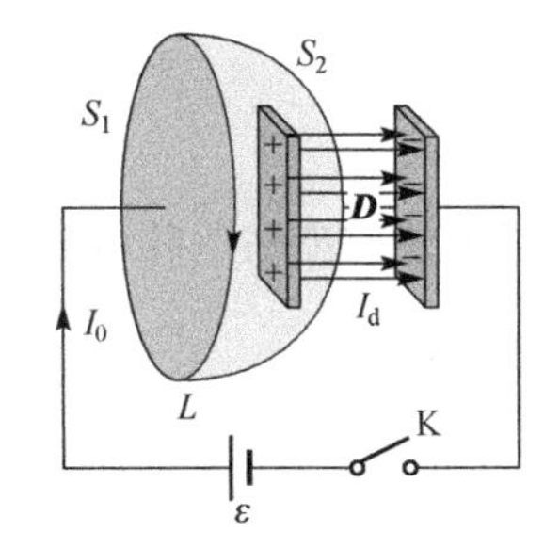

图7.28　位移电流

显然,在非稳恒电流的磁场中,磁场强度沿回路L的环流与如何选取以回路L为边界的曲面有关.以同一边界回路L所作的不同曲面S_1和S_2上的电流不同.

$$\int_{S_2} \boldsymbol{j}_0 \cdot \mathrm{d}\boldsymbol{S} - \int_{S_1} \boldsymbol{j}_0 \cdot \mathrm{d}\boldsymbol{S} = \oint_S \boldsymbol{j}_0 \cdot \mathrm{d}\boldsymbol{S} \neq 0$$

这说明，在非稳恒电流的情况下，安培环路定理不再成立，应寻找新的更普遍的规律来取代稳恒电流磁场中的安培环路定理.

在上述的电路中，当有电流通过电容器时，电容器每一极板的电量 q_0 随时间发生变化，同时电场 $\boldsymbol{E}$（和 $\boldsymbol{D}$）也随时间发生变化. 在非稳恒情况下电流的连续性方程给出

$$\oint_S \boldsymbol{j}_0 \cdot d\boldsymbol{S} = -\frac{dq_0}{dt} \tag{7.32}$$

其中 q_0 为闭合曲面 $S = S_1 + S_2$ 所包围的自由电荷，它分布在电容器的极板表面. 在一般（例如非稳恒）情况下高斯定理仍然成立，即有

$$\oint_S \boldsymbol{D} \cdot d\boldsymbol{S} = q_0$$

将此式对时间 t 求导数

$$\oint_S \frac{\partial \boldsymbol{D}}{\partial t} \cdot d\boldsymbol{S} = \frac{dq_0}{dt} \tag{7.33}$$

将式(7.33)代入式(7.32)，并整理得

$$\oint_S \left(\frac{\partial \boldsymbol{D}}{\partial t} + \boldsymbol{j}_0\right) \cdot d\boldsymbol{S} = 0 \tag{7.34}$$

麦克斯韦把电场的变化看作是一种电流，称 $\frac{\partial \boldsymbol{D}}{\partial t}$ 为**位移电流密度**，用 $\boldsymbol{j}_d$ 来表示

$$\boldsymbol{j}_d = \frac{\partial \boldsymbol{D}}{\partial t} \tag{7.35}$$

令 $\Phi_D = \int_S \boldsymbol{D} \cdot d\boldsymbol{S}$ 代表通过某一曲面的电位移通量，则有

$$\frac{\partial \Phi_D}{\partial t} = \int_S \frac{\partial \boldsymbol{D}}{\partial t} \cdot d\boldsymbol{S}$$

$\frac{\partial \Phi_D}{\partial t}$ 称为**位移电流**，用 I_d 来表示

$$I_d = \frac{\partial \Phi_D}{\partial t} \tag{7.36}$$

传导电流密度与位移电流密度的总和 $\frac{\partial \boldsymbol{D}}{\partial t} + \boldsymbol{j}_0$ 称为**全电流密度**. 用 $\boldsymbol{j}_t$ 来表示全电流密度，则有

$$\boldsymbol{j}_t = \frac{\partial \boldsymbol{D}}{\partial t} + \boldsymbol{j}_0 = \boldsymbol{j}_d + \boldsymbol{j}_0 \tag{7.37}$$

把 $I_t = \int_S \boldsymbol{j}_t \cdot d\boldsymbol{S}$ 称为**全电流**.

有了位移电流密度和全电流密度概念后，式(7.34)可写为

$$\oint_S \boldsymbol{j}_t \cdot d\boldsymbol{S} = 0 \tag{7.38}$$

这就是说，全电流是连续的，只要边界 L 相同，它在不同曲面 S_1 和 S_2 上的面积积分相同.

7.5.2 全电流安培环路定理

位移电流 I_d 的引入不仅使全电流成为连续的,而且麦克斯韦还假设它在磁效应方面也和传导电流等效,即它们都按同一规律在周围空间激发涡旋磁场,麦克斯韦运用这种思想把从稳恒电流总结出来的磁场规律推广到一般情况,即既包括传导电流也包括位移电流所激发的磁场.他指出:**磁场强度 $\boldsymbol{H}$ 沿任意闭合回路的环流等于穿过此闭合回路所圈围曲面的全电流**,即

$$\oint_L \boldsymbol{H} \cdot d\boldsymbol{l} = I_0 + I_d = \int_S \left[\boldsymbol{j}_0 + \frac{\partial \boldsymbol{D}}{\partial t}\right] \cdot d\boldsymbol{S} \tag{7.39}$$

这就是全电流安培环路定理.它是电磁场的基本方程之一.

如果不存在传导电流,则由上式得

$$\oint_L \boldsymbol{H} \cdot d\boldsymbol{l} = \int_S \frac{\partial \boldsymbol{D}}{\partial t} \cdot d\boldsymbol{S} \tag{7.40}$$

此式与法拉第电磁感应定律

$$\oint_L \boldsymbol{E} \cdot d\boldsymbol{l} = -\int_S \frac{\partial \boldsymbol{B}}{\partial t} \cdot d\boldsymbol{S}$$

相似,它们深刻地揭示了电场和磁场的内在联系,即变化的电场激发涡旋磁场,变化的磁场激发涡旋电场,反映了自然界对称性的美.麦克斯韦提出的位移电流的概念,已为无线电波的发现和它在实际中广泛的应用所证实.

根据位移电流的定义,在电场中每一点只要有电位移的变化,就有相应的位移电流密度存在,因此不仅在电介质中,就是在导体中,甚至在真空中也可以产生位移电流,但在通常情况下,电介质中电流主要是位移电流,传导电流可以忽略不计;而在导体中的电流,主要是传导电流,位移电流可以忽略不计,至于在高频电流的场合,导体内的位移电流和传导电流同样起作用,二者都不可忽略.

应该指出,虽然位移电流与传导电流在激发磁场方面是等效的,但它们却是两个不同的概念.传导电流是大量自由电荷的宏观定向运动,而位移电流在电介质中,由关系式 $\boldsymbol{D} = \varepsilon_0 \boldsymbol{E} + \boldsymbol{P}$ 可知它由两部分组成,即

$$\boldsymbol{j}_d = \frac{\partial \boldsymbol{D}}{\partial t} = \varepsilon_0 \frac{\partial \boldsymbol{E}}{\partial t} + \frac{\partial \boldsymbol{P}}{\partial t} \tag{7.41}$$

其中,第一项是和电荷运动无关的纯位移电流,第二项也只和电介质极化时极化电荷的微观运动有关.其次传导电流通过导体时要产生焦耳热,而在位移电流中,第一项只与电场的变化率有关,不会产生热效应,第二项 $\partial P/\partial t$ 对于由有极分子组成的电介质产生较大的热量(变化的电磁场迫使有极分子反复极化,从而使分子热运动加剧),但它和传导电流放出的焦耳热不同,它们遵从完全不同的规律.现代家庭新颖烹饪电器之一微波炉就是位移电流产生热量的一个实际应用,它是通过磁控管产生频率为几吉赫的微波,经密封的波导管进入炉腔并作用于食物上,食物在吸收微

波过程中使其分子作与微波同频率的极高频振动，引起快速摩擦而产生热量，达到加热、煮熟食物的目的. 由于微波对人体是有害的，制造微波炉时，应有专门装置以防止过量的微波从炉门缝隙处外泄.

例 7.12　一平行板电容器的两极板为圆形金属板，面积均为 A，接于一交流电源时，板上的电荷随时间变化，即 $q=q_{\mathrm{m}}\sin\omega t$.

(1) 求电容器中的位移电流密度；

(2) 求两板之间的磁感应强度分布.

解　(1)对于平行板电容器有

$$D=\sigma_0=\frac{q}{A}=\frac{q_{\mathrm{m}}}{A}\sin\omega t$$

所以，位移电流密度的大小为

$$j_{\mathrm{d}}=\frac{\partial D}{\partial t}=\frac{\partial}{\partial t}\left(\frac{q_{\mathrm{m}}}{A}\sin\omega t\right)=\frac{q_{\mathrm{m}}\omega}{A}\cos\omega t$$

(2) 由于在电容器内无传导电流，故 $j_0=0$，根据全电流安培环路定理有

$$\oint_L \boldsymbol{H}\cdot\mathrm{d}\boldsymbol{l}=\int_S(\boldsymbol{j}_0+\boldsymbol{j}_{\mathrm{d}})\cdot\mathrm{d}\boldsymbol{S}=\int_S\boldsymbol{j}_{\mathrm{d}}\cdot\mathrm{d}\boldsymbol{S}$$

以两极板中心线为对称轴，在平行于极板的平面内，以该平面与中心线交点为圆心，以 r 为半径作圆，根据对称性知，其上 $\boldsymbol{H}$ 大小相等，选积分方向与 $\boldsymbol{H}$ 方向一致，则

$$H\cdot 2\pi r=j_{\mathrm{d}}\cdot\pi r^2$$

所以

$$H=\frac{j_{\mathrm{d}}r}{2}=\frac{q_{\mathrm{m}}\omega r}{2A}\cos\omega t$$

故得

$$B=\mu_0 H=\frac{q_{\mathrm{m}}\omega\mu_0 r}{2A}\cos\omega t$$

例 7.13　一球形电容器，内半径为 a，外半径为 b，两球壳间充满均匀而各向同性的导电介质，其相对介电常数为 ε_{r}，电导率为 σ，若在初始时刻 $t=0$，电容器内球壳所带电量为 q_0，求电容器内部的电场和磁场与时间的关系.

解　电容器内部的电场是球对称的径向场，因而传导电流密度 $j_0=\sigma E$ 亦是球对称的径向电流(图 7.29)，传导电流将使电容器极板上的电量减少. 由于电容器内部的导电电介质等效于电容器接有漏电电阻 R，若任何时刻导电电介质中的传导电流为 i，电容器的电容为 C，极板上的电量为 q，则有

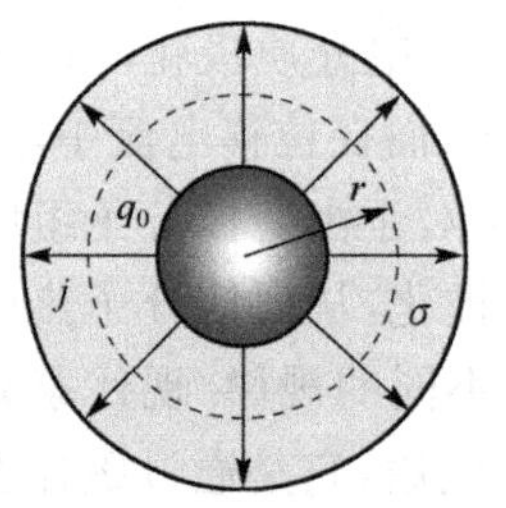

图 7.29　球形电容器放电过程

$$\frac{q}{C}+iR=0$$

其中

$$i=\frac{\mathrm{d}q}{\mathrm{d}t}$$

所以

$$R\frac{\mathrm{d}q}{\mathrm{d}t}+\frac{1}{C}q=0$$

由初始条件 $q(0)=q_0$，解微分方程得

$$q=q_0\mathrm{e}^{-\frac{t}{RC}}$$

如图 7.29 所示作一半径为 r 球面，根据电流的连续性方程可求得任意时刻通过该球面的传导电流为

$$i=\oint_S\boldsymbol{j}\cdot\mathrm{d}\boldsymbol{S}=-\frac{\mathrm{d}q}{\mathrm{d}t}=\frac{q_0}{RC}\mathrm{e}^{-\frac{t}{RC}}$$

于是离球心为 r 处的传导电流密度为

$$j=\frac{i}{4\pi r^2}=\frac{q_0}{4\pi r^2RC}\mathrm{e}^{-\frac{t}{RC}}$$

根据高斯定理得离球心为 r 处电位移矢量为

$$\oint_S\boldsymbol{D}\cdot\mathrm{d}\boldsymbol{S}=D\cdot4\pi r^2=q_0\mathrm{e}^{-\frac{t}{RC}}$$

$$D=\frac{q_0}{4\pi r^2}\mathrm{e}^{-\frac{t}{RC}}$$

电场强度为

$$E=\frac{D}{\varepsilon_0\varepsilon_\mathrm{r}}=\frac{q_0}{4\pi\varepsilon_0\varepsilon_\mathrm{r}r^2}\mathrm{e}^{-\frac{t}{RC}}$$

位移电流密度为

$$j_\mathrm{d}=\frac{\partial D}{\partial t}=\varepsilon_0\varepsilon_\mathrm{r}\frac{\partial E}{\partial t}=-\frac{q_0}{4\pi r^2RC}\mathrm{e}^{-\frac{t}{RC}}$$

比较传导电流和位移电流可知

$$j_\mathrm{t}=j+j_\mathrm{d}=0$$

即在电容器内任一点的全电流密度为零，全电流的磁效应为零.

再根据欧姆定律的微分形式，可得到真空介电常数 ε_0 、相对介电常数 ε_r 、电导率 σ 、电阻 R 和电容 C 之间的关系

$$\boldsymbol{j}=\sigma\boldsymbol{E}$$

$$\frac{q_0}{4\pi r^2RC}\mathrm{e}^{-\frac{t}{RC}}=\sigma\frac{q_0}{4\pi r^2\varepsilon_0\varepsilon_\mathrm{r}}\mathrm{e}^{-\frac{t}{RC}}$$

$$\varepsilon_0\varepsilon_\mathrm{r}=\sigma RC$$

7.6 麦克斯韦方程组与电磁波

法拉第虽然具有极深奥的物理思想和高超的实验技巧，但是他没能把他的“场”和“力线”的概念推进到精确定量的理论，未能用数学来描绘电场和磁场. 麦克斯韦是继法拉第之后，集电磁学大成的伟大物理学家. 在前人工作的基础上，他对电磁学的研究进行了全面的总结，并提出了“感生电场”和“位移电流”的假设，建立了完整的电磁理论体系.

7.6.1 麦克斯韦方程组

把前面几章所得的结论加以总结和推广，结合位移电流的假设，我们就可以得到电磁场的基本方程组. 这一总结工作是麦克斯韦完成的，故电磁场的基本方程组又称为**麦克斯韦方程组**. 麦克斯韦方程组有积分形式和微分形式，我们只讨论积分形式，其微分形式将在电动力学课程中加以讨论.

(1) 通过任意闭合曲面的电位移 $\boldsymbol{D}$ 通量等于该闭合曲面所包围的自由电荷的代数和，即

$$\oint_S \boldsymbol{D} \cdot \mathrm{d}\boldsymbol{S} = \sum q_0$$

它说明电荷产生的电场是有源场. 这一方程就是电场中的高斯定理. 式中的 $\boldsymbol{D}$ 是电荷和变化的磁场共同激发的电场中电位移矢量. 由于感生电场的电位移线为闭合曲线，对闭合曲面的通量为零，因此总的 $\boldsymbol{D}$ 通量只和自由电荷有关.

(2) 电场强度 $\boldsymbol{E}$ 对任意闭合路径的环流取决于磁感应强度的变化率对这一闭合路径所圈围面积的通量，即

$$\oint_L \boldsymbol{E} \cdot \mathrm{d}\boldsymbol{l} = -\int_S \frac{\partial \boldsymbol{B}}{\partial t} \cdot \mathrm{d}\boldsymbol{S}$$

它表明变化的磁场激发电场. 这是电场的安培环路定理. 式中，$\boldsymbol{E}$ 是自由电荷和变化磁场共同激发的合场强. 由于自由电荷产生的静电场是保守场，其环流为零，因此，式中的 $\boldsymbol{E}$ 仅与变化的磁场有关.

(3) 磁感应强度 $\boldsymbol{B}$ 对任意闭合曲面的通量恒等于零，即

$$\oint_S \boldsymbol{B} \cdot \mathrm{d}\boldsymbol{S} = 0$$

它表明磁场是无源场，自然界中不存在磁荷. 这一方程是磁场中的高斯定理. 式中的 $\boldsymbol{B}$ 是由传导电流和位移电流共同激发的磁场，因为两者激发的磁场都是涡旋场，所以对闭合曲面的 $\boldsymbol{B}$ 通量为零.

(4) 磁场强度 $\boldsymbol{H}$ 沿任意闭合回路的环流等于穿过此闭合回路所圈围曲面的全电流，即

$$\oint_L \boldsymbol{H} \cdot d\boldsymbol{l} = \int_S \left[\boldsymbol{j}_0 + \frac{\partial \boldsymbol{D}}{\partial t}\right] \cdot d\boldsymbol{S}$$

它表明变化的电场激发磁场. 这是磁场的安培环路定理. 式中, $\boldsymbol{H}$ 是由传导电流和位移电流共同激发的磁场.

归纳一下,麦克斯韦方程组的积分形式为

$$\left.\begin{aligned}
&\oint_S \boldsymbol{D} \cdot d\boldsymbol{S} = \sum q_0 \\
&\oint_S \boldsymbol{B} \cdot d\boldsymbol{S} = 0 \\
&\oint_L \boldsymbol{E} \cdot d\boldsymbol{l} = -\int_S \frac{\partial \boldsymbol{B}}{\partial t} \cdot d\boldsymbol{S} \\
&\oint_L \boldsymbol{H} \cdot d\boldsymbol{l} = \int_S \left[\boldsymbol{j}_0 + \frac{\partial \boldsymbol{D}}{\partial t}\right] \cdot d\boldsymbol{S}
\end{aligned}\right\} \tag{7.42}$$

从上面论述我们看到,麦克斯韦理论不但提出了涡旋电场、位移电流这样的概念,还包含了从特殊情况(静电场和稳恒磁场)向一般非稳恒情况的假设性推广. 它的正确性由它所得到的一系列推论与实验很好符合而得到证实.

当电磁场中充满各向同性的均匀介质时,上述麦克斯韦方程组尚不完善,还需要再补充下列三个描述介质性质的线性方程,它们是

$$\left.\begin{aligned}
&\boldsymbol{D} = \varepsilon_0 \varepsilon_r \boldsymbol{E} \\
&\boldsymbol{B} = \mu_0 \mu_r \boldsymbol{H} \\
&\boldsymbol{j} = \sigma \boldsymbol{E}
\end{aligned}\right\} \tag{7.43}$$

四个麦克斯韦方程组,加上三个描述介质的线性方程,就全面地概括了电磁场的基本性质和完整的电磁场理论体系,它不仅是整个宏观电磁理论的基础,而且也是许多现代电磁技术的理论基础.

7.6.2 自由空间的平面电磁波

麦克斯韦方程组给出的一个重要结论是随时间变化的电磁场具有波动性. 因此,如果空间某处有激发变化磁场(或电场)的源,则在邻近区域中就要引起电场(或磁场). 由于该处原来没有电场(或磁场),所以电(磁)场的出现就意味着该处的电(磁)场从零变为非零,即该处的电(磁)场发生了改变. 这个变化的电(磁)场又将在附近引起变化的磁(电)场. 借着这种循环反复的过程,电磁场将离开激发它们的源,以一定速度逐渐向远处传播,这就是**电磁波**. 最初,电磁波只不过是麦克斯韦根据麦克斯韦方程组提出的预言,人们并不知道电磁波是怎样一回事. 后来才由德国物理学家赫兹通过著名的振子实验,证实了电磁波的存在.

在电磁波传播的过程中,对应于任意时刻 t,空间电磁场中具有相同相位的点构成等相位面,或称**波阵面**. 波阵面为平面的电磁波称为**平面电磁波**. 如果在平面波阵

面上，每点的电场强度 E 均相同，磁感应强度 B 也相同，这种电磁波称为**均匀平面电磁波**. 在距离产生电磁波的源很远处，球面波阵面上的一小部分可视为平面，该处的电磁波可视为均匀平面电磁波.

电磁波的传播空间一般不存在相关的自由电荷及传导电流. 将这类没有自由电荷和没有传导电流分布的空间称为“**自由空间**”. 除导体外，在自由的无限大均匀介质空间里，麦克斯韦方程组为

$$\begin{aligned}&\oint_S \boldsymbol{E}\cdot \mathrm{d}\boldsymbol{S}=0\\&\oint_S \boldsymbol{B}\cdot \mathrm{d}\boldsymbol{S}=0\\&\oint_L \boldsymbol{E}\cdot \mathrm{d}\boldsymbol{l}=-\int_S \frac{\partial \boldsymbol{B}}{\partial t}\cdot \mathrm{d}\boldsymbol{S}\\&\oint_L \boldsymbol{B}\cdot \mathrm{d}\boldsymbol{l}=\mu_0\mu_r\varepsilon_0\varepsilon_r\int_S \frac{\partial \boldsymbol{E}}{\partial t}\cdot \mathrm{d}\boldsymbol{S}\end{aligned} \tag{7.44}$$

我们假设所研究的电磁波为均匀平面电磁波. 设电磁波沿坐标 z 轴方向传播，$\boldsymbol{E}$ 和 $\boldsymbol{B}$ 仅与 z 和 t 有关，则由 式(7.44)可得到 $\boldsymbol{E}$ 和 $\boldsymbol{B}$ 满足的波动方程为

$$\frac{\partial^2 E_x}{\partial t^2}=\frac{1}{\mu_0\mu_r\varepsilon_0\varepsilon_r}\frac{\partial^2 E_x}{\partial z^2}=v^2\frac{\partial^2 E_x}{\partial z^2}\qquad (\boldsymbol{E}\text{ 沿 } x \text{ 方向}) \tag{7.45}$$

$$\frac{\partial^2 B_y}{\partial t^2}=\frac{1}{\mu_0\mu_r\varepsilon_0\varepsilon_r}\frac{\partial^2 B_y}{\partial z^2}=v^2\frac{\partial^2 B_y}{\partial z^2}\qquad (\boldsymbol{B}\text{ 沿 } y \text{ 方向}) \tag{7.46}$$

式中，$v=\dfrac{1}{\sqrt{\mu_0\mu_r\varepsilon_0\varepsilon_r}}$ 为介质中电磁波的传播速度. 它与真空中电磁波的传播速度 c 的关系为

$$v=\frac{c}{\sqrt{\varepsilon_r\mu_r}} \tag{7.47}$$

波动方程最简单的解是简谐平面波，可表示为

$$E_x=E_{mx}\cos(\omega t-kz+\varphi_E) \tag{7.48}$$

$$B_y=B_{my}\cos(\omega t-kz+\varphi_B) \tag{7.49}$$

式中 ω 和 k 是角频率和波数，它们与周期 T 和波长 λ 的关系为

$$\omega=\frac{2\pi}{T},\quad k=\frac{2\pi}{\lambda} \tag{7.50}$$

波的传播速度(相速)为

$$v=\frac{\lambda}{T}=\frac{\omega}{k} \tag{7.51}$$

由上可知，当 z 一定时，电场和磁场随时间作周期性变化，t 时刻与 $t+T$ 时刻的场矢量相等，可见 T 是电磁场的时间周期；对于给定时刻 t，电场和磁场随空间位置作周期性变化，z 与 $z+\lambda$ 处的场矢量相等，可见 λ 是电磁场的空间周期即波长. $\omega t-kz+$

φ_E 和 $\omega t - kz + \varphi_B$ 分别是电场和磁场的相位,其中 φ_E 和 φ_B 分别为初相位.

由式(7.48)和式(7.49)可见,z 为常数的平面为波面.因此,这种电磁波是平面波.在 z 为常数的波面上,由于 E_x 和 B_y 与 x,y 无关,各点场强相等.因此,该平面波是均匀平面电磁波.又由于电场和磁场仅以单一频率随时间变化,故此平面电磁波也称单色平面电磁波.简谐平面电磁波可以用图 7.30 来表示.

由麦克斯韦方程组可确定单色平面电磁波具有如下特性:

(1) 电磁波是横波.电矢量 $\boldsymbol{E}$ 和磁矢量 $\boldsymbol{B}$ 的方向都与电磁波的传播方向(波矢量 $\boldsymbol{k}$ 的方向)垂直,即

$$\boldsymbol{E} \perp \boldsymbol{k}, \quad \boldsymbol{B} \perp \boldsymbol{k}$$

(2) 电矢量 $\boldsymbol{E}$ 与磁矢量 $\boldsymbol{B}$ 垂直,$\boldsymbol{E} \times \boldsymbol{B}$ 沿 $\boldsymbol{k}$ 的方向,即满足右手螺旋关系.

(3) $\boldsymbol{E}$ 和 $\boldsymbol{B}$ 同相位,大小成正比,即

$$E = \frac{1}{\sqrt{\varepsilon\mu}}B = vB \qquad (7.52)$$

(4) 电磁波的波速 $v = \frac{1}{\sqrt{\varepsilon\mu}}$,即 v 只由介质的介电常数和磁导率决定.在真空中

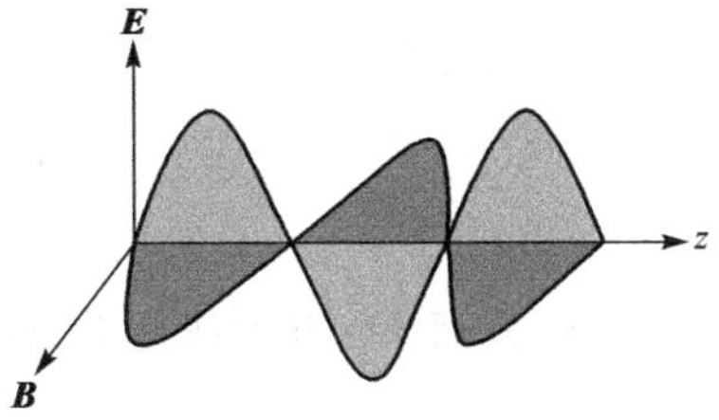

$$v = c = 2.9979 \times 10^8 \text{m/s}$$

图 7.30　沿 z 方向传播的简谐平面电磁波

7.6.3　电磁波的能量

电磁波是变化电磁场的传播,而电磁场具有能量,故伴随电磁波的传播必然有电磁能量的传播.显然,电磁场能量是电场能量和磁场能量之和.

我们已分别介绍了介质中电场的能量密度和磁场的能量密度.因而,电磁场的能量密度为

$$w = \frac{1}{2}(\boldsymbol{D} \cdot \boldsymbol{E} + \boldsymbol{B} \cdot \boldsymbol{H}) \qquad (7.53)$$

任一体积 V 中的电磁场能量为

$$W = \int_V w \mathrm{d}V = \int_V \frac{1}{2}(\boldsymbol{D} \cdot \boldsymbol{E} + \boldsymbol{B} \cdot \boldsymbol{H}) \mathrm{d}V \qquad (7.54)$$

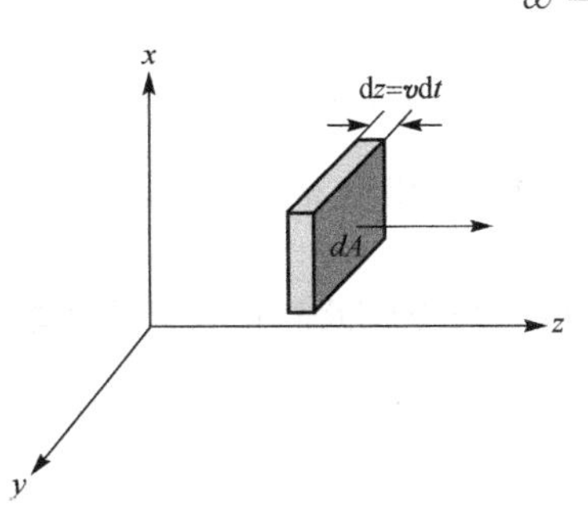

图 7.31　能流密度的推导

设在无限大均匀介质中一平面电磁波沿 z 方向传播,介质中不存在消耗电磁场能量的机制.如图 7.31 所示,作一长方体体积元 $\mathrm{d}V = \mathrm{d}A \cdot \mathrm{d}z$,使其底面 $\mathrm{d}A$ 垂直于传播方向,而 $\mathrm{d}z = v\mathrm{d}t$ (即 $\mathrm{d}t$

时间内电磁波传播的距离). $\mathrm{d}V$ 内电磁能量为

$$\mathrm{d}W=\frac{1}{2}(\boldsymbol{D}\cdot\boldsymbol{E}+\boldsymbol{B}\cdot\boldsymbol{H})\mathrm{d}V$$

由于电磁场能量以与电磁波相同的速度传播,所以图中体积元左边底面附近的电磁能量经过 $\mathrm{d}t$ 时间后恰好传播到右边底面,即 $\mathrm{d}t$ 时间内体积元内的全部电磁能量通过了右边底面. 那么,单位时间流过垂直于传播方向单位面积的能量为

$$S=\frac{w\mathrm{d}V}{\mathrm{d}A\mathrm{d}t}=\frac{w\mathrm{d}A\,v\,\mathrm{d}t}{\mathrm{d}A\mathrm{d}t}=vw \tag{7.55}$$

将式(7.53)代入式(7.55)得

$$S=\frac{v}{2}(\boldsymbol{D}\cdot\boldsymbol{E}+\boldsymbol{B}\cdot\boldsymbol{H})$$

再将 $v=\dfrac{1}{\sqrt{\varepsilon\mu}}$ 代入上式,并注意 $E=\dfrac{1}{\sqrt{\varepsilon\mu}}B$, $D=\varepsilon E$, $B=\mu H$ 则有

$$S=\frac{1}{\mu}EB$$

考虑到 $\boldsymbol{E}\perp\boldsymbol{B}$,并有 $\boldsymbol{E}\times\boldsymbol{B}$ 所决定的方向为电磁能量传播的方向,所以上式可表示为

$$\boldsymbol{S}=\frac{1}{\mu}\boldsymbol{E}\times\boldsymbol{B}=\boldsymbol{E}\times\boldsymbol{H} \tag{7.56}$$

在单位时间内通过垂直于传播方向单位面积的能量,称为电磁波的**能流密度**,$\boldsymbol{S}$ 称为**能流密度矢量**,又称为**坡印廷矢量**.

式(7.56)给出的是电磁波的瞬时能流密度. 在实际中重要的是它在一个周期内的平均值,即**平均能流密度**(或称波的**强度**)来反映电磁波的能量传播. 对于简谐波平均能流密度为

$$\overline{S}=\frac{1}{2}E_{\mathrm{m}}H_{\mathrm{m}} \tag{7.57}$$

式中,E_{m} 和 H_{m} 分别是电矢量 $\boldsymbol{E}$ 和磁矢量 $\boldsymbol{H}$ 的振幅.

7.6.4　电磁波的动量

能量和动量是密切联系的,既然电磁波具有能量,它必然还带有一定的动量.

根据相对论质量公式 $m=\dfrac{m_0}{\sqrt{1-v^2/c^2}}$, 以及能量和动量的关系式 $W=\sqrt{p^2c^2+m_0^2c^4}$, 由于真空中电磁波传播速度 $v=c$, 故可得电磁波静止质量和动量分别为

$$m_0=m\sqrt{1-v^2/c^2}=0$$

$$p=\frac{W}{c}$$

对于真空中平面电磁波,其动量密度(单位体积的动量)为

$$g=\frac{\mathrm{d}p}{\mathrm{d}V}=\frac{1}{c}\frac{\mathrm{d}W}{\mathrm{d}V}=\frac{w}{c}$$

由于真空中 $v=c$, 所以式(7.55)可以写成

$$S=cw$$

将此式代入上式得

$$g=\frac{S}{c^2}$$

由于动量是矢量,其方向与电磁波的传播方向相同,因而上式可以写成如下矢量形式

$$\boldsymbol{g}=\frac{1}{c^2}\boldsymbol{E}\times\boldsymbol{H}=\frac{1}{c^2}\boldsymbol{S} \tag{7.58}$$

它的大小正比于能流密度,方向沿电磁波传播的方向.

由于电磁波具有动量,所以当它入射到一个物体表面上时会对表面有压力作用.这个压力称为**辐射压力或光压**.

考虑一束电磁波垂直射到一个物体表面,如果入射电磁波和反射电磁波的能流密度分别为 $\boldsymbol{S}_{入}$ 和 $\boldsymbol{S}_{反}$,则物体表面所受到的光压(单位面积上所受的辐射压力)为

$$P=\frac{1}{c}|\boldsymbol{S}_{入}-\boldsymbol{S}_{反}| \tag{7.59}$$

如果被照射面的反射率是100%,则 $|\boldsymbol{S}_{入}|=|\boldsymbol{S}_{反}|$, 正入射的光压为

$$P=\frac{2}{c}|\boldsymbol{S}_{入}|=\frac{2}{c}EH \tag{7.60}$$

如果被照射面全吸收(绝对黑体),则 $|\boldsymbol{S}_{反}|=0$, 正入射的光压是

$$P=\frac{1}{c}|\boldsymbol{S}_{入}|=\frac{1}{c}EH \tag{7.61}$$

式(7.60)和式(7.61)中的 E、H 均为方均根值.

7.6.5　电磁波的产生与辐射

1. 辐射电磁波的条件

电磁波是一种随时间变化的电磁场,而电场和磁场归根到底是由电荷和电荷的运动产生的.作为产生电磁波的电荷应具有什么特征,在什么条件下才能产生电磁波,这是一个使人们感兴趣的问题.对这一问题,我们采取定性和半定量的分析方法给出有关电荷产生电磁波的最基本的特征.

考察分布在某一小范围内的电荷系统,假定这电荷系统能辐射电磁波,电磁波向四面八方传播出去,我们称这种电荷系统为辐射源.在离辐射源较远的地方,观察一个沿径向传播并携带着能量的球面电磁波或准球面电磁波.如果辐射源周围是真空,那么通过任一半径为 r 的球面被电磁波带走的能量应与球面的半径 r 无关.由于

包围辐射源的球面的面积与 r^2 成正比，这就要求电磁波的能流密度

$$\boldsymbol{S}=\frac{1}{\mu}\boldsymbol{E}\times\boldsymbol{B}$$

与 r^2 成反比. 由此可判断球面电磁波的电矢量 $\boldsymbol{E}$ 和磁矢量 $\boldsymbol{B}$ 的幅值应与 r 成反比，即

$$E_{\mathrm{m}}\propto\frac{1}{r}$$

$$B_{\mathrm{m}}\propto\frac{1}{r}$$

为了便于了解辐射源产生电磁波的物理过程，我们先排除那些不可能产生电磁波的场源.

静止的点电荷不能产生电磁波，因为静止电荷只产生电场，不产生磁场，场中没有能量流动.

匀速运动的电荷亦不可能产生电磁波. 匀速运动的电荷既产生电场，又产生磁场，但其场矢量仍与离开场源的距离的平方成反比，因而能流密度将与离开场源距离的四次方成反比，而且，由于电场强度沿径向，即在 $\boldsymbol{r}$ 方向，能流密度与径向垂直，没有沿 $\boldsymbol{r}$ 方向的分量，因此，匀速运动的点电荷也不能发射电磁波，它不可能是辐射源.

经典电动力学中的普遍而深刻的结论是：在真空中，只有当电荷作加速运动时，它才可能发射电磁波，即电磁波的产生与电荷的加速运动相联系. 由于电荷作加速运动的方式不同，产生电磁波的方式也不同. 金属中的自由电子作简谐振动可以产生无线电波，如广播、电视的天线发射；打在金属靶上的电子受到碰撞或减速时，将产生 X 射线；在电子感应加速器和同步加速器以及星际的磁场中，电子作圆周运动的向心加速度将产生同步辐射等.

2. 加速运动电荷的辐射

考察一电量为 q 的点电荷，在 $t=0$ 的时刻以前，即 $t<0$，一直静止在坐标原点 O. 今设想该点电荷从 $t=0$ 时刻开始，在非常短的时间 Δt 内以加速度 a 作加速运动，故在 $t=\Delta t$ 时刻，该点电荷的速度 $u=a\Delta t$. 由于 Δt 很小，在这段时间内，电荷虽获得速度，但几乎没有位移，实际上仍然位于原点 O，不过是位于原点的运动电荷. 设想该点电荷在 $t=\Delta t$ 到 $t=\Delta t+\tau$ 这段时间内，以速度 $u(u/c\ll 1)$ 作匀速运动并到达 O'，O 与 O' 间的距离等于 $u\tau$.

现在我们来研究 $t=\Delta t+\tau$ 时刻空间的电场分布. 此刻空间的电场由三个部分组成：第一部分是由 $t<0$ 时刻静止在 O 点的点电荷所产生的静电场，它是以坐标原点 O 为中心的球面对称分布的径向电场，分布在半径为 $r=c(\Delta t+\tau)$ 的球面之外；第二部分是以速度 u 作匀速运动的电荷的电场，它是以 O' 为中心的球面对称分布的径向瞬时电场，分布在半径为 $r=c\tau$ 的球面内；第三部分是电荷在 $t=0$ 到 $t=\Delta t$ 这段时

间内作加速运动过程中产生的电场，它分布在半径为 $r = c\tau$ 和半径为 $r = c(\Delta t + \tau)$ 两个不同心的球面之间的薄壳层中，由于在两个球面之间的过渡层里没有电荷分布，电场线应连续，把球壳内外的电场线的端点连接起来，结果，过渡层中的电场线发生曲折. 这三部分的电场分布如图 7.32 所示.

在过渡层中，电场线曲折，不再沿径向. 可以把这个区域中的场强分解成平行于 $\boldsymbol{r}$ 方向的分量 $\boldsymbol{E}_r$ 和垂直于 $\boldsymbol{r}$ 方向的分量 $\boldsymbol{E}_\theta$ 两部分，前者称为电场的纵向分量，后者称为电场的横向分量，即

$$\boldsymbol{E} = \boldsymbol{E}_r + \boldsymbol{E}_\theta$$

由图 7.33 可知

$$\tan\alpha = \frac{E_r}{E_\theta} = \frac{c\Delta t}{u\tau\sin\theta} = \frac{c\Delta t}{a\,\Delta t\tau\sin\theta} = \frac{c}{a\tau\sin\theta}$$

注意到 $r = c\tau, E_r = \dfrac{1}{4\pi\varepsilon_0}\dfrac{q}{r^2}$ 得

$$E_\theta = E_r\frac{a\tau\sin\theta}{c} = \frac{1}{4\pi\varepsilon_0}\frac{qa\sin\theta}{c^2 r} \tag{7.62}$$

在电荷加速过程中产生的电场分布区域中，电场具有横向分量，其值与离开电荷的距离成反比，与加速度成正比. 没有加速度，就没有电场的横向分量. 在上式中，E_θ 是 $t = \Delta t + \tau$ 时刻的场强，a 是 $t = \Delta t$ 时刻的加速度，即 $t - \tau$ 时刻的加速度，注意到 $\tau = \dfrac{r}{c}$，故一般情况下电场的横向分量可表示为

$$E_\theta(r,t) = \frac{qa\left(t - \dfrac{r}{c}\right)\sin\theta}{4\pi\varepsilon_0 c^2 r}$$

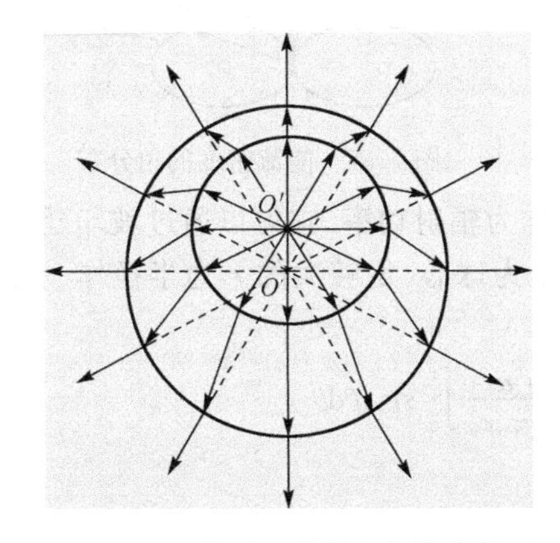

图 7.32　加速电荷的电场线曲折

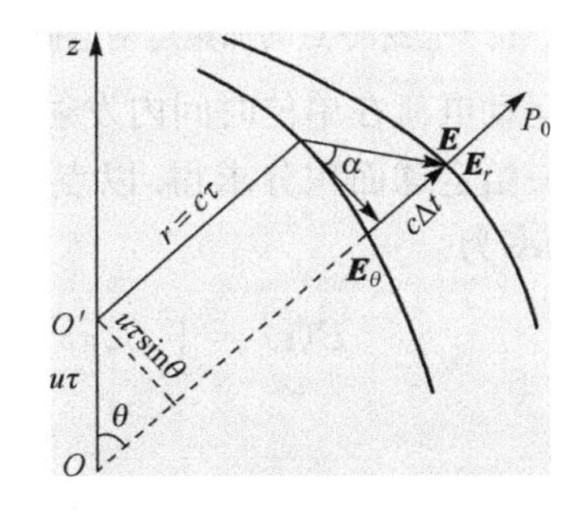

图 7.33　电场线曲折区域中横向电场计算

由于横向电场随时间变化，它必将伴随着一个磁场. 正是电场与磁场，形成了沿径向向外辐射的电磁波. 根据自由空间电磁波的性质，电磁波电矢量与磁矢量成正

比，故在电场线曲折的区域中，与横向电场 E_θ 对应的磁场的分量为

$$B=\frac{1}{c}E_\theta$$

在电场线曲折的区域中，我们感兴趣的是场的横向分量，故用 $\boldsymbol{E}$ 和 $\boldsymbol{B}$ 表示横向分量，即

$$\boldsymbol{E}(\boldsymbol{r},t)=\frac{qa\left(t-\frac{r}{c}\right)\sin\theta}{4\pi\varepsilon_0 c^2 r}\boldsymbol{e}_\theta \tag{7.63}$$

$$\boldsymbol{B}(\boldsymbol{r},t)=\frac{1}{c}\boldsymbol{e}_r\times\boldsymbol{E} \tag{7.64}$$

由于在这区域中，电矢量和磁矢量都随 $1/r$ 变化，故能流密度按 $1/r^2$ 变化，这正是我们所期望的. 一个位于坐标原点的作加速运动的电荷，在远处的横向场分布如图 7.34 所示.

在电场线曲折的区域中，电磁辐射能流密度的大小为

$$S=\frac{1}{\mu_0}|\boldsymbol{E}\times\boldsymbol{B}|=\frac{q^2a^2\sin^2\theta}{16\pi^2\varepsilon_0 c^3 r^2} \tag{7.65}$$

能流的分布与 θ 有关，在 $\theta=0$ 的方向，无能流，而在 $\theta=\pi/2$ 的方向，能流密度最大. 能流密度与 θ 的关系称为能流密度的角分布. 在平面极坐标中，能流密度角分布如图 7.35 所示.

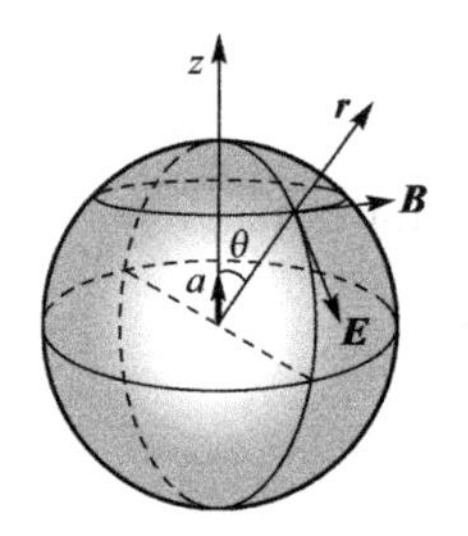

图 7.34　位于坐标原点的加速运动电荷在远处的场

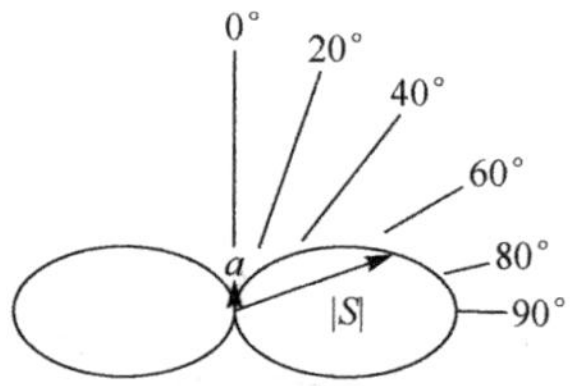

图 7.35　能流密度的角分布

加速运动电荷在单位时间内发射的总能量称为**辐射功率**. 它可以通过坡印廷矢量对任意一给定球面积分求得. 以点电荷所在处为球心、足够大的 r 为半径作一球面，辐射功率为

$$P(t)=\int_0^\pi S2\pi r^2\sin\theta\mathrm{d}\theta=\frac{q^2a^2}{8\pi\varepsilon_0 c^3}\int_0^\pi\sin^3\theta\mathrm{d}\theta$$

积分后得

$$P(t)=\frac{q^2a^2}{6\pi\varepsilon_0 c^3} \tag{7.66}$$

这就是拉莫尔公式，它给出了电量为 q、加速度为 a 的电荷在单位时间内辐射的能量.

3. 振动偶极子的辐射

一个点电荷在非常短的时间内作加速运动，就产生一电场线曲折区域，在这区域中存在电场和磁场的横向分量. 这区域一旦出现，便以光速 c 向远处传播，直到无穷远. 若电荷经过短暂的加速运动后便保持匀速运动，那么当与电荷加速过程相对应的曲折区域传到无穷远处后，空间仅存在匀速运动电荷的电场和磁场，电场只有径向分量. 如果电荷以速度 u 运动一定时间后，突然在极短的时间内减速，直至速度为零，这时远处的场仍是匀速运动电荷的场，近处则为静电场. 两种电场分布区域之间出现一过渡层，它与电荷的减速运动相联系，在这区域中，电场线发生曲折. 若电荷静止后，又突然反向加速，并以速度 u 向反向运动，则与反向加速相对应出现一电场线曲折的过渡层.

不难设想，当电荷作简谐振动时，空间将交替出现电场线在不同方向的曲折区域. 这些区域由近及远传播，从而形成简谐波.

设一电偶极子，负电荷位于坐标原点，到正电荷的距离为

$$x = X_0 \sin\omega t$$

电偶极子的电矩为

$$p = qx = qxX_0 \sin\omega t$$

这种偶极子称为**振动偶极子**. 振动偶极子的辐射场也可用式(7.63)和式(7.64)表示，因偶极子振动的加速度

$$a = \ddot{x} = -\omega^2 X_0 \sin\omega t$$

随时间作简谐变化，振动偶极子产生的辐射场的电矢量和磁矢量都是简谐波，它们的振幅与振动偶极子的振幅成正比，与偶极子振动的频率的平方成正比. 辐射的能流密度和辐射功率与频率的四次方成正比. 振动偶极子远处的电场分布如图 7.36 所示.

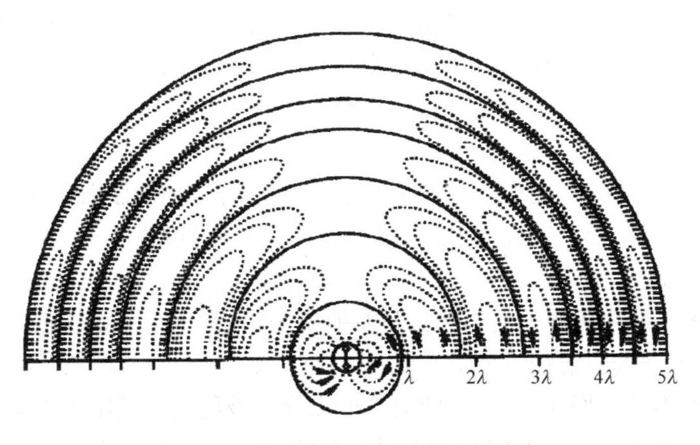

图 7.36 振动偶极子远处的电场分布

在 LC 振荡电路中，存在着加速运动的电荷. 这时电容器中有变化的电场，电感线圈中有变化的磁场. 但通常的 LC 电路并不能发射电磁波，其中一个原因是，电路中的电容器和电感线圈都是集中性元件，电、磁场的能量聚集在元件中无法向外辐射；另一个原因是，电磁波的辐射功率与频率的四次方成正比，而一般 L 值和 C 值都较大，由 $f=\dfrac{1}{2\pi\sqrt{LC}}$ 可知，电路中的振荡频率比较小. 为了提高 LC 振荡电路发射电磁波的能力，可以增加电容器极板之间的距离，使电容减小；减少电感线圈的匝数，增大各匝间的距离，使电感减小，使之成为开放电路. 这样振荡频率就增大，电场和磁场分布的区域扩大. 此演变的过程如图 7.37(a)、(b)、(c)所示. 从开放电路(c)看，电容器极板上有等量异号的电荷，其特征犹如一偶极子，在电容器反复充放电的过程中，极板上的电量随时间变化，相当于偶极子的电矩的大小和方向随时间变化，故开放电路的行为与振动偶极子相同. 历史上，赫兹曾利用这种开放电路产生了电磁波，从而验证了麦克斯韦方程的正确性.

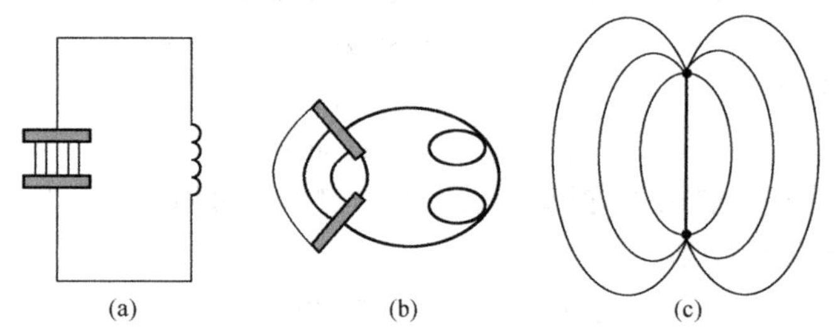

图 7.37　LC 电路演变成振动偶极子

7.6.6　电磁波谱

电磁波的范围很广，其频率或波长的范围不受限制. 无线电波，微波、红外线、可见光、紫外线，X 射线和 γ 射线等都是电磁波. 不同波段的电磁波产生的机理不同，但它们的本质完全相同，在真空中的传播速度都是 c. 波长 λ、频率 f 和波速 c 三者之间的关系为

$$c=\lambda f \tag{7.67}$$

按照电磁波频率(或波长)依次排列所成的列表称为**电磁波谱**. 如图 7.38 所示. 从图中可知，整个电磁波谱大致可划分为如下几个区域：

1. 无线电波

无线电波一般由天线上的电磁振荡发射出去，它是电磁波谱中波长最长的一个波段. 由于电磁波的辐射强度随频率的减小而急剧下降，因此波长为几百千米的低频电磁波通常不被人们注意. 实际使用中的无线电波的波长范围为 1mm～30km. 不同波长范围的电磁波特点不同，因此其用途也不同. 从传播特点而言，长波、中波由于波长很长，它们的衍射能力很强，适合传送电台的广播信号. 短波衍射能力小，靠

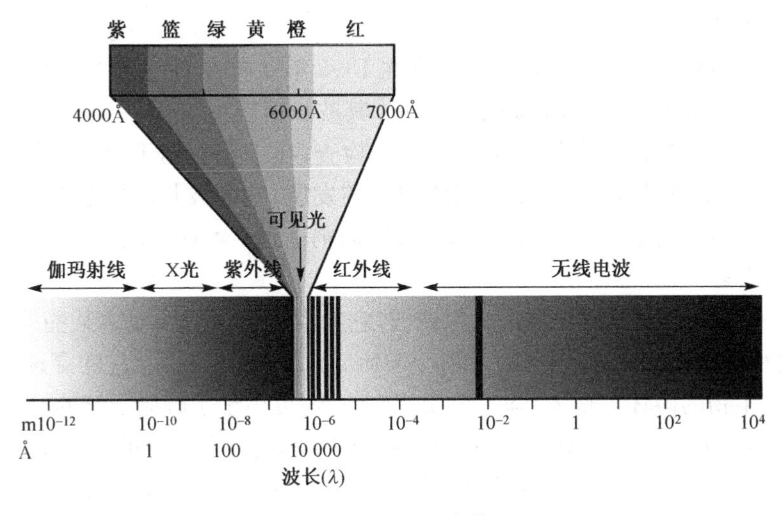

图 7.38 电磁波谱

电离层向地面反射来传播,能传得很远.微波由于波长很短,在空间按直线传播,容易被障碍物所反射,远距离传播要用中继站.适合于电视和无线电定位(雷达)和无线电导航技术.

2. 红外线

波长范围大约为 0.6mm～760nm 的电磁波称为**红外线**.它的波长比红光更长.红外线来源于炽热物体的热辐射,给人以热的感觉.它能透过浓雾或较厚大气层而不易被吸收.红外线虽然看不见,但可以通过特制的透镜成像.根据这些性质可制成红外夜视仪,在夜间观察物体.20世纪下半叶以来,由于微波无线电技术和红外技术的发展,两者之间不断拓展,目前微波和红外线的分界已不存在,有一定的重叠范围.

3. 可见光

可见光在整个电磁波谱中所占的波段最窄.其波长范围为 400～760nm.这些电磁波能够使人眼产生光的感觉,所以称为**光波**.可见光的不同频率决定了人眼感觉到的不同颜色,白光则是由各种颜色的可见光——红、橙、黄、绿、青、蓝、紫,按一定光强比例混合而成,称为**复色光**.

4. 紫外线

波长范围在 5～400nm 之间的电磁波称为**紫外线**,它比可见光的紫光波长更短,人眼也看不见.当炽热物体(例如太阳)的温度很高时,就会辐射紫外线.由于紫外线的能量与一般化学反应所涉及的能量大小相当,因此它有明显的化学效应和荧光效应,也有较强的杀菌本领.无论是红外线、可见光还是紫外线,它们都是由原子的外层电子受激发后产生的.

5. X 射线

X 射线曾被称为伦琴射线，是由伦琴在 1895 年发现的. 它的波长比紫外线更短，它是由原子中的内层电子受激发后产生的，其波长范围为 0.04～5nm. X 射线具有很强的穿透能力，在医疗上用于透视和病理检查；在工业上用于检查金属材料内部的缺陷和分析晶体结构等. 随着 X 射线技术的发展，它的波长范围也朝着两个方向发展，在长波方向与紫外线有所重叠，短波方向则进入了 γ 射线的领域.

6. γ 射线

这是一种比 X 射线波长更短的电磁波，它来自于宇宙射线或由某些放射性元素在衰变过程中辐射出来，其波长范围在 0.04nm 以下，以至更短. 它的穿透力比 X 射线更强，对生物的破坏力很大. 除了金属探伤外，还可用于了解原子核的结构.

例 7.14 计算电容器充电过程中的能流密度和电容器能量的变化率.

解 考虑一平行板电容器，其极板是半径为 a 的圆板，两板之间的距离为 b，设 $b \ll a$，假定电容器正被缓慢充电. 在时刻 t，电容器中的电场强度为 E，电场能为

$$W = \frac{1}{2}\varepsilon_0 E^2(\pi a^2 b)$$

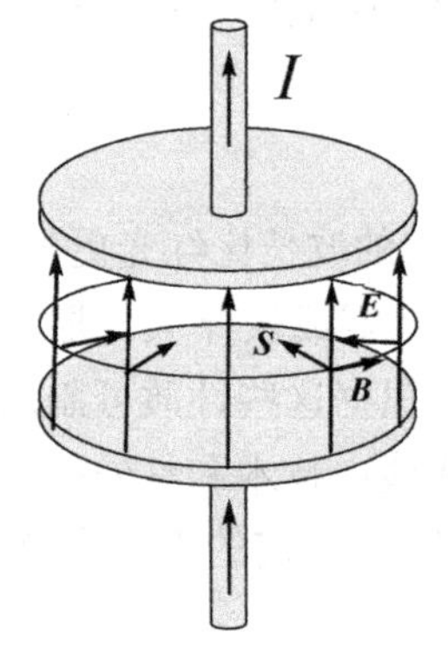

图 7.39 电容器充电中能流密度的方向

因此，能量的变化率

$$\frac{\mathrm{d}W}{\mathrm{d}t} = \pi a^2 b\varepsilon_0 E\frac{\mathrm{d}E}{\mathrm{d}t}$$

在充电过程中，电容器中的能量随时间增加. 能量是从哪里来的呢？电容器边缘处存在磁场，该磁场由位移电流激发. 位移电流的分布呈轴对称，根据安培环路定理得

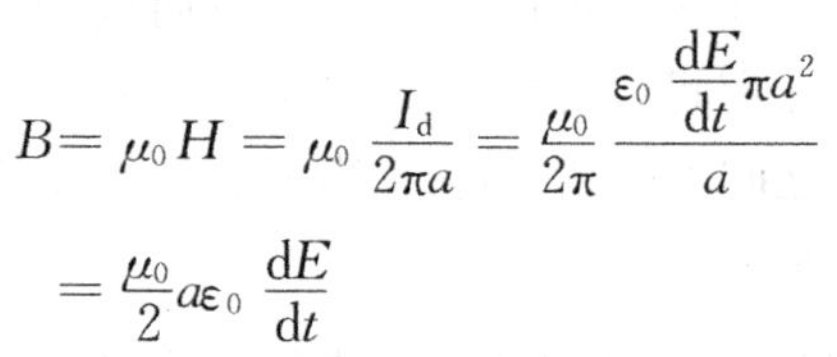

$$B = \mu_0 H = \mu_0\frac{I_{\mathrm{d}}}{2\pi a} = \frac{\mu_0}{2\pi}\frac{\varepsilon_0\frac{\mathrm{d}E}{\mathrm{d}t}\pi a^2}{a} = \frac{\mu_0}{2}a\varepsilon_0\frac{\mathrm{d}E}{\mathrm{d}t}$$

故边缘处的能流密度为

$$S = \frac{1}{\mu_0}EB = \frac{1}{2}a\varepsilon_0 E\frac{\mathrm{d}E}{\mathrm{d}t}$$

其方向平行于电容器的极板，指向电容器的中心，如图 7.39 所示. 单位时间内，流进电容器的总能量即总能流为

$$2\pi abS = \pi a^2 b\varepsilon_0 E\frac{\mathrm{d}E}{\mathrm{d}t}$$

与 $\mathrm{d}W/\mathrm{d}t$ 相等. 这说明，在充电过程中，能量并非通过导线流入电容器，而是通过电容器的边缘的间隙流进去的.

例 7.15 一回旋加速器的 D 形扁盒的半径为 0.92m，加于两扁盒缝隙间的加速

电压的频率为 1.5×10^{-7} Hz，电压的峰值为 20kV，试比较一质子在回转一周过程中辐射损耗的能量和获得的动能.

解　质子在回转一周的过程中，经过缝隙两次，故质子在一周内获得的最大动能 $W_k = 2qU_m$，U_m 为加速电压的峰值. 粒子在 D 形盒里作圆周运动，存在向心加速度，因而辐射能量. 向心加速度 $a_n = \omega^2 R = 4\pi^2 f^2 R$，$\omega$ 为粒子作圆周运动的角速度，f 为圆周运动的频率. 它等于加速电压的频率. 如果忽略相对论效应，则由拉莫尔公式，辐射功率为

$$P(t) = \frac{q^2\ (4\pi^2 f^2 R^2)^2}{6\pi\varepsilon_0 c^3} = \frac{8\pi^3 q^2 f^4 R^2}{3\varepsilon_0 c^3}$$

在回转一周的过程中，辐射的总能量为

$$W = P(t)\ \frac{1}{f} = \frac{8\pi^3 q^2 f^3 R^2}{3\varepsilon_0 c^3}$$

辐射耗损的能量与粒子获得的能量之比为

$$\frac{W}{W_k} = \frac{4\pi^3 q f^3 R^3}{3\varepsilon_0 c^3 U_m}$$

把有关量的数据代入，得

$$\frac{W}{W_k} = 40\times10^{-15}$$

可见回旋加速器中的辐射耗损是比较小的，但比直线加速器的耗损要大得多.

思　考　题

7.1　法拉第电磁感应定律指出：通过回路所圈围的面积的磁通量变化时，回路中产生感应电动势. 哪些物理量的改变会引起磁通量的变化？

7.2　把一条形永久磁铁从闭合螺线管中的左端插入，由右端抽出，试用图表示在此过程中感应电流的方向.

7.3　有一铜环和木环，两环的尺寸完全一样，今以两条相同的磁铁用相同的速度插入，问在同一时刻，通过这两个环的磁通量是否相同？

7.4　一根很长的铜管铅直放置，有一根磁棒由管中铅直下落. 试述磁棒的运动情况.

7.5　若感应电流的方向与楞次定律所确定的方向相反，或者说，法拉第定律公式中的负号换成正号，会导致什么结果？

7.6　一导体棒 OA 在匀强磁场中绕其一端（O 点）作切割磁感线的转动，OA 间是否有电势差？改用两倍长的导体棒 AB 以相同的速度绕中点 O 作切割磁感线的转动，此时 OA 间的电势差与前者是否相同？AB 两点间的电势差为多少？

7.7　设想存在一个区域很大的均匀磁场，一金属板以恒定速度 v 在磁场中运动，板面与磁场垂直. 问：

(1) 金属板中是否有感应电流？磁场对金属板的运动是否有阻尼作用？

(2) 金属板中是否存在电动势？金属板是否为等势体？金属板上有无电势差？

(3) 若用一导线连接金属两端，导线中能否产生电流？

7.8　利用楞次定律说明为什么一个小的条形磁铁能悬浮在用超导材料作成的盘上.

7.9　如果要使悬挂在均匀磁场中并在平衡位置左右来回转动的线圈很快停止振动，可将此线圈的两端与一开关相连，只要按下开关(称为阻尼开关)，使线圈闭合就能达到此目的，试解释之.

7.10　试按下述几方面比较一下静电场与涡旋电场：

(1) 由什么产生？

(2) 力线的分布怎样？

(3) 对导体有何作用？

7.11　在一长直螺线管中，放置 ab、cd 两段导体，一段在直径上，另一段在弦上(图 7.40). 若螺线管中的电流从零开始，缓慢增加，在这过程中分别比较 a 点与 b 点、c 点与 d 点哪点电势高？为什么？

7.12　有一金属环，由两个半圆组成，电阻分别为 R_1 和 R_2，一均匀磁场垂直于圆环所在的平面，如图 7.41 所示. 当磁感强度增加时，比较分界面上 A、B 两点的电势高低.

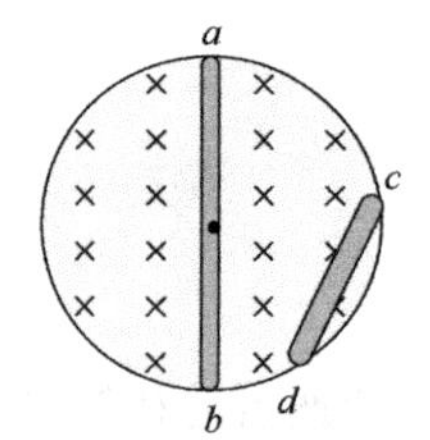

图 7.40　思考题 7.11 图

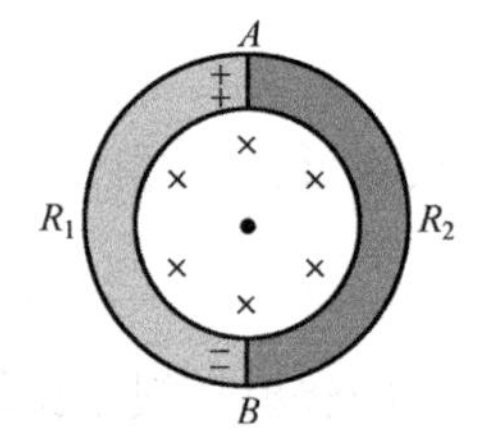

图 7.41　思考题 7.12 图

*7.13　设想在无限大区域内存在均匀的磁场，当磁场随时间变化时，这空间是否存在感应电场？想象在这磁场中作一闭合路径，使路径的平面与磁场垂直，通过这闭合路径所围面积的磁感通量是否变化？是否存在感应电动势？由此看来，“在无限大区域内存在均匀磁场”的设想是否合理？

7.14　均匀磁场限制在半径为 R 的长圆柱内，磁场随时间缓慢变化，如图 7.42 所示. 图中闭合曲线 L_1 和 L_2 上每点的 $\dfrac{dB}{dt}$ 是否为零？$\boldsymbol{E}_k$ 是否为零？$\oint_{L_1}\boldsymbol{E}_k\cdot d\boldsymbol{l}$ 与 $\oint_{L_2}\boldsymbol{E}_k\cdot d\boldsymbol{l}$ 是否为零？若 L_1 和 L_2 为均匀电阻丝环，环内是否有感应电流？L_1 环内任意两点的电势差是多少？L_2 环内 M、N、P、Q 的电势是否相等？(假定电阻丝环的存在对 $\boldsymbol{E}_k$ 无影响).

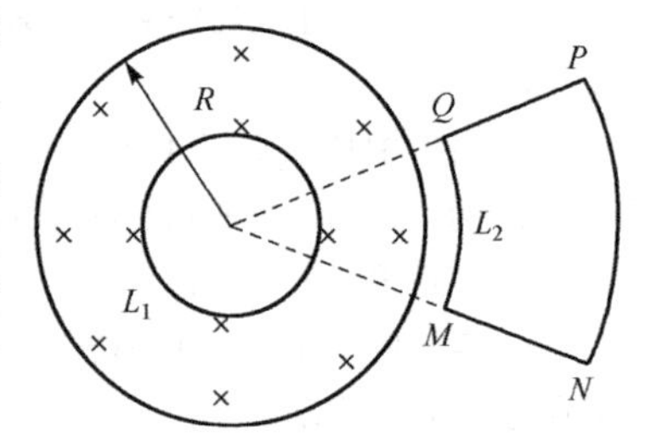

图 7.42　思考题 7.14 图

*7.15　一无限长螺线管的导线中通有变化的电流，螺线管附近有一段导线 ab 两端未闭合，如图 7.43 所示. 问 ab 两端是否有电压？若用一交流电压表按图中的实线连接 ab 两点，电压表的读数为多少？若按图中的虚线连接 a、b 两点，电压表的读数又为多少？怎样解释这一现象？

7.16　微波炉是怎样工作的？为什么它能把导电材料包括大多数食品加热，而不能把玻璃或塑料盘这类绝缘体加热呢？

7.17　L 是否有负值？M 是否有负值？怎样理解负值的物理意义？

7.18　有两个相隔距离不太远的线圈，如何放置才使其互感系数为零？

7.19　用金属丝绕制的标准电阻要求是无自感的，怎样绕制自感系数为零的线圈？

7.20　将电路中的闸刀闭合时不见跳火，而当扳断电路时，常有火花发生，为什么？

7.21　自感磁能是否有负值？为什么？互感磁能是否有负值？为什么？

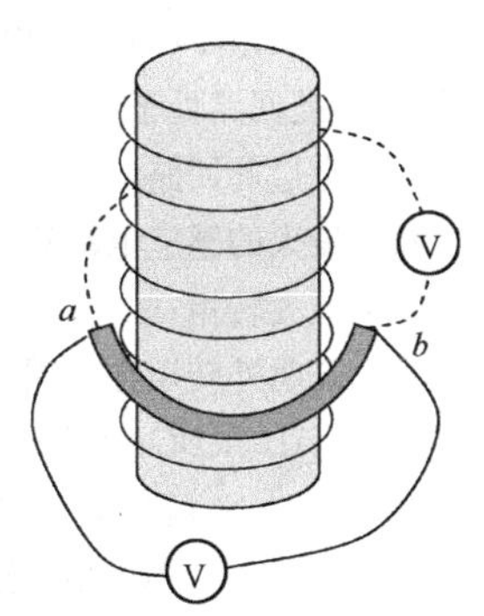

图 7.43　思考题 7.15 图

7.22　一体积为 V 的长螺线管的自感系数为 $L=\mu_0 n^2 V$. 半个

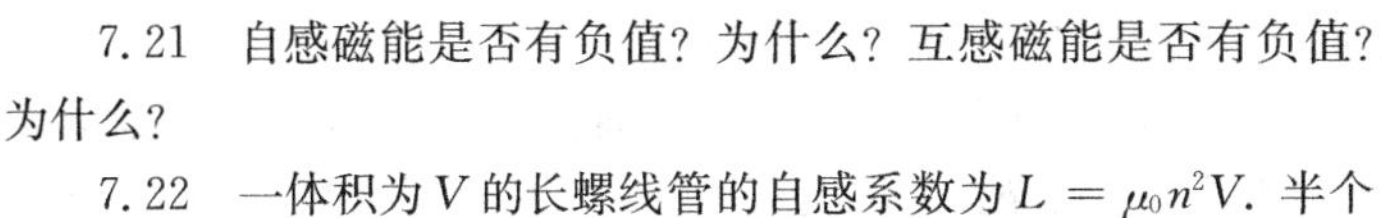

螺线管的自感系数是否为 $L'=\frac{1}{2}\mu_0 n^2 V=\frac{1}{2}L$？若该长螺线管的磁能为 W，则半个螺线管中的磁能是否为 $\frac{1}{2}W$？为什么？

7.23　存在位移电流，是否必存在位移电流的磁场？

7.24　试按下述几方面比较传导电流与位移电流：

(1) 由什么变化引起？

(2) 计算所产生磁场的 $\boldsymbol{B}$.

(3) 可以在哪些物体中通过？

(4) 两者是否都能引起热效应？规律是否相同？

7.25　你是怎样理解麦克斯韦方程组中四个积分方程所蕴含的物理含义？

7.26　比较在真空中任意一点电磁波中的电能密度和磁能密度的大小？

7.27　试指出电荷作下述的两种运动，能否辐射电磁波？

(1) 电荷在空间作谐振动.

(2) 作椭圆的轨道运动.

习　题

7.1　如图 7.44 所示，一平面线圈由两个用导线折成的正方形线圈连接而成. 一均匀磁场垂直于线圈平面，其磁感强度按 $B=B_0\sin\omega t$ 的规律变化，已知 $a=20\text{cm}$，$b=10\text{cm}$，$B_0=1\times10^{-2}\text{T}$，$\omega=100/\text{s}$ 线圈单位长度的电阻为 $5\times10^{-2}\,\Omega/\text{m}$，求线圈中感应电流的最大值.

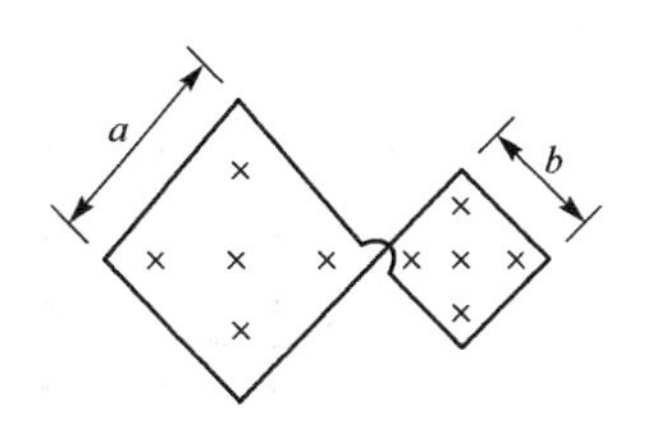

图 7.44　习题 7.1 图

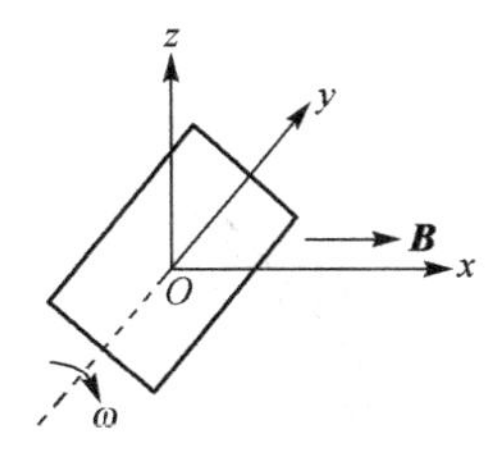

图 7.45　习题 7.2 图

7.2 如图 7.45 所示，电阻 $R=2\Omega$，面积 $S=400\ \text{cm}^2$ 的矩形回路，以匀角速度 $\omega=10/\text{s}$ 绕 y 轴旋转，此回路处于沿 x 轴方向的磁感强度 $B=0.5\text{T}$ 的均匀磁场中. 求：

(1) 穿过此回路的最大磁感通量；

(2) 最大的感应电动势；

(3) 最大转矩；

(4) 证明外转矩在一周内所做的功等于在此回路中消耗的能量.

7.3 AB 和 BC 两段导线，其长均为 10cm，在 B 处相接成 30°角，若使导线在均匀磁场中以速度 $v=1.5\text{m/s}$ 运动，方向如图 7.46 所示，磁场方向垂直于纸面向内，磁感应强度 $B=2.5\times10^{-2}\text{T}$，问 AC 两端之间的电势差为多少？哪一端电势高？

7.4 只有一根辐条的轮子在磁感强度为 $\boldsymbol{B}$ 的均匀外磁场中转动，轮轴与 $\boldsymbol{B}$ 平行，$\boldsymbol{B}$ 正好充满转轮的区域，如图 7.47 所示，轮子和辐条都是导体，辐条长为 R，轮子每秒转 N 圈，两根导线 a 和 b 通过各自的刷子分别与轮轴和轮边接触.

(1) 求 a、b 间的感应电动势 ε.

(2) 在 a、b 间接一个电阻，若使轴条中的电流为 I，问 I 的方向如何？

(3) 求这时磁场作用在辐条上的力矩的大小和方向.

(4) 当轮反转时，I 是否会反向？

(5) 若轮子的辐条是对称的两根或更多根，结果如何？

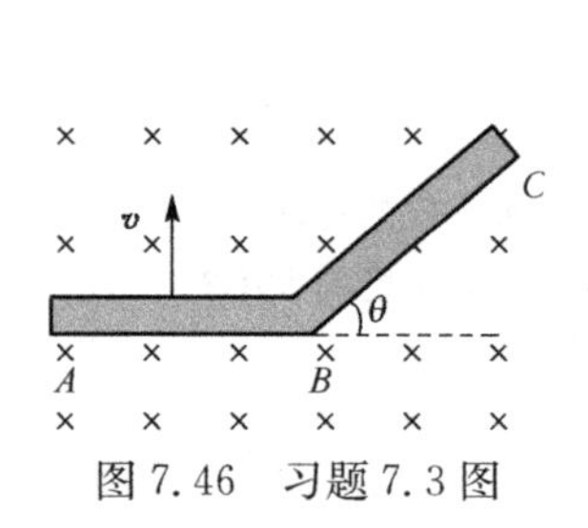

图 7.46 习题 7.3 图

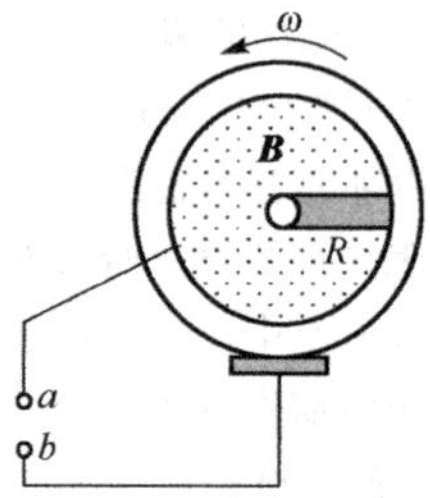

图 7.47 习题 7.4 图

7.5 一金属细棒 OA 长为 $l=0.4\text{m}$，与竖直轴 Oz 的夹角为30°，放在磁感强度 $B=0.1\text{T}$ 的匀强磁场中，磁场方向沿 z 轴，如图 7.48 所示，细棒以每秒 50 转的角速度绕 Oz 轴转动(与 Oz 轴的夹角不变)，试求 O、A 两端间的电势差.

7.6 一细导线弯成直径为 d 的半圆形状，位于水平面内(图 7.49)，均匀磁场 $\boldsymbol{B}$ 竖直向上通过导线所在平面. 当导体绕过 A 点的竖直轴以匀速度 ω 逆时针方向旋转时，求导体 AC 间的电动势 ε_{AC}.

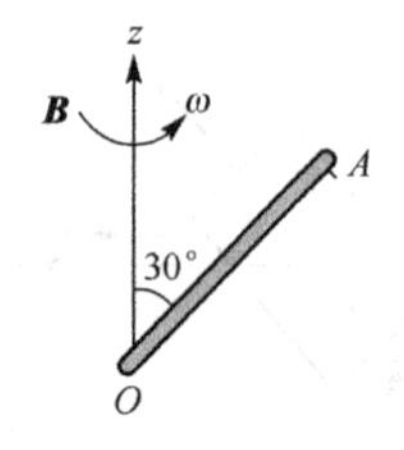

图 7.48 习题 7.5 图

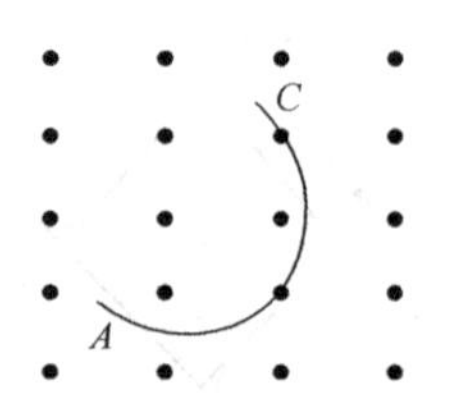

图 7.49 习题 7.6 图

7.7　一平行的金属导轨上放置一质量为 m 的金属杆，导轨间距为 L. 一端用电阻 R 相连接，均匀磁场 $\boldsymbol{B}$ 垂直于两导轨所在平面，如图 7.50 所示，若杆以初速度 v_0 向右滑动，假定导轨是光滑的，忽略导轨的金属杆的电阻，求：

(1) 金属杆移动的最大距离；

(2) 在这过程中电阻 R 上所发出的焦耳热.

7.8　有一根横截面为正方形，长为 L，质量为 m，电阻为 R，沿着两条平行的、电阻可忽略的长导电轨道无摩擦地滑下. 这两根平行轨道的底端由另一根与这导线平行的无电阻的轨道连接因而形成一个矩形的闭合导电回路(图 7.51)，该闭合回路所在的平面与水平面成 θ 角，而且在整个区域中存在着磁感强度为 $\boldsymbol{B}$ 的沿竖直方向的均匀磁场.

(1) 求证：这根导线下滑时所达到的稳定速度的大小为 $v=\dfrac{mgR\sin\theta}{B^2L^2\cos^2\theta}$；

(2) 试证这个结果与能量守恒定律是一致的.

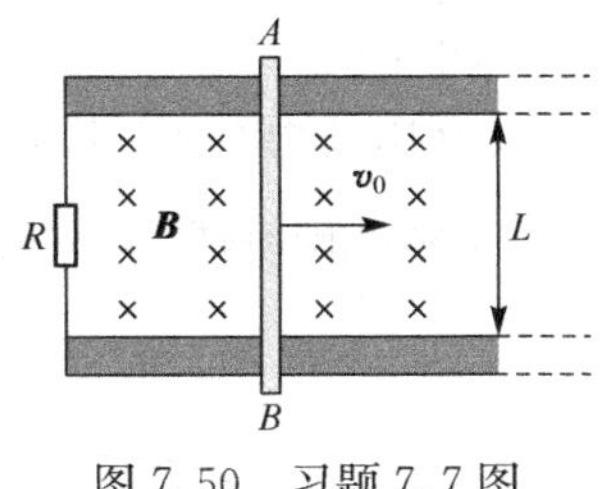

图 7.50　习题 7.7 图

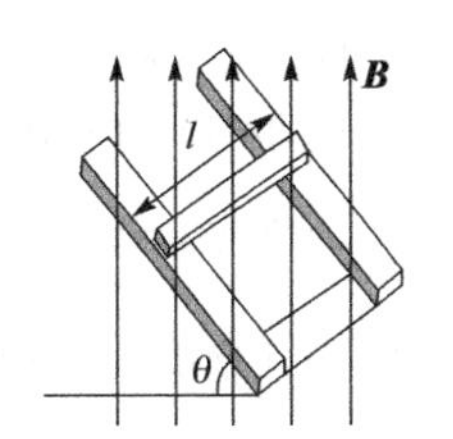

图 7.51　习题 7.8 图

7.9　一根无限长直导线中通以电流 I，其旁的 U 形导线上有根可滑动的导线 ab，如图 7.52 所示. 设三者在同一平面内，今使 ab 向右以等速度 v 运动，求线框中的感应电动势.

7.10　如图 7.53 所示的电阻 R 、质量 m 、宽为 L 的窄长矩形回路，受恒力 F 的作用从所画的位置由静止开始运动，在虚线右方有磁感应强度为 $\boldsymbol{B}$ 、垂直于图面的均匀磁场.

(1)推导作为时间函数的速度方程，画出回路速度随时间变化的函数曲线；

(2)求末速度.

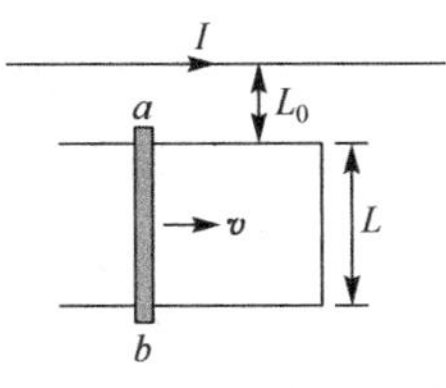

图 7.52　习题 7.9 图

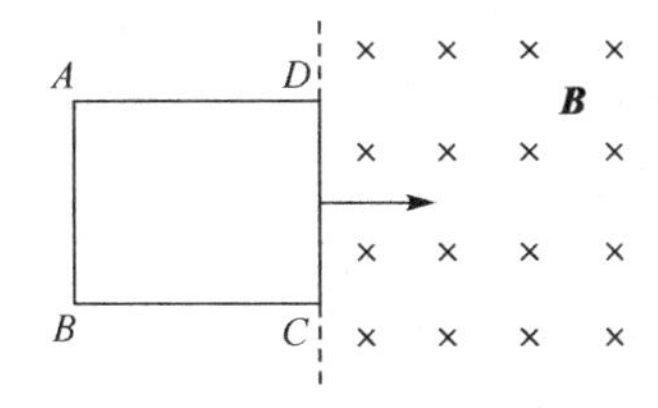

图 7.53　习题 7.10 图

7.11　设图中的回路电阻为 R，处于非均匀磁场中，若回路的自感可以忽略，试证明：使回路在磁场中以恒定的速度运动过程中，外力在时间间隔 $\mathrm{d}t$ 内做的功与在该时间内电阻所消耗的能量相等.

7.12　如图 7.55 所示，AB、CD 为两根均匀金属棒，各长 1m，放在均匀稳恒磁场中，磁感强度 $B=2\mathrm{T}$，方向垂直纸面向外，两棒电阻为：$R_{AB}=R_{CD}=4\Omega$. 当两棒在导轨上分别以 $v_1=4\mathrm{m/s}$，$v_2=2\mathrm{m/s}$ 向左作匀速运动时(忽略导轨的电阻，且不计导轨与棒之间的摩擦)，试求：两棒中点 O_1、O_2 之间的电势差 $U_{O_1O_2}$.

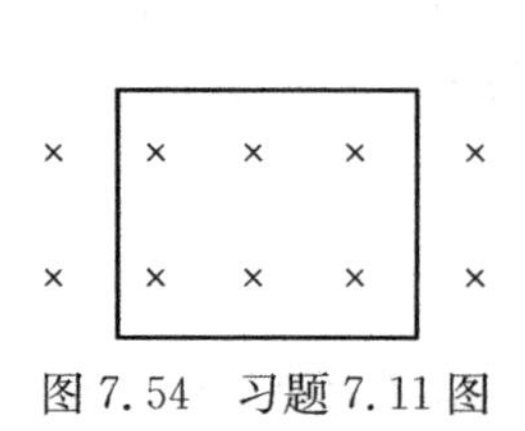

图 7.54 习题 7.11 图

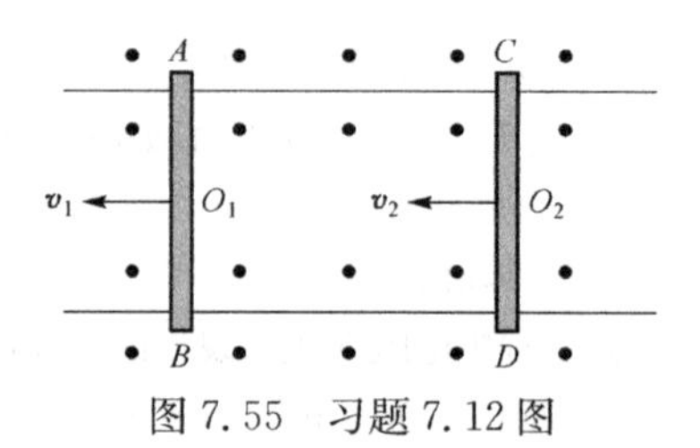

图 7.55 习题 7.12 图

7.13 在长为 l、半径为 b、匝数为 N 的细长螺线管轴线的中部放置一个半径为 a 的导体圆环，并使环平面法线与轴线夹角固定成 45°角(图 7.56)已知环的电阻 r，螺线管的电阻为 R，电源的电动势为 ε，内阻为零，当开关 K 合上后，试证圆环受到的最大力矩为 $T=\frac{\pi a^4\mu_0}{8b^2rRl}\varepsilon^2$（忽略圆环的自感和圆环对螺线管的互感电动势. 螺线管内外为真空.）

7.14 一非常长的同轴电缆，内圆筒的半径为 R_1，外圆筒的半径为 R_2. 今在电缆中通以随时间变化的电流 I，I 的变化率为恒量 b，试求圆筒轴线上的感生电场.

7.15 一个分布在圆柱形体积内的均匀磁场，磁感强度为 B，方向沿圆柱的轴线，圆柱的半径为 R，B 的量值以 $\frac{\mathrm{d}B}{\mathrm{d}t}=k$ 的恒定速率减小，在磁场中放置一等腰梯形金属框 ABCD(图 7.57). 已知 $\mathrm{AB}=R$，$CD=\frac{R}{2}$，求线框中总电动势的大小.

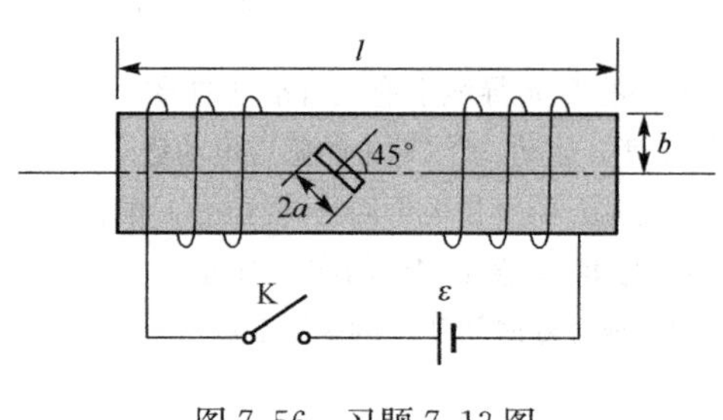

图 7.56 习题 7.13 图

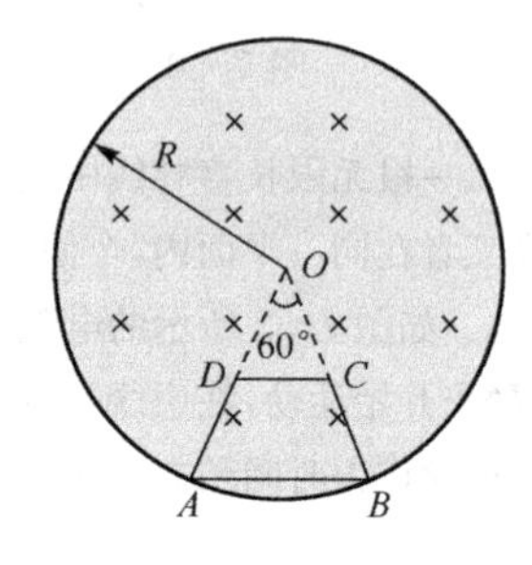

图 7.57 习题 7.15 图

7.16 如图 7.58 所示，边长为 20cm 的正方形回路，置于分布在实线圆内的均匀磁场中，B 为 0.5T，方向垂直于导体回路，且以 0.1T/s 的变化率减小. 图中 b 为圆心，ac 沿直径.

(1)求：c、d、e、f 各点感应电场的方向；

(2)求：ce 和 eg 段的电动势；

(3)整个回路中的感生电动势.

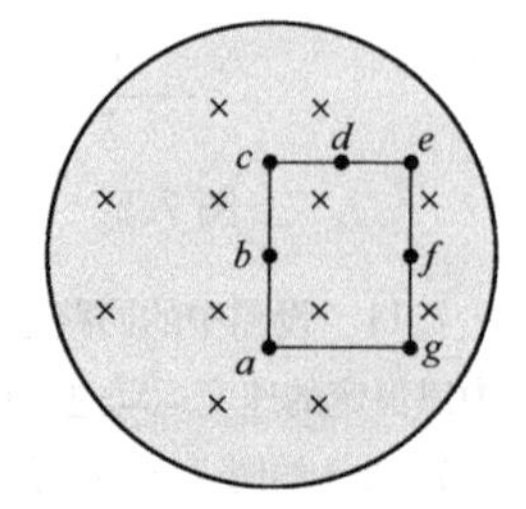

图 7.58 习题 7.16 图

7.17 如图 7.59 所示均匀磁场与导体回路法线 $\boldsymbol{e}_n$ 的夹角为 $\theta=\pi/3$，磁感强度 B 随时间按正比的规律增加，即 $B=kt(k>0)$，ab 边长为 l，且以速度 u 向右滑动. 求导体回路内任意时刻感应电动势的大小和方向.（设 $t=0$ 时，$x=0$.）

7.18 一非相对论性带电粒子在一无限长的载流密绕的螺线管中绕管轴作圆轨道运动，管中磁感强度的大小为 B_0，粒子运动的轨道半径为 R_0. 如果管中的磁场在 $\Delta t\to 0$ 的时间内突然由 B_0 变到 B，粒子最终的轨道半径 R_1 为多少?

粒子的轨道中心是否仍在管轴上？

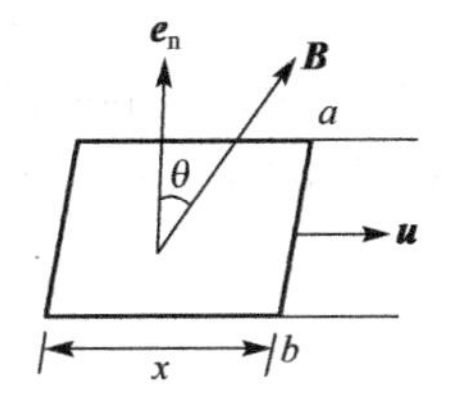

图 7.59　习题 7.17 图

7.19　如图 7.60 所示，在空间区域 $-\frac{d}{2}<x<\frac{d}{2}$ 之内存在着随时间 t 变化的均匀磁场，磁场的磁感强度为 $B=at$（a 为恒量），其方向垂直纸面向里，试求 $t=T$ 时刻下列各点处的电场强度 E：

(1) $x=0$；

(2) $x=\frac{d}{2}$；

(3) $x=d$.

7.20　利用感应加热的方法可以除去吸附在真空室中金属部件上的气体，装置示意如图 7.61 所示，设线圈长为 $l=20\text{cm}$，匝数为 $N=30$ 匝，线圈中的高频电流为 $I=I_0\sin(2\pi ft)$，其中 $I_0=25\text{A}$，频率 $f=1.0\times10^5\text{Hz}$，被加热的部件是电子管的阳极，它是半径 $r=4.0\text{cm}$、管壁很薄的中空圆筒，高度 $h\ll l$，其电阻 $R=500\times10^{-3}\Omega$.

(1) 求阳极中的感应电流最大值；

(2) 求阳极内每秒产生的热量；

(3) 当频率 f 增加一倍时，热量增加几倍？

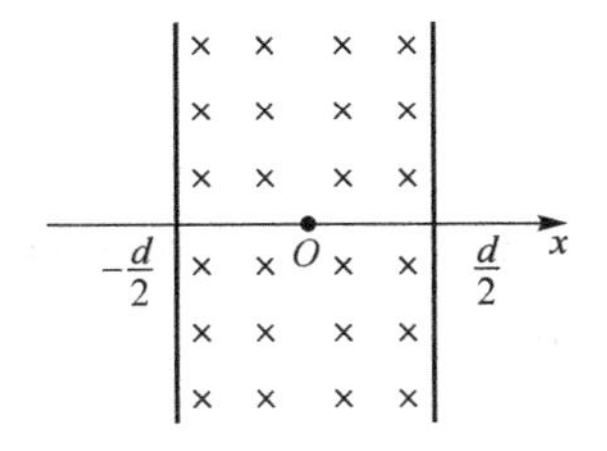

图 7.60　习题 7.19 图

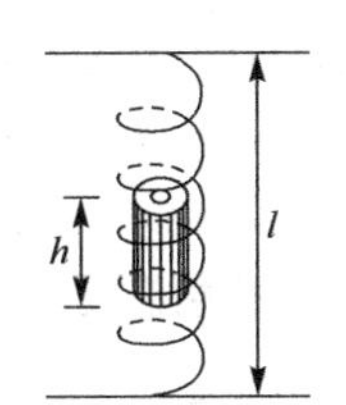

图 7.61　习题 7.20 图

7.21　证明在电子感应加速器里任意半径处，场 $B=k/r$ 是一个能满足 1∶2 条件的场，其中 k 是一个常量，r 是径向距离.

7.22　电子在电子感应加速器中沿半径为 0.4m 的轨道作圆周运动，如果每转一周它的动能增加 160eV.

(1) 求轨道内磁感强度 B 的平均变化率；

(2) 欲使电子获得 16MeV 的能量需转多少周？共走多长路程？

7.23　在等同步电子感应加速器中，电子绕行 2×10^5 圈后再被引出，射到一块金属板上以产生 X 射线. 如果在加速过程中，磁感通量的变化率 $\mathrm{d}\Phi/\mathrm{d}t=400\text{V}$，问被引出的电子具有多大的动能和速率？（考虑相对论效应.）

7.24　半径为 R_1、总匝数为 N_1 的圆形线圈 A，与半径为 R_2，匝数为 N_2 的线圈 C 相距为 d，C 的中心在 A 的轴线上，如图 7.62 所示，两线圈的轴线交角为 θ. 设 $R_1\gg R_2$，求两者的互感.

7.25　已知两共轴细长螺线管，外管线圈半径为 r_1，内管线圈半径为 r_2，匝数分别为 N_1、N_2. 试证明它们的互感系数 $M=k\sqrt{L_1L_2}$（式中，L_1 和 L_2 分别为两螺线管的自感系数；$k=\frac{r_2}{r_1}\leqslant1$，称为两螺线管的耦合系数）.

7.26 如图 7.63 所示，一矩形线圈长 $a=30\text{cm}$、宽 $b=10\text{cm}$，由 100 匝表面绝缘的导线绕成，放在一很长的直导线旁边与之共面，这长直导线是一个闭合回路的一部分，其他部分离线圈都很远，影响可略去不计. 求图 7.63(a)和(b)两种情况下，线圈与长直导线之间的互感.

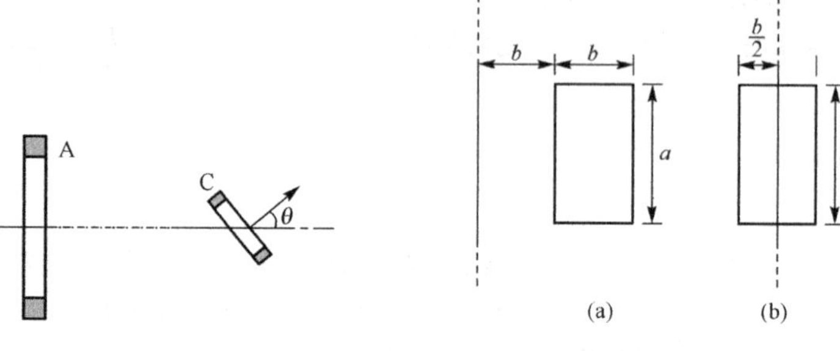

图 7.62 习题 7.24 图　　图 7.63 习题 7.26 图

7.27 一空心的螺绕环，其平均周长为 60cm，横截面积为 3 cm^2，总匝数为 2400，现将一个匝数为 100 的小线圈 S 套在螺绕环上(图 7.64).

(1) 求螺绕环的自感系数；

(2) 求环与线圈 S 间的互感系数；

(3) 若 S 接于冲击电流计，且知 S 和电流计的总电阻为 2000Ω，问当螺绕环内的电流 $I=3\text{A}$ 由正向变成反向时，通过冲击电流计的电量共有多少 C?

7.28 如图 7.65 所示装置由两条带状金属导体板组成，每块板长 l、宽 b(板垂直于纸面)，两薄板间有一小的间距 $a(a\ll b,a\ll l)$. 现将两板的右端短路，左端接入一电动势为 ε 的电池，设电流均匀通过导体板，并忽略端部效应，求这一回路的自感系数.

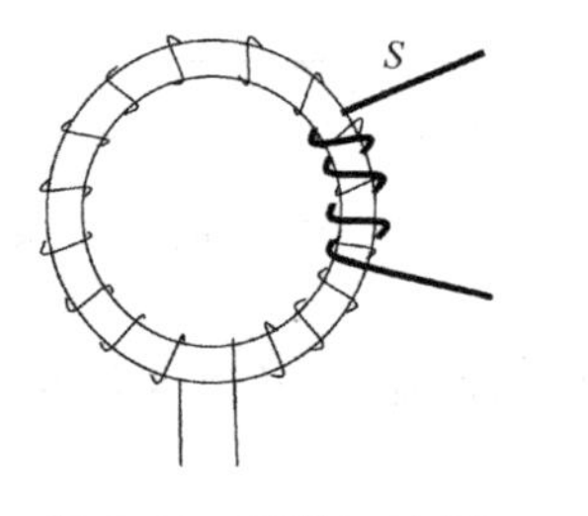

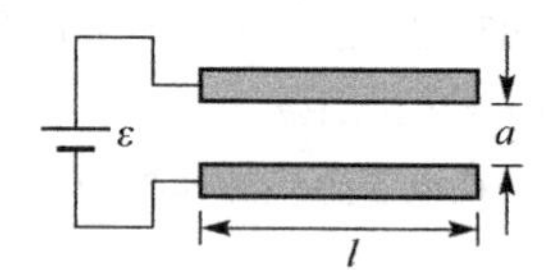

图 7.64 习题 7.27 图　　图 7.65 习题 7.28 图

7.29 两根平行导线，横截面的半径都是 a，中心相距为 d，载有大小相等方向相反的电流. 设两导线内部的磁通量都可略去不计. 试证明这样一对导线在长为 l 的一段的自感为

$$L=\frac{\mu_0 l}{\pi}\ln\frac{d-a}{a}$$

*7.30 一细导线制成的平面回路位于 Oxy 平面上，在 $z<0$ 的空间充满相对磁导率为 $\mu_r=2$ 的均匀介质，$z>0$ 的空间为真空，求回路的自感系数 L. 已知当整个空间为真空时回路的自感系数为 L_0(由于导线很细，导线中的磁感通量可忽略不计).

7.31 有两个相互并联的线圈，其自感系数分别为 L_1 和 L_2，互感系数为 M，求并联后的等效自感.

7.32 两线圈顺接后总自感为 1.00H，在它们的形状和位置都不变的情况下，反接后的总自感为 0.40H. 求它们之间的互感.

7.33　在如图7.66所示的电路中，求以下三种情况下 R_1 与 R_2 上的电势：

(1) K接通瞬时；

(2) K接通以后，电路达到稳态时；

(3) K切断瞬时.

7.34　有一线圈，其电感为20H，电阻为10Ω，把这线圈突然接到 $\varepsilon=100\text{V}$ 的电池组上，试求在线圈与电池组连接之后经过0.1s时.

(1) 磁场中储藏能量的增加率；

(2) 产生焦耳热的速率；

(3) 电池放出能量的速率.

7.35　在如图7.67所示的电路中，$\varepsilon=10\text{V}$，$R_1=5.0\Omega$，$R_2=10\Omega$、$L=5.0\text{H}$，试就

(a)电键K刚接通；

(b)电键K接通后很长时间. 这两种情况，分别计算通过 R_1 和 R_2 的电流 i_1 和 i_2，通过电键K的电流 i，R_2 两端的电势差，L 两端的电势差以及通过 L 的电流 i_2 的变化率 $\frac{\mathrm{d}i_2}{\mathrm{d}t}$.

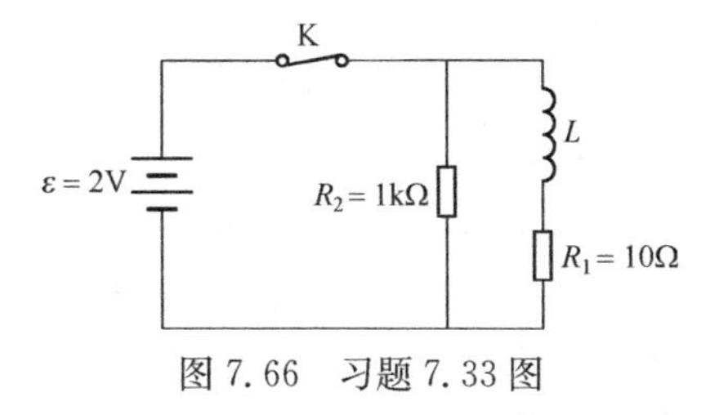

图7.66　习题7.33图

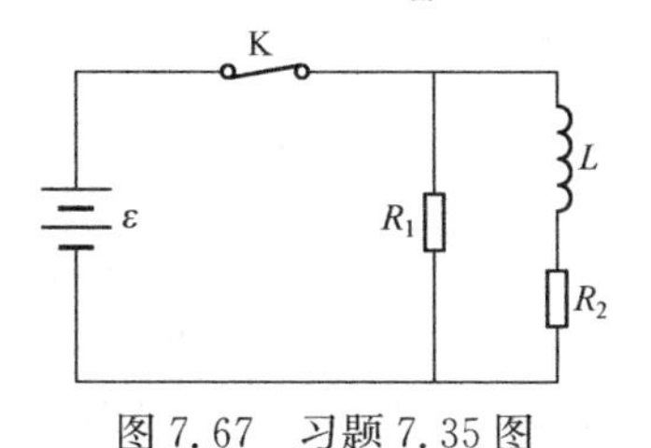

图7.67　习题7.35图

7.36　两线圈之间的互感为 M，电阻分别为 R_1 和 R_2，第一个线圈接在电动势为 ε 的电源上，第二个线圈接在电阻为 R_g 的电流计G上，如图7.68所示，设原先开关K是接通的，第二个线圈内无电流，然后把K断开，求通过G的电量 Q.

*7.37　如图7.69所示，一半径为 a 、单位长度上匝数为 n 的无限长直螺线管，通过的电流为 $I=I_0\sin\omega t$. 管外套一均匀导体圆环，电流计G接在环上的 A，B 两点. AB 间环的电阻分别是 $1/3R$ 和 $2/3R$. 电流计内阻为 r.

(1)求通过G的电流.

(2)若改变G的位置，把G放到虚线表示的地方，流过G的电流又是多少？

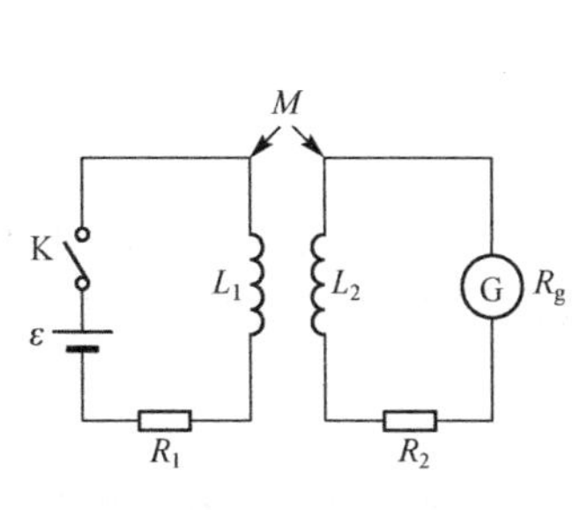

图7.68　习题7.36图

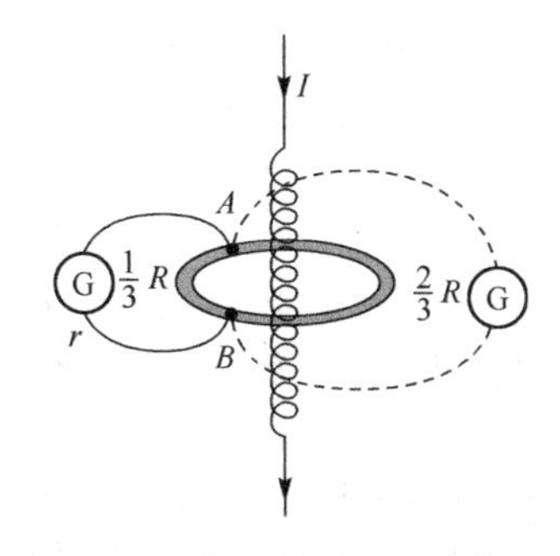

图7.69　习题7.37图

7.38 一自感为 L、电阻为 R 的线圈与一无自感的电阻 R_0 串联地接于电源上，如图 7.70 所示.

(1) 求开关 K_1 闭合 t 时间后，线圈两端的电势差 U_{bc}；

(2) 若 $\varepsilon = 20\text{V}, R_0 = 50\Omega, R = 150\Omega, L = 5.0\text{H}$，求 $t = 0.5\tau$ 时（τ 为电路的时间常数）线圈两端的电势差 U_{bc} 和 R_0 电阻两端的电压 U_{ab}；

(3)待电路中电流达到稳定值，闭合开关 K_2，求闭合 0.01s 后，通过 K_2 中的电流的大小和方向.

*7.39 如图 7.71 所示为一对互感耦合的 LR 电路. 证明在无漏磁的条件下，两回路充放电的时间常数都是 $\tau = \dfrac{L_1}{R_1} + \dfrac{L_2}{R_2}$.

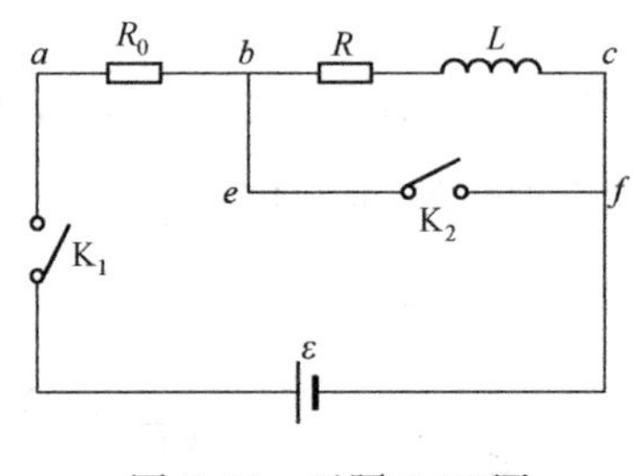

图 7.70 习题 7.38 图

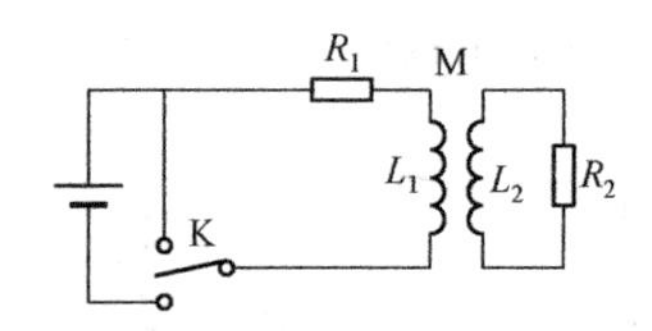

图 7.71 习题 7.39 图

7.40 真空中，在同一平面内有一条无限长的载流为 I_1 的细直导线和一边长为 a、载流为 I_2 的正方形线圈，已知直导线与正方形线圈的一边平行且相互最近距离为 b，在线圈向左移动到 $b/2$ 的过程中，若维持 I_1 和 I_2 都不变，求磁力做功 A 和磁能增量 ΔW.

7.41 一根长直导线载有电流 I，I 均匀分布在它的横截面上. 证明：这导线内部单位长度的磁场能量为 $\dfrac{\mu_0 I^2}{16\pi}$.

7.42 已知两个共轴的螺线管 A 和 B 完全耦合. 若 A 的自感为 4.0×10^{-3} H，载有电流 3A，B 的自感为 9×10^{-3} H，载有电流 5A，计算此两个线圈内储存的总磁能.

*7.43 如图 7.72 所示，无电阻的电感器 L 连接导轨 M 的一端，长为 l、电阻为零的棒 N 在导轨上可无摩擦地滑动，施一恒力 F，向右拉导体棒 N，使它切割磁力线，如果它在水平方向上的初始位置是 $x(0) = 0$，那么，

(1) 电路中电流 I 和坐标 x 之间的关系是什么？

(2) 棒的运动方程是怎样的？

(3) 求 $x(t)$；

(4) 试分析棒在运动中的能量转换过程.

7.44 一无限长直圆柱面，半径为 R，单位长度上的电荷 $+\lambda$. 若此圆柱面绕其轴线，从静止开始以角速度 β 匀加速旋转，此时有一表面绝缘的金属杆与圆柱面相切（图 7.73），某时刻 $DC = CB = R$.

(1) 求此时金属杆上的感应电动势的大小；

(2) 若用电阻 r 和安培计 A（其内阻可以忽略不计）接在 DB 两端，则安培计 A 的读数为多少？

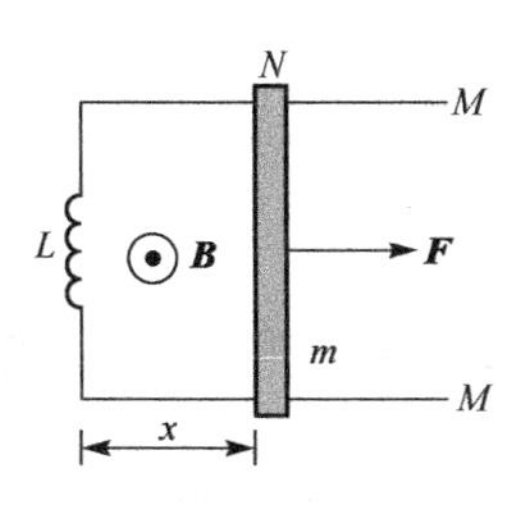

图 7.72　习题 7.43 图

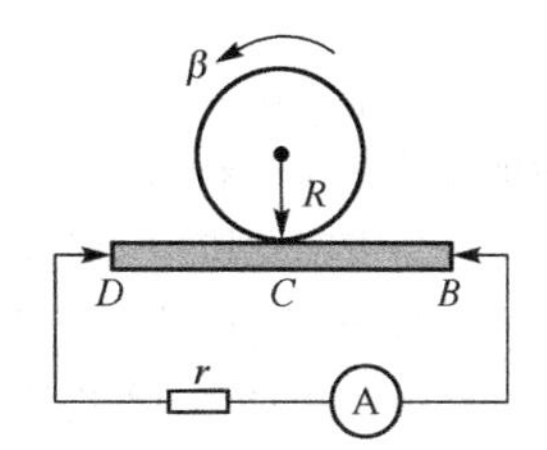

图 7.73　习题 7.44 图

7.45　比较导体中的传导电流和位移电流的大小. 设导体中存在电场,电场强度为 $E = E_m \cos\omega t$,导体的电导率 $\sigma = 10^7/\Omega \cdot m$.

7.46　如图 7.74 所示,电路中直流电源的电动势为 12V,电阻 $R = 6\Omega$,电容器的电容 $C = 0.1\mu F$,试求:

(1) 接通电源瞬时,电容器两极板间的位移电流;

(2) 经过 $t = 6 \times 10^{-6}$ s 时,电容器两极板间的位移电流.

7.47　一个同轴圆柱形电容器,半径为 a 和 b,长度为 L. 假定两板间的电压 $u = U_0 \sin\omega t$. 且电场随半径的变化与静电的情况相同. 求通过半径为 r($a < r < b$)的任一圆柱面的总位移电流.

*7.48　如图 7.75 所示,设在真空中有一半径为 R 的无限长密绕的螺线管,单位长度上的匝数为 n,其轴线在 S 平面内,螺线管中通以随时间变化的电流 $i(t) = kt^2$(k 为一正的恒量),在 S 平面内有一边长为 a 的正方形回路 L,它的一组对边与螺线管轴线平行,且靠近轴线的一条边与轴线相距为 r,试求:

(1) 电场强度 E 沿回路 L 的环流;

(2) 磁感强度 B 沿回路 L 的环流.

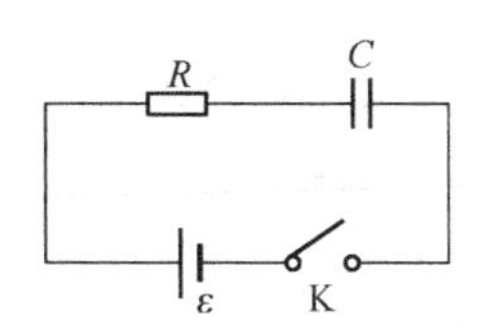

图 7.74　习题 7.46 图

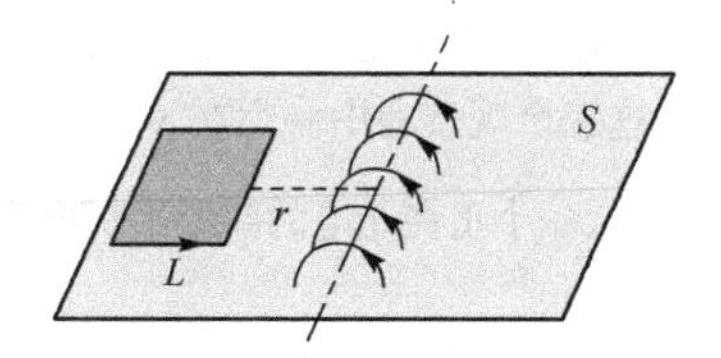

图 7.75　习题 7.48 图

7.49　一无限长的同轴电缆由两薄壁空心导体圆筒所组成,内、外圆筒的半径分别为 R_1 和 R_2,如图 7.76 所示,设电流沿内筒流出、由外筒流回,大小为 $I = \frac{1}{2}At^2$,A 为一正的恒量,试求出到电缆线的距离为 r($r < R_1$)的 P 点的磁感强度.

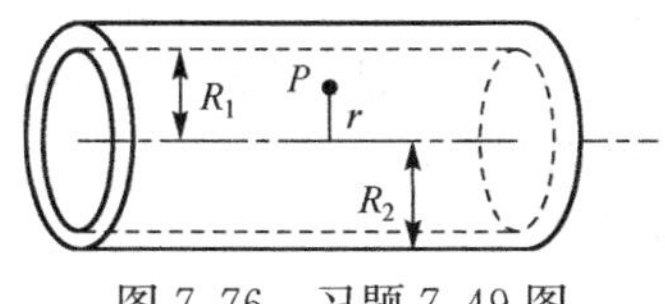

图 7.76　习题 7.49 图

7.50　在自由空间中沿 x 方向传播的单色平面电磁波的波长为 3.0m,电场 E 沿着 y 方向,振幅为 300V/m,试求:

(1) 这个电磁波的频率；

(2) 磁场 B 的方向和振幅；

(3) 电磁波的波数 k 和频率 ω；

(4) 电磁波的能流密度及其对于时间的平均值.

7.51 设某电台发出的电磁波传至某地时，其磁感强度 $B=10^{-10}\mathrm{T}$（指有效值）：

(1) 计算磁场能量密度的时间平均值；

(2) 若磁场变化的频率为 550kHz，现在有一匝数为 $N=120$，截面积 $S=10^{-4}\mathrm{m}^2$ 的线圈，它的线圈平面与磁场 B 的方向垂直，试估计该变化的磁场在线圈中激发的感应电动势的有效值.

7.52 一平行板空气电容器的电容为 C，充电至两板的电势差为 U_0 后与电源断开. 设电容器两极板间距为 b，现用一根长为 l，截面半径为 a，电导率为 σ 的细导线从电容器内部将其两块极板的中心连接起来.

(1) 求连接后导线表面处的坡印廷矢量表达式.

(2) 计算流进导线的总能流（导线的自感和电容的边缘效应均可忽略）.

7.53 一中空的长圆柱体（半径为 R、长为 L 且 $L\gg R$），在其表面均匀带电，每单位面积所带电量为 σ，一个外加的力矩使这圆柱体以恒定角加速度 β 绕其轴线旋转（设圆柱体的初角速度等于零）.

(1)求圆柱体内的磁感强度 B（将这圆柱体作为螺线管处理）；

(2)求圆柱体内表面上的场强 E；

(3)求圆柱体内表面上的坡印廷矢量 $\boldsymbol{S}$ 的大小；

(4)证明进入圆柱体内部的 $\boldsymbol{S}$ 的总通量等于 $\dfrac{\mathrm{d}}{\mathrm{d}t}\left[\dfrac{\pi R^2 L}{2\mu_0}B^2\right]$.

7.54 在 $t=0$ 时，沿 z 轴加速一个原先静止在坐标系原点上的点电荷 q. 试求出在 yz 平面内离原点很远的距离都是 R 的三个观察者所观察到的辐射达到的时间和相对强度，并指出辐射电场的方向. 这三个观察者中一个在 y 轴上，一个在 z 轴上，一个在与 z 轴成30°角的方向上.

7.55 一个正在充电的圆形平板电容器，若不计边缘效应，试证：电磁场输入的功率 $\iint S\cdot \mathrm{d}A=\dfrac{\mathrm{d}}{\mathrm{d}t}\left(\dfrac{q^2}{2C}\right)$（静电能的增加率），式中 C 是电容器的电容，q 是极板上的电量，$\mathrm{d}A$ 是柱侧面上取的面元.

7.56 一个广播电台的平均辐射功率是 10kW，假定辐射均匀分布在以电台为中心的半球面上.

(1) 求距电台 $r=10\mathrm{km}$ 处的坡印廷矢量的平均值.

(2) 若在上述距离处的电磁波可看作平面波，求该处电场强度和磁场强度的振幅.

7.57 设 100W 的灯泡将全部能量以电磁波的形式沿各方向均匀地辐射出去，求：

(1) 20m 处的地方电场强度是方均根值；

(2) 在该处理想反射面产生的光压.

习题答案

第1章

1.1 (1) 8.23×10^{-8} N (2) 2.27×10^{39} (3) 2.19×10^{6} m/s

1.2 $Q=5.56\times10^{-7}$ C **1.3** $Q=-\frac{4}{9}q, x=\frac{l}{3}$ **1.4** 1.16×10^{-5} C, 3.84×10^{-5} C

1.5 3×10^{-6} C, -1×10^{-6} C（或符号相反） **1.6** 8.02×10^{-19} C

1.7 $m=\frac{q^2}{4\pi\varepsilon_0 rv^2}$ kg **1.8** 略 **1.9** $\boldsymbol{E}=-\frac{q}{\pi^2\varepsilon_0R^2}\boldsymbol{j}$

1.10 (1) $E_x=\frac{q}{8\pi\varepsilon_0 L}\left[\frac{1}{y}-\frac{1}{(4L^2+y^2)^{\frac{1}{2}}}\right], E_y=\frac{q}{4\pi\varepsilon_0 y(4L^2+y^2)^{\frac{1}{2}}}$

(2) $E=\frac{q}{4\pi\varepsilon_0(r^2-L^2)}$

1.11 $\boldsymbol{F}=\frac{\eta_0 q}{4\pi\varepsilon_0 l}\left[2\ln\frac{l+a}{a}-\frac{(2a+l)l}{a(a+l)}\right]\boldsymbol{i}$ **1.12** $\boldsymbol{E}=\frac{qR}{\pi^2\varepsilon_0 z^3}\boldsymbol{j}$

1.13 (1) $E=\frac{\sigma}{2\varepsilon_0}\left[1-\frac{x}{(R^2+x^2)^{\frac{1}{2}}}\right]$ (2) $E=0, E=\frac{\sigma}{2\varepsilon_0}$ (3) $E=\frac{Q}{4\pi\varepsilon_0 x^2}, E=0$

1.14 $\boldsymbol{E}=\frac{\sigma x}{2\varepsilon_0\sqrt{R^2+x^2}}\boldsymbol{i}$ **1.15** $E=\frac{\rho H}{2\varepsilon_0}\left(1-\frac{H}{\sqrt{R^2+H^2}}\right)$

1.16 $\pi R^2E, \pi R^2E$ **1.17** $\frac{q}{6\varepsilon_0}, \frac{q}{24\varepsilon_0}$ **1.18** $\Phi=0$

1.19 (1) $E=\frac{\rho_0 r}{3\varepsilon_0}\left(1-\frac{3r}{4R}\right)(r<R), E=\frac{\rho_0R^3}{12\varepsilon_0 r^2}(r>R)$ (2) $E_{\mathrm{m}}=\frac{\rho_0R}{9\varepsilon_0}$

1.20 (1) $E(r)=\frac{e}{4\pi\varepsilon_0 r^2}\left(2\frac{r^2}{a_0^2}+2\frac{r}{a_0}+1\right)\mathrm{e}^{-\frac{2r}{a_0}}$ (2) 5.1×10^{11} N/C

1.21 (1)场源位于球外的点电荷，$\langle\boldsymbol{E}\rangle=\frac{1}{4\pi\varepsilon_0}\frac{q}{r^2}(-\boldsymbol{e}_r)$

(2)场源位于球外的带电体，$\langle\boldsymbol{E}\rangle=\frac{1}{4\pi\varepsilon_0}\int_V\frac{\rho\mathrm{d}V}{r^2}(-\boldsymbol{e}_r)$

(3) 场源位于球内的点电荷，$\langle\boldsymbol{E}\rangle=\frac{q}{4\pi\varepsilon_0}\frac{r}{R_0^3}(-\boldsymbol{e}_r)$

(4) 场源位于球内的带电体，$\langle\boldsymbol{E}\rangle=\frac{1}{V_0}\frac{1}{3\varepsilon_0}\int_V\rho\boldsymbol{r}\mathrm{d}V$

1.22 $\boldsymbol{E}_P=-\frac{\rho}{3\varepsilon_0}\boldsymbol{a}$，其中 $\boldsymbol{a}$ 为负球中心到正球中心的有向线段

1.23 $f=\frac{1}{2\pi}\sqrt{\frac{eQ}{4\pi\varepsilon_0 R^3 m}}$ **1.24** $\boldsymbol{E}_1=\frac{\rho r}{2\varepsilon_0}\boldsymbol{e}_r(r<R)$ $\boldsymbol{E}_2=\frac{\rho R^2}{2\varepsilon_0 r}\boldsymbol{e}_r(r>R)$

1.25 (1)$E=0(r<R_1)$, $E=\frac{\lambda_1}{2\pi\varepsilon_0 r}(R_1<r<R_2)$, $E=\frac{\lambda_1+\lambda_2}{2\pi\varepsilon_0 r}(r>R_2)$

(2)$E=0(r<R_1)$, $E=\frac{\lambda_1}{2\pi\varepsilon_0 r}(R_1<r<R_2)$, $E=0(r>R_2)$

1.26 左区：$\boldsymbol{E}_1=-\frac{\sigma_1+\sigma_2}{2\varepsilon_0}\boldsymbol{e}_{12}$；中间区：$\boldsymbol{E}_2=\frac{\sigma_1-\sigma_2}{2\varepsilon_0}\boldsymbol{e}_{12}$；右区：$\boldsymbol{E}_3=\frac{\sigma_1+\sigma_2}{2\varepsilon_0}\boldsymbol{e}_{12}$

1.27 (1)$E=\frac{ad^2}{4\varepsilon_0}(x\geqslant d)$, $E=\frac{a}{4\varepsilon_0}(2x^2-d^2)(0<x<d)$, $E=-\frac{ad^2}{4\varepsilon_0}(x<0)$

(2)$E=\frac{\rho}{2\varepsilon_0}d\ (x\geqslant d)$, $E=\frac{\rho}{\varepsilon_0}\left(x-\frac{d}{2}\right)\ (0<x<d)$, $E=-\frac{\rho}{2\varepsilon_0}d\ (x<0)$

1.28 (1) $\rho=4.43\times10^{-13}\ \mathrm{C/m^3}$ (2)$\sigma=-8.9\times10^{-10}\ \mathrm{C/m^2}$

1.29 $\boldsymbol{E}=\frac{\rho}{2\varepsilon_0}\boldsymbol{a}$ **1.30** (1) $\frac{q}{6\pi\varepsilon_0 l}$ (2) $\frac{q}{6\pi\varepsilon_0 l}$ (3) $\frac{q}{6\pi\varepsilon_0 l}$ (4) $-\frac{q}{6\pi\varepsilon_0 l}$

1.31 $W=-\frac{qp}{2\pi\varepsilon_0 R^2}$ **1.32** (1) $A=\frac{p_1p_2(1-3\cos\theta^2)}{4\pi\varepsilon_0 r^3}$ (2) $A=\frac{P_1P_2}{2\pi\varepsilon_0 r^3}(1-3\cos^2\theta)$

1.33 $q_1=\frac{4\pi\varepsilon_0 a}{qb^2}\sqrt{a^2+b^2}(A_1\sqrt{a^2+b^2}-A_2a)$

$q_2=\frac{4\pi\varepsilon_0 a}{qb^2}\sqrt{a^2+b^2}(A_2\sqrt{a^2+b^2}-A_1a)$

1.34 (1) $4.24\times10^{-14}\mathrm{m}$ (2)$7.9\times10^{-12}\mathrm{J}$ **1.35** 略

1.36 $\varphi_1=\frac{q}{8\pi\varepsilon_0}\left(\frac{3}{R}-\frac{r^2}{R^3}\right)(r<R)$；$\varphi_2=\frac{q}{4\pi\varepsilon_0 r}(r>R)$

1.37 $\varphi=\frac{\lambda}{4\pi\varepsilon_0}\ln\left[\frac{\sqrt{x^2+a^2}+a}{\sqrt{x^2+a^2}-a}\right]$ **1.38** $\Delta\varphi=\frac{\lambda}{2\pi\varepsilon_0}\ln\frac{r_2}{r_1}$ **1.39** $\varphi=\frac{a\sigma}{\pi\varepsilon_0}\ln(1+\sqrt{2})$

1.40 (1)轴线上：$\varphi=\frac{\sigma}{2\varepsilon_0}(\sqrt{z^2+R^2}-z)(z>0)$； $\varphi=\frac{\sigma}{2\varepsilon_0}(\sqrt{z^2+R^2}+z)(z<0)$

盘边缘：$\varphi=\frac{\sigma R}{\pi\varepsilon_0}$ (2) $E=\frac{\sigma}{2\varepsilon_0}\left[1-\frac{z}{(R^2+z^2)^{1/2}}\right]$

1.41 $\varphi_{\mathrm{I}}=\frac{1}{4\pi\varepsilon_0}\left(\frac{Q_1}{R_1}+\frac{Q_2}{R_2}\right)(r<R_1)$；$\varphi_{\mathrm{II}}=\frac{1}{4\pi\varepsilon_0}\left(\frac{Q_1}{r}+\frac{Q_2}{R_2}\right)(R_1<r<R_2)$

$\varphi_{\mathrm{III}}=\frac{Q_1+Q_2}{4\pi\varepsilon_0 r}(r>R_2)$

1.42 $\frac{\sigma}{2\varepsilon_0}(R_2-R_1)$

1.43 (1)$E_1=-\frac{3\sigma}{2\varepsilon_0}(x<-a)$, $E_2=-\frac{\sigma}{2\varepsilon_0}(-a<x<0)$

$E_3=\frac{\sigma}{2\varepsilon_0}(0<x<a)$, $E_4=\frac{3\sigma}{2\varepsilon_0}(x>a)$

(2)$\varphi_1=\frac{\sigma}{2\varepsilon_0}(2a+3x)(x\leqslant-a)$, $\varphi_2=\frac{\sigma}{2\varepsilon_0}x(-a\leqslant x\leqslant0)$

$\varphi_3=\frac{\sigma}{2\varepsilon_0}x(0\leqslant x\leqslant a)$, $\varphi_4=\frac{\sigma}{2\varepsilon_0}(3x-2a)(x>a)$

1.44 $\varphi=\dfrac{\sigma R}{2\varepsilon_0}$ **1.45** $\varphi=\dfrac{\sigma t}{2\varepsilon_0}\left(1-\dfrac{x}{\sqrt{x^2+R^2}}\right)$, $\boldsymbol{E}=\dfrac{\sigma t}{2\varepsilon_0}\dfrac{R^2}{(x^2+R^2)^{\frac{3}{2}}}i$

1.46 $F=\dfrac{\eta\lambda}{2\pi\varepsilon_0}\ln\dfrac{a+L}{a}$ **1.47** $W=\dfrac{0.344}{\varepsilon_0 a}e^2$ **1.48** $W=\dfrac{6}{4\pi\varepsilon_0 a}q^2$

1.49 (1) 8.98×10^4 kg (2) 2.8 **1.50** 1.6×10^{-10} J, 1.0×10^{-10} J, 6.0×10^{-11} J, 1.5×10^{14} J

1.51 5.0×10^{-5} C·m, 8.7×10^{-2} J

1.52 (1) $W=-2.3\times10^{-20}$ J (2) $W=0$ (3) $W=1.2\times10^{-20}$ J

第2章

2.1 $\dfrac{\sigma_R}{\sigma_r}=\dfrac{r}{R}$ **2.2** $q_m=\dfrac{Qq_1}{Q-q_1}$ **2.3** 略

2.4 (1) $Q_B=-1.0\times10^{-7}$ C, $Q_C=-2.0\times10^{-7}$ C (2) $\varphi_A=2.25\times10^3$ V

2.5 (1) $Q_A=-2.66\times10^{-7}$ C, $Q_C=-1.33\times10^{-7}$ C (2) $\varphi_A-\varphi_C=-2.27\times10^3$ V

2.6 (1) $-\dfrac{3}{4}Q-q$ (2) $-\dfrac{3}{4}Q$ **2.7** (1) $-Q$ (2) $Q\left(\dfrac{b}{S}-1\right)$, $-\dfrac{b}{S}Q$

2.8 $\sigma=-\dfrac{(2a^2-y^2)p}{2\pi(a^2+y^2)^{\frac{5}{2}}}$ （y为面上考虑点到垂足的距离）

2.9 $q_1=-\dfrac{2qa}{r}$, $q_2=-\dfrac{a}{r^2}(r-2a)q$, $q_3=\dfrac{a^2}{r^3}(3r-2a)q$

2.10 $q_1=-\dfrac{qR_2(R_3-r)}{r(R_3-R_2)}$, $q_2=-\dfrac{qR_3(r-R_2)}{r(R_3-R_2)}$

2.11 $\varphi_0=\dfrac{1}{4\pi\varepsilon_0}\left(\dfrac{q}{r}-\dfrac{q}{a}+\dfrac{Q+q}{b}\right)$ **2.12** $\Delta\varphi=\dfrac{q'}{4\pi\varepsilon_0 d}$

2.13 $E_A=0$, $E_B=1.7\times10^4$ V/m, $E_C=0$, $E_D=-1.2\times10^4$ V/m

$\varphi_A=-990$ V, $\varphi_B=-1.19\times10^3$ V, $\varphi_C=-1.33\times10^3$ V, $\varphi_D=-1.2\times10^3$ V

2.14 2.8×10^6 V/m **2.15** 3×10^5 V

2.16 (1) $\varphi_1=\dfrac{1}{4\pi\varepsilon_0}\left(\dfrac{q}{R_1}-\dfrac{q}{R_2}+\dfrac{Q+q}{R_3}\right)$, $\varphi_2=\dfrac{Q+q}{4\pi\varepsilon_0 R_3}$ (2) $\Delta\varphi=\dfrac{q}{4\pi\varepsilon_0}\left(\dfrac{1}{R_1}-\dfrac{1}{R_2}\right)$

(3) $\varphi_1=\varphi_2=\dfrac{Q+q}{4\pi\varepsilon_0 R_3}$, $\Delta\varphi=0$ (4) $\Delta\varphi=\dfrac{q}{4\pi\varepsilon_0}\left(\dfrac{1}{R_1}-\dfrac{1}{R_2}\right)$, $\varphi_2=0$

(5) $\varphi_1=0$, $\varphi_2=\dfrac{Q}{4\pi\varepsilon_0}\dfrac{R_2-R_1}{R_2R_3-R_1R_3+R_1R_2}$, $\Delta\varphi=-\varphi_2$

2.17 (1) $\Delta\varphi=\dfrac{q}{4\pi\varepsilon_0}\left(\dfrac{1}{R_1}-\dfrac{1}{R_2}\right)$, $\varphi_2=\dfrac{1}{4\pi\varepsilon_0}\left(\dfrac{q+Q}{R_3}-\dfrac{q+Q}{R_4}+\dfrac{q+Q+Q'}{R_5}\right)$

$\varphi_1=\dfrac{1}{4\pi\varepsilon_0}\left(\dfrac{q}{R_1}-\dfrac{q}{R_2}+\dfrac{q+Q}{R_3}-\dfrac{q+Q}{R_4}+\dfrac{q+Q+Q'}{R_5}\right)$

(2) $\Delta\varphi=\dfrac{1}{4\pi\varepsilon_0}\left(\dfrac{q}{R_1}-\dfrac{q}{R_2}+\dfrac{q+Q}{R_3}-\dfrac{q+Q}{R_4}\right)$

2.18 $x=\dfrac{\varepsilon_0\varphi_1}{\rho d}+\dfrac{d}{2}$ **2.19** (1) $C=\dfrac{\varepsilon_0 S}{d-t}$ (2)没影响

2.20 $C=\dfrac{\pi\varepsilon_0}{\ln\dfrac{d}{a}}$ **2.21** $C_{AD}=\dfrac{4\pi\varepsilon_0}{\left(\dfrac{1}{a}-\dfrac{1}{b}\right)+\dfrac{d-b}{d^2}}$

2.22 (1) $\frac{Q}{4\pi\varepsilon_0}\left(\frac{1}{R_1}-\frac{1}{R_2}+\frac{1}{R_3}-\frac{1}{R_4}\right)$ (2) $C=\frac{4\pi\varepsilon_0 R_1R_2R_3R_4}{(R_2-R_1)R_3R_4+(R_4-R_3)R_1R_2}$

2.23 (1) $C=3.75\mu F$ (2) $Q_2=125\mu C$ (3) $Q_3=500\mu C$

2.24 $U_1=240V, U_2=360V, U_3=120V, U_4=360V, U_5=240V$

2.25 $Q_1=1.25\times10^{-9}C, Q_2=0.75\times10^{-9}C, Q_3=0.5\times10^{-9}C, Q_4=0.25\times10^{-9}C$,
$Q_5=Q_4=0.25\times10^{-9}C$

2.26 (1) $U_1=U_3=\frac{2}{5}U, U_2=U_4=\frac{1}{5}U$ (2) $U_1=U_3=\frac{1}{3}U, U_2=U_4=\frac{1}{6}U$

2.27 (1) $C_{AB}=\frac{C_1C_2+C_1C_3+C_2C_3}{C_2+C_3}$ (2) $C_{DE}=\frac{C_1C_3+C_2C_3+C_1C_2}{C_1+C_2}$ (3) $C_{AE}=0$

2.28 (1)五个电容器串联 (2)五个串联成一组,然后三组并联;或三个并联成一组,五组串联

2.29 略 **2.30** $C=\frac{2\varepsilon_0 S}{R}$

2.31 (1) $E_a=\frac{Ub}{(b-a)a}$ (2) $E_{a\min}=\frac{4U}{b}$ (3) $C=4\pi\varepsilon_0 b$ **2.32** $\Delta W=2J$

2.33 (1) $W=\frac{1}{8\pi\varepsilon_0}\left[q_1^2\left(\frac{1}{a}-\frac{1}{b}\right)+(q_1+q_2)^2\left(\frac{1}{b}-\frac{1}{c}\right)+\frac{(q_1+q_2+q_3)^2}{c}\right]$

(2) $\Delta W=\frac{1}{8\pi\varepsilon_0}\frac{(q_1+q_2+q_3)^2}{c}$

2.34 (1) $\Delta\varphi_1=\varphi_2, \Delta\varphi_2=\frac{q_1}{q_2}\varphi_2$ (2) $A=2q_1\varphi_2$

2.35 $W=\frac{1}{8\pi\varepsilon_0}\left[\frac{q^2}{R_a}-\frac{q^2}{R_b}+\frac{(Q+q)^2}{R_c}\right]$

2.36 (1) $\boldsymbol{F}=\frac{qQ}{4\pi\varepsilon_0 r^2}\boldsymbol{e}_r$ (2) $\boldsymbol{F}=\frac{qQ}{4\pi\varepsilon_0 r^2}\boldsymbol{e}_r$ (3) Q (4) $\boldsymbol{F}=-\frac{qQ}{4\pi\varepsilon_0 r^2}\boldsymbol{e}_r$

(5) $\varphi=\frac{Q}{4\pi\varepsilon_0 R_2}+\frac{q}{4\pi\varepsilon_0 r}$ (6) $\varphi(R)=\frac{1}{4\pi\varepsilon_0}\left(\frac{Q}{R}-\frac{Q}{R_1}+\frac{Q}{R_2}+\frac{q}{r}\right)$ (7) $Q'=-\frac{qR_2}{r}$

2.37 $U=x\sqrt{\frac{2mg}{\varepsilon_0 S}}$ **2.38** (1) $\Delta W=\frac{1}{2}\frac{d}{\varepsilon_0 S}Q^2$ (2) $A=W_2-W_1=\frac{1}{2}\frac{d}{\varepsilon_0 S}Q^2$

2.39 (1) $\Delta W=-\frac{\varepsilon_0 SU^2}{4d}$ (2) $A_{电场}=\frac{\varepsilon_0 S}{2d}U^2$ (3) $A_{外力}=\frac{\varepsilon_0 S}{4d}U^2$

2.40 $f=\frac{\lambda^2}{4\pi^2\varepsilon_0 R}$ **2.41** $\frac{\sigma_0^2R^2\pi}{4\varepsilon_0}$ **2.42** $\frac{2}{b}>\frac{1}{a}+\frac{1}{c}$

2.43 (1) $R=\sqrt{3}h$ (2) $\boldsymbol{E}_O=-\frac{Q}{2\pi\varepsilon_0 h^2}\boldsymbol{i}$ (3) $F=-\frac{Q^2}{16\pi\varepsilon_0 h^2}$ (负号表示引力)

2.44 (1) $r=\frac{d}{8}$ (2) $F=\frac{q\varphi}{8d}$ **2.45** $\frac{q^2}{32\pi^2\varepsilon_0 R}=4\alpha(R^2-R_0^2)+p(R^3-R_0^3)$

第3章

3.1 (a) $p=\sqrt{3}qd$,方向:由电量为 $-2q$ 的点电荷指向另两点电荷间的连线中点

(b) $p=0$

(c) $p=\sqrt{10}qd, \theta=-\arctan\frac{1}{3}$[$\theta$ 为 $\boldsymbol{p}$ 与 x 轴正方向的夹角(x 轴水平方向右)]

3.2 (1) $p_0=4\pi a^3\dfrac{\varepsilon_0(\varepsilon_r-1)}{\varepsilon_r+2}E_0$ (2) $p=4\pi\varepsilon_0 a^3E_0$ **3.3** $E_0'=0$

3.4 (1) $\boldsymbol{E}=-\dfrac{kL}{2\varepsilon_0}\left(1-\dfrac{L}{\sqrt{4R^2+L^2}}\right)\boldsymbol{i},\boldsymbol{D}=\dfrac{kL^2}{2\sqrt{4R^2+L^2}}\boldsymbol{i}$

(2) $\boldsymbol{E}=\dfrac{kR}{2\varepsilon_0}\left(1-\dfrac{R}{\sqrt{R^2+L^2}}\right)\boldsymbol{i},\boldsymbol{D}=\dfrac{kR}{2}\left(1-\dfrac{R}{R^2+L^2}\right)\boldsymbol{i}$

3.5 $\boldsymbol{E}_{内}=-\dfrac{\boldsymbol{P}}{\varepsilon_0},\boldsymbol{D}_{内}=0,\boldsymbol{E}_{外}=0,\boldsymbol{D}_{外}=0$ **3.6** $E=0$

3.7 $E_{内}=\dfrac{ek}{2\varepsilon_0\varepsilon_r}(a^2-x^2)(-a\leqslant x\leqslant a)$ $E_{外}=0(|x|>a)$

$\varphi_{内}=-\dfrac{ekx}{6\varepsilon_0\varepsilon_r}(3a^2-x^2)(-a\leqslant x\leqslant a)$ $\varphi_{外1}=-\dfrac{eka^3}{3\varepsilon_0\varepsilon_r}(x>a)$

$\varphi_{外2}=\dfrac{eka^3}{3\varepsilon_0\varepsilon_r}(x<-a)$ 取 $x=0$ 时 $\varphi=0$

3.8 n区：$E_n=\dfrac{N_De}{\varepsilon_0}(x_n+x)$；p区：$E_p=\dfrac{N_Ae}{\varepsilon_0}(x_p-x)$

n区：$\varphi_n=\dfrac{N_De}{\varepsilon_0}\left(x_nx+\dfrac{1}{2}x^2\right)$；p区：$\varphi_p=\dfrac{N_Ae}{\varepsilon_0}\left(x_px-\dfrac{1}{2}x^2\right)$，取原点电势为零

3.9 (1) $\sigma_P=\dfrac{\varepsilon_{r_1}-\varepsilon_{r_2}}{\varepsilon_{r_1}\varepsilon_{r_2}}\sigma_f$ (2) $\Delta\varphi=\dfrac{d_1\varepsilon_{r_2}+d_2\varepsilon_{r_1}}{\varepsilon_0\varepsilon_{r_1}\varepsilon_{r_2}}\sigma_f$ (3) $C=\dfrac{\varepsilon_0\varepsilon_{r_1}\varepsilon_{r_2}S}{(d_1\varepsilon_{r_2}+d_2\varepsilon_{r_2})}$

3.10 (1) $C=\dfrac{\varepsilon_0(\varepsilon_{r_2}-\varepsilon_{r_1})S}{d\ln\dfrac{\varepsilon_{r_2}}{\varepsilon_{r_1}}}$

(2) $\rho'=-\dfrac{(\varepsilon_{r_2}-\varepsilon_{r_1})\mathrm{d}Q}{S[(\varepsilon_{r_2}-\varepsilon_{r_1})x+\varepsilon_{r_1}d]^2},\sigma'_{P_1}=-\dfrac{(\varepsilon_{r_1}-1)}{\varepsilon_{r_1}}\dfrac{Q}{S},\sigma'_{P_2}=\dfrac{(\varepsilon_{r_2}-1)}{\varepsilon_{r_2}}\dfrac{Q}{S}$

3.11 略

3.12 (1) $E_1=\dfrac{q}{4\pi\varepsilon_0\varepsilon_r r^2}(r\leqslant R),E_2=\dfrac{q}{4\pi\varepsilon_0 r^2}(r>R)$

$\varphi_1=\dfrac{q}{4\pi\varepsilon_0\varepsilon_r}\left(\dfrac{1}{r}-\dfrac{1}{R}\right)+\dfrac{q}{4\pi\varepsilon_0R}(r\leqslant R),\varphi_2=\dfrac{q}{4\pi\varepsilon_0 r}(r>R)$

3.13 $\boldsymbol{E}_0=\boldsymbol{E}+\dfrac{\boldsymbol{P}}{2\varepsilon_0}$

3.14 (1) $\varphi=\dfrac{Q}{4\pi\varepsilon_0A}\ln\dfrac{b(r+A)}{(b+A)r}$

(2) $\sigma_{P_a}=-\dfrac{QA}{4\pi a^2(A+a)},\sigma_{P_b}=\dfrac{QA}{4\pi b^2(A+b)},\rho'_r=\dfrac{QA}{4\pi r^2(A+r)^2}$

(3) $Q_P=0$

3.15 $C=\dfrac{2\pi\varepsilon_0(\varepsilon_r+1)R_1R_2}{R_2-R_1}$ **3.16** $C=\dfrac{\varepsilon_0A}{2d}\left(\dfrac{\varepsilon_{r_1}}{2}+\dfrac{\varepsilon_{r_2}\varepsilon_{r_3}}{\varepsilon_{r_2}+\varepsilon_{r_3}}\right)$

3.17 $\varphi_m=\left(1+\dfrac{\sqrt{2}}{4}\right)\times10^5\,\mathrm{V},\Delta r=(2\sqrt{2}-1)\,\mathrm{cm}$ **3.18** $\sigma'=-\dfrac{(\varepsilon_r-1)\lambda}{2\pi\varepsilon_0R}$

3.19 $E_1=\dfrac{1}{\varepsilon_{r_1}r}\dfrac{U}{\dfrac{1}{\varepsilon_{r_1}}\ln\dfrac{R}{R_1}+\dfrac{1}{\varepsilon_{r_2}}\ln\dfrac{R_2}{R}},E_2=\dfrac{1}{\varepsilon_{r_2}r}\dfrac{U}{\dfrac{1}{\varepsilon_{r_1}}\ln\dfrac{R}{R_1}+\dfrac{1}{\varepsilon_{r_2}}\ln\dfrac{R_2}{R}}$

3.20 $\Delta R_1 = R - R_1 = 0.5\text{cm}, \Delta R_2 = R_2 - R = 0.47\text{cm}$

3.21 (1)$E_1 = \dfrac{\lambda}{2\pi\varepsilon_0\varepsilon_{r_1} r}(a \leqslant r \leqslant b)$ $E_2 = \dfrac{\lambda}{2\pi\varepsilon_0\varepsilon_{r_2} r}(b \leqslant r \leqslant c)$ $E_3 = \dfrac{\lambda}{2\pi\varepsilon_0\varepsilon_{r_3} r}(c \leqslant r \leqslant d)$

(2) $E_{1\max} = \dfrac{\lambda}{2\pi\varepsilon_0\varepsilon_{r_1} a}, E_{2\max} = \dfrac{\lambda}{2\pi\varepsilon_0\varepsilon_{r_2} b}, E_{3\max} = \dfrac{\lambda}{2\pi\varepsilon_0\varepsilon_{r_3} c}$ (3) $\varepsilon_r r$ 为常数

3.22 $C = \dfrac{\varepsilon_0 S}{a\ln 2}$ $\sigma'|_{x=0} = 0, \sigma'|_{x=a} = \dfrac{\varepsilon_0 U}{2a\ln 2}, \rho' = -\dfrac{\varepsilon_0 U}{(x+a)^2\ln 2}$

3.23 $E = 0, r < R_1$ $E = \dfrac{Q}{4\pi\varepsilon_0\varepsilon_r(R_2^3 - R_1^3)}\left(r - \dfrac{R_1^3}{r^2}\right), R_1 \leqslant R \leqslant R_2$ $E = \dfrac{Q}{4\pi\varepsilon_0 r^2}, r > R_2$

3.24 A、C 板的内侧带 $-\dfrac{Q}{2}$ 电荷，外侧带 $\dfrac{Q}{2}$ 电荷. B 板两侧各带 $\dfrac{Q}{2}$ 电荷

3.25 (1) $E' = 1.4\times 10^4\,\text{V/m}$ (2) $\sigma'_P = 1.04\times 10^{-7}\,\text{C/m}^2$

3.26 (1) $\sigma'_A = \dfrac{\varepsilon_r - 1}{\varepsilon_r + 1}\dfrac{q}{2\pi\varepsilon_r h^2}$ (2) $\sigma'_B = \dfrac{\varepsilon_r - 1}{\varepsilon_r + 1}\cdot\dfrac{qh}{2\pi\varepsilon_r r^3}$ (3) $Q' = \dfrac{\varepsilon_r - 1}{\varepsilon_r(\varepsilon_r + 1)}q$

3.27 (1) $\Delta W = -182.25\text{J}$ (2) $U = 600\text{V}$ (3) $\Delta W = -60.75\text{J}$

3.28 $A = \dfrac{\pi\varepsilon_0 L U^2}{\ln\dfrac{R_2}{R_1}}\dfrac{\varepsilon_r - 1}{\varepsilon_r + 1}$ **3.29** 略

3.30 (1) $W = \dfrac{2\pi\rho_f^2 R^5}{45\varepsilon_0\varepsilon_r}$ (2) $W = \dfrac{2\pi\rho_f^2 R^5(1 + 5\varepsilon_r)}{45\varepsilon_0\varepsilon_r}$ **3.31** $W = \dfrac{\lambda^2}{4\pi\varepsilon_0\varepsilon_r}\ln\dfrac{b}{a}$

3.32 $A_{外} = \dfrac{Q^2(1-\varepsilon_r)}{8\pi\varepsilon_0\varepsilon_r}\left(\dfrac{1}{R_1} - \dfrac{1}{R_2}\right)$ **3.33** $h = \dfrac{\varepsilon_0(\varepsilon_r - 1)}{2\rho g}\dfrac{U^2}{l^2}, T = \dfrac{U^2}{2l^2}\varepsilon_0(\varepsilon_r - 1)$

3.34 (1) $\sigma'_{\frac{d}{2}} = 6.87\times 10^{-5}\,\text{C/m}^2$ (2) $\sigma'_t = -6.87\times 10^{-5}\,\text{C/m}^2$ (4) $\varphi = -1.59\times 10^4\,\text{V}$

(5) $E = \pm 3.53\times 10^6\,\text{V/m}$（坐标原点在对称中心） (6) $W = 352.4\times 10^{-5}\,\text{J}$

3.35 $\Delta\varphi = \dfrac{\sigma(d - t\cos\theta)}{\varepsilon_0} + \dfrac{\sigma t\cos\theta}{\varepsilon_0\varepsilon_r}$

3.36 (1) $\sigma_1 = \dfrac{Q}{2\pi R^2(\varepsilon_r + 1)}$ (2) $\sigma_2 = \dfrac{\varepsilon_r Q}{2\pi R^2(\varepsilon_r + 1)}$

3.37 $F_e = \dfrac{12\pi\varepsilon_0 R^6 E_0^2}{d^4} > 0$ **3.38** $Q^2 = \left(\dfrac{\varepsilon_r + 1}{\varepsilon_r - 1}\right)\dfrac{32}{3}\pi^2\varepsilon_0 g R^5\left(\dfrac{\rho_2}{2} - \rho_1\right)$

3.39 $F_r = -\dfrac{16\pi\varepsilon_0(\varepsilon_r - 1)a^3 b^2\varphi_0^2}{(\varepsilon_r + 2)r^5}$

第 4 章

4.1 1.3×10^5 个 / mm^3 **4.2** $5.0\times 10^{-8}\,\text{A/m}^2$ **4.3** (1) 603.4C (2) 120.7A

4.4 (1) $4.5\times 10^{-4}\,\text{m/s}$ (2) 2.4×10^8 **4.5** 略 **4.6** $\varepsilon_0 I\left(\dfrac{1}{\sigma_2} - \dfrac{1}{\sigma_1}\right)$

4.7 $\sigma_A = \dfrac{\varepsilon_0 I}{\sigma_1 S}, \sigma_B = \dfrac{\varepsilon_0 I}{S}\left(\dfrac{1}{\sigma_2} - \dfrac{1}{\sigma_1}\right), \sigma_C = -\dfrac{\varepsilon_0 I}{\sigma_2 S}$ **4.8** $3\times 10^{-16}\,\text{S/m}$ **4.9** 略

4.10 $E_1 = \dfrac{\sigma_2 U}{a\sigma_2 + b\sigma_1}(1 - e^{-t/t_r}) + \dfrac{\varepsilon_{r1} U}{a\varepsilon_{r2} + b\varepsilon_{r1}}e^{-t/t_r}, j_1 = \sigma_1 E_1$

$E_2 = \dfrac{\sigma_1 U}{a\sigma_2 + b\sigma_1}(1 - e^{-t/t_r}) + \dfrac{\varepsilon_{r1} U}{a\varepsilon_{r2} + b\varepsilon_{r1}}e^{-t/t_r}, j_2 = \sigma_2 E_2$

$\sigma_f = \varepsilon_0 \dfrac{\sigma_1\varepsilon_{r2} - \sigma_2\varepsilon_{r1}}{a\sigma_2 - b\sigma_1} U(1 - e^{-t/t_r})$

4.11 略 **4.12** $E = \dfrac{2UR_0^2}{r^3}$ **4.13** 略

4.14 (1) $R = \dfrac{\rho}{4\pi}\left(\dfrac{1}{r_a} - \dfrac{1}{r_b}\right)$ (2) $j = \dfrac{r_a r_b U}{\rho(r_b - r_a)r^2}$

4.15 $R = \dfrac{d}{\pi ab}$ **4.16** (1) $j = \dfrac{\sigma U}{r\theta}$ (2) $R = \int \dfrac{\theta}{h\sigma \ln \dfrac{R_2}{R_1}}$ **4.17** $R = \dfrac{1}{2\pi\sigma}\left(\dfrac{1}{a} - \dfrac{1}{d}\right)$

4.18 $\dfrac{\rho I}{2\pi a} \ln \dfrac{(R - r_B)(R - r_A)}{r_A r_B}$ **4.19** 3.75Ω **4.20** $\dfrac{3}{2}R$ **4.21** $R_{AB} = \dfrac{7}{12}\Omega$

4.22 $R/\sqrt{3}$ **4.23** $\dfrac{r}{2}$ **4.24** 144.5Ω **4.25** 73.5℃

4.26 8.64m,8.59 **4.27** (1) $\varphi = I_0 r(1 - e^{-\frac{t}{4\pi\varepsilon_0 \alpha r}})$ (2)6×10^5 V (3)能达到

4.28 (1)1.08kΩ (2)45W

(3)通过电阻丝的电流相等,电源供应的电流第二种是第一种方法的二倍

4.29 (1)3.1×10^{11}个 (2)25μA (3)1250W **4.30** 4.1V,0.05Ω

4.31 $I = \dfrac{2U}{R_1 + \sqrt{R_1^2 + 4R_1R_2}}$ **4.32** (1)1V (2)$\dfrac{2}{13}$A

4.33 −6V,6V,5.4×10^{-5}C **4.34** 18V,6V,3.6×10^{-5}C

4.35 $I_1 = 0, I_2 = I_3 = 0.5\text{A}, Q = 9\times10^{-5}\text{C}$ $I_1 = \dfrac{54}{119}\text{A}, I_2 = \dfrac{4}{17}\text{A}, I_3 = \dfrac{82}{119}\text{A}$

4.36 略 **4.37** (1) $\varepsilon_3 = 11\text{V}$ (2) $P = 5\text{J}$ (3) $U_{BF} = 10\text{V}$

4.38 通过各电动势的电流依次分别为3A、1A、4A 通过各电阻的电流分别为2A、3A、1A

4.39 18V,7V,13V **4.40** (1)0.29A (2)0.25W

4.41 (1)串联时,$I = \dfrac{2\varepsilon}{R + 2r}$ (2)并联时,$I' = \dfrac{2\varepsilon}{2R + r}$

当 $R > r$ 时,串联时电流大;当 $R < r$ 时,并联时电流大

4.42 (1)7V (2)−132μC **4.43** 1A **4.44** 6.41km **4.45** 略

4.46 (1)0 (2)1A (3)4.0×10^{-6}C **4.47** 0.7℃ **4.48** 1015℃

第5章

5.1 (a) $B = \dfrac{\mu_0 I}{4R}$ (b) $B = 0$ (c) $B = \dfrac{\mu_0 I(1+\pi)}{2\pi R}$ (d) $B = \dfrac{\mu_0 I}{8R}$

(e) $B = \dfrac{\mu_0 I\theta}{4\pi}\left(\dfrac{1}{R_2} - \dfrac{1}{R_1}\right)$ (f) $B = \dfrac{\mu_0 I}{4}\left(\dfrac{1}{R_1} + \dfrac{1}{R_2}\right)$

5.2 (1) $B = \dfrac{2\mu_0 a^2 I}{\pi(a^2 + r^2)} \dfrac{1}{\sqrt{r^2 + 2a^2}}$ (2)28.3×10^{-5}T,3.9×10^{-7}T

5.3 $B = \dfrac{\mu_0}{2\pi x_1 x_2} \sqrt{(I_1 + I_2)(I_1 x_2^2 + I_2 x_1^2) - 4I_1 I_2 a^2}$;

$B = \dfrac{\mu_0}{2\pi x_1 x_2} \sqrt{(I_1 - I_2)(I_1 x_2^2 - I_2 x_1^2) + 4I_1 I_2 a^2}$

5.4 $B=\dfrac{9\mu_0 Ia^2}{2\pi(3r_0^2+a^2)\sqrt{4a^2+3r_0^2}}$ **5.5** $\boldsymbol{B}=0$ **5.6** 12.5T

5.7 0 **5.8** 6.4×10^{-5}T **5.9** $B=\dfrac{\mu_0 NI}{2(R_2-R_1)}\ln\dfrac{R_2+\sqrt{R_2^2+l^2}}{R_1+\sqrt{R_1^2+l^2}}$

5.10 略 **5.11** $\dfrac{L}{2R}>3$ **5.12** $B=\mu_0\omega R\sigma$ **5.13** 略 **5.14** 略

5.15 $B=\dfrac{\mu_0 NI\sin^3\theta}{2(R-r)}\ln\dfrac{R}{r}$ **5.16** 略 **5.17** 9.4×10^{-3}T

5.18 (1) $B=\dfrac{mg}{2NIl}$ (2) 5×10^{-2}T (3)减少参量,减少测量误差 (4)能

5.19 $2\pi RIB\sin\theta$ **5.20** $\boldsymbol{F}=\mu_0 I_1 I_2 \boldsymbol{i}$ **5.21** $T=\dfrac{2\pi}{a}\sqrt{\dfrac{J}{IB}}$ **5.22** $T=IRB$

5.23 $q=\dfrac{m\sqrt{2gh}}{lB}$ **5.24** (1)0, $\mu_0 i$, $\mu_0 i$ (2) $\dfrac{\mu_0 i^2}{2}$

5.25 (1) $j=\dfrac{3Q\omega r}{4\pi R^3}$ (2) $m=\dfrac{1}{5}QR^2\omega$ **5.26** $v=\left(g-\dfrac{LIB}{m}\right)t$

5.27 (1) $B=\dfrac{\mu_0 Ir}{2\pi r_1^2}(0\leqslant r\leqslant r_1)$ (2) $B=\dfrac{\mu_0 I}{2\pi r}(r_1\leqslant r\leqslant r_2)$

(3) $B=\dfrac{\mu_0 I}{2\pi r}\cdot\dfrac{r_3^2-r^2}{r_3^2-r_2^2}(r_2\leqslant r\leqslant r_3)$ (4) $B=0(r>r_3)$

5.28 $\dfrac{\mu_0 IR}{4\pi}(1+2\ln2)$, $\dfrac{\mu_0 I}{4\pi}R$ **5.29** (1) $B=\dfrac{\mu_0 NI}{2\pi r}$ (2)略

5.30 略 **5.31** $B=\mu_0 jy$; $B=\mu_0 jd$ **5.32** $\dfrac{B_2^2-B_1^2}{2\mu_0}$,方向向左

5.33 $j=\dfrac{\sigma Ud}{2\left(\dfrac{1}{a}-\dfrac{1}{d}\right)\left(r^2+\dfrac{d^2}{4}\right)^{\frac{3}{2}}}$ $B=\dfrac{\mu_0\sigma Ud}{2r\left(\dfrac{1}{a}-\dfrac{1}{d}\right)}\left(\dfrac{2}{d}-\dfrac{1}{\sqrt{r^2+\dfrac{d^2}{4}}}\right)$

5.34 $x_{\max}=\dfrac{2mE}{eB^2}$ **5.35** $B^2=\dfrac{8mb^2U}{e(b^2-a^2)^2}$ **5.36** (1)0.48T (2)1.4×10^{-5}s

5.37 $x=0$, $y=\left(\dfrac{v}{\omega}-\dfrac{E}{\omega B}\right)\sin\omega t+\dfrac{E}{B}t$, $z=\left(\dfrac{v}{\omega}-\dfrac{E}{\omega B}\right)(1-\cos\omega t)$

5.38 (1) 79×10^{-6}V (2) 4.1×10^{-12}V

5.39 (1) $a_\tau=-\dfrac{e}{m}E$, $a_n=0$ (2) $a_\tau=\dfrac{e}{m}\sqrt{E^2+(v_0B)^2}$, $a_n=0$

5.40 (1) 1∶1∶2 (2) 14cm,14cm **5.41** 7.0×10^7m/s, $\theta=\arccos0.04$

第6章

6.1 $i'=\dfrac{Mh}{\sqrt{R^2+h^2}}$, $m=\dfrac{1}{3}\pi R^2hM$ **6.2** 4.5×10^{-4}N **6.3** 1.1×10^{-12}N

6.4 $\boldsymbol{B}_1=\boldsymbol{B}_2=\boldsymbol{B}_3=\dfrac{\mu_0 l\boldsymbol{M}}{2R}$, $\boldsymbol{H}_1=-\boldsymbol{M}$, $\boldsymbol{H}_2=\boldsymbol{H}_3=\dfrac{l\boldsymbol{M}}{2R}$

6.5 $\boldsymbol{H}=\boldsymbol{H}_0+\frac{1}{3}\boldsymbol{M}, \boldsymbol{B}=\mu_0\boldsymbol{H}_0+\frac{1}{3}\mu_0\boldsymbol{M}$ **6.6** 0

6.7 略 **6.8** $B=\mu_0\mu_r NI$ **6.9** $B=\frac{\mu_0\mu_r I}{2\pi r}$

6.10 (1) $E=\frac{I}{\sigma\pi R^2}, B=\frac{\mu_0\mu_r Ir}{2\pi R^2}(0<r<R)$ (2) $i'=\frac{(\mu_r-1)I}{2\pi R}, j'=\frac{(\mu_r-1)I}{\pi R^2}$

6.11 $H_1=-\frac{1}{3}M\ (z<a), H_2=-\frac{2Ma^3}{3z^3}(z>a)$

6.12 (1) $H_1=\frac{Ir}{2\pi R_1^2}, B_1=\mu_0\mu_{r1}\frac{Ir}{2\pi R_1^2}\quad(0\leqslant r\leqslant R_1)$

$H_2=\frac{I}{2\pi r}, B_2=\mu_0\mu_{r2}\frac{I}{2\pi r}\quad(R_1<r<R_2)$

$H_3=\frac{I}{2\pi r}, B_3=\mu_0\frac{I}{2\pi r}\quad(r>R_2)$

(2) $i'_{R_1}=\frac{I}{2\pi R_1}(\mu_{r1}-\mu_{r2})$（在 R_1 面上） $i'_{R_2}=\frac{I}{2\pi R_2}(\mu_{r2}-1)$ （在 R_2 面上）

(3) $j_1=\frac{I}{\pi R_1^2}(\mu_{r1}-1)(0<r<R_1)$ $j_2=0(R_1<r<R_2)$ (4) $I'=0$

6.13 $H_1=\frac{Ir}{2\pi R_1^2}, B_1=\frac{\mu_0\mu_{r_1}Ir}{2\pi R_1^2}(r<R_1)$； $H_2=\frac{I}{2\pi r}, B_2=\frac{\mu_0\mu_{r2}I}{2\pi r}(R_1\leqslant r\leqslant R_2)$；

$H_3=0, B_3=0(r>R_2)$

6.14 当 $x<-\frac{d}{2}, x>\frac{5}{2}d$ 时，$B=0$

当 $\frac{d}{2}<x<\frac{3}{2}d$ 时，$B=\mu_0 jd$

当 $-\frac{d}{2}<x<\frac{d}{2}$ 时，$B=\mu_0\mu_{r1}j\left(\frac{d}{2}+x\right)$

当 $2d-\frac{d}{2}<x<2d+\frac{d}{2}$ 时，$B=\mu_0\mu_{r2}j\left(2d+\frac{d}{2}-x\right)$

6.15 $B=\frac{\mu_0\mu_{r1}\mu_{r2}}{\mu_{r1}+\mu_{r2}}i, H_1=\frac{\mu_{r2}}{\mu_{r1}+\mu_{r2}}i, H_2=\frac{\mu_{r1}}{\mu_{r1}+\mu_{r2}}i$

6.16 设坐标原点在导体板的中心，y 轴与电流密度 $\boldsymbol{j}$ 平行，z 轴垂直直线面向外，则

板外：$\boldsymbol{B}=\pm\frac{\mu_0\mu_{r1}\mu_{r2}}{\mu_{r1}+\mu_{r2}}bj\boldsymbol{k}$

板内：$\boldsymbol{B}=-\mu_0 j(x+\frac{b}{2}\frac{\mu_{r1}-\mu_{r2}}{\mu_{r1}+\mu_{r2}})\boldsymbol{k}$

6.17 $d_1=\sqrt{\frac{\mu_{r2}}{\mu_{r1}+\mu_{r2}}}d$，即在距平板左侧 d_1 时，磁感强度为零

6.18 两板之间：$H=i, B_1=\mu_0\mu_{r1}i, B_2=\mu_0\mu_{r2}i$

第一块介质两侧磁化电流密度为 $(\mu_{r1}-1)i$

第二块介质两侧磁化电流密度为 $(\mu_{r2}-1)i$

6.19 $f=\frac{\mu_0\mu_{r1}\mu_{r2}I^2}{\pi d(\mu_{r1}+\mu_{r2})}$ **6.20** $f=\frac{\mu_0 I^2}{4\pi d}$ **6.21** $f=\frac{\mu_r-1}{\mu_r+1}\frac{\mu_0 I^2}{4\pi a}$

6.22 间隙中心点：$\boldsymbol{B}_0=\mu_0\boldsymbol{M},\boldsymbol{H}_0=\boldsymbol{M}$

棒内其他点：$\boldsymbol{B}=\mu_0\boldsymbol{M},\boldsymbol{H}_0=0$

6.23 $B_1=B_2=B_3=\mu_0 M,H_1=M,H_2=H_3=0$

6.24 (1) $B'=\sqrt{B_n'^2+B_t'^2}=B\sqrt{\cos^2\theta+\mu_r^2\sin^2\theta},\theta'=\arctan(\mu_r\tan\theta)$

(2) $i_m=\frac{1}{\mu_0}(\mu_r-1)B\sin\theta$

6.25 (1)2×10^{-2}T (2)32A/m (3)497.6 (4)1.6×10^4A/m

6.26 (1)4 安匝,14.4 安匝,86 安匝,270 安匝 (2)4mA,14.4mA,86mA,270mA

(3)40 匝,144 匝,860 匝,2700 匝 (4)$4\times10^3,6.6\times10^3,2.2\times10^3,1.1\times10^3$

6.27 0.4A **6.28** 5.0×10^2 安匝,2.1×10^3 安匝 **6.29** 315

6.30 1.4×10^3 **6.31** $H_m l_m=\Phi_m R_m$ **6.32** 0.53T

第 7 章

7.1 0.5A **7.2** (1)2×10^{-2}Wb (2)0.2V (3)2×10^{-3}N·m (4)略

7.3 6.7×10^{-3}V,A 端电势高

7.4 (1) $N\pi BR^2$ (2)电流沿辐条向外 (3)$\frac{1}{2}BIR^2$ (4)电流 I 会反向

(5)两根辐条产生的感应电动势大小相等方向相反,a、b 间的感应电动势为零

7.5 0.628V **7.6** $\frac{1}{2}\omega Bd^2$ **7.7** (1) $\frac{mRv_0}{B^2L^2}$ (2) $\frac{1}{2}mv_0^2$ **7.8** 略

7.9 $\varepsilon_{ab}=-\frac{\mu_0 Iv}{2\pi}\ln\frac{L_0+L}{L_0}$ **7.10** (1) $v=\frac{FR}{B^2l^2}(1-e^{-\frac{B^2l^2}{Rm}t})$ (2) $v=\frac{FR}{B^2l^2}$

7.11 略 **7.12** 0 **7.13** 略

7.14 $-\frac{\mu_0}{2\pi}b\ln\frac{R_2}{R_1}$,方向沿轴向下 **7.15** $\frac{3\sqrt{3}}{16}R^2k$

7.16 (1)对圆心 b 而言,均沿切向 (2)1×10^{-3}V,2×10^{-3}V (3)4×10^{-3}V

7.17 $\varepsilon=ulkt$,方向由 a 向 b **7.18** $\frac{R_0(B+B_0)}{2B}$

7.19 (1)0 (2) $\frac{1}{2}ad$ (3) $\frac{1}{2}ad$ **7.20** (1) 30A (2) 225J (3)增加 4 倍

7.21 略 **7.22** (1)3.18×10^2T/S (2)10^5 周,251km

7.23 (1)12.8×10^{-12}J (2) $v=2.95\times10^8$m/s,接近光速

7.24 $\frac{\mu_0\pi R_1^2R_2^2N_1N_2}{2(R_1^2+d^2)^{3/2}}\cos\theta$ **7.25** 略 **7.26** (a)4.2×10^{-6}H (b)0

7.27 (1)3.6×10^{-3}H (2)1.5×10^{-4}H (3)4.5×10^{-7}C **7.28** $\mu_0 L\frac{a}{b}$

7.29 略 **7.30** $L=\frac{4}{3}L_0$ **7.31** $\frac{L_1L_2-M^2}{L_1+L_2+2M}$ **7.32** 0.15H

7.33 (1) $U_{R_1}=0,U_{R_2}=2$V (2) $U_{R_1}=U_{R_2}=2$V (3) $U_{R_1}=2$V$,U_{R_2}=200$V

7.34 (1)47.5J/s (2)2.5J/s (3)50J/s

7.35 a.(1)2A;(2)0;(3)2A;(4)0;(5)10V;(6)2A/s

b. (1)2A;(2)1A;(3)3A;(4)10V;(5)0;(6)0

7.36 $\dfrac{M\varepsilon}{R_1(R_2+R_g)}$ **7.37** (1) $\dfrac{3\mu_0 n\pi a^2\omega I_0}{9r+2R}\cos\omega t$ (2) $\dfrac{6\mu_0 n\pi r\omega I_0}{9r+2R}\cos\omega t$

7.38 (1)62.5J (2)0.31s **7.39** 略 **7.40** $\dfrac{\mu_0 a I_1 I_2}{2\pi}\ln\dfrac{2a+b}{b+a}$ **7.41** 略

7.42 2.2×10^{-1}J **7.43** (1) Blx (2) $m\dfrac{d^2x}{dt^2}=F-\dfrac{B^2l^2x}{L}$ (3) $x=\dfrac{LF}{B^2l^2}(1-\cos\omega t)$

7.44 (1) $\dfrac{1}{8}\mu_0\lambda\beta R^2$ (2)0 **7.45** $\left|\dfrac{j_D}{j_C}\right|=10^{-17}f$

7.46 (1)2A (2)$2\times e^{-10}$A **7.47** $\dfrac{2\pi\varepsilon_0 LU_m\omega}{\ln\dfrac{a}{b}}\cos\omega t$

7.48 (1)0 (2) $\mu_0^2\varepsilon_0 nkR^2\cdot a\ln\dfrac{r+a}{r}$ **7.49** $B=\dfrac{\mu_0^2\varepsilon_0 Ar}{4\pi}\ln\dfrac{R_2}{R_1}$

7.50 (1)1×10^8Hz (2)1×10^{-6}T (3) $k=\dfrac{2}{3}\pi,\omega=2\pi\times10^8\,\mathrm{s}^{-1}$ (4)119.4 W/m^2

7.51 (1) 4×10^{-15} J/m^3 (2) 4.15×10^{-6}V

7.52 (1) $S=\dfrac{U_0^2\sigma a}{2l^2}e^{-2\pi a^2\sigma t/lc}$ (2) $\dfrac{U_0^2\sigma\pi a^2}{l}e^{-2\pi a^2\gamma t/lc}$

7.53 (1) $\mu_0\sigma R\beta t$ (2) $\dfrac{1}{2}\mu_0\sigma\beta R^2$ (3) $\dfrac{1}{2}\mu_0\sigma^2\beta^2R^3t$ (4)略

7.54 0∶2∶1 **7.55** 略

7.56 (1) $\bar{S}=1.59\times10^{-5}$W/m^2 (2) $E_m=1.1\times10^{-1}$V/m, $H_m=2.91\times10^{-4}$A/m

7.57 (1)2.7V/m (2)1.3×10^{-10}N/m^2

参 考 书 目

贾起民等. 2001. 电磁学. 北京:高等教育出版社
梁灿彬,秦光戎,梁竹健. 2003. 普通物理学教程:电磁学. 第 2 版. 北京:高等教育出版社
马文蔚,苏惠惠,解希顺. 2006. 物理学原理在工程技术中的应用. 北京:高等教育出版社
毛骏健,顾牡. 2006. 大学物理学. 北京:高等教育出版社
末田正. 2003. 电磁学. 徐其荣译. 北京:科学出版社
珀塞尔 E M. 1979. 电磁学·伯克利物理学教程·第二卷. 南开大学物理系译. 北京:科学出版社
徐游. 2004. 电磁学. 北京:科学出版社
赵凯华,陈熙谋. 2004. 电磁学. 北京:高等教育出版社